# Sistemas de carga y arranque

# Sistemas de carga y arranque

José Tena Sánchez

Paraninfo

# Contenido


**1. Conceptos, magnitudes y leyes fundamentales de la electricidad. Acoplamiento de resistencias** **2**

**1.1. El fenómeno eléctrico** 4
1.1.1. Constitución de la materia 4
1.1.2. Cuerpos conductores y aislantes 4
1.1.3. Corriente eléctrica 5
1.1.4. Circuito eléctrico 6
**1.2. Corriente continua y corriente alterna** 6
**1.3. Magnitudes eléctricas** 7
1.3.1. Carga eléctrica 8
1.3.2. Intensidad o corriente eléctrica 8
1.3.3. Resistencia eléctrica 9
1.3.4. Tensión o voltaje 10
1.3.5. Potencia 12
1.3.6. Energía o trabajo 13
1.3.7. Resumen y equivalencia de las unidades 14
**1.4. Leyes de la electricidad** 15
1.4.1. Ley de Ohm 15
1.4.2. Leyes de Kirchhoff 16
1.4.3. Ley de conservación de la energía 20
**1.5. Acoplamiento de resistencias** 21
1.5.1. Acoplamiento de resistencias en serie 21
1.5.2. Acoplamiento de resistencias en paralelo 22
1.5.3. Resistencias en conexión mixta 23
■ **Síntesis** 28
■ **Actividades finales** 29

**2. Aparatos de medida y mediciones eléctricas. Averías eléctricas** **32**

**2.1. El polímetro** 34
2.1.1. Medidas con el polímetro 34
2.1.2. Otros tipos de polímetros 41
**2.2. El osciloscopio** 41
2.2.1. Señales eléctricas y sus características 42
2.2.2. Manejo del osciloscopio 45
2.2.3. Otros tipos de osciloscopios 49
**2.3. Averías eléctricas** 50
2.3.1. Discontinuidad 50

2.3.2. Cortocircuitos ........ 50
2.3.3. Caída de tensión ........ 50
2.3.4. Consecuencias de cada tipo de avería ........ 50

■ **Síntesis** ........ 54
■ **Actividades finales** ........ 55

## 3. Circuitos y componentes eléctricos básicos. Averías 58

**3.1. Componentes eléctricos básicos** ........ 60
3.1.1. Los conductores ........ 60
3.1.2. Los fusibles ........ 60
3.1.3. Los terminales ........ 61
3.1.4. Los conectores y zócalos ........ 62
3.1.5. Los receptores o los actuadores ........ 62
3.1.6. Los elementos de control ........ 64
3.1.7. Elementos de potencia (relés) ........ 68
**3.2. Circuitos eléctricos básicos** ........ 70
3.2.1. El interruptor ........ 70
3.2.2. El pulsador ........ 70
3.2.3. El enchufe o la toma de corriente ........ 70
3.2.4. El conmutador ........ 71
3.2.5. El conmutador inversor o cruzamiento ........ 71
3.2.6. El relé ........ 71
**3.3. Esquemas eléctricos** ........ 72
**3.4. Montaje de circuitos** ........ 76

■ **Síntesis** ........ 79
■ **Actividades finales** ........ 80

## 4. Electrónica analógica. Componentes, características, aplicaciones y averías 82

**4.1. Componentes pasivos** ........ 84
4.1.1. Resistencias ........ 84
4.1.2. Bobinas ........ 88
4.1.3. Condensadores ........ 90
**4.2. Semiconductores** ........ 94
4.2.1. Diodos ........ 94
4.2.2. Transistor ........ 104
4.2.3. Tiristor ........ 114
4.2.4. Triac ........ 116
4.2.5. Diac ........ 116
**4.3. Circuitos integrados** ........ 117
4.3.1. Puentes rectificadores ........ 117

4.3.2. Reguladores integrados, serie 78 .......... 117
4.3.3. Transistor Darlington .......... 118
4.3.4. Temporizador 555 .......... 119
■ **Síntesis** .......... 121
■ **Actividades finales** .......... 123

**5. Álgebra de Boole, puertas lógicas, dispositivos digitales básicos, el microcontrolador, programación, arquitectura electrónica del vehículo 126**

**5.1. Álgebra de Boole** .......... 128
5.1.1. Los circuitos y su función lógica .......... 128
5.1.2. La tabla de la verdad .......... 130
5.1.3. Funciones lógicas elementales .......... 132
5.1.4. Puertas lógicas .......... 135
5.1.5. Funciones lógicas .......... 136
**5.2. Dispositivos digitales básicos** .......... 139
5.2.1. Codificadores .......... 139
5.2.2. Decodificador .......... 141
5.2.3. Multiplexor .......... 144
5.2.4. Demultiplexor .......... 145
5.2.5. Contadores .......... 146
5.2.6. Registro .......... 147
**5.3. Lógica programada** .......... 148
5.3.1. El *hardware* .......... 148
5.3.2. El *software* o programas .......... 151
5.3.3. Funcionamiento de un microcontrolador, Arduino UNO .......... 152
**5.4. Arquitectura electrónica del vehículo** .......... 164
5.4.1. Comprobación de una centralita .......... 165
■ **Síntesis** .......... 166
■ **Actividades finales** .......... 167

**6. El electromagnetismo: sus fenómenos y aplicaciones. Máquinas eléctricas 168**

**6.1. Imanes** .......... 170
6.1.1. Inducción magnética .......... 171
**6.2. Electromagnetismo** .......... 172
6.2.1. Electroimán .......... 172
6.2.2. Inducción electromagnética .......... 173
6.2.3. Autoinducción electromagnética .......... 175
**6.3. Máquinas eléctricas** .......... 176
6.3.1. Generadores .......... 176

6.3.2. Motores ........ 184
6.3.3. Transformadores ........ 193

**6.4. Sensores electromagnéticos** ........ 196
6.4.1. Efecto inductivo ........ 196
6.4.2. Efecto Hall ........ 196

**6.5. Averías en las máquinas eléctricas** ........ 198
6.5.1. Averías eléctricas en una bobina ........ 198
6.5.2. Averías eléctricas en el conjunto del colector-escobillas ........ 199
6.5.3. Averías propias de cualquier circuito eléctrico ........ 199

■ **Síntesis** ........ 200
■ **Actividades finales** ........ 201

## 7. Acumuladores para automoción. Baterías 204

**7.1. Acumuladores o baterías** ........ 206
7.1.1. Estructura de las baterías ........ 206

**7.2. Características eléctricas del acumulador** ........ 208
7.2.1. Tensión de la batería ........ 208
7.2.2. Intensidad máxima o corriente de cortocircuito ........ 209
7.2.3. Capacidad de la batería ........ 209

**7.3. Montaje de acumuladores** ........ 210
7.3.1. Montaje en serie ........ 211
7.3.2. Montaje en paralelo ........ 211
7.3.3. Montaje mixto ........ 212

**7.4. Acumuladores de plomo** ........ 213
7.4.1. Tipos de baterías de plomo ........ 213
7.4.2. Comprobación de la batería ........ 216
7.4.3. Carga de la batería ........ 219
7.4.4. Mantenimiento de los acumuladores de plomo ........ 220
7.4.5. Precauciones en la manipulación de baterías ........ 222

**7.5. Baterías de tracción de alta tensión (níquel metal hidruro)** ........ 225
**7.6. Baterías de litio** ........ 226
**7.7. Pilas de combustible** ........ 227

■ **Síntesis** ........ 229
■ **Actividades finales** ........ 230

## 8. Circuito de arranque del motor 232

**8.1. Despiece del motor de arranque** ........ 234
8.1.1. La carcasa o inductor ........ 235
8.1.2. Rotor o inducido ........ 236
8.1.3. Circuito inductor ........ 236
8.1.4. Soporte lado colector ........ 238
8.1.5. Soporte lado accionamiento ........ 238

**8.2. Tipos de motores de arranque** ... 238
8.2.1. Acoplamientos libres por horquilla ... 239
8.2.2. Motores con engranaje por inercia (béndix) ... 242
8.2.3. Motores de arranque con reductora ... 243
8.2.4. Motores de inducido deslizante ... 245
**8.3. Sistemas de arranque** ... 246
8.3.1. Circuitos de arranque ... 246
8.3.2. Sistemas de ayuda al arranque ... 248
8.3.3. Sistemas de arranque especiales ... 249
**8.4. Comprobación del sistema de arranque** ... 254
8.4.1. Comprobación directa en el vehículo ... 254
8.4.2. Reparación del motor de arranque ... 255
**8.5. Comprobación del motor de arranque en el banco de pruebas** ... 262
**8.6. Características de un sistema de arranque** ... 263
8.6.1. Características del motor de arranque ... 264
8.6.2. Condiciones para el arranque de un motor alternativo ... 267
■ **Síntesis** ... 269
■ **Actividades finales** ... 270

## 9. Circuito de carga del vehículo 272

**9.1. Estructura del alternador** ... 274
9.1.1. Rotor o inductor ... 274
9.1.2. Estátor o inducido ... 275
9.1.3. Las carcasas ... 276
9.1.4. La placa de diodos ... 277
9.1.5. El regulador ... 279
**9.2. Tipos de alternadores** ... 283
9.2.1. Alternadores monobloc ... 283
9.2.2. Alternadores compactos ... 284
**9.3. Refrigeración de los alternadores** ... 284
9.3.1. Refrigeración por aire ... 285
9.3.2. Alternador refrigerado por agua ... 285
**9.4. Circuitos de carga** ... 286
9.4.1. Reguladores electrónicos multifunción ... 288
9.4.2. Otros tipos de alternadores ... 289
**9.5. Comprobación del circuito de carga** ... 292
9.5.1. Comprobación directa en el vehículo ... 292
9.5.2. Reparación del alternador ... 294
**9.6. Comprobación del alternador en el banco de pruebas** ... 300
**9.7. Características de los alternadores** ... 301
9.7.1. Curvas características ... 301
9.7.2. Asignación del alternador para un vehículo ... 303
**9.8. Sistema *start&stop* con alternador-arranque o minihíbridos (tecnología StARS)** ... 304
■ **Síntesis** ... 307
■ **Actividades finales** ... 308

# 10. Los riesgos eléctricos en el taller de electromecánica. Prevención de riesgos laborales 310

**10.1. Conceptos básicos sobre prevención de riesgos laborales** ......... 312
10.1.1. Legislación en materia de prevención de riesgos laborales....... 312
10.1.2. Riesgos y medidas de seguridad y salud en el taller de electromecánica........ 312
10.1.3. Formación, información y participación........ 314
10.1.4. Lugar de trabajo........ 315
10.1.5. Herramientas y equipos de trabajo........ 316
10.1.6. Equipos de protección........ 317
10.1.7. Señalización del lugar de trabajo........ 320
**10.2. Riesgos eléctricos**........ 323
10.2.1. Consecuencias de un accidente eléctrico........ 324
10.2.2. Materiales conductores y aislantes de la electricidad........ 326
10.2.3. Factores eléctricos que influyen en la gravedad de un accidente eléctrico........ 326
10.2.4. Cómo actuar ante un accidente eléctrico........ 328
10.2.5. Equipos de protección para riesgos eléctricos........ 329
10.2.6. Riesgos en la manipulación de baterías........ 330
**10.3. Prevención y extinción de incendios**........ 331
10.3.1. Normas básicas de utilización de los extintores portátiles........ 331
■ **Síntesis**........ 333
■ **Actividades finales**........ 334

# 1 Conceptos, magnitudes y leyes fundamentales de la electricidad. Acoplamiento de resistencias

En esta unidad expondremos los conceptos, las magnitudes y las leyes más importantes de la electricidad que nos ayuden a entenderla y a dominarla.

Para predecir cualquier efecto que podamos provocar con una corriente eléctrica, es necesario conocer tres aspectos de la electricidad que bien podemos calificar de vitales. Estos son la corriente, la caída de tensión y la resistencia que se relacionan, como veremos, entre sí con la ley de Ohm.

El cálculo de la resistencia es primordial para el técnico, por lo que es necesario plantear una serie de problemas que le obliguen a trabajar con resistencias, a calcularlas, y sobre todo a comprender que lo estudiado, desde un punto de vista teórico, tiene su aplicación práctica.

El objetivo de esta unidad es evitar sustituir los números por fórmulas de forma mecánica. Por el contrario, se busca razonar los conceptos, lo que permite que sean entendidos de forma integral en los circuitos, para, así, crear profesionales que puedan pensar con lógica y creatividad con el fin de afrontar los problemas que aparecen en el mundo técnico.

# 1 Conceptos, magnitudes y leyes fundamentales de la electricidad. Acoplamiento de resistencias

## ¿Sabes ...

...en qué consiste y por qué se produce la corriente eléctrica?

...qué tipos de materiales conducen o no conducen? ¿Por qué?

...qué es un circuito eléctrico? ¿Qué elementos forman un circuito básico?

...en qué se mide la carga eléctrica, la intensidad, la resistencia, el voltaje, etcétera?

...cómo se relacionan la caída de tensión, la intensidad y la resistencia?

...qué relación hay entre las corrientes de las distintas derivaciones o ramas que salen o entran del mismo nudo?

...qué relación existe entre las caídas de tensión de los distintos receptores de una rama y la caída de tensión total de la rama?

...cómo se conectan varias resistencias o receptores en serie, paralelo o mixto?

## Contenidos

**1.1.** El fenómeno eléctrico

**1.2.** Corriente continua y corriente alterna

**1.3.** Magnitudes eléctricas

**1.4.** Leyes de la electricidad

**1.5.** Acoplamiento de resistencias

## Objetivos

- Conocer los principios básicos de la electricidad: estructura atómica, carga eléctrica, corriente eléctrica, así como sus efectos y aplicaciones.
- Distinguir la corriente alterna de la continua y sus aplicaciones.
- Definir las distintas magnitudes eléctricas (carga, intensidad, diferencia de potencial, resistencia, potencia, etc.) y sus unidades asociadas, así como la equivalencia entre los múltiplos y submúltiplos de cada una de ellas.
- Aplicar las leyes de Ohm y Kirchhoff a la resolución de los circuitos sencillos.
- Reconocer los distintos acoplamientos de las resistencias (en serie, en paralelo y mixto) y calcular su equivalente.
- Resolver los circuitos eléctricos de corriente continua de diferentes grados de complejidad.
- Hacer estimaciones aproximadas de los distintos parámetros de un circuito (corrientes, caídas de tensión, resistencias, etcétera).

# 1.1. El fenómeno eléctrico

La causa de la electricidad debe encontrarse en la forma íntima de la materia, dado que ella contiene las cargas eléctricas propiamente dichas, por medio de las cuales es posible entender los diferentes fenómenos eléctricos.

## 1.1.1. Constitución de la materia

La materia está formada por minúsculas partículas a las que denominamos **átomos,** de los que actualmente se conocen ciento dieciocho tipos distintos. Estos átomos se agrupan entre sí para formar las moléculas. Si todos los átomos que forman un cuerpo son iguales, tenemos un **cuerpo simple** o **elemento;** mientras que si son diferentes, lo que se obtiene es un **compuesto.** Imaginemos un microscopio potentísimo, mucho más potente de los que existen en la actualidad. Si observáramos atentamente cualquiera de estos átomos, ¡nos encontraríamos ante un sistema solar en miniatura! Veríamos un sol central o núcleo, formado por protones y neutrones, sobre el que orbitarían unos satélites o electrones.

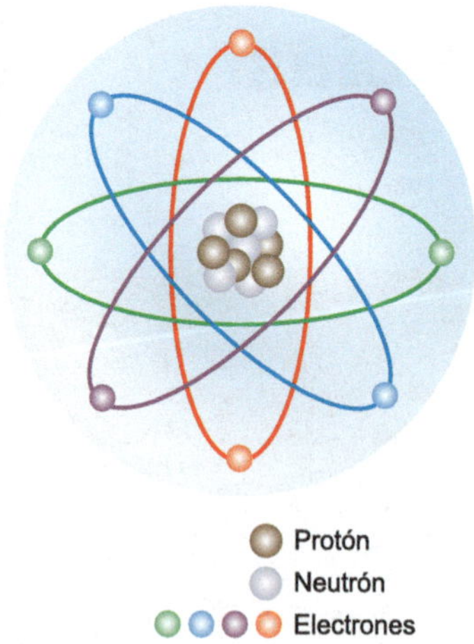


Figura 1.1. Estructura del átomo.

Tanto los electrones como los protones anteriormente mencionados poseen una propiedad denominada **carga eléctrica.** La carga de los protones se considera positiva y la de los electrones, negativa. Los neutrones no tienen carga eléctrica. Y dado que el átomo tiene igual número de protones con carga positiva que de electrones con carga negativa, es eléctricamente neutro. Cuando un cuerpo, por medio de una acción externa, pierde electrones y en él queda mayor número de protones que de electrones, decimos que tiene carga positiva. Si le ocurre lo contrario, es decir, cuando tiene exceso de electrones, queda cargado negativamente. **Hay que tener en cuenta que solo hablamos de defecto o exceso de electrones, porque solo los electrones abandonan la estructura de la que forman parte.**

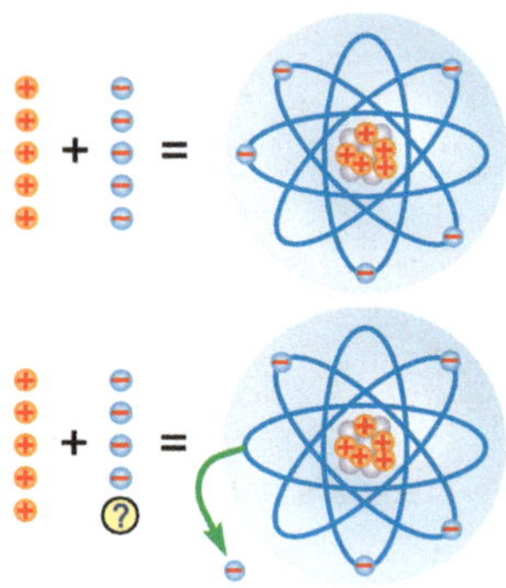

Figura 1.2. Solo los electrones abandonan o se incorporan al átomo.

Los cuerpos eléctricamente neutros, sin cargas positivas ni negativas, se comportan de manera normal. Por el contrario, dos cuerpos cargados eléctricamente se atraen, si son de distinto signo, o se repelen, si son del mismo signo.

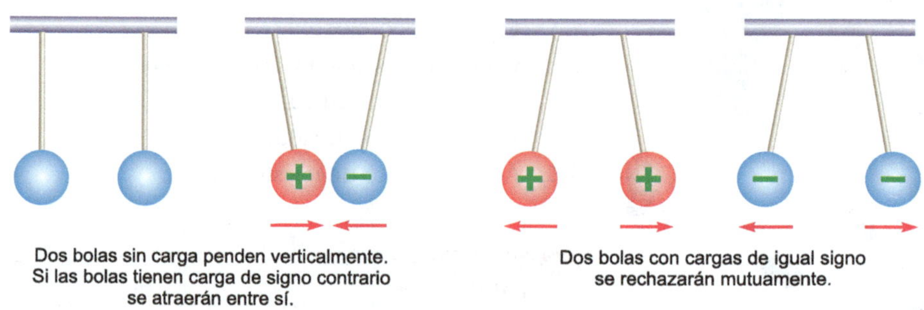


Figura 1.3. Reacción entre distintos cuerpos según su carga eléctrica.

### Sabías que...?

La denominación positiva y negativa para designar la electricidad en relación con el tipo de su carga se debe a Benjamin Franklin, quien, estudiando el comportamiento mutuo del lacre y del vidrio electrizados, llegó a la conclusión de que debían existir dos tipos de electricidad.

Llamó electricidad positiva a la del vidrio, denominación que ha perdurado a través de los años.

## 1.1.2. Cuerpos conductores y aislantes

En los metales, los electrones más alejados del núcleo pueden extraerse de sus órbitas sin gran dificultad, por lo que pueden pasar de un átomo a otro contiguo y moverse dentro del material en todas las direcciones de forma caótica y desordenada.

Un cuerpo será mejor conductor de la electricidad cuanto mayor sea el número de electrones libres que tenga en total, es decir, cuanto mayor sea el número de electrones que no estén ligados al núcleo. Los mejores conductores conocidos son la plata y el platino, pero, en cambio, los más utilizados son el cobre y el aluminio, por razones económicas evidentes. Por otra parte, en los elementos no metálicos, los electrones de la última capa se hallan muy ligados al átomo y presentan una movilidad mala, por lo que son malos conductores y, a su vez, buenos aislantes de la electricidad.

Hay otros elementos, intermedios entre los aislantes y los conductores, denominados **semiconductores,** tales como **el silicio o el germanio,** que son muy utilizados en componentes electrónicos y que presentan la característica de ser muy sensibles a determinados factores como el calor, la luz, la composición química, etcétera.

**Recuerda que...**

Cargas de igual signo se repelen.

Cargas de distinto signo se atraen.

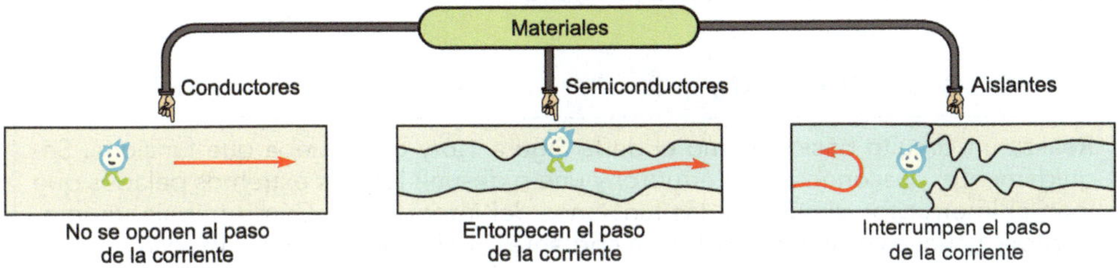


**Figura 1.4.** Reacción de los materiales frente a la conducción eléctrica.

## 1.1.3. Corriente eléctrica

Como vimos en el apartado anterior, en los conductores los electrones libres se mueven dentro del material en todas las direcciones de forma caótica. Si, mediante una pila, se aplica una fuerza externa capaz de empujar a todos los electrones en la misma dirección, es decir, una fuerza electromotriz, los electrones libres se desplazan por el circuito exterior del terminal negativo (–) que los rechaza, mientras el positivo (+) los atrae.

**La pila no produce electrones, sino que mantiene su circulación, forzando el movimiento de los electrones por su interior,** del terminal positivo al negativo. Cada vez que un electrón entra por el terminal positivo de la fuente, otro electrón sale del terminal negativo, con lo que se cierra así el circuito.

**Recuerda que...**

La pila solo mantiene la circulación de los electrones, no los produce.

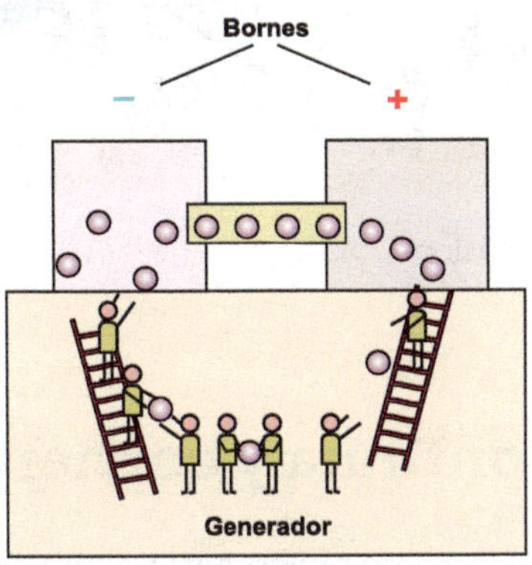


**Figura 1.5.** Representación de un circuito eléctrico.

Antiguamente se suponía que las partículas que se podían desplazar eran cargas de signo positivo, que circulaban del terminal positivo al negativo de la fuente. Actualmente se sabe que no es así, pero sigue considerándose que la corriente eléctrica se establece de positivo a negativo, que es el **sentido convencional de la corriente,** ya que no representa nada que altere los resultados prácticos que se persiguen y sería muy engorroso

**Recuerda que...**

El movimiento real de los electrones va dirigido del terminal negativo al positivo.

El movimiento convencional de los electrones va del terminal positivo al negativo.

cambiar de criterio. Esto significa que la corriente eléctrica, el **movimiento real de los electrones,** está dirigida de negativo a positivo. Nosotros siempre consideraremos el sentido convencional, si no se dice lo contrario.

### 1.1.4. Circuito eléctrico

Un circuito eléctrico consta, en su forma más sencilla, de **un generador, un receptor** (según el efecto que necesitemos), **un elemento de mando** y **un conductor** que hará de camino de ida y otro de vuelta, conectados de forma que permitan un paso continuo y cerrado de electrones, como indica la Figura 1.6.

Las partes de un circuito eléctrico son:

- Generador.
- Receptor.
- Elemento de mando.
- Conductor.

ACTIVIDAD **Propuesta 1.1**

Realiza un circuito básico, como el de la Figura 1.6 y comprueba que funciona. Seguidamente, desconecta el interruptor y une o desune los dos extremos pelados que iban al interruptor, simulando las funciones del interruptor. ¿Cómo trabaja un interruptor? ¿Cuál es el sentido real de la corriente?, ¿y el convencional? Explica por qué existe esta diferencia. Haz el esquema del circuito en el papel.

**Figura 1.6.** Circuito eléctrico básico.

**Sabías que...?**

Existe un principio en la física que dice: «No hay efecto sin causa».

Si acercamos una cerilla a cualquier parte de nuestro cuerpo, percibiremos los efectos del calor, por lo que no hay duda de que la causa está en la llama de esa cerilla. A determinados efectos les corresponden determinadas causas.

Al estudiar los efectos de la electricidad y otros, los científicos han supuesto un modelo atómico (de constitución de la materia) que explica todos estos fenómenos. Esta suposición ha sido tantas veces experimentada que se ha convertido en una realidad viva y concreta.

## 1.2. Corriente continua y corriente alterna

En la corriente eléctrica que hemos visto hasta ahora, los electrones se mueven en una misma dirección; por esta razón, se denomina **corriente continua.** Pero no debemos olvidar que en las corrientes eléctricas de mayor uso, como la que nos suministra la compañía eléctrica a casa o la industrial, los electrones no llevan un sentido continuo, sino que este cambia continuamente.

La Figura 1.7 muestra la representación gráfica de una corriente continua y otra alterna. En la primera, la línea horizontal indica que la corriente se mantiene constante a través del tiempo. Y en la segunda, correspondiente a la **corriente alterna,** esta aumenta y disminuye progresivamente, cambiando de sentido periódicamente. Una evolución completa, como la representada en la figura, se denomina **ciclo** y el número de ellos que se produce en un segundo es la **frecuencia,** que se mide en hercios.

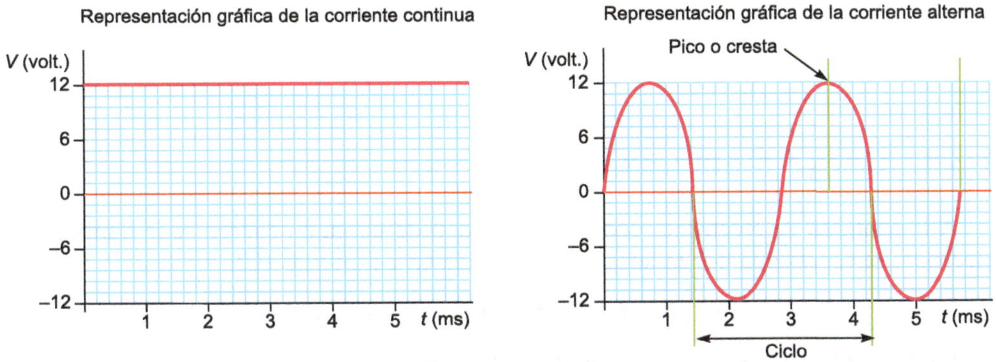


**Figura 1.7.** Representación gráfica de las corrientes continua y alterna.

Las corrientes alternas más usuales tienen unos cincuenta ciclos por segundo o 50 hercios.

La corriente alterna/continua se representa con los siguientes símbolos o iniciales:

≈/=, c. a./c. c. o a. c./d. c. en inglés

La corriente empleada en automoción es la continua. A partir de ahora estudiaremos la corriente continua, por lo que, si no se dice lo contrario, se debe suponer que es siempre este tipo de corriente de la que hablamos, aunque todo es aplicable tanto a la corriente alterna como a la continua.

ACTIVIDAD **Propuesta 1.2**

¿Qué características tiene la corriente alterna?

ACTIVIDAD **Propuesta 1.3**

¿Es la misma la frecuencia de la corriente alterna la que hay en América que la que existe en Europa? Expresa su valor en cada uno de esos lugares. Y el voltaje, ¿es el mismo?

## 1.3. Magnitudes eléctricas

Para controlar cualquier efecto de una corriente eléctrica debemos medir las características eléctricas. Estas características, que son susceptibles de medida, se llaman **magnitudes eléctricas.** Para medirlas se deben comparar con una cantidad de dicha magnitud, elegida arbitrariamente, a la que llamaremos **unidad** y se debe expresar las veces que la contiene, es decir, su **cantidad.**

En este punto trataremos las distintas magnitudes eléctricas, así como sus unidades, estableciendo una similitud entre la electricidad y la hidráulica para una mejor comprensión.

*Sabías que...?*

Por ser el electrón la menor carga eléctrica que podemos considerar, deberemos medir la cantidad de electricidad contando los electrones libres contenidos en el cuerpo cargado. Pero la carga eléctrica de un electrón es tan sumamente pequeña, que para manifestarse en forma evidente necesita el concurso de millones de estos y ello nos obligaría a operar continuamente con números astronómicos.

*Sabías que...?*

Si tuviéramos tantos granos de trigo como electrones forman un culombio, estos cubrirían todo el globo terrestre con un espesor de cinco metros.

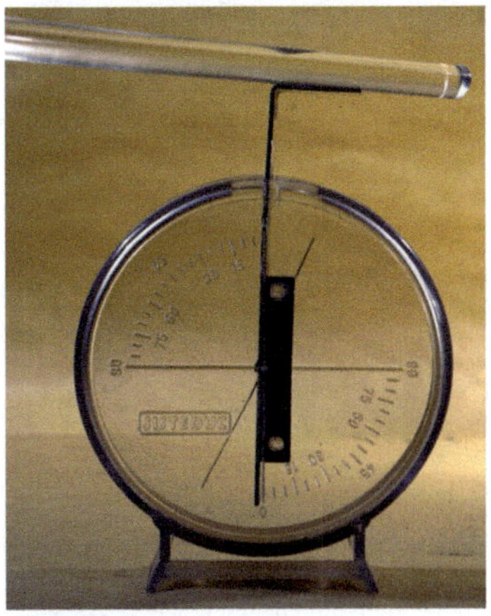

**Figura 1.8.** Electroscopio.

ACTIVIDAD **Propuesta 1.4**

Relaciona a las magnitudes con sus unidades: velocidad, peso, caudal, $m^3$, ($m^3$/s), segundos, (km/hora), (litros/s), kilogramos, longitud, volumen, litros, hora, tonelada, tiempo, cm.

## 1.3.1. Carga eléctrica

A la cantidad de electrones con que se carga o descarga un cuerpo se le llama carga eléctrica, se representa por la letra ($Q$) y se mide en culombios (C).

$$1 \text{ culombio} = 6{,}25 \times 10^{18} \text{ electrones libres}$$

La carga eléctrica se mide con un electroscopio.

## 1.3.2. Intensidad o corriente eléctrica

*Recuerda que...*

La intensidad de corriente es la carga eléctrica que pasa por un conductor en un tiempo determinado.

La cantidad de electrones o carga eléctrica que pasa por un conductor en un tiempo determinado se denomina **intensidad de corriente.** El equivalente a la intensidad de corriente eléctrica en un circuito hidráulico es la cantidad de agua que pasa por una tubería en una unidad de tiempo, o caudal, medido, por ejemplo, en litros/segundo.

La unidad de intensidad es el amperio, que podemos definir así:

El **amperio** es la intensidad de una corriente eléctrica que en un segundo transporta una carga de un culombio.

$$I = \frac{Q}{t}; \qquad 1\text{ A} = \frac{1 \text{ culombio}}{1 \text{ segundo}}$$

*Recuerda que...*

El amperímetro mide la intensidad de una corriente.

Muchas veces el amperio resulta una unidad demasiado grande; por ello, se han establecido dos submúltiplos llamados miliamperio y microamperio. Sus valores son:

$$1\text{ A} = 1000\text{ mA}$$
$$1\text{ A} = 1\,000\,000\ \mu\text{A}$$

La cantidad de electrones $Q$ (carga eléctrica) que pasa por un conductor en un tiempo $t$, siendo $I$ la intensidad de corriente en amperios y $t$ el tiempo en segundos, es:

$$Q = I\frac{(\text{culombios})}{(\cancel{\text{segundo}})} \times t(\cancel{\text{segundos}}) = I \times t(\text{culombios})$$

El aparato capaz de medir la intensidad de una corriente eléctrica se llama **amperímetro** y se conecta en el circuito en serie, es decir, de manera que la corriente eléctrica que queremos medir pase en su totalidad por él.

Figura 1.9. Conexionado del amperímetro.

Para definir la capacidad o carga eléctrica de una batería se emplea un múltiplo del culombio, el amperio × hora, que representa la cantidad de amperios que entrega una batería para gastarse en una hora o las horas que puede mantenerse entregando una intensidad constante de 1 amperio.

$$1\ (\text{amperio} \times \text{hora}) = 1\ \frac{(\text{culombios})}{(\cancel{\text{segundo}})} \times 3600(\cancel{\text{segundos}}) = 3600 \text{ culombios}$$

Y para pilas y baterías de móviles, el miliamperio × hora.

ACTIVIDAD **Resuelta 1.1**

Calcula la carga eléctrica en culombios transportada por una corriente de 5 A durante 12 minutos.

**Solución**

Sabemos por definición que:

$$1\text{ A} = 1\left(\frac{\text{culombio}}{\text{segundo}}\right)$$

Y que:

$$Q = I \times t = 5\left(\frac{\text{culombio}}{\cancel{\text{segundo}}}\right) \times 12(\cancel{\text{minutos}}) \times 60\left(\frac{\cancel{\text{segundos}}}{\cancel{\text{minutos}}}\right) = 3600(\text{culombios})$$

*Recuerda que...*

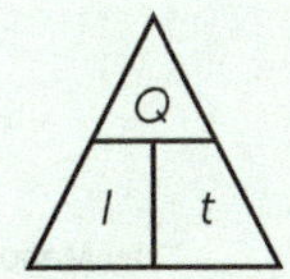


$Q\,(\text{C}) = I\,(\text{A}) \times t\,(\text{s})$

$I\,(\text{A}) = \dfrac{Q\,(\text{C})}{t\,(\text{s})}$ $\quad t\,(\text{s}) = \dfrac{Q\,(\text{C})}{I\,(\text{A})}$

$Q\,(\text{A} \times \text{h}) = I\,(\text{A}) \times t\,(\text{h})$

$Q\,(\text{mA} \times \text{h}) = I\,(\text{mA}) \times t\,(\text{h})$

## 1.3.3. Resistencia eléctrica

La clasificación de los cuerpos en conductores, semiconductores y aislantes se establece en función de la dificultad que ofrecen al paso de la corriente eléctrica. El grado de dificultad con que se mueven los electrones en un material determinado se denomina **resistencia** ($R$) y se mide en ohmios (Ω).

*Recuerda que...*

La **resistencia** es el grado de dificultad con que se mueven los electrones en un material determinado. Se mide en *ohmios*.

Si medimos la resistencia de un mal conductor, el ohmio resultará demasiado pequeño, lo que nos obligaría a trabajar con cifras muy altas. Para evitarlo, se toma como unidad un múltiplo del ohmio, que puede ser el kilohmio o el megaohmio.

$$1\text{ k}\Omega = 1000\ \Omega$$
$$1\text{ M}\Omega = 1\,000\,000\ \Omega$$

Al igual que no hay aislantes perfectos, tampoco hay conductores perfectos y la resistencia es un factor a tener en cuenta también en el caso de operar con materiales conductores. El valor de la resistencia se puede medir directamente con un óhmetro u ohmímetro (en una resistencia desconectada o aislada del circuito). También se puede medir indirectamente conociendo la resistividad $\rho$ del material del que está hecho. En relación con su longitud, para un mismo conductor, tendremos mayor resistencia cuanto más largo sea el camino que recorre, puesto que a mayor longitud, mayor es la resistencia. Y en cuanto a la sección, para una misma longitud, la resistencia de un conductor es inversa a su sección, es decir, a mayor sección menor resistencia.

**Figura 1.10.** Medida de una resistencia.

Dicho de otra forma, la resistencia eléctrica de un conductor depende del factor $\rho$ y es directamente proporcional a su longitud e inversamente proporcional a su sección. La expresión matemática es la siguiente:

$$R = \rho \times \frac{L}{S}$$

Poniendo un ejemplo de naturaleza hidráulica, la resistencia eléctrica equivaldría a la resistencia que encontraría el aceite al pasar por una tubería. Este pasará con más facilidad cuanto menos rugoso sea el interior de la cañería, es decir, $\rho$, y la sección interior (representada por $s$) sea mayor. Y, al contrario, le costará más atravesar la cañería cuanto mayor sea su longitud, que representamos con la letra $l$.

*Recuerda que...*

A mayor longitud del conductor, mayor resistencia.

A mayor sección del conductor, menor resistencia.

ACTIVIDAD **Propuesta 1.5**

Clasifica de mayor a menor la resistividad $\rho$ de los siguientes materiales: cobre, aluminio, platino y porcelana.

> ACTIVIDAD **Propuesta 1.6**
>
> ¿Por qué se emplean cables muy cortos y de mucha sección para motores de arranque, considerando que, para el arranque, se necesitan entre 100 A y 400 A?

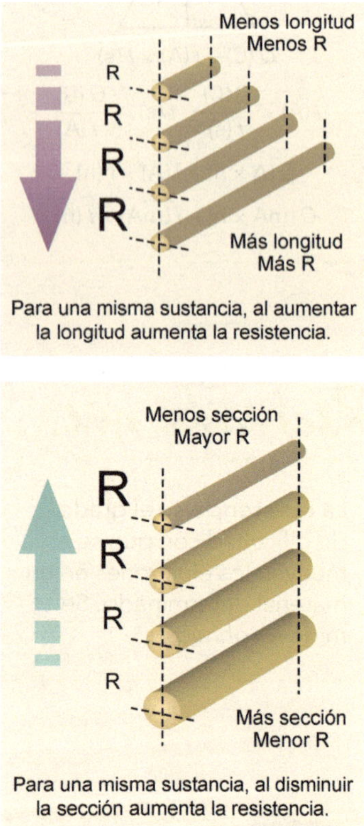


**Figura 1.11.** Variación de la resistencia según la longitud y sección de un conductor.

## 1.3.4. Tensión o voltaje

De igual modo que la diferencia de presión en un circuito hidráulico empuja al fluido de un punto de más presión a otro de menor presión, el movimiento de los electrones en un circuito eléctrico se debe a la diferencia de tensión o voltaje entre dos puntos distintos del circuito.

Para nombrar el voltaje o la tensión se emplean los siguientes términos: fuerza electromotriz, potencial, caída de tensión y diferencia de potencial, y todos se miden en voltios.

**Fuerza electromotriz (f.e.m.):** para que por un circuito puedan circular electrones, es necesaria una fuerza eléctrica (fuerza electromotriz) que los empuje. Esta fuerza electromotriz establece la corriente interior del generador que toma constantemente las cargas que recibe del polo positivo y las restituye al polo negativo, lo que mantiene el desnivel de las cargas en los bornes de la pila, que impulsa la corriente al circuito exterior para conseguir que siga circulando, ya que en el momento en que no exista fuerza electromotriz, cesa la corriente.

Utilizando el ejemplo anterior, para mantener la circulación del aceite necesitamos una bomba que lo impulse de la entrada (baja presión) a una determinada presión para que este vuelva a circular por el circuito. De no haber diferencia de presión, el aceite no circula, ya que este se desplaza desde los puntos de mayor presión a los de menor.

Así pues, la diferencia de presión entre la entrada y la salida de la bomba hidráulica equivaldría a la fuerza electromotriz entre los polos de un generador (batería, pila, alternador, dinamo, enchufe, fuente de alimentación, etcétera).

**Potencial:** en otros fenómenos, la tensión es despreciable pero suficiente para relacionar su variación con una magnitud o condición, y en este caso se emplea en sensores. Por ejemplo, el termopar para medir la temperatura, el sensor de presión o piezoeléctrico como captador de detonación o picado o de la presión del combustible, el generador inductivo para medir las r. p. m., la sonda lambda, etc. Esta tensión o voltaje, insuficiente para alimentar a un circuito eléctrico, de donde sacamos una señal eléctrica para medir algo, se denomina **potencial.**

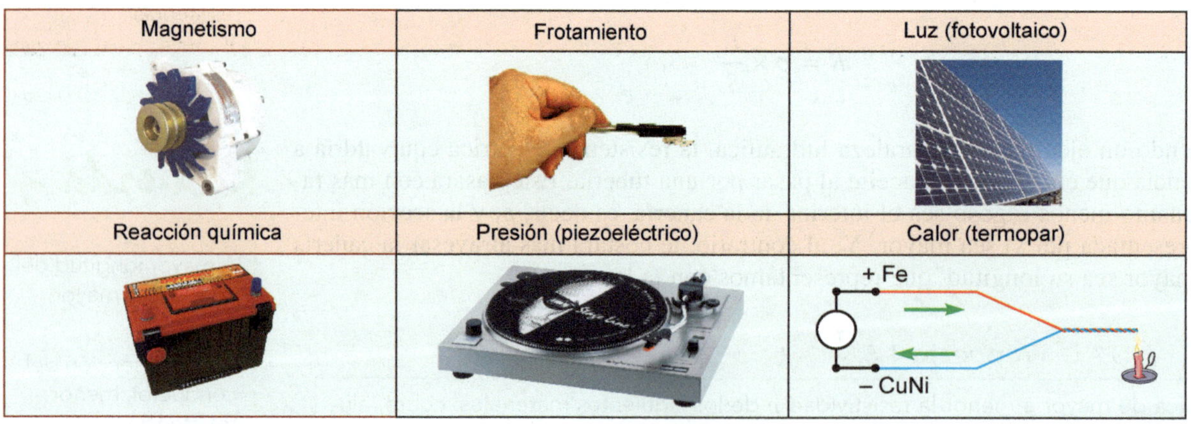


**Figura 1.12.** Procedimientos para la obtención de la fuerza electromotriz o potencial.

**Caída de tensión (c.d.t.):** al igual que cuando pasa el aceite por un conducto, que ofrece resistencia a su paso por efecto del rozamiento, hay una pérdida de carga o bajada de presión del final con respecto al principio del conducto.

Cuando por un conductor o resistencia pasa una corriente eléctrica habrá una caída de tensión entre los extremos de dicho conductor o resistencia, tal que:

$$\text{c.d.t.} = I \times R \qquad \text{(ley de Ohm)},$$

donde $V$ se mide en voltios, $I$ en amperios y $R$ en ohmios.

**Diferencia de potencial (d.d.p.):** se trata del mismo concepto de caída de tensión pero más amplio. Se dice que entre dos puntos hay un voltaje o diferencia de potencial cuando si los unimos entre sí con un conductor o receptor, pasará corriente por estos. Estos dos puntos no están unidos entre sí; de estar unidos a través de un conductor o receptor hablaríamos de caída de tensión.

La f.e.m. del generador, pues, es la causa de las caídas de tensión o diferencias de potencial en el circuito, de tal forma que hay una relación directa entre la causa y el efecto; es por ello que todas se miden con una misma unidad, el voltio.

Como múltiplo se utiliza el kilovoltio:

$$1 \text{ kilovoltio} = 1000 \text{ voltios}$$

Y como submúltiplo, el milivoltio:

$$1 \text{ voltio} = 1000 \text{ milivoltios}$$

El aparato capaz de medir la tensión o voltaje se llama voltímetro y se monta tocando las pinzas con cada uno de los puntos entre los que se quiere medir la f.e.m., el potencial, la caída de tensión o diferencia de potencial, según el caso, manteniendo el resto del circuito intacto.

Los valores de la fuerza electromotriz o potencial nos los darán como dato o los obtendremos midiendo con un voltímetro (no hay fórmula matemática para sacarlos). El valor de la caída de tensión en una resistencia o tramo de un cable lo podemos hallar midiéndolo con el voltímetro o por la ley de Ohm (c.d.t. = $I \times R$), donde $I$ es la corriente que pasa por dicha resistencia o cable y $R$ es el valor óhmico de la resistencia o cable. Y para conocer el valor de la diferencia de potencial entre dos puntos, lo mediremos directamente con el voltímetro o lo calcularemos matemáticamente mirando el resto del circuito (no podemos aplicar la ley de Ohm, ya que entre esos dos puntos no pasa corriente, no están unidos por una resistencia).

**Recuerda que...**

La fuerza electromotriz, el potencial, la caída de tensión y la diferencia de potencial se miden en la misma unidad: el voltio.

La f.e.m. y el potencial son la causa de la caída de tensión y de la diferencia de potencial.

El potencial se emplea para valores muy pequeños, de sensores. Es incapaz de producir corriente para hacer funcionar un circuito.

**Figura 1.13.** Conexionado de un voltímetro.

**Recuerda que...**

A la hora de medir intensidades, resistencias o voltajes se utiliza un amperímetro, un óhmetro o un voltímetro, respectivamente. Para la intensidad y el voltaje necesitamos el circuito montado y que los receptores estén trabajando; sin embargo, para la resistencia la tenemos que aislar del circuito y que no pase corriente por ella (compara las Figuras 1.9, 1.10 y 1.13).

### ACTIVIDAD **Resuelta 1.2**

Para un circuito cualquiera, ¿cuál crees que será mayor: la fuerza electromotriz del generador o la caída de tensión de sus receptores?

**Solución**

La caída de tensión de los receptores nunca será mayor que la fuerza electromotriz del generador. Como mucho igual, cuando no hubiera caída de tensión en los conductores.

Si en un circuito hidráulico la presión que manda la bomba es de 30 kg/cm$^2$, la caída de presión máxima que puede haber en cualquier receptor nunca será mayor de 30 kg/cm$^2$.

### ACTIVIDAD **Propuesta 1.7**

Del voltaje conseguido en los distintos procedimientos de la Figura 1.12, ¿cuál considerarías que sería fuerza electromotriz (f.e.m.)? ¿Y potencial? ¿Qué distinguen a unas de otras?

**Recuerda que...**

La fuerza electromotriz y la caída de tensión se miden con la misma unidad: el voltio.

La fuerza electromotriz es la causa de la caída de tensión.

ACTIVIDAD **Propuesta 1.8**

¿Qué tipos de voltaje o tensión medimos con el voltímetro en la Figura 1.13? ¿Y si se fundiera la lámpara?

**Nota:** sin tensión no hay circulación de corriente eléctrica, pero solo la presencia de tensión no genera obligatoriamente una corriente eléctrica (como en el caso de la lámpara fundida).

ACTIVIDAD **Propuesta 1.9**

Haz el esquema de los circuitos de las Figuras 1.9 y 1.13, con el instrumento de medida incluido.

## 1.3.5. Potencia

Cualquier bomba puede enviar aceite a un circuito. Pero, puestos a elegir, necesitamos saber qué caudal y a qué presión se realiza este envío. La bomba más potente sería la que mandara más caudal y a mayor presión, según la fórmula:

$$\text{potencia} = \text{caudal} \times \text{presión}$$

De igual manera, se puede decir para la electricidad:

$$\text{Potencia de un generador} = \text{fuerza electromotriz} \times \text{intensidad} = \text{f.e.m.} \times I$$

$$\text{Potencia de un receptor} = \text{caída de tensión} \times \text{intensidad} = \text{c.d.t.} \times I$$

El voltaje se medirá en voltios, la intensidad en amperios y la potencia en vatios.

Como múltiplos de la potencia tenemos:

$$1\ \text{CV} = 736\ \text{W}$$

$$1\ \text{kW} = 1000\ \text{W}$$

$$1\ \text{MW} = 1\,000\,000\ \text{W}$$

**Recuerda que...**

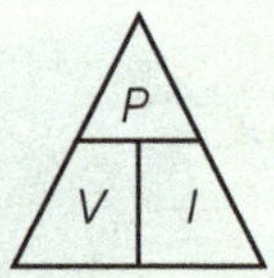


$$P\,(\text{W}) = V\,(\text{V}) \times I\,(\text{A})$$

$$V\,(V) = \frac{P\,(\text{W})}{I\,(\text{A})} \qquad I\,(A) = \frac{P\,(\text{W})}{V\,(\text{V})}$$

ACTIVIDAD **Resuelta 1.3**

Una bombilla eléctrica tiene las indicaciones siguientes: 35 W y 12 V. ¿Cuál es la intensidad de la corriente que pasa por ella?

**Solución**

De la fórmula de la potencia, $P = V \times I$, despejamos la intensidad: $I = \frac{P}{V}$ y nos queda que: $I = \frac{35\,(\text{vatios})}{12\,(\text{voltios})} = 2{,}92$ A.

ACTIVIDAD **Propuesta 1.10**

Un calentador-deshelador de 6 V utiliza una corriente de 15 A. Calcula su potencia.

ACTIVIDAD **Propuesta 1.11**

Una lámpara de luz de posición de 12 V consume 1,2 W. Calcula la intensidad.

ACTIVIDAD **Propuesta 1.12**

Una lámpara de moto consume una corriente de 1,25 A. Calcula la tensión a que trabaja, si consume 5 W.

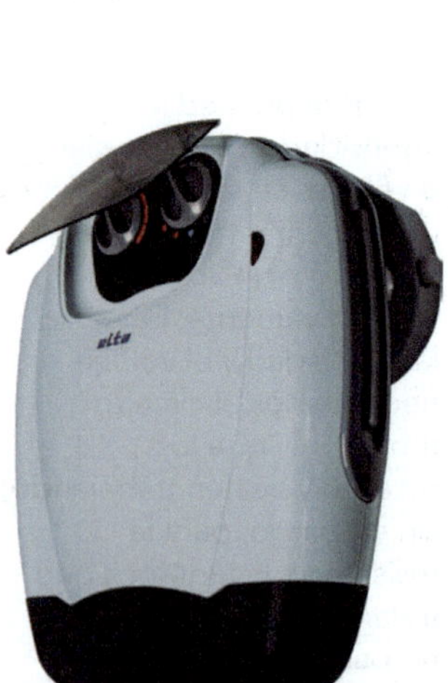

**Figura 1.14.** Calentador.

### 1.3.6. Energía o trabajo

Cualquier máquina, para desarrollar una potencia, necesita consumir una energía; y esta energía será mayor cuanta mayor potencia desarrolle y más tiempo esté funcionando, de tal manera que:

energía = potencia × tiempo

Si se expresa la potencia en vatios y el tiempo en segundos, tendremos la energía en julios.

Y si la potencia se expresa en kilovatios y el tiempo en horas, tendremos la energía en kilovatios × hora.

Y la relación entre ambos es la siguiente:

$$1 \text{ kW} \times \text{hora} = 1000 \text{ W} \times 3600 \text{ segundos} = 1000 \frac{\text{julios}}{\cancel{\text{segundo}}} \times 3600 \cancel{\text{segundos}}$$

**Sabías que...**

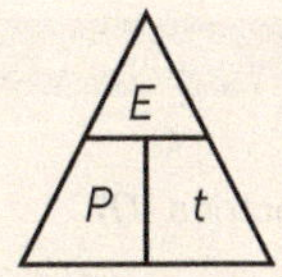


$$E(\text{J}) = P(\text{w}) \times t(\text{s})$$

$$P(\text{w}) = \frac{E(\text{J})}{t(\text{s})} \quad t(\text{s}) = \frac{E(\text{J})}{P(\text{W})}$$

$$E(\text{kW} \times \text{h}) = P(\text{kW}) \times t(\text{h})$$

$$P(\text{kw}) = \frac{E(\text{kW} \times \text{h})}{t(\text{h})}$$

$$t(\text{h}) = \frac{E(\text{kW} \times \text{h})}{P(\text{kW})}$$

#### ACTIVIDAD Resuelta 1.4

En una red de 230 voltios se instalan los siguientes elementos:

a) Una estufa de 1,5 kilovatios que funciona 2 horas al día.

b) Una cocina eléctrica de 2 kilovatios, que funciona 1 hora y 30 minutos al día.

c) Tres lámparas de 100 vatios cada una, y cinco lámparas de 60 vatios cada una, que se encienden durante 5 horas al día.

Calcula: el coste de electricidad consumida en un mes si el precio del kW × hora es de 0,10 €. (Consideramos un mes promedio de 30 días.)

**Solución**

| Receptores | Potencia (kW) | Tiempo (horas/día) | Energía $\left(\frac{\text{kW} \times \text{h}}{\text{día}}\right)$ |
|---|---|---|---|
| Estufa | 1,5 | 2 | 3 |
| Cocina eléctrica | 2 | 1,5 | 3 |
| Lámparas (60 W) | 0,06 × 5 = 0,3 | 5 | 1,5 |
| Lámparas (100 W) | 0,1 × 3 = 0,3 | 5 | 1,5 |
| TOTAL | 4,1 | | 9 |

Si el consumo en un día es de 9 (kW × hora) en un mes será:

$$9\left(\frac{\text{kW} \times \text{hora}}{\cancel{\text{día}}}\right) \times 30\left(\frac{\cancel{\text{días}}}{\text{mes}}\right) = 270\left(\frac{\text{kW} \times \text{hora}}{\text{mes}}\right)$$

Y si el kW × hora cuesta 0,1 euros, el coste de la electricidad en un mes será:

$$270\left(\frac{\cancel{\text{kW} \times \text{hora}}}{\text{mes}}\right) \times 0{,}1\left(\frac{\text{euros}}{\cancel{\text{kW} \times \text{hora}}}\right) = 27\left(\frac{\text{euros}}{\text{mes}}\right)$$

Figura 1.15. Cocina eléctrica.

Figura 1.16. Lámparas.

#### ACTIVIDAD Propuesta 1.13

Un alternador de coche proporciona una intensidad de 20 A a una fuerza electromotriz de 14,5 V. Calcula:

a) La potencia que desarrolla el alternador.

b) El trabajo o energía desarrollada por el alternador en tres horas (en kilovatios × hora).

#### ACTIVIDAD Propuesta 1.14

Un calentador de agua eléctrico de 750 W funciona 6 horas por semana. Calcula los kilovatios por hora que consume.

## 1.3.7. Resumen y equivalencia de las unidades

**Tabla 1.1. Unidades de las distintas magnitudes y la equivalencia entre ellas**

| Magnitud (símbolo) | Unidad (símbolo) | Equivalencias |
|---|---|---|
| Carga eléctrica (*Q*) | Culombio (C)<br>Electrón (ē)<br>Miliamperio × hora<br>Amperio × hora | 1 (C) = 6,25 × $10^{18}$ (ē)<br>1 (mA × hora) = 3,6 (C)<br>1 (A × hora) = 3600 (C) |
| Corriente<br>Intensidad (*I*) | Amperio (A)<br>Miliamperio (mA)<br>Microamperio (μA) | 1 (A) = 1000 (mA)<br>1 (A) = 1 000 000 (μA) |
| Resistencia (*R*) | Ohmio (Ω)<br>Kilohmio (kΩ)<br>Megaohmio (MΩ) | 1 (kΩ) = 1000 (Ω)<br>1 (MΩ) = 1 000 000 (Ω) |
| Voltaje (*V*)<br>Fuerza electromotriz (f.e.m.)<br>Caída de tensión (c.t.)<br>Diferencia de potencial (d.d.p.) | Voltio (V)<br>Kilovoltio (kV)<br>Milivoltio (mV) | 1 (kV) = 1000 (V)<br>1 (V) = 1000 (mV) |
| Potencia (*P*) | Vatio (W)<br>Kilovatio (kW)<br>Caballo de vapor (CV)<br>Megavatio (MW) | 1 (kW) = 1000 (W)<br>1 (CV) = 736 (W)<br>1 (MW) = 1 000 000 (W) |
| Energía (*E*)<br>Trabajo (*T*) | Julio (J)<br>Kilovatio × hora (kW × h) | 1 (kW × h) = 3 600 000 (J) |

### ACTIVIDAD **Resuelta 1.5**

Realiza la conversión de 7 000 000 W a CV.

**Solución**

Sabemos que 1 CV = 736 W.

Si 736 W ——— 1 CV

700 000 W ——— *X* CV

de donde:

$$X = \frac{700\,000\ (\text{vatios}) \times 1\ (\text{CV})}{736\ (\text{vatios})} = 951\ (\text{CV})$$

### ACTIVIDAD **Propuesta 1.15**

Pasa a amperios las siguientes cantidades:

34 000 mA

340 000 μA

### ACTIVIDAD **Propuesta 1.16**

Pasa a ohmios las siguientes cantidades:

34 kΩ

0,0145 MΩ

### ACTIVIDAD **Propuesta 1.17**

Pasa a miliamperios las siguientes cantidades:

0,0351 A

3150 μA

## 1.4. Leyes de la electricidad

La relación entre las distintas magnitudes eléctricas es fundamental para el estudio de la electricidad, lo que nos prepara para prever, calcular y conocer las características de cualquier circuito o componente eléctrico.

### 1.4.1. Ley de Ohm

Los tres valores básicos que definen una corriente eléctrica, intensidad, voltaje o caída de tensión y resistencia, quedan íntimamente relacionados entre sí, de forma que la variación experimentada por uno de estos factores repercute en los otros dos, lo que produce nuevas variaciones en ellos.

Consideremos el circuito de la Figura 1.17, formado por una fuente de alimentación regulable, en la que se puede modular la f.e.m. entre 0 y 12 voltios, una resistencia ($R = 10\ \Omega$) y un voltímetro y un amperímetro con los que medir la caída de tensión y la intensidad de la resistencia. Si regulamos la f.e.m. a 2 V, vemos que la intensidad es de 0,2 A. Si doblamos la f.e.m., es decir, a 4 voltios, la intensidad también se duplica a 0,4 amperios y si la triplicamos a 6 voltios, la intensidad se incrementa proporcionalmente a 0,6 amperios.

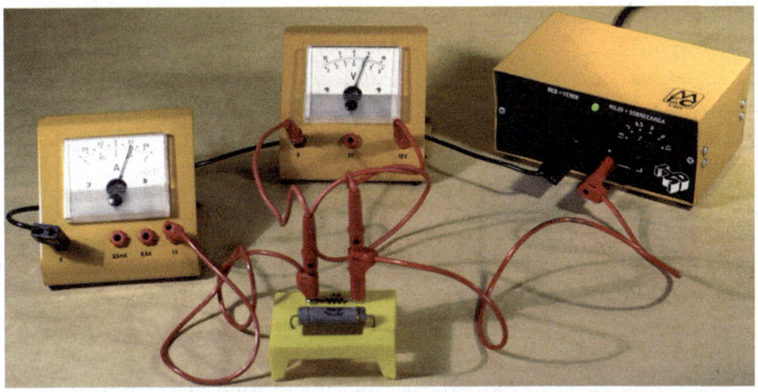

**Figura 1.17.** Comprobación de la ley de Ohm.

$$\frac{\text{c.d.t.}}{I} = \frac{2\ \text{V}}{0{,}2\ \text{A}} = \frac{4\ \text{V}}{0{,}4\ \text{A}} = \frac{6\ \text{V}}{0{,}6\ \text{A}} = \ldots = R = 10\ \Omega = \text{constante}$$

Por tanto, el cociente de dividir la caída de tensión en una resistencia por la intensidad que pasa por ella se mantiene constante y equivale al valor de dicha resistencia.

Estas experiencias se plasman en la ley de Ohm, que dice: «El valor de una resistencia es igual a la caída de tensión que se produce entre sus extremos, dividida por la intensidad que circula por ella»:

$$R = \frac{\text{c.d.t.}}{I}$$

donde damos el voltaje en voltios y la intensidad en amperios para obtener la resistencia en ohmios. De la expresión anterior deducimos otras dos:

$$I = \frac{\text{c.d.t.}}{R}\ \text{(I)}$$

$$\text{c.d.t.} = I \times R\ \text{(II)}$$

Cuando hablamos de resistencias nos referimos, en general, a cualquier consumidor de corriente, como pueden ser lámparas, motores eléctricos o cualquier otro, ya que estos se comportan como una resistencia a efectos del cálculo en un circuito. Consideramos su valor en ohmios constante, independientemente de la tensión o la corriente que pase por ella, y despreciamos la variación de la resistencia con la temperatura.

Sabías que...?

Podemos deducir cualquiera de las tres expresiones valiéndonos del siguiente triángulo:

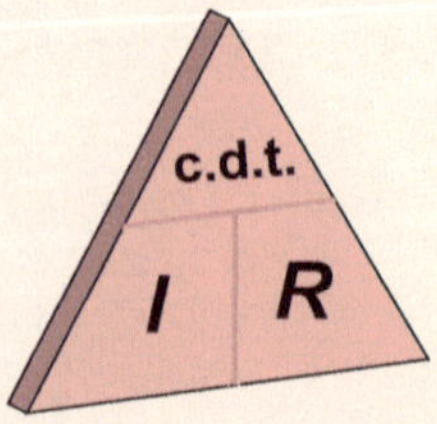


La variable c.d.t. que está en el vértice de arriba es igual al producto de las dos que están debajo. Y cualquiera de estas dos es igual a c.d.t. partida por la otra que está debajo.

Estas expresiones relacionan entre sí la caída de tensión, la intensidad y la resistencia. Y nos permiten calcular una de ellas conocidas las dos restantes.

En el Apartado 1.3.5, vimos que:

Potencia de un receptor = caída de tensión × intensidad

$$P = \text{c.d.t.} \times I$$

De donde, si sustituimos la intensidad o el voltaje de las dos expresiones anteriores, de la ley de Ohm:

$$\text{De la expresión (I) } P = \text{c.d.t.} \times \left(\frac{\text{c.d.t.}}{R}\right) = \frac{\text{c.d.t.}^2}{R}$$

$$\text{De la expresión (II) } P = (I \times R) \times I = I^2 \times R$$

Expresiones que nos permiten calcular la potencia según los datos disponibles.

ACTIVIDAD **Resuelta 1.6**

Conectamos a un generador de f.e.m. 4 V una resistencia de 2 Ω. ¿Qué corriente pasará por esta?

**Solución**

De le ley de Ohm, tenemos que:

$$I = \frac{V}{R} = \frac{4\ \text{(voltios)}}{2\ (\Omega)} = 2\ \text{A}$$

Recuerda que...

La ley de Ohm dice: «El valor de una resistencia es igual a la caída de tensión existente entre sus extremos dividida por la intensidad que circula por ella:

$R = \dfrac{\text{c.d.t.}}{I}$».

ACTIVIDAD **Propuesta 1.18**

Una lámpara portátil, que tiene una resistencia de 440 Ω, está alimentada a una tensión de 220 V. ¿Qué corriente consume?

ACTIVIDAD **Propuesta 1.19**

¿Cuál es la resistencia de un circuito que absorbe 2 A alimentado a una tensión de 24 V?

ACTIVIDAD **Propuesta 1.20**

¿Qué tensión debe ser aplicada a un electroimán de 1,2 Ω de resistencia para obtener una intensidad de 20 A?

ACTIVIDAD **Propuesta 1.21**

Tenemos una lámpara de 220 V y 60 W, ¿qué resistencia tendrá?

## 1.4.2. Leyes de Kirchhoff

Cuando en un circuito existen derivaciones, aparecen lo que llamamos **nudos.** Estos nudos son los puntos de empalme de los distintos ramales derivados. De la misma forma que en una instalación conductora de agua encontramos tuberías que derivan de la conducción principal con el fin de distribuir la corriente de agua a distintos puntos de consumo, en los circuitos eléctricos encontramos puntos de derivación de los que arrancan nuevos conductores, que son los nudos.

La corriente, al alcanzar un nudo, debe distribuirse por los distintos ramales y en esta distribución, forzosamente, se alteran los valores de la intensidad y del voltaje. Estas variaciones quedan estudiadas y controladas gracias a las leyes de Kirchhoff.

## Ley de corriente de Kirchhoff

En todo nudo de una red de conductores se cumple que la suma de las intensidades que se dirigen a él es igual a la suma de las intensidades que de él salen. Si en un nudo confluyen cuatro conductores, por ejemplo, y si dos de las intensidades ($I_1$ e $I_4$) se dirigen a él, la suma $I_1 + I_4$ será igual a la suma de las intensidades $I_2 + I_3$ que se alejan del nudo. Lo que resulta: $I_1 + I_4 = I_2 + I_3$.

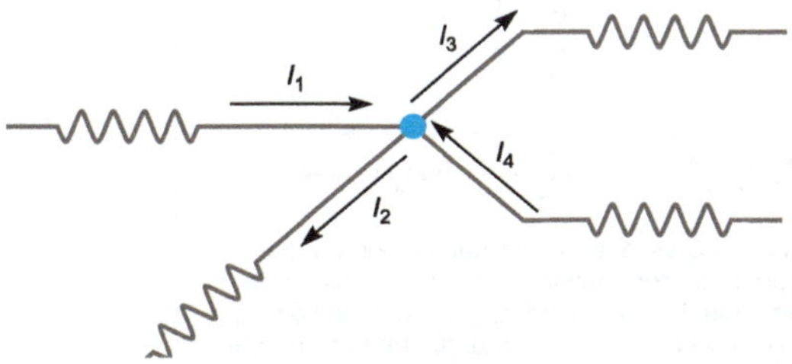


Suma de intensidades que van hacia el nudo: $I_1 + I_4$.
Suma de intensidades que se alejan del nudo: $I_2 + I_3$.
Se cumple que: $I_1 + I_4 = I_2 + I_3$.

**Figura 1.18.** Ley de corrientes de Kirchhoff.

### ACTIVIDAD **Resuelta 1.7**

Consideremos este circuito con cuatro nudos. En él tenemos tres intensidades conocidas y cinco intensidades desconocidas. Vamos a calcular $I_1$, $I_2$, $I_3$, $I_4$ e $I_5$.

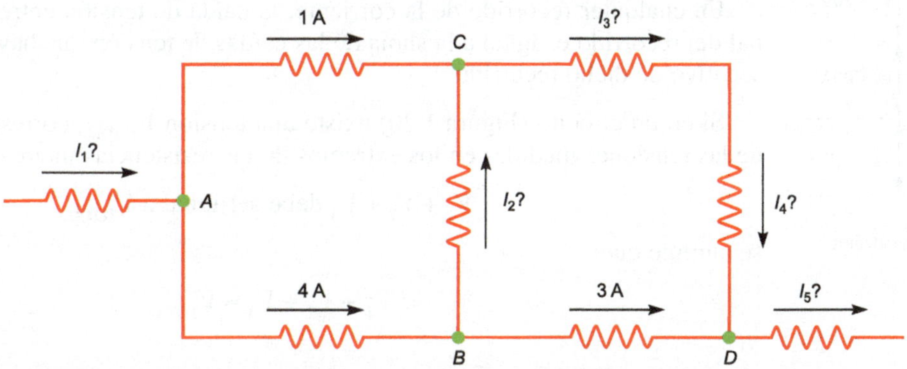


**Figura 1.19.**

**Solución**

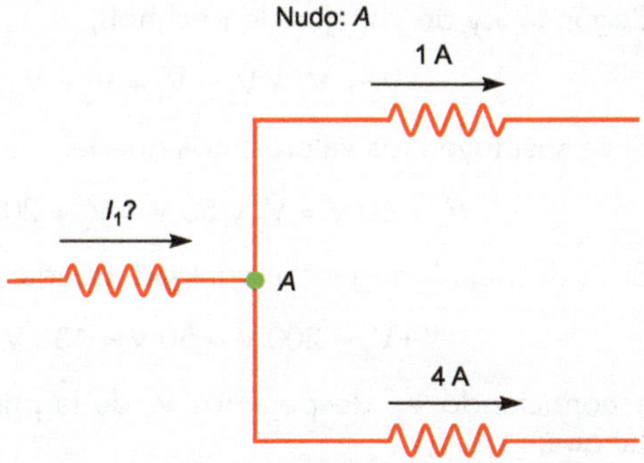


De este nudo salen dos intensidades conocidas y entra $I_1$ que desconocemos. La suma de las que salen debe ser igual a la suma de las que entran; en este caso una sola. 1 A + 4 A = 5 A. Luego la intensidad $I_1$ es igual a 5 amperios.

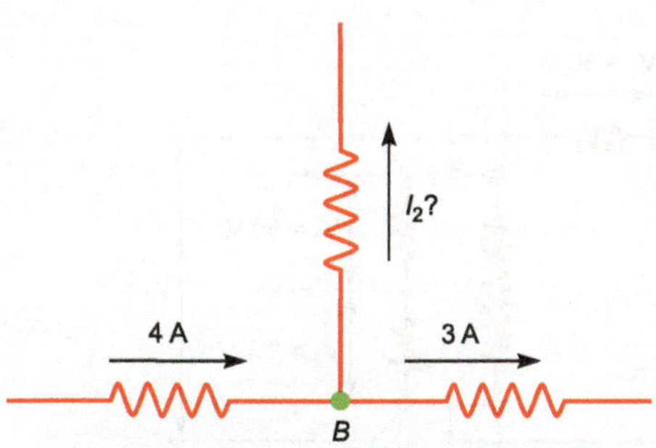


En este nudo entra una corriente de 4 A y salen otra de 3 A y otra, $I_2$, desconocida. Se cumplirá que la suma de las intensidades que se dirigen al nudo será igual a la suma de las intensidades que salen; en este caso será: 4 A = $I_2$ + 3 A. Y la intensidad $I_2$ = 4 A – 3 A = 1 A.

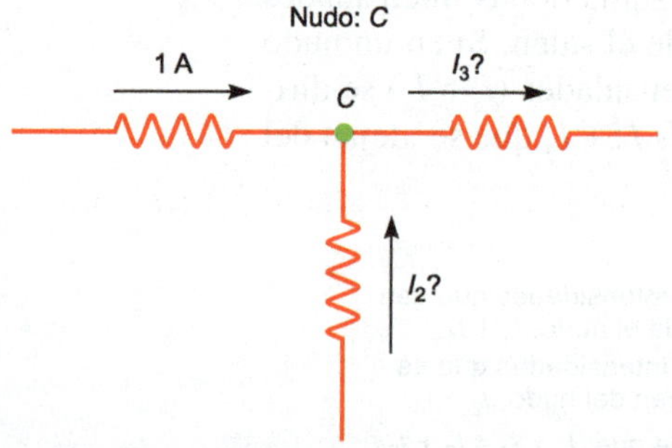


En el nudo C encontramos dos intensidades conocidas, $I_1$ de 1 A e $I_2$, también de 1 A. Esta última correspondiente a $I_2$, que acabamos de calcular. Son las intensidades que entran en el nudo, por tanto, el valor de la que sale será: $I_3 = 1\text{ A} + 1\text{ A} = 2\text{ A}$.

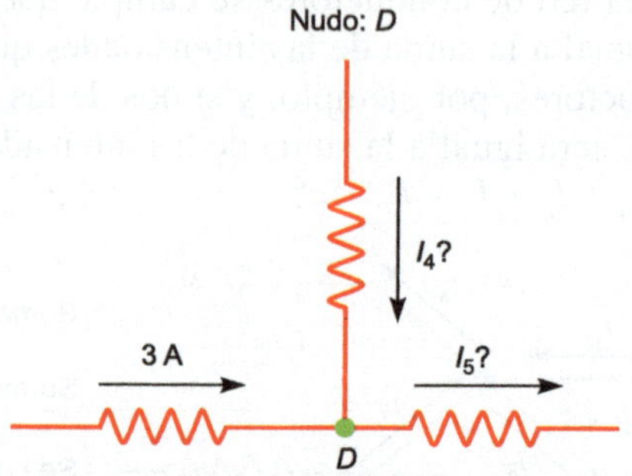


Intensidad $I_4$ será la misma que $I_3$; puesto que tratándose de dos resistencias en serie sin nudo intermedio, la intensidad no sufrirá variación. Por tanto, en el nudo *D* se cumplirá que entran unas intensidades de 3 A y 2 A, y sale una intensidad $I_5 = 3\text{ A} + 2\text{ A} = 5\text{ A}$.

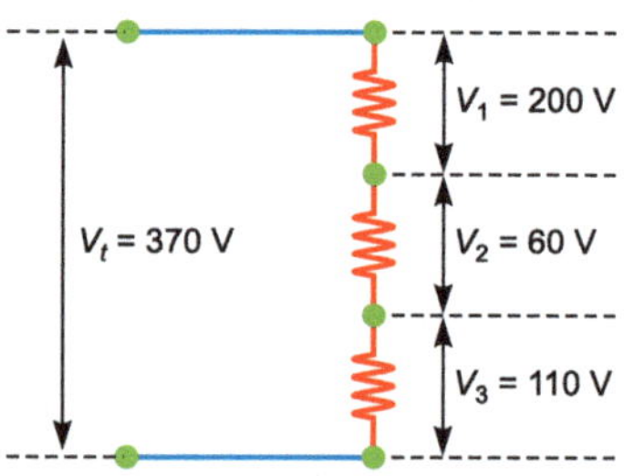


**Figura 1.20.** Ley de voltajes de Kirchhoff.

## Ley de voltaje de Kirchhoff

En cualquier recorrido de la corriente, la caída de tensión entre el principio y el final del recorrido es igual a la suma de las caídas de tensión que hay en cada tramo consecutivo de dicho recorrido.

Si en un circuito (Figura 1.20) existe una tensión $V_{TOTAL}$, correspondiente a la suma de las tensiones medidas en los extremos de las resistencias intercaladas, que será:

$$V_1 + V_2 + V_3 \text{ debe ser igual a } V_{TOTAL}$$

se cumple que:

$$V_1 + V_2 + V_3 = V_{TOTAL}$$

### ACTIVIDAD **Resuelta 1.8**

Dado el siguiente circuito, calcula las caídas de tensión $V_2$ y $V_4$.

**Solución**

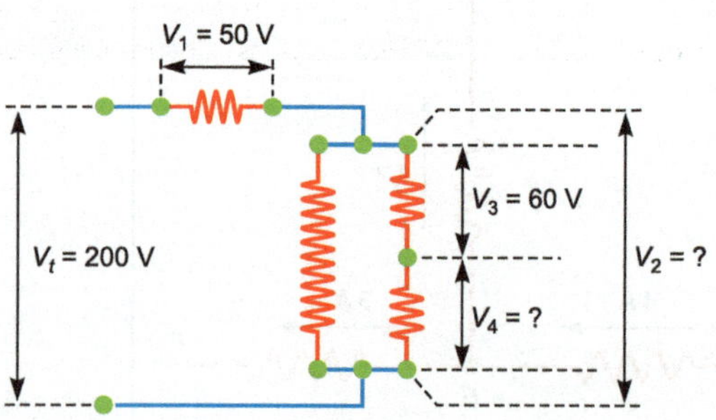


**Figura 1.21.**

Según la ley de voltajes de Kirchhoff,

$$V_4 + V_3 = V_2 \text{ y } V_1 + V_2 = V_t$$

Si se sustituyen los valores, nos queda:

$$V_4 + 60\text{ V} = V_2 \text{ y } 50\text{ V} + V_2 = 200\text{ V}$$

Si se despeja la segunda igualdad, queda:

$$+V_2 = 200\text{ V} - 50\text{ V} = 150\text{ V}$$

Y conociendo $V_2$, despejamos $V_4$ de la primera igualdad, tal que:

$$V_4 = 150\text{ V} - 60\text{ V} = 90\text{ V}$$

## ACTIVIDAD **Resuelta 1.9**

Una lámpara de 4 V consume 0,5 A. Si se desea emplearla a una tensión de 6 V, ¿qué resistencia adicional en serie hay que utilizar? Dibuja el esquema de la instalación.

**Solución**

Si conectamos directamente a una batería de 6 voltios una lámpara de 4 voltios, esta se fundiría. La única forma de conectarla es intercalando una resistencia en serie, en la que haya una caída de tensión, de tal manera que en la lámpara queden los 4 voltios restantes.

$$V_{batería} = V_{resistencia} + V_{lámpara}$$

$$V_{resistencia} = V_{batería} - V_{lámpara}$$

$$V_{resistencia} = 6\ V - 4\ V = 2\ V$$

Y puesto que la intensidad que pasa por la lámpara, 0,5 A, es la misma que la que pasa por la resistencia, tenemos que:

$$R = \frac{V}{I} = \frac{2\ \text{(voltios)}}{0{,}5\ \text{(amperios)}} = 4\ \Omega$$

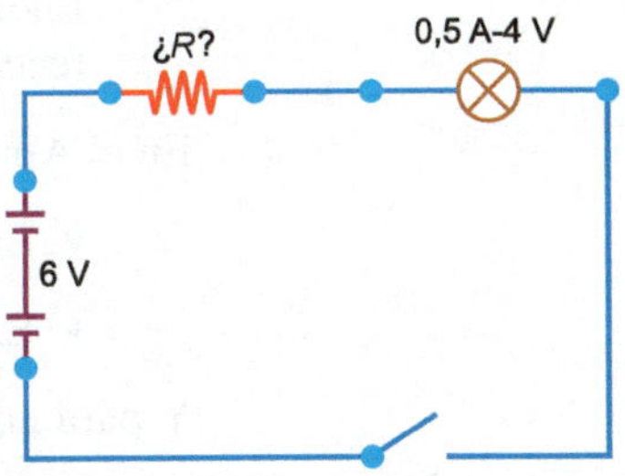


**Figura 1.22.** Esquema de instalación.

## ACTIVIDAD **Propuesta 1.22**

Dado el siguiente circuito, calcula las intensidades parciales que circulan por cada una de las dos resistencias y la intensidad total.

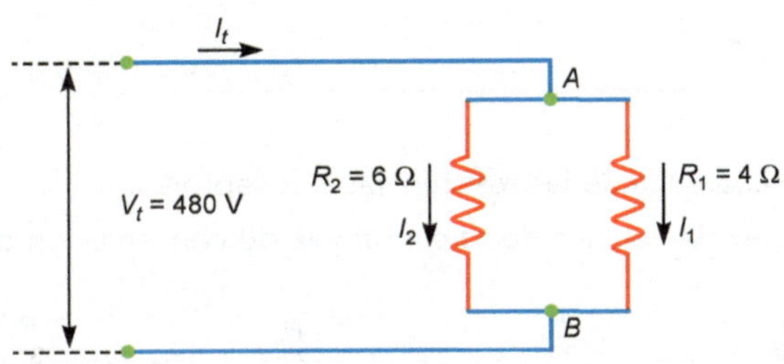


**Figura 1.23.**

## ACTIVIDAD **Propuesta 1.23**

Aplicando las leyes de Kirchhoff y de Ohm, calcula los valores de las caídas de tensión y las corrientes que faltan:
**Nota:** consulta la Síntesis al final de la unidad.

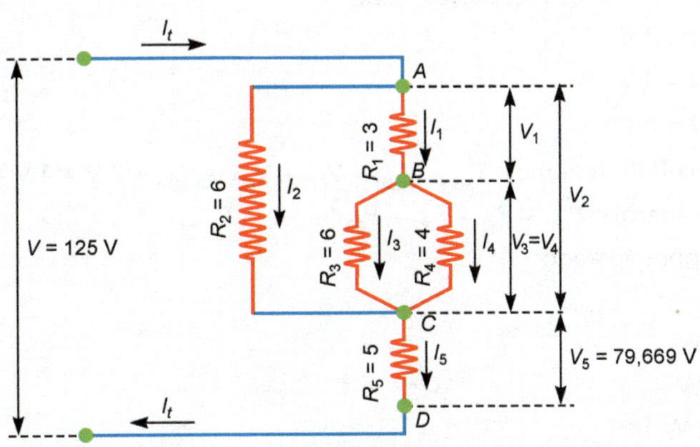


**Figura 1.24.**

### 1.4.3. Ley de conservación de la energía

En la naturaleza, la energía se manifiesta de distintas formas: térmica, química, eléctrica, mecánica, etc., estableciéndose una equivalencia entre todas, que permite transformar un tipo a otro. En consecuencia, esta ni se crea ni se destruye, solo se transforma.

Si lo aplicamos a un circuito eléctrico, la energía que produce el generador será igual a la suma de las energías que consumen los receptores, es decir:

Energía generador = energía receptor (1) + energía receptor (2) +... ...+ energía receptor ($n$) (I)

En el Apartado 1.3.6 se ha visto que:

- Energía de un generador = potencia del generador × tiempo.
- Energía de un receptor = potencia del receptor × tiempo.

Y para un tiempo ($t$), cualquiera, en la expresión (I) anterior nos queda:

Potencia generador × $t$ = potencia receptor (1) × $t$ + potencia receptor (2) × $t$ + + … + potencia receptor ($n$) × $t$

Si eliminamos el factor tiempo, al ser el mismo en todos los términos de la igualdad:

Potencia generador = potencia receptor (1) + potencia receptor (2) + … + + potencia receptor ($n$)

El principio de conservación de la energía implica la conservación de la potencia.

**ACTIVIDAD Resuelta 1.10**

Dado el siguiente circuito:

a) Calcula la caída de tensión en cada una de las resistencias o receptores.

b) Comprueba que se cumple la ley de voltajes de Kirchhoff y la de conservación de la energía o potencia.

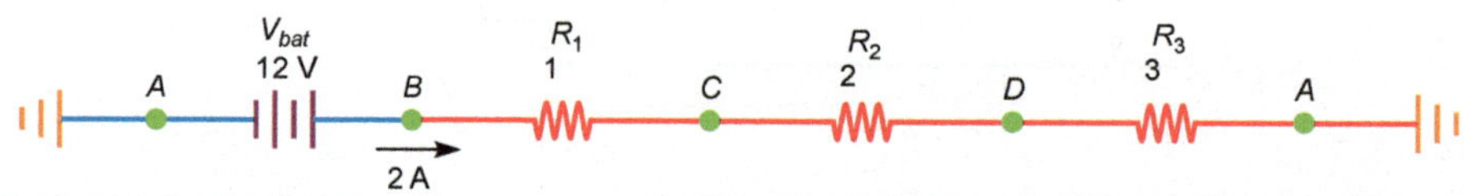


Figura 1.25.

**Solución**

a) La caída de tensión, en cada uno de los receptores, será:

$V_{BC} = V_1 = I \times R_1 = 2\ A \times 1\ \Omega = 2\ V$

$V_{CD} = V_2 = I \times R_2 = 2\ A \times 2\ \Omega = 4\ V$

$V_{DA} = V_3 = I \times R_3 = 2\ A \times 3\ \Omega = 6\ V$

b) Para la ley de voltajes de Kirchhoff, tenemos: $V_{AB} = V_{bat} = V_{BC} + V_{CD} + V_{DA} = 2\ V + 4\ V + 6\ V = 12\ V$.

Y para la conservación de la energía: $P_{bat} = P_{R1} + P_{R2} + P_{R3}$ (I).

Si calculamos cada término por separado:

$P_{bat} = 12\ V \times 2\ A = 24\ W$

$P_{R1} = V_1 \times I = 2\ V \times 2\ A = 4\ W$

$P_{R2} = V_2 \times I = 4\ V \times 2\ A = 8\ W$

$P_{R3} = V_3 \times I = 6\ V \times 2\ A = 12\ W$

Y si sustituimos en la igualdad (I): $P_{bat} = 4\ W + 8\ W + 12\ W = 24\ W$.

**ACTIVIDAD Propuesta 1.24**

Dado el siguiente circuito:

a) Calcula la corriente que pasa por cada una de las resistencias o receptores.

b) Comprueba que se cumple la ley de conservación de la energía o potencia.

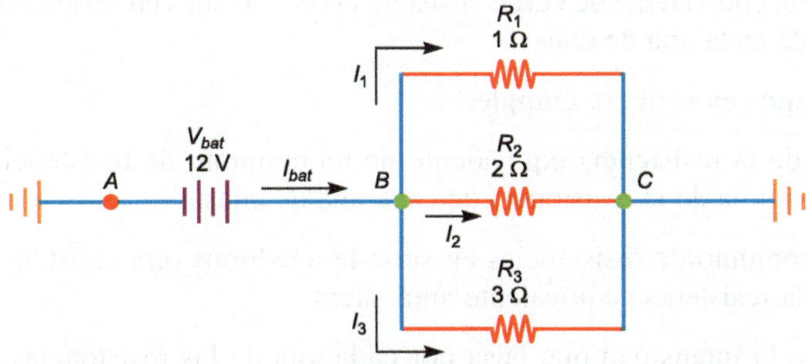


Figura 1.26.

## 1.5. Acoplamiento de resistencias

Cuando entre dos puntos se intercala un conjunto de resistencias, estas se pueden sustituir por una sola resistencia que haga el mismo efecto, a la que llamaremos **resistencia equivalente.**

No olvidemos que cuando hablamos de resistencias nos referimos, en general, a cualquier consumidor de corriente, ya que este se comporta como una resistencia a efectos del cálculo en un circuito.

**Recuerda que...**

Dos resistencias están en serie cuando están en cadena.

Una, y solo una, empieza donde acaba la anterior.

De cada nudo solo salen la resistencia que termina y la que empieza.

### 1.5.1. Acoplamiento de resistencias en serie

Se dice que varios componentes de un circuito están conectados **en serie** cuando se disponen uno a continuación de los otros y pasa por ellos la misma intensidad, tal como muestra la Figura 1.27.

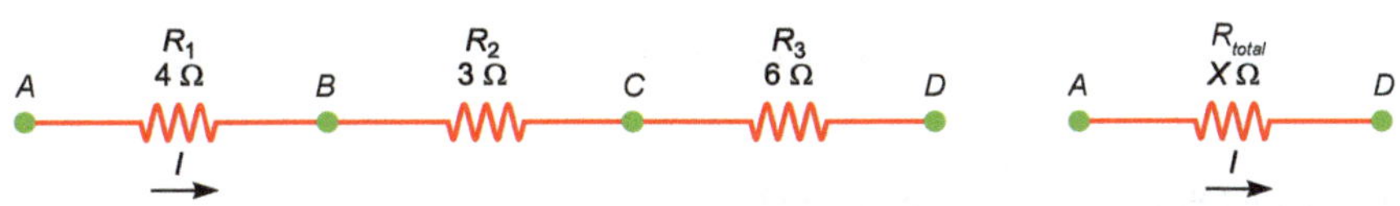


Figura 1.27. Resistencias conectadas en serie.

Si aplicamos la ley de voltajes de Kirchhoff, tenemos:

$$V_{AB} + V_{BC} + V_{CD} = V_{AD}$$

De la ley de Ohm:

$$V_{AB} = I \times R_1\text{, nos queda:}$$

$$I \times R_1 + I \times R_2 + I \times R_3 = I \times R_T$$

Y sacando el factor común $I$:

$$I \times (R_1 + R_2 + R_3) = I \times R_T$$

De donde se deduce que:

$$R_T = R_1 + R_2 + R_3 = 4\ \Omega + 3\ \Omega + 6\ \Omega = 13\ \Omega$$

La resistencia equivalente de varias resistencias conectadas en serie es igual a la suma de los valores de cada una de ellas.

En los circuitos en serie, se cumple:

- El valor de la resistencia equivalente de un conjunto de resistencias en serie es igual a la suma de la resistencia de cada una de ellas.
- Si a un conjunto de resistencias en serie le añadimos otra resistencia en serie, el valor de la resistencia equivalente aumentará.
- Dado que la intensidad que pasa por cada una de las resistencias en serie es la misma, la caída de tensión en cada una de ellas será proporcional a su valor óhmico.

## 1.5.2. Acoplamiento de resistencias en paralelo

Se dice que varios componentes de un circuito están conectados en paralelo cuando todos parten de un mismo nudo y llegan a otro mismo nudo, siendo la caída de tensión en todos la misma, tal como se muestra en la Figura 1.28.

**Recuerda que...**

Dos o más resistencias están en paralelo cuando forman una escalera.

Todas empiezan en un mismo nudo, solo uno, y acaban en otro mismo nudo, también solo uno.

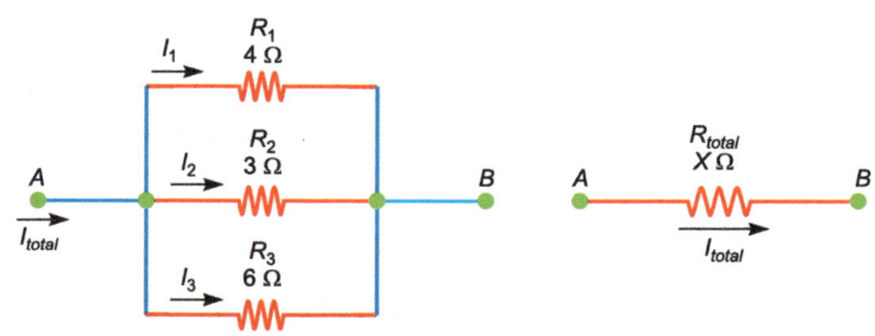


**Figura 1.28.** Resistencias conectadas en paralelo.

Si aplicamos la ley de corrientes de Kirchhoff, tenemos:

$$I_1 + I_2 + I_3 = I_{total}$$

De la ley de Ohm, $I_1 = \dfrac{V_{AB}}{R_1}$, nos queda:

$$\frac{V_{AB}}{R_1} + \frac{V_{AB}}{R_2} + \frac{V_{AB}}{R_3} = \frac{V_{AB}}{R_{total}}$$

Y sacando el factor común $V_{AB}$, tenemos:

$$V_{AB}\left(\frac{1}{R_1} + \frac{1}{R_2} + \frac{1}{R_3}\right) = \frac{V_{AB}}{R_{total}} = V_{AB}\frac{1}{R_{total}}$$

De donde se deduce que:

$$\frac{1}{R_{total}} = \frac{1}{R_1} + \frac{1}{R_2} + \frac{1}{R_3} = \frac{1}{4\ \Omega} + \frac{1}{3\ \Omega} + \frac{1}{6\ \Omega}$$

La resistencia equivalente de varias conectadas en paralelo es tal que su inversa es igual a la suma de las inversas de cada una de ellas.

Cuando sumemos solamente dos resistencias en paralelo, tenemos como equivalente:

$$\frac{1}{R_{total}} = \frac{1}{R_1} + \frac{1}{R_2}$$

Si sumamos los quebrados del segundo término:

$$\frac{1}{R_{total}} = \frac{R_1 + R_2}{R_1 \times R_2}$$

Si invertimos los dos términos, la igualdad se mantiene y tenemos una expresión más fácil para calcular dos resistencias en paralelo, tal que:

$$R_{total} = \frac{R_1 \times R_2}{R_1 + R_2} = \frac{4\ (\Omega) \times 3\ (\Omega)}{4\ (\Omega) + 3\ (\Omega)} = 1{,}71\ \Omega \text{ (I)}$$

Cuando sumemos más de dos resistencias en paralelo y queramos usar la expresión anterior, no vale:

$$R_{123} = \frac{R_1 \times R_2 \times R_3}{R_1 + R_2 + R_3}$$

Sino que sumaremos dos de ellas con la expresión (I), y a la equivalente de estas dos le sumaremos la siguiente, también con la expresión (I).

$$R_{123} = \frac{R_{12} \times R_3}{R_{12} + R_3} = \frac{1{,}71\ (\Omega) \times 6\ (\Omega)}{1{,}71\ (\Omega) + 6\ (\Omega)} = 1{,}33\ \Omega$$

Y así, escalonadamente, hasta sumarlas todas.

En los circuitos en paralelo, se cumple:

- La resistencia equivalente de un conjunto de resistencias en paralelo es siempre menor que el valor de la más pequeña.
- Si a un conjunto de resistencias en paralelo le añadimos otra, también en paralelo, la resistencia equivalente disminuye.
- Dado que la caída de tensión en todas es la misma, la intensidad que pasa por cada una de ellas es mayor cuanto menor sea el valor de las resistencias.
- Para el caso particular de que las resistencias en paralelo sean todas iguales, la equivalente es igual al valor de una de ellas dividido por el número de resistencias.

**Recuerda que...**

Cuando a un conjunto de resistencias en serie añadimos otra, también en serie, la resistencia equivalente aumenta; cuando a un conjunto de resistencias en paralelo añadimos otra, también en paralelo, la resistencia equivalente disminuye, y siempre tendrá como mucho el valor de la más pequeña.

## 1.5.3. Resistencias en conexión mixta

Es una combinación de las anteriores, formadas al conectar varias resistencias en serie y otras en paralelo.

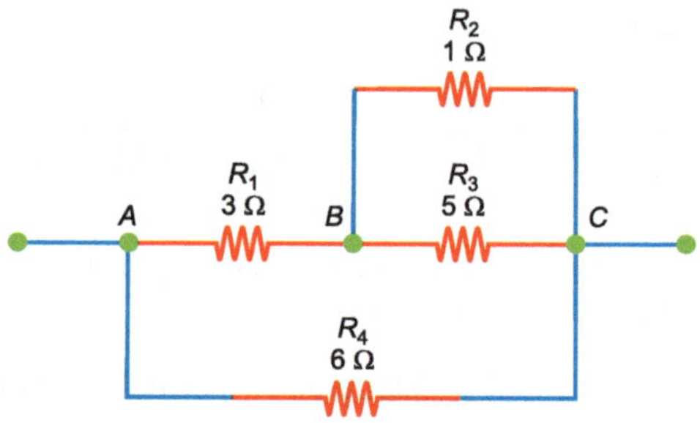


**Figura 1.29.** Circuito mixto.

La resistencia equivalente se calcula desglosándola en uno o más conjuntos de un solo tipo de conexionado; se pueden calcular las equivalentes parciales hasta que llegamos a dos resistencias en serie o paralelo, cuya equivalente será la equivalente total.

## ACTIVIDAD **Resuelta 1.11**

Calcula la resistencia equivalente de las siguientes resistencias conectadas en paralelo.

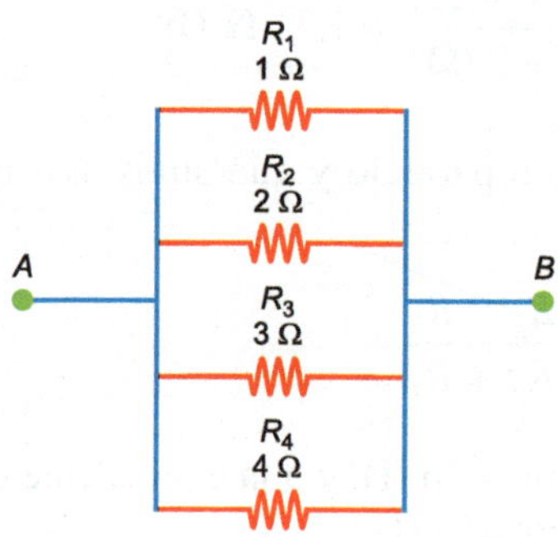


**Figura 1.30.**

**Solución**

Sumamos las resistencias de 1 Ω y 2 Ω, tal que:

$$R_{12} = \frac{1 \times 2}{1 + 2} = 0{,}66\ \Omega$$

A esta equivalente le sumamos la de 3 Ω, también en paralelo, tal que:

$$R_{123} = \frac{0{,}66 \times 3}{0{,}66 + 3} = \frac{1{,}98}{3{,}66} = 0{,}54\ \Omega$$

Y a esta le sumamos la de 4 Ω, en paralelo, tal que:

$$R_{1234} = R_{total} = \frac{0{,}54 \times 4}{0{,}54 + 4} = 0{,}48\ \Omega$$

Y así se seguiría escalonadamente, de haber más resistencias en paralelo.

**Nota:** como vemos, el valor de la resistencia equivalente $R_{total}$ = 0,48 (Ω), es menor que el de la más pequeña $R_1$ = 1 (Ω).

## ACTIVIDAD **Resuelta 1.12**

Calcula la resistencia equivalente de las resistencias de la figura siguiente:

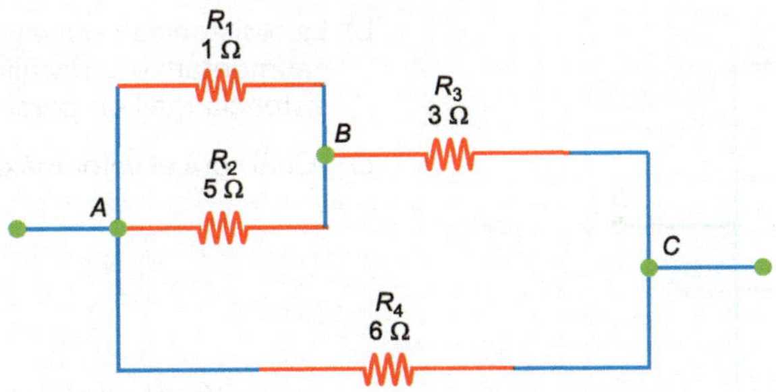


**Figura 1.31.**

**Solución**

Vemos que las resistencias de 1 Ω y 5 Ω están en paralelo y calculamos su resultante:

$$R_{12} = \frac{1 \times 5}{1 + 5} = 0{,}83\ \Omega$$

La resultante de estas dos está en serie con la de 3 Ω, tal que:

$$R_{123} = 0{,}83\ \Omega + 3\ \Omega = 3{,}83\ \Omega$$

Y finalmente la resultante de estas tres está en paralelo con la de 6 Ω, tal que:

$$R_{1234} = \frac{3{,}83 \times 6}{3{,}83 + 6} = 2{,}34\ \Omega$$

## ACTIVIDAD **Resuelta 1.13**

Dadas las siguientes resistencias en serie:

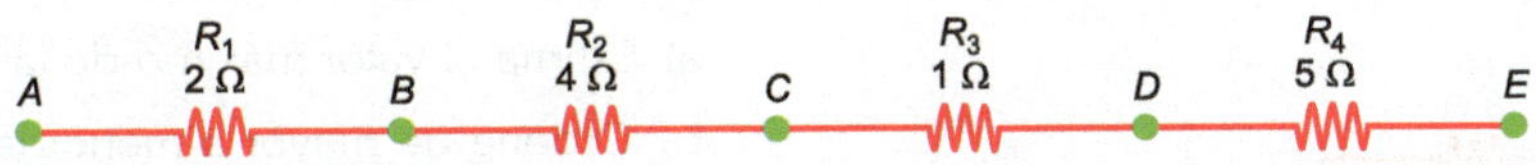


**Figura 1.32.**

a) Clasifica de mayor a menor, sin hacer cálculos, las caídas de tensión entre las distintas resistencias.

b) La resistencia equivalente y las caídas de tensión anteriores, ¿aumentarían o disminuirían si les añadiéramos otra resistencia más en serie? Partimos de la misma tensión total.

**Solución**

a) La caída de tensión que hay en cada una de ellas es, por la ley de Ohm, $V = I \times R$. Y puesto que la intensidad es la misma, al estar todas en serie, la caída de tensión será mayor para las resistencias mayores.

$$V_{DE} > V_{BC} > V_{AB} > V_{CD}$$

b) Si añadimos otra resistencia en serie, la resistencia equivalente aumentará el valor de la resistencia añadida, la intensidad que pasa por cada una de ellas disminuirá (al haber aumentado la resistencia) y, por tanto, todas las caídas de tensión en cada una de las primeras resistencias $V = I \times R$ disminuirán en la misma proporción, manteniéndose el orden de mayor a menor.

## ACTIVIDAD Resuelta 1.14

Dadas las siguientes resistencias en paralelo:

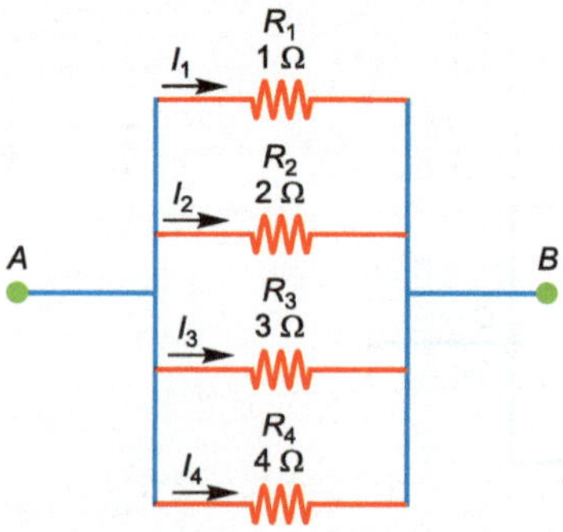


**Figura 1.33.**

a) Clasifica de mayor a menor, sin hacer cálculos, la corriente que pasa por cada una de ellas.

b) La resistencia equivalente y las intensidades anteriores, ¿aumentarían o disminuirían si les añadiéramos otra resistencia más en paralelo?

c) ¿Cuál será el valor máximo de la resistencia equivalente?

**Solución**

a) La corriente que pasa por cada rama es, por la ley de Ohm, $I = \frac{V_{AB}}{R}$, y puesto que la tensión $V_{AB}$ es la misma, al estar todas en paralelo, la intensidad será mayor cuanto menor sea el valor de la resistencia.

$$I_1 > I_2 > I_3 > I_4$$

b) Si se añade otra resistencia en paralelo, se añade otro camino al paso de la corriente y la resistencia equivalente disminuye, por lo que aumenta la intensidad total el valor de la intensidad que pasa por la resistencia añadida. Pero, como la tensión $V_{AB}$ es la misma, la corriente que pasa por cada una de las primeras resistencias $I = \frac{V}{R}$ se mantiene igual.

c) La resistencia equivalente de este conjunto de resistencias es menor que la más pequeña de todas ellas, en este caso, de 1 Ω. Si solo hubiera esta resistencia, sería de 1 Ω; al haber más, son como caminos adicionales que permiten el paso de más corriente y, por tanto, la resistencia equivalente será menor que 1.

## ACTIVIDAD Resuelta 1.15

Dado el siguiente circuito,

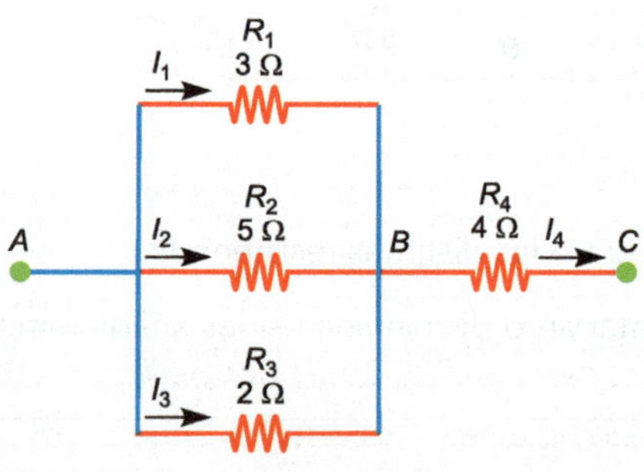


**Figura 1.34.**

Sin hacer ningún cálculo:

a) Estima el valor máximo de la resistencia equivalente.

b) Ordena de mayor a menor las intensidades que pasan por cada una de las ramas y las caídas de tensión entre los distintos nudos.

**Solución**

a) De las tres en paralelo, el valor máximo es el de la más pequeña, en este caso, 2 Ω, que si la sumamos en serie con la otra de 4 Ω, el valor máximo será de 6 Ω.

b) Como la corriente que pasa del punto *A* al *B* es la misma que la que pasa del *B* al *C*, esta será la total, en los dos casos. Y como la resistencia que hay entre *B* y *C* es mayor que la que hay entre *A* y *B*, tenemos que $V_{BC} > V_{AB}$. Y las intensidades irán de mayor a menor como sigue: $I_4 > I_3 > I_1 > I_2$.

## ACTIVIDAD **Propuesta 1.25**

Para los siguientes circuitos:

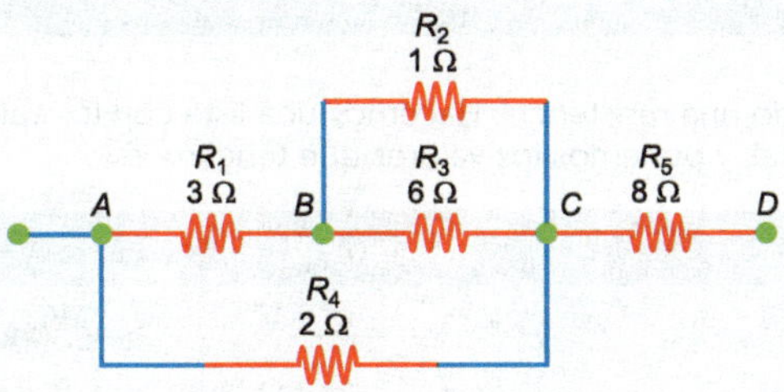


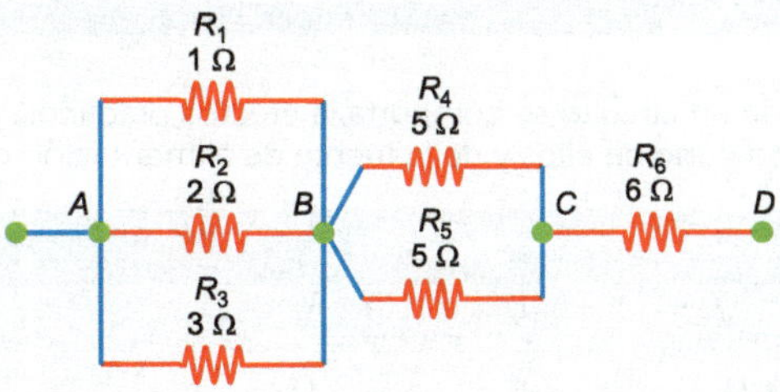


**Figura 1.35.**

Sin hacer cálculos:

a) Di cuál sería el valor máximo de la resistencia equivalente.

b) Ordena de mayor a menor las caídas de tensión en cada resistencia.

c) Aplica en cada nudo la ley de corrientes de Kirchhoff y ordena de mayor a menor sus corrientes.

## ACTIVIDAD **Propuesta 1.26**

Halla la resistencia equivalente de los siguientes circuitos:

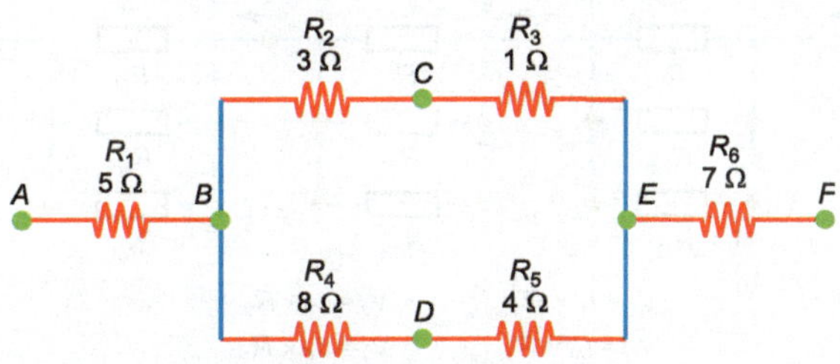


**Figura 1.36.**

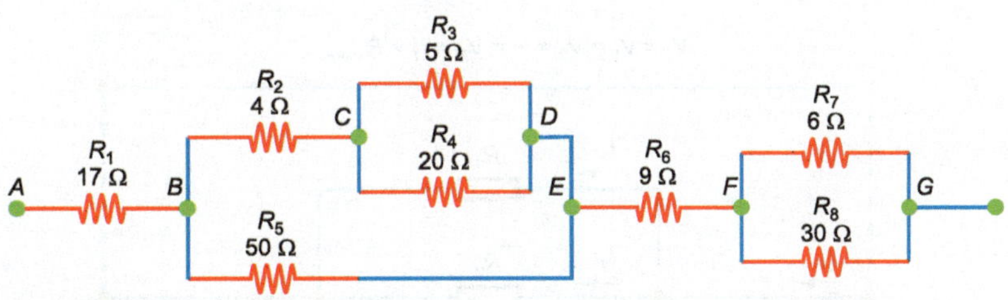


**Figura 1.37.**

## ACTIVIDAD **Propuesta 1.27**

En los circuitos de la actividad anterior, sin hacer ningún cálculo:

a) Estima el valor máximo de la resistencia equivalente.

b) Ordena de mayor a menor las intensidades que pasan por cada uno de los nudos. Aplica en cada una de las ramas la ley de voltajes de Kirchhoff y ordena de mayor a menor sus caídas de tensión.

# Síntesis

## RESOLUCIÓN DE CIRCUITOS ELÉCTRICOS

1. Cada receptor de un circuito se comporta, a efectos prácticos, como una resistencia. Hacemos una lista con los valores de ohmios: c.d.t, I y R de cada uno de ellos y de la fuente de alimentación o total, y ponemos los valores que tengamos.

| Receptor 1 | Receptor 2 | .......... | Receptor *N* | Batería |
|---|---|---|---|---|
| $V_1$=______ V | $V_2$=______ V | .......... | $V_N$=______ V | $V_{total}$=______ V |
| $R_1$=______ Ω | $R_2$=______ Ω | .......... | $R_N$=______ Ω | $R_{total}$=______ Ω |
| $I_1$=______ A | $I_2$=______ A | .......... | $I_N$=______ A | $I_{total}$=______ A |

Si de algún receptor o de la batería (o total) conocemos dos cualesquiera de esos valores despejamos el tercero por la ley de Ohm.

De conocer solo uno ($R_N$, $V_N$ o $I_N$) vemos la manera de deducir un segundo según se relacionan con los demás receptores (ley de voltajes o corrientes de Kirchhoff).

a) Si en un ramal un receptor, o conjunto de ellos, está en serie con otros la intensidad de este será la misma que la de los demás. La caída de tensión (c.d.t.) de cada uno será dicha intensidad multiplicada por sus respectivas resistencias, y la caída de tensión de todas la suma de la caída de tensión de cada una de ellas.

$$I_T = I_1 = I_2 = \cdots = I_N \qquad V_T = V_1 + V_2 + \cdots + V_N$$

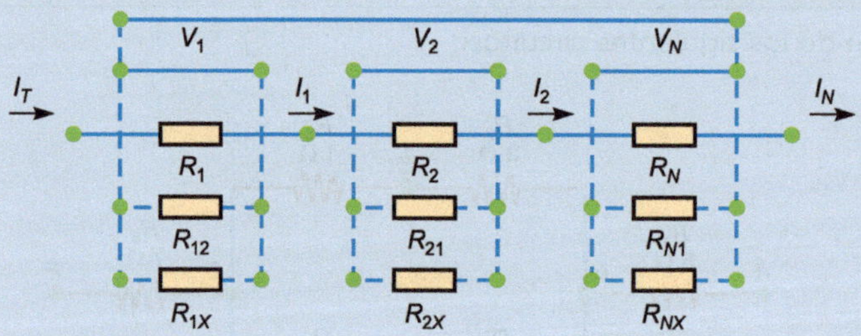


$$V_1 = I_1 \times R_{1\,equiv.} \qquad V_2 = I_2 \times R_{2\,equiv.}$$
$$V_N = I_N \times R_{N\,equiv.} \qquad V_T = I_T \times R_{total\,equiv.}$$

b) Si un receptor, o conjunto de ellos, está en paralelo con otros la c.d.t. de este será la misma que la de los demás. La corriente que pasa por cada uno de ellos será dicha c.d.t. dividida por sus respectivas resistencias equivalentes, y la intensidad total la suma de cada una de ellas.

$$V_T = V_1 = V_2 = \cdots = V_N = I_T \times R_{total\,equiv.}$$

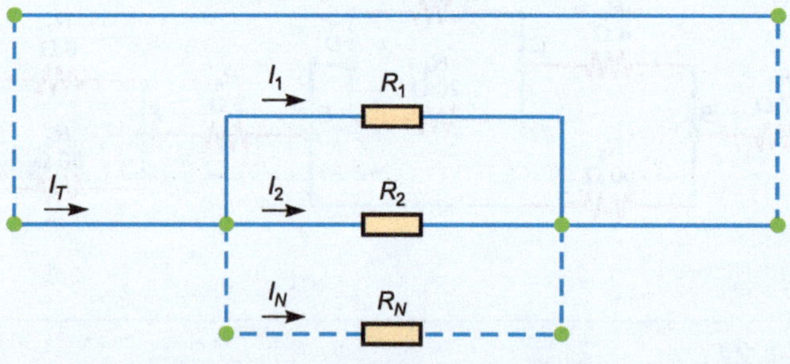


$$I_1 = V_T/R_1;\ I_2 = V_T/R_2;\ \ldots\ ;\ I_N = V_T/R_N$$
$$I_T = I_1 + I_2 + \ldots\ I_N$$

Una vez conocido el segundo, el tercero siempre lo podremos calcular con la ley de Ohm.

Vamos anotando todos los valores hasta donde podamos. Si no hemos podido completar todos los valores pasamos al siguiente punto.

2. Normalmente nos quedamos bloqueados en el punto anterior. Pero si conocemos el voltaje de la fuente o batería ($V_{total}$) podemos sumar las resistencias y calcular el valor de la $R_{total}$ y por la ley de Ohm obtenemos la $I_{total}$.

Una vez conozcamos $V_{total}$ e $I_{total}$ vemos cuáles de los receptores directamente conectados a la batería tendrían estos valores y los ponemos en la tabla anterior. Con esto rompemos el bloqueo del punto anterior y seguimos rellenando la tabla, hasta completarla.

# Actividades finales

## Responde

1. ¿Qué diferencias hay entre fuerza electromotriz, potencial, caída de tensión y diferencia de potencial? Pon ejemplos.
2. ¿En qué consiste la ley de Ohm?
3. ¿Explica en qué consisten las leyes de corriente y voltaje de Kirchhoff?

## Calcula

1. Calcula la carga eléctrica (en culombios) transportada por una corriente de 5 A en 12 minutos.
2. ¿Qué intensidad pasa por un conductor cuando pasan 8100 C en una hora?
3. ¿Qué carga eléctrica (en culombios) puede almacenar una batería si tiene una capacidad de 45 A × hora?
4. ¿Cuántos culombios de carga eléctrica se desplazan si una corriente de 300 mA dura 3 segundos?
5. Si un soldador tiene una potencia de 16 W, ¿qué intensidad le atraviesa cuando se conecta a la red de 240 V?
6. Un reproductor de CD de 40 W, ¿cuántas horas debería funcionar para consumir 1 kW × h?
7. En una vivienda funcionan los siguientes aparatos eléctricos a 230 voltios:
   a) Un televisor de 100 W durante 5 horas diarias.
   b) La nevera, de 125 W, una cuarta parte del tiempo.
   c) El lavavajillas, de 150 W, 1 hora diaria.
   d) 6 lámparas de 60 W cada una, durante 6 horas diarias.
   e) La lavadora, de 600 W, 2 horas cada dos días.

   Calcula:
   a) Los kW × hora que se consumen cada dos meses (consideramos el mes de 30 días).
   b) El coste de la energía, si el kW × hora se paga a 12 céntimos de euro.
   c) La potencia que tendríamos que solicitar a la compañía para que pudiera funcionar todo a la vez sin saltar el interruptor de control de potencia (ICP).
8. Si un faro antiniebla se alimenta a una tensión de 6 V y su intensidad es de 6 A, ¿cuál es su resistencia?
9. Calcula la resistencia de un conductor, si se sabe que al aplicar entre sus extremos una diferencia de potencial de 12 V, la corriente originada ha transportado 8100 culombios en una hora.
10. Calcula la caída de tensión producida por una corriente de 4 A en un hilo de 0,035 Ω.
11. Completa la siguiente tabla pasando las distintas cantidades de la misma magnitud, de unas unidades a otras o de múltiplos a submúltiplos.

| Magnitud | Cantidad | | |
|---|---|---|---|
| Carga | 10000 C | (A×h) | (mA×h) |
| | C | (A×h) | 4300 (mA×h) |
| | C | 0,0680 (A×h) | (mA×h) |
| Resistencia | 2400 Ω | kΩ | MΩ |
| | Ω | kΩ | 0,0245 MΩ |
| | Ω | 130 kΩ | MΩ |
| Intensidad | 0,0134 A | mA | μA |
| | A | mA | 140000 μA |
| | A | 135 mA | μA |
| Voltaje | 220 V | mV | kV |
| | V | mV | 0,0026 kV |
| | V | 12000 mV | kV |
| Potencia | 7000 W | kW | CV |
| | W | kW | 100 CV |
| | W | 0,73 kW | CV |
| Energía | 0,000037 kW×h | julios | |
| | kW×h | 18000 julios | |

12. Si una bobina del encendido está diseñada para trabajar con 60 W y 8 V, y disponemos de una batería de 12 V, ¿qué resistencia le debemos acoplar en serie para que no se nos queme?
13. ¿Es correcto colocar una resistencia de ¼ W y 1,2 kΩ en un circuito cuya tensión es 10 V?
14. En una instalación de 12 V se quiere conectar una lámpara que trabaja con una tensión de 6 V y consume 2,5 A. ¿Cuál será el valor de la resistencia adicional? Dibuja el esquema.

**15.** En el circuito de la figura la caída de tensión entre *A* y *B* es de 4 V, el amperímetro indica 3 A y la resistencia $R_2$ es de 2,75 Ω. Halla la caída de tensión y la resistencia total del circuito.

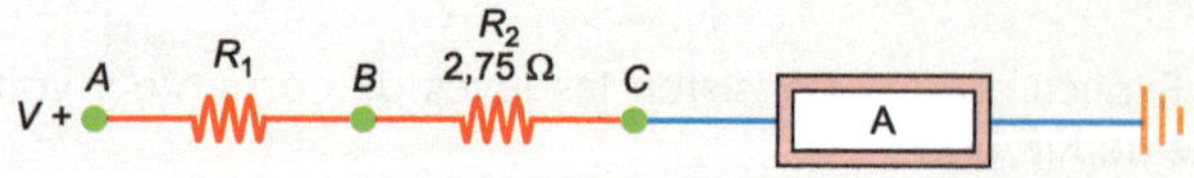


**Figura 1.38.**

**16.** En el circuito de la Figura 1.39 el amperímetro indica una intensidad de 3,6 A. Calcula la resistencia total del circuito, la caída de tensión total y las intensidades respectivas de las ramas, si se sabe que $R_1$ = 10 Ω y $R_2$ = 4 Ω.

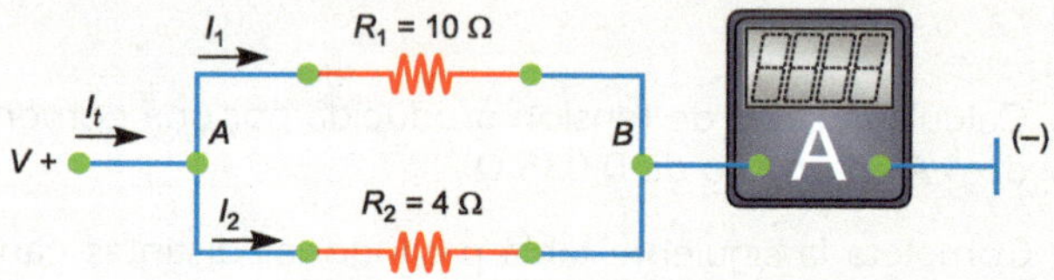


**Figura 1.39.**

**17.** En el circuito de la figura siguiente el amperímetro indica una intensidad de 2,2 A. Calcula la resistencia total del circuito, las caídas de tensión y las intensidades $I_2$ e $I_3$.

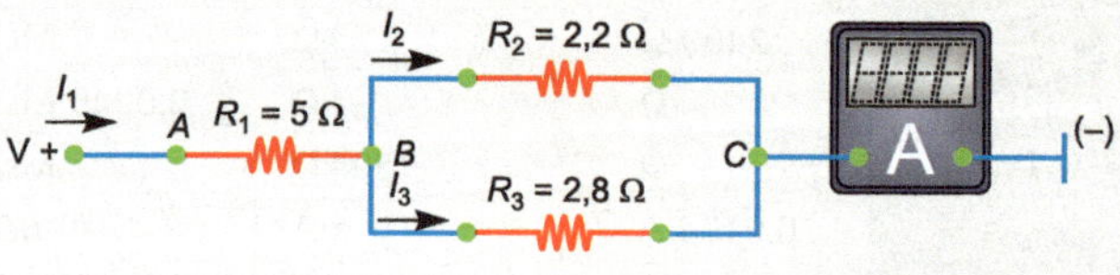


**Figura 1.40.**

**18.** Dado el siguiente circuito:

**a)** Sin hacer ningún cálculo, estima el valor de la resistencia equivalente.

**b)** Calcula el valor de la resistencia equivalente.

**c)** Ordena de mayor a menor las intensidades en cada uno de los nudos y las caídas de tensión en cada rama.

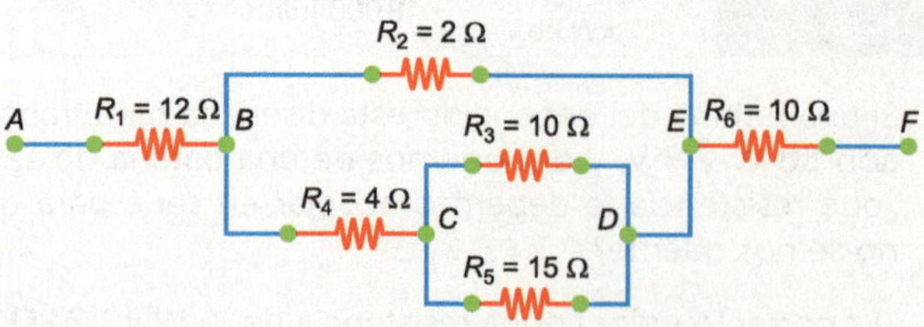


**Figura 1.41.**

**19.** Dado el siguiente circuito, calcula los supuestos planteados:

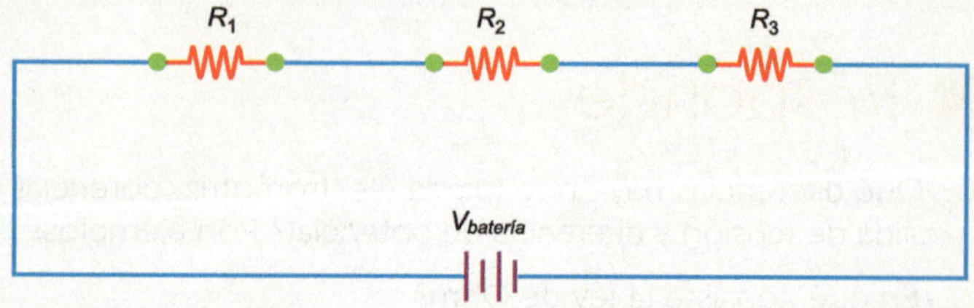


**Figura 1.42.**

| Supuesto A | | Supuesto B | | Supuesto C | |
|---|---|---|---|---|---|
| **Datos** | **Halla** | **Datos** | **Halla** | **Datos** | **Halla** |
| $R_1$ = 5 Ω | $R_{total}$ | $V_1$ = 3 V | $V_3$ | $P_1$ = 16 W | $R_1$, $R_2$ |
| $R_2$ = 10 Ω | $I_{total}$ | $V_2$ = 4 V | $I_{total}$ | $V_2$ = 6 V | $V_1$, $V_3$, $V_{bat}$ |
| $R_3$ = 7 Ω | $V_1$,$V_2$,$V_3$ | $R_3$ = 2 Ω | $R_1$, $R_2$ | $I_{total}$ = 2 A | $P_2$, $P_3$, $P_{bat}$ |
| $V_{bat}$= 10 V | $P_1$, $P_2$, $P_3$, $P_b$ | $V_{bat}$ = 12 V | $P_1$, $P_2$, $P_3$, $P_b$ | $R_3$ = 5 Ω | |

**20.** Dado el siguiente circuito, calcula los supuestos planteados:

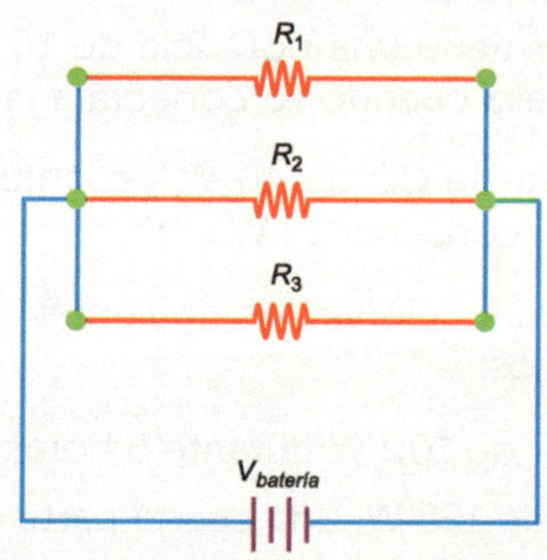


**Figura 1.43.**

| Supuesto A | | Supuesto B | | Supuesto C | |
|---|---|---|---|---|---|
| **Datos** | **Halla** | **Datos** | **Halla** | **Datos** | **Halla** |
| $R_1$ = 4 Ω | $R_{total}$ | $I_1$ = 4 A | $I_3$ | $P_1$ = 16 W | $R_1$, $R_2$, $R_3$ |
| $R_2$ = 12 Ω | $I_{total}$, $I_2$, $I_3$ | $I_2$ = 6 A | $R_1$, $R_2$, $R_3$ | $P_2$ = 32 W | $P_3$ |
| $R_3$ = 6 Ω | $I_1$, $I_2$, $I_3$ | $I_{total}$ = 12 A | $P_1$, $P_2$, $P_3$, $P_b$ | $P_{bat}$ = 110 W | $I_2$, $I_3$ |
| $V_{bat}$= 12 V | $P_1$, $P_2$, $P_3$, $P_b$ | $V_3$ = 12 V | | $I_1$ = 2 A | $I_{total}$, $V_{bat}$ |

**21.** Teniendo tres resistencias: $A = 1{,}2$ kΩ, $B = 2{,}4$ kΩ, $C = 5{,}6$ kΩ, ¿cómo se podrían obtener resistencias de:

**a)** = 6,8 kΩ,

**b)** = 8 kΩ,

**c)** = 800 Ω,

mediante la combinación de *A*, *B* y *C*?

**22.** Dado el siguiente circuito, calcula los supuestos planteados.

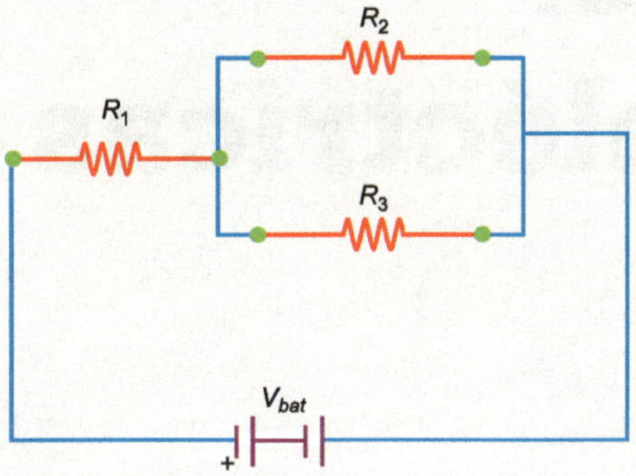


**Figura 1.44.**

| Supuesto A | | Supuesto B | | Supuesto C | |
|---|---|---|---|---|---|
| **Datos** | **Halla** | **Datos** | **Halla** | **Datos** | **Halla** |
| $R_1 = 4\ \Omega$ | $R_{total}$ | $V_1 = 8$ V | $V_{bat}$ | $P_1 = 36$ W | $I_1, I_2, I_3, I_{bat}$ |
| $R_2 = 6\ \Omega$ | $I_{total}, I_1, I_2$ | $V_2 = 6$ V | $I_1, I_2, I_3, I_{bat}$ | $R_2 = 4\ \Omega$ | $V_1, V_3, V_{bat}, V_{total}$ |
| $R_3 = 4\ \Omega$ | $V_1, V_2, V_3$ | $R_3 = 6\ \Omega$ | $R_1, R_2, R_{total}$ | $R_3 = 6\ \Omega$ | $R_1, R_{total}$ |
| $V_{bat} = 12$ V | $P_1, P_2, P_3, P_{bat}$ | $I_{total} = 3$ A | $P_1, P_2, P_3, P_{bat}$ | $V_2 = 4$ V | $P_2, P_3, P_{total}$ |

**23.** Dado el siguiente circuito, calcula las caídas de tensión entre cada nudo consecutivo, la intensidad que pasa por cada rama y la potencia que consume cada resistencia. Comprueba que se cumplen las leyes de Kirchhoff.

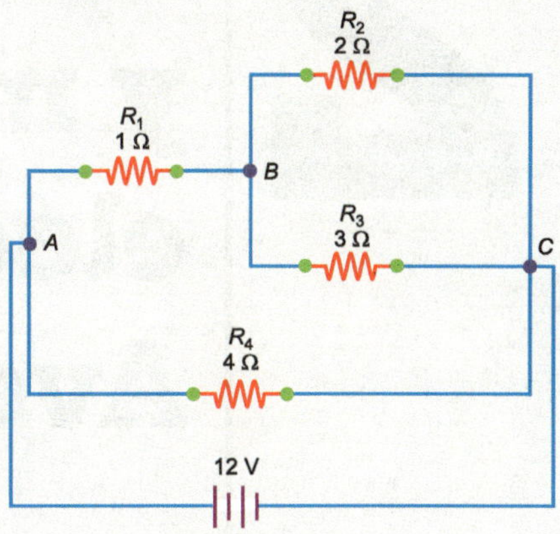


**Figura 1.45.**

**24.** En el siguiente circuito, calcula la corriente que circula en cada una de las resistencias, así como la potencia que consumen.

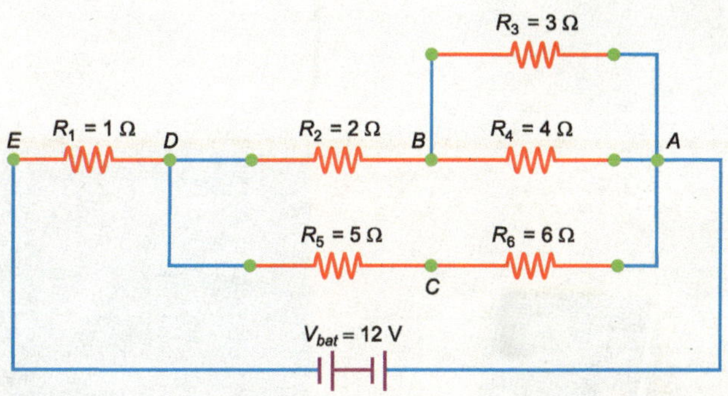


**Figura 1.46.**

## Investiga

**1.** Para medir una resistencia se emplea una batería, un voltímetro y un amperímetro. Realiza el esquema del circuito y calcula la resistencia, si el voltímetro indica 4 V y el amperímetro 1,6 A.

**2.** ¿Cuál sería la resistencia en el problema anterior, si el voltímetro indicase el doble y el amperímetro la mitad?

**3.** Demuestra cómo se obtienen las expresiones de la resistencia equivalente de un conjunto de resistencias en serie y en paralelo.

# 2 Aparatos de medida y mediciones eléctricas. Averías eléctricas

Una vez explicadas las magnitudes eléctricas en la unidad anterior, estudiaremos los distintos instrumentos de medida y su aplicación en los circuitos reales. Aprovechando los distintos fenómenos que se deben a una corriente eléctrica, se pueden medir tanto directamente las magnitudes eléctricas como indirectamente otras no eléctricas. Entre las magnitudes eléctricas que podemos medir se encuentran la intensidad, la tensión, la potencia, la frecuencia y la resistencia, como las más representativas de los circuitos eléctricos. Entre las magnitudes no eléctricas destacan las condiciones de funcionamiento como son: la presión, la temperatura, el nivel de líquidos, las revoluciones por minuto, la velocidad de giro de las ruedas, etc., registradas por los diferentes tipos de sensores.

En esta unidad sentaremos las bases del funcionamiento y manejo de los aparatos de medida eléctrica y de magnitudes no eléctricas o sensores. Aprenderemos a manejar los instrumentos de medida más comunes, como el polímetro y el osciloscopio. Estos instrumentos forman parte del equipamiento que cualquier técnico en electromecánica requiere. Además, se verán los distintos tipos de averías con el fin de llevar a cabo un acertado diagnóstico.

# 2 Aparatos de medida y mediciones eléctricas. Averías eléctricas

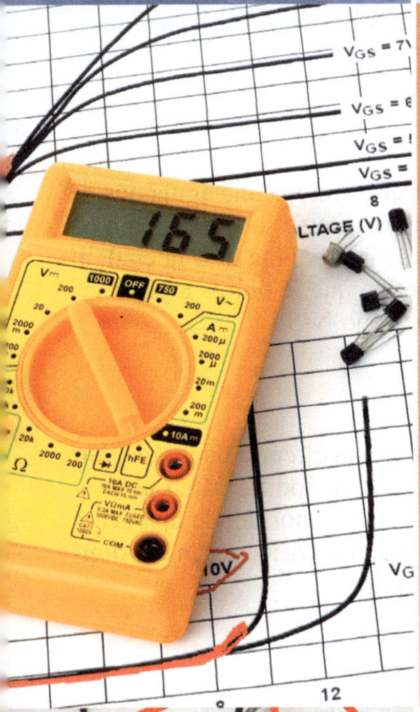

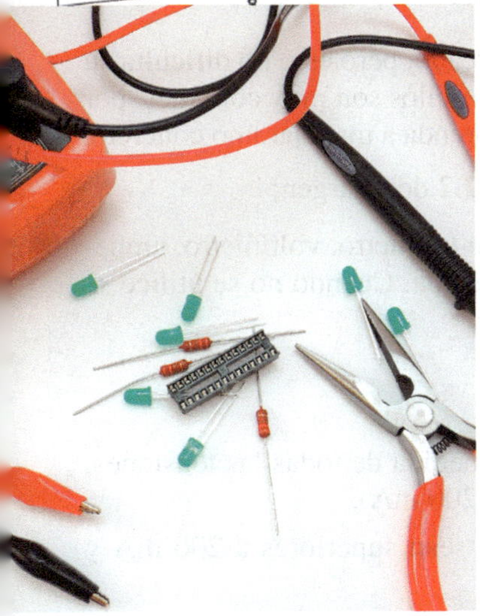

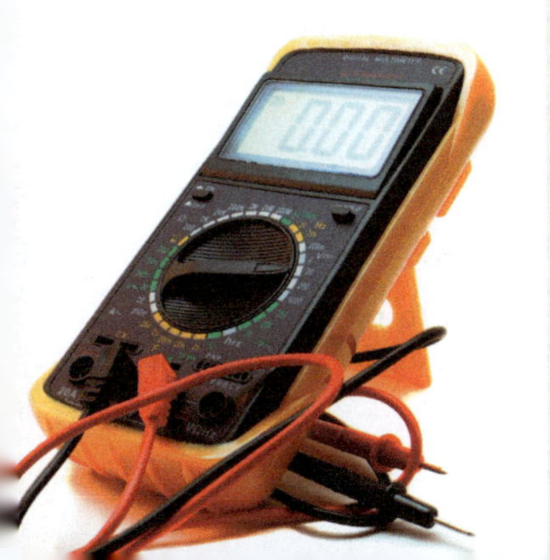

## ¿Sabes ...

... cómo se miden las resistencias?

... qué otras aplicaciones tiene el óhmetro?

... cómo se mide el voltaje?

... cómo se mide la corriente?

... cómo funciona un polímetro?

... cómo funciona un osciloscopio?

... para qué sirve y cómo se utiliza el osciloscopio?

... qué tipo de averías puede haber en un circuito eléctrico?

... qué sintomas presentan las averías? ¿Cómo se pueden diagnosticar y reparar?

## Contenidos

**2.1.** El polímetro

**2.2.** El osciloscopio

**2.3.** Averías eléctricas

## Objetivos

- Conocer las características y el funcionamiento de los aparatos de comprobación y de medida más usuales (óhmetro, voltímetro, polímetro, osciloscopio, etcétera).
- Montar circuitos sobre placa *board*.
- Realizar la medida de los distintos parámetros.
- Analizar los datos obtenidos en las mediciones.
- Aplicar las normas de seguridad personal y protección en el uso de los equipos.
- Saber cómo influyen las averías de los distintos componentes sobre el resto del circuito y diagnosticarlas.

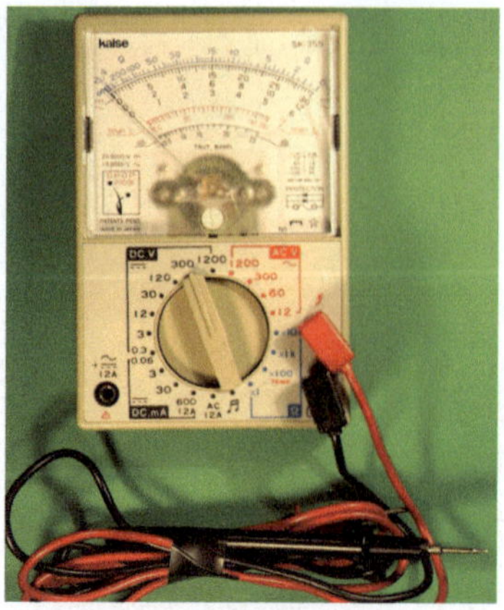

Figura 2.1. Polímetro analógico.

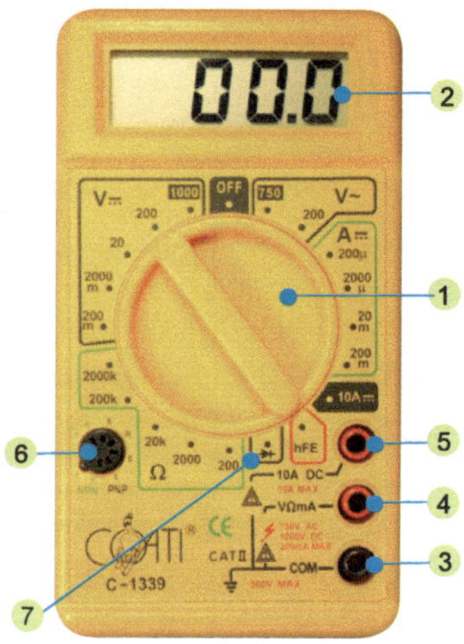


Figura 2.2. Empleo de un polímetro digital.

## 2.1. El polímetro

Es el instrumento de medida más generalizado, ya que permite medir las distintas magnitudes eléctricas en un mismo instrumento. En una primera clasificación, podemos catalogar los instrumentos de medida en analógicos y digitales. La principal diferencia entre ellos radica en la forma de presentar la medida y la naturaleza del mecanismo excitado por la corriente cuya intensidad, voltaje, resistencia, frecuencia, etc., queremos medir.

#### Instrumentos de medida analógicos

Estos instrumentos disponen de un mecanismo interior que acciona una aguja que se desplaza sobre una escala visible y graduada. Esta aguja, al detenerse sobre un punto de la escala graduada, indica el valor de la lectura. Constan de una bobina, por la cual, al pasar una corriente eléctrica, se produce un campo magnético que le obliga a girar sobre los extremos de su eje, dentro de otro campo magnético fijo N-S.

#### Instrumentos de medida digitales

Estos instrumentos de medida digitales están formados por un circuito integrado, entre dos de cuyos pines se hace pasar la corriente a medir, que se codificará en una señal digital para salir, a través de otros pines, al *display* o visualizador donde aparecerá el valor de la medida, en dígitos. Por tanto, en una pantalla o *display* aparecen los dígitos correspondientes a la cantidad de la magnitud que medimos.

### 2.1.1. Medidas con el polímetro

Existen muchas marcas y tipos de polímetros en el mercado, pero esto no dificulta su uso, ya que el formato y las posibilidades que ofrecen todos ellos son muy comunes, por lo que es fácil utilizar cualquiera de ellos una vez que se aprenda a manejar uno concreto.

Tomemos como ejemplo de polímetro el de la Figura 2.2 del margen:

1. Rueda selectora: con ella seleccionamos la función (óhmetro, voltímetro, amperímetro, etc.) y la escala según el alcance de la medida. Cuando no se utilice se debe poner en OFF.
2. Visualizador o *display*.
3. Casquillo para la pinza negra de masa.
4. Casquillo para la pinza roja de corriente, para la medida de todas las tensiones, resistencias y corrientes (excepto las superiores a 200 mA).
5. Casquillo para la pinza roja de corriente, cuando sean superiores a 200 mA y hasta 10 A.
6. Zócalo para comprobar transistores: pinchamos el transistor en el zócalo y ponemos la rueda selectora en hFE.
7. Posición para comprobar diodos (—▶|—).

#### Medida de las resistencias: el óhmetro

- Conecta el cable rojo en el casquillo (V, Ω, mA) y el negro en COM.
- Para la función de óhmetro, coloca el conmutador central (o rueda selectora) en cualquiera de los puntos de la zona Ω. Si juntas las pinzas, dará 0 ohmios y si las separas infinito.

**A tener en cuenta...**

El polímetro que usaremos será digital, al ser el más extendido en el mercado por su gran número de aplicaciones y la facilidad de uso.

- En cada punto de la zona Ω aparece el valor máximo de la resistencia que podemos medir en esa posición. No podemos medir una resistencia de 300 Ω en el punto de 200 Ω, pues nos dará infinito; por tanto, tendremos que pasar a la posición de 2000 Ω y ahora sí nos dará 300 Ω.
- Si una resistencia desconocida se mide en cualquier posición y da infinito, iremos aumentando las posiciones hasta el valor máximo; si para la posición más alta sigue dando infinito, es que realmente tiene resistencia infinita.
- Al hacer una medición, el valor que aparezca en el visualizador corresponderá a los MΩ, kΩ o Ω que mida, según el punto que esté seleccionado.
- Si el componente a medir forma parte de un circuito, no puede pasar corriente por él y al menos uno de los terminales debe estar desconectado de la instalación.

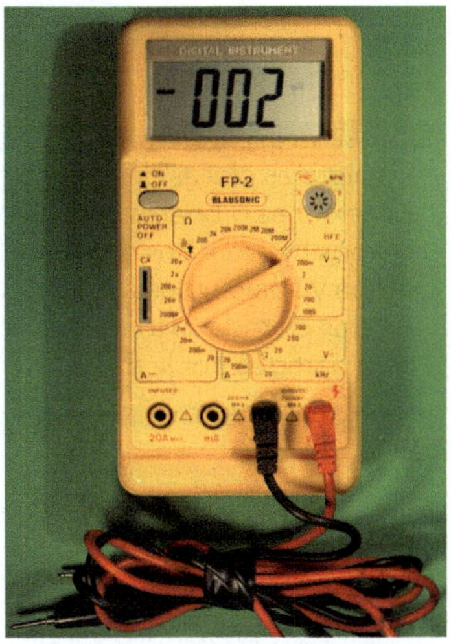


Figura 2.3. Polímetro digital.

Como el óhmetro no mide la corriente o tensión de un circuito en funcionamiento, sino la de un componente aislado, por donde no pasa corriente, necesita generar corriente por sí mismo, a través de una pila interna. Esta pila, con la bobina o elemento de medida del óhmetro en serie, cerrará un circuito a través de las pinzas con la resistencia exterior que queremos medir. Si la resistencia es infinita no pasará corriente por el elemento de medida que indicará ∞ Ω. Si la resistencia es 0 pasará la máxima corriente por el elemento de medida que indicará 0 Ω. Y si la resistencia tiene un valor intermedio, entre 0 e infinito, pasará por el elemento de medida una corriente intermedia que indicará el valor correspondiente en cada caso (Figura 2.4).

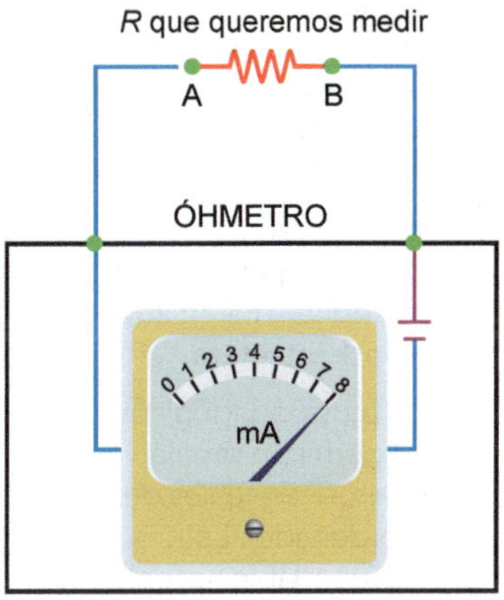


Figura 2.4. Esquema de funcionamiento de un óhmetro.

### ACTIVIDAD **Resuelta 2.1**

Mides una resistencia con el conmutador en 20 kΩ y se visualiza un 1,5.

a) ¿De qué cantidad se trata?

b) ¿Qué valor se visualiza si pones el conmutador en 2000 Ω?

**Solución**

a) Al estar la rueda selectora en 20 kΩ, el valor que aparece en el visualizador corresponde a 1,5 kΩ; pero nunca a 1,5 Ω.

b) Si para la misma resistencia seleccionas 2000 Ω, el valor que aparecerá en el visualizador corresponderá a Ω y, por tanto, aparecerá directamente 1500.

### ACTIVIDAD **Propuesta 2.1**

Haz la actividad resuelta anterior con el conmutador en 20 kΩ cuando aparece en el visualizador ..500

### ACTIVIDAD **Propuesta 2.2**

Mide una resistencia muy grande con la rueda selectora en la posición más baja del óhmetro y después ve seleccionando posiciones más altas. ¿Qué es lo que observas en cada posición? Razona la respuesta.

### ACTIVIDAD **Propuesta 2.3**

Mide una resistencia pequeña con la rueda selectora en la posición más alta del óhmetro y después ve seleccionando posiciones más bajas. ¿Qué es lo que observas en cada caso? ¿En qué posición te da el valor más preciso?

### ACTIVIDAD **Propuesta 2.4**

Pon la rueda selectora en lo más alto del óhmetro y coge cada pinza con una mano. ¿Qué resistencia tiene tu cuerpo? ¿Por qué crees que no tiene un valor exacto? Si midieras una resistencia muy grande, ¿crees que sería correcto coger sus extremos con las manos? ¿Cómo crees que deberías colocar la resistencia para medirla?

En algunas placas de conexiones o *boards* los tramos horizontales de arriba y abajo no están unidos en toda su longitud, sino partidos por la mitad.

## Placa de conexiones o placa *board*

Tanto para medir los voltajes como las corrientes emplearemos el polímetro sobre circuitos reales alimentados con tensión. Montaremos estos circuitos en un entrenador, es decir, en una placa universal de conexiones o placa *board* de uso muy extendido, por la rapidez y facilidad con la que se pueden hacer las conexiones.

Los terminales de los componentes y el extremo de los cables de conexión se pinchan en los agujeros o pines conectados internamente mediante una chapa conductora, como muestran las líneas de conexión que se ven en la Figura 2.5. Cuando se pinchan dos terminales en los agujeros de una misma línea, estos se comunican entre sí.

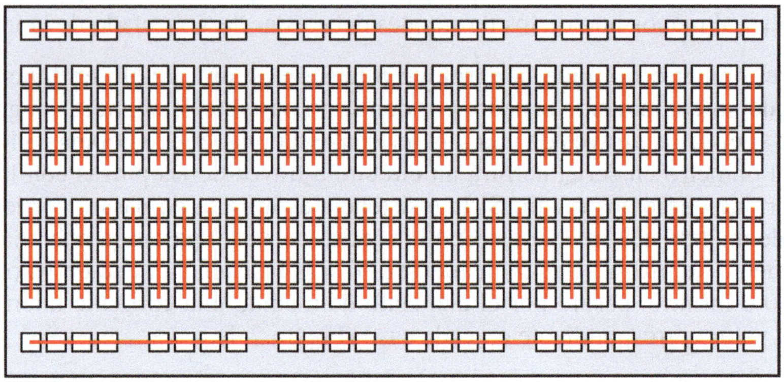

**Figura 2.5.** Placa de conexiones o placa *board*.

Muchos de los circuitos de este libro los podemos hacer desde el ordenador con simuladores o entrenadores electrónicos.

Son programas de descarga gratuita como el Crocodile, Tinkercad, mBlock, etcétera.

Son muy pedagógicos y nos permiten simular circuitos casi reales desde un ordenador. Es recomendable hacer todos los circuitos que podamos, además de con el material que nos facilite el profesor, con un programa de estos.

### ACTIVIDAD **Propuesta 2.5**

Si mides la resistencia entre los terminales de una bombilla fundida y de otra en buen estado, ¿qué valor te dará? ¿Y si lo haces entre los extremos de un cable partido y otro entero o entre los terminales de un fusible fundido y otro en buen estado? Comprueba y razona los resultados. ¿Qué otras utilidades te sugiere el óhmetro?

### ACTIVIDAD **Propuesta 2.6**

En una placa *board* y en el simulador Tinkercad pincha los extremos pelados de una sucesión de 20 trozos de hilos; nunca pinches dos puntas en el mismo agujero. Conecta el principio del primero y el final del último trozo a las pinzas de un óhmetro, de tal manera que la resistencia entre el primero y el último sea cero y si quitas 10 de esos trozos, siga siendo nula. Pero en el momento en que quites uno cualquiera de los 10 restantes, dé una resistencia infinita; si lo vuelves a poner en el mismo sitio y quitas otro, volverá a dar infinita y así hasta comprobarlo con todos (Figura 2.6).

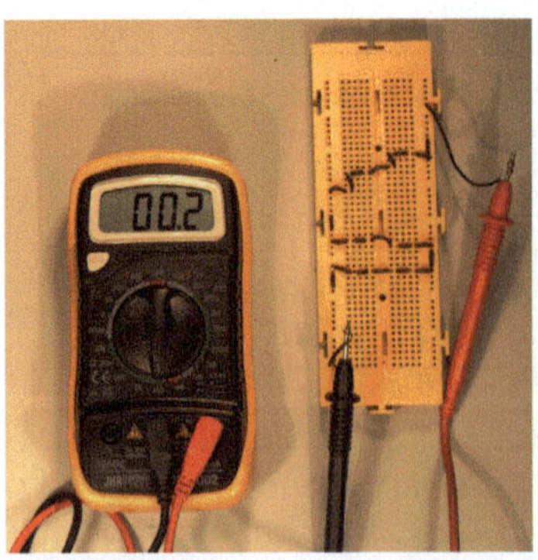


**Figura 2.6.**

### ACTIVIDAD **Propuesta 2.7**

Selecciona cuatro resistencias cualesquiera de 0,25 W y mide el valor de cada una de ellas, anotando en el cuaderno este valor en ohmios:

$R_1$ = $R_2$ = $R_3$ = $R_4$ =

Móntalas, todas en serie, en una placa *board* y mide la resistencia total: $R_{total}$ =

Haz lo mismo con Tinkercad.

**Nota:** en este y los sucesivos circuitos, si no dispones de placas *board* puedes montarlos directamente con hilo.

## ACTIVIDAD **Propuesta 2.8**

Monta en paralelo las cuatro resistencias de la actividad anterior y mide la resistencia total. Después, ve quitando una a una y mide la resistencia equivalente que va quedando. Razona los resultados. Haz lo mismo con Tinkercad.

## ACTIVIDAD **Propuesta 2.9**

Con cinco resistencias cualesquiera de 0,25 W, mide con el óhmetro el valor de cada una de ellas y anótalo en ohmios en el cuaderno:

a) Monta el siguiente circuito en la placa *board* y mide la resistencia equivalente entre los puntos A y D.

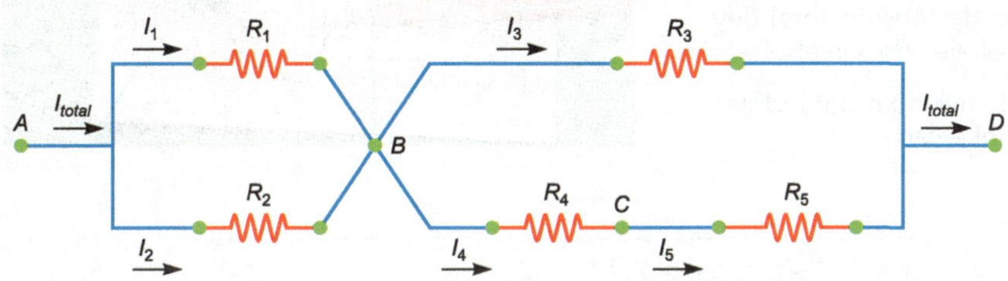


Figura 2.7.

b) Realiza un cálculo estimado como en la Actividad resuelta 1.15 de la Unidad 1 y comprueba que es razonable. Y, finalmente, realiza las operaciones con la calculadora.

c) Mide el valor de cada una de las resistencias montadas en el circuito. ¿Se corresponderán con los valores anteriores? ¿Por qué? ¿Cómo los deberías medir en este caso?

d) Haz lo mismo con Tinkercad.

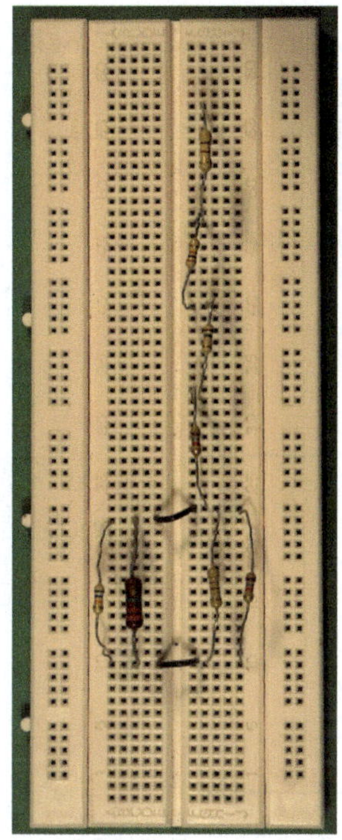

Figura 2.8. Montaje de cuatro resistencias en serie y en paralelo.

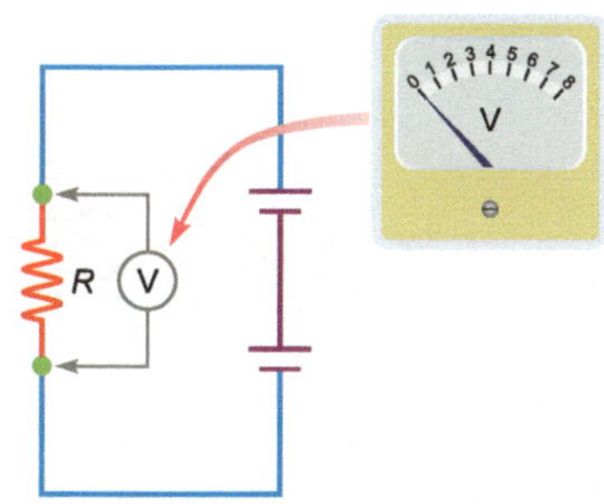


Figura 2.9. Montaje de un voltímetro en un circuito.

## Medida de voltajes: el voltímetro

- Conecta el cable de la pinza roja al casquillo (V, Ω, mA) y el cable negro al COM.
- Para la función del voltímetro, coloca el conmutador central (o rueda selectora) en cualquiera de las zonas V = o V~ según se trate de corriente continua o alterna, respectivamente. Y dentro de cada una, si no conoces la magnitud del valor a medir, ajusta el selector al valor más elevado, y ve reduciéndolo, si lo permite.
- Conecta el voltímetro en paralelo a los componentes del circuito sobre los que deseas conocer su caída de tensión, o entre dos puntos, de los que deseas conocer su diferencia de potencial.

Para no alterar la corriente que circula por *R* y, por tanto, la caída de tensión que existe en ella, debe pasar la menor corriente posible por el voltímetro. Y este **deberá tener una resistencia interna muy alta,** cuanto más alta mejor.

La resistencia de un voltímetro no es fija. Depende del fondo de escala seleccionada. Se cuantifica por la relación de **ohmios por voltio:** Ω/V = resistencia del instrumento/voltaje del fondo de escala.

El valor de esta relación será mayor cuanto más preciso sea el voltímetro. Un voltímetro analógico de baja calidad puede tener un índice Ω/V de 4000. Pueden resultar asequibles voltímetros digitales con relación Ω/V superiores a 10 MΩ/V.

**Sabías que...**

Si medimos la tensión de salida de los circuitos electrónicos con polímetros de poca resistencia, estos pueden suponer un consumo excesivo, para el que no están preparados, deteriorándolos o averiándolos. Para evitar este riesgo emplearemos polímetros de alta resistencia (10 MΩ/V o más).

*A tener en cuenta...*

El empleo que se le da al voltímetro en la Actividad propuesta 2.12 es de buscapolos.

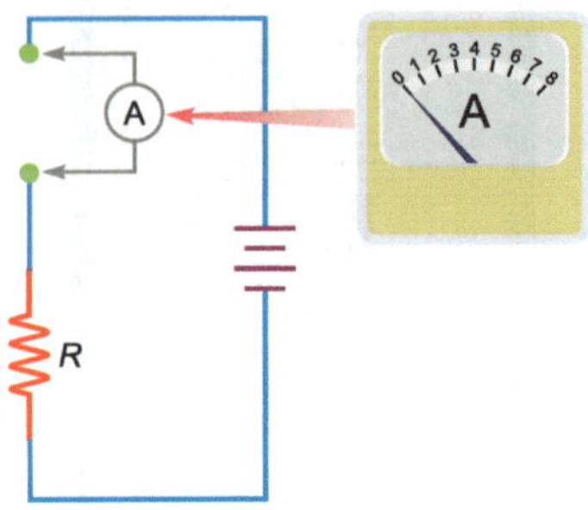


**Figura 2.10.** Montaje de un amperímetro en un circuito.

En función amperímetro, no conectar las pinzas directamente a corriente y masa, sino siempre con una resistencia en serie, ya que se provocaría un cortocircuito y se fundiría el fusible o se quemaría el polímetro.

*Recuerda que...*

Al tener una resistencia muy alta, el uso del voltímetro no entraña riesgos de cortocircuito como sucede con el amperímetro.

ACTIVIDAD **Propuesta 2.10**

Con las cuatro resistencias en serie de la Actividad propuesta 2.7, montadas en la placa *board* y conectadas a la red de 12 V (ninguna sobrepasará el valor de 500 000 Ω), mide la caída de tensión que hay en cada una de ellas: $V_1$, $V_2$, $V_3$ y $V_4$. Comprueba que la suma de todas es igual a la caída de tensión total (ley de voltajes de Kirchhoff).

Haz lo mismo montándolas en Tinkercad.

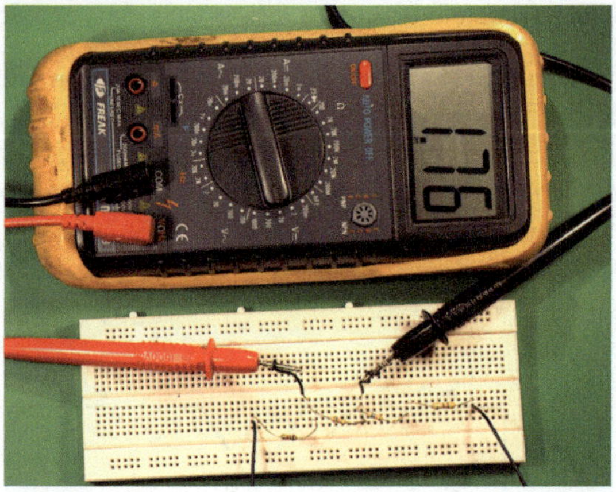

**Figura 2.11.**

ACTIVIDAD **Propuesta 2.11**

Con el circuito de la Actividad propuesta 2.9 montado a la red de 12 V, mide la caída de tensión en cada una de las resistencias y comprueba que se cumple la ley de voltajes de Kirchhoff en cada una de las resistencias:

$$V_{AD} = V_{AB} + V_{BD}$$

$$V_{BD} = V_{BC} + V_{CD}$$

Haz lo mismo con Tinkercad.

ACTIVIDAD **Propuesta 2.12**

Si tienes un generador, cuya polaridad no conoces, o en un circuito desconoces cuál es el positivo o negativo, ¿cómo lo averiguarías con un voltímetro? Sugiere otra utilidad del voltímetro.

ACTIVIDAD **Propuesta 2.13**

¿Cuál es la resistencia interna de un polímetro con sensibilidad de 10 MΩ/V en las siguientes escalas: 200 mV, 2000 mV, 20 V y 200 V? ¿Para cuál de ellas es más precisa la medida? ¿Por qué?

## Medida de corrientes o intensidades: el amperímetro

- Coloca el conmutador central (rueda selectora) en las zonas A = o 10 A =, en la primera para medir hasta 200 mA, y en la segunda entre 200 mA y 10 A; en caso de duda, selecciona la escala más elevada. Pero presta mucha atención, ya que si se sobrepasa el valor de la escala, el fusible del polímetro se fundirá.
- Conecta la pinza negra al casquillo COM y la roja al casquillo V. Ω. mA hasta 200 mA o al casquillo 10 A, entre 200 mA y 10 A.
- Para medir la intensidad que pasa por un ramal o resistencia se obliga a que pase toda la corriente que queremos medir por el amperímetro, por lo que se rompe el circuito en un punto y se intercala en serie el amperímetro entre los dos terminales que se han separado.

Como el montaje del amperímetro no debe alterar la corriente que queremos medir, su **resistencia interna** tiene que ser **lo más baja posible,** lo que nos obliga a extremar la precaución cuando trabajemos con amperímetros. En este caso de resistencia baja, se debe evitar **conectar las pinzas directamente a corriente y masa,** lo que provocaría un cortocircuito o exceso de corriente, con la consiguiente fusión del fusible y rotura del amperímetro o del circuito.

## ACTIVIDAD **Resuelta 2.2**

Dado el circuito de la Figura 2.12, calcula con la calculadora el valor que indicarán el amperímetro y el voltímetro. Compruébalo con Tinkercad.

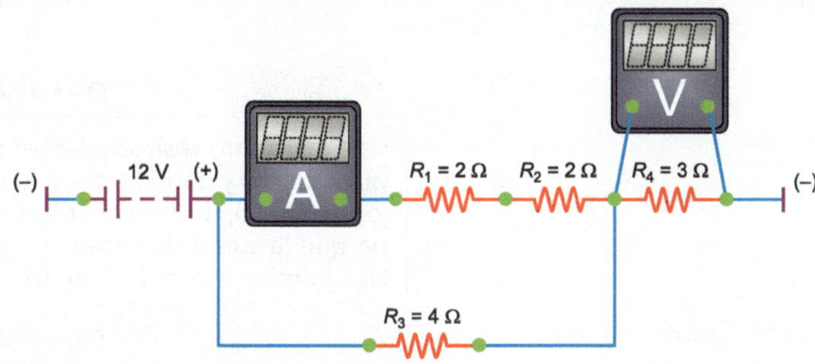


**Figura 2.12.** Circuito.

**Solución**

La corriente que indicará el amperímetro será la misma que pase por las resistencias $R_1$ y $R_2$. Y la caída de tensión que mida el voltímetro será la que haya en la resistencia $R_4$. Por otra parte, como el amperímetro tiene resistencia cero y el voltímetro infinita, el circuito anterior se podría simplificar en el que se muestra en la Figura 2.13.

Calculamos la corriente que pasa por $R_1$ o $R_2$ y la caída de tensión en $R_4$ como siempre y tenemos que:

$$I_1 = 1{,}2 \text{ A} \qquad V_4 = 7{,}2 \text{ V},$$

que son los valores que nos medirían tanto el amperímetro como el voltímetro.

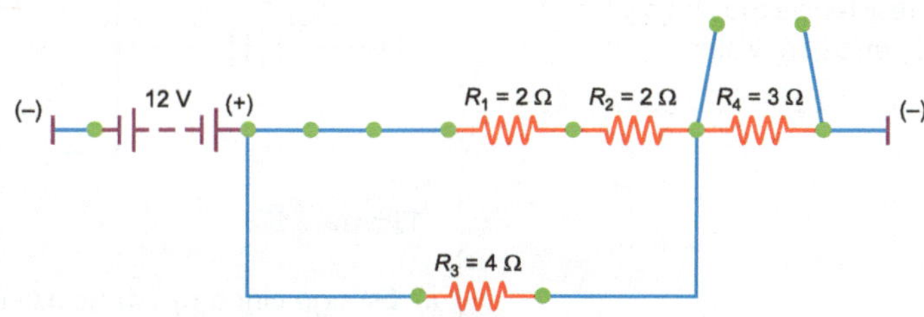


**Figura 2.13.** Circuito.

## ACTIVIDAD **Resuelta 2.3**

Con el circuito de la Actividad propuesta 2.9 montado, conéctalo a una red de aproximadamente 12 V y mide con el polímetro:

a) Las caídas de tensión: $V_{AB}$, $V_{BC}$, $V_{CD}$, $V_{BD}$, $V_{AD}$. Y comprueba que se cumple la ley de voltajes de Kirchhoff: $V_{AD} = V_{AB} + V_{BC} + V_{CD}$ y $V_{BD} = V_{BC} + V_{CD}$.

b) Las intensidades que pasan por cada una de las resistencias y la total: $I_1$, $I_2$, $I_3$, $I_4$, $I_5$, $I_{total}$. Y comprueba que se cumple la ley de corrientes de Kirchhoff para cada nudo: $I_{total} = I_1 + I_2$; $I_1 + I_2 = I_3 + I_4$; $I_4 = I_5$.

c) Móntalo en Tinkercad. Comprueba que se cumplen los puntos anteriores, utiliza la calculadora y comprueba que se corresponden con los valores anteriores.

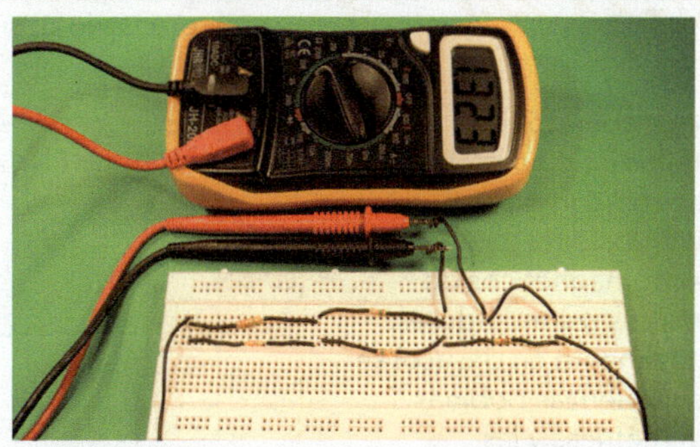

**Figura 2.14.** Intensidad que pasa por $R_3$ o $I_3$.

**Solución**

a) Para medir las caídas de tensión entre dos puntos, ponemos el polímetro en la escala de continua que consideremos más aproximada; si da infinito subimos la escala, y si da con poca precisión la bajamos. Pinchamos las pinzas, una en cada punto sin modificar el circuito, y tenemos el valor de la caída de tensión entre esos dos puntos. El valor que nos dé en cada caso depende del valor de las resistencias que hemos empleado, pero siempre se tienen que cumplir las leyes de Kirchhoff.

b) Para medir la corriente que pasa por una resistencia, ponemos el polímetro en la escala más grande del amperímetro. Si vemos que da poca precisión la bajamos hasta la de por encima que de infinito. Desconectamos un extremo de la resistencia de la placa *board*, pinchamos una pinza en el sitio donde estaba pinchada y la otra pinza en el extremo libre de la resistencia, para obligar a la corriente a pasar por el amperímetro y así medirla. Como en el caso anterior, el valor que nos dé depende de las resistencias, pero siempre se cumplirán las leyes de Kirchhoff.

c) Según el valor de las resistencias, calculamos las caídas de tensión y las intensidades por cada resistencia y comprobamos que se cumplen las leyes de Kirchhoff.

## ACTIVIDAD **Propuesta 2.14**

Con las cuatro resistencias en paralelo de la Actividad propuesta 2.8, montadas en la placa *board* y conectadas a la red de 12 V (ninguna tiene que tener un valor por debajo de 800 Ω), mide la corriente que pasa por cada una de ellas: $I_1$, $I_2$, $I_3$ e $I_4$. Comprueba que la suma de todas es igual a la corriente total (ley de corrientes de Kirchhoff). Haz lo mismo con Tinkercad.

## ACTIVIDAD **Propuesta 2.15**

Monta el siguiente circuito en la placa *proboard*:

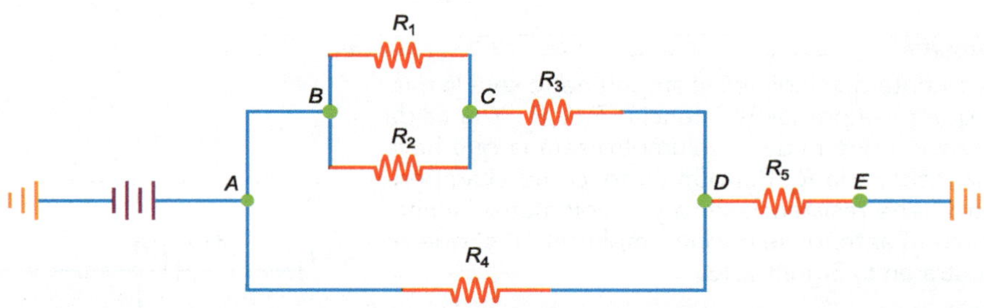


**Figura 2.15.**

a) Escoge cinco resistencias cualesquiera, mídelas con el polímetro y pon el valor de cada una de ellas, así como la total, una vez montado el circuito.
b) Mide con el polímetro las caídas de tensión: $V_{AB}$, $V_{BC}$, $V_{CD}$, $V_{DE}$, $V_{AC}$, $V_{AD}$, $V_{AE}$, $V_{BD}$ y $V_{BE}$.
c) Mide con el polímetro las intensidades: $I_1$, $I_2$, $I_3$, $I_4$, $I_5$ e $I_{total}$.
d) Comprueba que se cumplen las leyes de Kirchhoff.
e) Haz lo mismo con Tinkercad.

## ACTIVIDAD **Propuesta 2.16**

Monta en la placa *board* el siguiente circuito:

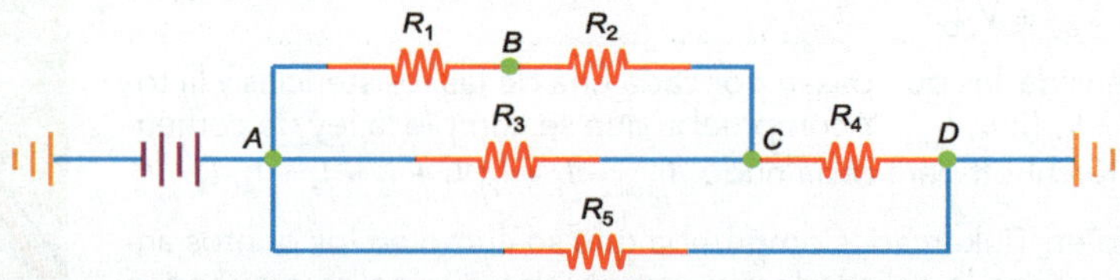


**Figura 2.16.**

a) Escoge cinco resistencias y pon el valor de cada una de ellas.
b) Mide las caídas de tensión: $V_{AB}$, $V_{BC}$, $V_{CD}$, $V_{AC}$, $V_{AD}$ y $V_{BD}$.
c) Mide las intensidades: $I_1$, $I_2$, $I_3$, $I_4$, $I_5$ e $I_{total}$.
d) Comprueba que se cumplen las leyes de Kirchhoff.
e) Haz lo mismo con Tinkercad.

### Recuerda que...

Para que se puedan medir las intensidades y las tensiones en un circuito sin falsear la magnitud de estas, los amperímetros deben tener una resistencia muy baja y los voltímetros, muy alta.

### Sabías que...?

En los aparatos de regulación o control electromagnéticos (por ejemplo, los reguladores electromagnéticos de dinamos o alternadores, actualmente en desuso) se distinguen las bobinas voltimétricas y las amperimétricas. Las voltimétricas están formadas por un hilo muy fino con muchas espiras (mucha resistencia) y las amperimétricas por un hilo grueso y pocas espiras, es decir, poca resistencia.

### 2.1.2. Otros tipos de polímetros

Algunos polímetros normales también miden la frecuencia, la capacidad de condensadores, la temperatura, la comprobación acústica de continuidad, etc. Otros más específicos (llamados de **automoción**) (Figura 2.17) nos permiten medir, además, las revoluciones por minuto (r. p. m.) de un motor de explosión, el porcentaje Dwell de una señal RCO.

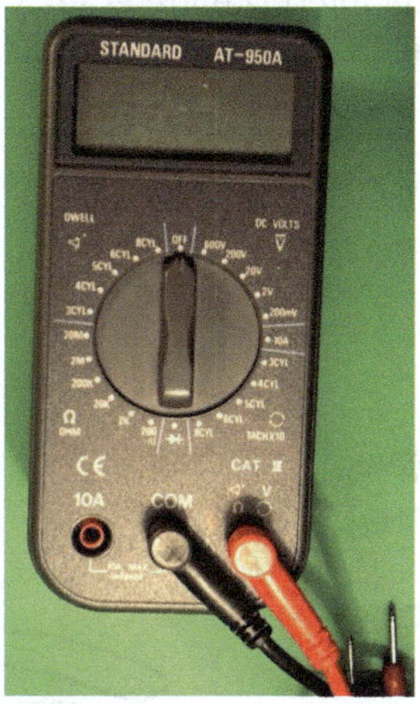


Figura 2.17. Polímetro de automoción.

Figura 2.18. Regulador electromagnético de la dinamo de un vehículo (actualmente en desuso).

Otros polímetros disponen de una pinza para medir la intensidad que pasa por un cable sin tener que abrir el circuito como habíamos visto hasta ahora. Se trata del polímetro con pinza amperimétrica (Figura 2.19).

Figura 2.19. Polímetro con pinza amperimétrica.

ACTIVIDAD **Propuesta 2.17**

¿Cuándo se fundiría el fusible de un polímetro? ¿Qué magnitudes podrían medirse con él fundido?

ACTIVIDAD **Propuesta 2.18**

Con la pila gastada o sin ella, ¿qué magnitudes podrían medirse con un polímetro analógico?

ACTIVIDAD **Propuesta 2.19**

Dos polímetros, uno en óhmetro y el otro en voltímetro, son conectados entre sí (pinza roja con roja y negra con negra). ¿Qué voltaje te indica el voltímetro y qué resistencia el óhmetro? Razona la respuesta.

## 2.2. El osciloscopio

Un polímetro, tanto analógico como digital, nos ofrece los valores fijos de la corriente continua, y si es variable únicamente los valores medios o eficaces. El problema surge cuando la corriente es variable (alterna, pulsatoria, amortiguada, etc.), y necesitamos saber los cambios que experimenta en cada momento. Este tipo de corriente es muy frecuente en cualquier sistema electrónico de control (ABS, gestión motor, climatizador, etc.). Estos sistemas están formados, entre otros, por una serie de sensores que transmiten una información a la unidad de control. Esta procesa esa información y hace funcionar a los actuadores.

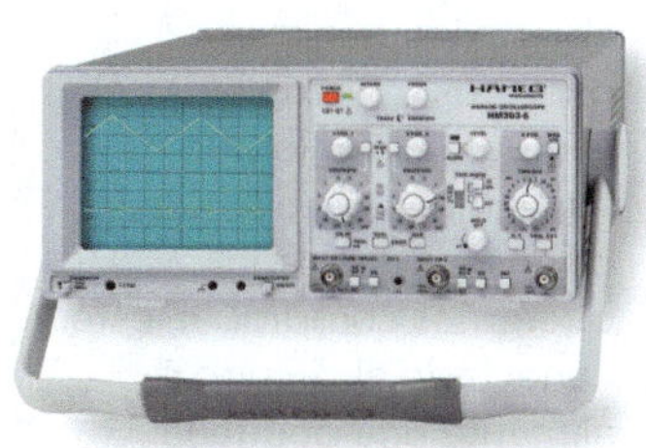

Figura 2.20. Osciloscopio de laboratorio o sobremesa.

**Sabías que...?**

Para regular el funcionamiento de algunos actuadores, la unidad electrónica de control (UEC) le envía una señal de onda cuadrada (todo o nada) de frecuencia fija y fase variable. Esta señal llamada RCO (relación cíclica de apertura) o PWM varía la proporción de nada sobre todo, o porcentaje Dwell en el intervalo de tiempo fijo de cada uno de sus ciclos. Cuando en el ciclo entero no hay tensión, el porcentaje Dwell será del 100 %; si hay una mitad sin tensión y la otra con tensión, será del 50 %, etc. Ese tipo de excitación se utiliza en todo tipo de electroválvulas (de sobrealimentación, EGR, avance de la inyección, etc.). Otras veces se emplea en el circuito de alumbrado; una misma bombilla hace una doble función, según le llegue una señal u otra (posición y pare).

El osciloscopio es un instrumento de medida que representa en una pantalla una imagen gráfica de una señal eléctrica (normalmente voltaje). Esta imagen muestra cómo cambia la señal a medida que transcurre el tiempo.

Existe una gran variedad de osciloscopios en el mercado. Desde los de laboratorio o sobremesa a los portátiles o multímetros, pasando por los osciloscopios para el ordenador portátil. Estos últimos son la solución más común en los talleres y consiste en un aparato que se conecta a modo de interfaz entre el PC y las sondas de entrada. Es necesario instalar el programa adecuado en el PC, y al utilizarlo las gráficas se muestran en la pantalla del ordenador.

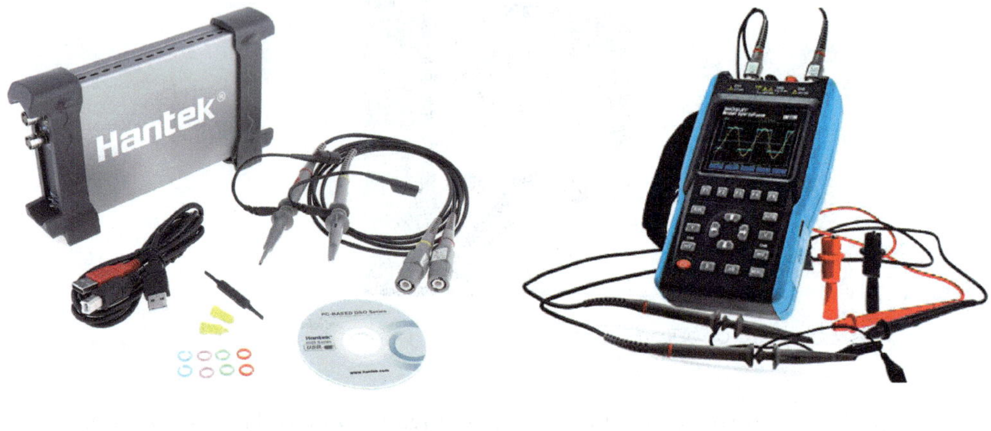


**Figura 2.21.** Osciloscopio para ordenador y portátil.

## 2.2.1. Señales eléctricas y sus características

Tanto la señal que mandan los sensores (número de revoluciones del motor, velocidad de giro de las ruedas, captador de posición del árbol de levas, etc.), como la que reciben los actuadores (inyectores, electroválvulas de sobrealimentación, electroválvulas del ABS, etc.), varían en el tiempo.

Todas suelen ser cíclicas o repetitivas en el tiempo. Según su forma podemos clasificarlas en alterna o sinusoidal (sensor inductivo) o cuadrada o pulsatoria (sensor Hall) para los sensores, y RCO o PWM o pulsatorias amortiguadas para los actuadores.

Cuando comprobamos una f.e.m. o potencial variable con el circuito abierto, se generan parásitos o distorsiones en la medida, por lo que es conveniente que la fuente o sensor, cuya señal queremos comprobar, esté conectado al circuito o alimente una pequeña carga o resistencia con un valor óhmico elevado.

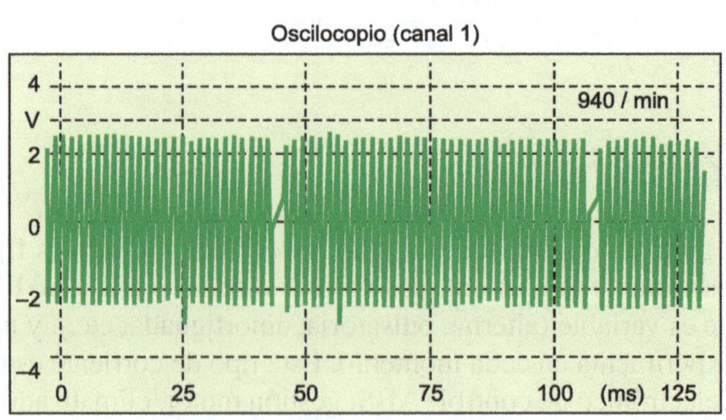


**Figura 2.22.** Señal de régimen del motor (señal inductiva).

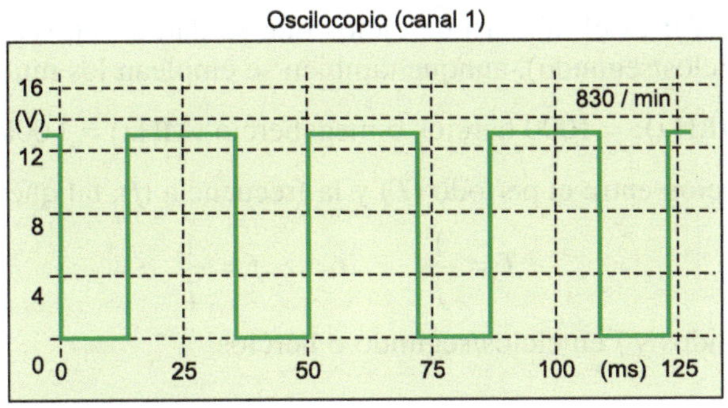


Figura 2.23. Señal de régimen del motor (señal Hall).

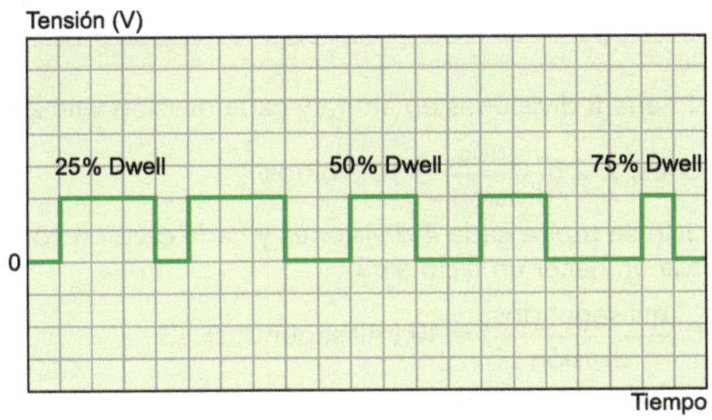


Figura 2.24. Señal de mando tipo RCO (relación cíclica de apertura). Oscilograma de la señal de mando de la electroválvula del control de sobrealimentación.

La señal Hall (Figura 2.23) es una señal de entrada que manda un sensor a la centralita. La señal RCO (Figura 2.24) es una señal de salida, que manda la centralita a un actuador.

Una onda es una señal que se repite en el tiempo y la podemos identificar con las siguientes características.

- **Ciclo de onda:** porción de la onda que se repite.
- **Forma de onda:** se representa en forma de gráfica, en el eje vertical el voltaje y en el horizontal el tiempo. Puede ser sinusoidal (en forma de onda), cuadrada, triangular, pulsatoria, etcétera.
- **Amplitud:** diferencia de voltajes, entre el valor máximo y el mínimo.
- **Período de una señal (T):** es el tiempo que tarda en realizarse un ciclo. Se mide en segundos o milisegundos.

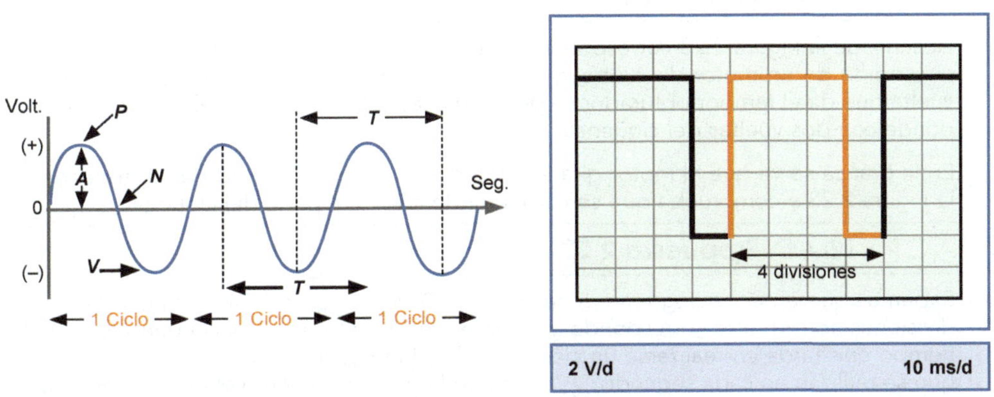


Figura 2.25. Ondas sinusoidal y cuadrada.

- **Frecuencia ($f$):** es el número de ciclos que se dan en un segundo. Se mide en hercios = (ciclos/segundo), aunque también se emplean los múltiplos.
- **Kilohercio (kHz):** = 1000 hercios o megahercio (MHz) = 1 000 000 (Hz).

Existe una relación entre el período ($T$) y la frecuencia ($f$), tal que:

$$T = \frac{1}{f} \quad \text{o} \quad f = \frac{1}{T}$$

Para $T$ en segundos y $f$ en ciclos/segundo o hercios.

### ACTIVIDAD **Resuelta 2.4**

Según los valores para el voltaje y el tiempo por cada división que aparecen debajo de la figura de la derecha de la Figura 2.25, calcula la amplitud, el período y la frecuencia de dicha señal.

**Solución**

El voltaje se mide según el eje vertical, como la señal tiene 5 divisiones en altura y cada división vale 2 (voltios/división):

$$M_{\text{máximo}} = 5\ (\cancel{\text{divisiones}}) \times 2\ \left(\frac{\text{voltios}}{\cancel{\text{división}}}\right) = 10\ (\text{voltios})$$

El tiempo se mide según el eje horizontal, como el ciclo se repite cada 4 divisiones y cada división corresponde con 10 (mili segundos/división). El período o tiempo que tarda en hacer un ciclo será:

$$T = 4\ (\cancel{\text{divisiones}}) \times 10\ \left(\frac{\text{milisegundos}}{\cancel{\text{división}}}\right) = 40\ (\text{milisegundos})$$

La frecuencia son los ciclos que hace en un segundo. Como sabemos:

$$f = \frac{1}{T} = \frac{1}{0{,}040\ \frac{\text{seg.}}{\text{Ciclo}}} = 25\ \left(\frac{\text{Ciclos}}{\text{seg.}}\ \text{o Herzios}\right)$$

### ACTIVIDAD **Propuesta 2.20**

La señal de la Figura 2.22 corresponde a la del sensor inductivo de la corona dentada del volante de inercia que la falta un diente para saber en qué posición está en cada momento el cigüeñal (Figura 6.57 de la Unidad 6). Las señales juntas se corresponden con las que se van generando diente tras diente de la rueda dentada, y cuando pasa por el diente que falta se genera ese salto. Es decir, entre salto y salto, el motor da una revolución.

En la gráfica se ve que el motor gira a 940 r. p. m. Calcula el período o tiempo que tarda en dar una vuelta del cigüeñal, y comprueba que se corresponde con la distancia entre salto y salto de la señal.

### ACTIVIDAD **Propuesta 2.21**

La señal de la Figura 2.23 corresponde a la de un generador Hall del distribuidor del encendido de un motor de cuatro cilindros (Figura 6.59 de la Unidad 6). Con cada vuelta que da el tambor obturador se generan cuatro ciclos en la señal 2.23 y corresponde con dos vueltas del cigüeñal.

En la gráfica se ve que el motor gira a 830 r. p. m. Calcula el período de la señal de la Figura 2.23 y comprueba que se corresponde con las r. p. m. del cigüeñal.

### ACTIVIDAD **Propuesta 2.22**

Sabemos que en el oscilograma de la señal RCO de la Figura 2.24, cada una de las divisiones horizontales corresponde a 1 milisegundo. Calcula cuál es el período (T) o tiempo que tarda en realizarse un ciclo. ¿Cuál es la frecuencia (f) en hercios o ciclos que se realizan en cada segundo? ¿Varía tanto la frecuencia como el período en una señal RCO?, ¿y el Dwell?

## 2.2.2. Manejo del osciloscopio

Todos los osciloscopios son aparentemente iguales y se manejan de forma similar. En la Figura 2.26 podemos ver un osciloscopio virtual de laboratorio. Lo podemos descargar en nuestro ordenador desde la página web **http://www.uco.es/oscivirtual/** y trabajar con él como si fuera real.

Se trata de dos generadores de señal y un osciloscopio con dos canales de entrada, conectados según se muestra en la figura desplegable que aparece en el centro del lateral izquierdo de la barra de herramientas de la página web.

**Recuerda que...**

La página web para trabajar con el osciloscopio virtual es http://www.uco.es/docencia/grupos/osciloscopio_virtual/osciloscopioAnalogico.html

**Figura 2.26.** Osciloscopio virtual de laboratorio.

### ■ Generadores de señal

Arriba dispone de dos generadores de señal, 1 y 2, que activaremos con los botones On/Off de cada una. Pueden generar una señal triangular, cuadrada o sinusoidal independientemente, según pulsemos los pulsadores 3.

En las pantallas 4 y 5 vemos las características de cada una de las señales de los generadores 1 y 2 respectivamente.

La frecuencia la regulamos dándole a las ruedecitas 6 (de 0 a 9,8), que después multiplicaremos según pulsemos algún interruptor 7.

El voltaje alterno, entre 0 y el máximo, lo regularemos con los potenciómetros 8 (de 0 a 20 voltios).

De *offset* o nivel de continua que se le suma a la alterna. Si D *offset* es 0 quiere decir que es alterna pura con el voltaje o amplitud que hayamos seleccionado, si es un valor sería como la suma de ese valor en continua más el resto del voltaje o amplitud en alterna, y si este voltaje o amplitud es cero sería como solo continua. El *offset* lo regulamos con los potenciómetros lineales 10.

Con los potenciómetros 9 regularemos el desfase, según queramos que empiece la señal, de 0 a 180°.

**Nota...**

Aunque no disponemos expresamente de una señal de corriente continua, podemos obtenerla de los generadores de señal como una señal sinusoidal con frecuencia y voltaje cero, y D *offset* el valor que queramos que tenga la corriente continua.

## Osciloscopio

Abajo en la parte central y derecha tenemos el osciloscopio. Con el interruptor On/Off lo apagamos o lo encendemos.

- **Ajuste horizontal (común para las dos señales).** Con el conmutador 11 regulamos la escala de tiempos (de 0 a 2 segundos/división) que aparece en la pantalla 12. Con el botón 25 dividimos por cinco la escala de tiempos seleccionada con el conmutador 11, para abarcar más tramo de señal. Con los potenciómetros 17 y 18 regulamos la posición horizontal.

- **Ajuste vertical (independiente para cada señal).** Con los conmutadores 13 y 14 controlamos la escala vertical o de voltajes (de 0 a 10 voltios/división) para cada uno de los canales A y B, que aparecerán en las pantallas 15 y 16 respectivamente. Con los potenciómetros 19 y 20 regulamos la posición en vertical de las señales A y B respectivamente.

  Para seleccionar las señales que queremos ver pulsaremos el botón 21 o 22, para la A o la B. El botón 23 para la suma de las dos, A+B (tienen que estar a la misma escala de voltajes las dos) y el 24 para ver a las dos a la vez, A y B (este osciloscopio tienen que ser del mismo tipo las dos, sinusoidal, triángulo o cuadrada).

  Con el conmutador de tres posiciones DC, AC y GD seleccionamos cómo queremos ver la señal de cada entrada, A o B. Con DC vemos la señal completa (la suma de *offset* más la alterna), con AC vemos solo la alterna y con GD la ponemos todo a masa para poder ajustar el punto cero en la vertical donde queramos.

  Con el botón 26 invertimos la señal B, existen osciloscopios que también invierten el canal A.

**Recuerda que...**

El ajuste vertical del voltaje es independiente para cada canal de entrada, hay un mando para cada uno.

El ajuste horizontal, el tiempo, es común para todos los canales, hay un mando para los dos.

**Recuerda que...**

Algunos osciloscopios avanzados poseen un interruptor (AUTOSET o PRESET) que ajusta la señal a la pantalla automáticamente.

### ACTIVIDAD **Resuelta 2.5**

Monta en serie una batería y una fuente de corriente alterna (un transformador pequeño), y con un osciloscopio comprueba la señal de salida en sus extremos.

**Solución**

- Con el acoplamiento de la entrada DC se puede visualizar directamente la señal de entrada.
- Con el acoplamiento de la entrada AC se visualiza solo la componente alterna.

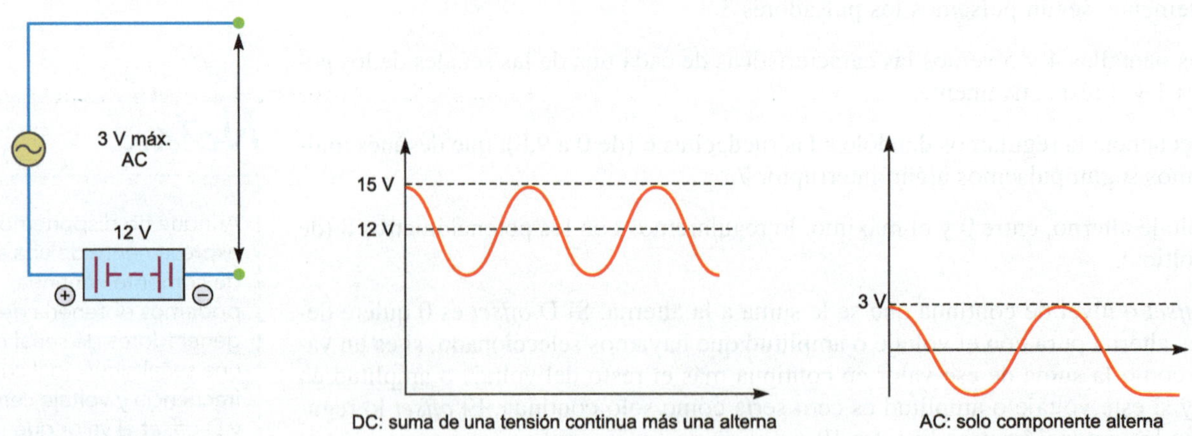


**Figura 2.27.**

## ACTIVIDAD **Resuelta 2.6**

¿Con qué escalas de voltaje y tiempo tendríamos que trabajar en el osciloscopio virtual de la Figura 2.26 para que una señal sinusoidal alterna de 6 voltios de amplitud y 80 Hz de frecuencia entrara lo más justo en la pantalla en vertical y un ciclo en horizontal?

Hazlo en el simulador y compruébalo.

**Solución**

La pantalla en vertical tiene 8 divisiones y en horizontal 12.

Si queremos que entren los 6 voltios de amplitud en las 8 divisiones, el número de voltios por división serían como poco:

6 voltios/8 divisiones = 0,75 (voltios/división)

Si fuera menos no entraría.

Para una frecuencia de 80 Hz la señal tendrá un período:

$$f = \frac{1}{T} = \frac{1}{80\,\frac{\text{ciclos}}{\text{s}}} = 0{,}0125 \text{ (s/ciclo)}$$

Para que entre un ciclo en las 12 divisiones en horizontal, los segundos por división serían como poco:

0,0125 s/12 divisiones = 0,001041 (s/división)

Si fuera menos no entraría el ciclo completo.

En el osciloscopio virtual por encima de 0,75 (V/división) es 1 (V/división) y de 0,001041 (s/división) = 0,002.

La señal será:

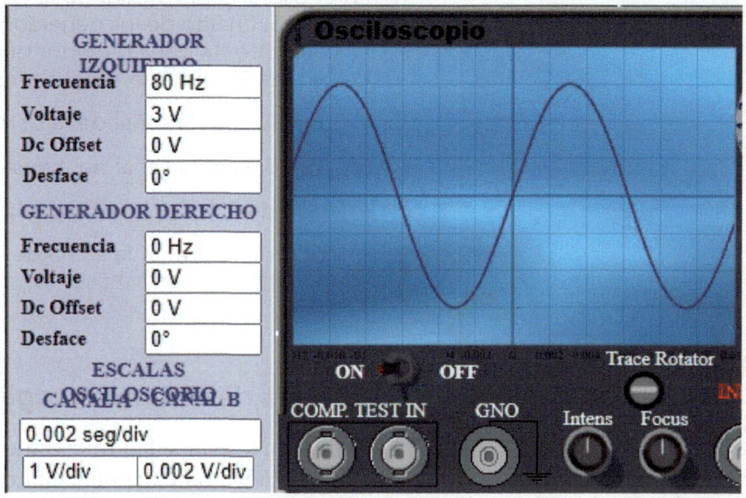


**Figura 2.28.** Panel de escalas y oscilograma resultante.

## ACTIVIDAD **Propuesta 2.23**

Selecciona en el osciloscopio virtual dos señales de corriente continua. Una en el canal A de 4 voltios y otra en el canal B de 3 voltios. Tomando como línea de Cero la línea central, comprueba que se ve solo la del canal A, la del canal B, las dos a la vez o la suma de las dos.

**Nota:** como la continua la cogemos como si fuera alterna con cero frecuencia y voltios, los canales trabajarán en posición AC. Ver la primera nota al margen de este apartado.

## ACTIVIDAD **Propuesta 2.24**

Selecciona en el osciloscopio virtual dos señales: una de corriente continua de 3 voltios y otra una señal sinusoidal de amplitud 4 voltios y frecuencia 50 Hz. Toma como línea de cero la línea central.

Comprueba que se ve solo la del canal A, la del canal B, la suma de las dos y las dos a la vez.

## ACTIVIDAD **Propuesta 2.25**

Selecciona en el osciloscopio virtual dos señales sinusoidales: una de 4 voltios de amplitud y 50 Hz de frecuencia, tomando como centro dos espacios por encima del centro; y otra de 3 voltios de amplitud y 50 Hz de frecuencia, tomando como referencia dos espacios por debajo del centro.

Visualiza solo el canal A, solo el canal B, la suma de los dos y los dos a la vez. Haz lo mismo pero invirtiendo la señal del canal B. Vuelve a quitar la inversión de la señal del canal B, desfásala 180° y vuelve a visualizar las señales. Indica qué es lo que observas.

**Nota:** $A + B_{\text{invertida}} = A - B$ / $B_{\text{invertida}} = B_{\text{desfasada } 180°}$

Algunos osciloscopios avanzados poseen un interruptor (AUTOSET o PRESET) que ajusta la señal a la pantalla automáticamente.

ACTIVIDAD **Propuesta 2.26**

En el osciloscopio virtual de la Figura 2.26 obtén la misma señal de la Actividad resuelta 2.5 con uno de los generadores de señal y por el canal A. Selecciona las opciones DC y AC de dicho canal y comprueba que se corresponden con las señales de arriba.

**Nota:** para empezar y poder ajustar a cero la señal ponemos a cero los parámetros del generador de señal y en la posición DC del canal y con el botón 19 o 20 centramos la línea horizontal.

ACTIVIDAD **Propuesta 2.27**

En el osciloscopio virtual de la Figura 2.26 obtén la misma señal de la Actividad resuelta 2.5. En uno de los generadores de señal la de la batería que se vea por el canal A, en el otro, la del alternador que se vea en el canal B, y la señal total como suma de las dos. Visualiza la señal en los siguientes casos:

- Canal A, solo la señal de la batería.
- Canal B, solo la señal del transformador.
- Modo dual, las dos señales a la vez.
- Modo suma o *add*, la suma de las dos señales.

Sabías que...

Existen muchos tipos de programas o simuladores donde usar un osciloscopio, y en estos casos integrados en un circuito concreto que queramos medir, tal como Crocodile, Tinkercad, etc. Además en Multisim nos aparece la botonera con la pantalla de distintos tipos de osciloscopios, que simulan situaciones más reales. Todos son muy intuitivos y fáciles de instalar.

## Sistema de disparo o *trigger*

Normalmente la señal que vemos en la pantalla de un osciloscopio no está quieta, si no que se mueve o desliza en sentido horizontal. Para poder medir su longitud de onda, período y frecuencia, necesitamos que sea fija.

Para estabilizar la señal podemos hacer que cada vez que pasa por un valor según la vertical, elegido previamente, se inicie un nuevo barrido de la señal en horizontal, iniciándose de nuevo la señal, como si fuera siempre la misma y fuera estática.

La mayoría de los osciloscopios disponen de unos mandos para activar el sistema de disparo o *trigger.* Con un potenciómetro ajustamos el nivel de la señal a partir del cual se inicia el disparo o barrido, y con unos botones si queremos cuando la señal esté subiendo o bajando (flanco positivo o negativo).

## Conectores y sondas

La señal llega a cada canal del osciloscopio por unos conectores o sondas. Habrá un conector y una sonda por cada canal. Para el osciloscopio de la Figura 2.26 los conectores serían el 26 y el 27 para los canales A y B, respectivamente.

El cable de las sondas suele estar apantallado para evitar ruidos o interferencias electromagnéticas y disponer de un condensador ajustable que neutralice el poder inductivo del cable. Por lo que requieren de un pequeño ajuste para dar la señal limpia.

Por otra parte disponen de un conmutador, en una de cuyas posiciones presentan un factor de atenuación, normalmente 10X o 100X.

Recuerda que...

Por convenio, los factores de atenuación aparecen con el signo X detrás del factor de división. En contraste, los factores de amplificación aparecen con el signo X delante (10X o X10).

ACTIVIDAD **Propuesta 2.28**

Indica qué voltaje máximo en alterna podríamos visualizar en el osciloscopio virtual de la Figura 2.26. ¿Y con una sonda atenuadora 10X?

### 2.2.3. Otros tipos de osciloscopios

Existen unos polímetros manuales y ligeros, muy extendidos en automoción, que además incluyen funciones de osciloscopio, llamados **poliscopios.** Son digitales y tienen una pantalla plana de cristal líquido que sustituye al tubo de rayos catódicos, lo que reduce sus dimensiones y el peso. Estos poliscopios pueden memorizar la visualización para un posterior análisis, por lo que no es necesaria una señal repetitiva para llevar a cabo el análisis.

Además, existen muchos tipos de equipos de diagnóstico. Pueden estar constituidos prácticamente por un ordenador portátil con unos terminales de entrada y un banco de datos y esquemas eléctricos que les permiten, además de funcionar como osciloscopio y polímetro:

- Leer los defectos del sistema eléctrico-electrónico al conectarse a la interfaz de diagnóstico de la unidad de control (lectura de código de averías).
- Explorar las señales de los sensores y compararlas con las ideales.
- Alterar la señal de los actuadores y observar cómo influye en los distintos parámetros.
- Activar selectivamente los actuadores.
- Codificar las llaves y las centralitas.
- Actualizar el *software,* etcétera.

Todo esto será materia de estudio para el próximo curso.

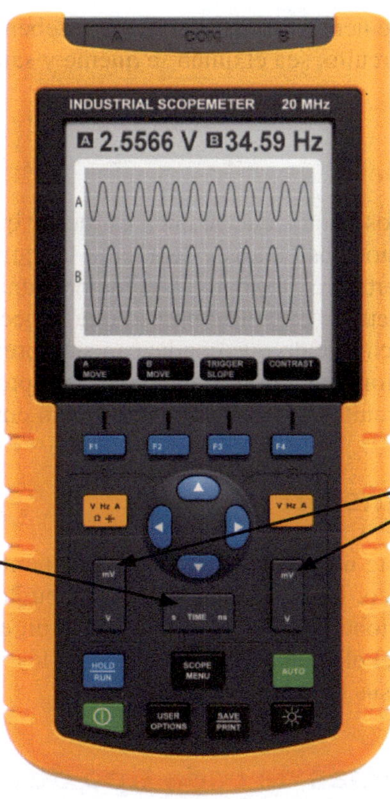


Figura 2.29. Osciloscopio virtual de laboratorio.

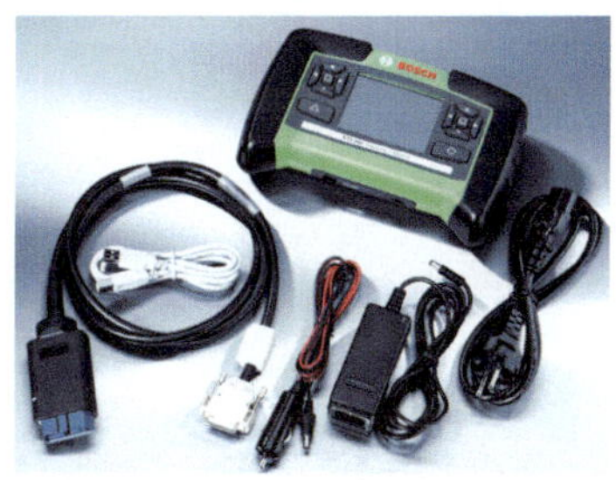

Figura 2.30. Equipo de diagnosis.

Las causas de las averías eléctricas pueden ser por:

- Discontinuidad de la corriente.
- Cortocircuito total.
- Cortocircuito parcial.
- Caída de tensión.

## 2.3. Averías eléctricas

Cuando un circuito no funciona bien, decimos que está averiado. Las averías más comunes se deben a los circuitos abiertos o a la falta de continuidad, a los cortocircuitos y a las caídas de tensión.

> Cuando se funde un fusible reiteradamente, no es cuestión de anularlo cortocircuitándolo, porque pasaría a quemarse la instalación. El problema no es el fusible, sino el cortocircuito, y hasta que este no se elimine, no se arreglará la avería.

### 2.3.1. Discontinuidad

Se encuentra en cualquier componente o conductor que se queme, corte o funda, por lo que deja de pasar corriente por él. También puede deberse a un empalme mal conectado, un conector que haga mal contacto, una mala masa debida a que el tornillo que hace la masa esté flojo o grasiento, una soldadura de mala calidad o soldadura fría, un diodo o un transistor perforado, etcétera.

### 2.3.2. Cortocircuitos

Cuando comunican accidentalmente dos conductores de distinta tensión, la corriente, en vez de hacer su recorrido inicial, ataja por la unión entre los dos cables, por lo que se produce un cortocircuito.

#### Cortocircuito total

Cuando la tensión entre los dos cables que se unen es la del generador, habrá una descarga muy intensa y, por tanto, un enorme desprendimiento de calor que deteriorará rápidamente la instalación, por ejemplo, una derivación a masa de un cable de corriente.

Para evitar estos inconvenientes, todos los circuitos deben ir protegidos por fusibles, para que en caso de cortocircuito, sea él quien se queme y salte, con lo que se interrumpe el circuito.

#### Cortocircuito parcial

Si la tensión entre los dos puntos que se unen es menor que la del generador, queda anulado el circuito entre estos dos puntos y se alteran las condiciones del resto del circuito. Como ejemplos de cortocircuitos parciales tenemos: una gota involuntaria o puente de soldadura en una tarjeta de circuito impreso que conecte dos pistas cercanas; un transistor o un diodo cortocircuitado que conduzcan siempre; la unión accidental entre los cables de un interruptor que impida apagar el receptor que controla; la unión entre cables de distintos circuitos que hace que interfieran entre sí, etcétera.

> En caso de caída de tensión en un circuito, cuando medimos el voltaje entre los extremos del receptor, con él desconectado **a circuito abierto,** la tensión que nos da es la del generador, puesto que no hay corriente por el circuito y, por tanto, no hay caída de tensión en la resistencia causante de la avería. Esto nos puede despistar, por lo que debemos medirla con el receptor conectado.

### 2.3.3. Caída de tensión

Se produce cuando existe un mal contacto entre dos puntos que deben estar conectados en un circuito eléctrico. La resistencia entre esos puntos, llamada **resistencia de contacto,** impide que funcione el circuito, o bien sufre un calentamiento excesivo, lo que deteriora poco a poco el elemento. Tal es el caso de los interruptores que no hacen buen contacto eléctrico en sus bornes.

### 2.3.4. Consecuencias de cada tipo de avería

En todas las averías, los valores de corriente y tensión entre los puntos se modifican de la siguiente manera:

- **Circuito abierto o discontinuidad:**
  - — La corriente a través de un conductor o dispositivo abierto es cero.
  - — La tensión es desconocida.

  La primera proposición es evidente, ya que un dispositivo abierto tiene una resistencia infinita, es decir, no puede haber corriente por una resistencia infinita. Y para la segunda sabemos, por la ley de Ohm, que:

$$V = I \times R = 0 \times \infty$$

  Matemáticamente es indeterminado y tenemos que averiguarlo mirando el resto del circuito.

- **Un cortocircuito:**
  - — La tensión entre los puntos cortocircuitados es cero.
  - — La corriente es desconocida.

  La primera proposición es cierta porque un dispositivo cortocircuitado tiene resistencia cero, es decir, no puede haber caída de tensión en una resistencia cero. Y para la segunda sabemos, por la ley de Ohm, que:

$$I = \frac{V}{R} = \frac{0}{0}$$

  Matemáticamente es indeterminado y tenemos que averiguarlo mirando el resto del circuito.

- **Caída de tensión:** un receptor funciona mal o no funciona cuando hay una diferencia de potencial entre sus terminales muy por debajo de la del generador, debido a la caída de tensión por una resistencia fortuita que hay en algún tramo del circuito.
  - — El voltaje entre los extremos del receptor, con el receptor conectado, está muy por debajo del voltaje del generador.
  - — La corriente es muy pequeña, al habérsele añadido en serie otra resistencia.

Conociendo la variación de las medidas eléctricas, según el tipo de avería, a partir de unas mediciones sobre el circuito pueden deducirse la mayoría de las averías más comunes.

## ACTIVIDAD **Resuelta 2.7**

Dada la figura siguiente:

a) Se observa que la tensión que mide el voltímetro es de 36 V, lo que sugiere dos posibles averías, una con $R_1$ y otra con $R_2$.

b) Si la tensión que indica el voltímetro vale cero y la batería es correcta, esto sugiere que hay otras dos posibles averías, una con $R_1$ y otra con $R_2$.

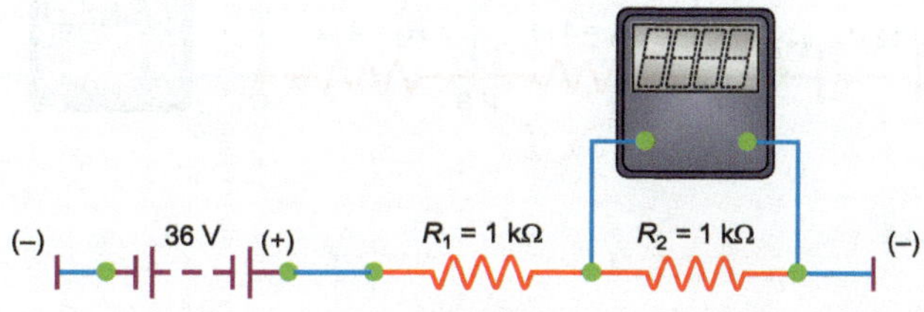


**Figura 2.31.**

**Solución**

a) Si la caída de tensión que hay en $R_2$ es la de la batería, es porque **$R_1$ está en cortocircuito** y no hay caída de tensión en ella, o bien **$R_2$ está en circuito abierto** y, al no pasar corriente por $R_1$, tampoco hay caída de tensión en ella y toda la f.e.m. de la batería estará entre los extremos de $R_2$.

b) Si la caída de tensión que indica el voltímetro vale cero y la batería es correcta, es porque **$R_2$ está en cortocircuito** y no hay caída de tensión en ella, o bien porque **$R_1$ está en circuito abierto** y $R_2$ está desconectada del circuito.

## ACTIVIDAD **Resuelta 2.8**

Dado el siguiente circuito:

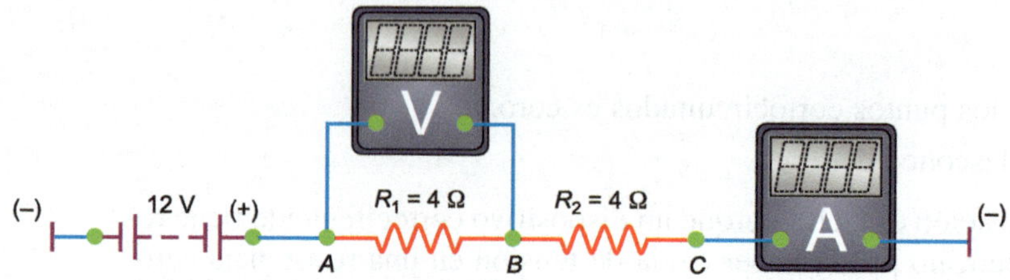


Figura 2.32.

Calcula el valor del voltímetro y del amperímetro para cada uno de los siguientes casos:

a) Circuito correcto.

b) $R_1$ cortocircuitada.

c) $R_2$ cortocircuitada.

d) $R_1$ abierta.

Dibuja el esquema resultante en cada uno de los casos anteriores y desarrolla los cálculos.

**Solución**

a) Como el voltímetro tiene resistencia infinita y el amperímetro cero, el circuito simplificado quedaría:

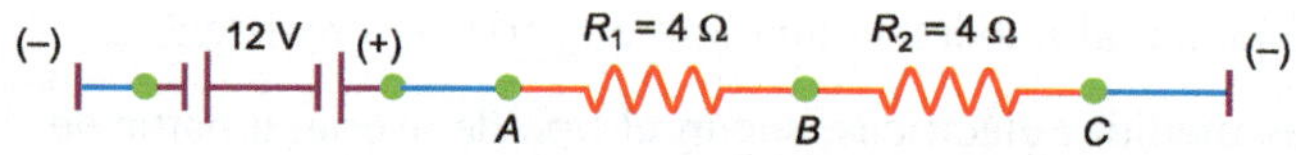


Figura 2.33.

Y haciendo los cálculos tenemos que: $I = \frac{V_{bat}}{R_{total}} = \frac{12\ V}{8\ \Omega} = 1{,}5\ A$ $\quad V_{AB} = I \times R_{AB} = 1{,}5\ A \times 4\ \Omega = 6\ V$

b) $R_1$ cortocircuitada:

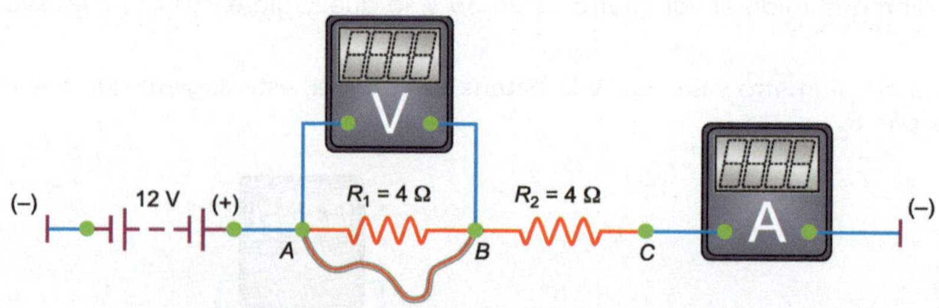


Figura 2.34.

$$I = \frac{V_{bat}}{R_{total}} = \frac{12\ V}{4\ \Omega} = 3\ A \qquad V_{AB} = I \times R_{AB} = 3\ A \times 0\ \Omega = 0\ V$$

c) $R_2$ cortocircuitada:

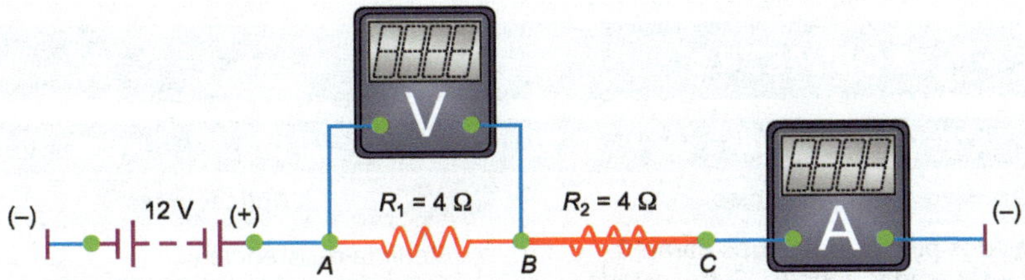


Figura 2.35.

$$I = \frac{V_{bat}}{R_{total}} = \frac{12\ V}{4\ \Omega} = 3\ A$$

$$V_{AB} = I \times R_{AB} = 3\ A \times 4\ \Omega = 12\ V$$

d) $R_1$ abierta:

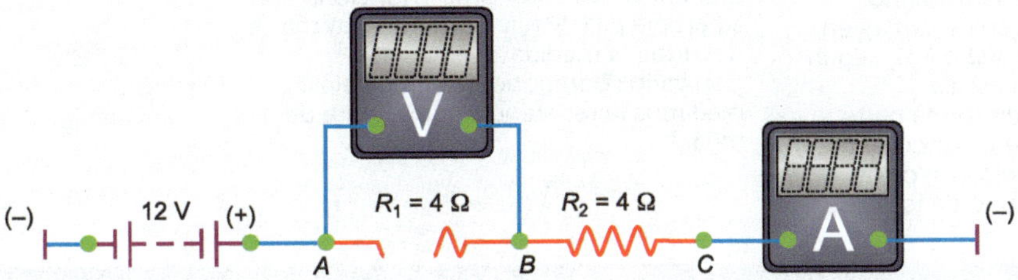


Figura 2.36.

$$I = \frac{V_{AB}}{R_{AB}} = \frac{12\ V}{\infty\ \Omega} = 0\ A$$

$V_{AB} = I \times R_{AB} = 0\ A \times \infty\ \Omega$ es indeterminado y lo tenemos que calcular por el resto del circuito. Si por $R_2$ no pasa corriente, no hay caída de tensión y esta estará toda entre los puntos $A$ y $B$, de tal manera que:

$$V_{AB} = V_{bat} = 12\ V$$

## ACTIVIDAD **Propuesta 2.29**

Dado el siguiente circuito:

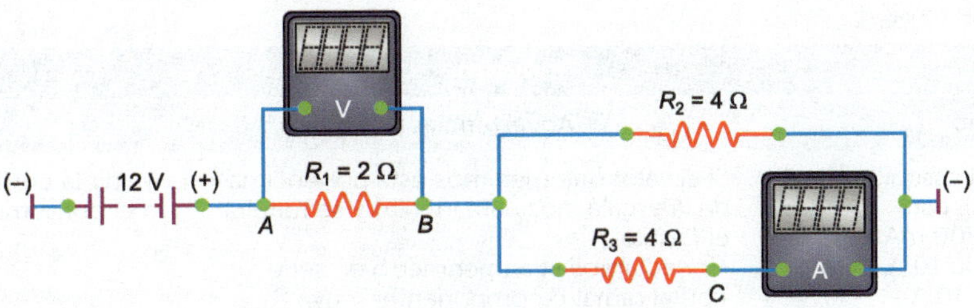


Figura 2.37.

Calcula el valor del voltímetro y del amperímetro para cada uno de los siguientes casos:

a) Circuito correcto. b) $R_1$ en cortocircuito. c) $R_2$ en cortocircuito. d) $R_3$ en cortocircuito.

e) $R_1$ abierta. f) $R_2$ abierta. g) $R_3$ abierta.

Dibuja el esquema resultante en cada uno de los casos anteriores y desarrolla los cálculos.

Monta cada uno de los puntos anteriores en un simulador, Tinkercad o Crocodile, y compara los resultados anteriores.

# Síntesis

## POLÍMETRO

### Óhmetro

| Modo de empleo | Advertencias | Aplicaciones |
| --- | --- | --- |
| 1. Conectar el cable rojo en el casquillo (V, Ω, mA) y el negro en COM.<br>2. Colocar la rueda selectora en cualquiera de los puntos del apartado Ω.<br>3. Dentro de la zona Ω, cada escala se corresponde con el valor máximo que podemos medir. Si medimos un valor mayor de la escala, nos dará infinito.<br>4. El número que aparece en el *display* en una escala equivale a Ω, KΩ o MΩ, según se dé la cantidad de esa escala.<br>5. Si el componente a medir forma parte de un circuito, no puede pasar corriente por él. Y si está en paralelo con otros, aislarlo desconectando uno de los dos terminales. | 1. Las dos pinzas juntas nos darán 0 Ω y separadas, infinito. Si no, estaría averiado.<br>2. Si medimos con la escala más pequeña posible, la medida será más precisa.<br>3. Si en la escala más grande da infinito, es infinita o mayor que el valor de la escala.<br>4. El óhmetro es autónomo y funciona con su propia pila. Si hay corriente externa se desvirtúa la medida.<br>5. Con varios componentes en paralelo medimos la resistencia equivalente de todas. | 1. Medir la resistencia.<br>2. Comprobar la continuidad.<br>3. Comprobar la derivación a masa. |

### Voltímetro

| Modo de empleo | Advertencias | Aplicaciones |
| --- | --- | --- |
| 1. Conectar el cable rojo en el casquillo (V, Ω, mA) y el negro en COM.<br>2. Colocar la rueda selectora en las zonas V= o V≈ según se trate de corriente continua o alterna, respectivamente.<br>3. Medir con la escala cuyo valor esté por encima del valor que queramos medir. Si la escala está por debajo nos dará infinito.<br>4. El número que aparece en el *display* en una escala equivale a mV o V, según se dé la cantidad de esa escala.<br>5. Si medimos caídas de tensión o diferencias de potencial entre dos puntos, pondremos cada pinza en un punto, sin manipular el circuito, y con este conectado a la red. Si el circuito no funciona no habrá caída de tensión. | 1. Si medimos corriente alterna con el selector en continua, variará de cero y valores muy pequeños, parpadeando el –.<br>2. Si medimos corriente continua con el selector en alterna, dará cero o el doble de la continua, según la polaridad de las pinzas.<br>3. Si medimos corriente continua con el selector en continua, nos dará el valor correcto pero positivo o negativo, según la polaridad de las pinzas.<br>4. En cualquier caso, si el valor que medimos es superior a la escala, nos dará infinito. Para valores de tensión muy altos, a veces, se crea un arco eléctrico interno que lo quema. | 1. Medir voltajes (f.e.m., c.d.t. o d.d.p.).<br>2. Comprobar la polaridad (si es + y –).<br>3. Comprobar caídas de tensión. |

### Amperímetro

| Modo de empleo | Advertencias | Aplicaciones |
| --- | --- | --- |
| 1. Conectar el cable negro al casquillo COM y el rojo al (V, Ω, mA), para intensidades menores de 200 mA.<br>2. Conectar el rojo al casquillo 10 A, para corrientes entre 200 mA y 10 A.<br>3. Seleccionar la escala por encima del valor que queremos medir.<br>4. Haremos pasar la corriente que queremos medir por el amperímetro, desconectando el ramal o componente, y conectando cada extremo suelto a una pinza, siempre con el circuito conectado a la red y funcionando. | 1. Si el valor que medimos está por encima de la escala, nos dará infinito y se fundirá el fusible.<br>2. Conectamos el amperímetro en serie con el ramal o componentes, cuya corriente queremos conocer. Ello no alterará el valor de la corriente, pues el amperímetro no tiene resistencia interna.<br>3. Si conectamos las pinzas directamente a + y –, provocará un cortocircuito y lo quemará. | 1. Medir la corriente que pasa por un ramal o el consumo de un componente. |

# Actividades finales

## Responde

1. Enumera los riesgos que entraña el mal uso del polímetro, tanto para este como para los componentes que comprobamos.
2. Nombra todas las comprobaciones que se puedan hacer con un polímetro digital normal.
3. Enumera los distintos tipos de averías y explica sus consecuencias.

## Realiza

1. Monta el siguiente circuito en la placa *board*:

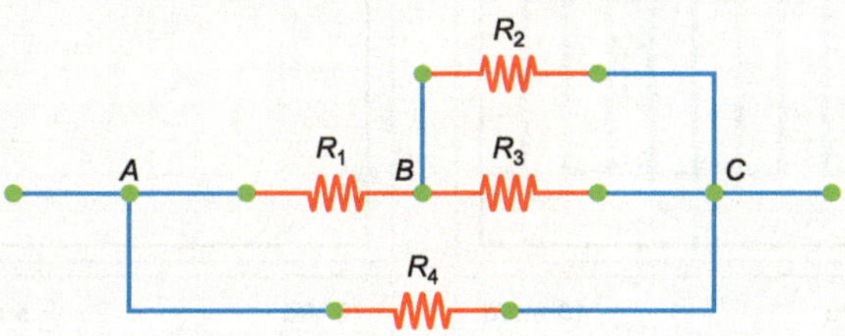


**Figura 2.38.**

a) Escoge 4 resistencias cualesquiera, mídelas con el polímetro y ponles el valor a cada una de ellas, así como la total, una vez montado el circuito.

b) Conecta a una red de 12 voltios el circuito y mide con el polímetro las caídas de tensión: $V_{AB}$, $V_{BC}$, $V_{AC}$.

c) Mide con el polímetro las intensidades: $I_1$, $I_2$, $I_3$, $I_4$ e $I_{total}$.

d) Comprueba que se cumplen las leyes de Kirchhoff.

2. Monta en la placa *board* el siguiente circuito:

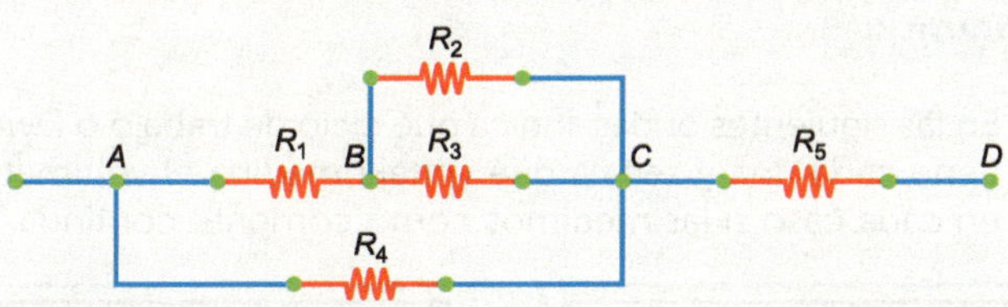


**Figura 2.39.**

a) Escoge 5 resistencias cualesquiera, mídelas con el polímetro y pon el valor a cada una de ellas así como la total, una vez montado el circuito.

b) Conecta a una red de 12 voltios el circuito y mide con el polímetro las caídas de tensión: $V_{AB}$, $V_{BC}$, $V_{CD}$, $V_{AC}$, $V_{AD}$ y $V_{BD}$.

c) Mide con el polímetro las intensidades: $I_1$, $I_2$, $I_3$, $I_4$, $I_5$ e $I_{total}$.

d) Comprueba que se cumplen las leyes de Kirchhoff.

3. Monta en la placa *board* el siguiente circuito:

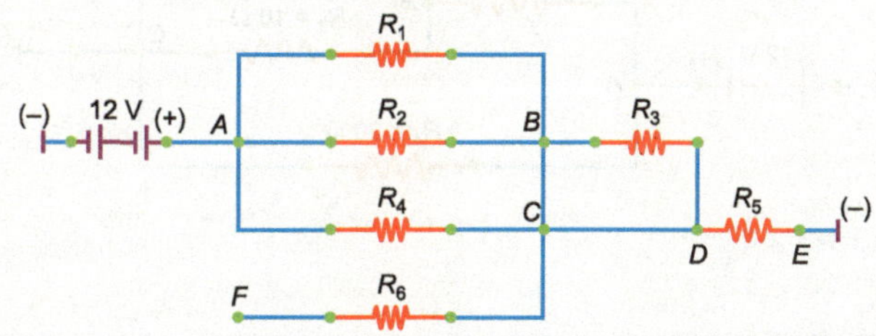


**Figura 2.40.**

a) Escoge 6 resistencias y ponles el valor a cada una de ellas: $R_1$, $R_2$, $R_3$, $R_4$, $R_5$ y $R_6$.

b) Conecta a la red el circuito y mide las caídas de tensión: $V_{AB}$, $V_{BC}$, $V_{BD}$, $V_{DE}$, $V_{AC}$, $V_{AD}$, $V_{AE}$, $V_{AF}$, $V_{CF}$, $V_{DF}$, $V_{BE}$ y $V_{EF}$.

c) Mide las intensidades o corrientes: $I_1$, $I_2$, $I_3$, $I_4$, $I_5$ e $I_6$.

d) Comprueba que se cumplen las leyes de Kirchhoff.

e) Distingue las caídas de tensión de las diferencias de potencial. ¿Qué diferencias hay entre ellas?

4. En los tres circuitos anteriores, además de comprobar los resultados con las leyes de Kirchhoff, comprueba que son razonables según las estimaciones que vimos en el Apartado 1.5.3.
5. Obtén con un osciloscopio la señal de los distintos sensores y actuadores de un vehículo (rueda fónica, electroválvula del AGR, inyectores de alimentación, captador de giro del volante de inercia o del árbol de levas, etcétera).
6. Realiza cada una de las actividades anteriores en Tinkercad y comprueba si coinciden los resultados.

## Calcula

1. Dado el siguiente circuito:

   a) ¿Qué valores indicarían el amperímetro y el voltímetro, tal como están conectados?

   b) De estar cambiados, ¿cómo conectarías el voltímetro y el amperímetro correctamente? Calcula el valor que indicarían.

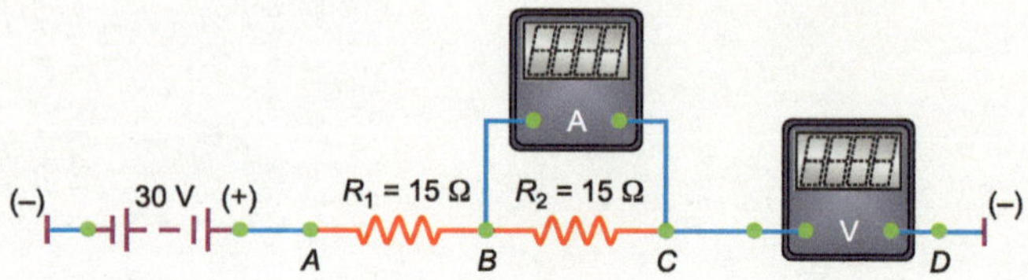


Figura 2.41.

2. Dado el siguiente circuito, rellena la tabla para los casos siguientes:

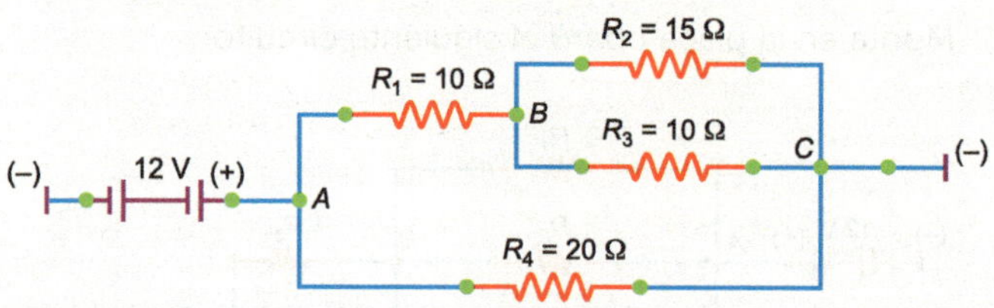


Figura 2.42.

| Avería | $V_{AB}$ | $V_{BC}$ | $I_1$ | $I_2$ | $I_3$ | $I_4$ |
|---|---|---|---|---|---|---|
| Circuito correcto | | | | | | |
| $R_1$ abierta | | | | | | |
| $R_2$ abierta | | | | | | |
| $R_3$ abierta | | | | | | |
| $R_4$ abierta | | | | | | |
| $R_1$ corto. | | | | | | |
| $R_2$ corto. | | | | | | |
| $R_3$ corto. | | | | | | |
| $R_4$ corto. | | | | | | |

3. Realiza cada una de las actividades anteriores en Crocodile, Tinkercad o Multisim y comprueba que coinciden los resultados.

4. Calcula la amplitud, el período y la frecuencia de las siguientes ondas.

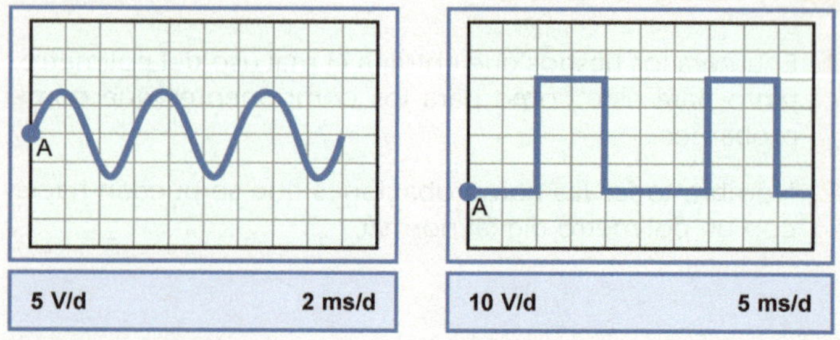


Figura 2.43.

5. Dibuja la onda de la pantalla izquierda en la derecha, teniendo en cuenta la base de tiempos.

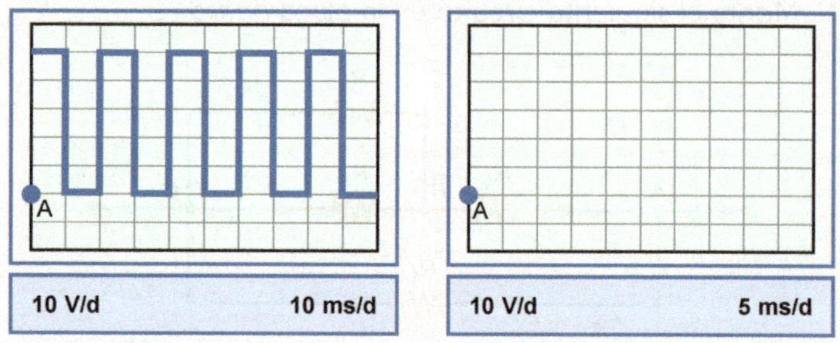


Figura 2.44.

6. Indica la amplitud, período y frecuencia de la siguiente onda.

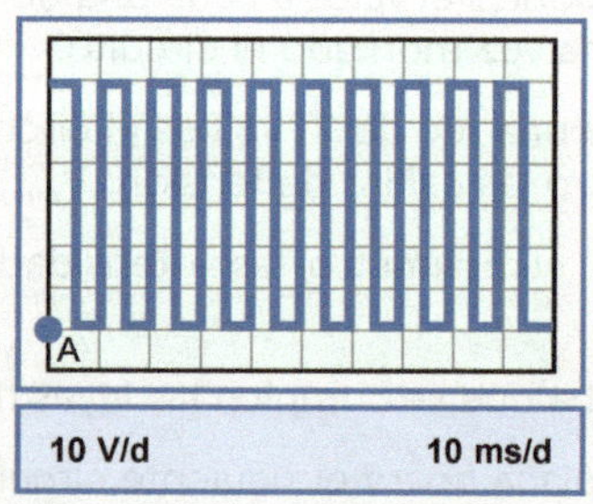


Figura 2.45.

7. En las siguientes ondas, indica qué ciclo de trabajo o Dwell tiene cada una y señala qué voltaje mediría el voltímetro en cada caso si las medimos como corriente continua.

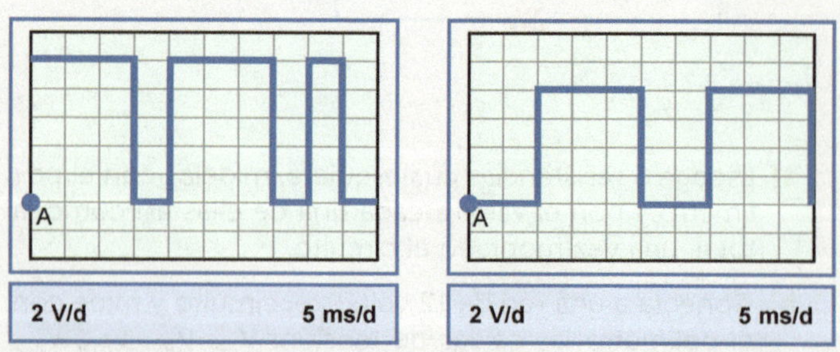


Figura 2.46.

## Investiga

1. Mide la tensión de una fuente alterna con la escala del voltímetro en continua. Otra tensión continua con la escala del voltímetro en alterna. ¿Qué es lo que observas? ¿Qué otra utilidad encuentras en el voltímetro?

2. Une las pinzas de dos polímetros (uno en óhmetro y otro en voltímetro), y mide la resistencia interna del voltímetro, para sus distintas escalas. ¿A qué conclusión llegas?

3. Monta en una placa *board* cuatro resistencias en serie, por lo menos dos de ellas con valores óhmicos muy altos (por encima de 500 000 Ω). Conecta el circuito a 12 voltios y mide la caída de tensión en cada una de ellas y la total. Comprueba si se cumple la ley de voltajes de Kirchhoff. ¿Por qué?

4. ¿Por qué en la Actividad propuesta 2.14 se pedía que ninguna de las resistencias tuviera un valor óhmico por debajo de 800 Ω (partimos de la base de que las resistencias tienen una potencia de ¼ vatios)?

5. ¿Cómo mediríamos con el polímetro la tensión de una señal RCO? ¿Qué relación guarda con el porcentaje Dwell? ¿Cómo comprobaríamos con el polímetro si en una red informática hay diálogo?

6. Levanta un vehículo en un elevador y haciendo girar una rueda saca la señal de su rueda fónica en el osciloscopio. ¿Qué tipo de señal es? ¿Para qué se emplea?

**Nota:** te puedes ayudar con la Figura 6.64.

# 3 Circuitos y componentes eléctricos básicos. Averías

Se entiende por circuito el camino que debe seguir la corriente eléctrica para llegar a los distintos puntos de consumo y que intercala los aparatos de mando que controlan dicho consumo.

El estudio y la comprensión de cualquier circuito requieren la realización de su esquema, a partir del cual se puede iniciar el montaje o estudiarse nuevas soluciones. El esquema es una ayuda eficaz y definitiva a la hora de hacer frente a una avería. Dada la complejidad de la instalación eléctrica de un vehículo, se hace imprescindible la interpretación de sus esquemas en su manual de reparación, lo que nos permite conocer el emplazamiento de todos sus componentes y la forma en que estos se comunican entre sí a través de los conectores y conductores.

En esta unidad clasificaremos los componentes eléctricos, según su forma, sus características y dependiendo de su función, en grupos funcionales. Veremos las aplicaciones que tienen y cómo se conectan entre sí en un circuito. Nos iniciaremos con esquemas sencillos, que montaremos, y simularemos averías para su posterior reparación. Además, se verán los distintos tipos de averías con el fin de llevar a cabo un acertado diagnóstico.

# 3 Circuitos y componentes eléctricos básicos. Averías

## ¿Sabes ...

... deducir el funcionamiento de cualquier tipo de mando con un polímetro?

... qué tipos de relés existen y cómo funcionan?

... montar circuitos eléctricos sencillos?

... interpretar esquemas eléctricos y montar circuitos más complejos?

... qué tipos de averías puede haber en un circuito eléctrico?

... qué síntomas presentan las averías? ¿Cómo se pueden diagnosticar y reparar?

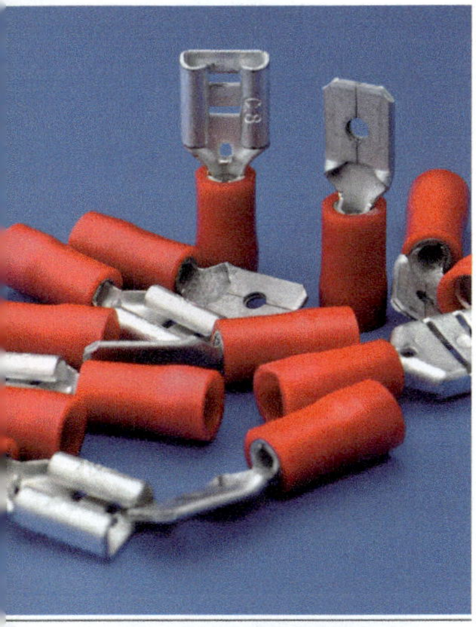

## Contenidos


**3.1.** Componentes eléctricos básicos

**3.2.** Circuitos eléctricos básicos

**3.3.** Esquemas eléctricos

**3.4.** Montaje de circuitos


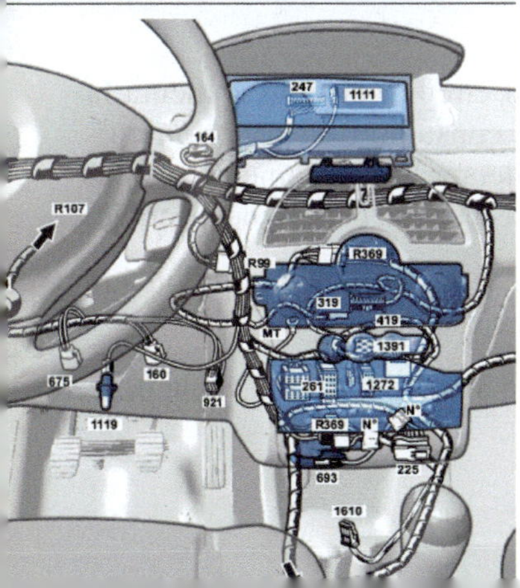


## Objetivos

- Conocer los distintos componentes eléctricos básicos, su función y características.
- Identificar y representar los símbolos de los distintos componentes eléctricos básicos.
- Interpretar los distintos tipos de esquemas de circuitos eléctricos básicos.
- Montar circuitos eléctricos básicos de diferentes grados de complejidad.
- Medir y analizar los datos obtenidos de los distintos parámetros.
- Simular, diagnosticar y resolver averías en circuitos eléctricos básicos de diferentes grados de complejidad.
- Saber cómo influyen las averías de los distintos componentes sobre el resto del circuito y diagnosticarlas.

## 3.1. Componentes eléctricos básicos

Para empezar, conoceremos el símbolo de cada componente y sus características.

### 3.1.1. Los conductores

Un conductor es un hilo o cable debidamente aislado por el que circula la corriente eléctrica. Sus tipos se muestran en la Figura 3.1.

| | | | | | | | | | | | | | | | |
|---|---|---|---|---|---|---|---|---|---|---|---|---|---|---|---|
| Diámetro (mm) | 1,0 | 1,2 | 1,4 | 1,6 | 2,1 | 2,7 | 3,4 | 4,3 | 6,0 | 7,5 | 8,8 | 10,3 | 12,0 | 14,7 | 16,5 |
| Sección ($mm^2$) | 0,5 | 0,75 | 1 | 1,5 | 2,5 | 4,0 | 6,0 | 10,0 | 16,0 | 25,0 | 35,0 | 50,0 | 70,0 | 95,0 | 120,0 |
| Corriente máx. (A). | 6-9,0 | 7-13,0 | 8-16,3 | 12-20,0 | 18-20,0 | 25-36,0 | 30-46,0 | 43-62,0 | 65-83,0 | 100-110,0 | 125-135,0 | 140-169,0 | 195-209,0 | 220-249,0 | 265-294,0 |

**Figura 3.1.** Sección normalizada de distintos hilos y la intensidad máxima admisible.

Se representan con una línea. Cuando se cruzan dos hilos:

- Si hay conexión eléctrica entre ellos, se destaca el cruce con un punto.
- Si no hay conexión eléctrica entre ellos, se dibuja una pequeña curva, o el cruce no se destaca.

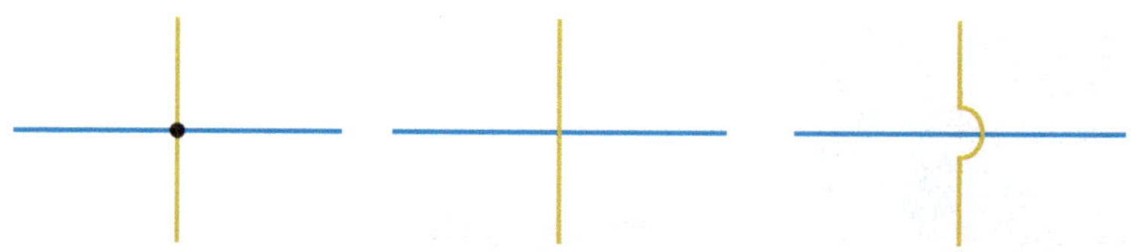

**Figura 3.2.** Hilos conductores que se cruzan.

En los vehículos se agrupan en **mazos** envueltos con cinta aislante.

### 3.1.2. Los fusibles

El fusible es un elemento de seguridad que protege al circuito cuando aumenta la intensidad de forma desmesurada, bien por un exceso de consumo o bien por un cortocircuito. Estas causas hacen que los conductores se calienten excesivamente, con el consiguiente riesgo de combustión de sus fundas y, en consecuencia, peligro de incendio.

Cuando la intensidad es muy elevada, el fusible no puede resistir el calor producido y se funde. Con ello, el circuito queda interrumpido, es decir, abierto.

Los fusibles se calculan, generalmente, para que fundan a una intensidad doble de la que es normal en el circuito.

*Recuerda que...*

Los fusibles se calculan, generalmente, para que fundan a una intensidad doble de la que es normal en el circuito.

Si al reemplazar un fusible fundido vemos que el nuevo también se funde, no es cuestión de poner otro con más amperaje, sino de resolver el cortocircuito o exceso de consumo.

**Figura 3.3.** Diferentes tipos de fusibles en automoción.

**Figura 3.4.** Símbolo del fusible.

## 3.1.3. Los terminales

Hay terminales redondos, cilíndricos, de arandela u ojo, faston, de bandera, de escuadra, etc. Los faston son los más comunes y, concretamente, los que miden 6,3 mm.

| Hembra | Macho | I o E (mm) | Sección del conductor ($mm^2$) |
|---|---|---|---|
| 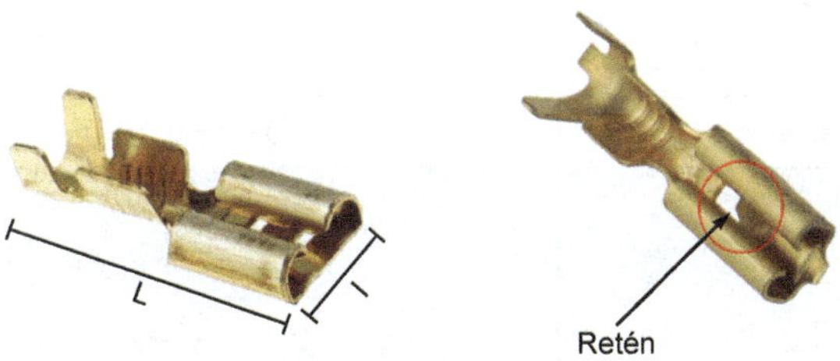 | 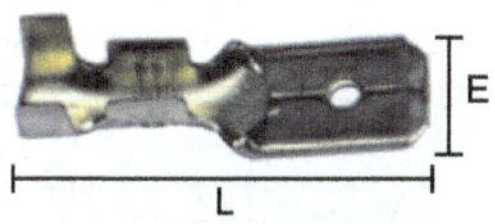 | 2,8 | 0,5-1 |
| | | 4,8 | 0,5-1 |
| | | 5,0 | 1-2, 5 |
| | | **6,3** | 1-2, 5 |
| | | 9,5 | 2, 5-6 |
| **Nota:** los terminales que encajan en zócalos de relés, cajas de fusibles o conectores, lo hacen a través de un retén. | | | |

**Figura 3.5.** Terminales faston.

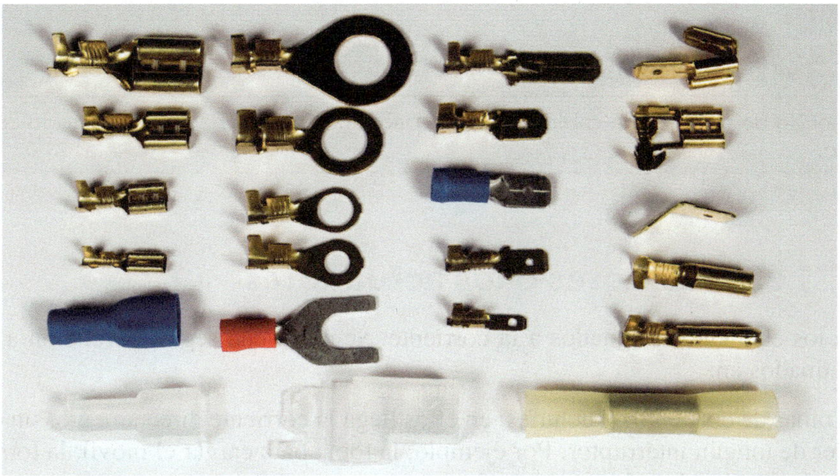

**Figura 3.6.** Otros tipos de terminales.

**Recuerda que...**

El símbolo de un fusible es muy parecido al de una resistencia, solo que en el de la resistencia, el conductor no atraviesa el rectángulo.

En manos inexpertas los fusibles pueden representar un serio peligro. Por ejemplo, si al fundirse el fusible, este se sustituye por otro que permita más intensidad o si se cortocircuita con un hilo para que no se funda más, puede provocar daños considerables, tales como que se quemen las fundas, que el mazo de cables se haga una pasta, que se origine un incendio, etcétera.

### 3.1.4. Los conectores y zócalos

Tanto para los conectores como para los **zócalos de relés,** se emplean terminales (hembras o machos) con un retén o pestaña que los fija a ellos.

| | N.º de vías | Terminal que monta |
|---|---|---|
| Portamachos 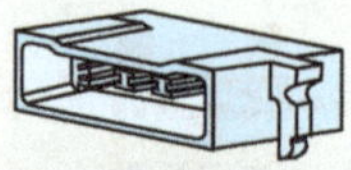 | 8 |  |
| Portahembras 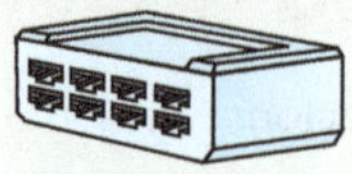 | 8 |  |
| Portarrelés o zócalo de relés 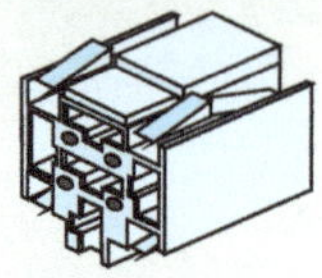 | 5 |  |

**Figura 3.7.** Conectores y zócalos.

## ACTIVIDAD **Resuelta 3.1**

Monta los terminales de las distintas maneras que conozcas. ¿Qué ventajas observas en cada una de ellas?

**Solución**

| Montaje en lazo | Soldado con estaño | Engatillado |
|---|---|---|
| 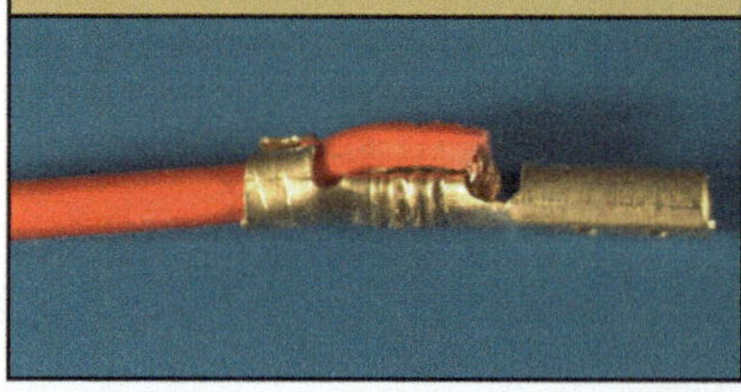 | 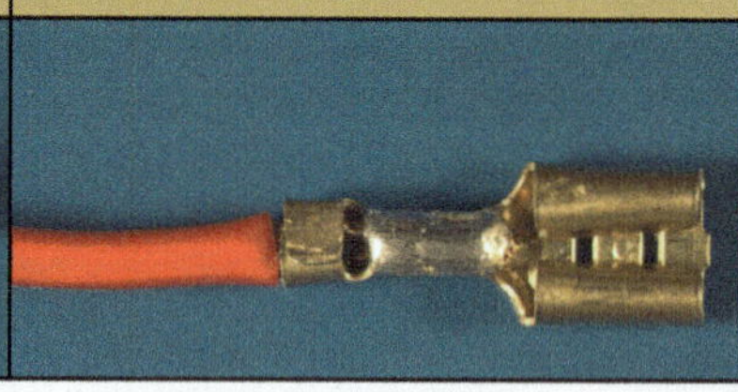 | 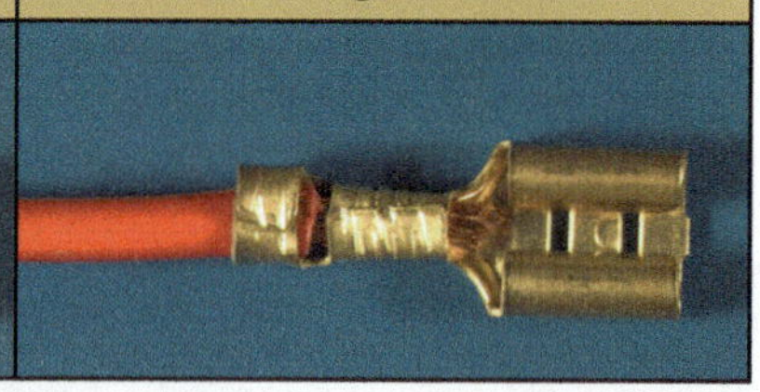 |

**Figura 3.8.** Montaje de terminales.

## ACTIVIDAD **Propuesta 3.1**

Partiendo de un trozo de cable, pélalo en pequeños tramos hasta pelarlo todo completo.

Los receptores se clasifican en:

- Enchufes (o tomas de corriente).
- Lámparas o portalámparas.
- Motores.
- Electroimanes.
- Electroválvulas.

### 3.1.5. Los receptores o los actuadores

Son los elementos asignados a la corriente. Se clasifican según la función a la que van destinados en:

- Tomas de corriente o enchufes: en ellos llega la corriente directamente, sin depender de ningún interruptor. Por ejemplo, la toma para cargar el móvil, la toma para enchufar el ordenador portátil, el encendedor, etcétera.
- Lámparas y portalámparas para la iluminación o la señalización.

- Motores para accionar algún mecanismo, tales como los elevalunas, el cierre centralizado, el techo corredizo, el impulsor de la calefacción, etc. El sentido del giro de la mayoría de los motores de corriente continua varía según la polaridad.

**Tabla 3.1. Distintos tipos de receptores y actuadores**

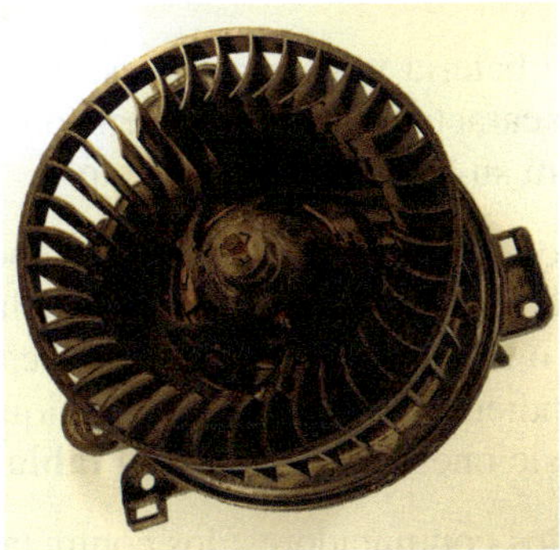

Figura 3.9. Impulsor de la calefacción.

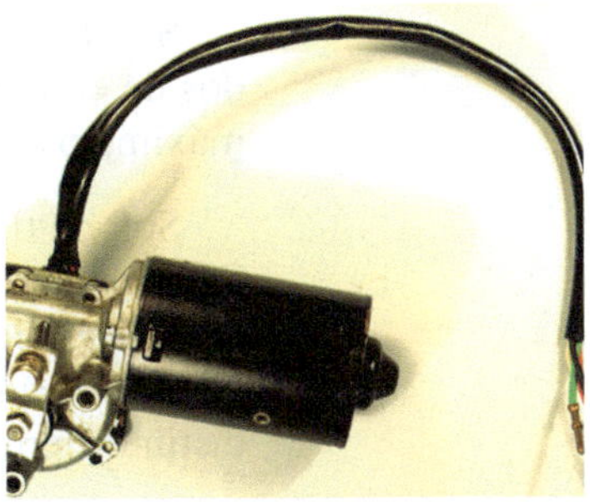

Figura 3.10. Motor limpiaparabrisas.

Figura 3.11. Grupo óptico trasero.

Figura 3.12. Luz interior del vehículo.

Figura 3.13. Espejo retrovisor regulable eléctricamente.

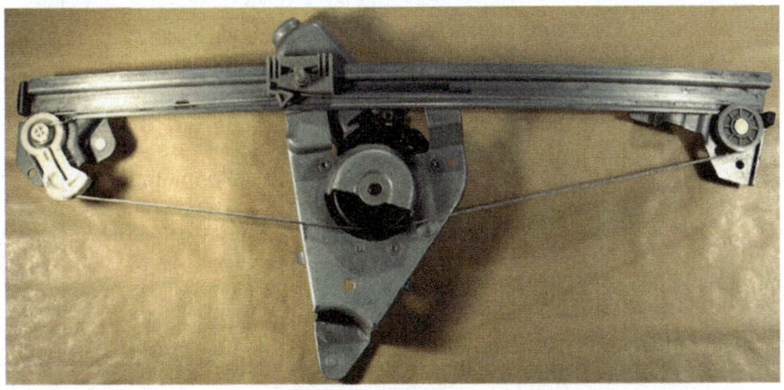

Figura 3.14. Elevalunas.

Figura 3.15. Electroválvula del turbo.

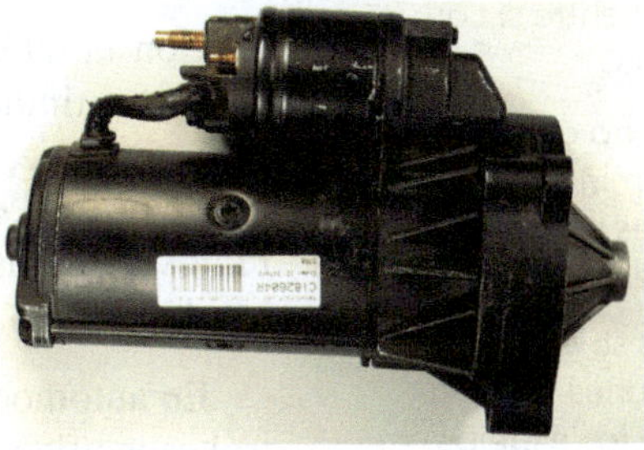

Figura 3.16. Motor de arranque.

### 3.1.6. Los elementos de control

Son los encargados de controlar el funcionamiento de los receptores o los actuadores. Pueden ser mandos o sensores.

#### Los mandos de control

Son los elementos intercalados entre la batería y los receptores, y son los encargados de controlar y dirigir la corriente. Sus características son la tensión y la intensidad máxima para las que el fabricante asegurará su buen funcionamiento.

Son de tipos y apariencias muy variados según la utilidad para la que se requieran. Se accionan manual o automáticamente de forma lineal, rotativa u oscilante en **distintas posiciones.** Tienen **diferentes bornes o terminales** a los que conectar los distintos conductores del circuito. Se montan dependiendo de cómo se comuniquen entre sí los distintos terminales en cada una de sus posiciones, como indica su **tabla lógica.**

Los más básicos son los interruptores, los conmutadores, los conmutadores inversores o cruzamientos, los pulsadores, etc., además de la infinidad de mandos de aplicación concreta como los que utilizamos en automoción.

| Mando | Posiciones | Símbolo | Posición | Tabla lógica |
|---|---|---|---|---|
| Interruptor | 2 |  | A | --- |
| | | | B | 1-2 |
| Pulsador NA | 2 | 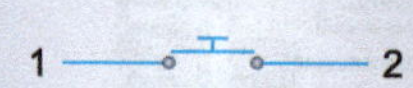 | A | --- |
| | | | B | 1-2 |
| Pulsador NC | 2 |  | A | 1-2 |
| | | | B | --- |
| Conmutador | 2 |  | A | 1-2 |
| | | | B | 1-3 |
| | 3 |  | A | 1-2 |
| | | | B | --- |
| | | | C | 1-3 |
| Conmutador inversor o cruzamiento | 2 |  | A | 1-3/2-4 |
| | | | B | 1-2/3-4 |
| | 3 | 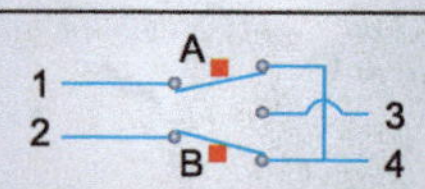 | Sin pulsar | 1-2-4 |
| | | | A | 1-3/2-4 |
| | | | B | 2-3/1-4 |
| | 3 | 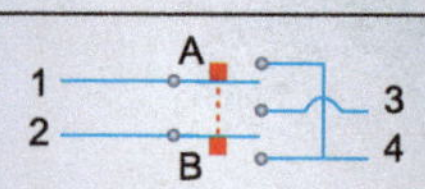 | Sin pulsar | --- |
| | | | A | 1-3/2-4 |
| | | | B | 2-3/1-4 |

Figura 3.17. Mandos básicos: símbolos y tabla lógica.

Con la tabla lógica sabemos cómo trabaja cualquier mando, lo que permite conocer la continuidad entre los terminales para sus distintas posiciones. Además, para un buen montaje, en los conmutadores debemos distinguir el terminal que comunica con uno u otro «1», al que llamaremos el macho, de los dos restantes «2 y 3» que llamaremos hembras. Y en el cruzamiento dos pares de entrada «1 y 4» de los otros dos de salida «2 y 3».

En automoción, como en otras ramas de la tecnología, existen otros mandos de control específicos como son: el mando de luces, de intermitentes, el *warning*, el limpiaparabrisas, los antinieblas, etc., cuyo montaje requiere del conocimiento de la continuidad entre los distintos terminales que lo forman para las distintas posiciones o tabla lógica.

**Sabías que...?**

Los conmutadores inversores de tres posiciones pueden ser de dos tipos:

- Sin pulsar: las dos salidas comunican entre sí con una entrada.
- Sin pulsar: no comunican ningún terminal entre sí; las entradas y salidas son indiferentes.

Los primeros se emplean en los elevalunas y los segundos en los espejos retrovisores eléctricos.

**Tabla 3.2. Distintos tipos de mandos y sensores**

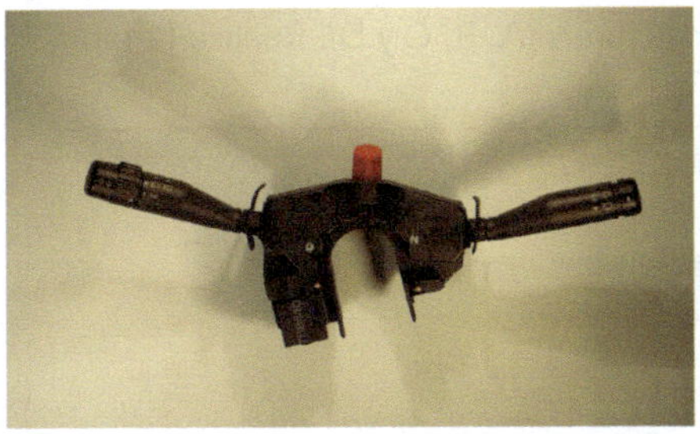

Figura 3.18. Mando de la columna de la dirección.

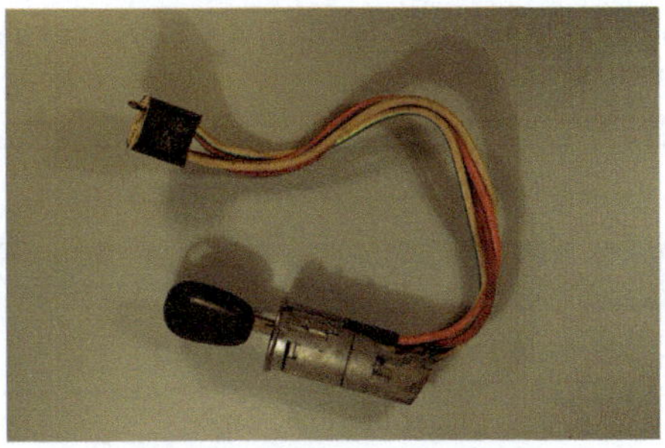

Figura 3.19. Bombín de arranque.

Figura 3.20. Mando de antinieblas.

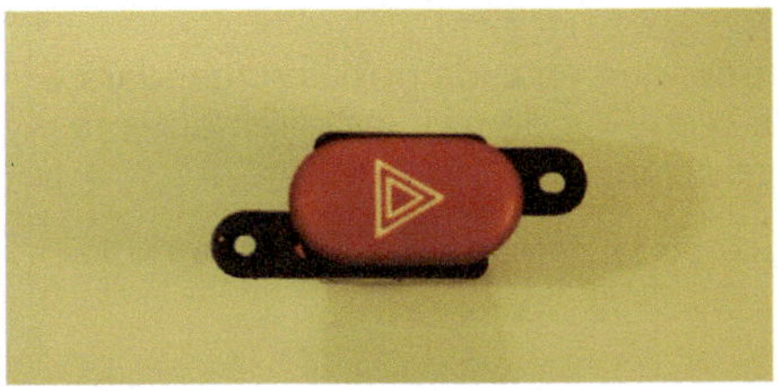

Figura 3.21. Mando del *warning*.

Figura 3.22. Mando de elevalunas.

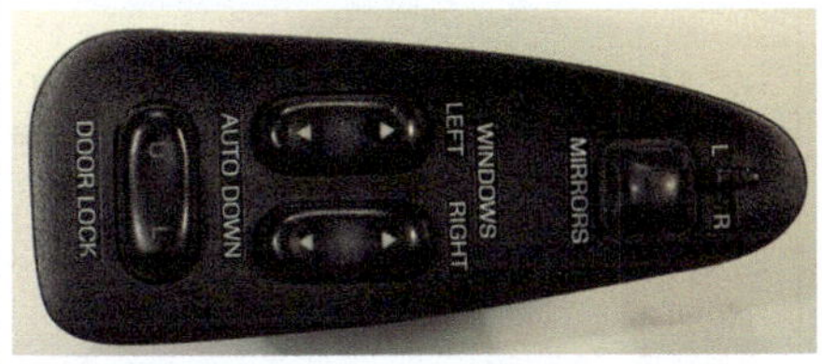


Figura 3.23. Consola del mando de elevalunas y espejo retrovisor.

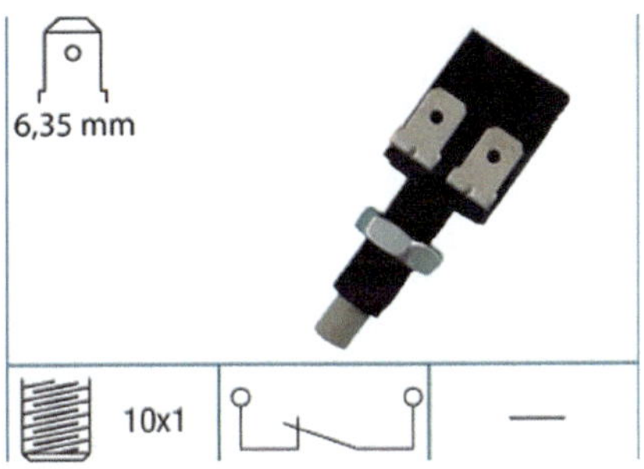


Figura 3.24. Pulsador de pare o frenos.

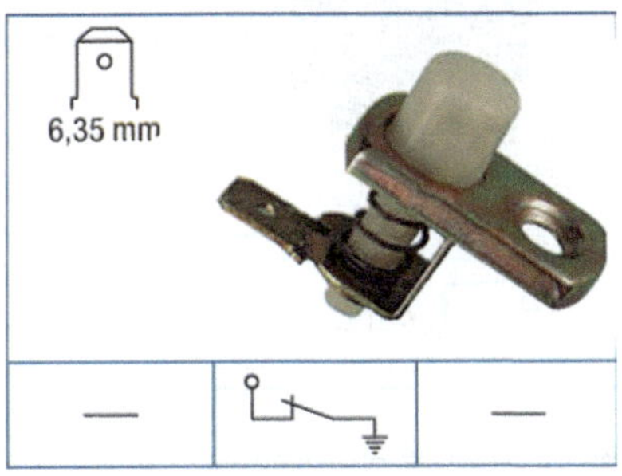


Figura 3.25. Pulsador de luz interior.

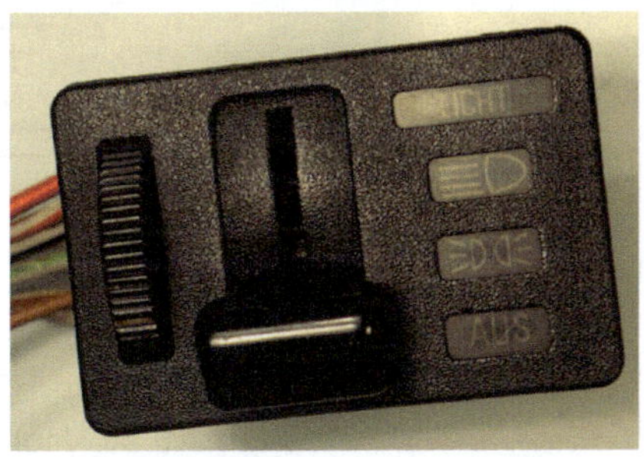

Figura 3.26. Mando de luces.

Para averiguar la tabla lógica de cualquier mando de control se procede de la siguiente manera:

1. Nombramos cada terminal con los números 1, 2, 3, etc., anotándolos sobre el propio mando o en un dibujo donde se identifique claramente cada terminal.
2. Nombramos cada posición con una letra, A, B, C, etc., según el número de posiciones que tenga.
3. Para cada una de estas posiciones hacemos un barrido con el óhmetro, donde vemos la continuidad entre cada uno de los terminales y lo anotamos:

    Posición A: 1-2-3.

    Posición B: 1-2/3-4.

**Nota:** en la posición «B» comunican el «1 y 2» por un lado y, aparte, el «3 y 4».

### Sabías que...

Otro símbolo del conmutador inversor de dos posiciones menos extendido es el siguiente:

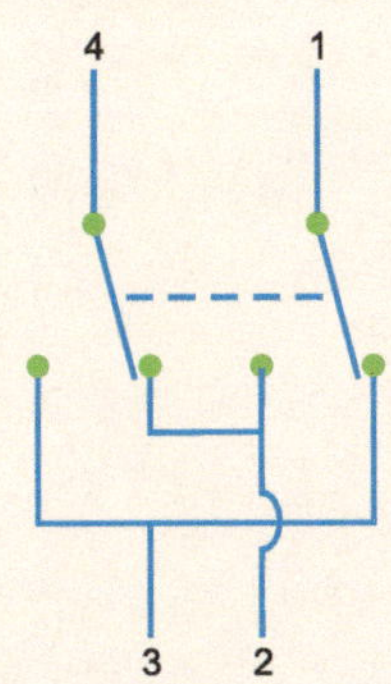


Figura 3.27.

## ACTIVIDAD **Resuelta 3.2**

Disponemos de un mando de luces con cinco terminales (1, 2, 3, 4 y 5) y cuatro posiciones (A, B, C y D). Realiza la tabla lógica e indica cómo lo montarías en un circuito.

**Solución**

Tabla 3.3. **Tabla lógica**

| Posición | Funcionamiento | Continuidad |
|---|---|---|
| A | Todo el alumbrado apagado | — |
| B | Luz de posición | 2-4 |
| C | Luz de posición y cruce | 2-4-1 |
| D | Luz de posición y carretera | 2-4-5 |

Los terminales 2 o 4 que aparecen en todas las posiciones serán el positivo de batería, que en cada posición mandarán corriente a cada una de las luces o la luz de posición, pues esta luce siempre sola o con las demás, indiferentemente. En nuestro caso, el 2 será positivo por permitir más corriente y el 4 será la luz de posición.

El que solo aparece en la posición de cruce 1 será la de cruce y el que solo aparece en la de carretera 5 será la de carretera.

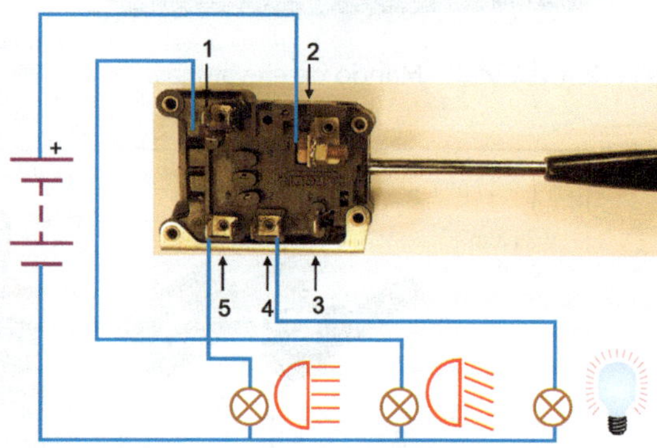


Figura 3.28. Montaje del circuito de alumbrado.

## ACTIVIDAD **Propuesta 3.2**

Pulsando en la posición A accionamos el destello. ¿Entre qué terminales habrá continuidad? ¿Cómo lo montaríamos en el circuito?

## ACTIVIDAD **Propuesta 3.3**

Coge varios mandos, por ejemplo, de los limpiaparabrisas, de las luces, del bombín de arranque con su llave, etc., y averigua su tabla lógica.

### Los sensores

Controlan de forma automática los distintos actuadores o luces indicadoras, por ejemplo: el termocontacto que acciona el electroventilador, el presostato que cierra o abre según la presión del aceite, el interruptor de líquidos de frenos, etcétera.

Dejaremos muchos otros tipos, piezoeléctricos, Hall, inductivos, etc., para la unidad de electromagnetismo.

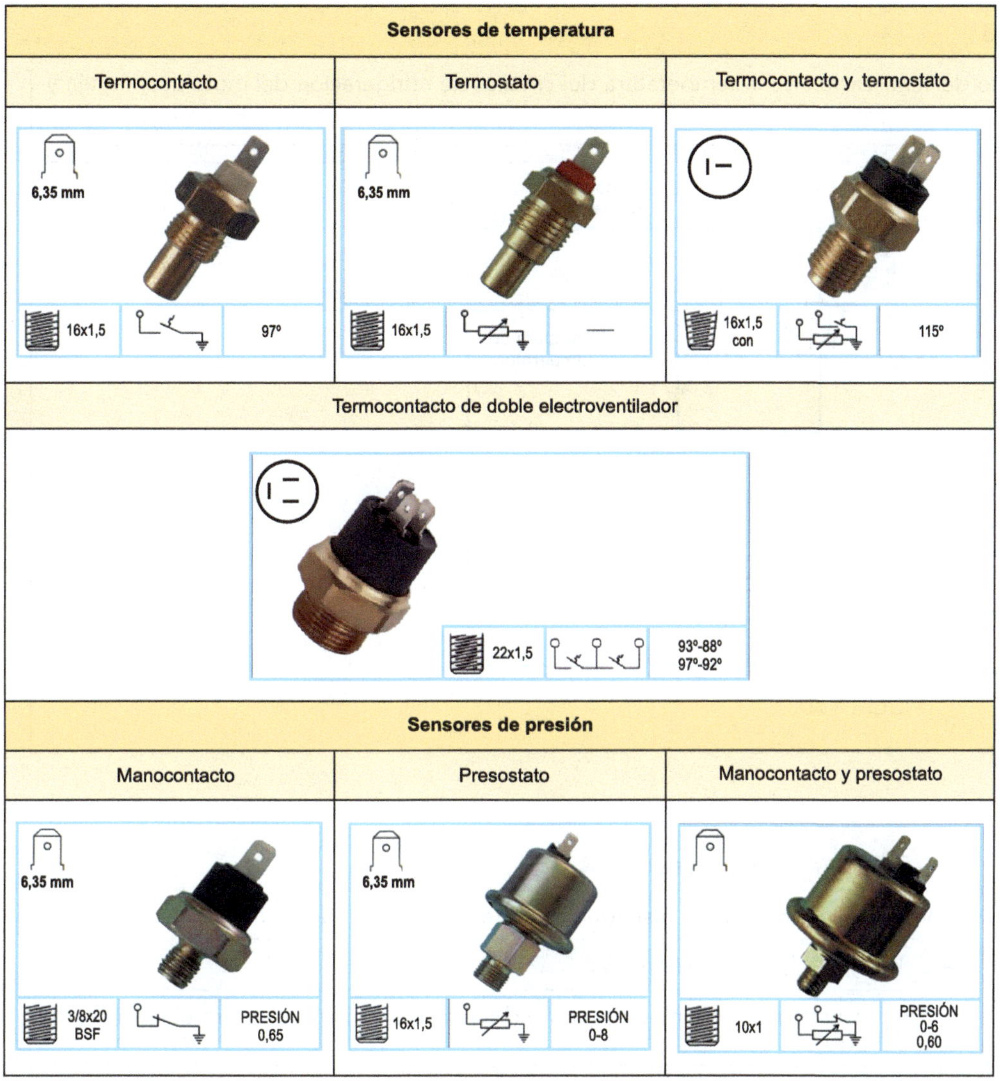


**Figura 3.29.** Sensores de presión y temperatura.

*Sabías que...?*

Lo que normalmente llamamos termostato en el circuito de refrigeración de un vehículo es realmente una válvula termostática que conduce el caudal del agua en una dirección u otra según la temperatura.

## ACTIVIDAD Resuelta 3.3

¿Cómo distinguirías, en apariencia, un sensor de temperatura de otro de presión?

**Solución**

En los sensores de presión la cara del cilindro roscado que está en contacto con el fluido tiene un pequeño orificio para que su interior esté en contacto con el aceite y pueda captar la presión.

## ACTIVIDAD Resuelta 3.4

¿Por qué los termocontactos de testigo tienen una sola temperatura de referencia y los del electroventilador dos? ¿Qué significa cada una de ellas?

**Solución**

La temperatura de referencia del termocontacto, del testigo de la temperatura, se corresponde con el valor a partir del cual se enciende la lámpara testigo y por debajo de la cual se vuelve a apagar.

En los termocontactos de accionamiento del electroventilador, a la mayor temperatura de referencia salta el electroventilador, que no volverá a parar hasta que la temperatura vuelva a estar por debajo de la menor temperatura de referencia.

ACTIVIDAD **Resuelta 3.5**

Realiza el esquema de un circuito de señalización de la temperatura del circuito de refrigeración del motor, con aguja y con luz testigo.

**Solución**

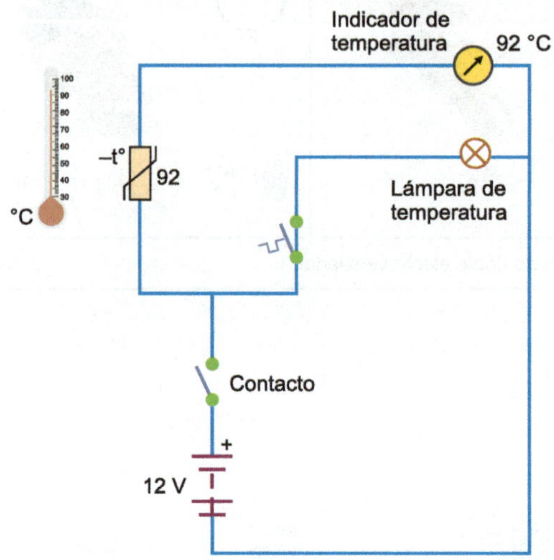


Figura 3.30.

ACTIVIDAD **Propuesta 3.4**

Con un polímetro, ¿cómo distinguirías un termocontacto de un manocontacto?

ACTIVIDAD **Propuesta 3.5**

En un presostato-manocontacto, ¿cómo distinguirías con un polímetro el terminal de uno del otro?

ACTIVIDAD **Propuesta 3.6**

¿Y en un termocontacto-termostato?

## 3.1.7. Elementos de potencia (relés)

Los relés polivalentes o comunes, como el interruptor o el inversor, se intercalan entre los sensores o mandos y los actuadores.

Cuando el consumo del receptor es elevado, para que su corriente no pase directamente por el sensor o mando, se intercala entre ellos un relé que permitirá que una corriente elevada sea controlada por una pequeña.

Se trata de una bobina con sus dos terminales de excitación por la que, al pasar una corriente, se magnetiza y atrae a una armadura de hierro que actúa como un interruptor o conmutador con dos o tres terminales, respectivamente. En la corriente alterna, con tensiones de excitación grandes (230 o 400 voltios), se les llama **contactores.**

Además, hay una gran variedad de relés para distintas funciones, tales como, intermitencia, elevalunas, de precalentado, etc., cuyo esquema de montaje se detalla en los catálogos.

*Sabías que...?*

Existen infinidad de tipos de relés, según distintas aplicaciones.

Puedes acceder al catálogo de relés de la marca Nagares en el siguiente enlace web:

https://www.autospark.es/recambios-el%C3%A9ctricos/nagares/

Figura 3.31. Distintos tipos de relés.

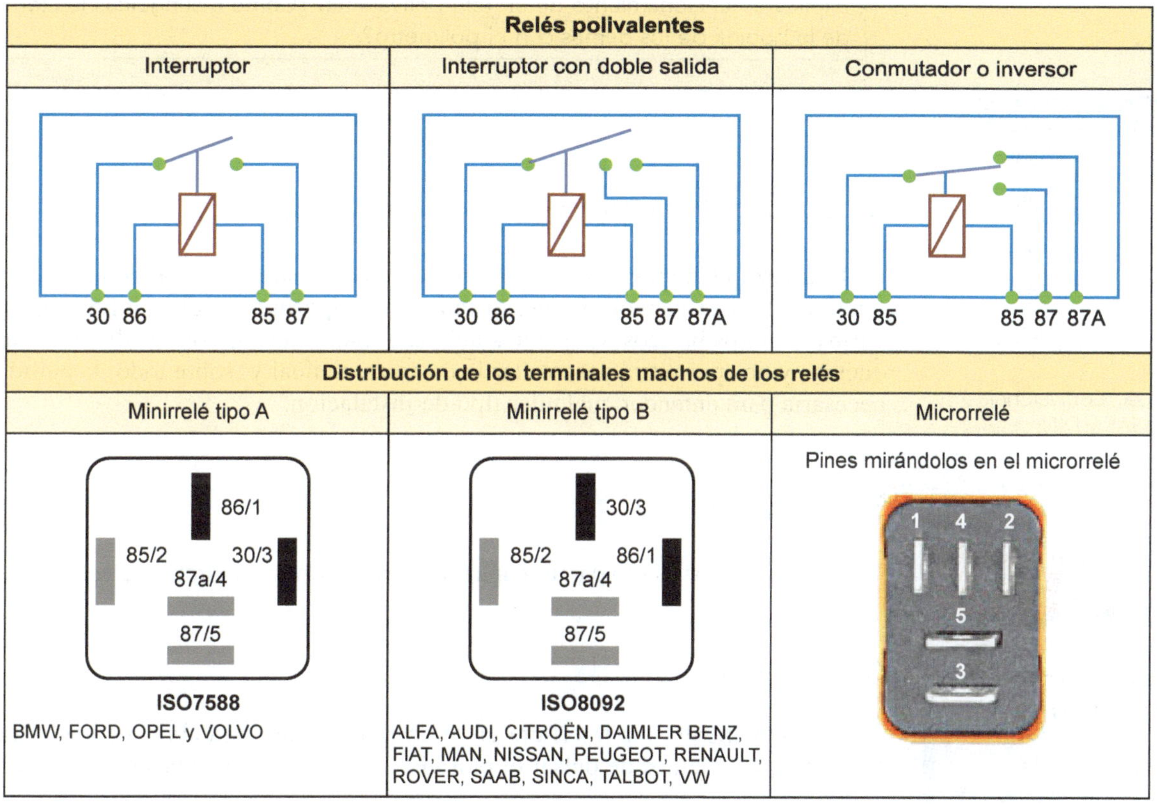


Figura 3.32. Terminales de los relés.

A la hora del montaje de un relé distinguiremos sus terminales por las marcas que llevan en la parte trasera, así como por un dibujo en una de sus caras.

Los relés más comunes, los minirrelés, tienen forma cuadrada y existen dos tipos: tipo A y tipo B, que podemos distinguir según la distribución de sus terminales. El tipo B es el más generalizado, aunque conviene asegurarse cuando se vayan a sustituir.

Otros tipos de relés, los microrrelés, son más pequeños que los anteriores, tienen forma rectangular y en la figura de arriba podemos distinguir sus terminales.

De los terminales de excitación de la bobina, el 86 y el 85 son el positivo, y el 1 y el 2 son masa.

Para alimentar la bobina normalmente es indiferente la forma de conectarlos, excepto cuando llevan diodos de protección donde hay que respetar el patillaje para no provocar un cortocircuito: quemar el diodo o el resto de la instalación.

**Nota...**

Los terminales de las figuras anteriores sirven tanto para relés interruptores como inversores, la diferencia es que en los interruptores desaparece el terminal 87a o 4.

**Sabías que...?**

Para representar los terminales en un relé polivalente, se emplean dos tipos de numeraciones. Según las normas DIN (86, 85, 30, 87 y 87a) o SAE (1, 2, 3, 5 y 4) que se corresponden según el orden anterior.

| SAE | DIN |
|---|---|
| 3 | 30 |
| 2 | 85 |
| 1 | 86 |
| 5 | 87 |
| 4 | 87a |

**Figura 3.33.** Equivalencia entre vías SAE y DIN.

La nomenclatura SAE se utiliza para los microrrelés, aunque también se usa para los minirrelés. En este caso tiene la misma configuración de los del tipo B.

En otros tipos de relés se distinguen los terminales de potencia porque son más gruesos que los dos de excitación.

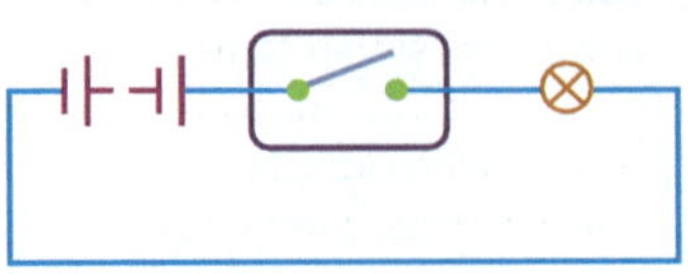

**Figura 3.34.** Montaje de un interruptor.

Las características de un relé son:

- La tensión de funcionamiento de la bobina es de 12 o 24 voltios.
- La corriente máxima de potencia que puede pasar por el interruptor o conmutador oscila entre 25 A y 40 A. Otras veces aparecen dos valores, por ejemplo, 30/40 A. En este caso el más bajo es el normalmente cerrado.
- El consumo de corriente de la bobina no se muestra, pero normalmente es de 150-200 mA con una resistencia de la bobina de alrededor de 80-60 ohmios.

ACTIVIDAD **Propuesta 3.7**

Explica el funcionamiento de un relé polivalente. ¿Cómo distinguirías los terminales de la bobina de los demás con el polímetro?

## 3.2. Circuitos eléctricos básicos

Una vez que hemos visto el símbolo empleado para cada componente, su funcionamiento y la idea general de una instalación, empezaremos el estudio y el montaje de varios circuitos básicos, lo que nos aclarará cómo trabajar con los distintos tipos de esquemas y nos permitirá desarrollar la destreza manual y, sobre todo, la agilidad mental necesaria para entender cualquier tipo de instalación.

### 3.2.1. El interruptor

Un interruptor es el aparato capaz de abrir o cerrar un circuito eléctrico.

### 3.2.2. El pulsador

Es un elemento que interfiere en la corriente tanto para abrirla como para cerrarla. Una vez que dejemos de pulsar el pulsador, este volverá a su posición inicial.

Como ejemplos destacamos el pulsador de freno o *stop*, de marcha atrás, de luz interior, de la bocina, de las ráfagas, etcétera.

N. A. *normally open* (normalmente abierto) | N. C. *normally closed* (normalmente cerrado)

**Figura 3.35.** Montaje de un pulsador N. A. y N. C.

### 3.2.3. El enchufe o la toma de corriente

Es un elemento que posee siempre corriente sin depender de ningún pulsador o interruptor, por tanto, le llega siempre corriente directa sin depender de ningún mando.

## 3.2.4. El conmutador

Tiene la función de desviar la corriente de forma que pueda dirigirse por dos o más circuitos distintos.

- **Conmutador de dos posiciones:** en aplicaciones domésticas sirve para gobernar una lámpara desde dos, tres, cuatro o más lugares distintos. En automoción sirve para gobernar dos receptores desde un mismo mando (por ejemplo: espejos retrovisores, luces de cruce o carretera, cuando funcionan por separado, etcétera).

  En el montaje de los conmutadores de cortocircuito, cuando la corriente que gobiernan es elevada, al accionarlos se crea un arco eléctrico entre las dos hembras, lo que provoca un cortocircuito. Por ejemplo: en montajes de elevalunas o cierre centralizado con relés inversores (Figura 3.38), cuando se emplean relés de baja calidad.

- **Conmutador de dos posiciones y punto cero:** es en realidad un conmutador de tres posiciones, una de las cuales sirve para interrumpir el circuito. Las otras dos posiciones son de desviación. Se emplean en el circuito de intermitencia, etcétera.

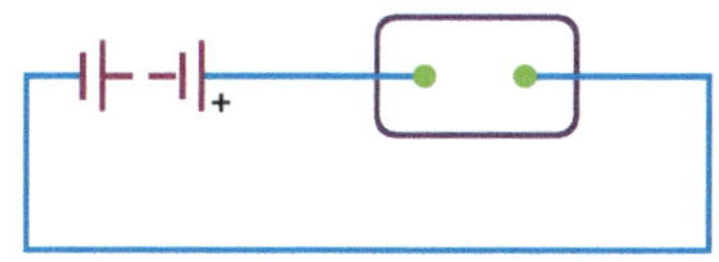

Figura 3.36. Montaje de toma de corriente.

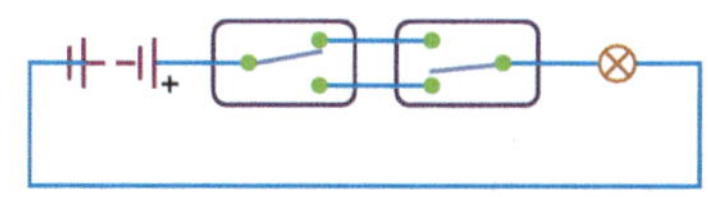

Figura 3.37. Montaje normal de conmutadores.

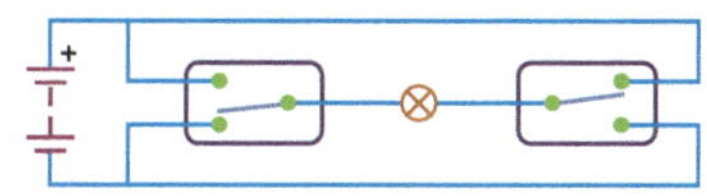

Figura 3.38. Montaje de conmutadores en cortocircuito.

## 3.2.5. El conmutador inversor o cruzamiento

Este tipo de conmutador se utiliza para invertir la polaridad o sentido de giro de un motor (elevalunas, cierre, espejos retrovisores, techo corredizo, puertas eléctricas, etc.) También son habituales en las instalaciones domésticas para gobernar las luces desde tres o más sitios. Es un doble conmutador con sus hembras conectadas (Figura 3.27).

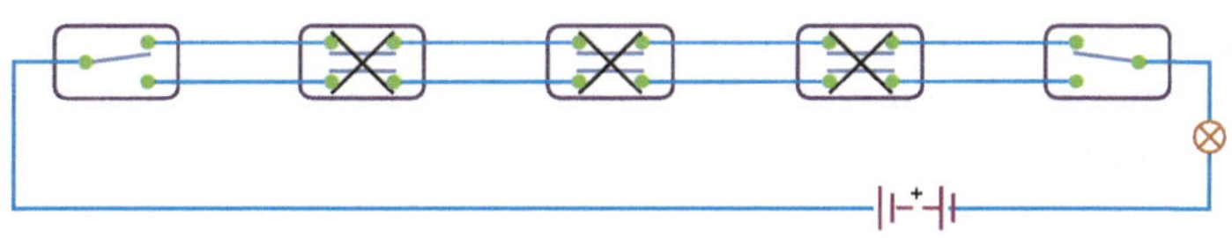

Figura 3.42. Montaje de cruzamiento múltiple.

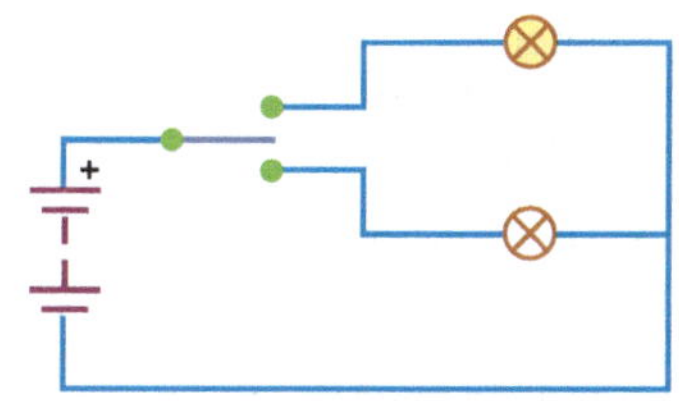

Figura 3.39. Montaje de un conmutador de tres posiciones.

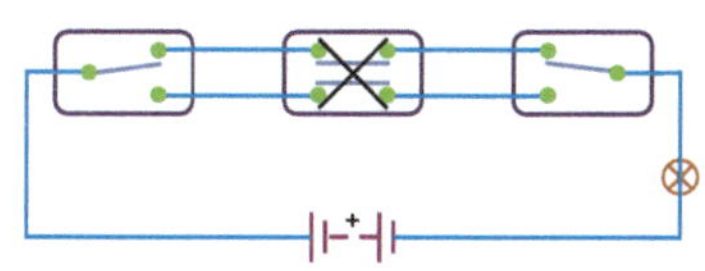

Figura 3.40. Montaje de cruzamiento simple.

## 3.2.6. El relé

El relé se emplea para controlar grandes consumos. El circuito de mando se acciona desde un sensor o mando, por el que pasará una corriente reducida. Asimismo, por el circuito de potencia pasará una corriente mucho mayor cuando así lo demande el actuador.

El relé se caracteriza por la tensión a la que trabaja la bobina y la intensidad máxima que puede pasar por el circuito de potencia.

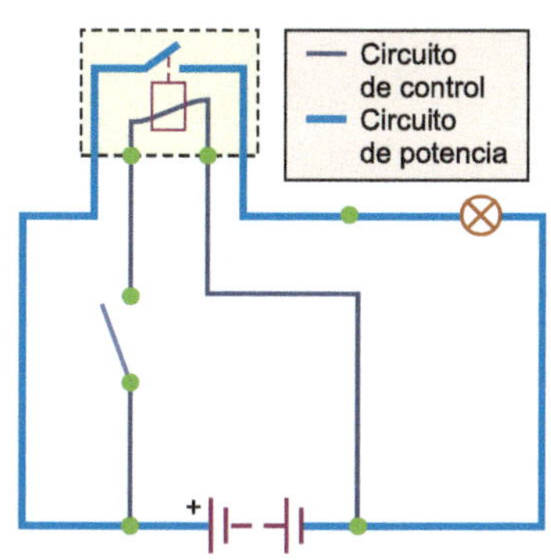


Figura 3.41. Montaje de un relé.

ACTIVIDAD **Propuesta 3.8**

¿Qué tipo de pulsadores emplean los circuitos comentados en el Apartado 3.2.2?

ACTIVIDAD **Propuesta 3.9**

Los termocontactos de la luz testigo alimentan directamente a esta y los del electroventilador lo hacen mediante un relé. Explica la causa.

ACTIVIDAD **Propuesta 3.10**

Identifica las características en un relé real y explica el significado de cada una de ellas.

## 3.3. Esquemas eléctricos

Antes de montar un circuito trazaremos siempre su esquema. Para entender y estudiar mejor las instalaciones y su representación por medio de esquemas, vamos a dividirlos de acuerdo con la siguiente clasificación:

- Esquemas
  - Esquema simple
    - Con hilo de ida y vuelta
    - Con el retorno a masa
  - Esquema completo
    - Esquema de situación
    - Esquema de cableado
    - Esquema funcional

Cualquier circuito estará formado, básicamente, por un elemento de control y un receptor. Diremos que el elemento de control o el receptor trabajan a masa o a corriente, si alguno de sus terminales se conecta directamente a masa o a corriente, respectivamente.

**Recuerda que...**

Según los aspectos que se deseen destacar en un circuito, los podemos clasificar como:

- De situación.
- De cableado.
- Funcionales.

### Esquema simple

Es aquel que representa un solo circuito o parte de la instalación; por ejemplo: la instalación de un punto de luz, un circuito concreto del vehículo, etcétera.

- **Con hilo de ida y vuelta:** se trata de un circuito cerrado en el que se suceden los cables de ida y vuelta entre el generador y el receptor, con el correspondiente elemento de mando en cualquiera de ellos.
- **Con retorno a masa:** tanto el negativo del generador como el del receptor se conectan a masa, por lo que se entrevé que están unidos entre sí por el bastidor o la carrocería del vehículo sin hilo de vuelta.

### Esquema completo

Es el que representa la totalidad de una instalación o circuito. Así, la instalación total de un vehículo estará representada por la unión de numerosos esquemas simples.

En el esquema completo se representan los componentes eléctricos, su situación relativa, su conexionado, su funcionamiento, etc. Se pueden distinguir los distintos tipos de esquemas según se desee destacar algunos de estos aspectos concretos.

- **El esquema de situación** representa, en un dibujo transparente del vehículo, la distribución de cada uno de los componentes eléctricos, así como el cableado o los mazos que los unen entre sí.
- **El esquema de cableado** representa los mazos de cables con sus conexiones y conectores.
- **Los esquemas funcionales** destacan, sobre todo, el funcionamiento de cada circuito de forma independiente. Sus componentes están representados con su conexión interna, con una visión lógica del camino que sigue la corriente.

A cada componente se le asigna un número, según un listado. En un dibujo del vehículo se sitúa cada uno de estos componentes en un esquema de situación.

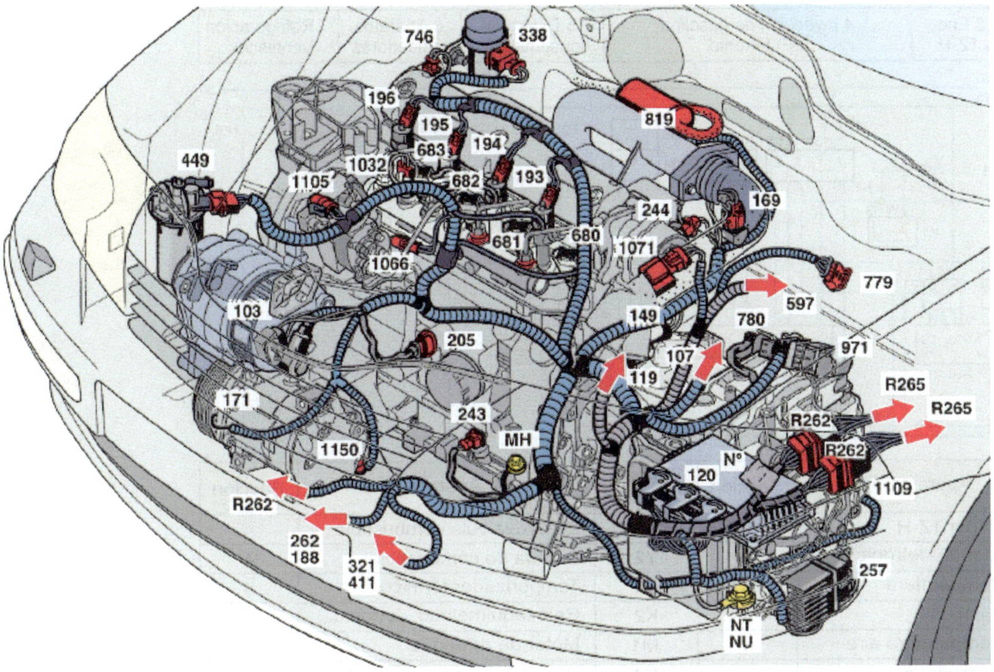


Figura 3.43. Esquema de situación.

## A tener en cuenta...

Es complicado integrar la noción del conjunto (esquemas de cableado) y el funcionamiento de cada uno de los circuitos (esquemas funcionales) a la vez. De ahí que cada fabricante se incline por un tipo u otro de esquema eléctrico; que se complementará siempre con otro de situación.

Lo que sí será igual para todos es que trabajarán siempre con retorno a masa y, normalmente, los mandos trabajarán a corriente y los receptores a masa.

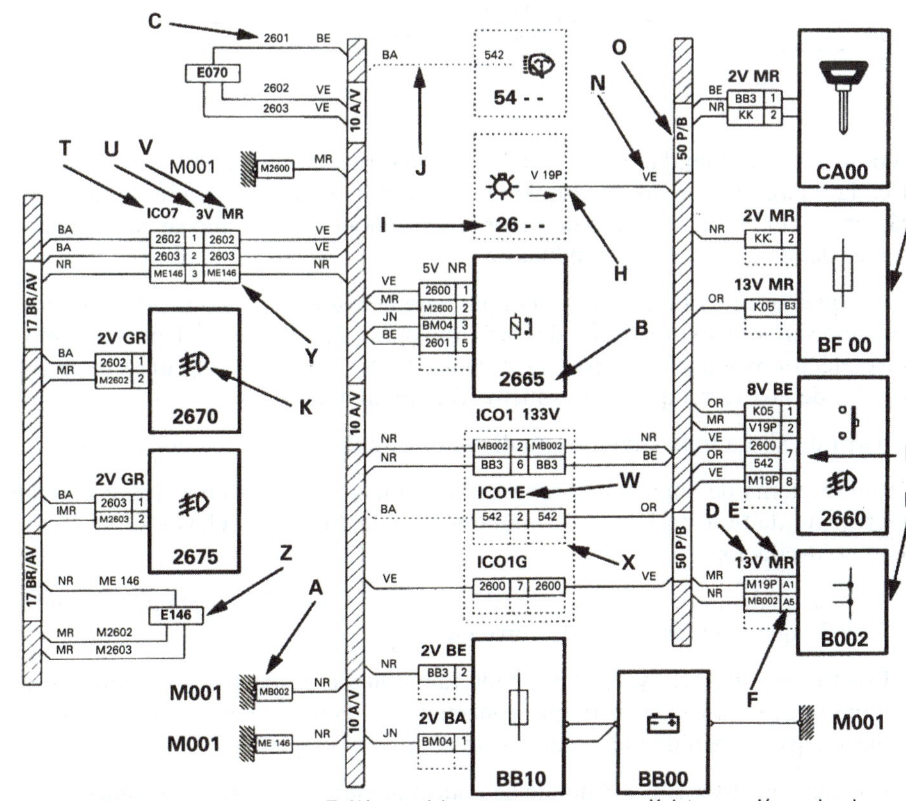


N Color del cable
O Identificación del cableado
P Representación de un borne de derivación
S Representación de una caja de fusibles
T Número del conector
U Número de vías del conector
V Color del conector
W Número del módulo
X Interconexión opcional
Y Interconexión completa
Z Representación de empalme

Figura 3.44. Esquema de cableado.

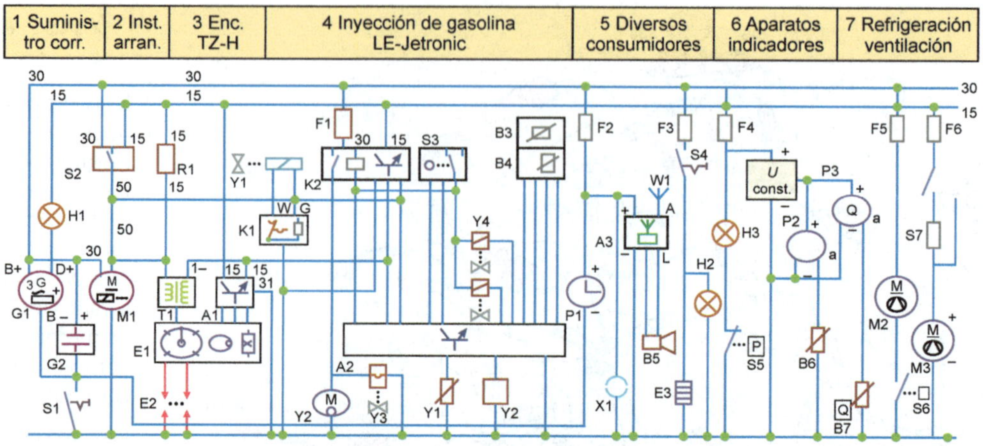


| Símbolo aparato | Aparato | Sección | Símbolo aparato | Aparato | Sección |
|---|---|---|---|---|---|
| A1 | Conmutador TZ-H | 3 | Y3 | Electroválvula combustible | 4 |
| A2 | Regulador LE-Jetronic | 4 | Y2 | Bomba de combustible | 4 |
| B1 | Sonda temperatura | 4 | K1 | Temporizador térmico | 4 |
| B2 | Sonda lambda | 4 | K2 | Relé taquimétrico, Jetronic | 4 |
| B3 | Sonda temperatura aire | 4 | M1 | Motor de arranque | 2 |
| B4 | Medidor caudal aire | 4 | R1 | Resistencia adicional encend. | 3 |
| E1 | Distribuidor encendido | 3 | S1 | Interruptor de batería | 1 |
| E2 | Bujías | 3 | S2 | Interruptor de encendido | 2 |
| G1 | Alternador | 1 | S3 | Interruptor de mariposa | 4 |
| G2 | Batería | 1 | T1 | Bobina encendido | 3 |
| H1 | Control alternador | 1 | Y1 | Válvula arranque en frío | 4 |

**Figura 3.45.** Esquema funcional.

Debido a la complejidad de la instalación eléctrica de un vehículo se hace imprescindible la interpretación de sus esquemas en su manual de reparación, lo que nos permitirá conocer el emplazamiento de todos sus componentes y cómo se comunican entre sí a través de los conectores y conductores.

Los esquemas anteriores representan parte de la instalación de un vehículo, cuya interpretación será objeto de estudio del próximo curso. En esta unidad empezaremos con circuitos eléctricos sencillos, y en las Unidades 7 y 8 veremos los circuitos de la sección 1 (carga) y de la 2 (arranque) del esquema funcional anterior.

A partir de ahora trabajaremos con distintos circuitos eléctricos como sigue.

Como esquema de situación haremos una maqueta o entrenador. Sobre una tabla o contrachapado de tamaño DIN A3 simularemos la estructura o chasis sobre la que se sostiene la instalación.

- Tres lámparas o receptores (1, 2 y 3), y otras tres (14, 22 y 33) en los mandos 1.., 2.. y 3.. que simulan tomas de corriente.
- Los tres mandos 1.., y 2.. y 3.., cada uno con sus respectivos interruptores, conmutadores y tomas de corriente, conectados cada uno de ellos por sus respectivos mazos que vienen de unas regletas de conexión o registros.
- Los tres registros 1, 2 y 3 donde se conectan entre sí los distintos mazos.
- Dos relés (4 y 5).
- Nueve mazos de hilos: 4 de dos hilos, tres de 7 y dos de 8, cada mazo tendrá hilos con distintos colores, y comunicarán entre sí los distintos receptores, mandos, relés…, a través de las clemas.

**Figura 3.46.** Resulta muy práctico y económico un cable sin funda con 8 hilos y unos 0,22 mm² de sección. Se emplea en porteros electrónicos.

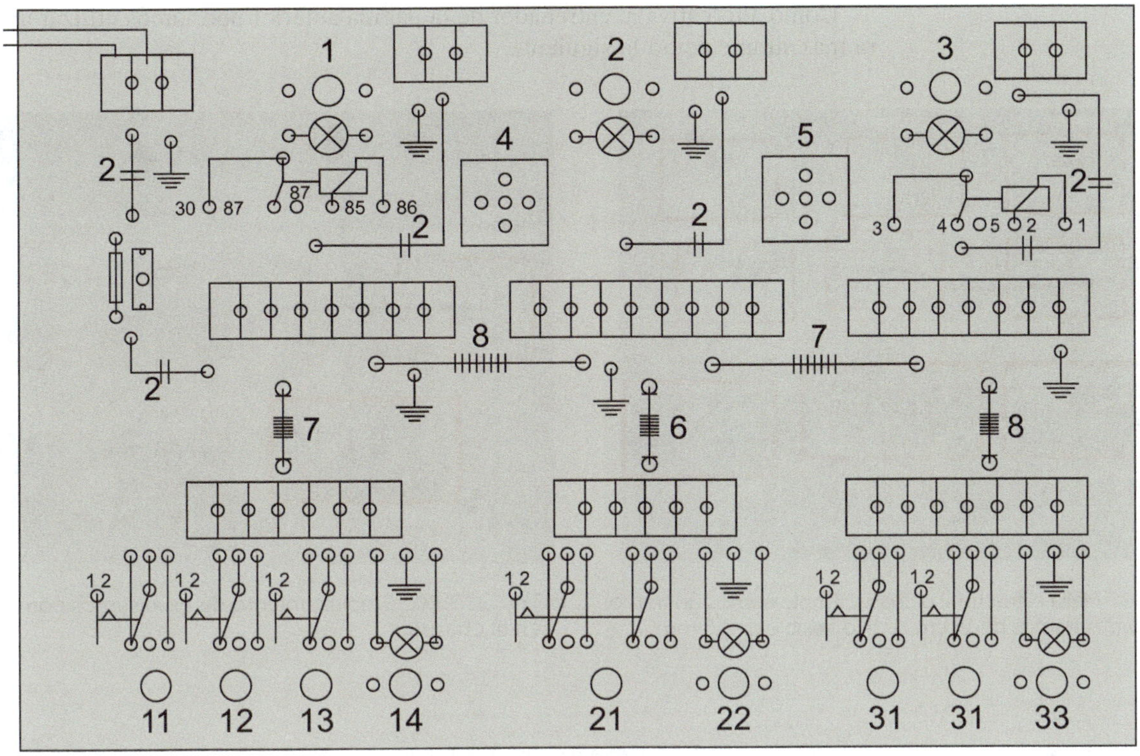


**Figura 3.47.** Distribución de los distintos componentes en una maqueta DIN A3.

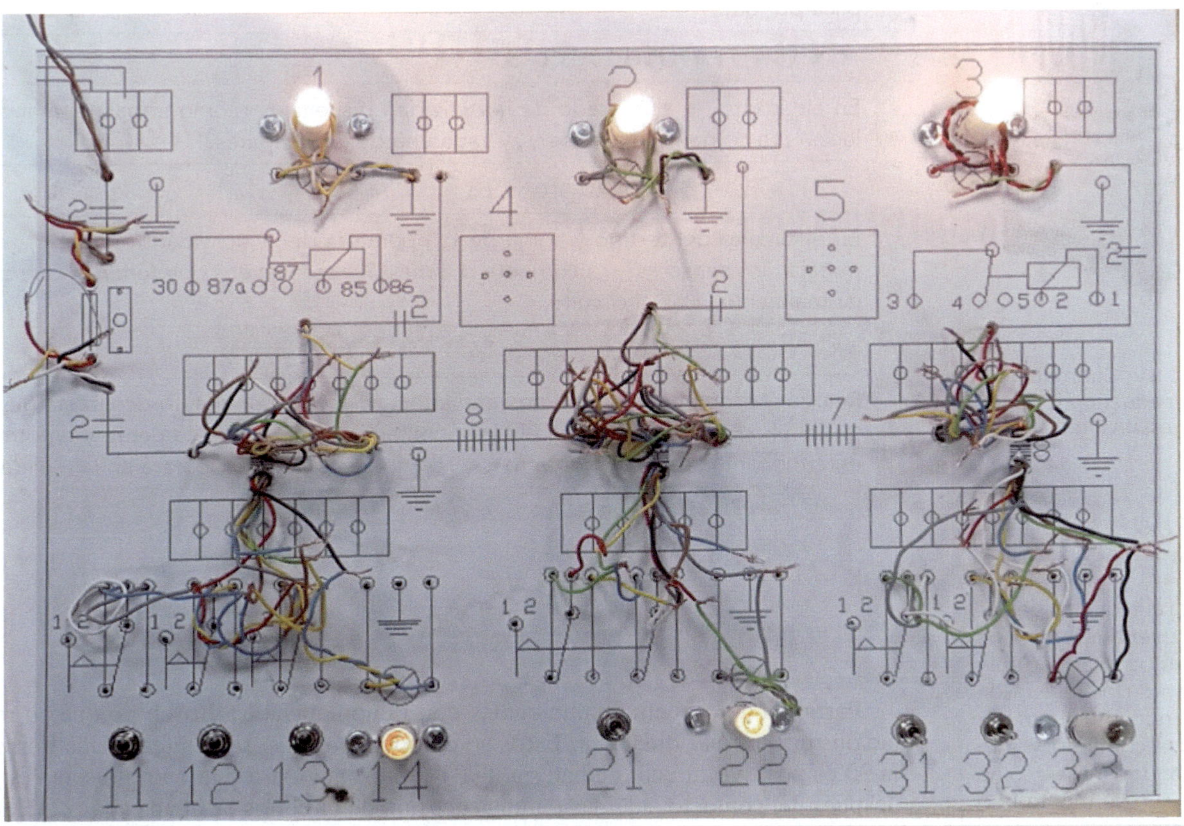

**Figura 3.48.** Emplazamiento de los distintos componentes en el chasis.

Como alternativa al entrenador de la página anterior podríamos utilizar una estructura más simple como la siguiente.

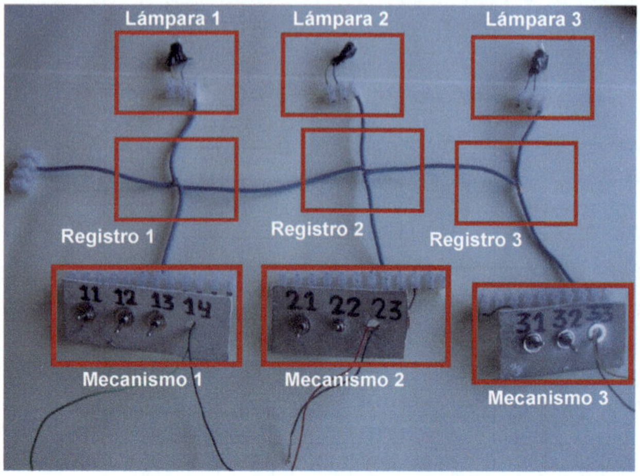


**Figura 3.49.** Malla estructural o chasis. Emplearemos un tramo de 40 cm y tres tramos de 15 cm de hilo flexible de 1,5 $mm^2$.

**Figura 3.50.** Emplazamiento de los distintos componentes en el chasis.

**Figura 3.51.** Conmutador de palanca pequeño 2P, 1C (dos posiciones, un circuito).

ACTIVIDAD **Propuesta 3.11**

¿Cómo trabajará (a corriente o a masa) el mando de la columna de la dirección? ¿Y las luces testigos del cuadro y cada uno de los sensores? Razona la respuesta y explica por qué.

ACTIVIDAD **Propuesta 3.12**

En el circuito de alumbrado de la Actividad resuelta 2, ¿cómo trabaja el mando de luces?, ¿a corriente o a masa?, ¿y cada una de las lámparas?

ACTIVIDAD **Propuesta 3.13**

En el circuito del testigo y aguja de temperatura de la Actividad resuelta 5, ¿cómo trabajan los sensores?, ¿a corriente o a masa?, ¿cómo crees que tendrían que trabajar realmente? Haz el circuito.

ACTIVIDAD **Propuesta 3.14**

Realiza el esquema de un electroventilador accionado por un termocontacto mediante un relé. En un circuito con el termocontacto trabajando a corriente y en otro con el termocontacto trabajando a masa, ¿cómo crees que se montará en la realidad?

ACTIVIDAD **Propuesta 3.15**

Realiza el esquema de dos electroventiladores con un termocontacto doble mediante dos relés. Con el termocontacto trabajando a corriente y otro trabajando a masa, ¿cómo crees que se monta normalmente?

## 3.4. Montaje de circuitos

Partimos de esquemas funcionales con la nomenclatura Bosch porque su representación resulta muy didáctica. Estos se componen de las siguientes líneas horizontales: la 30 es positivo directo de batería, la 31 representa masa y la 15 representa el positivo después del contacto; además de una sucesión de circuitos de arriba abajo. A cada componente se le asigna un número que corresponde con el lugar que ocupa en el esquema de situación (1, 2 y 3) y el agujero que ocupa dentro de la maqueta.

## ACTIVIDAD Resuelta 3.6

Dado el esquema funcional de los siguientes circuitos, pásalos a esquema de cableado con hilo de ida y vuelta, según el entrenador de la Figura 3.47.

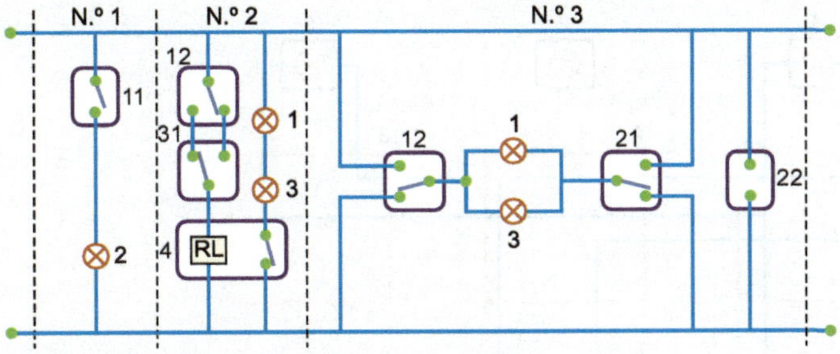


**Figura 3.52.**

**Solución**

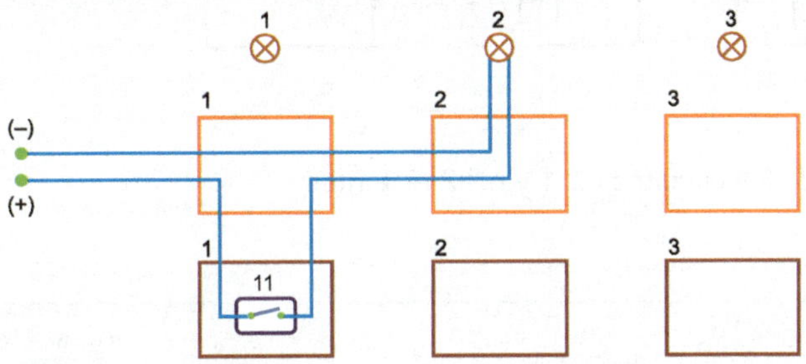


**Figura 3.53.** Circuito n.º 1.

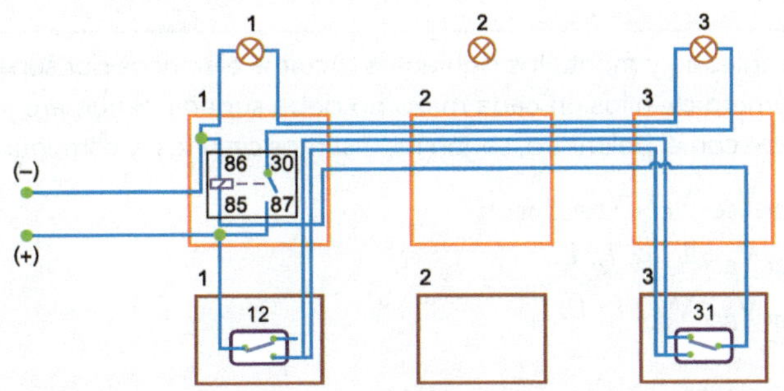


**Figura 3.54.** Circuito n.º 2.

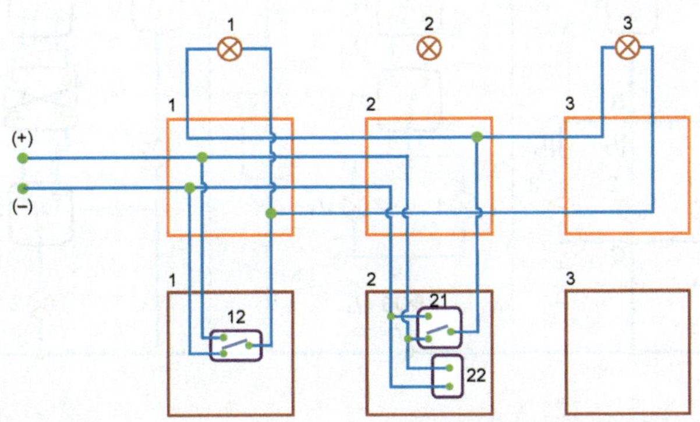


**Figura 3.55.** Circuito n.º 3.

### Recuerda que...

En el esquema eléctrico no se aprecia la distribución física de cada uno de sus componentes. Estos están enumerados para saber dónde ubicarlos, en la maqueta o en el entrenador.

## ACTIVIDAD Propuesta 3.16

El esquema de cableado del circuito n.° 3 de la Actividad resuelta 3.6, con retorno a masa empleando la malla o estructura soporte como conductor de masa, es como sigue:

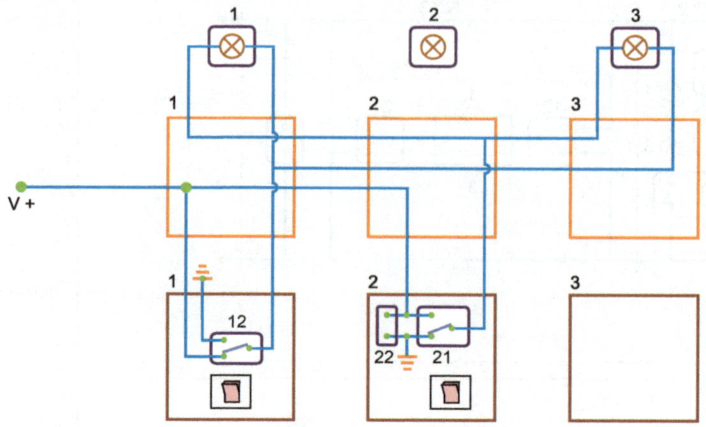


Figura 3.56.

Haz el esquema de cableado con retorno a masa de los circuitos n.° 1 y n.° 2 restantes:

a) Con los receptores trabajando a masa.

b) Con los receptores trabajando a corriente.

## ACTIVIDAD Propuesta 3.17

Haz el esquema de cableado de los dos circuitos juntos (n.° 1 y n.° 2).

## ACTIVIDAD Propuesta 3.18

Haz el esquema de cableado y monta los siguientes circuitos eléctricos por separado, con hilo de ida y vuelta. El número de hilos en cada mazo no debe superar el número indicado en las figuras al margen. Mide con el polímetro, según los distintos circuitos, y comenta los resultados:

- Circuito n.° 1: $V_{AB}$, $V_{BC}$, $V_{CD}$, $V_{DE}$, $V_{AE}$, $I_1$.
- Circuito n.° 2: $V_{AB}$, $V_{BC}$, $I_1$, $I_2$, $I_3$, $I_4$.
- Circuito n.° 3: $V_{AB}$, $V_{BC}$, $V_{CD}$, $I_1$, $I_2$, $I_4$.

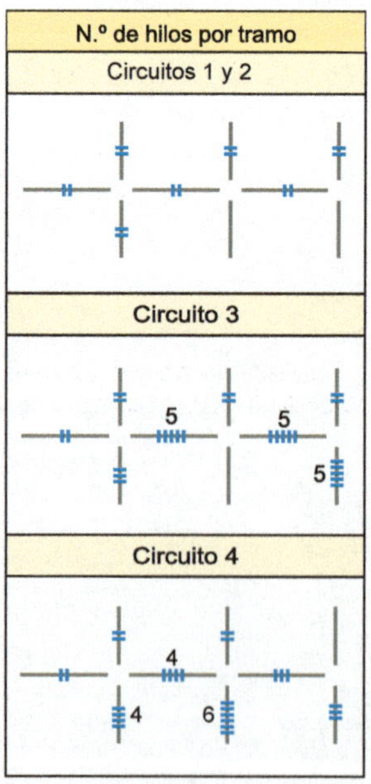


Figura 3.57.

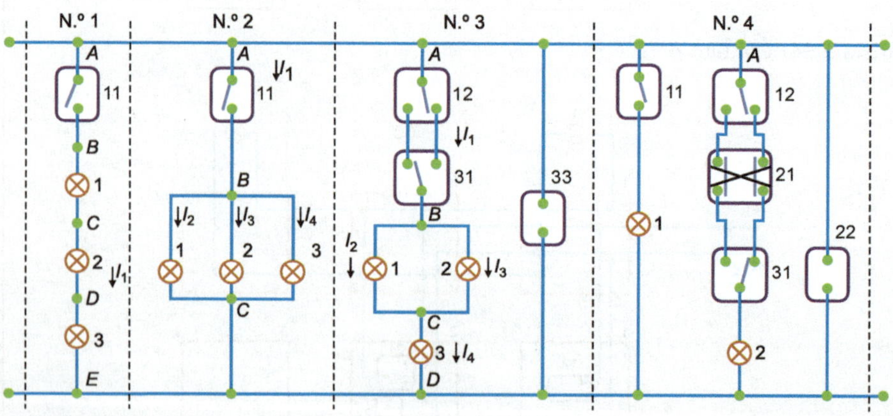


Figura 3.58.

# Síntesis

## RESOLUCIÓN DE AVERÍAS ELÉCTRICAS

| Tipos de averías | | | |
|---|---|---|---|
| Cortocircuito | | Discontinuidad | Caída de tensión |
| Total | Parcial | | |
| El fusible está fundido y si lo sustituimos, el nuevo se vuelve a fundir. No es cuestión de poner otro de mayor amperaje o anularlo (puenteándolo), pues terminaría quemándose la instalación con las consecuencias que podría ocasionar. El problema no está en el fusible, sino en el circuito.<br><br>Si el mismo fusible alimenta a varios circuitos, vamos desconectando uno a uno. Y cuando desconectemos el circuito cortocircuitado el fusible dejará de fundirse y el resto de los circuitos están bien.<br><br>Una vez identificado el circuito en el que está el cortocircuito, accionamos el mando en sus distintas posiciones. Si sigue habiendo cortocircuito en todas las posiciones del mando, este estará antes del mando. Y si deja de haberlo en alguna posición, estará en el circuito que alimenta el mando en esa posición.<br><br>Para terminar iremos anulando distintos tramos y el receptor hasta ver cuándo desaparece. En el último tramo o receptor que desconectamos, cuando desapareció, estará el cortocircuito.<br><br>Para saber cuándo hay o no corto, no es necesario estar poniendo fusibles continuamente. Con el óhmetro y el circuito desconectado de la red, medimos la resistencia entre los cables de entrada (resistencia de 0 Ω cortocircuito, ∞ o la propia del receptor no hay corto). | No se funde el fusible, pero se pueden dar los siguientes casos:<br><br>1. No podemos apagar el o los receptores, por más que accionemos el mando. Se ha cortocircuitado o puenteado la entrada con la salida del mando.<br><br>2. Para las distintas posiciones de un mando, vemos cómo gobierna a su propio receptor e influye en otro de otro circuito. Hay cortocircuito entre los cables de salida de los mandos de dos circuitos independientes. | No funciona un circuito: lo más probable es que se haya fundido o quemado el receptor (bombilla, motor, etc.), que se haya fundido el fusible o que falle el mando. En el primer caso, comprobar que esté averiado (conectándolo directamente a corriente o midiendo su resistencia con un óhmetro) y sustituirlo. En el segundo caso, poner un fusible nuevo y si vuelve a fundirse, tendremos que reparar un cortocircuito total. En el tercero, con un voltímetro o lámpara de pruebas, comprobar si hay caída de tensión entre la entrada y la salida del mando; con el mando cerrado no habrá caída de tensión, o con el óhmetro comprobar su tabla lógica.<br><br>De no darse los casos anteriores seguiremos la corriente desde el principio, y con una lámpara de pruebas o voltímetro iremos viendo hasta dónde llega. En el último tramo que dejó de haber tensión habrá una discontinuidad (cable roto, mal contacto, etcétera). | No funciona un circuito o lo hace con poca fuerza: lo más probable es que funcione mal el receptor (bombilla, motor, etc.) o que falle el mando. En el primer caso, comprobar que está averiado (conectándolo directamente a corriente). En el segundo caso, con el mando accionado y el receptor conectado, comprobar la caída de tensión entre la entrada y la salida del mando (esta tiene que ser 0 voltios).<br><br>De no darse los casos anteriores, con el mando accionado y el receptor conectado seguiremos la corriente desde el principio. Comprobaremos con el voltímetro o una lámpara de pruebas la caída de tensión en cada uno de los tramos, hasta masa. La caída de tensión en cada uno de los tramos tiene que ser 0 voltios, excepto entre la entrada y salida del receptor (que será la de la batería). |

# Actividades finales

## Responde

1. ¿Qué pasaría si pusieras un relé tipo A donde había otro tipo B? ¿Y al revés?

2. ¿Qué tipos de esquemas conoces? Comenta las ventajas e inconvenientes de cada tipo.

## Realiza

1. Realiza el esquema de cableado y monta el siguiente circuito con hilo de ida y vuelta, tanto sin toma de corriente como con ella. Emplea en cada tramo el menor número de cables posible.

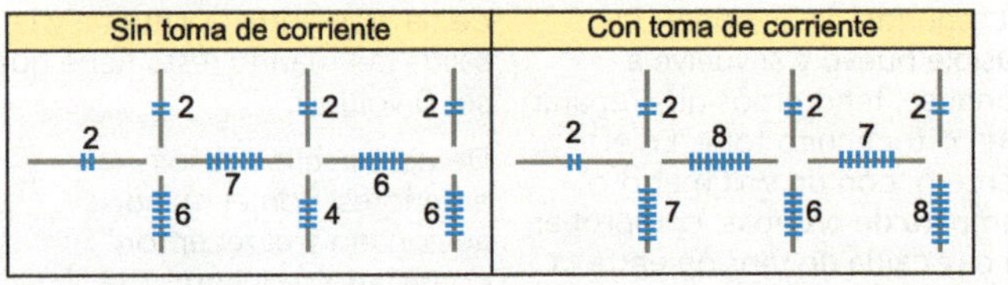


Figura 3.59.

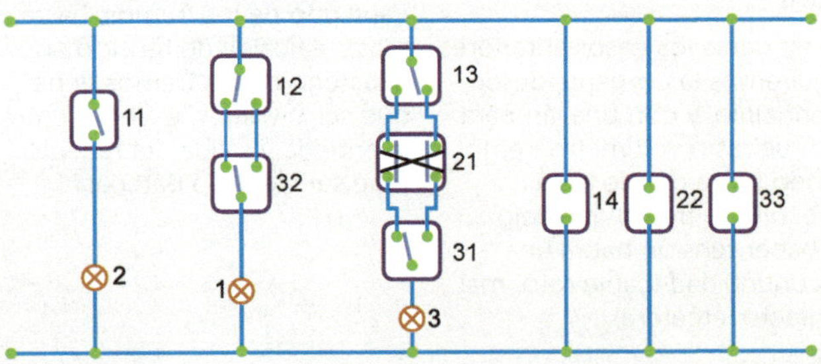

Figura 3.60.

2. Haz el mismo circuito que el de la actividad anterior, pero con el conmutador de cortocircuito (Figura 3.62), con hilo de ida y vuelta, con y sin tomas de corriente. Emplea el mínimo número de cables en cada tramo, y compáralos con el anterior.

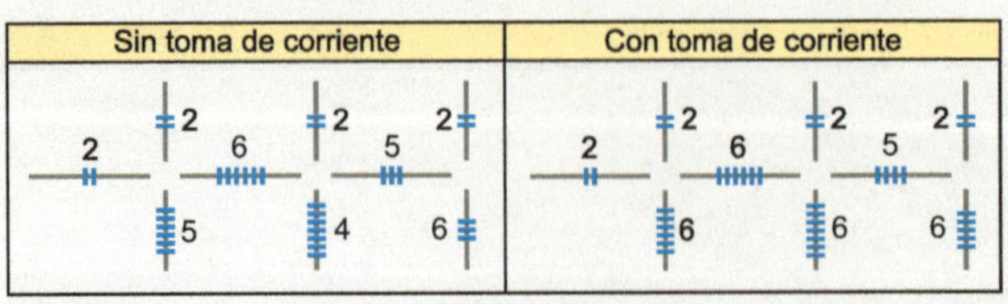


Figura 3.61.

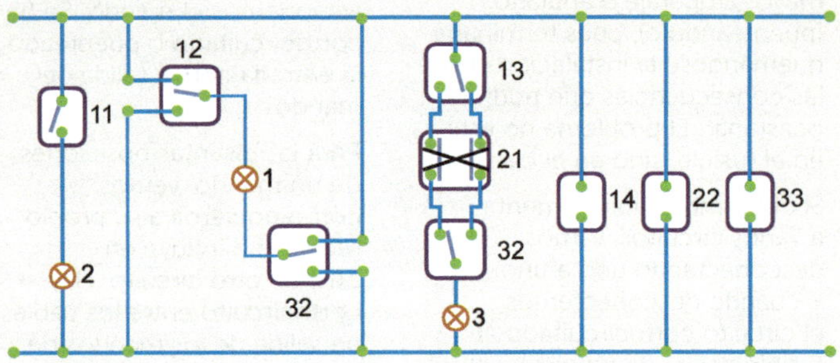

Figura 3.62.

3. Haz el esquema de cableado y monta por separado, con hilo de ida y vuelta, los siguientes circuitos con relés. Explica cómo funciona cada uno de ellos.

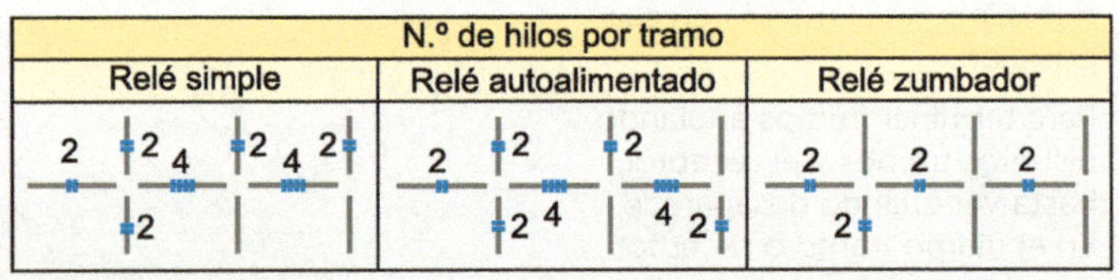


Figura 3.63.

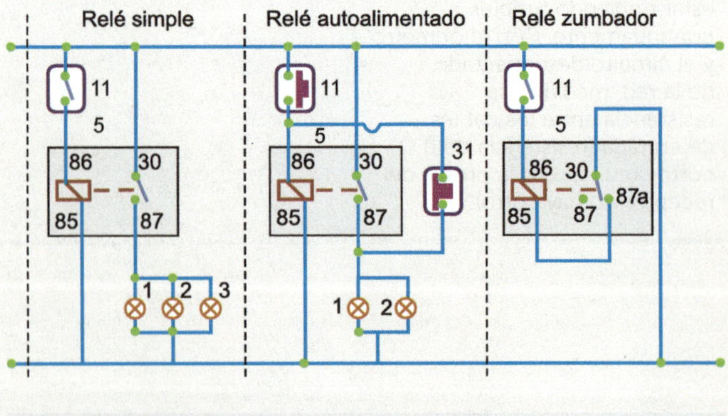


Figura 3.64.

4. Haz el esquema de cableado y monta los siguientes circuitos, por separado, con hilo de ida y vuelta. Explica el funcionamiento de cada uno de los circuitos.

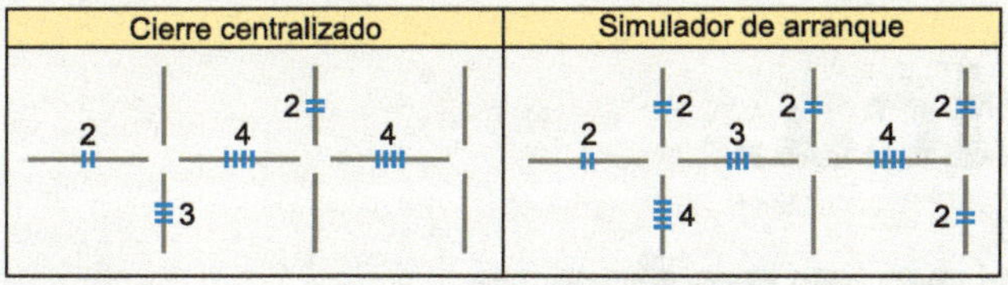


Figura 3.65.

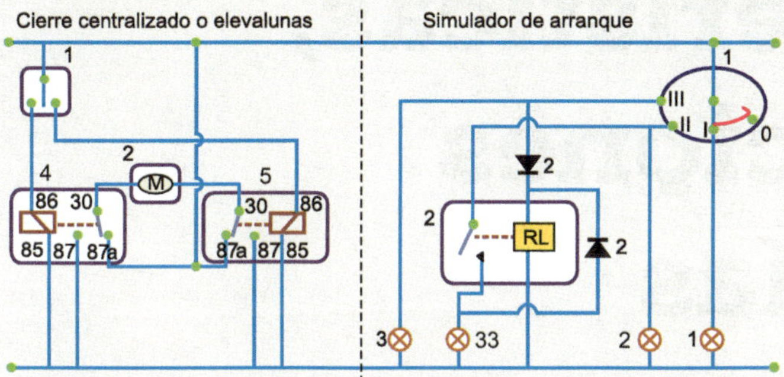


Figura 3.66.

**Notas:**

- **Para el elevalunas:** en el lugar de la lámpara 2, coloca el motor de un elevalunas o cierre centralizado.
- **Para el simulador de arranque:** las lámparas 1, 2, 3 y 33 corresponden a servicio, contacto, arranque y motor en marcha respectivamente.

El símbolo 1 corresponde al de un bombín de arranque (como el que se realizó en la tabla lógica de la Actividad propuesta 3.3) y se simulará con los interruptores 11, 12 y 13 para servicio, contacto y arranque respectivamente. Antes y durante la posición de arranque (II y III, respectivamente) se conecta el circuito de encendido, ya que sin su contribución no es posible el arranque del motor. El encendido continúa activado tras la desconexión del motor de arranque, lo que permite la marcha autónoma del motor.

El símbolo —▶|— corresponde a un diodo rectificador o de unión. Deja pasar la corriente en el sentido de la flecha, pero no en el contrario. Los dos diodos como el relé van en el registro 2.

5. ¿Cómo funcionaría el simulador de arranque si no se emplearon cada uno de los diodos de unión?

6. Repite los circuitos de las Actividades 1, 2, 3 y 4.

   a) Con retorno a masa y los mandos trabajando a corriente.

   b) Con retorno a masa y los mandos trabajando a masa.

## *Investiga*

1. En los distintos componentes eléctricos que tienes disponibles (interruptor, conmutador, enchufe, fusible, relé, etc.), mira las características que vienen marcadas en cada uno de ellos y explica las situaciones límites en las que pueden trabajar.

2. Simula una avería de caída de tensión, intercalando una resistencia de poco valor en un tramo del circuito. Comprueba la tensión que le llega al receptor con el desconectado y conectado. ¿A qué se debe la diferencia? ¿Por qué crees que debemos medirla con el receptor conectado? De haber varios tramos ocultos, ¿cómo podríamos averiguar el tramo donde está la caída de tensión sin acceder a los tramos?

3. Dado el siguiente esquema:

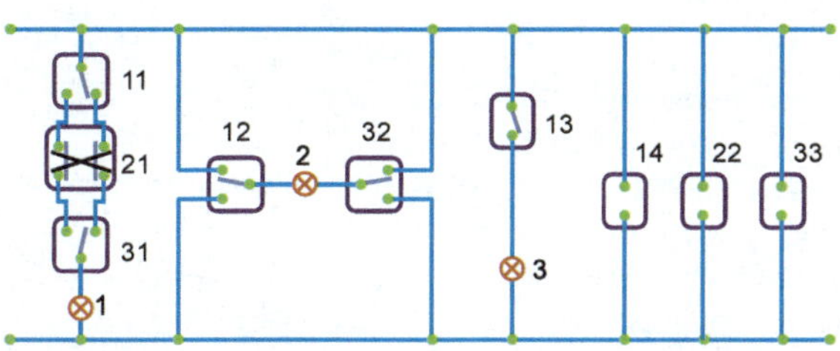

Figura 3.67.

   a) Haz el esquema de cableado, con hilo de ida y vuelta, empleando el menor número de cables en cada tramo.

   b) Sobre el papel. Provoca cada una de las averías del apéndice. Di qué síntomas tendrían, cómo las localizaríamos, y en qué casos, sin deshacer el circuito, las podríamos averiguar con un voltímetro o una lámpara de pruebas.

   c) Deja que tu profesor provoque algunas averías por la parte de atrás del simulador (corta hilo, junta dos hilos distintos, etc. e intercala en uno cortado una resistencia de poco valor óhmico) y que vuelva a encintarlo.

   d) Sin desencintar los mazos, conecta el circuito a la red y comprueba qué circuitos están afectados y de qué tipo de avería se trata. Hazlo, si se puede, sin deshacer el circuito, con el voltímetro o la lámpara de pruebas.

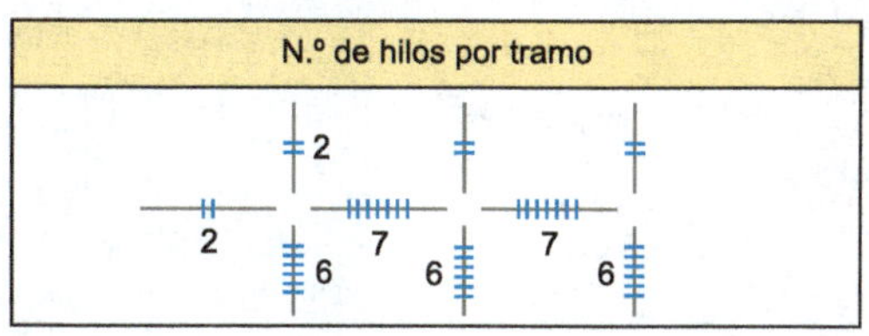


Figura 3.68.

# 4 Electrónica analógica. Componentes, características, aplicaciones y averías

La aplicación cada vez más corriente de las nuevas tecnologías, tales como la climatización, los reglajes eléctricos de los retrovisores y de los asientos, el reglaje con memoria, los sistemas ABS, ASR y ESP, la alarma, el teléfono, la navegación, las aplicaciones del tipo *x by wire* (frenado, aceleración y dirección de mando electrónico, etc.) hace que los vehículos automóviles actuales estén sometidos a una constante evolución.

Estos avances no serían posibles en ningún caso sin la aplicación de la electrónica, lo que obliga a que el mecánico realice un constante reciclaje en su formación, si quiere estar al día en los nuevos dispositivos que se incorporan en el automóvil.

Dentro del amplio campo de la electrónica debemos distinguir la electrónica analógica de la digital. En la analógica, cualquier valor de tensión o corriente varía de forma continua, dentro de unos límites. Y en la digital varía por saltos, con un número finito de valores. Por ejemplo, para indicar la temperatura de un fluido podemos disponer de una aguja sobre una escala que se mueve de forma continua (analógica) o de un *display* cuyo valor varía de décima en décima (digital).

En esta unidad estudiaremos la electrónica analógica, dejando la digital para la siguiente.

# 4 Electrónica analógica. Componentes, características, aplicaciones y averías

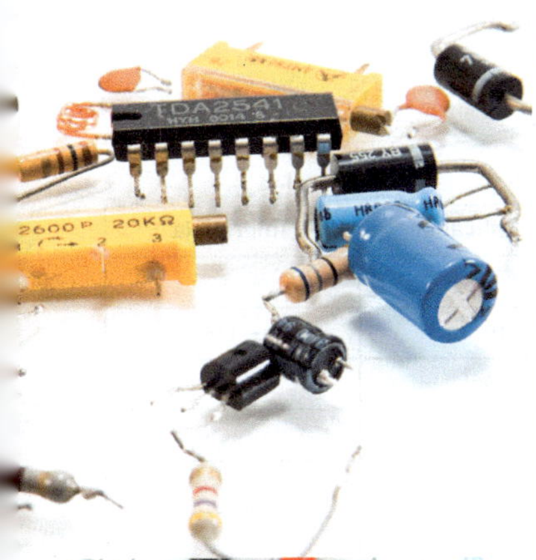

## ¿Sabes ...

... qué aplicaciones y características tienen las resistencias, los condensadores, las bobinas, los transistores, etcétera?

... cómo se cargan y descargan las bobinas y los condensadores?

... qué es la extracorriente de apertura en una bobina, qué aplicaciones y consecuencias tiene y cómo se elimina?

... qué es un transistor, qué tipos hay, cómo funcionan, cómo se montan y qué aplicaciones tienen?

... qué son el tiristor, el TRIAC y el DIAC, cómo trabajan y qué aplicaciones tienen?

... qué es un circuito integrado, qué tipos de circuitos conoces y cómo funcionan?

... interpretar el esquema de un circuito electrónico analógico básico, cómo funciona y diagnosticar averías?

... diseñar un circuito electrónico analógico básico?

## Contenidos


**4.1.** Componentes pasivos

**4.2.** Semiconductores

**4.3.** Circuitos integrados


## Objetivos

- Conocer los distintos componentes electrónicos básicos, su funcionamiento, características y aplicación.
- Identificar y representar los símbolos de los distintos componentes electrónicos básicos.
- Interpretar los distintos tipos de esquemas de circuitos electrónicos básicos.
- Reconocer los fenómenos transitorios importantes que ocurren en algunos componentes eléctricos al ser sometidos al efecto de la corriente continua.
- Entender los procesos de rectificación, estabilización, temporización, etcétera.
- Montar circuitos electrónicos básicos de diferentes aplicaciones y grados de complejidad.
- Medir y analizar los datos obtenidos de los distintos parámetros.
- Simular, diagnosticar y resolver averías en circuitos electrónicos básicos de diferentes grados de complejidad.

## 4.1. Componentes pasivos

Figura 4.1. Símbolos de la resistencia fija.

Los componentes pasivos son las resistencias, las bobinas y los condensadores.

### 4.1.1. Resistencias

Se emplean como limitadores o reguladores de corriente y se caracterizan por su **valor óhmico** y su **potencia.** Según su valor óhmico pueden ser fijas, variables o dependientes.

#### Resistencias fijas

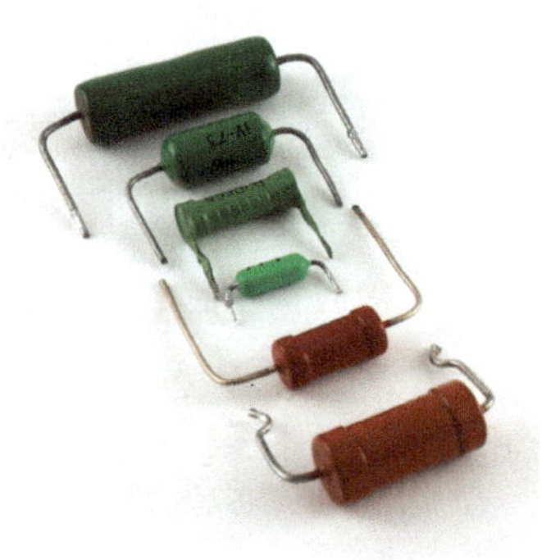

Figura 4.2. Resistencias fijas.

Las resistencias fijas o lineales mantienen constante su valor óhmico independientemente de la temperatura, el voltaje, la luz, etcétera.

Los símbolos de una resistencia fija los podemos ver en la Figura 4.1.

Por motivos de simplificación se han determinado varias series de valores normalizados que han dado lugar al **código de colores.**

Se distinguen cinco tolerancias: ±20 %, ±10 %, ±5 %, ±2 %, ±1 %, que son tanto las series E6, E12 y E24 (2 cifras significativas) como las E48 y E96 (3 cifras significativas).

De acuerdo con este código, las dos o tres primeras fajas, partiendo de la más próxima a uno de los extremos, indican las primeras cifras significativas del valor de la resistencia. La siguiente faja de color indica el factor multiplicador y la última faja, y más alejada de uno de los extremos, indica la tolerancia. Con las fajas de dos cifras significativas, a veces se omite la última; en este caso, se sobreentiende un valor de tolerancia de ±20 %.

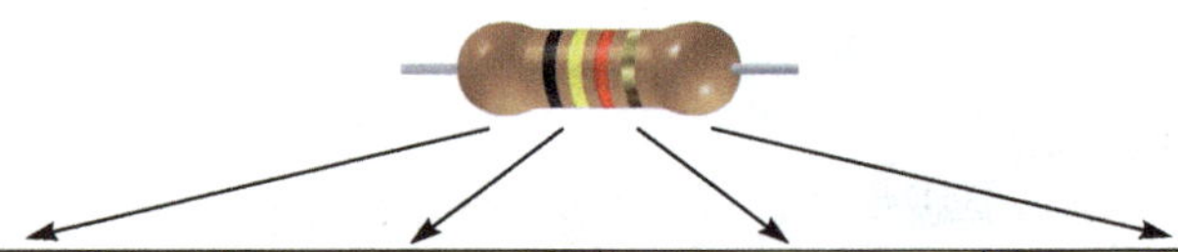

| Código de colores | 1.ª cifra | 2.ª cifra | Multiplicador | Tolerancia |
|---|---|---|---|---|
| Negro | | 0 | 1 | |
| Marrón | 1 | 1 | 10 | ± 1 % |
| Rojo | 2 | 2 | $10^2$ | ± 2 % |
| Naranja | 3 | 3 | $10^3$ | |
| Amarillo | 4 | 4 | $10^4$ | |
| Verde | 5 | 5 | $10^5$ | |
| Azul | 6 | 6 | $10^6$ | |
| Violeta | 7 | 7 | | |
| Gris | 8 | 8 | $10^{-1}$ | |
| Blanco | 9 | 9 | $10^{-2}$ | |
| Oro | | | | ± 5 % |
| Plata | | | | ± 10 % |
| Sin color | | | | ± 20 % |

Figura 4.3. Código de colores.

| | | | | | | | | | | | | | | | | | | | | | | | | |
|---|---|---|---|---|---|---|---|---|---|---|---|---|---|---|---|---|---|---|---|---|---|---|---|---|
| E6 | 1,0 | | | | 1,5 | | | | 2,2 | | | | 3,3 | | | | 4,7 | | | | 6,8 | | | |
| E12 | 1,0 | | 1,2 | | 1,5 | | 1,8 | | 2,2 | | 2,7 | | 3,3 | | 3,9 | | 4,7 | | 5,6 | | 6,8 | | 8,2 | |
| E24 | 1,0 | 1,1 | 1,2 | 1,3 | 1,5 | 1,6 | 1,8 | 2,0 | 2,2 | 2,4 | 2,7 | 3,0 | 3,3 | 3,6 | 3,9 | 4,3 | 4,7 | 5,1 | 5,6 | 6,2 | 6,8 | 7,5 | 8,2 | 9,1 |
| E48 | 1,0 | | 1,05 | | 1,10 | | 1,15 | | 1,21 | | 1,27 | | 1,33 | | 1,40 | | 1,47 | | 1,54 | | 1,62 | | 1,69 | |
| | 1,78 | | 1,87 | | 1,96 | | 2,05 | | 2,15 | | 2,26 | | 2,37 | | 2,49 | | 2,61 | | 2,74 | | 2,87 | | 3,01 | |
| | 3,16 | | 3,32 | | 3,48 | | 3,65 | | 3,83 | | 4,02 | | 4,22 | | 4,42 | | 4,64 | | 4,87 | | 5,11 | | 5,36 | |
| | 5,62 | | 5,90 | | 6,19 | | 6,49 | | 6,81 | | 7,15 | | 7,50 | | 7,87 | | 8,25 | | 8,66 | | 9,09 | | 9,53 | |
| Tolerancias de las series: E6 20 % E12 10 % E24 5 % E48 2 % | | | | | | | | | | | | | | | | | | | | | | | | |

**Figura 4.4.** Series de resistencias (no aparece la serie E96 porque ocuparía mucho espacio la tabla, siempre se puede buscar en internet).

Estas resistencias pueden disipar una potencia de ¼ W, ½ W, 1 W, 2 W y pueden alcanzar hasta 20 W. La más común en electrónica es la de ¼ W. Además, existen tipos especiales de más potencia.

## ACTIVIDAD **Resuelta 4.1**

Deduce el valor óhmico de una resistencia de cuatro anillos con los siguientes colores: violeta (es el más próximo a uno de sus extremos), el verde, el rojo y el dorado.

**Solución**

El cuarto anillo de color dorado nos indica la tolerancia 5 %. Se trata de una resistencia de la serie E24 que comprende dos cifras significativas dadas por los dos primeros anillos:

Violeta 7 Verde 5

El tercer anillo corresponde al factor multiplicador: Rojo 100.

De donde se obtiene el valor de $R$: $R = 75 \times 100 = 7500 = 7{,}5\ \text{k}\Omega \pm 5\ \%$.

## ACTIVIDAD **Resuelta 4.2**

Halla el valor óhmico de una resistencia de cinco anillos con los colores siguientes: el rojo (es el más próximo a uno de sus extremos), y los siguientes son el azul, el marrón, el gris y el rojo.

**Solución**

El quinto anillo de color rojo nos indica la tolerancia 2 %. Se trata de una resistencia de la serie E48 que comprende tres cifras significativas dadas por los tres primeros anillos:

Rojo 2 Azul 6 Marrón 1

El cuarto anillo corresponde al factor multiplicador: Gris 0,1.

Así, el valor de la resistencia es: $R = 2{,}61 \times 0{,}1 = 0{,}261\ \Omega \pm 2\ \%$.

## ACTIVIDAD **Propuesta 4.1**

Halla el valor óhmico de las siguientes resistencias con los siguientes colores y comprueba que se encuentran en la Figura 4.4.

a) Marrón, rojo, negro, oro.

b) Naranja, blanco, rojo, plata.

c) Gris, rojo, rojo, plata.

d) Gris, azul, azul, negro, rojo.

e) Amarillo, azul, amarillo, naranja, marrón.

f) Marrón, blanco, azul, negro, rojo.

## ACTIVIDAD **Propuesta 4.2**

Comprueba que el valor de 75 Ω se encuentra en la Figura 4.4 de la serie E24 y que el valor de 261 Ω se halla en la serie E48.

Las resistencias se caracterizan por su valor en ohmios, determinado por el **código de colores,** y también por la potencia máxima disipada (en función del tamaño de la resistencia).

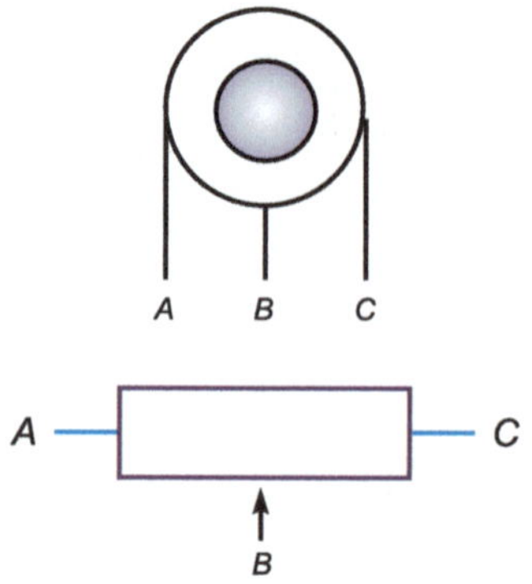


$R_{AC} + R_{CB} = R_{AC}$

**Figura 4.5.** Tipos de resistencias variables.

## ACTIVIDAD Propuesta 4.3

¿A qué serie pertenece una resistencia con solo tres anillos?

## Resistencias variables

Son resistencias fijas a las que se les añade un terminal móvil, denominado **cursor.** Desde el punto de vista de su construcción, son de dos tipos: lineales o circulares.

Su funcionamiento es el siguiente: supongamos que la resistencia variable tiene un valor máximo de 100 kΩ. Esto quiere decir que la resistencia entre los terminales fijos *A* y *C* será aproximadamente de ese valor. Si situamos el cursor *B* en una posición determinada, la resistencia entre los terminales *A* y *B* será de *X* kΩ. La resistencia entre *B* y *C* será de *Y* kΩ.

En cualquier posición se deberá cumplir $X + Y = 100$ kΩ.

Las resistencias variables se utilizan como elemento de control o regulación. Cuando la potencia a disipar es grande, estas resistencias se denominan **reóstatos** y se utilizan en los circuitos eléctricos para poder variar la corriente que circula por ellos.

**Figura 4.6.** Resistencias variables.

**Figura 4.7.** Símbolos de la resistencia variable.

Para las intensidades de corriente muy pequeñas se utilizan los **potenciómetros.** Se utilizan en circuitos electrónicos combinados con transistores o amplificadores (que permiten la regulación de la intensidad luminosa, el volumen, el brillo, etc.). Por otro lado, las **resistencias ajustables** consisten en potenciómetros, que se manipulan con un destornillador con el fin de ajustar un circuito para su posterior sellado hasta que requiera otro nuevo ajuste.

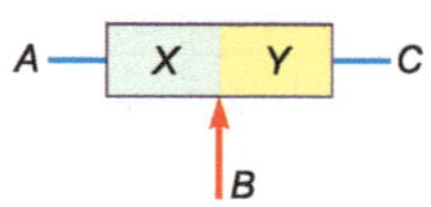


**Figura 4.8.** Figura de la Actividad propuesta 4.4.

## ACTIVIDAD Propuesta 4.4

Se tiene un potenciómetro lineal como el de la Figura 4.8, que mide 5 cm y abarca de 0 a 100 Ω. Halla el valor de resistencia del fragmento *X* y del fragmento *Y*, cuando el cursor *B* está:

a) A 1 cm de *A*.
b) A 2 cm de *A*.
c) En *C*.
d) En *A*.
e) A 2,5 cm de *A*.
f) A 3 cm de *C*.

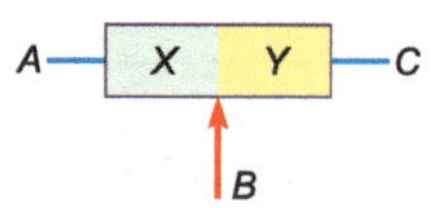


**Figura 4.9.** Figura de la Actividad propuesta 4.5.

## ACTIVIDAD Propuesta 4.5

Se tiene un potenciómetro lineal como el de la Figura 4.9, que mide 8 cm y abarca de 0 a 400 Ω. Halla el valor de la resistencia del fragmento *X* y del fragmento *Y*, cuando el cursor *B* está:

a) A 1 cm de *C*.
b) A 2 cm de *A*.
c) En *C*.
d) En *A*.
e) A 2,5 cm de *C*.
f) A 3 cm de *C*.

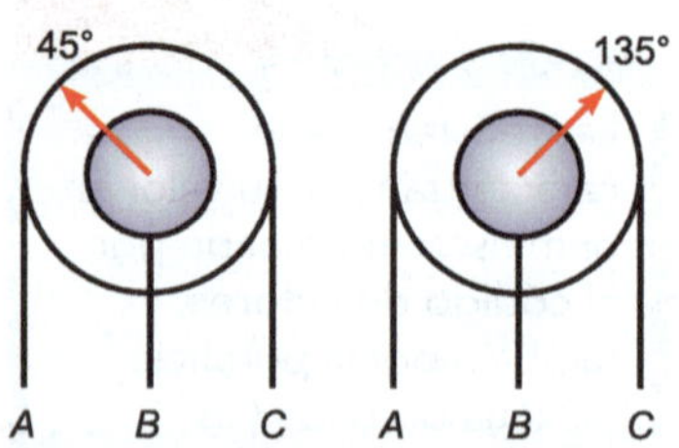


**Figura 4.10.** Figura de la Actividad propuesta 4.6.

## ACTIVIDAD Propuesta 4.6

Dado el siguiente potenciómetro de 0 a 100 Ω, halla la resistencia entre el terminal fijo *A* y el común *B*; y el terminal fijo *C* y el común *B* en las posiciones dibujadas en la Figura 4.10.

ACTIVIDAD **Propuesta 4.7**

Halla la solución de la actividad anterior, considerando que ahora los ángulos de posicionamiento son de 60°, 120°, 180°, 30° y 0°.

## Resistencias dependientes

Su valor óhmico varía con la temperatura, la luz, el voltaje, etc. Según la variable de la que dependan distinguimos:

- Resistencias dependientes de la temperatura (termorresistencias).
- Resistencias dependientes de la luz (fotorresistencias).
- Resistencias dependientes de la tensión (varistores).

### Resistencias dependientes de la temperatura (termorresistencias)

Su valor óhmico varía de forma notable con la temperatura. Las de tipo NTC (coeficiente de temperatura negativo) disminuyen su resistencia a medida que la temperatura aumenta, mientras que las de tipo PTC (coeficiente de temperatura positivo) funcionan de manera contraria, es decir, incrementan su valor óhmico a medida que aumenta la temperatura.

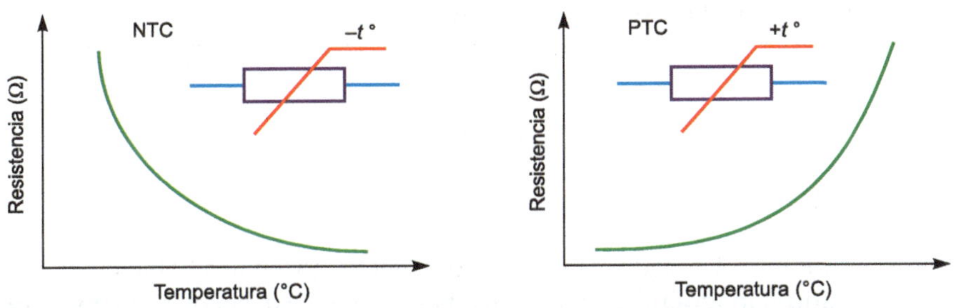


Figura 4.12. Gráficas y símbolos de termistores.

Las termorresistencias poseen las siguientes características destacables:

- Valor óhmico en frío a 20 °C.
- Potencia máxima disipada.
- Temperatura límite de trabajo.
- Variación de su valor óhmico con la temperatura (expresada en un gráfico o tabla).

Se aplican para la medición, el control, la regulación, la compensación o la protección de las variaciones de la temperatura (sensor de la temperatura del motor, del aire de admisión en los motores de inyección, de la temperatura ambiental, etcétera).

La termorresistencia de control de la temperatura exterior suele ir en alguno de los espejos retrovisores exteriores.

### Resistencias dependientes de la luz (fotorresistencias)

Se las conoce como LDR (*Light Dependent Resistor* o resistor dependiente de la luz) y su conductividad mejora con la luz. Se utilizan en instalaciones de alarmas, en la medición de la luz, en sistemas de accionamiento del alumbrado público o de vehículos, etc. Este tipo disminuye su resistencia cuando aumenta la intensidad luminosa.

Tanto la fotorresistencia como el sensor de lluvia suelen ir en la luna delantera, en la base pegada del espejo interior.

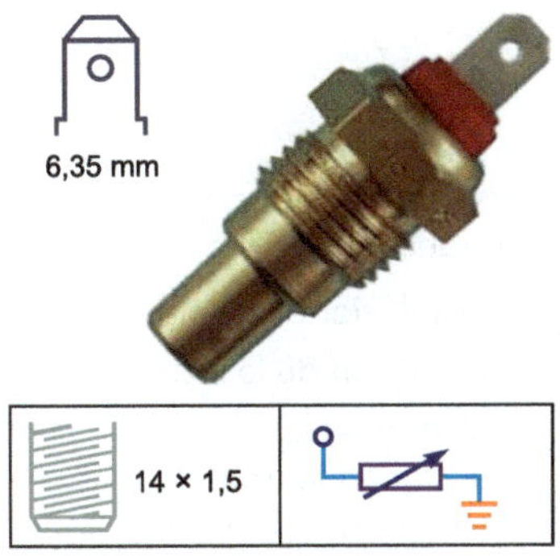


Figura 4.11. NTC para medir la temperatura del motor de un vehículo.

**Recuerda que...**

Las **termorresistencias** se utilizan para:

- La medición de la temperatura.
- El control y la regulación de la temperatura.
- La protección de las variaciones de temperatura.

Algunas de sus aplicaciones son:

- Sensores de temperatura del motor.
- Sensores del aire de admisión en los motores de inyección.
- Sensores de la temperatura ambiente.

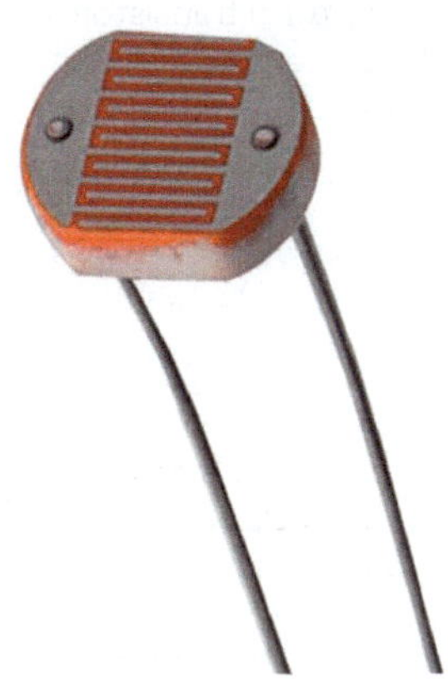

Figura 4.13. Fotorresistencia.

**Recuerda que...**

Las fotorresistencias se pueden aplicar en:

- Instalaciones de alarmas.
- Medición de la luz.
- Sistemas de accionamiento del alumbrado público.
- Sistemas de accionamiento del circuito de alumbrado de los vehículos.

### Resistencias dependientes de la tensión (varistores)

Se las conoce como VDR (*Voltage Dependent Resistor* o resistor dependiente del voltaje) y su valor óhmico disminuye cuando aumenta la tensión aplicada entre sus extremos. Se utilizan para la estabilización o protección de sobretensiones.

Así pues, bajo fuertes impulsos de tensión se comportan casi como un cortocircuito, y vuelven a su alta resistividad una vez que ha terminado el impulso. Se montan en paralelo con la bobina de algunos relés para proteger el interruptor o el transistor que los excita de la extracorriente de apertura, como veremos en el apartado siguiente.

Físicamente los varistores son muy parecidos a las termorresistencias, pero aquellos tienen mayor tamaño, puesto que, normalmente, disipan más potencia que las termorresistencias.

ACTIVIDAD **Resuelta 4.3**

¿Cómo se comprueba el estado de una termorresistencia?

**Solución**

Se sumerge la termorresistencia en un recipiente con agua. Se calienta el agua y con un termómetro se controla su temperatura. Al mismo tiempo, con un polímetro, se mide el valor de la resistencia para las distintas temperaturas y se comprueba que se corresponden con las de la gráfica característica.

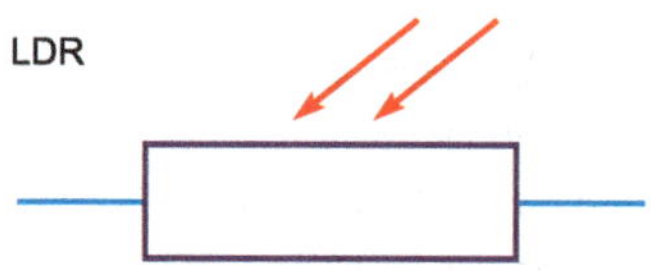


**Figura 4.14.** Símbolo de las resistencias dependientes de la luz o fotorresistencias.

## 4.1.2. Bobinas

Como veremos en la Unidad 6 sobre electromagnetismo, en una bobina bajo corriente se produce un **campo magnético,** cuya intensidad magnética depende de la **intensidad de la corriente** eléctrica, de la **cantidad de espiras** y de **las propiedades del núcleo de la bobina** (generalmente de material ferromagnético).

A la cantidad de energía magnética que se puede acumular con una determinada intensidad de corriente se le llama **inductancia** y se mide en henrios (H).

Las bobinas tienen muchas aplicaciones, de las que se puede destacar su uso en los motores, los alternadores, los altavoces, los relés, los timbres, los transformadores, las electroválvulas, etc., como ya hemos visto y seguiremos viendo en las próximas unidades.

**Recuerda que...**

Los **varistores** se utilizan para la estabilización o protección de sobretensiones.

Se aplican en la bobina de algunos relés, para proteger el interruptor o transistor de la extracorriente de apertura.

### Circuito de carga y descarga de una bobina

Cuando una bobina está magnéticamente cargada, su flujo magnético, así como la corriente eléctrica que lo crea, son constantes y esta fluye sin otra limitación que la de la propia resistencia del circuito (ley de Ohm).

Sin embargo, con el aumento o disminución de la corriente eléctrica, en el período de carga o descarga de una bobina se **autoinduce** en esta una f.e.m. en contra de la variación de dicha corriente. Por tanto, cuando se cierra el interruptor del circuito, se **autoinduce** en la bobina una f.e.m. que se opone a la corriente de carga, por lo que esta no se establece de forma inmediata, sino progresivamente hasta llegar a la máxima y constante $\left(I = \frac{E_{bat}}{R_{bobina}}\right)$ cuando la bobina esté totalmente cargada.

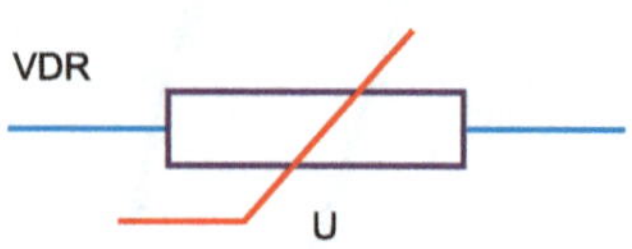


**Figura 4.15.** Símbolo de resistencia dependiente de la tensión o varistor (VDR).

Si con la bobina totalmente cargada se abre el interruptor, el campo magnético tiende a disminuir bruscamente hasta desaparecer. Pero se **autoinduce** en la bobina un pico de tensión o f.e.m., que impide que la intensidad desaparezca instantáneamente y esta se prolonga durante un tiempo muy breve hasta que termina descargándose.

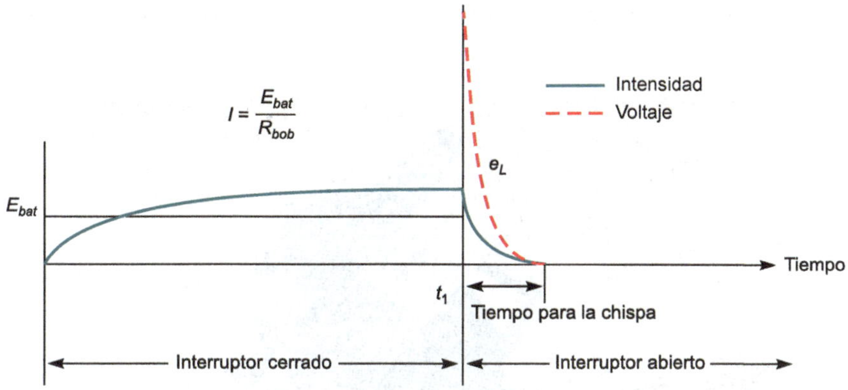


Figura 4.18. Gráfica de carga y descarga de una bobina.

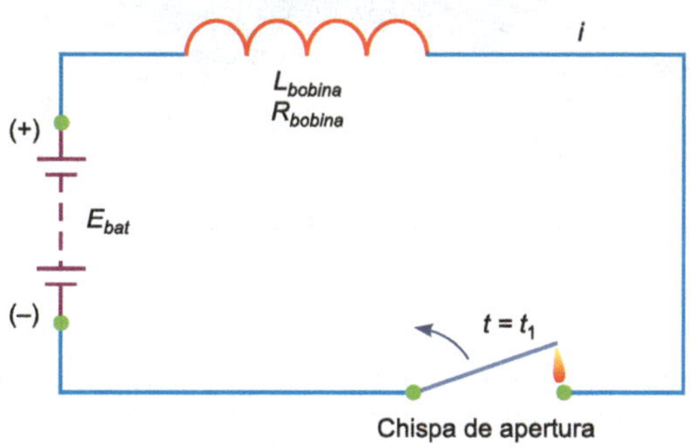


Figura 4.19. Descarga de una bobina.

Por tanto, cuando comienzan a separarse los contactos del interruptor y su separación es mínima, los electrones saltan en forma de arco o chispas, lo que produce su deterioro. A este fenómeno se le denomina **extracorriente de apertura,** y se produce en los antiguos encendidos por platinos donde estos se desgastan por quemadura, lo que varía el punto del encendido. Estas consecuencias se reducen al mínimo con la instalación de un condensador, como veremos en el apartado siguiente. En los relés gobernados por transistores, aquellos se protegen mediante un diodo de unión (como veremos) o un varistor (como ya hemos visto), etcétera.

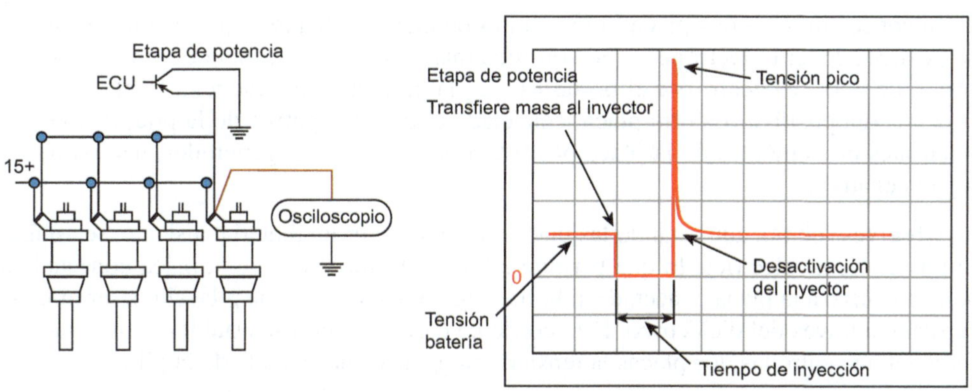


Figura 4.20. Señal de los inyectores en el osciloscopio.

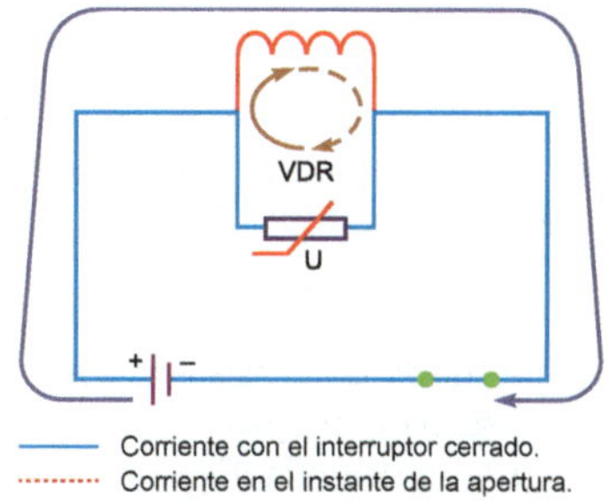


Figura 4.16. Aplicación de un varistor como extintor de la corriente de apertura.

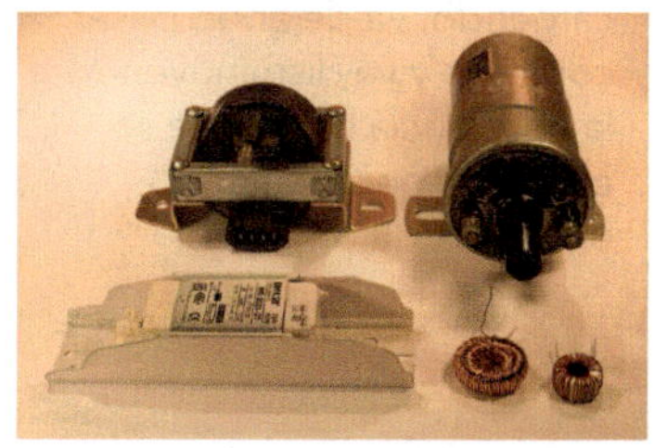

Figura 4.17. Bobinas.

## Sabías que...

La Figura 4.20 corresponde con un sistema de inyección simultánea. Todos los inyectores inyectan a la vez. Los inyectores son realmente una bobinas, gobernados por la centralita (ECU) cerrando a masa, o masa transferida. Por tanto, será en el terminal de masa donde conectaremos el osciloscopio.

**Recuerda que...**

Para medir una resistencia el óhmetro hace pasar corriente por ella (Figura 2.4).

Si medimos la resistencia de una bobina, esta se opone a que pase corriente por ella en un primer momento, principio de autoinducción, y dará un valor infinito al principio.

A medida que se va cargando, va dejando pasar corriente y va disminuyendo la resistencia hasta que se estabiliza en un valor óhmico.

ACTIVIDAD **Propuesta 4.8**

Coge una bobina grande, como la del inducido o rotor de un alternador o bien como la del encendido de un motor. Aliméntala con dos cables por sus anillos rozantes y desconéctala sucesivamente. Observa cómo se genera un pequeño chisporroteo cuando se desconecta uno de los cables de su anillo. Explica el origen de ese chisporroteo.

**Figura 4.21.** Extracorriente de apertura en la bobina de un alternador.

ACTIVIDAD **Propuesta 4.9**

Mide con el polímetro la resistencia de una bobina. Escoge una resistencia cuyo valor fijo sea tan aproximado como sea posible a la resistencia de la bobina y compara el tiempo de medida de la resistencia de la bobina con el de la resistencia. ¿Qué es lo que observas? Razona el porqué.

## 4.1.3. Condensadores

Un condensador está formado por dos placas metálicas separadas por un aislante. Las placas metálicas, unidas a los dos bornes de conexión, reciben el nombre de **placas** y el material aislante que las separa, el de **dieléctrico.**

**Figura 4.22.** Símbolo del condensador.

Si conectamos las dos placas a los bornes de una pila, la placa que se conecte al borne positivo cederá electrones, que son reclamados por la presencia de un cuerpo con déficit de ellos, es decir, por el borne «+» de la pila; en consecuencia, la placa quedará con carga positiva. La otra placa, conectada al borne negativo de la pila, recibirá los electrones provenientes de la placa positiva, que, a través del generador, han pasado al borne negativo.

**Figura 4.23.** Símbolo del condensador electrolítico.

Obsérvese cómo, aun estando las placas separadas por un material aislante, se establece una corriente eléctrica, lo que permite a los electrones pasar de la placa conectada al borne positivo a la placa conectada al borne negativo a través de la pila, sin pasar ninguna corriente a través del dieléctrico. Esta corriente cesará cuando se establezca un estado de carga tal que entre las dos placas la tensión sea igual y opuesta a la de la pila.

La tensión máxima que soporta está limitada por la **tensión de ruptura** del dieléctrico, a partir de la cual se destruyen las propiedades aislantes del material o se cortocircuita, comunicándose las armaduras. Esta tensión es una característica a tener en cuenta en cualquier montaje o sustitución.

La carga eléctrica ($Q$) que se acumula en las placas es proporcional a la tensión ($V$) que hay entre ellas. Esta constante de proporcionalidad es otra característica del condensador llamada **capacidad** ($C$), tal que:

$$C = \frac{Q}{V} \quad \text{o} \quad Q = C \times V$$

La capacidad depende de la superficie de las placas, de la distancia entre estas y del dieléctrico empleado. Se mide en faradios (F). Un condensador tiene de capacidad 1 faradio cuando con una tensión de 1 voltio adquiera la carga de 1 culombio.

$$1 \text{ faradio} = \frac{1 \text{ culombio}}{1 \text{ voltio}}$$

El faradio es una unidad extremadamente grande, ya que para conseguir un condensador con la capacidad de un faradio se requerirían unas placas imposibles de construir por sus enormes dimensiones. De ahí que se utilicen submúltiplos:

- 1 F = 1000 mF (milifaradios).
- 1 F = 1 000 000 $\mu$F (microfaradios).
- 1 F = 1 000 000 000 nF (nanofaradios).

Aun así, para valores de capacidad usuales se requerirían placas muy grandes, por lo que se enrollan finas láminas de aluminio intercaladas con papel especial (condensadores cilíndricos) o se disponen muchas placas pequeñas agrupadas (condensador de capas múltiples o planos).

Según la naturaleza del dieléctrico se distinguen condensadores de papel, de mica, electrolíticos, gaseosos, de vacío, etc. El condensador **electrolítico** tiene una capa de óxido como dieléctrico; pueden conseguirse condensadores pequeños de gran capacidad, siempre que se **respete el patillaje,** pues, además, estos son los únicos que tienen polaridad.

Tanto los datos de la capacidad de los condensadores como los del voltaje máximo de ruptura se indican claramente sobre ellos. Algunos condensadores se determinan por un código de colores, del mismo modo que las resistencias.

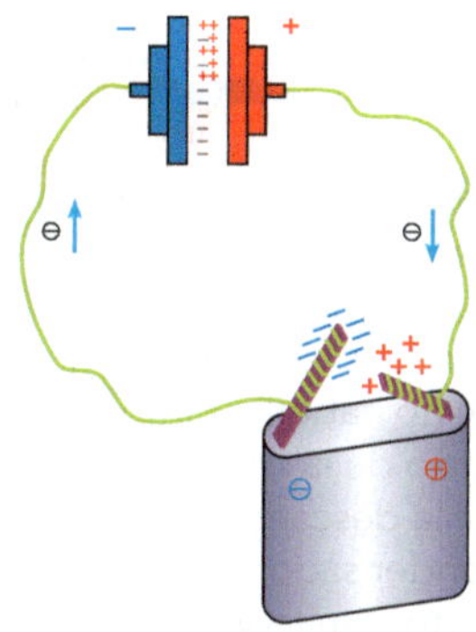

**Figura 4.24.** Corriente de carga. El borne + de la pila absorbe electrones de la placa del condensador a él conectado y que son transferidos, a través de la pila, a la placa conectada al borne negativo. La carga dura hasta que entre las placas se ha producido el mismo estado de cargas que existe entre los bornes del generador o pila.

Los condensadores se caracterizan por su capacidad y el voltaje máximo de ruptura.

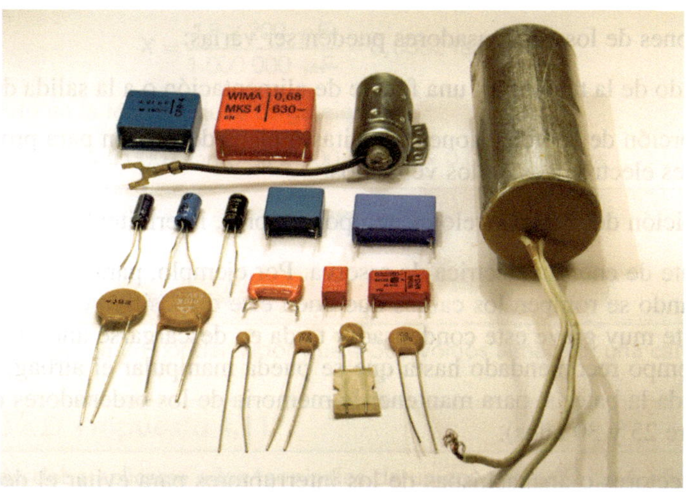


**Figura 4.25.** Condensadores.

Observando la gráfica de la Figura 4.32, podemos apreciar que con polarización directa, corresponde al primer cuadrante de la curva. Hasta los 0,7 voltios no circula corriente por el diodo, y a partir de ahí se dispara la corriente y el menor aumento de la tensión del diodo conlleva un gran aumento de la corriente. A esta tensión, a partir de la que comienza a conducir el diodo en directa, la llamamos **tensión umbral** del diodo, y su valor es de, aproximadamente, 0,7 voltios para todos los diodos de silicio, que son la gran mayoría, y 0,3 para los de germanio. Si lo comparamos con una válvula antirretorno, sería la presión mínima para vencer el muelle y empezar a pasar el fluido.

Una vez pasada la tensión umbral, si la corriente en el diodo es demasiado grande, el calor excesivo lo fundirá sin conducir corriente ninguna, que es lo que se conoce como **diodo en circuito abierto o perforado.** A la corriente máxima que puede soportar la llamamos **corriente máxima con polarización directa** y es una de las limitaciones dadas en la hoja de características.

Con polarización inversa, procedemos de la misma forma, pero con valores negativos. La corriente por el diodo es nula para todas las tensiones inversas hasta llegar a la tensión de ruptura, a partir de la cual la corriente aumenta rápidamente con pequeños incrementos de tensión y el diodo se deteriora irreversiblemente, con lo que conduce siempre tanto en directa como en inversa; esto se denomina **diodo cortocircuitado.** Esta es la **tensión de ruptura** a tener en cuenta a la hora de trabajar con diodos de unión.

Nunca se debe conectar un diodo directamente a una batería, simplemente porque si se polarizara directamente, la corriente creada sería tan grande que lo destruiría.
Se debe conectar con una resistencia en serie que limitará el paso de la corriente, una resistencia limitadora de corriente o la resistencia propia de un receptor.

## ACTIVIDAD **Resuelta 4.5**

Queremos hacer funcionar una lámpara con un diodo polarizado directamente, desde una batería de 12 V. Si la intensidad máxima en directa que soporta el diodo es $I_{máx.\ dir.}$ = 1 A, ¿cuál será el valor óhmico mínimo de la lámpara que podríamos conectar en serie para que no se queme el diodo? ¿Y la potencia máxima de la lámpara?

**Solución**

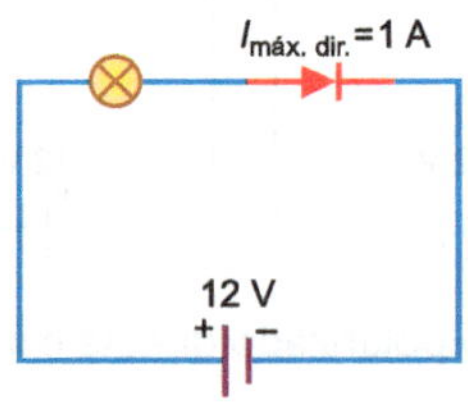


Figura 4.34.

Como dijimos anteriormente, si polarizamos directamente un diodo, este no puede conectarse directamente a la batería, puesto que se quemaría; por tanto, debemos conectarlo a una resistencia en serie (resistencia limitadora de corriente o a la propia del receptor que alimente).

Para un caso extremo la intensidad que pasa por la lámpara será $I_{máx.\ dir.}$ = 1 A del diodo y la caída de tensión en ella es igual a la diferencia entre la tensión de la batería y la tensión umbral $V$ = 0,7 V del diodo. Aplicando la ley de Ohm, el valor óhmico de dicha lámpara será:

$$R = \frac{V}{I} = \frac{12\ \text{V} - 0{,}7\ \text{V}}{1\ \text{A}} = 11{,}3\ \Omega$$

Y su potencia:

$$P = V \times I = 11{,}3\ \text{V} \times 1\ \text{A} = 11{,}3\ \text{W}$$

Como conclusión diremos que este diodo puede alimentar a un receptor de hasta 11,3 W. Para receptores más potentes, de menor resistencia, el diodo se quemaría.

## ACTIVIDAD **Resuelta 4.6**

Comprueba un diodo con un polímetro en la función «test diodo».

**Solución**

Con polarización inversa indica resistencia infinita y con polarización directa, la caída de tensión en sus terminales, que coincidirá con la tensión umbral del diodo en milivoltios. Si el diodo conduce en los dos sentidos, decimos que está **cortocircuitado,** y si no conduce en ninguno, está **en circuito abierto o perforado.** Haz la misma comprobación con la función óhmetro y compara los resultados (consulta la nota al margen).

## ACTIVIDAD **Resuelta 4.7**

Para el circuito siguiente, calcula la corriente, la tensión y la potencia en la resistencia, así como la potencia del diodo y la potencia total. Repite los cálculos anteriores para el mismo circuito, cuando el diodo se polarice inversamente.

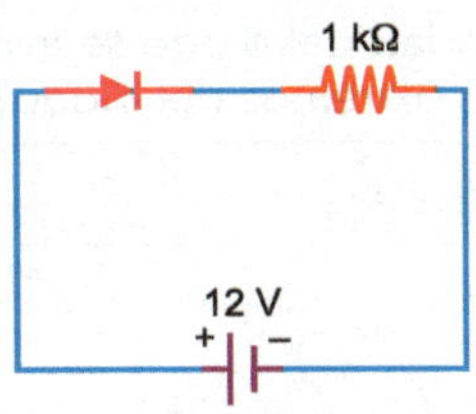


**Figura 4.35.**

**Solución**

Con el diodo polarizado directamente, este se comporta como un interruptor cerrado pero con una caída de tensión $V_{diodo}$ = 0,7 voltios, tal que la caída de tensión que hay en la resistencia es de $V_{res}$ = 12 V – 0,7 V = 11,3 V. La intensidad que pasará por ella será:

$$I_{res} = \frac{11{,}3\ \text{V}}{1000\ \Omega} = 11{,}3\ \text{mA}$$

Y la potencia:

$$P_{res} = V \times I = 11{,}3\ \text{V} \times 11{,}3\ \text{mA} = 127{,}69\ \text{mW}$$

La corriente que pasa por el diodo es la misma que la de la resistencia, están en serie, $I_{diodo}$ = 11,3 mA y la caída de tensión en él será $V_{diodo}$ = 0,7 V. Por tanto, la potencia disipada por este será $P_{diodo} = V \times I$ = 0,7 V × 11,3 mA = 7,9 mW. Y la potencia total entregada por la batería será la consumida por el diodo más la de la resistencia, tal que:

$$P_{total} = P_{diodo} + P_{res} = 127{,}69\ \text{mW} + 7{,}9\ \text{mW} = 135{,}59\ \text{mW}$$

Con el diodo polarizado inversamente, este se comportará como un interruptor abierto, sin pasar corriente por él ni por la resistencia: $I_{diodo} = I_{res}$ = 0 A. La diferencia de potencial en el diodo, $V_{diodo}$ = 12 V, y en la resistencia, $V_{res}$ = 0 V, y las potencias correspondientes, $P = V \times I$, serán igual a 0 W.

No sería correcto comprobar un diodo en la función óhmetro. Aunque aparentemente se pudieran realizar los mismos controles, la tensión que el óhmetro aplica a las pinzas durante las mediciones de resistencias no es suficiente para polarizar el diodo. En este caso la comprobación no es fiable.

## ACTIVIDAD **Propuesta 4.15**

Comprueba un diodo haciendo un circuito con polarización directa y otro con polarización inversa con una lámpara en serie, y observa que en directa luce y en inversa no.

## ACTIVIDAD **Propuesta 4.16**

Si por un diodo 1N4001, cuya intensidad máxima en directa sabemos que es de 1 A, queremos que pase una intensidad de 0,75 A, ¿qué resistencia le tenemos que poner en serie cuando lo alimentamos con una tensión de 12 V?

## ACTIVIDAD **Propuesta 4.17**

Si en el circuito anterior se duplica el valor de la resistencia, ¿cuál será el valor de la corriente que pasa por ella?

ACTIVIDAD **Propuesta 4.18**

Para el circuito de la figura, calcula la corriente, la tensión y la potencia de la resistencia.

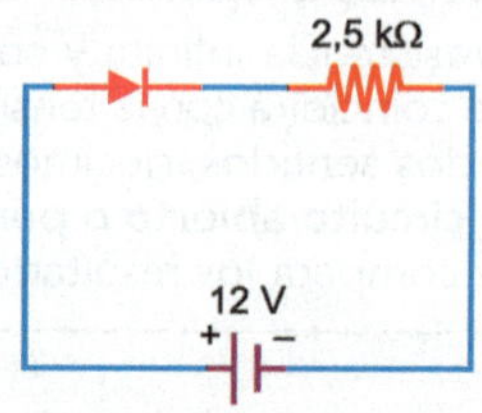


**Figura 4.36.**

ACTIVIDAD **Propuesta 4.19**

Si en el circuito anterior la polaridad del diodo se invierte, ¿cuál será la corriente en el diodo?, ¿y la tensión entre los extremos del diodo?

ACTIVIDAD **Propuesta 4.20**

Dado el circuito de la figura:

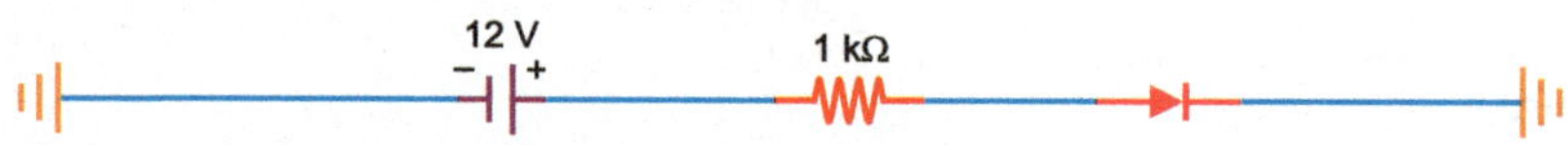


**Figura 4.37.**

Sugiere cuáles pueden ser las distintas averías para los siguientes casos:

a) ¿Qué le ocurrirá al diodo si la tensión entre sus extremos es de 12 V? ¿Y si la tensión es de 0 V?

b) Si la resistencia *R* se pone en cortocircuito, ¿cuál será la tensión del diodo y qué le pasará a este?

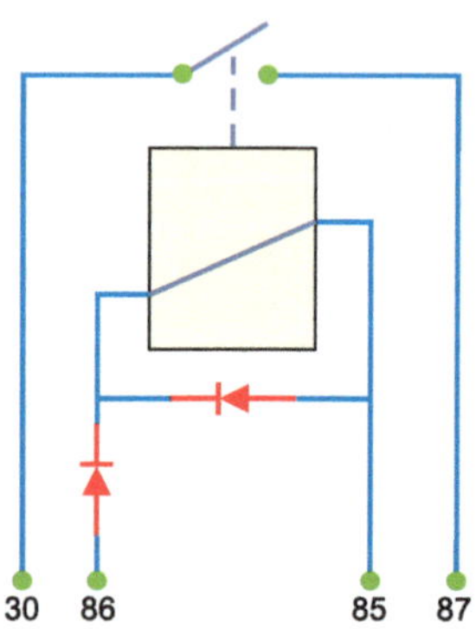


**Figura 4.38.** Relé con diodo de extinción y protección.

Hay que tener en cuenta el patillaje de los terminales de excitación, el 86+ y el 85–, pues, de conectarlo al revés, se haría un cortocircuito, se quemaría el diodo, el fusible o la UCE, si la hubiera.

## Aplicaciones de los diodos de unión

Un diodo funciona como un interruptor automático permitiendo el paso de la corriente en un sentido y en el otro no. Esta propiedad podemos utilizarla para distintos circuitos como los siguientes:

- **Diodo de extinción o descarga:** protege de la extracorriente de apertura cuando se abre un circuito con inductancia o bobina. Por ejemplo, incorporados en algunos relés, se conectan polarizados inversamente entre el principio y el final de la bobina de accionamiento (85, 86). Estos relés suelen estar gobernados por unidades de control electrónicas (UCE) más sensibles a los picos de tensión de apertura, que pueden alcanzar hasta los 300 V.
- **Diodo de protección o bloqueo:** protege a un circuito electrónico, si queremos que no funcione cuando se polariza inversamente de forma accidental. En el relé anterior se coloca polarizado directamente en la entrada de la bobina 86. Y si se polariza con el 85+ y el 86–, el relé directamente no funciona, sin problema de rotura.

  Este tipo de diodo se emplea en algunos componentes electrónicos, como CD, radios, etc., pues si estos no lo llevaran, se romperían en el caso de que se invirtiera su polaridad.

En un circuito de carga permite el paso de la corriente de carga del generador a la batería e impide la corriente inversa, que descargaría a la batería a través del generador, en estado de reposo, etcétera.

- **Diodo rectificador:** la rectificación o transformación de corriente alterna en continua es su función más destacada, como veremos.

## ACTIVIDAD Resuelta 4.8

Monta en la realidad o en el Tinkercad una fuente de alimentación como la de la Figura 4.39. Comprueba las señales de salida con un osciloscopio.

**Solución**

Cualquier aparato electrónico doméstico (ordenador, televisor, radio, lector de CD, etc.), trabaja con tensiones más bajas que las disponibles en la red eléctrica. Por esta razón, generalmente se emplea un transformador en todos ellos. Sin embargo, la tensión, tanto de entrada como de salida, del transformador es alterna. Y dado que la mayor parte de los circuitos electrónicos precisa de corriente continua, similar a la que produce una batería, para transformar la corriente alterna a la salida del transformador en continua emplearemos un rectificador o puente de diodos como se aprecia en la Figura 4.39.

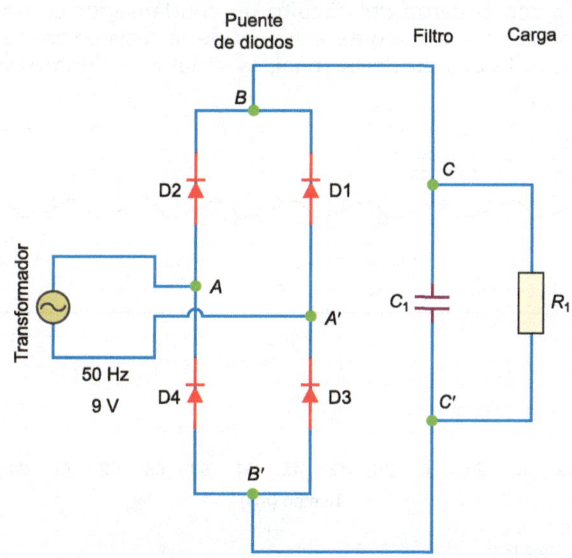


**Figura 4.39.** Distintas etapas de la fuente de alimentación.

- **Rectificado de doble onda, puente de diodos:** mediante el uso de cuatro diodos, como en el circuito, el medio ciclo positivo del secundario del transformador se canaliza por los diodos D2 y D3 y produce un semiciclo positivo en el circuito de carga. Los diodos D1 y D4 conducen durante el semiciclo negativo y entonces llega otro semiciclo positivo al circuito de carga. El resultado es una corriente continua pulsatoria de doble onda. Si tomáramos la señal eléctrica entre los distintos puntos o etapas con un osciloscopio, tendríamos las siguientes señales:

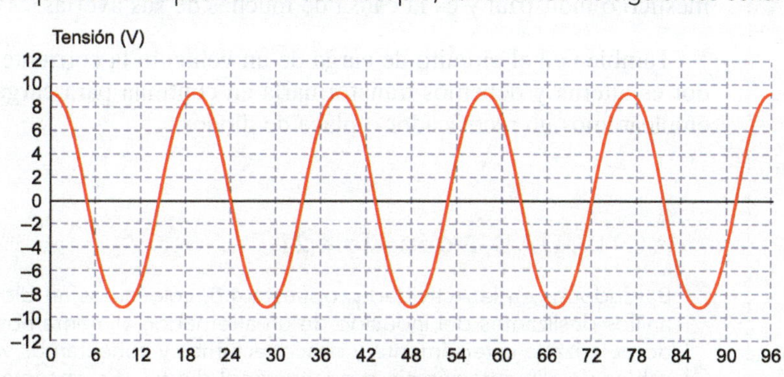


**Figura 4.40.** Señal A-A' (alterna).

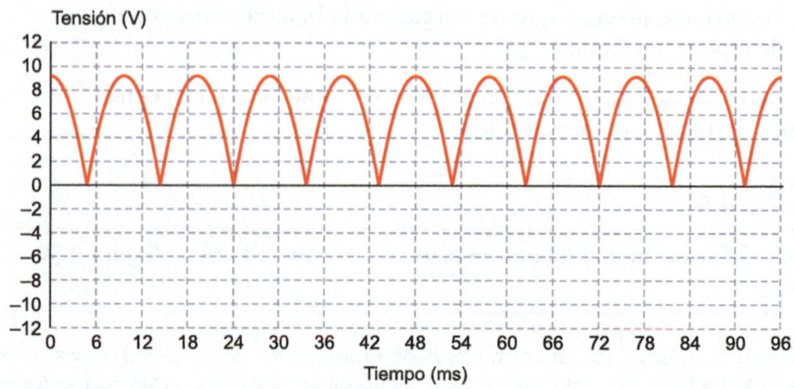


**Figura 4.41.** Señal B-B′ (pulsatoria).

- **Etapa de filtrado:** si montamos con la carga del circuito un condensador en paralelo, este se cargará con las subidas de la señal y en las bajadas se descargará a través de la resistencia de carga. Como el tiempo de la descarga es mucho más lento que la bajada de la señal, la señal pulsatoria pasará a ser casi continua con un pequeño rizado.

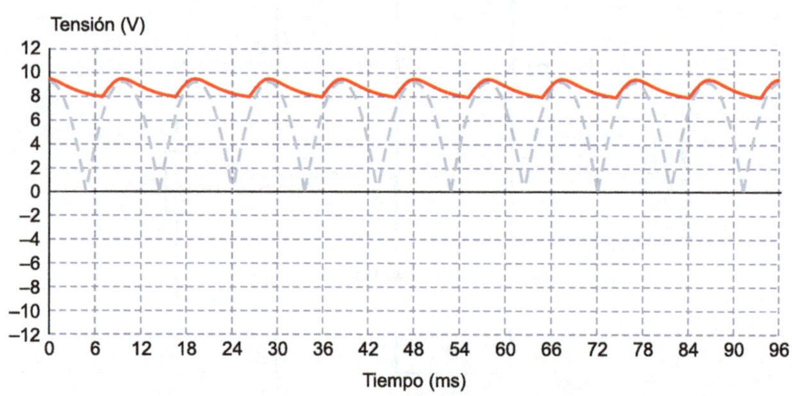


**Figura 4.42.** Señal C-C′ (continua rizada).

**Recuerda que...**

Los diferentes tipos de diodos son:

1. Diodo de unión o rectificador.
2. Diodo zener.
3. Diodo led.
4. Diodo varicap.
5. Diodo túnel.
6. Fotodiodo.

Al conjunto de transformador y rectificador lo llamamos **fuente de alimentación.** Se encuentra disponible en la gran mayoría de los componentes electrónicos de uso doméstico o industrial y es la causa de muchas de sus averías.

También en el circuito de carga de un vehículo la corriente generada por el alternador es alterna y debemos transformarla en continua para cargar la batería, para lo que emplearemos un rectificador o placa de diodos.

ACTIVIDAD **Propuesta 4.21**

Basándonos en la Actividad propuesta 4.8, colocamos un diodo de unión entre los anillos deslizantes del inducido de un alternador, alimentamos la bobina con el diodo polarizado inversamente y desconectamos y conectamos varias veces uno de los cables de alimentación sin desconectar el diodo. ¿Se observa ahora el chisporroteo de la actividad anterior? ¿Qué es lo que ocurre en este caso?

ACTIVIDAD **Propuesta 4.22**

Si a la salida de un transformador *A-A'*, donde la tensión es alterna, conectamos un diodo en serie como aparece en la figura, ¿qué señal nos saldría en el osciloscopio entre ***A-A'***? ¿Y entre ***B-B'***? Explica el porqué. Monta un circuito equivalente y compruébalo en el osciloscopio o en el simulador de circuitos electrónicos Crocodile o Tinkercad.

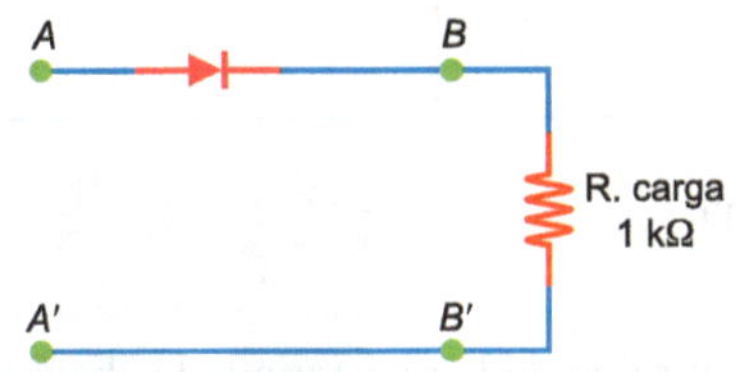


**Figura 4.43.**

ACTIVIDAD **Propuesta 4.23**

Conecta un motor de corriente continua de 12 V a la salida de 12 V alterna de un transformador.

a) ¿Qué es lo que observas?

b) Y si entre la salida del transformador y el motor intercalas un diodo como en la figura anterior, ¿qué es lo que sucede?

c) Y si invertimos la polaridad del diodo anterior, ¿qué observas?

d) Y si intercalamos un puente de diodos con 4 diodos, ¿qué pasa?

Comenta la experiencia en cada uno de los distintos casos.

## Diodos zener

En directo se comporta como un diodo de unión, y polarizado inversamente tampoco conduce hasta que se sobrepasa un valor determinado de tensión (**tensión zener**). A partir de ahí se dispara la corriente y el menor aumento de la tensión del diodo conlleva un gran aumento de la corriente hasta el valor de la intensidad máxima zener ($I_{máx}$). A diferencia de los diodos de unión, los zener no se deterioran cuando se supera la tensión zener, pues están diseñados para trabajar en esa zona. Por tanto, trabajan polarizados inversamente y equivaldrían a una válvula limitadora de presión o de descarga en neumática o hidráulica (Figura 4.45), ya que a partir de una determinada tensión conducen, pero por debajo de esta no lo hacen.

Este tipo de diodos se utiliza en circuitos **estabilizadores** o reguladores de tensión, como en la Figura 4.46 que se corresponde con el circuito de carga de una motocicleta de pequeña cilindrada, sin batería. Cuando se revoluciona el motor y el valor de la tensión supera a la tensión zener, este pasa a conducir, lo que provoca una caída de tensión en la resistencia de absorción, de manera que la tensión entre los bornes del diodo zener nunca supera dicha tensión, con lo que de ahí se alimenta el circuito de carga.

También se emplean en los **reguladores** de tensión en los circuitos de carga de los vehículos, como veremos en la Unidad 9.

En un estabilizador al estar el diodo zener en paralelo con el circuito de carga o salida, la tensión en los dos será la misma. Como la tensión en el zener no puede superar su tensión zener, tampoco lo superará en el circuito de salida, absorbiendo la diferencia entre generador y el circuito de salida, la resistencia de absorción.

$$V_{salida} = V_{generador} - V_{resistencia\ de\ absorción}$$

**Figura 4.44.** Símbolo del diodo zener.

## Multivibrador estable

Se obtiene una señal intermitente de reloj o cuadrada. La unión de las patillas 2 y 6 provoca el disparo del 555 con carga-descarga del $C_1$. La tensión en bornes del $C_1$ oscila entre 1/3 y 2/3 de la tensión de trabajo. Al añadir la resistencia $R_2$ junto con el potenciómetro en serie, se podrá variar el ciclo de trabajo.

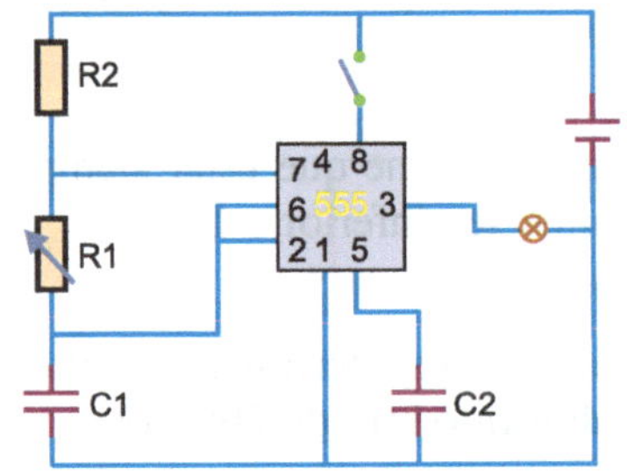


**Figura 4.84.** Multivibrador estable.

La señal de salida tiene un nivel alto por un tiempo $T_1$ y un nivel bajo por un tiempo $T_2$, tal que:

$$T_1 = 0{,}693 \times (R_1 + R_2) \times C_1 \text{ (segundos)}$$
$$T_2 = 0{,}693 \times R_2 \times C_1 \text{ (segundos)}$$

**Nota:** Debe cumplirse que:

$$R_1 \geq 1\ \text{k}\Omega$$
$$R_2 \geq 1\ \text{k}\Omega$$
$$R_1 + R_2 \leq 20\ \text{M}\Omega$$

### ACTIVIDAD **Resuelta 4.20**

Realiza el montaje de un multivibrador monoastable con un circuito impreso 555.

**Solución**

Como sabemos, en el terminal 3 de salida tenemos una señal cuadrada de tensión de trabajo 12 V e intensidad máxima 200 mA. Por tanto, podrá actuar directamente sobre una carga cuya potencia máxima será de:

$$P_{máx} = 12\ \text{V} \times 0{,}2\ \text{A} = 2{,}4\ \text{W}$$

Emplearemos el buscapolos de la Actividad resuelta 4.11.

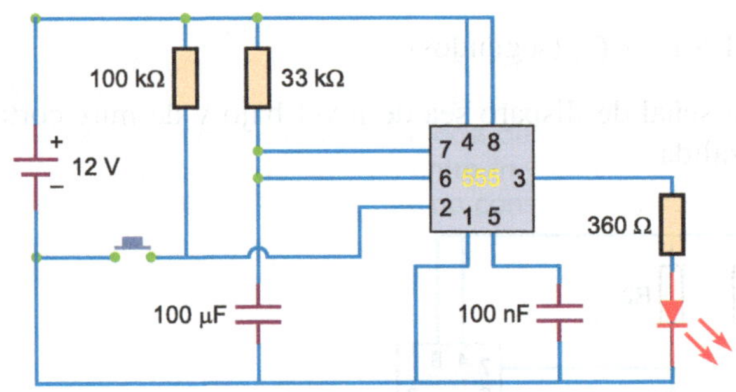


**Figura 4.85.**

Cuando pulsamos la tensión en el terminal 2 se hace inferior a 1/3 de la de trabajo (concretamente 0 V) y se inicia el nivel alto a la salida cuya duración será:

$$t = 1{,}1 \times 36\,000\ \Omega \times 0{,}0001\ \text{F} = 3{,}96 \text{ segundos, aproximadamente}$$

# Síntesis

## ELECTRÓNICA ANALÓGICA

### Resistencias

| Tipos | | Características | Aplicaciones |
|---|---|---|---|
| **Fijas** | | • Valor óhmico.<br>• Potencia. | • Limitar corrientes.<br>• Controlar caídas de tensión. |
| **Variables** | • Potenciómetro.<br>• Reóstato.<br>• Ajustable. | | • Regular corrientes y caídas de tensión de forma manual. |
| **Dependientes** | • Termostatos.<br>• Fotorresistencia.<br>• Varistor. | • Potencia.<br>• Gráfica (variable-resistencia). | • Regular corrientes y caídas de tensión de forma automática.<br>• Protección de extracorrientes. |

### Bobinas

| Comportamiento | Características | Aplicaciones |
|---|---|---|
| • Durante la carga se autoinduce entre sus extremos una f.e.m. contraria a la tensión que la carga, hasta que lo hace de forma progresiva.<br>• Durante la descarga se autoinduce entre sus extremos una elevada f.e.m. que tienda a mantener la corriente por ella, extracorriente de apertura. | • Inductancia.<br>• Potencia.<br>• Valor óhmico. | • **Tener movimiento con electricidad:** relé, timbre, actuadores, motores, altavoces, etcétera.<br>• **Inducir f.e.m. o electricidad con movimiento:** generadores, dinamos, sensores, etcétera.<br>• **Reducir o amplificar corrientes alternas:** transformadores.<br>• **Generar picos de tensión:** arranque de un fluorescente, chispas en las bujías, etcétera. |

### Condensadores

| Comportamiento | Características | Aplicaciones |
|---|---|---|
| • **Durante la carga:** en un primer momento deja pasar la corriente como si fuera un interruptor cerrado. Pero a medida que se va cargando va disminuyendo la corriente hasta que no pasa nada, funciona como un interruptor abierto, y una tensión entre sus extremos igual y contraria al que lo cargó.<br>• **Durante la descarga:** en un primer momento se comporta como una batería que se va descargando progresivamente. | • Capacidad.<br>• Voltaje. | • Filtrado de tensión en fuentes de alimentación.<br>• Absorción de sobretensiones parásitas.<br>• Temporizadores.<br>• Acumulador de energía eléctrica.<br>• Protectores o apagachispas de la extracorriente de apertura. |

# Síntesis

## ELECTRÓNICA ANALÓGICA

### Diodos

| Tipos | Montaje | Características | Aplicaciones |
|---|---|---|---|
| **De unión** | • Polarización directa: conduce.<br>• Indirecta: no conduce. | • Corriente máxima en directa.<br>• Tensión de ruptura. | • Extinción o descarga.<br>• Bloqueo.<br>• Rectificador. |
| **Zener** | • Con polarización indirecta conduce a partir de una tensión. | • Tensión zener.<br>• Corriente máxima zener. | • Estabilizador.<br>• Regulador. |
| **Led** | • Con polarización directa emiten luz. | • Tensión y corriente de trabajo. | • Señalización o iluminación: testigos, *displays*, linternas, etcétera. |

### Transistores

| Montaje | Características | Aplicaciones |
|---|---|---|
| • **Polarización de base:** el diodo E-B no se monta en serie con el receptor; necesita una resistencia limitadora de corriente en la base y trabaja con una ganancia menor que la máxima.<br>• **Polarización de emisor:** el diodo E-B se monta en serie con el receptor; no necesita una resistencia limitadora de corriente en la base y trabaja con la máxima ganancia. | • Tipo: NPN o PNP.<br>• Patillaje: *E*, *B* y *C*.<br>• Ganancia ($\beta$ o $h_{EF}$).<br>• Intensidad de colector. | • Para conmutar o controlar receptores que funcionan o no funcionan (todo o nada).<br>• Para amplificar o controlar receptores que funcionan en todas las condiciones intermedias.<br>• A veces, también para conmutar. |

### Tiristores

| Montaje | Características | Aplicaciones |
|---|---|---|
| • Polarizado inversamente se comporta igual que un diodo rectificado en inversa.<br>• Para que conduzca directamente tenemos que mandar un impulso positivo a la puerta *(gate)*. Y una vez que conduzca, seguirá haciéndolo aunque cese el impulso, hasta que deje de pasar corriente por él. | • Corriente máxima en directa.<br>• Tensión inversa de ruptura. | • Interruptor automático o como relé autoalimentado.<br>• Regulación de corriente alterna. |

### Triac

Es lo mismo que el tiristor, pero como si estuviera polarizado siempre directamente. Tiene la ventaja, a la hora de regular la corriente alterna, de controlarla en los dos sentidos.

### Diac

Es lo mismo que el triac, pero sin el terminal de puerta o *gate*. Se dispara o conduce a partir de una tensión entre sus dos terminales.

# Actividades finales

## Responde

1. ¿Qué características definen a los siguientes componentes?
   - Resistencias fijas.
   - Condensadores.
   - Diodos rectificadores o de unión.
   - Diodos zener.
2. Tipos de resistencias variables fijas y aplicaciones.
3. Tipos de resistencias variables dependientes y aplicaciones.
4. ¿Qué aplicaciones tienen las resistencias dependientes de la temperatura?
5. ¿Qué funciones tiene el condensador en el circuito de encendido de un vehículo o de un fluorescente?
6. Calcula la carga almacenada en los siguientes ejemplos:
   a) Condensador de 4000 μF cargado a 50 V.
   b) Condensador de 0,05 μF cargado a 600 V.
   c) Condensador de 500 μF cargado a 250 V.
7. Enumera los tipos de diodos y aplicaciones de cada uno de ellos.
8. Explica la función de cada uno de los diodos de este relé:

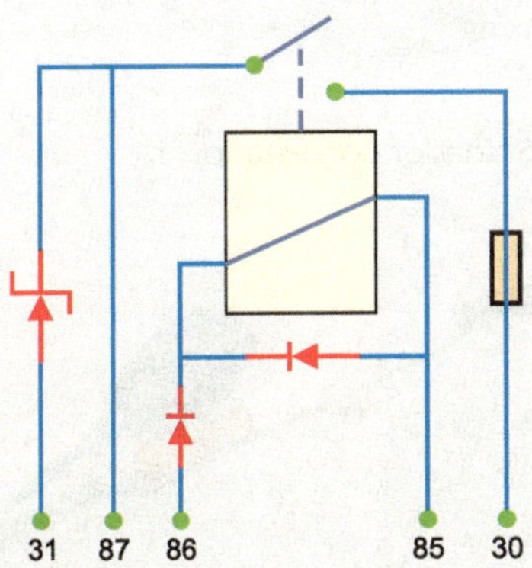


**Figura 4.86.**

**Nota:** el diodo zener por el 31 se conecta a masa, la corriente de potencia entra por el 30 a través de un fusible y por el 87 va a positivo para el receptor.

9. Enumera las aplicaciones principales de un transistor y explica en qué consiste cada una de ellas.
10. Explica los tipos de montajes de un transistor y enumera las diferencias entre ellos.
11. Explica el funcionamiento de un tiristor.
12. Relaciona las similitudes y diferencias entre un regulador con diodo zener y un regulador integral.
13. ¿Qué características definen a los siguientes elementos:
    - Transistores.
    - Tiristores.
    - Triac.
    - Diac.
    - Reguladores integrados.
    - Temporizadores 555.
14. ¿Qué diferencias encuentras entre un diodo de unión o rectificador y un diodo zener? ¿Cuál de ellos es más completo y podría remplazar al otro?

## Realiza

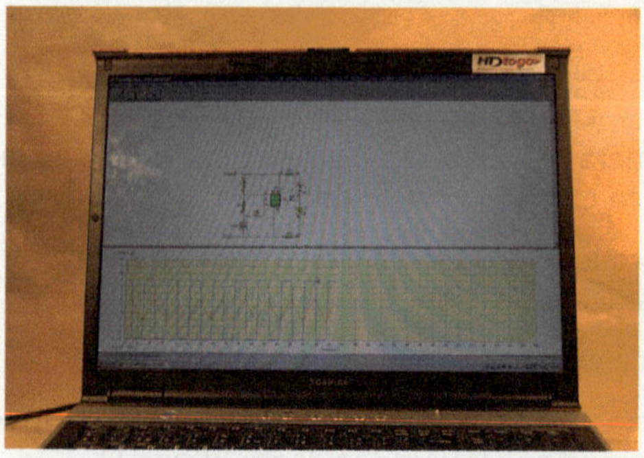

Figura 4.87. Ordenador portátil.

Figura 4.88. Chapa perforada.

Estos circuitos se pueden montar en una placa *board*, en una placa perforada (para practicar la soldadura) o también en el ordenador, con programas simuladores de circuitos electrónicos como **Tinkercad** o **Crocodile Clips**. Para ampliar los conocimientos y conocer muchas más aplicaciones y circuitos, se recomienda consultar la página **www.electronicafacil.net.**

1. Código Morse. Permite que dos alumnos con un código Morse se comuniquen.

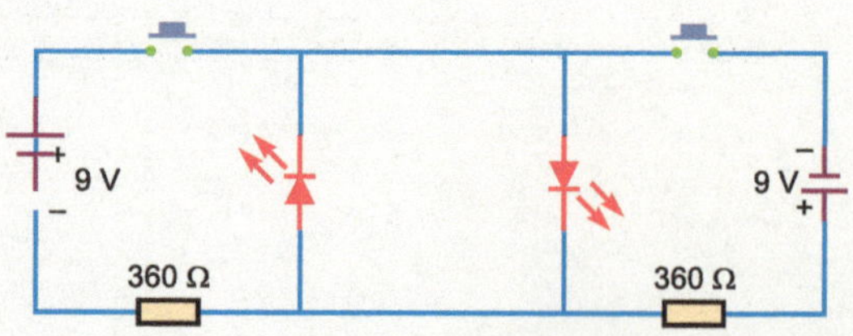


Figura 4.89. Comunicación en código Morse por hilo.

**Nota:** para hacer este circuito necesitamos dos fuentes o baterías independientes.

2. Montajes con transistores: explica el funcionamiento de los distintos circuitos. (El **d** se trata de una alarma que se activa cuando se corta el cable entre los puntos A y B.) ¿Cómo trabajan los transistores en cada caso?

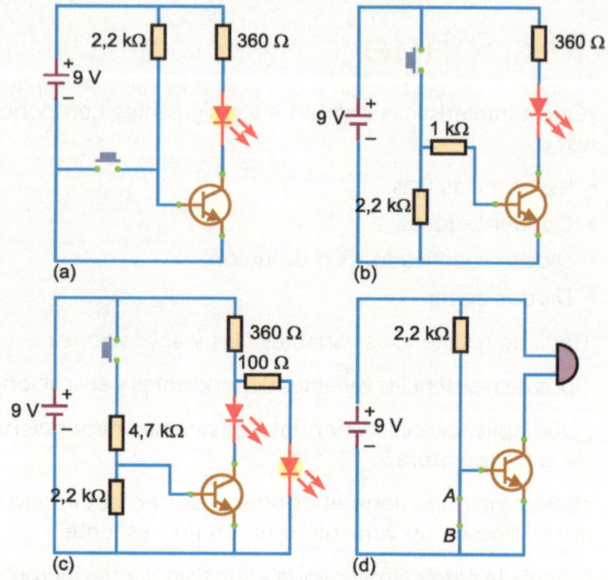


Figura 4.90. Distintos montajes de transistores.

Figura 4.91. Soldador con estaño.

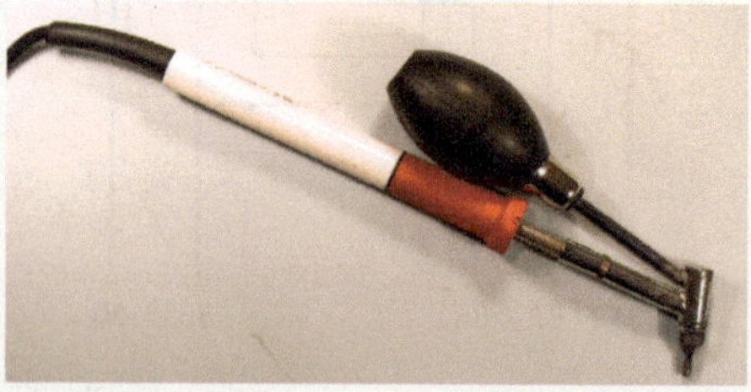

Figura 4.92. Desoldador.

Figura 4.93. Circuito impreso.

3. En la figura siguiente tenemos la imagen del temporizador de la luz interior de un vehículo. Se emplea cuando queremos que se apague la luz interior unos segundos después de haberse cerrado las puertas. Monta el circuito en una placa perforada y comprueba que funciona.

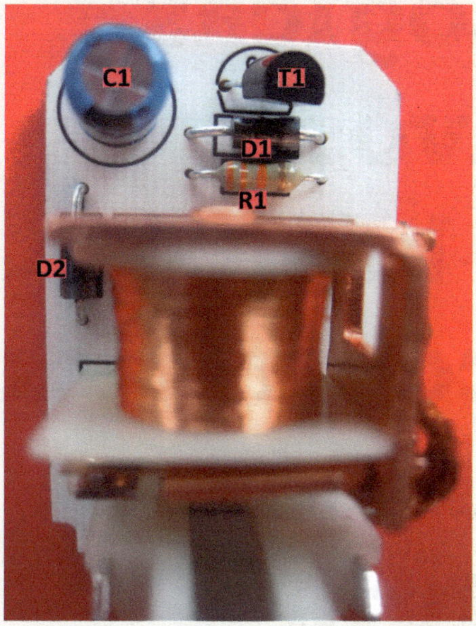


**Figura 4.94.** Relé temporizador de la luz interior.

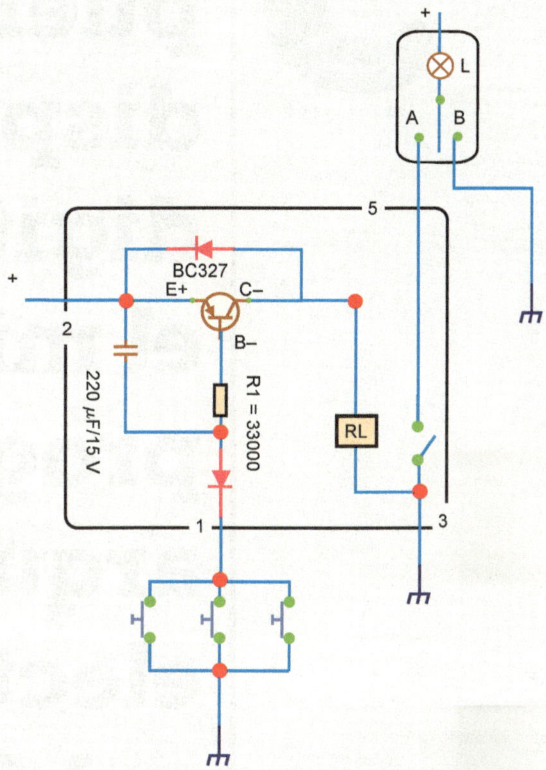


**Figura 4.95.** Esquema eléctrico del temporizador.

4. Realiza el montaje de un multivibrador astable con el circuito impreso 555, en cuya salida ponemos el buscapolos de la Actividad resuelta 4.9.

5. Haz funcionar con el circuito anterior una lámpara, en vez del diodo led; para ello, intercala un transistor PNP una vez con polarización de base y ganancia 50, y otra con polarización de emisor.

   Haz lo mismo para un transistor NPN.

   **Nota:** hay que asegurarse de que la corriente de salida del circuito 555 no supere los 200 mA.

6. Coge un puente de diodos como los de la Figura 4.79, con dos entradas y dos salidas. Si están marcadas, borra o tacha las marcas de sus terminales y explica cómo las averiguarías con un polímetro o una lámpara en serie. Comprueba cada uno de los diodos que lo forma y si está en buen estado.

   **Nota:** tienes que valerte del esquema interno de un puente de diodos (Figura 4.39).

# 5 Álgebra de Boole, puertas lógicas, dispositivos digitales básicos, el microcontrolador, programación, arquitectura electrónica del vehículo

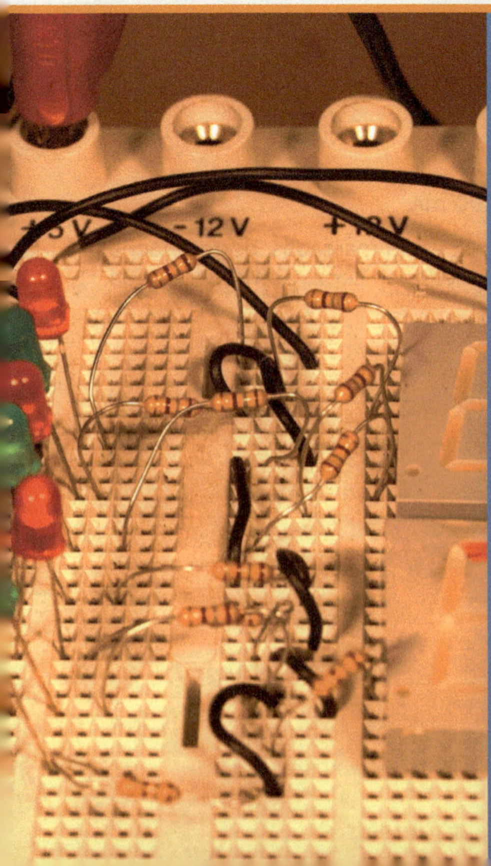


Las continuas exigencias en materia de contaminación, confort, seguridad, mantenimiento y ayudas a la conducción hacen que el automóvil de hoy en día sea inconcebible sin las unidades de control electrónicas con sus correspondientes sensores y actuadores.

En los vehículos de nueva generación, las centralitas electrónicas (que pueden llegar a ser hasta cuarenta en un vehículo de gama alta) se conectan en una red informática para comunicarse entre sí con un solo hilo o bus de datos, lo que simplifica el cableado. Y, además, la disponibilidad de la información de cada sensor para varias funciones distintas permite reducir el número de estos.

Esta arquitectura electrónica incrementa la complejidad en la reparación de las averías y ofrece los recursos que permiten dejar atrás la reparación intuitiva a través del oído o la vista en las averías mecánicas; y por continuidad y derivación a masa en averías eléctricas, para pasar a una reparación más sofisticada mediante un aparato de diagnosis, lo que, a su vez, exige al mecánico una formación continua en electrónica e informática.

En esta unidad expondremos las bases de la electrónica digital que nos permitan alcanzar una mayor comprensión del funcionamiento de los microprocesadores, la programación, la transmisión de la información entre ellos, el autodiagnóstico electrónico y otros dispositivos digitales de uso cada vez más extendido en la tecnología actual y, concretamente, en el automóvil.

# 5 Álgebra de Boole, puertas lógicas, dispositivos digitales básicos, el microcontrolador, programación, arquitectura electrónica del vehículo

## ¿Sabes ...

- ... en qué consiste el álgebra de Boole?
- ... cuáles son las funciones lógicas simples y su tabla de la verdad?
- ... cómo obtener funciones lógicas más complejas y cómo aplicarlas a circuitos reales?
- ... qué dispositivos digitales conoces, cómo funcionan y qué aplicaciones tienen?
- ... en qué consiste la lógica programada y dónde se emplea?
- ... cómo se programa un microprocesador?
- ... en qué consiste la memoria, el microprocesador y los buses para almacenar, tratar y transmitir los datos y las órdenes en un ordenador?

## Contenidos


**5.1.** Álgebra de Boole

**5.2.** Dispositivos digitales básicos

**5.3.** Lógica programada

**5.4.** Arquitectura electrónica del vehículo


## Objetivos

- Identificar y representar los símbolos de las funciones lógicas básicas digitales (Y, O, etcétera).
- Analizar las funciones de las distintas puertas lógicas mediante la utilización de las tablas de la verdad.
- Programar circuitos lógicos de cierta complejidad y montarlos.
- Medir y analizar los datos obtenidos de los distintos parámetros.
- Simular, diagnosticar y resolver averías en circuitos electrónicos básicos de diferentes grados de complejidad.

## 5.1. Álgebra de Boole

George Boole, a principios del siglo XIX, investigó las leyes que rigen el pensamiento humano y estableció las relaciones entre los distintos enunciados de un razonamiento (que podían ser verdaderos o falsos) sin llegar a imaginar hasta qué punto estas relaciones influirían en el diseño de los circuitos eléctricos.

En los circuitos eléctricos cada uno de sus componentes presenta solo dos estados estables de funcionamiento: un mando está accionado o no, un receptor funciona o no, etcétera.

La herramienta matemática que relaciona a estos estados, cuyos símbolos son **1 (funciona)** y **0 (apagado)**, con las distintas conexiones entre sus componentes (operaciones) para lograr el funcionamiento del circuito (funciones), se denomina **álgebra,** en este caso, **de Boole,** por ser su precursor.

*Nota...*

Imaginemos la iluminación de un aula o taller con distintas iluminarias.

¿Cómo podríamos regular la iluminación?

De forma analógica podría ser encendiendo todas en bloque, a la vez, pero regulando la iluminación con un potenciómetro.

De forma digital podría ser funcionando cada una independientemente, y apagando o encendiendo unas u otras tendríamos más o menos iluminación.

En el primer caso las lámparas trabajan en una sucesión de estados de funcionamiento, del cero al todo de forma progresiva. En el segundo caso o lucen o no lucen cada una de ellas, pero según las combinaciones también podemos regular distintos estados de funcionamiento como en el primer caso.

### 5.1.1. Los circuitos y su función lógica

Todo circuito eléctrico formado por uno o varios receptores y uno o varios mandos se puede representar matemáticamente reflejando la relación entre ellos. A las variables de entrada (interruptores, pulsadores, etc.) se les asigna una letra minúscula y a las variables de salida (lámparas, motores, relés, etc.) se les asigna una letra mayúscula.

Las operaciones matemáticas que se pueden dar son:

- Producto lógico (función **Y** o **And**).
- Suma lógica (función **O** u **Or**).

#### Producto lógico (funciones Y o AND)

El **producto lógico** consiste en hacer funcionar un receptor desde dos mandos en serie. Por ejemplo, disponemos de una lámpara *S* y de dos interruptores, *a* y *b*, y deseamos que la lámpara se ilumine mientras están cerrados los dos interruptores a la vez. Para permitir que esto ocurra tendremos que conectar los dos interruptores en serie, tal como se muestra en el circuito equivalente:

Figura 5.1.

La función lógica de este circuito será: $S = a \times b$ (el signo × equivale a la conjunción *y*).

Se leería: «La lámpara *S* luce cuando *a* y *b* están cerrados».

#### Suma lógica (funciones O u OR)

La **suma lógica** consiste en hacer funcionar un receptor desde dos mandos en paralelo. Si deseamos que la lámpara del caso anterior luzca con solo uno de los interruptores cerrado, tendremos que conectar los dos interruptores en paralelo, tal como se muestra en el siguiente circuito:

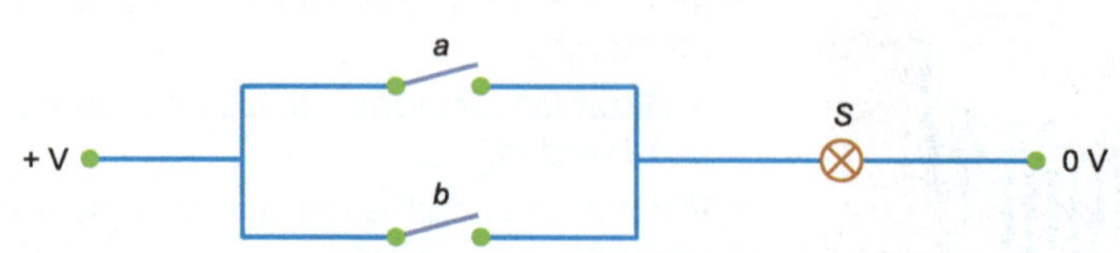


Figura 5.2.

La representación lógica de este circuito será: $S = a + b$ (el signo + equivale a la conjunción *o*). Se leería: «La lámpara *S* luce cuando *a* o *b* están cerrados o los dos a la vez están cerrados».

A un circuito mixto en serie-paralelo le corresponde una ecuación compuesta por funciones **O** e **Y.** Es importante colocar los paréntesis para conocer el orden.

## Ley de prioridad

Cuando en una función aparecen tanto sumas como productos sin separar por paréntesis, primero se realizan los productos y finalmente las sumas, es decir, se opera como si hubiera un paréntesis entre los términos del producto.

Por ejemplo:

Al igual que con los números, en la suma y el producto, para calcular $4 \times 3 + 2$, primero multiplicamos $4 \times 3 = 12$ y después hacemos la suma $12 + 2 = 14$.

Otro caso diferente sería con paréntesis. Por ejemplo, para $4 \times (3 + 2) = 20$, primero se desarrolla el paréntesis, y después se realiza el producto.

### ACTIVIDAD Resuelta 5.1

Dado el siguiente circuito, representa su función lógica.

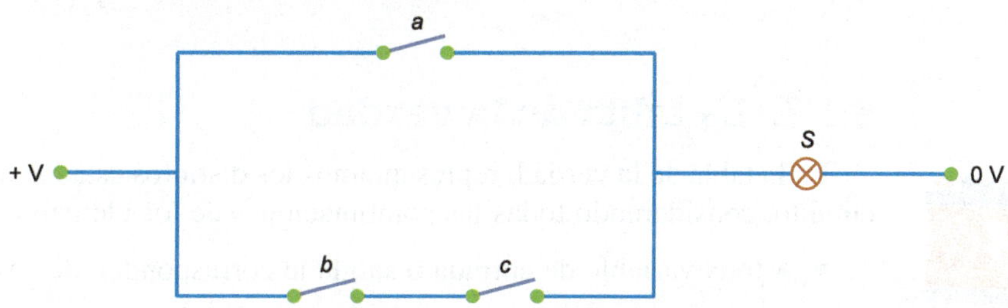


**Figura 5.3.**

**Solución**

La lectura de este circuito sería: la lámpara *S* luce cuando están cerrados *a* o *b* y *c*.

Y su función lógica o matemática sería: $S = a + (b \times c)$ o $S = a + b \times c$

### ACTIVIDAD Resuelta 5.2

Dada la siguiente función lógica: $S = (a \times b) + (c \times b)$ o $S = a \times b + c \times b$

Representa el circuito que la materializa.

**Solución**

Como vemos, el circuito está formado por tres interruptores: *a*, *b* y *c*. Y para que luzca la lámpara tienen que estar cerrados *a* y *b* (los dos en serie) o *c* y *b* (también en serie), estando las dos ramas en paralelo.

Como el interruptor *b* tiene que estar en dos ramas distintas, se trata de un interruptor doble.

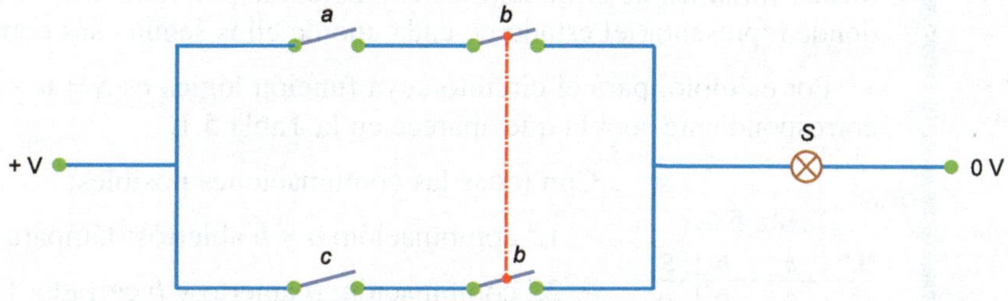


**Figura 5.4.**

La línea de trazo y puntos significa que las dos chapas son solidarias, es decir, que se accionan a la vez.

ACTIVIDAD **Propuesta 5.1**

Dada la siguiente función lógica:

$$S = (a + b) \times c$$

Representa el circuito que la materializa.

ACTIVIDAD **Propuesta 5.2**

Dado el siguiente circuito, representa su función lógica:

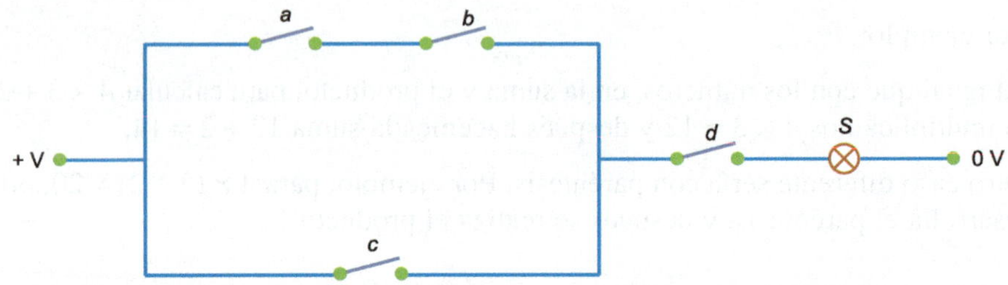


**Figura 5.5.**

## 5.1.2. La tabla de la verdad

En la tabla de la verdad, representamos los distintos estados de funcionamiento de un circuito, considerando todas las combinaciones de los elementos que lo forman:

- A toda variable de entrada o salida le corresponden dos estados: 0 o 1.
- Si el interruptor o pulsador está normalmente abierto, a este estado le corresponde el 0 y cuando lo accionamos, se cierra, y, por tanto, a este último estado le corresponde el 1.
- Si el interruptor o pulsador está normalmente cerrado, a este estado le corresponde el 0 y cuando lo accionamos, se abre, y le corresponde el 1.

Para establecer una diferencia entre los dos tipos de mandos anteriores, al símbolo que se utilice para designar los mandos del segundo tipo (normalmente cerrados) se le pondrá encima una rayita, cuyo significado es «no». Por ejemplo: $\overline{a}$.

- A las variables de salida les corresponde el 1 si están funcionando, y el 0 si no lo están.

La tabla de la verdad consiste en una tabla formada por tantas columnas como variables de entrada tenga el circuito y tantas filas como combinaciones sean posibles con dichas variables de entrada; más una columna por cada uno de los receptores de salida donde representar el estado de cada uno de ellos según esas combinaciones.

Por ejemplo, para el circuito cuya función lógica es $S = a \times b$, la tabla de la verdad correspondiente será la que aparece en la Tabla 5.1.

**Tabla 5.1.**

| N.º | *a* | *b* | *S* |
|---|---|---|---|
| 1.ª | 0 | 0 | 0 |
| 2.ª | 0 | 1 | 0 |
| 3.ª | 1 | 0 | 0 |
| 4.ª | 1 | 1 | 1 |

Con todas las combinaciones posibles:

- 1.ª combinación: *a* y *b* abiertos: lámpara apagada.
- 2.ª combinación: *a* abierto y *b* cerrado: lámpara apagada.
- 3.ª combinación: *a* cerrado y *b* abierto: lámpara apagada.
- 4.ª combinación: *a* y *b* cerrados: lámpara encendida.

El sistema de numeración binario utiliza únicamente los símbolos 0 y 1. Podemos representar cualquier número decimal como una sucesión de ceros o unos de forma ordenada, siendo el dígito situado más a la derecha, el correspondiente que multiplica a la potencia de $2^0$, y el que está más a la izquierda, el que multiplica a la potencia de mayor exponente $2^n$.

Por ejemplo: el número 01101 binario equivale al número decimal:

$1 \times 2^0 + 0 \times 2^1 + 1 \times 2^2 + 1 \times 2^3 + 0 \times 2^4 = 1 + 0 + 4 + 8 + 0 = 13.$

El número 110 binario equivale al número decimal:

$0 \times 2^0 + 1 \times 2^1 + 1 \times 2^2 = 0 + 2 + 4 = 6.$

El número de combinaciones posibles será $2^n$, siendo *n* el número de variables de entrada. Para evitar repeticiones o confusiones, ordenaremos las distintas combinaciones, de forma creciente, según el sistema de numeración binario.

Como vemos en la tabla, los valores de la última variable de entrada o columna *b* leídos de arriba abajo serían 0 1 0 1..., los de la de anterior *a:* 0 0 1 1 0 0 1 1..., si hubiera otra anterior serían 0 0 0 0 1 1 1 1 0 0 0 0 1 1 1 1..., es decir, los ceros y los unos se van repitiendo de uno en uno, de dos en dos, de cuatro en cuatro, de ocho en ocho, etcétera.

La tabla de la verdad figura como uno de los datos más significativos de las características que aparecen en los catálogos de los dispositivos digitales. Su conocimiento es fundamental para analizar el funcionamiento y aplicación de cada dispositivo.

## ACTIVIDAD **Resuelta 5.3**

Haz la tabla de la verdad de la función lógica y del circuito de la Actividad resuelta 5.1: $S = a + b \times c$

**Solución**

En una tabla con tantas columnas como interruptores, registramos en cada una de ellas el estado de cada interruptor y representamos tantas filas como combinaciones posibles haya entre los distintos interruptores.

En otra columna representamos el estado del receptor para cada una de las combinaciones de los interruptores.

Como vemos, el número de combinaciones posibles es de $2^3 = 8$, pues 3 es el número de interruptores. Hemos ordenado las combinaciones por orden creciente en el sistema binario (desde 0 hasta 7).

**Nota:** hemos hecho los cálculos por bloques para mayor claridad, pero realmente el del medio sobraría.

| *a b c* | *b* × *c* | *a* + (*b* × *c*) |
|---|---|---|
| 0 0 0 | 0 | 0 |
| 0 0 1 | 0 | 0 |
| 0 1 0 | 0 | 0 |
| 0 1 1 | 1 | 1 |
| 1 0 0 | 0 | 1 |
| 1 0 1 | 0 | 1 |
| 1 1 0 | 0 | 1 |
| 1 1 1 | 1 | 1 |

## ACTIVIDAD **Resuelta 5.4**

Dadas las siguientes funciones lógicas, para un mismo circuito, representa el circuito equivalente y haz su tabla de la verdad:

$$S = a \times (b + c)$$
$$T = a \times \bar{d}$$

**Solución**

Hasta ahora hemos considerado todos los circuitos con una sola variable de salida; sin embargo, pueden tener dos o más como ocurre en el siguiente caso:

**Nota:** al ser *d* la negada, al 0 le corresponde cerrado y al 1 abierto. Al contrario de lo normal.

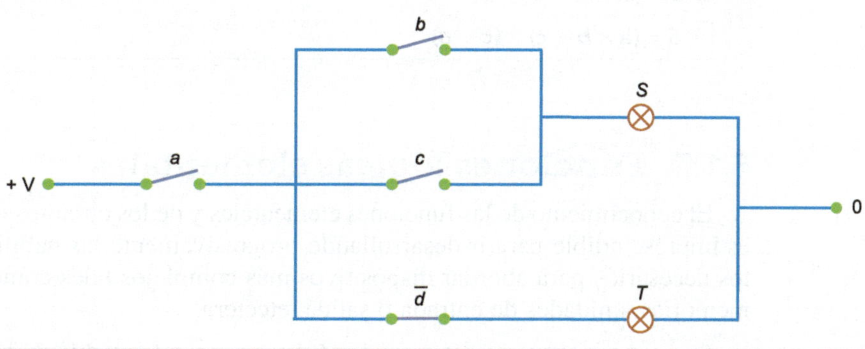


Figura 5.6.

| $a\ b\ c\ \bar{d}$ | $b + c$ | $S = a \times (b + c)$ | $T = a \times \bar{d}$ |
|---|---|---|---|
| 0 0 0 0 | 0 | 0 | 0 |
| 0 0 0 1 | 0 | 0 | 0 |
| 0 0 1 0 | 1 | 0 | 0 |
| 0 0 1 1 | 1 | 0 | 0 |
| 0 1 0 0 | 1 | 0 | 0 |
| 0 1 0 1 | 1 | 0 | 0 |
| 0 1 1 0 | 1 | 0 | 0 |
| 0 1 1 1 | 1 | 0 | 0 |
| 1 0 0 0 | 0 | 0 | 1 |
| 1 0 0 1 | 0 | 0 | 0 |
| 1 0 1 0 | 1 | 1 | 1 |
| 1 0 1 1 | 1 | 1 | 0 |
| 1 1 0 0 | 1 | 1 | 1 |
| 1 1 0 1 | 1 | 1 | 0 |
| 1 1 1 0 | 1 | 1 | 1 |
| 1 1 1 1 | 1 | 1 | 0 |

**Nota:** hemos hecho los cálculos por bloques para mayor claridad, pero realmente los de la segunda columna sobrarían.

**Nota...**

Para todos los circuitos que nos pidan montar con un simulador electrónico podemos usar, como simulador, Crocodile Clips versión 3.5, por tratarse de un simulador muy didáctico, de muy fácil acceso y gratuito en internet.

ACTIVIDAD **Propuesta 5.3**

Convierte los siguientes números en binario a sus equivalentes en decimal:

a) 100100.

b) 111100.

c) 001111.

d) 000011.

e) 101010.

f) 010101.

ACTIVIDAD **Propuesta 5.4**

Haz la tabla de la verdad de las Actividades resuelta 5.2 y propuestas 5.1 y 5.2.

ACTIVIDAD **Propuesta 5.5**

Dadas las siguientes funciones lógicas, deduce su circuito y su tabla de la verdad:

a) $S = (a + b) \times c$

b) $S = (a \times b + c) \times (c + d)$

## 5.1.3. Funciones lógicas elementales

El conocimiento de las funciones elementales y de los circuitos de menor complejidad es imprescindible para ir desarrollando progresivamente las habilidades y conocimientos necesarios para abordar dispositivos más complejos tales como microprocesadores, memorias, unidades de entrada o salida, etcétera.

Expondremos para cada función lógica elemental su tabla de la verdad, el circuito y el símbolo de la puerta lógica que la materializa.

**Ecuación | Circuito | Tabla | Símbolo**

**Función igualdad o sí. Es la más elemental de todas.**

$S = a$

| a | S |
|---|---|
| 0 | 0 |
| 1 | 1 |

**Función negación, no o función complemento.**

$S = \bar{a}$

| a | S |
|---|---|
| 0 | 1 |
| 1 | 0 |

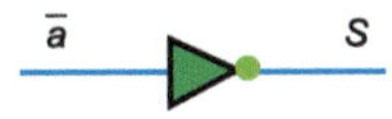


**Función O (OR en inglés) o función suma.**

$S = a + b$

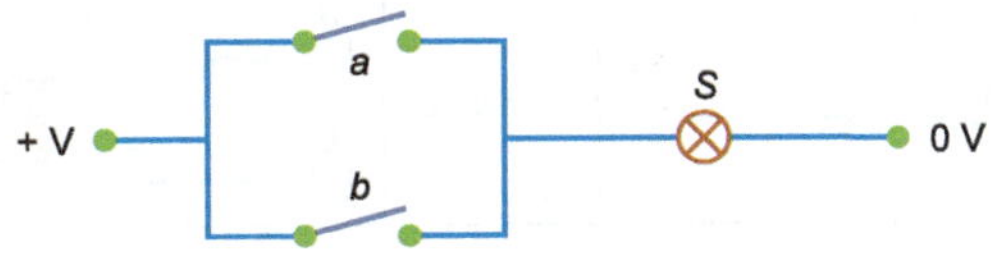


| a | b | S |
|---|---|---|
| 0 | 0 | 0 |
| 0 | 1 | 1 |
| 1 | 0 | 1 |
| 1 | 1 | 1 |

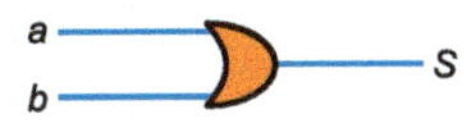


**Función Y (AND en inglés) o función intersección.**

$S = a \cdot b$

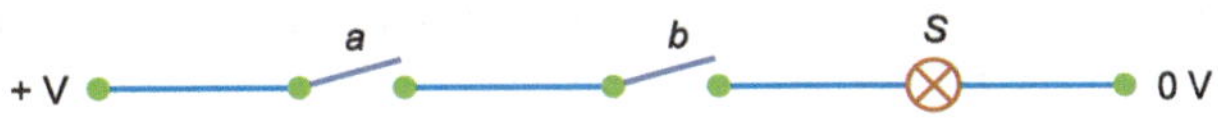


| a | b | S |
|---|---|---|
| 0 | 0 | 0 |
| 0 | 1 | 0 |
| 1 | 0 | 0 |
| 1 | 1 | 1 |

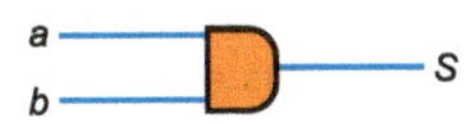


**Función O negada, NO O o NOR.**

$S = \overline{a + b}$

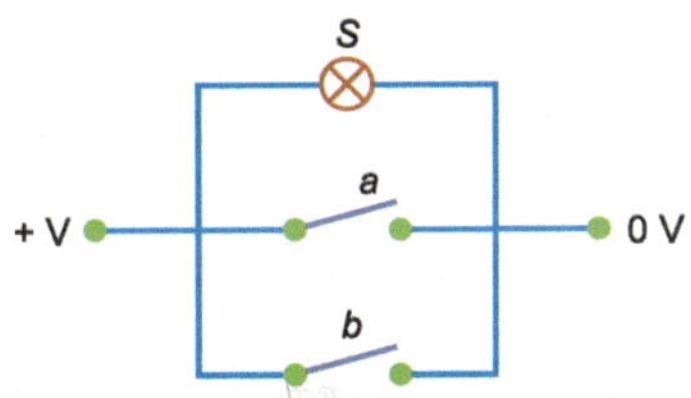


| a | b | S |
|---|---|---|
| 0 | 0 | 1 |
| 0 | 1 | 0 |
| 1 | 0 | 0 |
| 1 | 1 | 0 |

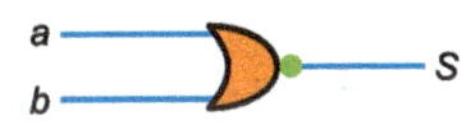


**Función Y negada, NO Y o NAND.**

$S = \overline{a \cdot b}$

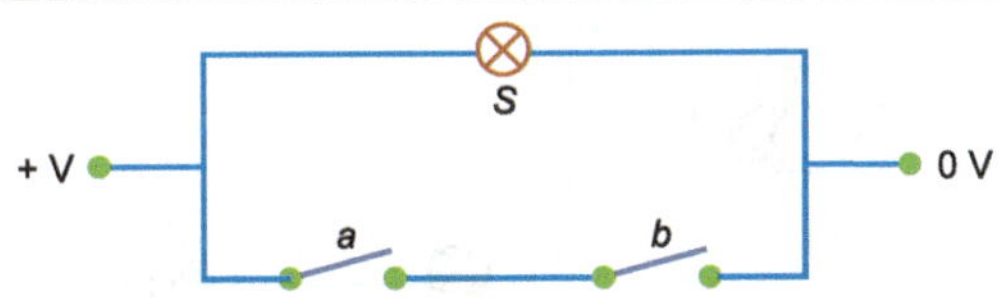


| a | b | S |
|---|---|---|
| 0 | 0 | 1 |
| 0 | 1 | 1 |
| 1 | 0 | 1 |
| 1 | 1 | 0 |

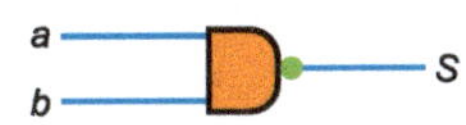


**Función OR exclusiva (puerta XOR). O Comparador,**

$S = a \oplus b$

Presenta un 1 en su salida cuando las dos variables de entrada son distintas.

| a | b | S |
|---|---|---|
| 0 | 0 | 0 |
| 0 | 1 | 1 |
| 1 | 0 | 1 |
| 1 | 1 | 0 |

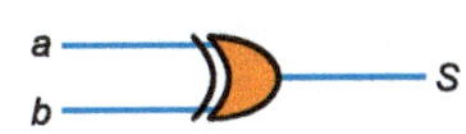


**Figura 5.7.** Puertas lógicas y su tabla de la verdad.

## Nota...

Aunque la función Sí no realiza ninguna función lógica sobre la entrada, se justifica su utilización en aquellas aplicaciones en las que se requiere reforzar la señal de entrada como amplificador.

## ACTIVIDAD **Resuelta 5.5**

Con un simulador de circuitos electrónicos en el ordenador, monta el circuito lógico de las cuatro primeras funciones de la tabla anterior y comprueba que se cumplen sus tablas de la verdad.

**Solución**

| Función | Circuito | Función | Circuito |
|---|---|---|---|
| $S = a$ | 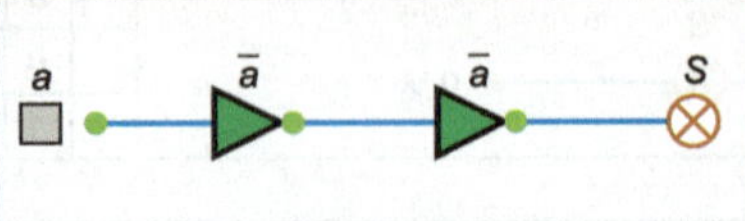 | $S = \bar{a}$ | 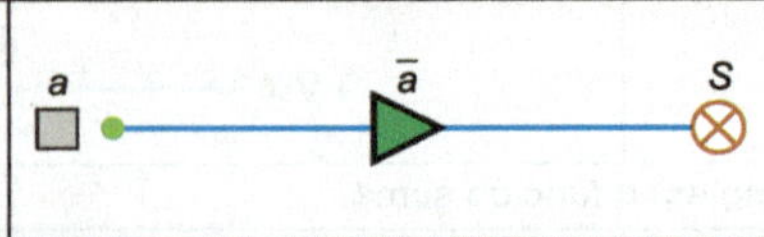 |
| $S = a + b$ | 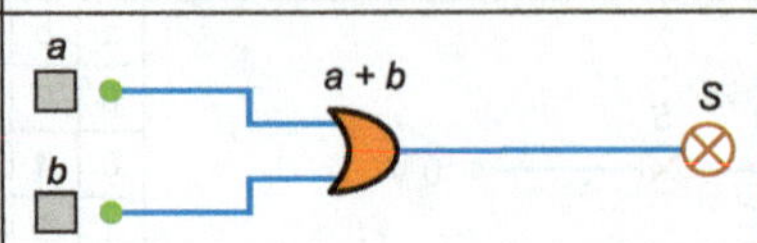 | $S = a \cdot b$ | 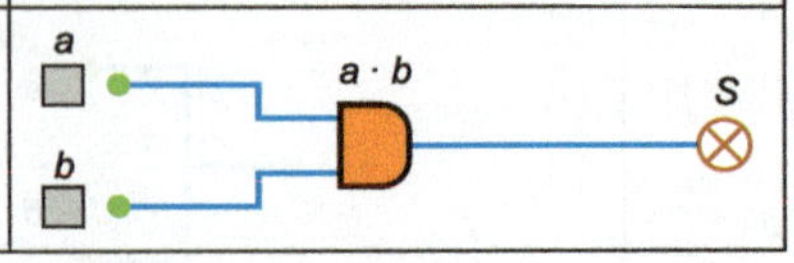 |

Figura 5.8.

**Nota:** para la primera función de igualdad, al no haber puerta de igualdad, empleamos dos de negación que equivale a una de igualdad **($S = a = \bar{\bar{a}}$).** En las entradas, los pulsadores pulsados equivalen a un 1 y sin pulsar a un 0. Y en las salidas, la lámpara luciendo a un 1 y sin lucir a un 0.

Haz todas las combinaciones posibles con las entradas y comprueba que coinciden con sus salidas de la tabla de la verdad correspondiente.

## ACTIVIDAD **Resuelta 5.6**

En un simulador de circuitos electrónicos, monta el circuito lógico de la función de la Actividad resuelta 5.4: $S = a \times (b + c)$; $T = a \times \bar{d}$ y comprueba que se cumplen sus tablas de la verdad.

**Solución**

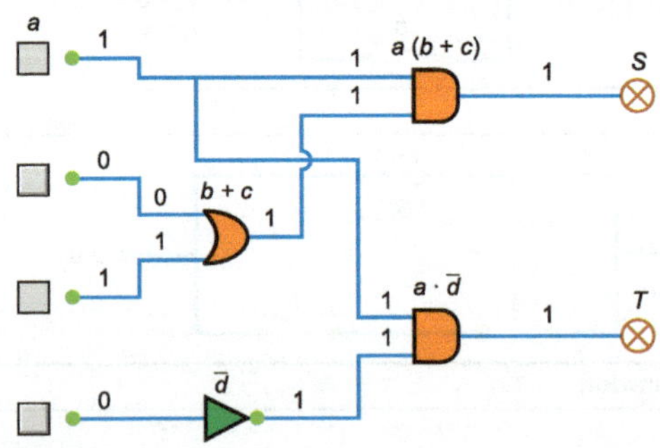


Figura 5.9.

Haz todas las combinaciones posibles con las entradas y comprueba que coinciden con sus salidas de la tabla de la verdad correspondiente.

## ACTIVIDAD **Propuesta 5.6**

En un simulador de circuitos electrónicos, monta el circuito lógico de las tres últimas funciones de la Figura 5.7 y comprueba que se cumplen sus tablas de la verdad.

## ACTIVIDAD **Propuesta 5.7**

En un simulador de circuitos electrónicos, monta el circuito lógico de las funciones de las Actividades resuelta 5.3 y propuestas 5.4 y 5.5. Comprueba que se cumplen sus tablas de la verdad.

### 5.1.4. Puertas lógicas

Los primeros circuitos lógicos se construyeron con relés electromagnéticos que fueron sustituidos por las válvulas de vacío para pasar, finalmente, con la aparición de los semiconductores, a las puertas lógicas integradas en una sola pastilla o electrónica digital integrada. Esto permitió que se pudiera pasar de los cuadros cargados de relés a los reducidos chips o pastillas más ligeros, con menor consumo, más rápidos y más económicos.

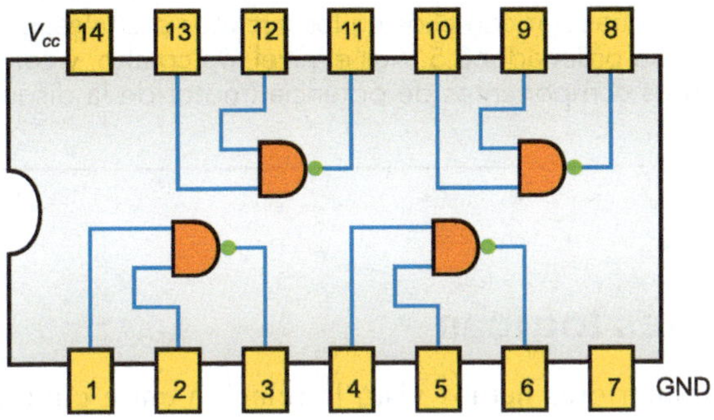


**Figura 5.10.** Puertas lógicas.

Las puertas están formadas por componentes electrónicos básicos (diodos, resistencia y transistores). Se materializan en bloques integrados formados por varias puertas del mismo tipo, como el de la Figura 5.10 (SN74LS00), donde vemos las entradas y salidas de cada puerta, así como los terminales de alimentación del circuito $V_{cc}$ y masa (GND).

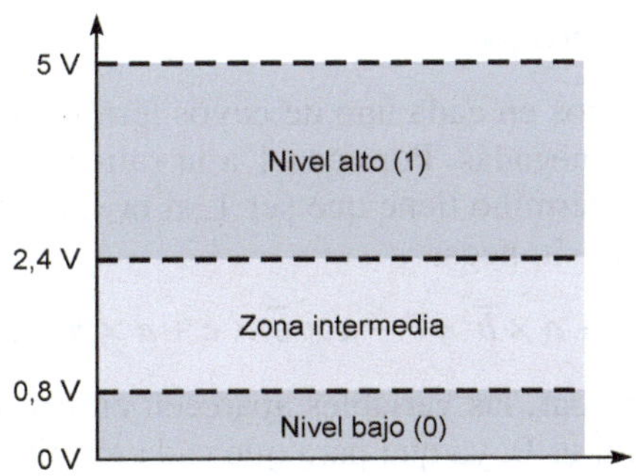


**Figura 5.11.** Niveles lógicos.

Además del tipo de puertas y de la correspondencia de cada una de sus patillas o pines, en los catálogos encontraremos, entre otras, las siguientes características:

a) La tensión de alimentación, $V_{cc} = 4{,}5 \approx 5{,}5$ V (5 V nominal).

b) Tanto para las entradas como para las salidas los ceros y los unos lógicos se corresponden con valores de tensión aproximados, dentro de un margen, como se representa en la Figura 5.11.

c) *Fan-out* (abanico de salida). Consiste en el número máximo de entradas a otras puertas que se pueden conectar a la salida de una.

d) La intensidad máxima de salida de cualquier puerta, $I_{OH} = 0{,}4$ mA.

*A tener en cuenta...*

En todo circuito integrado no olvides conectar la alimentación del circuito. Por ejemplo, en el caso anterior:

- +5 V en el pin 14.
- –0 V en el pin 7.

Al ser muy pequeña la intensidad de salida, no podríamos accionar directamente un receptor desde una salida; tenemos que intercalar un circuito de amplificación con transistor.

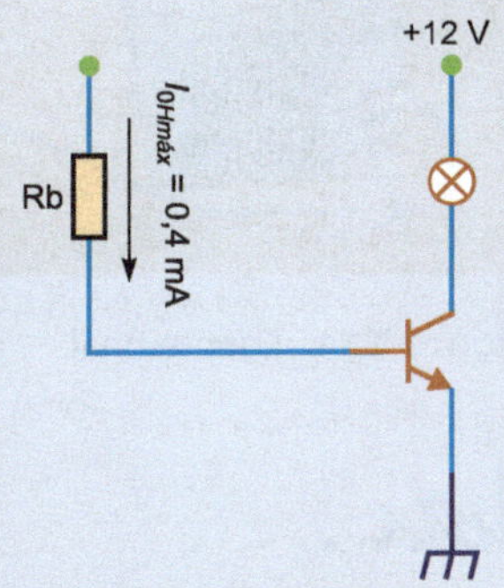


**Figura 5.12.** Etapa de potencia a la salida de un dispositivo digital.

*Nota...*

En el montaje con estas puertas o circuitos, el nivel bajo de entrada es masa y el alto corriente $V_{cc}$ o, simplemente, el cable al aire.

Si no disponemos de fuente de alimentación para obtener 5 voltios, podemos recurrir a un regulador 7805 (Apartado 4.3.2).

**Figura 5.13.** Fuente original.

**Figura 5.14.** Fuente final.

**Nota...**

Si entre los cables de salida de la fuente de alimentación no se aprecian los dos cables del interruptor de accionamiento, una vez montada la regleta, enchufamos la fuente de alimentación y comprobamos con el polímetro que solo hay tensión entre el cable de color negro y otro (normalmente verde); esos dos cables serán los del interruptor. Si los cortocircuitamos harán que funcione la fuente de alimentación y veremos como habrá tensión entre los distintos pares restantes.

ACTIVIDAD **Resuelta 5.7**

De un ordenador de desecho, extrae su fuente de alimentación y acondiciónala para usar en los próximos circuitos digitales a 5 V (Figuras 5.13 y 5.14.).

**Solución**

De todos los cables de salida de la fuente dejamos solo uno de cada color y los llevamos a una regleta, como se puede observar en la Figura 5.14. En el esquema pegado en una cara o con la fuente conectada y haciendo un barrido con el voltímetro entre el de color negro (que es masa) y los demás colores, vemos entre cuáles hay una tensión de 3,5, 5 y 12 voltios. Entonces, sacamos dos cables: el negro y el correspondiente a 5 voltios para trabajar con ellos en los circuitos digitales, o el de 12 V, según los necesitemos. En un ordenador 3,5 V es el nivel lógico alto, y con 5 o 12 voltios se alimentan los distintos componentes de potencia (motor de la disquetera, ventilador, monitor, etcétera).

## 5.1.5. Funciones lógicas

En los apartados anteriores hemos visto la relación entre circuitos, funciones lógicas y tablas de la verdad. Y cómo a partir de un circuito concreto obtenemos su función lógica y su tabla de la verdad; o a partir de una función lógica, su circuito y tabla de la verdad correspondiente.

| *a b c* | *S* |
|---|---|
| 0 0 0 | 0 |
| 0 0 1 | 0 |
| 0 1 0 | 0 |
| 0 1 1 | 1 |
| 1 0 0 | 1 |
| 1 0 1 | 1 |
| 1 1 0 | 1 |
| 1 1 1 | 1 |

El problema que normalmente se plantea en la realidad es el contrario: partiendo de una tabla de la verdad, deducir su función lógica para después desarrollar el circuito.

Dada una tabla de la verdad, podemos obtener la función lógica en sus dos modalidades de **forma canónica** como sigue:

### Primera forma canónica

Es una suma de productos en cada uno de cuyos términos aparecen todas las variables de entrada, directas o negadas. Por cada 1 a la salida en la tabla de la verdad habrá un término. Como ese término tiene que ser 1, si la variable de esa combinación es 0 será negada y si es 1 será sin negar.

$$S = \bar{a} \times b \times c + a \times \bar{b} \times \bar{c} + a \times \bar{b} \times c + a \times b \times \bar{c} + a \times b \times c$$

Como se puede comprobar, las variables aparecen en los distintos términos de forma negada cuando su valor es 0, ya que para que cada término sea 1 el producto de todos sus factores debe ser también 1.

### Segunda forma canónica

Es un producto de sumas en cada uno de cuyos términos aparecen todas las variables de entrada, directas o negadas. Por cada 0 a la salida en la tabla de la verdad habrá un término. Como ese término tiene que ser 0, si la variable de esa combinación es 0 será sin negar y si es 1 será negada.

$$S = (a + b + c) \times (a + b + \bar{c}) \times (a + \bar{b} + c)$$

En este caso, las variables aparecen en los distintos términos de forma negada cuando su valor es 1; para que cada término sea 0, la suma de todos los sumandos debe ser también 0.

A la hora de decidirnos por una forma canónica u otra resulta indiferente. Para simplificar, si tiene menos unos que ceros a la salida elegiremos la primera forma canónica; o al revés, menos ceros que unos, la segunda forma canónica.

## ACTIVIDAD **Resuelta 5.8**

Dada la siguiente tabla de la verdad, obtén su primera y segunda formas canónicas:

| a | b | c | S |
|---|---|---|---|
| 0 | 0 | 0 | 0 |
| 0 | 0 | 1 | 1 |
| 0 | 1 | 0 | 1 |
| 0 | 1 | 1 | 0 |
| 1 | 0 | 0 | 0 |
| 1 | 0 | 1 | 1 |
| 1 | 1 | 0 | 0 |
| 1 | 1 | 1 | 1 |

**Solución**

a) **Primera forma canónica:** se trata de una suma de productos, con tantos términos como unos hay a la salida (4 en este caso); en cada término estarán todas las variables (***a, b, c***).

$$S = a \times b \times c + a \times b \times c + a \times b \times c + a \times b \times c$$

Para que cada término tenga el valor 1, sus variables, que en la tabla de la verdad sean ceros, estarán de forma negada, quedando la función final de la siguiente manera:

$$S = \bar{a} \times \bar{b} \times c + \bar{a} \times b \times \bar{c} + a \times \bar{b} \times c + a \times b \times c$$

b) **Segunda forma canónica:** se trata de un producto de sumas, con tantos términos como ceros haya en la salida (4 en este caso); en cada término estarán todas las variables (***a, b, c***).

$$S = (a + b + c) \times (a + b + c) \times (a + b + c) \times (a + b + c)$$

Para que cada término tenga el valor 0, sus variables, que en la tabla de la verdad sean unos, estarán de forma negada, quedando la función final de esta manera:

$$S = (a + b + c) \times (a + \bar{b} + \bar{c}) \times (\bar{a} + b + c) \times (\bar{a} + \bar{b} + c)$$

Para cualquier función, tan válida es la primera como la segunda forma canónica. Nos decidiremos por la que tenga menos términos, es decir, menos ceros o unos en la salida.

**Nota...**

En la primera forma canónica los ceros de la tabla de la verdad son negados en su función lógica y los unos sin negar.

En la segunda forma canónica los ceros son sin negar y los unos negados.

## ACTIVIDAD **Propuesta 5.8**

Dadas las siguientes tablas de la verdad, obtén la primera y segunda formas canónicas de cada una de ellas:

a)

| a | b | c | S |
|---|---|---|---|
| 0 | 0 | 0 | 0 |
| 0 | 0 | 1 | 0 |
| 0 | 1 | 0 | 0 |
| 0 | 1 | 1 | 1 |
| 1 | 0 | 0 | 1 |
| 1 | 0 | 1 | 0 |
| 1 | 1 | 0 | 0 |
| 1 | 1 | 1 | 1 |

b)

| a | b | c | S |
|---|---|---|---|
| 0 | 0 | 0 | 1 |
| 0 | 0 | 1 | 1 |
| 0 | 1 | 0 | 1 |
| 0 | 1 | 1 | 0 |
| 1 | 0 | 0 | 0 |
| 1 | 0 | 1 | 0 |
| 1 | 1 | 0 | 0 |
| 1 | 1 | 1 | 1 |

c)

| a | b | c | S |
|---|---|---|---|
| 0 | 0 | 0 | 1 |
| 0 | 0 | 1 | 1 |
| 0 | 1 | 0 | 1 |
| 0 | 1 | 1 | 1 |
| 1 | 0 | 0 | 1 |
| 1 | 0 | 1 | 1 |
| 1 | 1 | 0 | 0 |
| 1 | 1 | 1 | 0 |

d)

| a | b | c | S |
|---|---|---|---|
| 0 | 0 | 0 | 0 |
| 0 | 0 | 1 | 0 |
| 0 | 1 | 0 | 0 |
| 0 | 1 | 1 | 0 |
| 1 | 0 | 0 | 0 |
| 1 | 0 | 1 | 1 |
| 1 | 1 | 0 | 1 |
| 1 | 1 | 1 | 1 |

Aplicando todo lo visto hasta ahora nos encontramos en condiciones de diseñar un circuito digital, para lo cual necesitaremos seguir estos pasos:

1. Representar la tabla de la verdad, asignando a la variable o variables de salida los valores deseados para cada combinación de las variables de entrada.
2. Obtener la función lógica.
3. Construir el circuito.

## ACTIVIDAD **Resuelta 5.9**

Diseña un circuito con tres pulsadores (*a*, *b* y *c*) y una lámpara que funcione de forma que esta se encienda cuando se pulsen los tres a la vez o solo uno de ellos. Móntalo en Crocodile o Tinkercad y comprueba que funciona.

**Solución**

Según la lógica de funcionamiento, deducimos la tabla de la verdad:

| *a* | *b* | *c* | *S* |
|---|---|---|---|
| 0 | 0 | 0 | 0 |
| 0 | 0 | 1 | 1 |
| 0 | 1 | 0 | 1 |
| 0 | 1 | 1 | 0 |
| 1 | 0 | 0 | 1 |
| 1 | 0 | 1 | 0 |
| 1 | 1 | 0 | 0 |
| 1 | 1 | 1 | 1 |

Su función, en primera forma canónica, será:

$$S = \bar{a} \times \bar{b} \times c + \bar{a} \times b \times \bar{c} + a \times \bar{b} \times \bar{c} + a \times b \times c$$

Y el circuito:

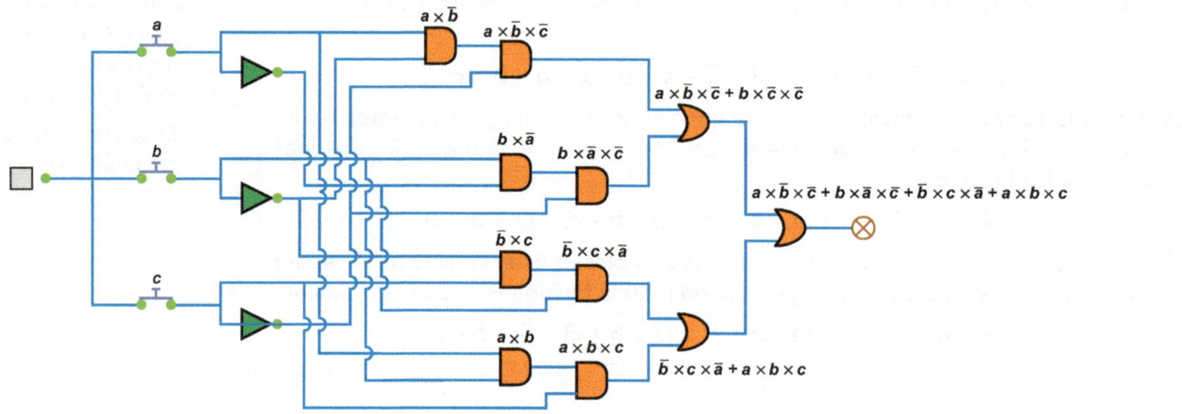


Figura 5.15.

**Nota:** tanto la primera como la segunda forma canónica nos valen, nos decidiremos siempre por la que tenga menos términos (ceros o unos). Si, aun así siguen siendo expresiones extensas, se pueden simplificar normalmente para transformarse en un circuito con el menor número de elementos posible. Aunque exista esta posibilidad, no la trataremos por encontrarse fuera de los objetivos de este libro.

## ACTIVIDAD **Propuesta 5.9**

Diseña un circuito que esté constituido por tres pulsadores (*a*, *b* y *c*) y dos lámparas ($L_1$ y $L_2$) y que cumpla las siguientes condiciones de funcionamiento:

- $L_1$ se encenderá si se presionan a la vez dos pulsadores cualesquiera.
- $L_2$ se encenderá si se presionan los tres pulsadores a la vez.
- Si se pulsa un solo pulsador, sea cual sea, se encenderán $L_1$ y $L_2$.
- Móntalo en Crocodile o Tinkercad y comprueba que funciona.

## ACTIVIDAD **Propuesta 5.10**

Una prensa se pone en marcha mediante la actuación simultánea de tres pulsadores: $P_1$, $P_2$ y $P_3$. Si se pulsan solamente dos cualesquiera, la prensa funcionará, pero se activará una lámpara indicando una manipulación incorrecta. Cuando se pulse un solo dispositivo, también se encenderá la lámpara, pero no se activará la prensa. Y si se pulsan los tres, la prensa funciona pero no se enciende la lámpara. Considerando todo lo expuesto, diseña el circuito de control correspondiente. Móntalo en Crocodile o Tinkercad y comprueba que funciona.

## 5.2. Dispositivos digitales básicos

Cualquier función lógica se puede desarrollar como una combinación de funciones lógicas elementales que se materializan con las distintas puertas, tal y como hemos estudiado. Sin embargo, hay funciones muy generalizadas para las que existen bloques integrados, disponibles en catálogos, cuyo empleo simplifica el montaje al no tener que construirlos con puertas simples como hasta ahora.

Los dispositivos digitales básicos más generalizados son: los codificadores, los decodificadores, los multiplexores, los demultiplexores, los contadores y los registros de desplazamiento. Todos estos circuitos vienen definidos en los catálogos por un dibujo donde se identifican los distintos terminales o pines, así como la tabla de la verdad donde se definen los terminales de entrada y salida y la relación que guardan entre ellos.

Para entender el funcionamiento de estos dispositivos digitales y desarrollar la capacidad de programar los realizaremos con puertas lógicas. Es el mismo proceso de diseño que hemos utilizado en el apartado anterior. Empezamos por definir sus tablas de la verdad, expresarlas en una de sus formas canónicas, hacemos los esquemas de los circuitos con puertas lógicas y finalmente los programaremos en un microcontrolador y los montaremos en un circuito real.

### 5.2.1. Codificadores

Los sistemas digitales (calculadoras, ordenadores, microprocesadores, procesador de señales, etc.) trabajan con niveles lógicos de ceros y unos, por su sencillez para procesar o almacenar información y tratar las operaciones aritméticas. La información se agrupa en una sucesión de 2, 4, 8, 16, 32 o 64 ceros y unos o palabras.

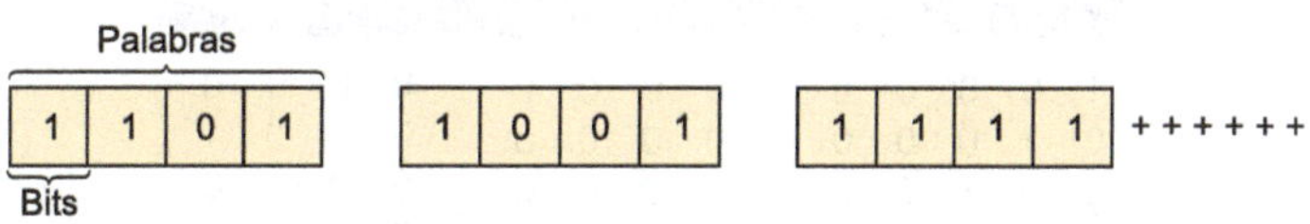


**Figura 5.16.** Ramas o palabras de 4 bits.

Para cada palabra de $n$ bits, según el número de ceros o unos y el orden que ocupan, tendremos $2^n$ combinaciones distintas.

Un codificador es un circuito lógico con un número de entradas = $2^N$, siendo $N$ el número de salidas (Figura 5.17). Su principal aplicación es la de pasar señales de entrada, sin orden aparente, a palabras binarias para posteriormente operar con ellas. Hay codificadores de ($2^n$ N.° entradas × $n$ N.° salidas): 4 × 2, 8 × 3, 16 × 4, etcétera.

En cada momento solo puede estar accionada una sola entrada que activa a una o varias salidas a la vez, como una sucesión de ceros y unos o palabras. Tanto los codificadores como los decodificadores, además de las entradas anteriores, disponen de otra entrada de habilitación (*enable*) $E_1$ de tal forma que para un valor codifica o decodifica y para el contrario no, poniendo todas las salidas a cero independientemente del valor de las entradas. Por ejemplo, para una calculadora, las entradas pueden ser las diez cifras decimales (del 0 al 9) que se corresponderán a la salida con los números binarios (del 0000 al 1001). Los signos operacionales (–, +, :, ×) y otros signos especiales se corresponderán con las restantes (del 1010 al 1111). Estos números entran en la unidad central de proceso (CPU) que realiza las operaciones matemáticas, entran los ceros y unos anteriores y de ahí sale el resultado, también en ceros y unos que serán decodificados a los números decimales correspondientes que son los que realmente entendemos.

**Sabías que...?**

Según la cantidad de información que gestione un ordenador, trabajará con conjuntos de datos o palabras de 8, 16, 32 o 64 bits. Por ejemplo, el microprocesador 8086 con 8 bits, el Pentium IV con 64, etcétera.

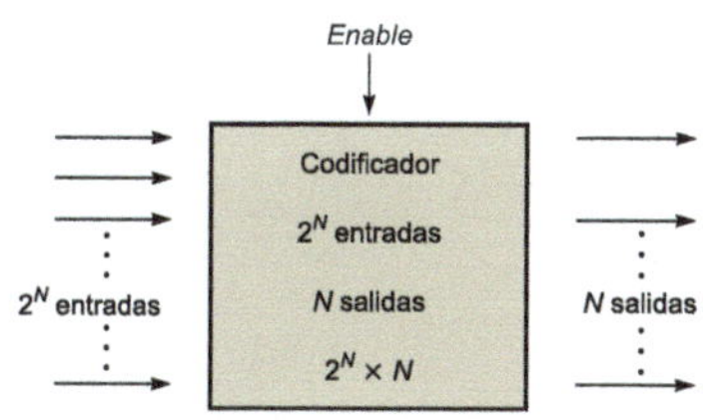


**Figura 5.17.** Codificador.

## ACTIVIDAD Resuelta 5.10

Diseña el codificador de una calculadora, de la que se solicita que, cuando se pulse cualquier número del teclado, llegue a la CPU el número correspondiente en binario. Móntalo en Crocodile o Tinkercad y comprueba que funciona.

**Solución**

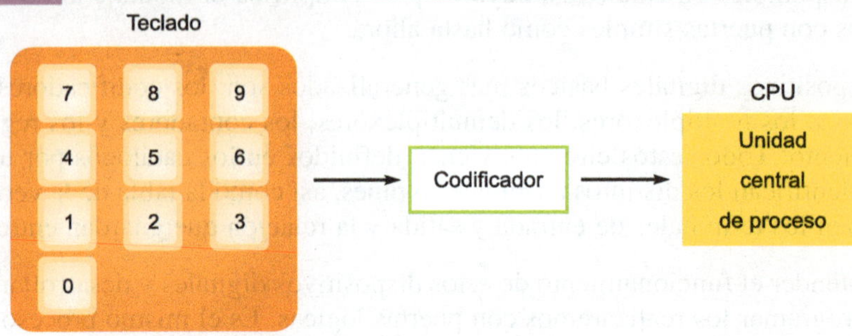


**Figura 5.18.** Diagrama de bloque de una calculadora.

Las 10 entradas son los números decimales del 0 al 9. Con tres salidas podemos representar hasta $2^3 = 8$ números y con 4, hasta $2^4 = 16$ números, por lo que debemos optar por las 4 salidas, y nos sobran 6 combinaciones.

Como vimos al margen de la página 128, los números en el sistema binario del 0 al 9 (con cuatro *bits*) son: 0000, 0001, 0010, 0011, 0100, 0101, 0110, 0111, 1000 y 1001. La tabla de la verdad correspondiente será:

| ENTRADAS | | | | | | | | | | SALIDAS | | | |
|---|---|---|---|---|---|---|---|---|---|---|---|---|---|
| 0 | 1 | 2 | 3 | 4 | 5 | 6 | 7 | 8 | 9 | *D* | *C* | *B* | *A* |
| 1 | 0 | 0 | 0 | 0 | 0 | 0 | 0 | 0 | 0 | 0 | 0 | 0 | 0 |
| 0 | 1 | 0 | 0 | 0 | 0 | 0 | 0 | 0 | 0 | 0 | 0 | 0 | 1 |
| 0 | 0 | 1 | 0 | 0 | 0 | 0 | 0 | 0 | 0 | 0 | 0 | 1 | 0 |
| 0 | 0 | 0 | 1 | 0 | 0 | 0 | 0 | 0 | 0 | 0 | 0 | 1 | 1 |
| 0 | 0 | 0 | 0 | 1 | 0 | 0 | 0 | 0 | 0 | 0 | 1 | 0 | 0 |
| 0 | 0 | 0 | 0 | 0 | 1 | 0 | 0 | 0 | 0 | 0 | 1 | 0 | 1 |
| 0 | 0 | 0 | 0 | 0 | 0 | 1 | 0 | 0 | 0 | 0 | 1 | 1 | 0 |
| 0 | 0 | 0 | 0 | 0 | 0 | 0 | 1 | 0 | 0 | 0 | 1 | 1 | 1 |
| 0 | 0 | 0 | 0 | 0 | 0 | 0 | 0 | 1 | 0 | 1 | 0 | 0 | 0 |
| 0 | 0 | 0 | 0 | 0 | 0 | 0 | 0 | 0 | 1 | 1 | 0 | 0 | 1 |

La función lógica resulta sencilla de deducir, puesto que en cada combinación solo se puede pulsar una tecla. En la primera forma canónica tenemos:

$$D = 8 + 9$$

$$C = 4 + 5 + 6 + 7$$

$$B = 2 + 3 + 6 + 7$$

$$A = 1 + 3 + 5 + 7 + 9$$

Y el circuito lógico será:

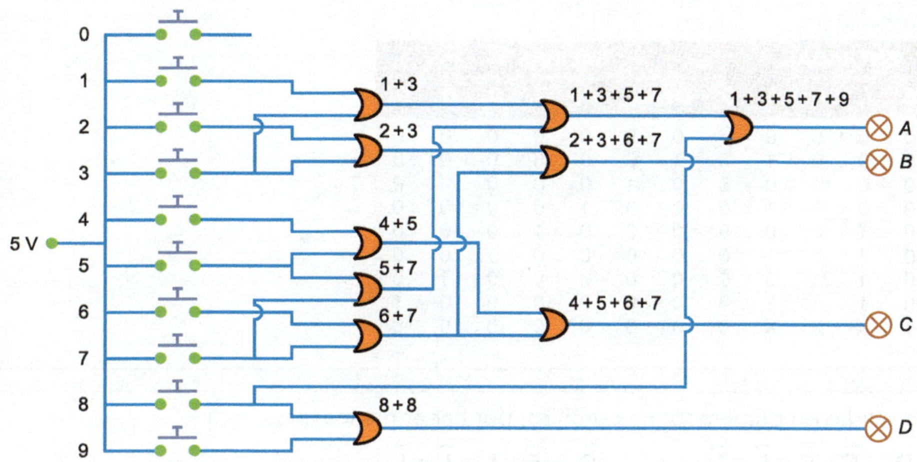


**Figura 5.19.**

ACTIVIDAD **Propuesta 5.11**

Desarrolla con puertas lógicas un codificador de 4 × 2 y otro de 8 × 3 sin habilitación.

## 5.2.2. Decodificador

Es un circuito lógico con un número de salidas $2^N$ (siendo $N$ el número de entradas).

Según el número de entradas y salidas hay decodificadores de 2 × 4, 3 × 8 y 4 × 16.

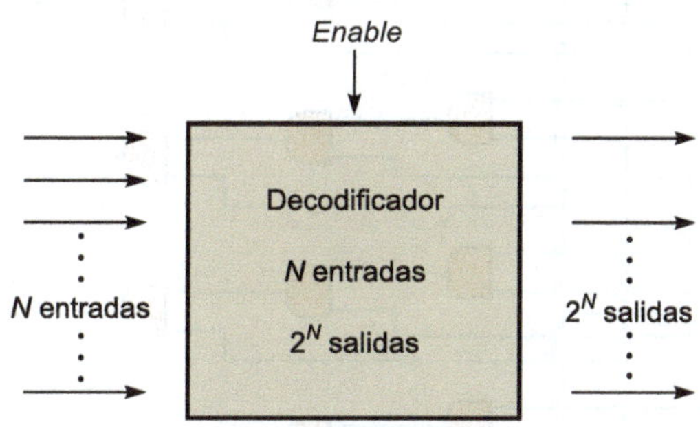


**Figura 5.20.** Decodificador.

Observa en la Actividad resuelta 5.11 cómo cuando la entrada de habilitación *(enable)* toma el valor 1 todas las salidas se ponen a 0, independientemente del valor de las entradas.

## ACTIVIDAD **Resuelta 5.11**

Desarrolla con puertas lógicas el decodificador de la siguiente tabla y móntalo en Crocodile o Tinkercad y comprueba que funciona.

| ENTRADAS | | | | SALIDAS | | | | | | | |
|---|---|---|---|---|---|---|---|---|---|---|---|
| $E$ | $I_2$ | $I_1$ | $I_0$ | $D_0$ | $D_1$ | $D_2$ | $D_3$ | $D_4$ | $D_5$ | $D_6$ | $D_7$ |
| 0 | 0 | 0 | 0 | 1 | 0 | 0 | 0 | 0 | 0 | 0 | 0 |
| 0 | 0 | 0 | 1 | 0 | 1 | 0 | 0 | 0 | 0 | 0 | 0 |
| 0 | 0 | 1 | 0 | 0 | 0 | 1 | 0 | 0 | 0 | 0 | 0 |
| 0 | 0 | 1 | 1 | 0 | 0 | 0 | 1 | 0 | 0 | 0 | 0 |
| 0 | 1 | 0 | 0 | 0 | 0 | 0 | 0 | 1 | 0 | 0 | 0 |
| 0 | 1 | 0 | 1 | 0 | 0 | 0 | 0 | 0 | 1 | 0 | 0 |
| 0 | 1 | 1 | 0 | 0 | 0 | 0 | 0 | 0 | 0 | 1 | 0 |
| 0 | 1 | 1 | 1 | 0 | 0 | 0 | 0 | 0 | 0 | 0 | 1 |
| 1 | X | X | X | 0 | 0 | 0 | 0 | 0 | 0 | 0 | 0 |

**Solución**

La función lógica de cada una de las salidas en primera forma canónica, por haber menos unos, será:

$$D_0 = \overline{E} \times \overline{I_2} \times \overline{I_1} \times \overline{I_0} \qquad D_4 = \overline{E} \times I_2 \times \overline{I_1} \times \overline{I_0}$$

$$D_1 = \overline{E} \times \overline{I_2} \times \overline{I_1} \times I_0 \qquad D_5 = \overline{E} \times I_2 \times \overline{I_1} \times I_0$$

$$D_2 = \overline{E} \times \overline{I_2} \times I_1 \times \overline{I_0} \qquad D_6 = \overline{E} \times I_2 \times I_1 \times \overline{I_0}$$

$$D_3 = \overline{E} \times \overline{I_2} \times I_1 \times I_0 \qquad D_7 = \overline{E} \times I_2 \times I_1 \times I_0$$

Y nos queda el siguiente circuito:

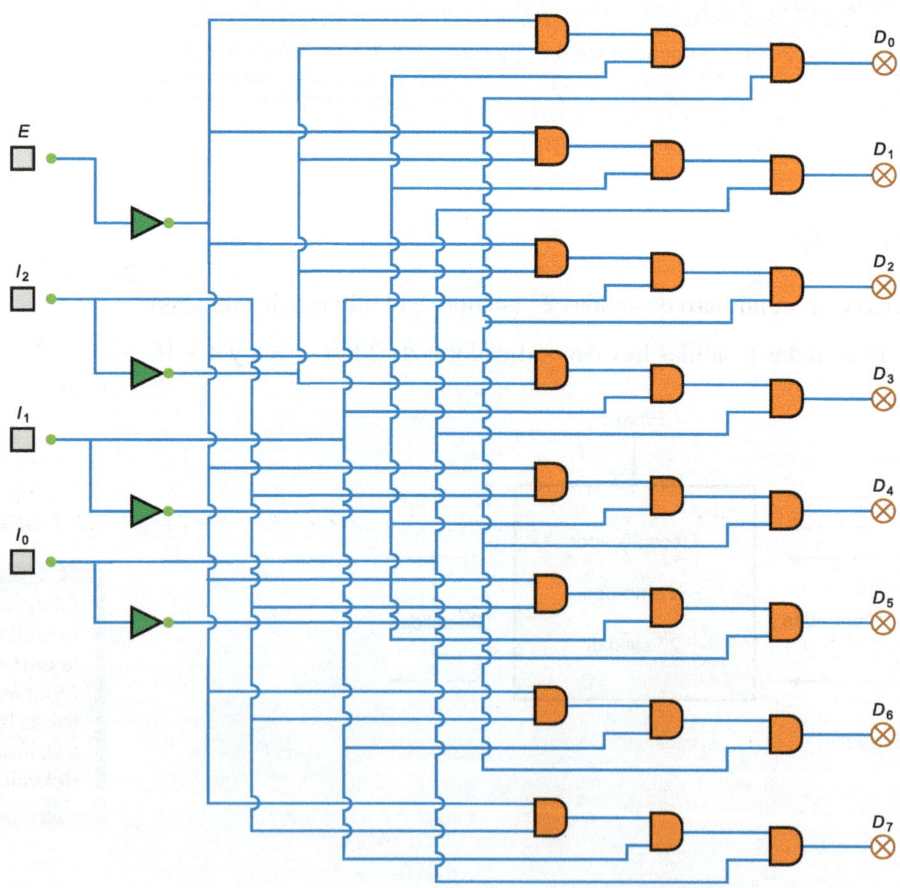


**Figura 5.21.**

## ACTIVIDAD **Resuelta 5.12**

Un decodificador de uso muy especial es el **BCD a 7 segmentos.** Se trata de un decodificador de 4 entradas (*A*, *B*, *C*, *D*), correspondientes al código binario y 7 salidas (*a*, *b*, *c*, *d*, *e*, *f*, *g*), correspondientes a cada uno de los leds del *display*. Teniendo en cuenta los segmentos que tienen que lucir en el *display* para cada número decimal, en un simulador electrónico, instala en tu ordenador un decodificador BCD a 7 segmentos.

**Solución**

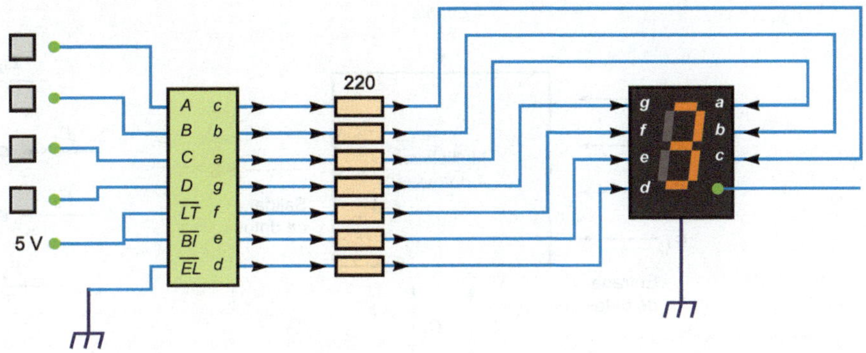


Figura 5.22.

Las entradas adicionales:

— $\overline{LT}$ es la entrada de prueba (*lamptest*), de manera que al llevarla a cero y estando *BI* a uno, todos los segmentos se encenderán.

**Nota:** para cada uno de los segmentos del *display* es necesario añadir una resistencia limitadora de corriente al tratarse de diodos (Actividades resuelta 4.9 y propuestas 4.26 y 4.27).

## ACTIVIDAD **Propuesta 5.12**

Desarrolla con puertas lógicas el decodificador 2 × 4. Móntalo en el simulador electrónico y comprueba que funciona.

## ACTIVIDAD **Propuesta 5.13**

En un simulador electrónico, monta:

a) Los circuitos de la Actividad propuesta 5.8 y comprueba que se corresponden con su tabla de la verdad.

b) El circuito de la Actividad resuelta 5.9 y comprueba que se corresponde su tabla de la verdad con la de la función *S*.

## ACTIVIDAD **Propuesta 5.14**

Haz la tabla de la verdad y monta con puertas lógicas (en un simulador electrónico) un circuito lógico que nos permita pasar directamente de un teclado decimal a un *display* de 7 segmentos. Móntalo en el simulador electrónico y comprueba que funciona.

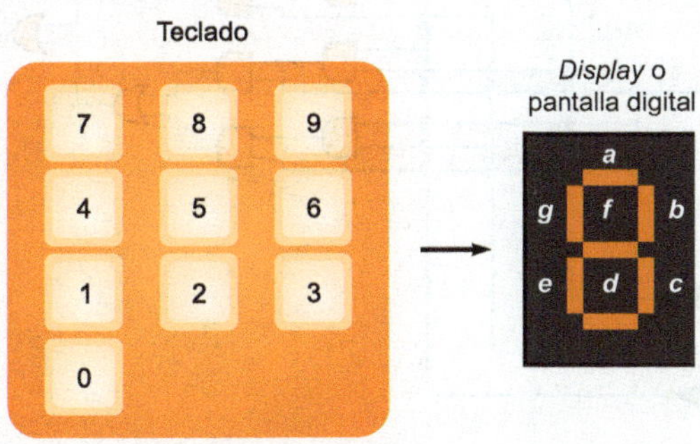


Figura 5.23.

### 5.2.3. Multiplexor

Es un circuito lógico cuya función es canalizar **$2^n$ señales de entrada** ($E_0$, $E_1$, ...) por **una única salida de información** ($S$), según combinemos ***n* señales de selección** ($C_0$, $C_1$, ...). En esencia funciona como si de un conmutador eléctrico se tratase, según se puede observar en la Figura 5.24.

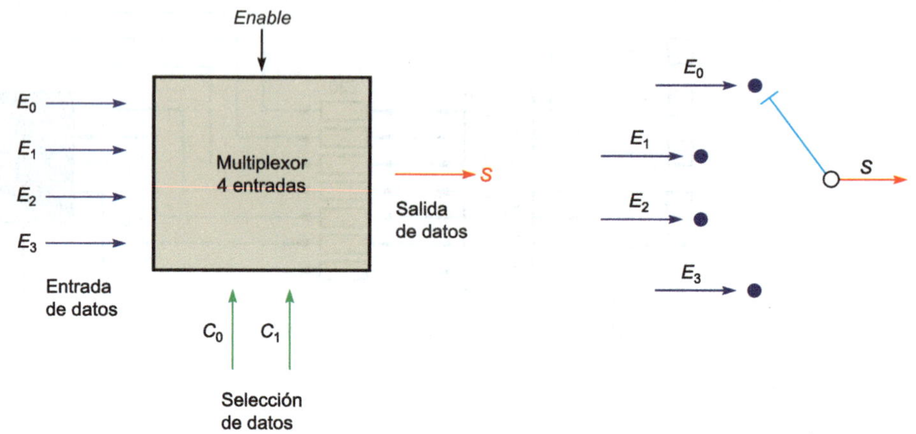


**Figura 5.24.** Multiplexor de 4 entradas.

Para cada combinación binaria de las ***n*** señales de selección ($C_0$, $C_1$, ...) conmutará una de las **$2^n$** entradas de datos ($E_0$, $E_1$, ...) con la salida.

ACTIVIDAD **Resuelta 5.13**

Diseña un multiplexor de 4 entradas. Móntalo en el simulador electrónico y comprueba que funciona.

**Solución**

La tabla será:

| Entradas de datos | | | | Entradas selección | | Salida |
|---|---|---|---|---|---|---|
| $E_0$ | $E_1$ | $E_2$ | $E_3$ | $C_1$ | $C_0$ | $S$ |
| 1 | 0 | 0 | 0 | 0 | 0 | 1 |
| 0 | 1 | 0 | 0 | 0 | 1 | 1 |
| 0 | 0 | 1 | 0 | 1 | 0 | 1 |
| 0 | 0 | 0 | 1 | 1 | 1 | 1 |

La función lógica resulta sencilla puesto que para cada selección de datos entra un solo dato de entrada, a los 3 restantes los descartamos.

La función lógica:

$$S = \overline{C}_1 \times \overline{C}_0 \times E_0 + \overline{C}_1 \times C_0 \times E_1 + C_1 \times \overline{C}_0 \times E_2 + C_1 \times C_0 \times E_3$$

Y el circuito en un simulador electrónico, nos queda:

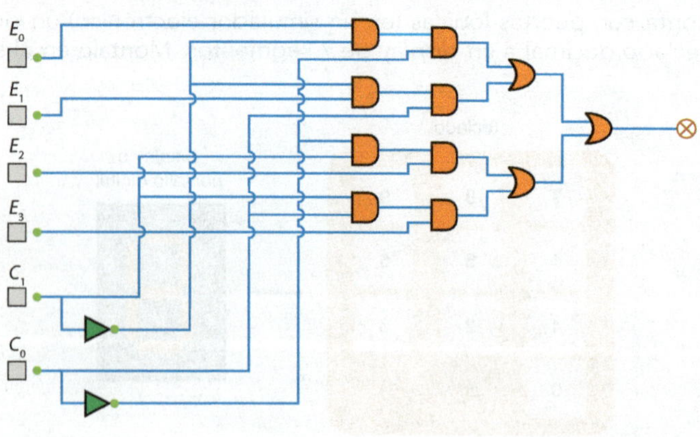


**Figura 5.25.**

## 5.2.4. Demultiplexor

El demultiplexor canaliza **una única entrada de información** ($E$) por **$2^n$ líneas de salida** ($S_0$, $S_1$, ...), según combinemos **$n$ señales de selección** ($C_0$, $C_1$, ...). Es lo contrario al multiplexor.

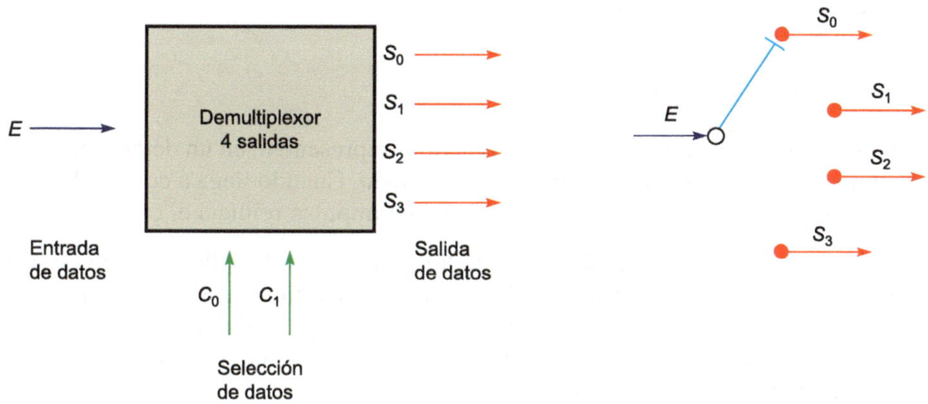


**Figura 5.26.** Demultiplexor de 4 salidas.

> ACTIVIDAD **Propuesta 5.15**
>
> Diseña un multiplexor de 2 entradas y otro de 8.

ACTIVIDAD **Resuelta 5.14**

Diseña un multiplexor de 4 salidas. Móntalo en el simulador electrónico y comprueba que funciona.

**Solución**

La tabla será:

| Entradas de datos | Entradas de selección | | Salida | | | |
|---|---|---|---|---|---|---|
| $E$ | $C_1$ | $C_0$ | $S_0$ | $S_1$ | $S_2$ | $S_3$ |
| 1 | 0 | 0 | 1 | 0 | 0 | 0 |
| 1 | 0 | 1 | 0 | 1 | 0 | 0 |
| 1 | 1 | 0 | 0 | 0 | 1 | 0 |
| 1 | 1 | 1 | 0 | 1 | 0 | 1 |

La función lógica de cada una de las salidas:

$S_0 = \overline{C}_1 \times \overline{C}_0 \times E$;  $S_1 = \overline{C}_1 \times C_0 \times E$;  $S_2 = C_1 \times \overline{C}_0 \times E$;  $S_3 = C_1 \times C_0 \times E$

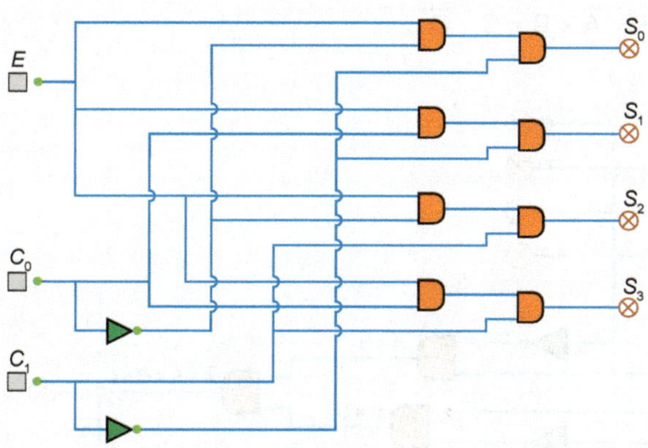


**Figura 5.27.**

El conjunto multiplexor-demultiplexor permite transmitir toda la información digital (conjuntos de ceros y unos) por una sola línea de datos a través de distintos medios materiales, tales como un cable conductor o de fibra óptica, lo que simplifica enormemente el conexionado de los distintos componentes digitales, como pueden ser: una red telefónica, ordenadores en red, internet, el multiplexado o CAN bus, cada vez más extendido en automoción, etcétera.

## 5.2.5. Contadores

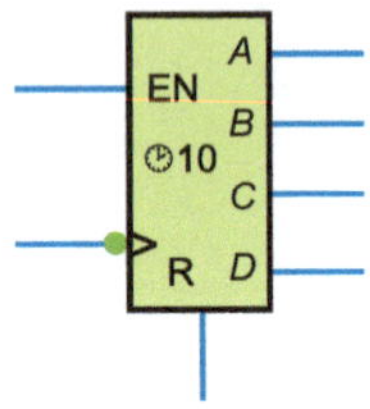

**Figura 5.28.** Contador.

Un contador es un circuito lógico cuyas salidas representan, en un determinado código, el número de impulsos que se aplican a la entrada. Cuando llega a contar al máximo de su capacidad, se pone a cero, y con el siguiente impulso reinicia el ciclo.

Así, por ejemplo, si se trata de un contador con código de salida binario de 4 bits, sus salidas pueden tomar los estados del 0000 al 1111 en binario. Si el contador está en la cuenta 1111 (15) y llega un nuevo impulso, su cuenta pasa al valor 0000 (0). Si queremos contar de 0000 (0) a 1001 (9), cuando está en la cuenta 1001 con un nuevo impulso se reinicializa y empieza la cuenta a 0000.

Distinguimos los siguientes pines:

- *A*, *B*, *C* y *D* son las salidas en código binario.
- **R** significa reiniciar (procede del término *reset*) y se ocupa de iniciar la cuenta cuando se activa.
- EN significa habilitación.
- ——•|> Pulso o señal de reloj.

Los contadores son muy utilizados en todas aquellas aplicaciones que tengan como señal un sensor generador de impulsos (tacómetros, cuentarrevoluciones, etc.). También suelen ir integrados dentro de los microcontroladores que gestionan multitud de tareas en la CPU o en un calculador para el tratamiento, conversión y transmisión de señales.

### ACTIVIDAD Resuelta 5.15

En el contador anterior, ¿cómo harías para que contara solo hasta, por ejemplo, 5 (0101). Móntalo en un simulador electrónico y comprueba que funciona.

**Solución**

Para ponerlo a cero (0000) en la siguiente señal de reloj, le damos un 1 a *reset* (después de 0101 cuando pase a 0110, $\overline{D}CB\overline{A}$):

$$R = \overline{A} \times B \times C \times \overline{D}$$

Y el circuito:

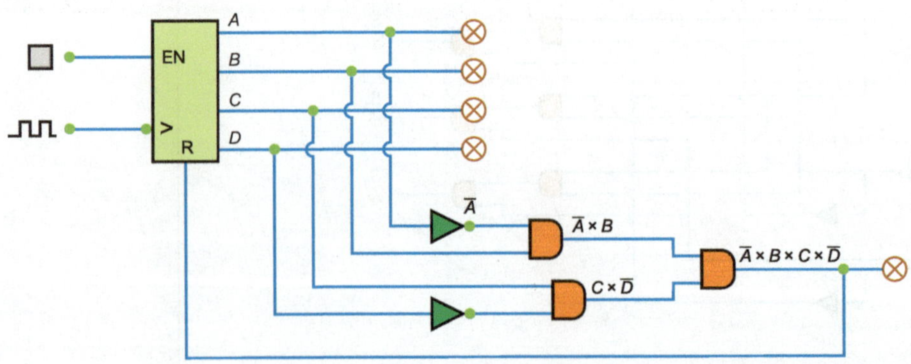

**Figura 5.29.**

ACTIVIDAD **Propuesta 5.16**

En un simulador electrónico, monta un contador con diez lámparas que se enciendan ordenadamente con los siguientes elementos:

a) Con un contador decádico decimal codificado binario (BCD) y un decodificador (4 líneas codificadas a 10 líneas).

b) Con un contador decádico con 10 señales codificadas.

ACTIVIDAD **Propuesta 5.17**

En el simulador monta también un contador donde se vean los números del 0 al 9 en un *display* de 7 segmentos.

## 5.2.6. Registro

El elemento básico de memoria se llama **biestable.** El biestable tipo *D* es un circuito capaz de retener un bit a la salida (0 o 1) aunque desaparezca la señal que lo originó. Como terminales o pines disponen, además de los de entrada y salida (*D* y *Q*), los de alimentación (corriente y masa) y los de puesta a cero (CLEAR) para borrar la información almacenada.

Cuando hay un impulso de reloj (CLOCK), la salida del biestable *Q* coincide con el valor de la señal de entrada *D*, es decir, la salida *Q* captura el valor presente en la entrada *D* y lo mantiene, aunque varíe el valor de la entrada, hasta que se produzca otro impulso de reloj que coge el nuevo valor de la entrada.

Un conjunto de biestables, que funcionan simultáneamente, interconectados para almacenar una palabra de *n* bits, constituye **un registro** de ***n*** bits. Según el número de bits capaces de almacenar, existen de cuatro u ocho bits.

La entrada o la salida de la información almacenada pueden ir en paralelo, con una línea de datos por bits, o en serie, con una única línea de datos, por lo que se envían uno detrás de otro.

Se pueden clasificar en los siguientes grupos:

- Entrada en serie, salida en serie (desfase).
- Entrada en paralelo, salida en paralelo.
- Entrada en serie, salida en paralelo (demultiplexado).
- Entrada en paralelo, salida en serie (multiplexado).

Se utilizan, además de para poder almacenar datos en las memorias, como registros o memorias temporales en los dispositivos o puertos de entrada/salida (E/S), donde se almacenan los datos a transmitir para ir mandándolos de forma sincronizada y ordenada, tanto si es transmisión en serie como en paralelo.

ACTIVIDAD **Resuelta 5.16**

En Crocodile monta el simulador electrónico de cuatro biestables tipo D 7475. Almacena una palabra de 4 bits y comprueba cómo se mantienen las salidas aunque varíes las entradas hasta el siguiente pulso de reloj, con el que se almacena la que esté en ese momento en la entrada y se borra la anterior.

**Solución**

En la figura se representa un registro de 4 bits con biestables tipo *D* con entrada y salida en paralelo. Cada biestable almacena un bit de datos independientemente, pero todos ellos comparten la misma línea de reloj.

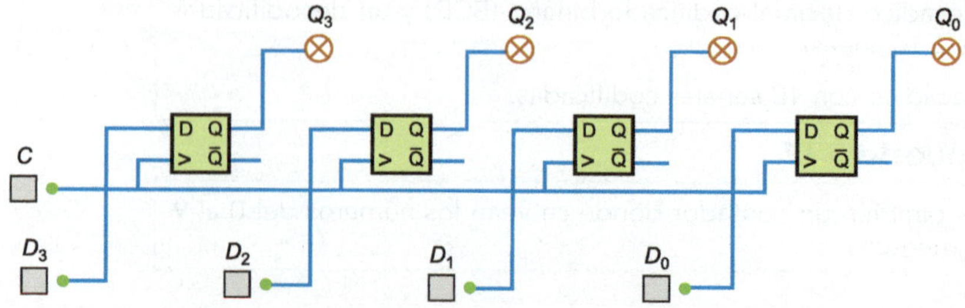


**Figura 5.30.**

Cuando hay un impulso de reloj, la salida del biestable coincide con el valor de la señal de entrada *D*, es decir, la salida Q captura el valor presente en la entrada *D* y lo mantiene hasta que se produzca otro impulso de reloj.

ACTIVIDAD **Resuelta 5.17**

Con los cuatro biestables de la Actividad resuelta 5.16, o en el simulador electrónico, monta un registro de 4 bits, con una entrada y una salida en serie y cuatro salidas en paralelo.

**Solución**

La información aplicada a la entrada va pasando cada señal de reloj de biestable a biestable. Hasta el cuarto impulso no aparece en la salida la señal aplicada en la entrada.

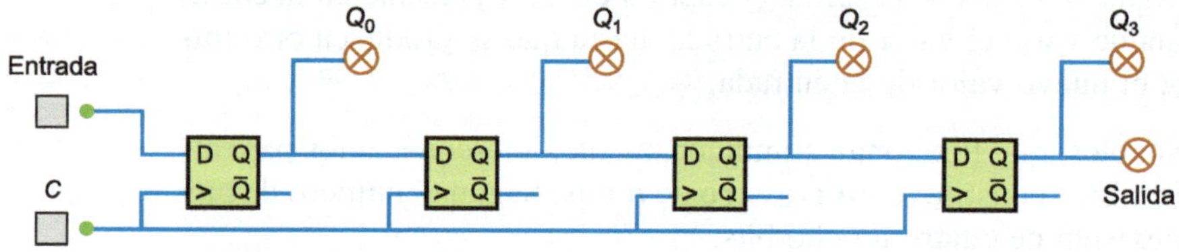


**Figura 5.31.**

## 5.3. Lógica programada

Hasta ahora hemos visto circuitos digitales formados por distintas puertas o dispositivos conectados entre sí, que responden a una aplicación concreta. Por el contrario, con un mismo circuito programable podemos conseguir distintas aplicaciones, permitiendo reducir el número de componentes, el coste del producto, aumentar la fiabilidad y versatilidad, con una simple programación.

La parte física de un dispositivo programable (componentes o dispositivos, cableado, conectores, etc.), recibe el nombre de ***hardware***. Pero, a diferencia de los no programables, requieren para su funcionamiento un programa o sucesión de instrucciones que se almacena en la memoria y que llamamos ***software***.

### 5.3.1. El *hardware*

El elemento básico de cualquier circuito programable es **el microcontrolador o el calculador** formado por **un microprocesador, una memoria, una unidad de entrada/**

**salida** y **los buses de conexión,** separados entre sí o integrados en una misma pastilla, cuyas funciones pasaremos a estudiar a continuación.

## Memoria

En la **memoria** se almacenan las series de instrucciones a ejecutar y los datos a tratar.

Sobre la memoria se pueden realizar dos tipos de operaciones. Se puede leer la información que tiene almacenada o bien se puede escribir nueva información para que quede almacenada en ella. A estas dos formas de acceder se las llama **modo de acceso.**

Según el modo de acceso permitido, la memoria se divide en dos grandes grupos:

- RAM: se puede acceder para leer y escribir.
- ROM: solo se puede acceder para la lectura de datos.

La información está almacenada en las celdas o posiciones de memoria y en cada celda hay una cantidad de bits que forman una palabra de 2, 4, 8, 16, 32..., bits. La capacidad viene determinada por el producto del número de celdas o posiciones de memoria por el número de bits de cada palabra.

Si llamamos $n$ al número de bits por cada posición o palabra y $m$ al número de posiciones, la cantidad total de bits $N$ será:

$$N = n \times m$$

Cada celda o posición de memoria viene direccionada por una combinación de ceros y unos. El número de posiciones de la memoria o celdas $m$ dependerá del número de terminales de dirección $n$, tal que $m = 2^n$.

Por ejemplo, una memoria con 16 posiciones o celdas requiere para su acceso 4 terminales de direcciones. **La cantidad de posiciones de las memorias de gran capacidad se mide en «kas»,** que equivale a 1024 posiciones, y para direccionar todas ellas se necesitan diez líneas o variables binarias, ya que:

$$2^{10} = 1024$$

Se ha elegido el valor de 1 kB = 1024 posiciones porque es la potencia de 2 que más se aproxima a 1000.

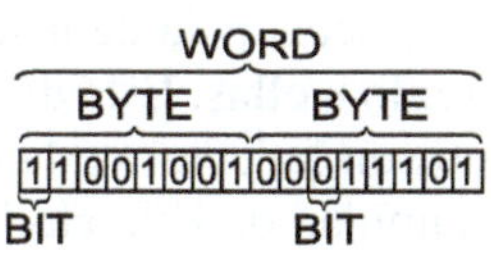


**Figura 5.32.** Relación entre conjuntos de bits.

Cada 8 bits forman un byte. Así, para convertir kilobits a kilobytes no hay más que dividir por 8. El **tamaño o almacenamiento de una memoria se da en bytes (kilobytes, megabytes, gigabytes o terabytes).**

Por ejemplo, con un tamaño de palabra de 16 bits y un número de celdas o palabras de 1024, la capacidad de esta memoria será:

$$\text{Capacidad} = 1024\ (\cancel{\text{celdas}}) \times 16 \left(\frac{\text{bits}}{\cancel{\text{celda}}}\right) = 16\,384\ (\text{bits}) \Rightarrow \frac{16\,384\ (\cancel{\text{bits}})}{8\left(\frac{\cancel{\text{bits}}}{\text{byte}}\right)} =$$

$$= 2048\ (\text{bytes}) = 2\ (\text{kilobytes})$$

Se trata de una memoria de 1 kB × 16 bits o 2 kilobytes.

**Sabías que...?**

A la agrupación de 8 bits se la denomina **byte.** A la agrupación de 1024 bytes se la denomina **kilobyte.** A una agrupación de 1024 kilobytes se la denomina **megabyte** o mega. Y a una agrupación de 1024 megas se le denomina **gigabyte** o giga.

| | | |
|---|---|---|
| 1 byte | — | 8 bits |
| 1 kB | 1024 bytes | 8192 bits |
| 1 MB | 1024 kilobytes | 8 386 608 bits |
| 1 GB | 1024 megabytes | 207 286 592 bits |

**Sabías que...?**

Los ordenadores como sistemas digitales complejos funcionan de forma síncrona, a partir de las señales que genera la unidad de control para gobernar el resto de los elementos: unidad aritmético-lógica, memoria principal y circuitos de entrada/salida. Estas señales están sincronizadas con la señal de reloj y los contadores que fijan los instantes de actualización de dichas señales. La frecuencia de esta señal de reloj, en MHz o GHz, define la velocidad de funcionamiento del microprocesador. Ejemplo: Pentium III a 900 MHz, Pentium IV a 1,7 GHz, etcétera.

### Modo de funcionamiento

En una memoria RAM hay dos tipos de operaciones:

- **Lectura:** consiste en sacar por los terminales de datos la información contenida en la posición de memoria o celda seleccionada de la siguiente forma:
  1. Seleccionar en binario, por los terminales de dirección ($A_0$–$A_n$), la dirección de la celda que se quiere leer.
  2. Indicar a la memoria la función de lectura, poniendo la patilla $R/W$ a nivel alto.
  3. Habilitar la memoria poniendo $CS$ a nivel bajo y en los terminales de entrada/salida de datos ($D_0$–$D_n$) aparecerá el dato correspondiente a la celda leída.
- **Escritura:** consiste en introducir por los terminales de datos una información que queremos grabar en una celda seleccionada de la siguiente forma:
  1. Seleccionar en binario, por los terminales de dirección ($A_0$–$A_n$), la dirección de la celda sobre la que se quiere escribir o grabar.
  2. Indicar a la memoria la función de escritura, poniendo la patilla $R/W$ a nivel bajo.
  3. Habilitar la memoria, poniendo $CS$ a nivel bajo y en la celda seleccionada se guardará la información contenida en los terminales de entrada/salida de datos ($D_0$–$D_n$).

ACTIVIDAD **Propuesta 5.18**

Si el microprocesador 8085 de Intel opera con una palabra de 8 bits y el bus de direcciones de la memoria RAM es de 16 líneas, ¿cuántas posiciones de memoria o kB es capaz de direccionar? ¿Qué capacidad de almacenamiento tiene?

## El microprocesador

Un microprocesador está compuesto por innumerables circuitos y componentes, tales como: diodos, transistores, decodificadores, puertas lógicas, osciladores, multiplexores, memorias, contadores, etc. Todo ello está integrado en una sola pastilla o chip.

Es el cerebro encargado de leer la secuencia de instrucciones (o programa), contenidas en la memoria y actuar con arreglo a ellas. Este dispositivo controla todas las operaciones que realiza el sistema, como son la lectura o la escritura en la memoria, la salida o la entrada de datos a través de la unidad de E/S, etc., además de efectuar las operaciones aritméticas y lógicas necesarias.

A pesar de que el tiempo para cada una de estas operaciones es muy corto, se sigue produciendo un retraso en cada una de estas operaciones, lo que limita al microprocesador para la realización de ciertas aplicaciones de funcionamiento en tiempo real. Esto obliga al empleo de microprocesadores cada vez más rápidos, para lo cual se tiende a aumentar la frecuencia de la señal de reloj y el número de bits por palabra; por lo que se ha pasado de 4 a 8 y, actualmente, a 16. Hoy día se han generalizado los microprocesadores de 32 bits para los automóviles.

La señal de reloj procede de un oscilador que suele ser un cristal de cuarzo que genera una onda cuadrada de una determinada frecuencia, cuando se alimenta por corriente eléctrica.

La frecuencia de esta señal de reloj, en MHz o GHz, define la velocidad de funcionamiento del microprocesador. Ejemplo: Pentium III a 900 MHz, Pentium IV a 1,7 GHz, etcétera.

## La unidad de entrada/salida (E/S)

Esta unidad se encarga, bajo control del microprocesador, de recoger las señales procedentes de los dispositivos externos, tales como los teclados, el ratón, los sensores, los mandos, etc., y de proporcionar señales o información a los elementos de salida, como pueden ser los señalizadores, los monitores, los actuadores, el grabador de CD, etcétera.

## Buses de conexión

Son los canales por donde fluye la información en forma de señales eléctricas. Los principales buses del sistema son tres:

- **El bus de direcciones:** el microprocesador emite una combinación binaria para seleccionar un registro de la memoria o de la unidad de E/S para escribir o leer algún dato en el registro seleccionado.
- **El bus de datos:** por este canal el microprocesador recibe el contenido de los registros seleccionados por el bus de direcciones o envía desde el microprocesador los datos que se desean almacenar en las memorias. También circulan por este canal los datos que emite o recibe la unidad de E/S.
- **El bus de control:** por este canal se transmiten las señales para la coordinación de todos los elementos del sistema: sincronización, órdenes de lectura/escritura, selección de memoria, de unidad (E/S), etcétera.

El entorno de desarrollo de Arduino es de código abierto y está disponible para plataformas Windows, Mac y Linux.

En la Figura 5.33 representamos el diagrama de bloques y las conexiones entre cada uno de los elementos que forman un microcontrolador.

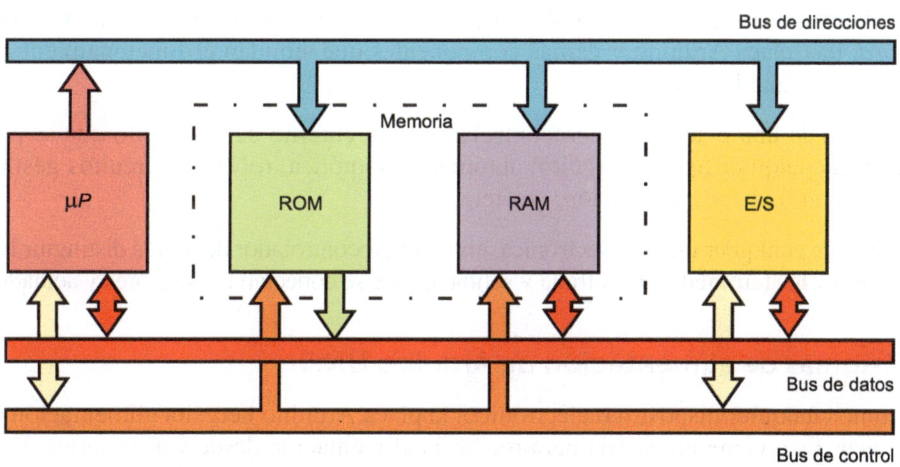


Figura 5.33. Estructura básica de un microcontrolador.

## 5.3.2. El *software* o programas

El *software* es el programa o instrucciones que se almacenan en los registros o posiciones de la memoria (en forma binaria) y que son leídas o interpretadas por el microcontrolador para que la operación se lleve a cabo.

Los microprocesadores solo interpretan las instrucciones, datos, direcciones de memoria o registros de E/S, como una sucesión de ceros y unos, conocido como **código máquina,** siendo este excesivamente complicado para programar.

Para facilitar el trabajo de programación y hacerlo más inteligible, se decidió reemplazar las sucesiones de ceros y unos por palabras o nemónicos (normalmente provenientes del inglés) y que forma el **lenguaje ensamblador.** Para ello se intercala entre el teclado y el microcontrolador un codificador llamado ensamblador que codifica o transforma las palabras en la sucesión de ceros y unos, que es el único lenguaje que el microprocesador puede entender.

Los equipos más complejos, denominados **sistemas de desarrollo,** son capaces de traducir a código máquina cualquier programa escrito en lenguajes **de alto nivel,** tales como Pascal, BASIC, C/C++, etc. Estos equipos facilitan enormemente la programación de un sistema digital.

## 5.3.3. Funcionamiento de un microcontrolador, Arduino UNO

Para abordar el estudio de un circuito programable vamos a analizar uno en concreto, Arduino UNO. Se trata de una de las placas programables más representativas en la actualidad, por su bajo coste y amplias posibilidades de aplicación.

En su página web se ofrece, de forma gratuita, un programa o entorno de desarrollo que nos permite la programación en lenguaje C++, documentación para su uso, tutoriales y muchas aplicaciones que aportan otros usuarios de forma colaborativa.

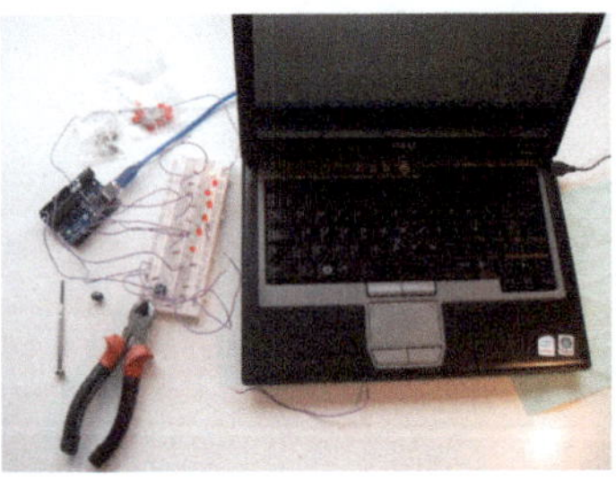

Figura 5.34. Banco de trabajo de Arduino.

Existen otros entornos más intuitivos basados en un lenguaje de programación por bloques donde cada comando es un bloque que se va ensamblando con otros para completar el programa. Cabe destacar mBlock, Tinkercad, etcétera.

Tinkercad es muy completo al disponer también de un simulador con una placa *protoboard,* una placa Arduino y demás componentes que simulan el funcionamiento real del programa que hagamos.

Se trata de una placa, un microcontrolador y un entorno de desarrollo que se puede montar en cualquier tipo de circuito: autómatas, domótica, robótica, circuitos gestionados por centralitas en automoción, etcétera.

Como en cualquier unidad electrónica, en un microcontrolador debemos distinguir la alimentación y los terminales de entrada y salida, donde se conectan los sensores y actuadores.

### Sistemas de alimentación de Arduino UNO

Como cualquier dispositivo electrónico, la placa Arduino necesita alimentación para funcionar. Esta viene preparada para recibir la alimentación desde varias partes. Por un lado, es posible alimentarla mediante la **conexión por USB** que le proporciona a la placa una tensión de 5 V (que es la tensión de trabajo de Arduino).

También se puede alimentar (externa a la conexión del ordenador) mediante una **conexión tipo *jack,*** que recomienda su entrada entre 7 a 12 V (aunque soporta de 6 a 20 V) o incluso una pila de 9 V. Esta tensión será rebajada posteriormente mediante el circuito regulador de tensión o voltaje que viene incorporado dentro de la placa a los 5 V.

Por otro lado, de cara a alimentar en lugar de ser alimentada, a distintos dispositivos que consuman intensidad (motores, relés, electroválvulas, etc.), la placa dispone de unos pines desde donde se extrae la tensión para los circuitos con los que trabaje. Para ello, se dispone del **pin 3,3 V,** que proporciona esta misma tensión de 3,3 V, con una intensidad máxima de 50 mA. El **pin 5 V** proporciona esta tensión con una intensidad máxima de 300 mA. **GND** (*ground*) es la masa o nivel de 0 V y, finalmente, **Vin** ofrece el mismo voltaje que entra por el conector de alimentación. Es decir, si se alimenta con una pila de 9 V, también se obtiene en este pin un voltaje de 9 V.

Figura 5.35. Vista detallada de una placa Arduino.

**Nota...**

El adaptador que se utilice para conectar el *jack* ha de ser un conector con polaridad, con el positivo en el centro. La parte externa del adaptador ha de ser el borne negativo y el hueco interior del cilindro ha de ser el borne positivo.

## Entradas y salidas de la placa Arduino

Las entradas y salidas nos permiten conectar los diferentes dispositivos externos (mandos, sensores y actuadores) que se interrelacionan entre sí.

Comenzando con **las entradas y salidas digitales,** Arduino UNO dispone de 12 pines (si descartamos el 0 y el 1). Cada uno de ellos se puede utilizar como una entrada o salida. Estos pines digitales funcionan a 5 V y proporcionan o pueden recibir un máximo de 40 mA (aunque si se conectan varios, solo podrá suministrar 100 mA entre los pines 0 y 4 y otros 100 mA entre el resto, del 5 al 13).

Estos pines, además de su función estándar, tienen otras funciones dentro de la placa, que se resumen a continuación:

- Los pines 0 (RX) y 1 (TX). Solo se utilizan como puertos para comunicarse entre sí distintas placas o accesorios.
- Los pines 3, 5, 6, 9, 10 y 11. También trabajan como **salidas analógicas simuladas,** PWM o RCO. Se trata de una onda cuadrada donde según predominen los unos o los ceros se acercan más a 5 o 0 voltios, con todos los estados intermedios entre ellos. Con esta señal se consigue con una única bombilla la doble función de luz de posición y de stop, regular la electroválvula de la EGR, del turbo, etc. (Apartado 3.2).
- El pin 13 dispone de una resistencia interna, de tal manera que de conectar un diodo directamente a él, sin resistencia en serie, funciona perfectamente.

Por otro lado, se dispone de 6 pines de **entradas analógicas,** etiquetadas desde la A0 a la A5. Como la placa trabaja solo con señales digitales, esta dispone de unos convertidores analógico-digitales.

Estos pines también pueden ser utilizados de la misma manera que se emplean los pines digitales citados anteriormente, y sumarían entre los 12 y los 6 un total de 18 pines digitales.

En esta exposición hemos hecho un resumen de las principales funciones de los distintos pines, quedando otras, como sus aplicaciones, para cursos más avanzados.

## Recuerda que...

El programa Tinkercad que podemos descargar de forma gratuita nos permite programar Arduino por bloques, y con ese mismo programa simularlo en una placa con los demás componentes: placa *protoboard*, diodos, cables, resistencias, etcétera.

## Programación de Arduino

La programación de Arduino se basa en el lenguaje C/C++ disponible en el entorno de desarrollo que nos facilita gratuitamente por internet. También dispone de un conjunto de ejemplos, en una librería, que podemos utilizar o combinar entre sí (cortando y pegando) para obtener aplicaciones propias. Al ser una programación textual tenemos que ir poniendo el texto o nemónimos de forma ordenada en distintos bloques y con los distintos signos. Esto hace que sea engorroso y requiera de unos conocimientos de programación que se escapan a los objetos de nuestro libro.

Como indicamos al principio de este apartado trabajaremos con programas de bloques, por ser más intuitivos y prácticos de utilizar. Concretamente con Tinkercad que incluye un simulador para verlo funcionar.

Seguidamente pasaremos a programar y montar distintos circuitos en Tinkercad, que posteriormente pasaremos a montar en una placa Arduino real.

**ACTIVIDAD Propuesta 5.19**

Explica en qué consisten los distintos lenguajes de programación. ¿Cómo se llaman? ¿Cómo se llaman los distintos codificadores que pasan de unos a otros?

## Circuito combinacional

Está formado por funciones lógicas elementales que tienen un número de entradas y otro de salidas, y los valores de las salidas dependen exclusivamente del estado que adopten las entradas. Se utiliza para comprobar si una determinada condición se cumple. Si es así, el programa ejecutará la acción que se indique, y en caso contrario no lo hará.

## Nota...

Existen distintas marcas de placas de *hardware* abierto, idénticas a Arduino, entre las que destacaremos Funduino por su precio más asequible, siendo exactamente iguales.

**ACTIVIDAD Resuelta 5.18**

Desde un interruptor conectado al pin 2 apagamos y encendemos un led conectado al pin 13. Montar el circuito y comprobar que funciona.

**Nota:** si conectamos un led estándar a otro pin que no sea el 13 (el integrado en este programa), se necesita una resistencia de 200 Ω en serie; el pin 13 la lleva incluida, los demás no. Todas las entradas digitales (pulsadores o interruptores) irán conectadas a masa con una resistencia de 10 KΩ.

**Solución**

Accedemos en Tinkercad, montamos el circuito y hacemos el programa por bloques como vemos en la Figura 5.36.

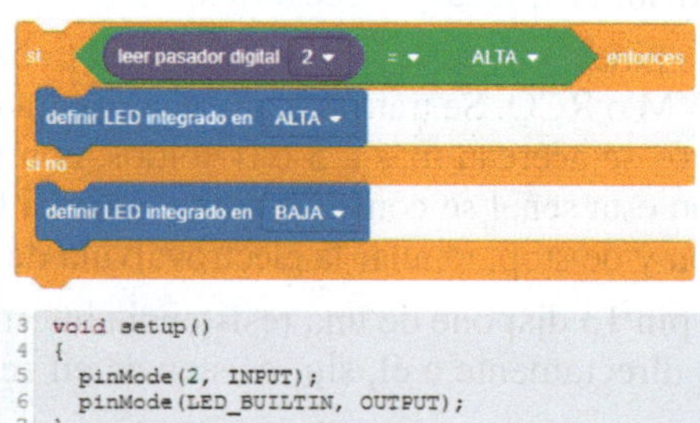


```
void setup()
{
  pinMode(2, INPUT);
  pinMode(LED_BUILTIN, OUTPUT);
}

void loop()
{
  if (digitalRead(2) == HIGH) {
    digitalWrite(LED_BUILTIN, HIGH);
  } else {
    digitalWrite(LED_BUILTIN, LOW);
  }
  delay(10); // Delay a little bit to improve simulati
}
```

**Figura 5.36.** Montaje del circuito en Tinkercad.

Una vez que hayamos montado el circuito en la placa *protoboard*, programado por bloques y viendo que funciona, pinchando en el bloque, le damos a la opción bloques más texto y vemos el programa en C++ que es con lo que trabaja Arduino. Lo copiamos y pegamos como nuevo programa en Arduino (Figura 5.37), y de ahí lo subimos a una placa Arduino real que tengamos conectada al ordenador por un puerto USB.

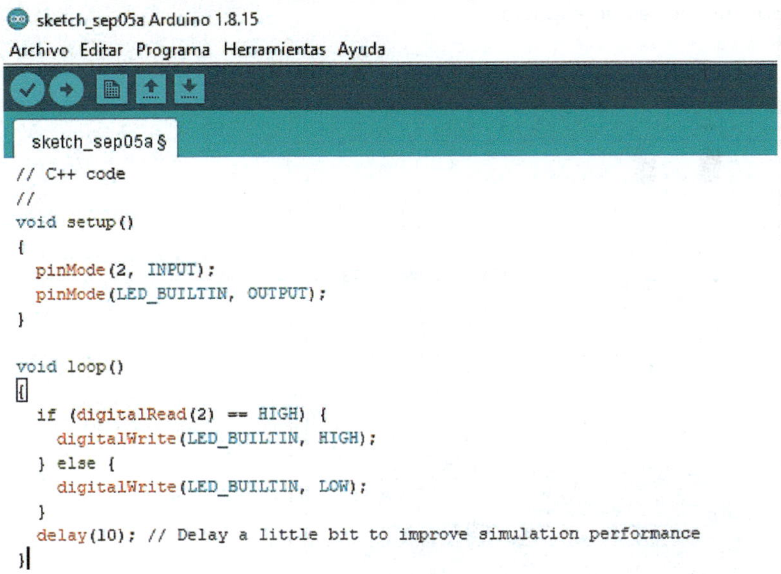


```
// C++ code
//
void setup()
{
  pinMode(2, INPUT);
  pinMode(LED_BUILTIN, OUTPUT);
}

void loop()
{
  if (digitalRead(2) == HIGH) {
    digitalWrite(LED_BUILTIN, HIGH);
  } else {
    digitalWrite(LED_BUILTIN, LOW);
  }
  delay(10); // Delay a little bit to improve simulation performance
}
```

Figura 5.37.

ACTIVIDAD **Propuesta 5.20**

Vamos a hacer que con el mismo interruptor se enciendan, además del diodo conectado al pin 13, otros dos diodos conectados a los pines 11 y 12 cuando el interruptor esté cerrado, y que cuando esté abierto se apaguen estos y se enciendan otros tres diodos conectados a los pines 8, 9 y 10.

ACTIVIDAD **Resuelta 5.19**

En el siguiente circuito vamos a hacer que el diodo 13 se encienda y apague desde el pulsador 2, el diodo 12 desde el pulsador 3, y el diodo 11 desde el pulsador 4. Todos independientemente.

**Solución**

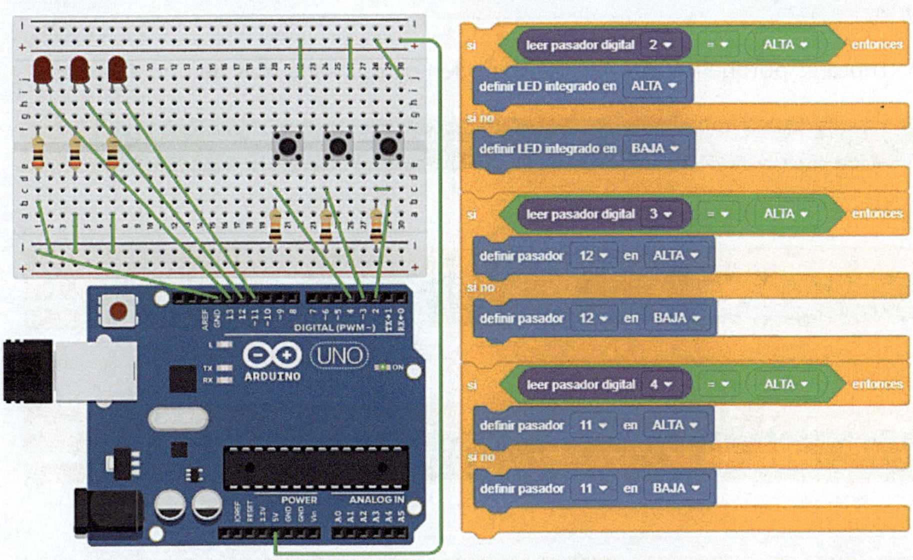


Figura 5.38.

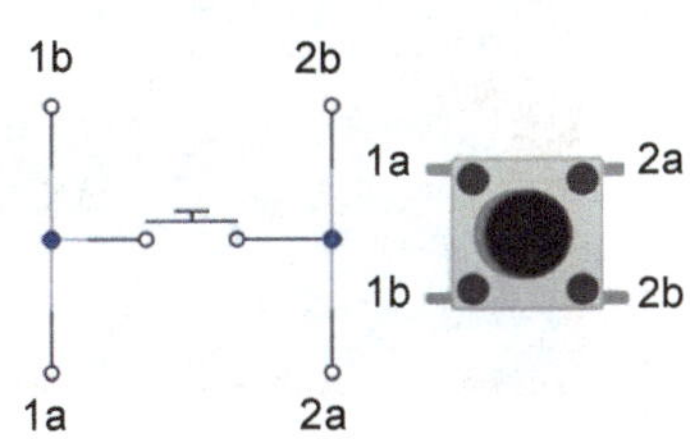


Figura 5.39. Pulsador de Tinkercad.

ACTIVIDAD **Resuelta 5.20**

En este ejemplo montaremos un circuito lógico, por ejemplo el de la Actividad propuesta 5.10. Se trata de un circuito combinacional de tres entradas ($P_1$, $P_2$ y $P_3$), y dos salidas (*P* y *L*).

**Solución**

Hacemos la tabla de la verdad y al haber dos salidas independientes tenemos que considerar las ocho opciones. En la Figura 5.41 solo vemos las tres primeras por cuestiones de espacio.

**Figura 5.40.** Montaje en Tinkercad.

En este circuito hemos utilizado interruptores porque los pulsadores no podemos pulsarlos más de uno a la vez.

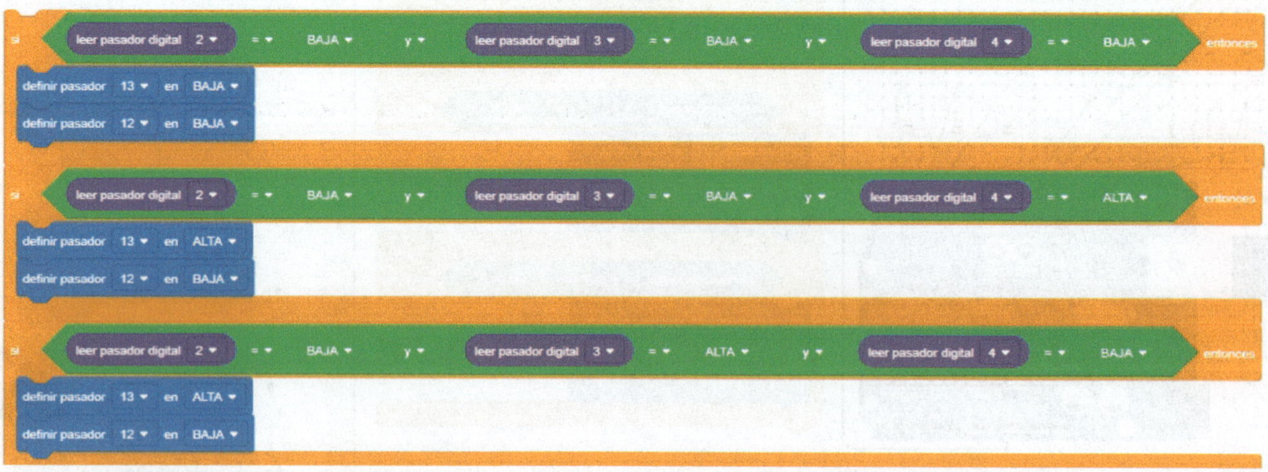


**Figura 5.41.** Programación por bloques del circuito combinacional anunciado.

## ACTIVIDAD **Resuelta 5.21**

Con tres interruptores distintos (pines 2, 3 y 4) queremos apagar o encender tres leds (10, 11 y 12) a la vez, de tal manera que pulsemos el que pulsemos si estaban apagados se van a encender y si estaban encendidos se van a apagar. Monta el circuito.

**Solución**

Cada vez que se accionen los interruptores cambiará uno solo de posición. De una combinación de las entradas a la siguiente solo cambiará una de las entradas. Si en una combinación la suma de los unos son pares en la siguiente pasarán a ser impares, y en la siguiente volverán a ser pares, y así sucesivamente. Si hacemos la tabla de la verdad con los pares que lucen y con los impares que no, por ejemplo, nos quedaría:

| 2 | 3 | 4 | *S* |
|---|---|---|---|
| 0 | 0 | 0 | 0 |
| 0 | 0 | 1 | 1 |
| 0 | 1 | 0 | 1 |
| 0 | 1 | 1 | 0 |
| 1 | 0 | 0 | 1 |
| 1 | 0 | 1 | 0 |
| 1 | 1 | 0 | 0 |
| 1 | 1 | 1 | 1 |

**Figura 5.42.** Montaje en Tinkercad.

Haremos la programación para las 8 combinaciones distintas, las dos primeras serían las siguientes.

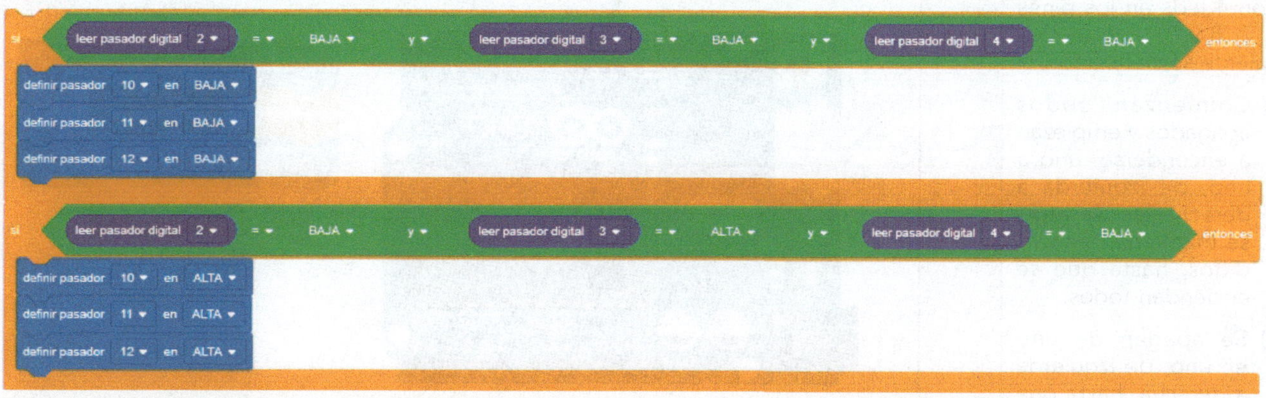


**Figura 5.43.** Programa por bloques.

ACTIVIDAD **Propuesta 5.21**

Monta en la placa Arduino los circuitos de las Actividades resueltas 5.4, 5.9, 5.10, 5.11 (sin la E de *enable*), 5.12, 5.13 y 5.14 y de las Actividades propuestas 5.10, 5.11, 5.12, 5.13, 5.15, 5.16 y 5.17.

ACTIVIDAD **Propuesta 5.22**

Monta el siguiente circuito: solo con el interruptor 1 queremos controlar los diodos 13 y 12 (cuando esté abierto el interruptor se enciende el diodo 13 y se apaga el 12, y cuando esté cerrado al revés). Con el interruptor 2 (cuando esté abierto se enciende el 10 y se apaga el 9, y cuando esté cerrado al revés). Lo mismo con el interruptor 3 y los diodos 8 y 7).

## Circuitos secuenciales

A diferencia de los circuitos combinacionales, en los secuenciales los valores de las salidas van cambiando. Consisten en una sucesión de estados que van cambiando de forma cíclica y repetitiva. Estos cambios de estados se producen de forma automática o temporizada, o por una señal pulsatoria que entre en alguno de los pines de entrada.

### Circuitos secuenciales temporizados

En estos circuitos los valores de las salidas van cambiando automáticamente en distintos intervalos de tiempo según lo hayamos programado.

ACTIVIDAD **Resuelta 5.22**

Haz que un diodo conectado al pin de salida 10 parpadee, se apague y encienda cada segundo. Monta el circuito y comprueba que funciona.

**Solución**

En mBlock o Tinkercad hacemos el programa por bloques como el de la siguiente figura:

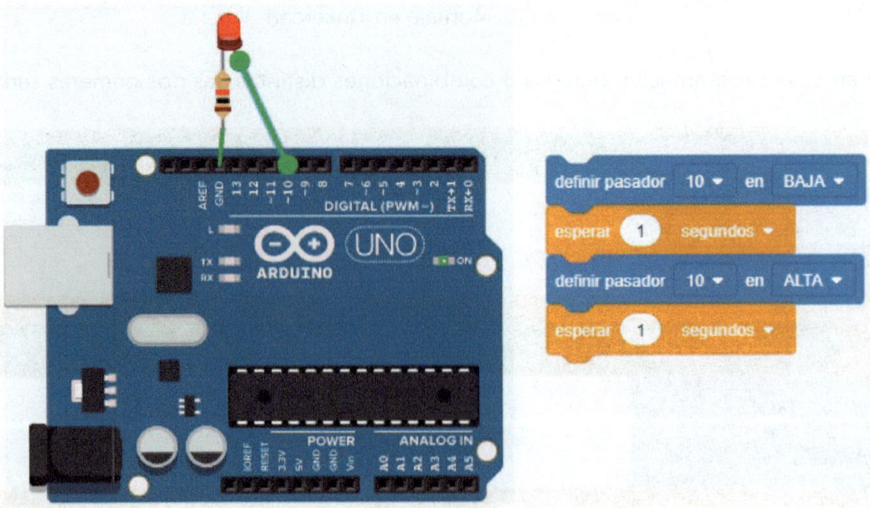


Figura 5.44.

ACTIVIDAD **Propuesta 5.23**

Con 4 leds en los pines 6, 7, 8 y 9, monta el siguiente secuenciador:

a) Comienzan todos apagados y empiezan a encenderse, uno a uno, de izquierda a derecha los de atrás se mantienen encendidos, hasta que se encienden todos.

b) Se apagan de uno en uno, de izquierda a derecha, hasta que se apagan todos.

c) Se inicia el ciclo.

## Circuitos secuenciales por pulso

En estos circuitos los valores de las salidas van cambiando cada pulso de entrada según una secuencia que se volverá a repetir sucesivamente. Son circuitos que guardan memoria; cada pulso va cambiando según los valores que tenían en el anterior pulso.

Para su programación en Arduino definimos una variable (con el nombre que queramos). Hacemos que esa variable vaya sumando una unidad cada pulso de entrada. Hasta que termine la secuencia que hace que vuelva a iniciarse otra secuencia.

### ACTIVIDAD **Resuelta 5.23**

En una placa Arduino instalamos un pulsador que va a la entrada del pin 2. Si pulso una vez se enciende el 11, si vuelvo a pulsar se apaga el 11 y se enciende el 12, si vuelvo a pulsar se apaga el 12 y se enciende el 11, y así sucesivamente.

**Solución**

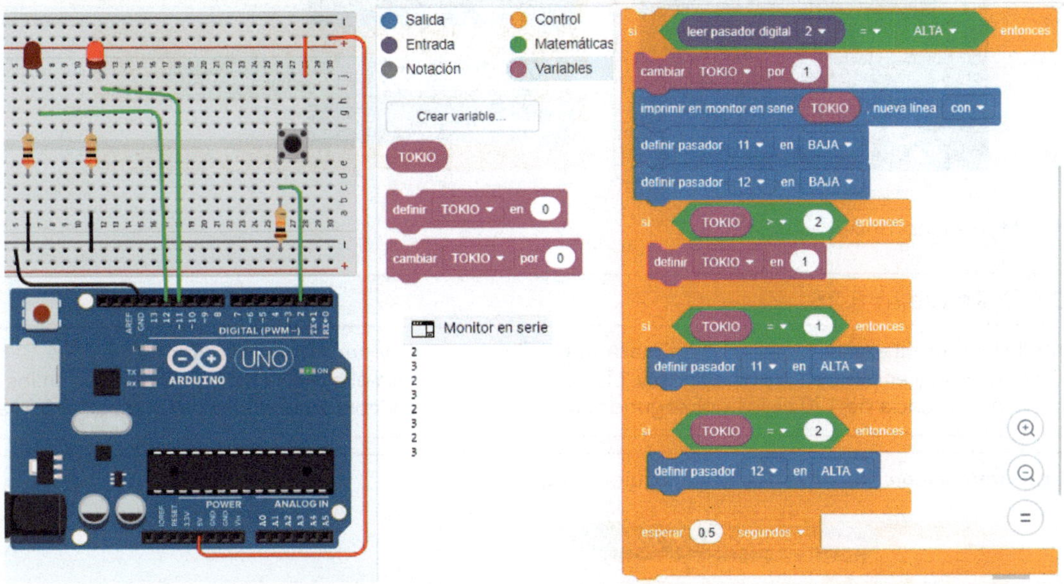


Figura 5.45.

Según pulsemos el pulsador 2 el contador cuya variable hemos creado (TOKIO) va sumando una unidad «cambiar TOKIO por 1». Para ver cómo va sumando hemos incluido la función «monitor en serie»; si lo desplegamos, podemos ver que los números van sumando.

Definimos todas la salidas en baja, para empezar todos los diodos apagados.

Como el ciclo tiene dos etapas, para que se repita siempre 1-2, 1-2... en las sumas decimos que cuando el contador sume más de dos (TOKIO > 2) vuelva a 1 (definir TOKIO en 1).

Para cada uno de los valores del contador definimos el estado de cada una de las salidas. Como el contador suma siempre que esté el pulsador pulsado, en cada pulso suma varias veces; para que sume una sola vez decimos que espere 0,5 segundos.

### ACTIVIDAD **Propuesta 5.24**

Montaje de un biestable. Cuando pulsemos un pulsador que va a la entrada 3 se encienden los leds 7 y 8. Cuando dejemos se pulsar se mantendrán encendidos hasta que pulsemos otra vez que se apagarán.

### ACTIVIDAD **Propuesta 5.25**

Haz el mismo circuito de la Actividad propuesta 5.23, pero en vez de ser la secuencia según el reloj que sea con una señal pulsatoria que entremos por el pin 2.

## ACTIVIDAD Resuelta 5.24

Haz el temporizador de la luz interior de un vehículo; cuando se abre una puerta se enciende la luz interior y cuando se cierra tarda un poco en apagarse. Cuando cerremos a masa el pin 2 se enciende el diodo 12, y cuando lo desconectemos se apagará el diodo 12 al cabo de 10 segundos. En este caso el pin 2 lo tenemos que conectar siempre a corriente a través de una resistencia de 10 kΩ.

**Solución**

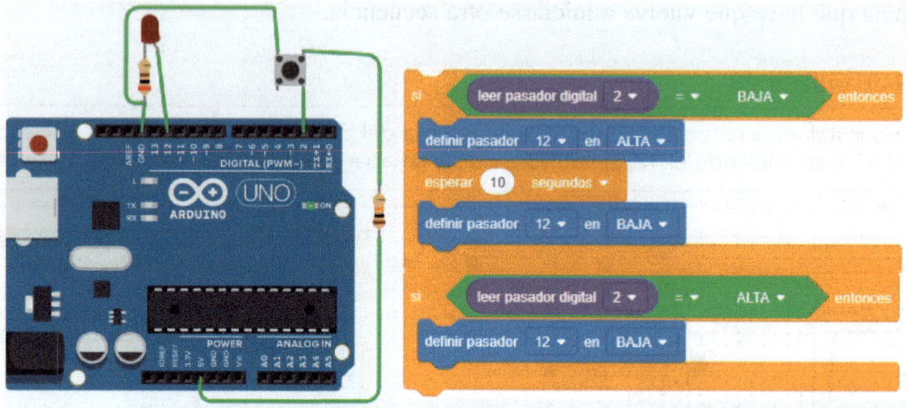


**Figura 5.46.** Montaje en Tinkercad.

## ACTIVIDAD Resuelta 5.25

Haz una central de intermitencias. Si cerramos a masa el pin 3 se apagan y encienden los diodos 12 y 13. Si cerramos a masa el pin 2 se apagan y encienden los diodos 10 y 11, y si cerramos a masa el pin 4 se apagan y encienden los cuatro a la vez. Pongamos una cadencia de 120 ciclos por segundo. Monta el circuito y comprueba que funciona con lámparas reales.

**Solución**

Hacemos la programación como aparece en la siguiente figura.

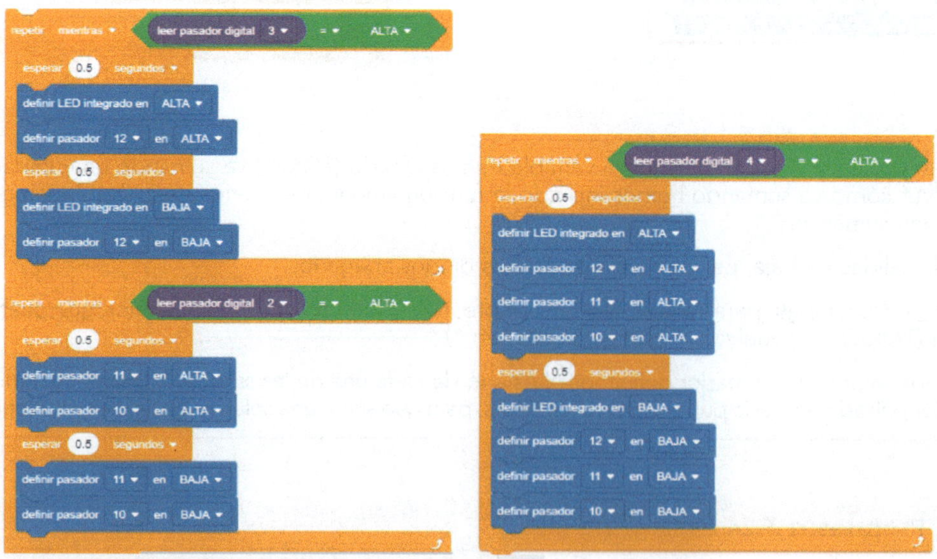


**Figura 5.47.** Programa por bloques.

**Nota:** sabemos que la salida de Arduino es de 5 voltios y una intensidad máxima de 40 mA. Para hacer funcionar lámparas normales (12 voltios y de más potencia), tenemos que intercalar transistores en cada salida (Figura 5.12).

**Nota:** hacer que los transistores trabajen con una ganancia pequeña, una resistencia en la base no muy grande.

ACTIVIDAD **Propuesta 5.26**

Realiza un circuito secuencial de manera que controle el encendido de ocho leds cuya secuencia sea la siguiente: comienzan todos apagados y empiezan a encenderse uno a uno, de izquierda a derecha, los posteriores se van apagando, hasta que lleguen al final, y se vuelve a repetir el ciclo.

ACTIVIDAD **Propuesta 5.27**

Realiza un circuito secuencial de manera que controle el encendido de ocho leds, cuya secuencia de salida sea: 0101010101010101010101...

ACTIVIDAD **Propuesta 5.28**

Monta en la placa Arduino los circuitos de la Actividad resuelta 5.15.

## Entradas y salidas analógicas

El mundo real está compuesto de señales analógicas (valor de la temperatura, de la presión, r. p. m., caudal, etc.). Por otro lado, en los sistemas de computación y procesamiento (las centralitas) trabajan solamente con información digital (0 y 1).

En la placa Arduino disponemos de 6 entradas analógicas, etiquetadas de A0 a A5. La placa dispone de un convertidor analógico-digital con una resolución de 10 bits, distinguiendo hasta un total de 1024 valores distintos; por tanto, la resolución es de 4,9 mV (es decir, 5V/1024).

El convertidor analógico-digital convierte cada salto de 4,9 mV en una trama de 10 ceros o unos, porque la máquina solo trabaja con ceros o unos.

Como salidas analógicas dispone de los pines 3, 5, 6, 9, 10 y 11 identificados por una raya antes del número, con una resolución de 8 bits, distinguiendo un total de hasta 255 valores distintos, cuatro veces menor que las entradas. En este caso las salidas son una señal cuadrada con frecuencia fija y Dwell variable, PWM. Concretamente 255 valores distintos de Dwell, cuyo valor medio corresponde a 255 voltajes distintos entre cero y cinco.

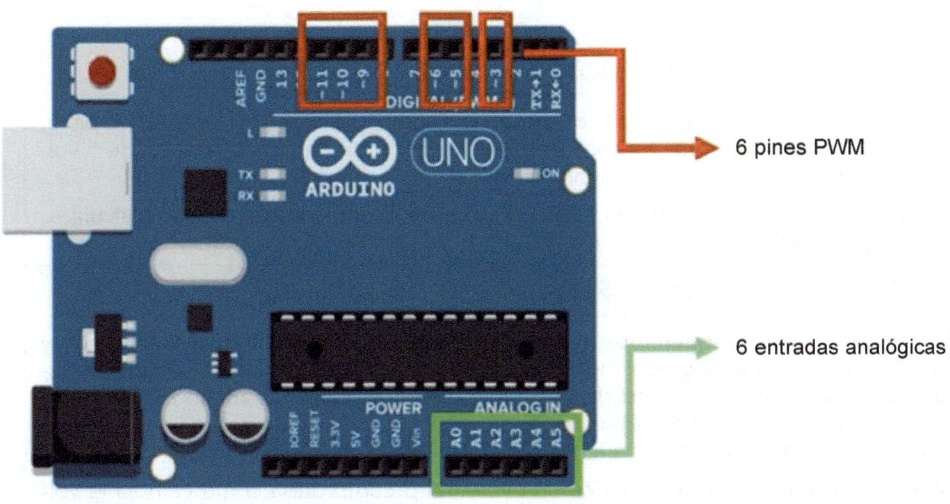


**Figura 5.48.** Entradas y salidas analógicas en Arduino.

## ACTIVIDAD Resuelta 5.26

En algunos vehículos una misma lámpara sirve para posición y pare, según le lleguen 6 o 12 voltios. Esto se consigue con una señal PWM con un Dwell del 0 % o 50 %.

Haz una simulación con Arduino. Si entra una señal por el pin 1 saldrá por el pin 10 a 2,5 voltios y si entra la señal por el pin 2 saldrá por el pin 10 a 5 voltios.

Mide la señal con un osciloscopio y con un voltímetro en cada caso en el simulador, monta el circuito para una lámpara real, mide la señal en un osciloscopio real y calcula la frecuencia de la señal PWM.

**Nota:** para montar una lámpara real consulta la Actividad resuelta 5.25 y la Figura 5.12. Solo que para este caso cuando la lámpara luzca al máximo el transistor tiene que trabajar con la ganancia máxima. Busca la resistencia máxima de la base para la que la tensión de la lámpara se mantiene a 12 voltios.

**Solución**

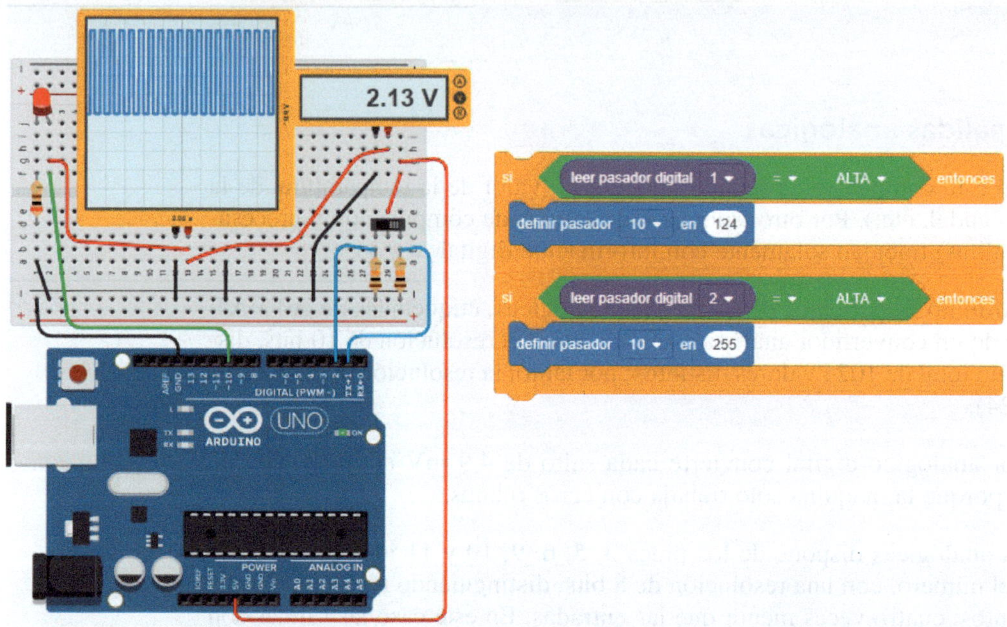


**Figura 5.49.** Montaje del circuito.

## ACTIVIDAD Propuesta 5.29

Con una placa Arduino queremos que una misma lámpara real, con salida en el pin 6, funcione a un tercio, a dos tercios o totalmente, según metamos una señal de 5 voltios por los pines 1, 2 y 3, respectivamente.

Monta el circuito, comprueba la señal con el osciloscopio en cada caso y calcula su frecuencia. ¿Es la misma?

## ACTIVIDAD Propuesta 5.30

En una placa Arduino queremos que cuando pulsemos una señal de 5 voltios por el pin 2, la lámpara que salga del pin 10 se mantenga apagada durante 1 segundo, después luzca con una intensidad de 1/4 durante otro segundo, la mitad durante otro segundo, 2/3 durante otro segundo, totalmente durante el siguiente y se vuelva a apagar otro segundo e iniciar el ciclo. Hasta que dejemos de pulsar.

Monta el circuito en Tinkercad y con un voltímetro comprueba cómo cambia el voltaje según la intensidad con la que luce la lámpara.

## ACTIVIDAD **Resuelta 5.27**

Según entre por el pin A0 una entrada analógica entre 0 y 5 voltios. Queremos que cuando el voltaje sea menor que 1/4 de 5 voltios se encienda un diodo que sale del pin 1, cuando sea menor que 1/2 de 5 se encienda otro que sale del 2, cuando sea menor que 3/4 otro del pin 3 y finalmente cuando sea menor de 5 voltios otro del pin 4.

Haz el programa en Tinkercad y comprueba que funciona.

**Solución**

Hasta ahora hemos definido las variables analógicas de salida como unos números entre 0 y 253, según queríamos que luciera menos o más la salida. Para disponer de todas las posibilidades sin tener que enumerarlas recurrimos a una variable en el panel de bloques, en este caso le hemos llamado «entrada». La asociamos a una entrada analógica, en esta caso la A0, y según va variando el voltaje de 0 a 5 voltios en esa entrada la variable de entrada va tomando los valores de 0 a 1023.

En la siguiente figura vemos el montaje y el programa con las dos primeras opciones.

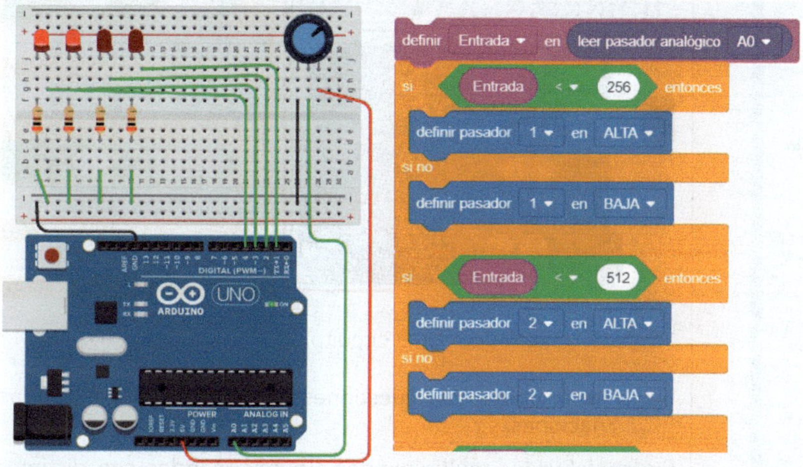


**Figura 5.50.** Montaje del circuito.

## ACTIVIDAD **Resuelta 5.28**

Queremos regular desde un potenciómetro conectado al pin A2 una lámpara que se alimenta del pin 10.

**Solución**

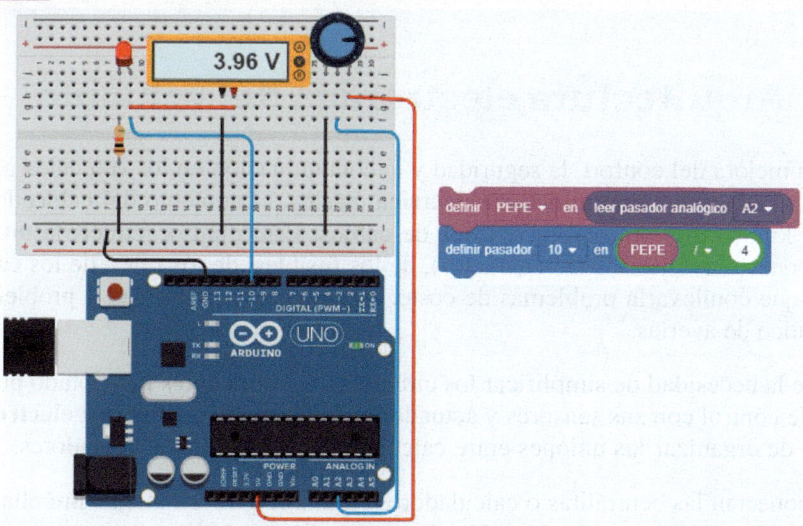


**Figura 5.51.** Montaje del circuito.

**Nota:** tanto la entrada como la salida son analógicas, solo que la entrada varía de 0 a 1023, o lo que es lo mismo, 4 veces menos que la salida (de 0 a 255). Como se puede observar en los bloques tenemos que dividir la variable «PEPE» por 4.

A los mandos multiplexados les llegan realmente dos hilos, uno de corriente y otro de masa. El de corriente no es directa, sino después de una resistencia que tiene en la centralita. Según la caída de tensión en ella distingue las distintas señales.

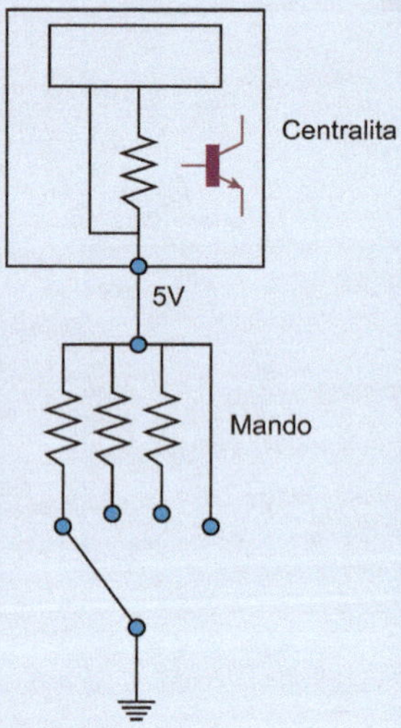


Figura 5.53. Mando multiplexado.

ACTIVIDAD **Resuelta 5.29**

Según la distinta tensión que entre por el pin A5 queremos hacer que luzcan independientemente cuatro diodos que salen de los pines 3, 4, 5 y 6. Monta el circuito en Tinkercad y haz la programación. ¿Qué utilidad encuentras?

**Solución**

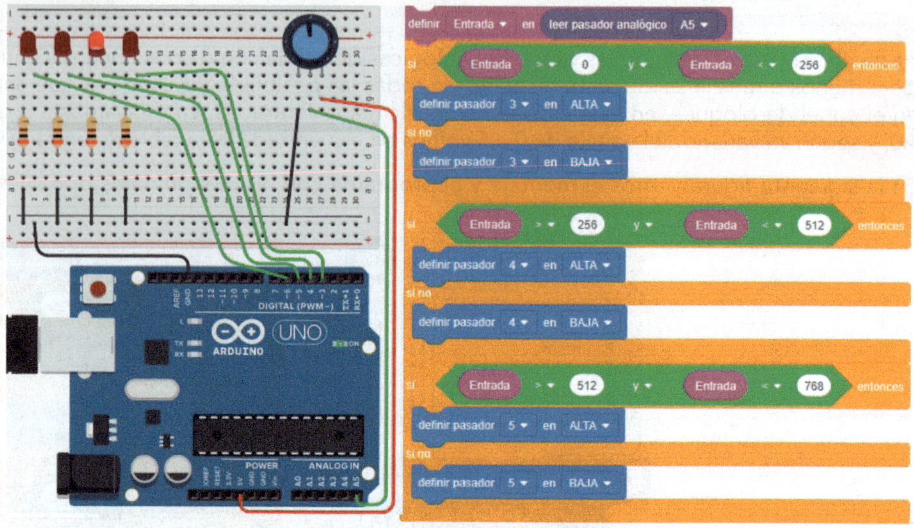


Figura 5.52. Montaje del circuito.

**Nota:** en la figura, por cuestiones de espacio solo se ven las dos primeras combinaciones.

En los vehículos multiplexados algunos mandos con distintas posiciones disponen solo de tres hilos, dos de alimentación (masa y corriente) y solo uno de señal. Ese único de señal manda una tensión escalonada, para cada posición, que la centralita entiende como distintas señales. Con todo ello se simplifican mucho los mandos y se reduce el número de hilos. El mando realmente es un potenciómetro escalonado con distintas resistencias.

## 5.4. Arquitectura electrónica del vehículo

Si la mejora del confort, la seguridad y la contaminación en los vehículos actuales se llevara a cabo con la **arquitectura eléctrica** clásica, el aumento del cableado sería de hasta 2 km, lo que precisaría 50 kilos de cables. Esta mejora requeriría un aumento de los conectores (hasta 2000 contactos), de los fusibles, de los relés, de los captadores, etc., lo que conllevaría problemas de coste, espacio, peso, fiabilidad y problemas en el diagnóstico de averías.

Ante la necesidad de simplificar los circuitos, los fabricantes han optado por las unidades de control con sus sensores y actuadores. Se **llama arquitectura electrónica** a la manera de organizar las uniones entre calculadores, captadores y actuadores.

Se conectan las centralitas o calculadores en una red informática entre ellas a través de dos cables o bus de comunicación. Las centralitas trabajan por funciones, compartiendo entre sí aquellas informaciones que necesitan varias a la vez, lo que reduce el número de sensores y de cables, sin necesitar un sensor distinto para cada calculador. A la vez que se tiene una toma común de diagnosis de averías para toda la red.

### 5.4.1. Comprobación de una centralita

En toda centralita, como componente electrónico, siempre distinguiremos los siguientes terminales: alimentación (masa 31, directo de batería 30 o después de contacto 15); señales de entrada, INPUT, que vienen de todos los periféricos de entrada (sensores, mandos, o bus de comunicación con otras centralitas); y señales de salida, OUTPUT, que van a todos los periféricos de salida (actuadores o indicadores).

Para comprobar una centralita:

1. Buscar el esquema eléctrico donde aparezca la centralita con sus conectores y la función de cada una de sus vías.
2. Comprobar que haya consumo. Aunque internamente todas las centralitas trabajen a 5 V, a todas les llegan 12 V. Conectamos las masas y las corrientes con una fuente de alimentación y comprobamos el consumo. Tendrá un consumo por debajo de 50 mA, siempre con un pico de consumo al principio, hasta que se carguen los condensadores que la forman.
3. Comprobar el diagnóstico. Conectar el EOBD o conector de diagnosis y leer la memoria de averías. Vemos que hay comunicación, nos da las distintas averías y podemos ver las señales que salen por el HIGH, el LOW o el K.

Terminales del conector OBDII

| | | | |
|---|---|---|---|
| 1. Sin uso | 5. Tierra de la señal | 9. Sin uso | 13. Sin uso |
| 2. Sin uso | 6. CAN High | 10. Sin uso | 14. CAN Low |
| 3. Sin uso | 7. Línea K | 11. Sin uso | 15. Sin uso |
| 4. Tierra del vehículo | 8. Sin uso | 12. Sin uso | 16. Batería-positivo |

**Figura 5.54.** Conector de diagnosis con la función de cada uno de los pines.

**Sabías que...?**

Existen distintas aplicaciones informáticas, y otras en soporte papel, donde encontrar los esquemas y el conexionado de las distintas centralitas: manuales de los distintos vehículos, el autodata, la base de datos que incluyen algunas máquinas de diagnosis, etcétera.

En cualquier centralita, tanto las entradas como las salidas (INPUT o OUTPUT) pasan por un amplificador o *driver*.

El *driver* tiene dos funciones:

1. Manda la alimentación a los distintos sensores, normalmente a 5 V, otras veces a 12 V. En el momento que haya un cortocircuito en alguna de las salidas se anulan las demás; hasta que eliminemos ese cortocircuito la centralita queda anulada.
2. Cierra a masa todos los actuadores.

ACTIVIDAD **Propuesta 5.31**

Coge una centralita cualquiera que tengas en desuso, a ser posible con su conector y un tramo del mazo de cables que van a él, y que sea de control del habitáculo.

a) Averigua en Autodata, o en el esquema del vehículo que corresponda, la función de cada una de las vías.

b) Haz las comprobaciones para ver si está bien.

c) Hazla funcionar, metiendo todas las señales posibles por las vías que correspondan y viendo las señales de salida.

d) Conéctala a una máquina de diagnosis y comprueba las averías que tuviera memorizadas.

# Síntesis

## FUNCIONES LÓGICAS ELEMENTALES

La tabla de la verdad la forman una columna por cada variable de entrada ($n$), más cada variable de salida, y una fila por cada distinta combinación de las variables de entrada ($2^n$).

| IGUALDAD | | NEGACIÓN | | O (OR) | |
|---|---|---|---|---|---|
| $S = a$ |  | $S = \bar{a}$ | 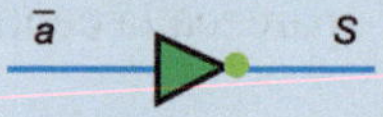 | $S = a + b$ | 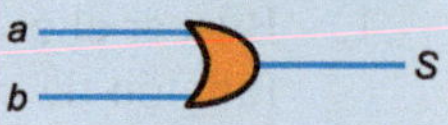 |
| **Y (AND)** | | **NO (NOR)** | | **NO Y (NAND)** | |
| $S = a \times b$ | 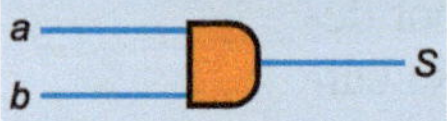 | $S = \overline{a + b}$ | 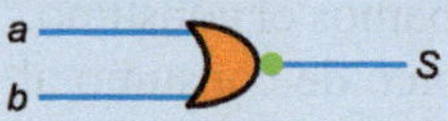 | $S = \overline{a \times b}$ | 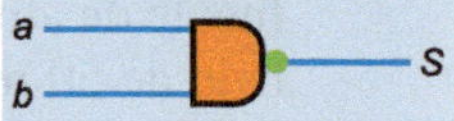 |

### Funciones lógicas compuestas

Normalmente, se parte de la tabla de la verdad, se deduce su función lógica y, por último, se desarrolla el circuito.

| | |
|---|---|
| 1.ª forma canónica | Suma de productos con tantos términos como 1 en la salida; en cada término están todas las variables de entrada (negadas si es 0, sin negar si es 1). |
| 2.ª forma canónica | Producto de sumas con tantos términos como 0 en la salida; en cada término están todas las variables de entrada (negadas si es 1, sin negar si es un 0). |

### Dispositivos digitales básicos

Codificador: transforma cada una de las $2^n$ entradas en una combinación de $n$ ceros y unos, según el sistema binario o cualquier otro código (4×2, 8×3, 16×4, etcétera).

Decodificador: transforma cada una de las $n$ combinaciones de 0 y 1, según el sistema binario o cualquier otro código, en cada una de las $2^n$ correspondientes salidas (2×4, 3×8, etcétera).

Multiplexor: canaliza cada una de las $2^n$ entradas ($E_0$, $E_1$...) por una sola salida ($S$), según combinemos las $n$ señales de selección ($C_0$, $C_1$, etcétera).

Demultiplexor: canaliza una entrada ($E$) por cada una de las $2^n$ salidas ($S_0$, $S_1$, etcétera), según combinemos las $n$ señales de selección ($C_0$, $C_1$, etcétera).

Contador: según un impulso van saliendo por las $n$ salidas cada una de las $2^n$ combinaciones de 0 y 1 en el sistema binario o cualquier otro código de forma ordenada.

Registro de desplazamiento: retiene un bit de salida (0 o 1), aunque desaparezca la señal que lo originó, hasta un nuevo impulso que la salida ($Q$) captura a la entrada ($D$) de ese momento y la mantiene, aunque desaparezca la entrada, hasta otro nuevo impulso.

### Lógica programada

Hay circuitos digitales que se pueden adaptar a un elevado número de aplicaciones sin necesidad de transformar la parte física. En ellos podemos distinguir el *hardware* y el *software*.

*Hardware:* es la parte física del circuito programable (componentes o dispositivos, cableado, etcétera).

El calculador o microcontrolador está formado por:

- Memoria: almacena las series de instrucciones a ejecutar y los datos a tratar.
  - RAM: se puede acceder para leer o escribir.
  - ROM: solo se puede acceder para leer.
- Microprocesador: es el **cerebro** encargado de leer la secuencia de instrucciones (o programa) contenidas en la memoria y actuar con arreglo a ellas.

# Actividades finales

## Responde

1. Obtén la función, en primera y segunda forma canónica, el circuito con puertas lógicas y comprueba que funciona con *Crocodile*.

a)

| *a* | *b* | *c* | *S* |
|---|---|---|---|
| 0 | 0 | 0 | 0 |
| 0 | 0 | 1 | 1 |
| 0 | 1 | 0 | 1 |
| 0 | 1 | 1 | 1 |
| 1 | 0 | 0 | 0 |
| 1 | 0 | 1 | 0 |
| 1 | 1 | 0 | 1 |
| 1 | 1 | 1 | 1 |

b)

| *a* | *b* | *c* | *S* |
|---|---|---|---|
| 0 | 0 | 0 | 1 |
| 0 | 0 | 1 | 0 |
| 0 | 1 | 0 | 0 |
| 0 | 1 | 1 | 0 |
| 1 | 0 | 0 | 0 |
| 1 | 0 | 1 | 1 |
| 1 | 1 | 0 | 1 |
| 1 | 1 | 1 | 0 |

c)

| *a* | *b* | *c* | *S* |
|---|---|---|---|
| 0 | 0 | 0 | 0 |
| 0 | 0 | 1 | 0 |
| 0 | 1 | 0 | 0 |
| 0 | 1 | 1 | 1 |
| 1 | 0 | 0 | 1 |
| 1 | 0 | 1 | 0 |
| 1 | 1 | 0 | 0 |
| 1 | 1 | 1 | 1 |

d)

| *a* | *b* | *c* | *d* | *S* |
|---|---|---|---|---|
| 0 | 0 | 0 | 0 | 0 |
| 0 | 0 | 0 | 1 | 0 |
| 0 | 0 | 1 | 0 | 1 |
| 0 | 0 | 1 | 1 | 0 |
| 0 | 1 | 0 | 0 | 1 |
| 0 | 1 | 0 | 1 | 0 |
| 0 | 1 | 1 | 0 | 1 |
| 0 | 1 | 1 | 1 | 0 |
| 1 | 0 | 0 | 0 | 0 |
| 1 | 0 | 0 | 1 | 1 |

| *a* | *b* | *c* | *d* | *S* |
|---|---|---|---|---|
| 1 | 0 | 1 | 0 | 0 |
| 1 | 0 | 1 | 1 | 1 |
| 1 | 1 | 0 | 0 | 1 |
| 1 | 1 | 0 | 1 | 1 |
| 1 | 1 | 1 | 0 | 1 |
| 1 | 1 | 1 | 1 | 0 |

## Realiza

1. Queremos controlar las salidas 11 y 12 desde dos interruptores en los pines 1 y 2. Cuando al pin 1 le llega una señal alta, por el pin 11 sale una señal alta. Con el pin 2 controlamos la salida 12, pero al revés. Por otra parte, con un potenciómetro en la entrada A5 regulamos la intensidad luminosa a la salida del pin 10. Haz el programa y monta el circuito en Tinkercad.

2. Queremos controlar un elevalunas desde un mando con tres posiciones y tres hilos. El mando consiste en un potenciómetro a la entrada A0 con tres tensiones escalonadas. Entre 0 y 1,5 voltios que suba, entre 2 y tres voltios en reposo y entre 3,5 y 5 voltios que baje. Haz la programación y monta el circuito real, con transistores o con relés inversores.

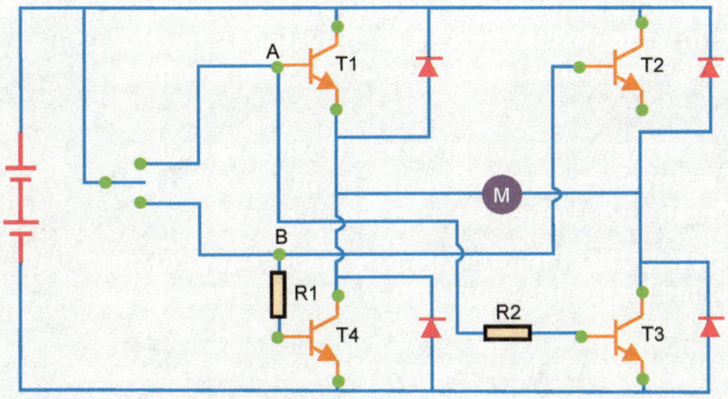


**Figura 5.55.** Etapa de potencia como inversor.

3. Haz el programa y monta en la placa Arduino un contador, con un *display* de 7 dígitos, que vaya contando de 0 a 9 cada segundo, y vuelva a repetirse el ciclo indefinidamente.

4. Haz lo mismo que en la actividad anterior pero controlando los pulsos desde el pin 2.

5. Haz una central de intermitencias como la de la Actividad resuelta 5.25.

   a) Comenta qué puede pasar si dándole al *warning,* y sin quitarlo, le doy a alguno de los intermitentes.

   b) Programa el circuito de tal manera que si le doy a los intermites, con el *warning* dado, funcionan solo las luces de ese lado, pero al quitar los intermitentes vuelve a funcionar el *warning* que finalmente también tengo que quitar.

   c) Cómo haría para dándole al *warning,* si le doy después a los intermitentes, sin quitar el *warning*, funcionan solo los de ese lado. Pero si quito los intermitentes, ya no tendría que quitar el *warning.*

6. Haz que funcione un circuito de elevalunas. Si el pulsador de entrada del pin 1 lo pulso durante menos de 0,5 segundos el elevalunas sube y si dejo de pulsarlo se para. Si lo pulso durante más de 0,5 segundos se mantiene subiendo durante 10 segundos aunque deja de pulsar.

   Lo mismo para bajar desde el pulsador 2.

   Las salidas para el elevalunas son los pines 10 y 11.

   **Nota:** para distinguir dos señales distintas desde un mismo pulsador de entrada utilizaremos la función de suma de una variable (consulta las Actividades resueltas 5.23, 5.24 y 5.25).

# 6 El electromagnetismo: sus fenómenos y aplicaciones. Máquinas eléctricas

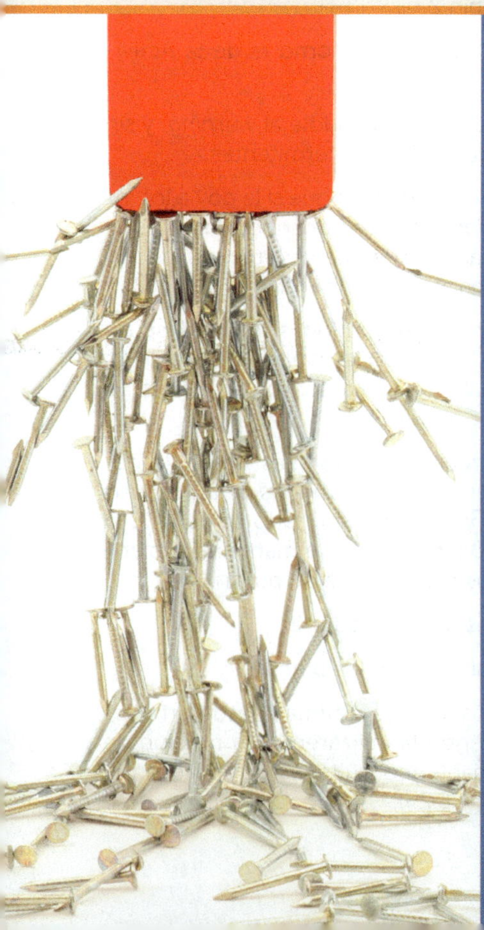

**Con el descubrimiento de los fenómenos magnéticos, la electricidad deja de ser una simple curiosidad de laboratorio, como algo anecdótico, para pasar a aplicarse a un nivel práctico e industrial, convirtiéndose en la verdadera fuerza vital del moderno desarrollo tecnológico. El descubrimiento de fenómenos magnéticos debidos a la corriente eléctrica y el aprovechamiento de las fuerzas manifestadas en ellos es el punto de arranque de los motores, las dinamos y los alternadores eléctricos.**

**El electromagnetismo es un tema de importancia trascendental en electricidad y de su naturaleza dependen una gran variedad de fenómenos de cuyos efectos nos beneficiamos ampliamente.**

**Existe una íntima relación entre el magnetismo y la electricidad; no se concibe el estudio de la electricidad sin entrar en el terreno de los fenómenos magnéticos.**

**En esta unidad nos centraremos en los fenómenos electromagnéticos y sus aplicaciones, tales como la generación de electricidad con transformadores, alternadores y dinamos, y la obtención de movimiento con los motores, dejando para las unidades siguientes la aplicación práctica de estas máquinas eléctricas en los vehículos.**

# 6 El electromagnetismo: sus fenómenos y aplicaciones. Máquinas eléctricas

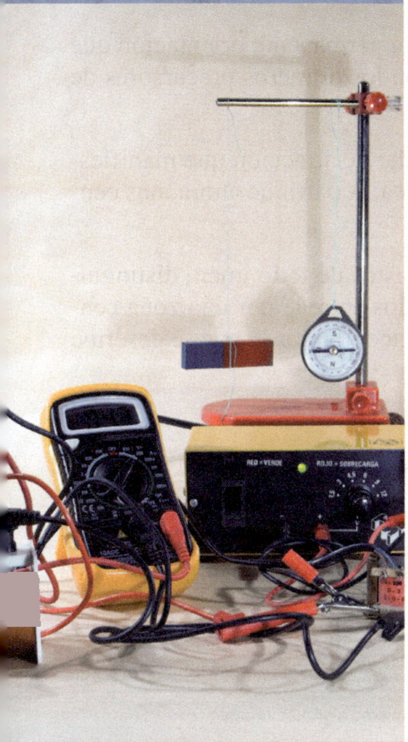

## ¿Sabes …

… qué es un imán?

… qué tipos de materiales se imantan y cómo se imantan?

… qué es un electroimán?

… qué relación hay entre el magnetismo y la electricidad?

… cómo funciona un generador eléctrico? ¿Y un motor?

… cómo influye el sentido de giro en la polaridad en los generadores y motores eléctricos?

… cómo funciona un transformador?

… qué tipos de averías puede haber en cualquier máquina eléctrica y cómo se reparan?

… por qué la electricidad que disponemos en nuestras casas es alterna?

… qué aplicaciones de sensores electromagnéticos conoces?

## Contenidos


**6.1.** Imanes

**6.2.** Electromagnetismo

**6.3.** Máquinas eléctricas

**6.4.** Sensores electromagnéticos

**6.5.** Averías en las máquinas eléctricas


## Objetivos

- Estudiar los principios del electromagnetismo.
- Identificar y representar simbólicamente los diferentes componentes electromagnéticos.
- Identificar los tipos, el funcionamiento, las características y la aplicación de los diferentes componentes electromagnéticos.
- Entender el proceso electromagnético de generación de corriente: determinar el sentido de la fuerza electromotriz en una espira.
- Describir el fenómeno de transformación, en transformadores ideales.
- Conocer los mecanismos de rectificación de la corriente: colector-escobillas.
- Comprender la constitución y el funcionamiento de los generadores y motores eléctricos.
- Examinar la constitución y el funcionamiento de los sensores electromagnéticos y conocer sus tipos.

## 6.1. Imanes

Los **imanes** poseen la virtud de atraerse o repelerse entre sí o atraer hacia ellos a los minerales de hierro. Estos aparecen en la naturaleza en forma de piedra como la magnetita o la pirita magnética, muy abundantes en una región de Grecia llamada **Magnesia,** de donde procede su nombre.

Mucho antes que los griegos, los chinos descubrieron la permanente orientación que adopta un trozo largo y estrecho de piedra de imán; fueron los primeros precursores de la brújula.

Los imanes naturales, por su rareza y por el escaso poder de atracción que manifiestan, carecen de importancia en cuanto a su aplicación técnica. A partir de ahora, nos centraremos en los imanes artificiales.

Dado el distinto comportamiento de los extremos opuestos de todo imán, distinguimos los polos magnéticos, **polo norte** y **polo sur,** separados entre sí por una zona central o **zona neutra.** Cuando enfrentamos dos imanes, nos encontramos lo que se describe en las Figuras 6.1 y 6.2.

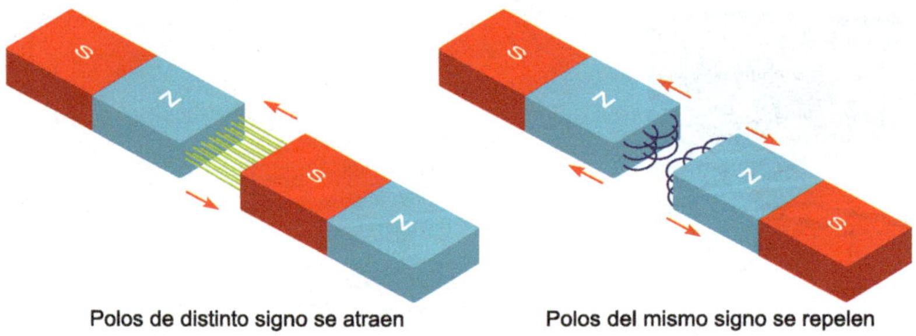


**Figura 6.1.** Reacciones entre imanes.

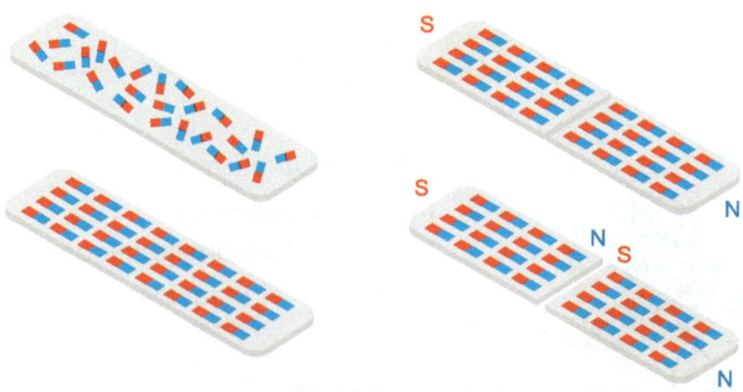


**Figura 6.2.** Dominios magnéticos.

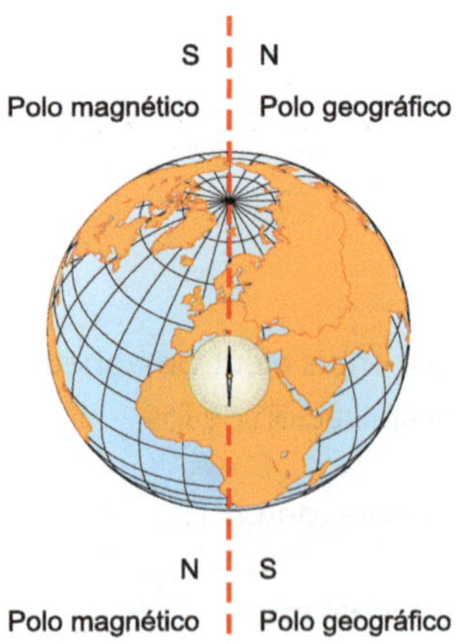


**Figura 6.3.** Relación entre los polos magnéticos y geográficos de la Tierra.

De la experiencia de la brújula se deduce que la Tierra es un gran imán: el polo norte de la brújula es atraído por el polo norte geográfico, por lo que deducimos que el polo norte de la Tierra es su polo sur magnético; y al revés, el polo sur de la Tierra es su polo norte magnético.

Los imanes tienen su origen en su estructura interna. A nivel molecular, existen unos **dominios magnéticos** donde los electrones están orientados todos en una misma dirección, formando pequeños imanes.

La diferencia entre un trozo de acero neutro y otro imantado radica en que, en el neutro, los dominios magnéticos están desorientados, y unos están neutralizando a otros; y en el imantado estarán, si no todos, parte de sus dominios orientados, sumándose los pequeños imanes entre sí, de tal manera que, cuando se fragmenta un imán, se mantiene la orientación inicial de sus dominios y obtenemos imanes más pequeños, con sus respectivos polos con la misma orientación que la del imán de origen.

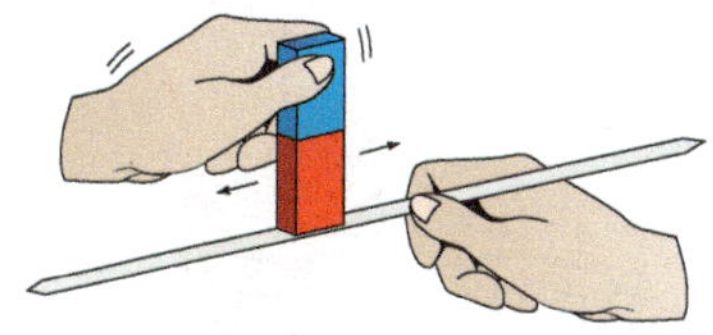

**Figura 6.4.** Imantación por inducción magnética.

## 6.1.1. Inducción magnética

Solo el hierro, el níquel y el cobalto son atraídos por un imán y, por tanto, son conocidos como **materiales ferromagnéticos.** Los materiales ferromagnéticos se convierten en imanes cuando se acercan a un imán, orientándose sus dominios magnéticos de forma que sean atraídos por dicho imán. Este fenómeno se llama **inducción magnética.**

Cuando separamos el imán, si los dominios magnéticos vuelven a desorientarse aleatoriamente, decimos que es un **material ferromagnético blando** o **hierro dulce.** Y si mantiene sus propiedades magnéticas, es decir, los dominios se mantienen orientados, decimos que se ha **imantado** y se trata de un **material ferromagnético duro.**

En los materiales ferromagnéticos duros es difícil alinear los dominios magnéticos, pero, una vez alineados, se retiene una buena cantidad de alineamiento. Esto se denomina **magnetismo remanente** o **residual.**

Según lo dicho, los materiales ferromagnéticos se clasifican en duros y blandos, dependiendo de cuál sea su imantación: si permanente o transitoria. Como ejemplo de material ferromagnético duro tenemos los aceros y como blandos el hierro.

**Figura 6.5.** Los dominios magnéticos de imanes partidos mantienen su orientación dentro de los trozos partidos.

### ACTIVIDAD **Resuelta 6.1**

Imanta por inducción magnética un trozo de acero, una aguja o un destornillador (Figura 6.4).

**Solución**

Frotamos con un imán la aguja o el destornillador, siempre en el mismo sentido y con el mismo polo desde el centro de la varilla a uno de los extremos, como se indica en la Figura 6.4, repitiéndolo unas 10 veces. Hacemos lo mismo con el otro polo del imán, frotando desde el centro de la varilla al otro extremo de esta.

La imantación de la aguja de acero se produce como consecuencia de la organización de los dominios magnéticos que la constituyen. Los pequeños dominios de la aguja estaban desorientados al principio. Bajo la acción del frotamiento, los dominios se orientan, con lo que pasan a tener magnetismo remanente.

### ACTIVIDAD **Propuesta 6.1**

Si partimos un imán en dos mitades, las mitades resultantes tienen los dos polos de un imán, es decir, se obtienen dos imanes. Si repetimos la experiencia dividiendo una de las dos mitades se obtiene el mismo resultado. Explica este fenómeno (Figura 6.5).

### ACTIVIDAD **Propuesta 6.2**

¿Por qué, cuando acercamos un trozo de hierro a un imán, este es siempre atraído, tanto si lo acercamos al polo norte como al sur del imán? Explica el fenómeno.

### ACTIVIDAD **Propuesta 6.3**

Haz una cadena de clavos o clips con un imán como en la Figura 6.6. Explica por qué se atraen entre sí y por qué desaparecen las propiedades magnéticas cuando se rompe el contacto en un punto de la cadena.

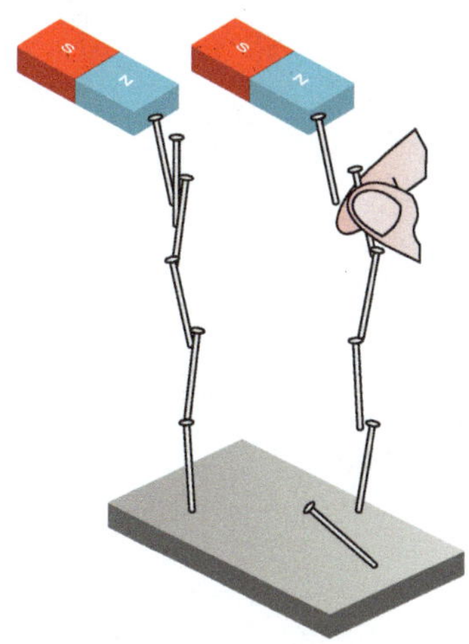

**Figura 6.6.** Los clavos se comportan como imanes bajo una acción magnética, y si se separan dejan de serlo.

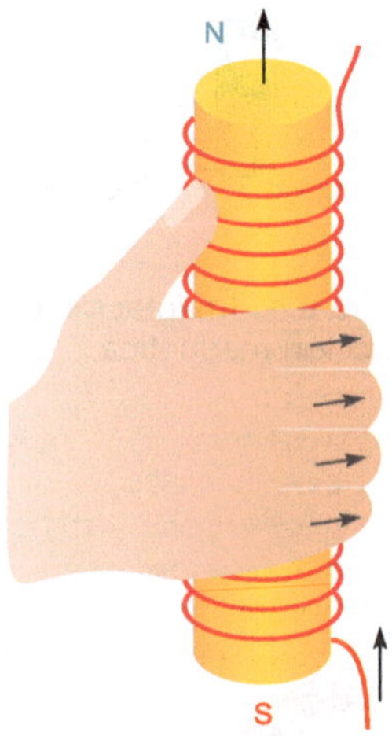


Figura 6.7. Regla de la mano derecha.

ACTIVIDAD Propuesta 6.4

¿Qué pasaría, en las dos actividades anteriores, si el material que acercas al imán fuera ferromagnético duro?

## 6.2. Electromagnetismo

Existe una íntima relación entre el magnetismo y la electricidad: no se concibe el estudio de la electricidad sin entrar en el terreno de los fenómenos magnéticos.

### 6.2.1. Electroimán

A mediados del siglo XIX, Ørsted, un físico danés, descubrió casualmente cómo, al pasar corriente por un cable, se desviaba una brújula que había en sus inmediaciones, y comprobó cómo **una corriente eléctrica crea un campo magnético a su alrededor.**

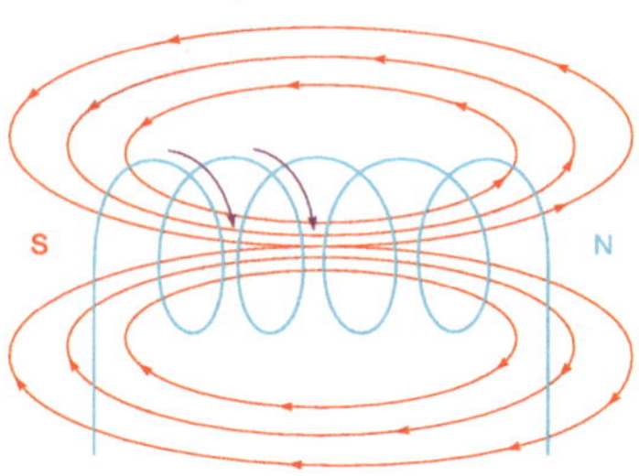


Figura 6.8. Bobina sin núcleo magnético.

El efecto del campo magnético creado por un conductor se multiplica si lo curvamos en varias espiras para formar una **bobina** o arrollamiento, comportándose exactamente igual que una barra de imán.

La polaridad de la bobina la deducimos por la **regla de la mano derecha:** si asimos con la mano derecha la bobina con los dedos, según el sentido de la corriente, el dedo pulgar indicará el sentido del campo magnético creado.

**Bobina con núcleo magnético:** si introducimos una barra de material ferromagnético dentro de la bobina, esta se imanta y aumenta el campo magnético, al sumársele al campo magnético propio de la bobina el del hierro o **núcleo magnético.**

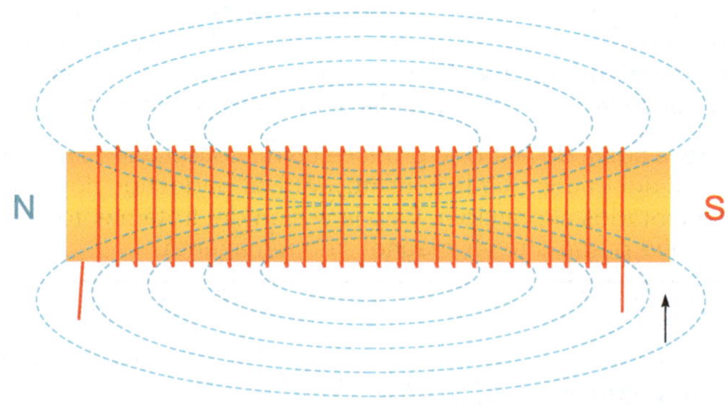


Figura 6.9. Bobina con núcleo magnético.

Cuando la corriente cesa desaparece el magnetismo, si el núcleo es de material ferromagnético blando. Si es duro, una vez imantado por la corriente, se mantiene su propio magnetismo o **magnetismo remanente.** La intensidad del campo magnético creado por una bobina depende de la intensidad de la corriente, de la cantidad de espiras y de las propiedades del núcleo de la bobina (generalmente de material ferromagnético).

Estos descubrimientos nos permiten aplicar la electricidad para la obtención de un imán, aumentando considerablemente su campo de aplicación en dispositivos como timbres, altavoces, contactores, relés, ganchos magnéticos para elevar hierros, embragues electromagnéticos (por ejemplo, el del compresor del aire acondicionado de un vehículo), motores, electroválvulas, etcétera.

ACTIVIDAD **Propuesta 6.5**

Imanta por inducción electromagnética un destornillador.

ACTIVIDAD **Propuesta 6.6**

Deduce, por la regla de la mano derecha, la polaridad del campo magnético de los siguientes electroimanes:

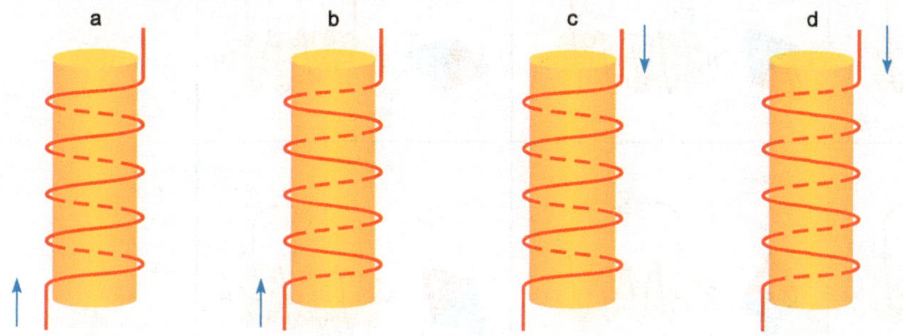


**Figura 6.10.** Electroimanes.

ACTIVIDAD **Propuesta 6.7**

Para los terminales de excitación de los relés de la Actividad propuesta 3.7 de la Unidad 3 no hay que tener en cuenta la polaridad, pues esta es indiferente. La chapita que funciona como interruptor o conmutador siempre es atraída por la bobina. Explica por qué ocurre esto.

*Nota...*

**Nota referente a la Actividad propuesta 6.5**

Para hacer la bobina emplearemos el hilo de la bobina de un relé polivalente. Lo desliaremos de la bobina del relé y lo volveremos a liar sobre un canuto de papel con el hueco suficiente para que entre cualquier destornillador que queramos imantar.

*Nota...*

**Nota referente a la Actividad propuesta 6.7**

Suponemos que el relé no lleva incorporado un diodo de extinción de la extracorriente de apertura.

## 6.2.2. Inducción electromagnética

Cuando sometemos una bobina a un campo magnético variable, se crea en los extremos de esta un voltaje o f.e.m. inducida. Si conectamos los extremos de la bobina (**inducido**) a un voltímetro, cada vez que acerquemos bruscamente un imán (**inductor**) a la bobina, el voltímetro indicará una tensión entre sus bornes. Si paramos el imán, la tensión desaparece; y si lo separamos de la bobina, vuelve a aparecer con la polaridad invertida (Figura 6.11).

El valor de la f.e.m. inducida depende de la intensidad del campo magnético del imán (inductor), de su velocidad o variación de flujo que pasa por la bobina (inducida) y de su número de espiras.

El sentido de la corriente inducida creará un campo en su bobina, que se opone al movimiento del imán. Si el imán tiende a acercarse, el campo magnético inducido en la bobina tiende a repelerlo, y si el imán se aleja, tiende a atraerlo.

En este experimento encontramos el principio de funcionamiento de los **generadores inductivos** (**captadores de revoluciones, de posición**) y los **generadores eléctricos** (**dinamos** y **alternadores,** etc.) que hicieron posible la producción y el empleo de la electricidad a gran escala.

La variación del campo magnético a la que está sometida la bobina para crear en ella una corriente inducida se puede obtener de dos formas:

- Por un movimiento del imán (inductor) respecto a la bobina (inducido) o al revés. Este movimiento suele ser de rotación; como ejemplos están el alternador, la dinamo, etcétera.
- Sin movimiento, es decir, empleando como inductor un electroimán fijo y variando su campo magnético al variar la corriente que lo origina. Así actúa, por ejemplo, el transformador (Figura 6.12).

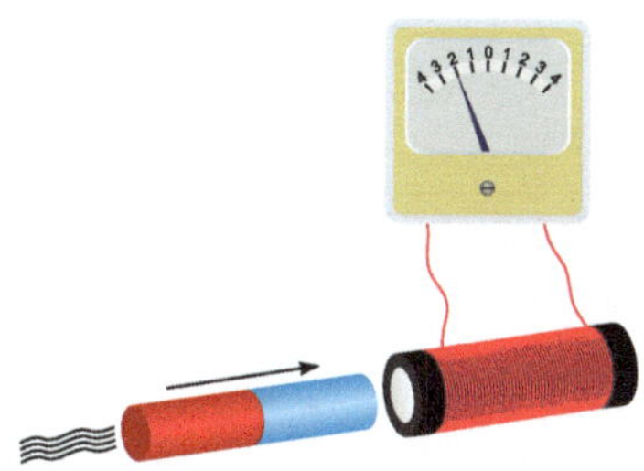

**Figura 6.11.** Variación del campo magnético por movimiento.

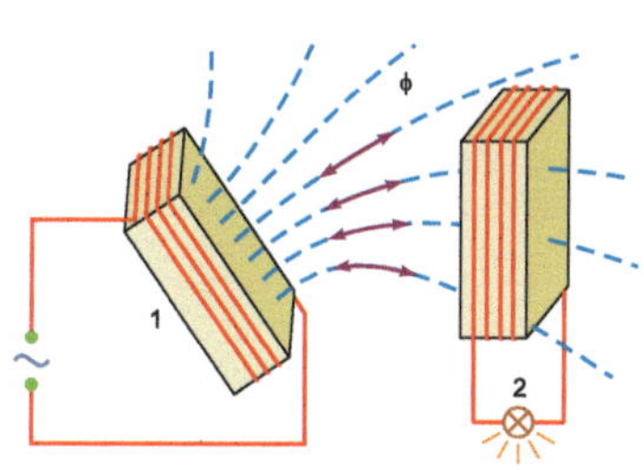


**Figura 6.12.** Variación del campo magnético por la variación de la corriente que lo produce.

## ACTIVIDAD **Resuelta 6.2**

En el siguiente generador deduce el sentido de la corriente inducida para cada una de las siguientes posiciones:

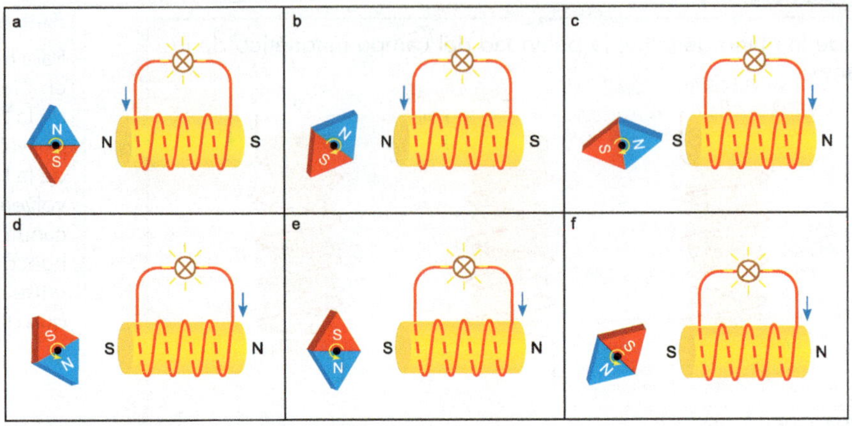


**Figura 6.13.** Funcionamiento básico de un alternador.

**Solución**

Como dijimos anteriormente, la corriente inducida crea un campo en su bobina que se opone al movimiento del imán. Si el imán se aproxima, el campo magnético inducido en la bobina lo repele, y si el imán se aleja, lo atrae, de tal manera que a este le resulta difícil girar.

## ACTIVIDAD **Propuesta 6.8**

Termina de completar la vuelta de la actividad resuelta anterior.

## ACTIVIDAD **Propuesta 6.9**

Deduce el sentido de la corriente inducida cuando el imán se acerca y cuando se separa, en cada una de las siguientes bobinas.

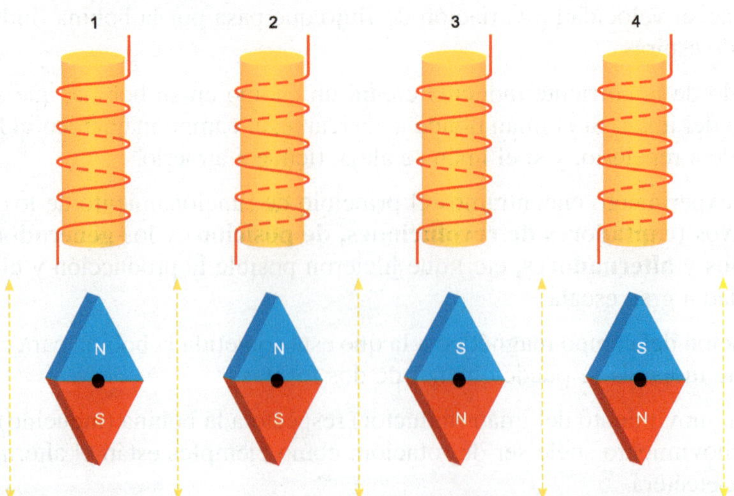


**Figura 6.14.** Bobinas.

## 6.2.3. Autoinducción electromagnética

Cuando una bobina está magnéticamente cargada, su campo magnético, así como la corriente que lo crea, son constantes; la corriente fluye sin otra limitación que la de la propia resistencia del circuito (ley de Ohm). Sin embargo, con el aumento o disminución de la corriente, la variación del campo creado por la propia bobina **autoinduce** en ella una **tensión en contra de la variación de esa corriente.** Por tanto, cuando se cierra el interruptor del circuito, el campo magnético empieza a aparecer y se autoinduce en la bobina una f.e.m. que se opone a la corriente de carga, por lo que esta no se establece de forma inmediata, sino progresivamente, hasta llegar a la máxima y constante:

$$\left(I = \frac{E_{bat}}{R_{bobina}}\right)$$

cuando la bobina esté totalmente cargada.

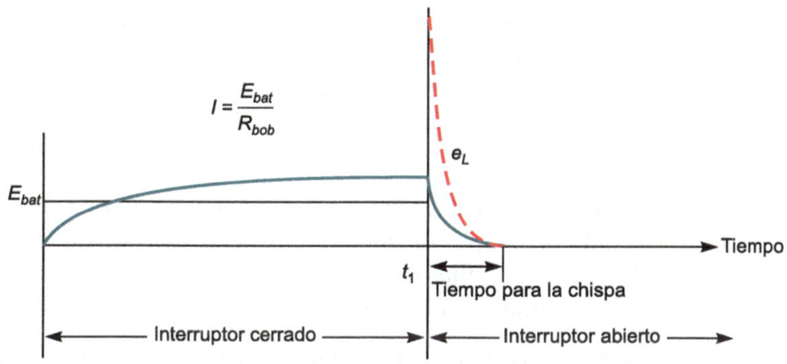


**Figura 6.15.** Carga y descarga de una bobina.

Si con la bobina totalmente cargada se abre el interruptor, el campo magnético disminuye bruscamente hasta desaparecer. Pero en la bobina se autoinduce un pico de tensión o f.e.m., que impide que la intensidad desaparezca instantáneamente y esta se prolonga durante un tiempo muy breve. Por tanto, cuando comienzan a separarse los contactos del interruptor y su separación es mínima, los electrones saltan, en forma de arco o chispas, deteriorándolos. Este fenómeno se llama **extracorriente de apertura** (Figura 6.16).

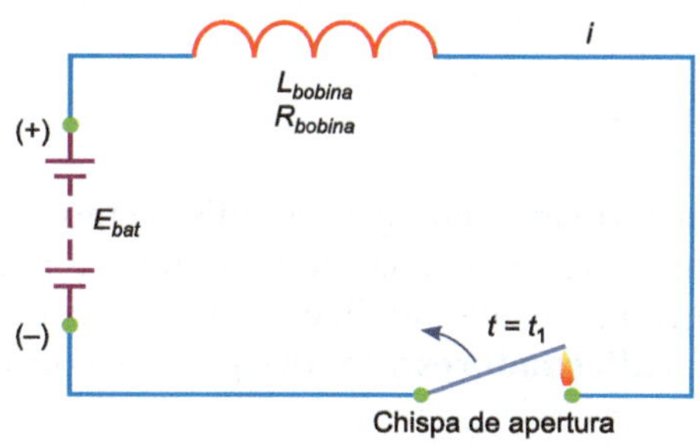


**Figura 6.16.** Descarga de una bobina.

ACTIVIDAD **Propuesta 6.10**

Explica algunas de las aplicaciones de la extracorriente de apertura en una bobina (Apartado 4.1.2).

ACTIVIDAD **Propuesta 6.11**

¿Qué elementos de protección se emplean para la extracorriente de apertura? Repásalo en la Unidad 4.

## 6.3. Máquinas eléctricas

En cualquier máquina eléctrica destinada a la producción de la electricidad o de movimiento (alternador o motor), a partir de un movimiento de rotación, distinguimos dos órganos concéntricos: uno fijo, que recibe el nombre de **estátor,** y otro que gira, el **rotor.**

En cada uno de ellos se crea un campo magnético formado por un imán permanente, una bobina o una bobina reforzada por un imán permanente. Independientemente de su estado de reposo o movimiento, se denomina **campo magnético fijo** cuando su polaridad magnética no cambia, aunque sí gire el imán; y **campo magnético variable** cuando cambia la polaridad magnética, aunque el imán no se mueva.

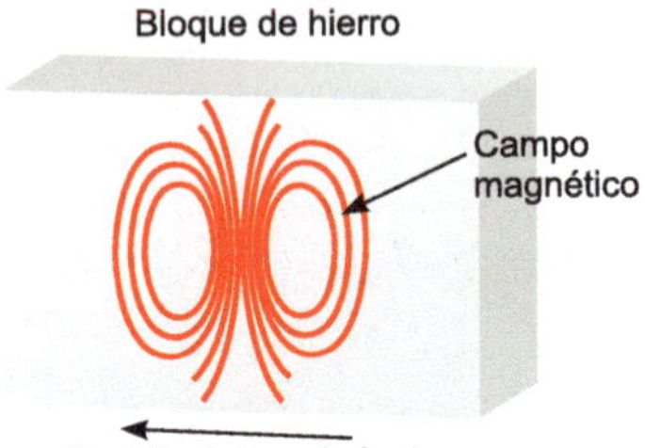


**Figura 6.17.** Corrientes de Foucault.

Cuando el campo magnético es fijo (imán permanente o bobina recorrida por corriente continua) hablamos de **inductor;** y si por la bobina sin imán permanente pasa corriente alterna, el campo magnético es variable y recibe el nombre de **inducido.**

En el inducido, al cambiar continuamente de polaridad el campo magnético de la bobina, se producen movimientos en los electrones libres del núcleo, con lo que se originan unas corrientes en forma de torbellinos en la estructura metálica o **corrientes de Foucault.** Estas corrientes son perjudiciales, ya que en ellas se desperdicia energía en forma de calor.

A fin de reducir la importancia de estas corrientes, el núcleo, en vez de ser macizo, está formado por un empaquetado de chapas magnéticas, aisladas unas de otras, de tal forma que no haya conexión eléctrica entre ellas (Figura 6.17). Como aplicación de las corrientes de Foucault destacan las cocinas de inducción y los frenos eléctricos para camiones.

El inductor estará formado por material de fundición y ferromagnético que facilita la transmisión del campo magnético, ya que, al ser fijo, no ofrece los problemas de que se produzca la corriente de Foucault.

ACTIVIDAD **Propuesta 6.12**

¿Cuáles serán el inductor y el inducido de los mecanismos de las Actividades resuelta 6.2 y propuesta 6.9?

### 6.3.1. Generadores

Los **generadores** transforman la energía mecánica o movimiento procedente de un salto de agua de la turbina de vapor de una central térmica o nuclear, del motor alternativo de un grupo electrógeno o un automóvil, etc., en energía eléctrica. Los que generan corriente alterna se llaman **alternadores** y los que generan corriente continua, **dinamos.**

#### Generador de corriente alterna (alternador)

Es el más empleado para obtener electricidad; también se utiliza en todos los vehículos actuales.

ACTIVIDAD **Resuelta 6.3**

Explica el funcionamiento del siguiente generador eléctrico: partimos de una espira de alambre, a cuyos terminales soldamos dos anillos conductores por los que recogemos la corriente inducida en la espira, a través de las escobillas. Consideramos a la escobilla exterior en contacto directo con el lado amarillo de la espira.

**Solución**

El valor de la corriente inducida depende de la variación del campo magnético que pasa por ella (de su velocidad de giro (r. p. m.) y de su posición en cada momento). El sentido lo deducimos según veamos que se cree un campo magnético tal que se oponga al giro.

Si analizamos las figuras siguientes para un régimen constante de r. p. m. y distintas posiciones, tenemos:

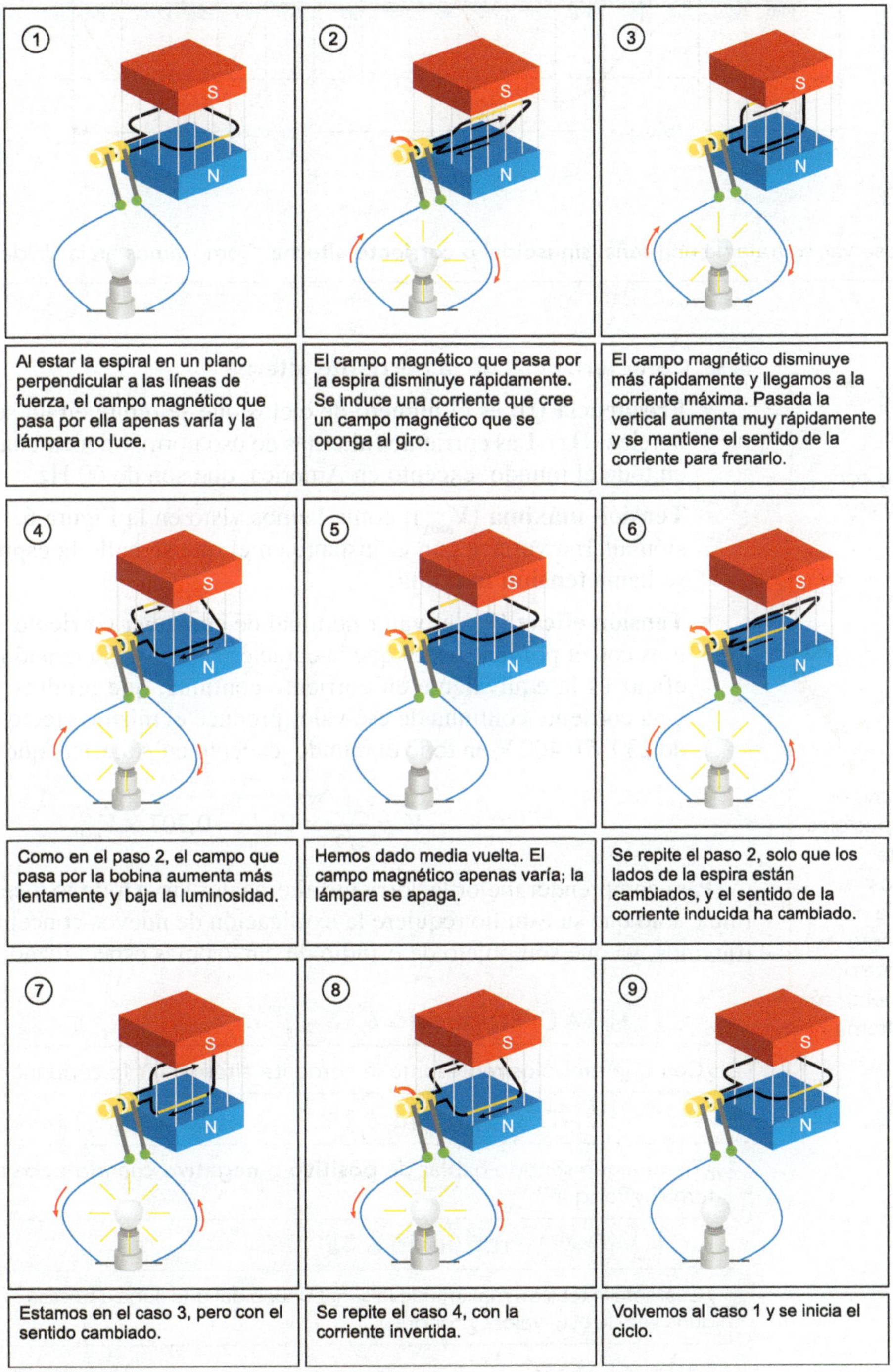


**Figura 6.18.**

Si representamos en una gráfica los valores de la f.e.m. inducida para cada una de las posiciones de la espira por encima de la línea horizontal, representamos los valores positivos, y por debajo los negativos. Si la espira sigue girando con la misma velocidad, irá repitiéndose la curva.

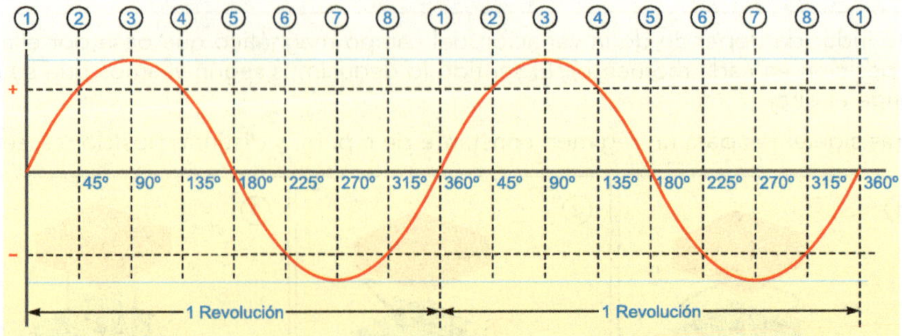


**Figura 6.19.**

Como se puede observar, se trata de una **señal sinusoidal o corriente alterna.** Como vimos en la Unidad 1, Apartado 1.2.

**Recuerda que...**

Siempre trabajaremos con valores eficaces, si no se dice lo contrario.

**Sabías que...?**

Tanto la intensidad como el voltaje alterno son imposibles de medir directamente. Para medirlos, tenemos primero que rectificarla o transformarla en corriente continua (con un puente de diodos) y lo que realmente se mide es la corriente alterna rectificada o continua.

## Características de la corriente alterna

- **Frecuencia ($f$):** es el número de ciclos que se repite en un segundo y se mide en hercios (Hz). Las corrientes alternas de uso normal tienen una frecuencia de 50 Hz en todo el mundo, excepto en América, que son de 60 Hz.
- **Tensión máxima ($V_{máx}$):** como hemos visto en la Figura 6.19, el valor de la tensión alterna varía según el instante en el que se halle la espira. Su valor máximo se llama **tensión máxima.**
- **Tensión eficaz ($V$):** el valor nominal de cualquier corriente alterna (el que medimos con el polímetro y el que la caracteriza), no es la tensión máxima. La tensión eficaz es la equivalente en corriente continua, que produce los mismos efectos. Una corriente continua de ese valor produce el mismo efecto. La tensión eficaz es de 230 V o 400 V en todo el mundo, excepto en América, que es de 120 V o 210 V.

$$V = \frac{1}{\sqrt{2}} \times V_{máx} = 0{,}707 \times V_{máx}$$

Para comprender mejor la corriente alterna nos sirve todo lo visto hasta ahora en continua, solo que su estudio requiere la explicación de nuevos conceptos en los que no entraremos, ya que son objeto de estudio de cursos más especializados.

**ACTIVIDAD Propuesta 6.13**

¿Con qué símbolos representa la corriente alterna? ¿Y la continua?

**ACTIVIDAD Propuesta 6.14**

¿Tiene algún sentido hablar de **positivo** o **negativo** cuando trabaja con corriente alterna? ¿Por qué?

**ACTIVIDAD Propuesta 6.15**

¿Cuál será la tensión máxima de la señal sinusoidal que llega a tu casa? ¿Has oído hablar alguna vez de este valor? ¿Por qué?

## Tipos de corriente alterna

El alternador que hemos estudiado al principio de este apartado tiene una sola espira o bobina. Sin embargo, muchos alternadores emplean dos o más bobinas, repartidas y con un desfase uniforme en su inducido.

Al igual que un motor alternativo, puede tener uno o varios cilindros. El inducido de un alternador puede estar formado por una bobina (monofásico), dos (bifásico), tres (trifásico), o más (polifásico). Los más empleados son los monofásicos y los trifásicos, que pasamos a estudiar.

- **Alternador monofásico:** son los más sencillos. Se emplean en pequeños grupos electrógenos, tienen una sola bobina, y tanto la tensión como la corriente que generan (tensión e intensidad de línea), tienen que ser iguales a la de la bobina (tensión e intensidad de fase). Para la potencia, tenemos:

$$P_{línea} = P_{fase} = V_{línea} \times I_{línea} = V_{fase} \times I_{fase}$$

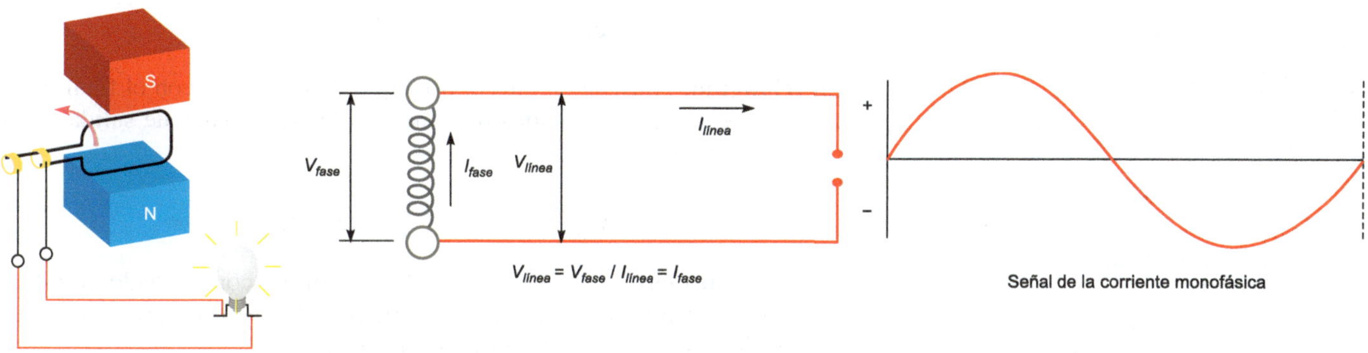


Figura 6.20. Alternador monofásico.

- **Alternador trifásico:** está formado por tres bobinas independientes en su estátor, que constituyen un sistema de tres corrientes monofásicas desfasadas en un giro de 120°.

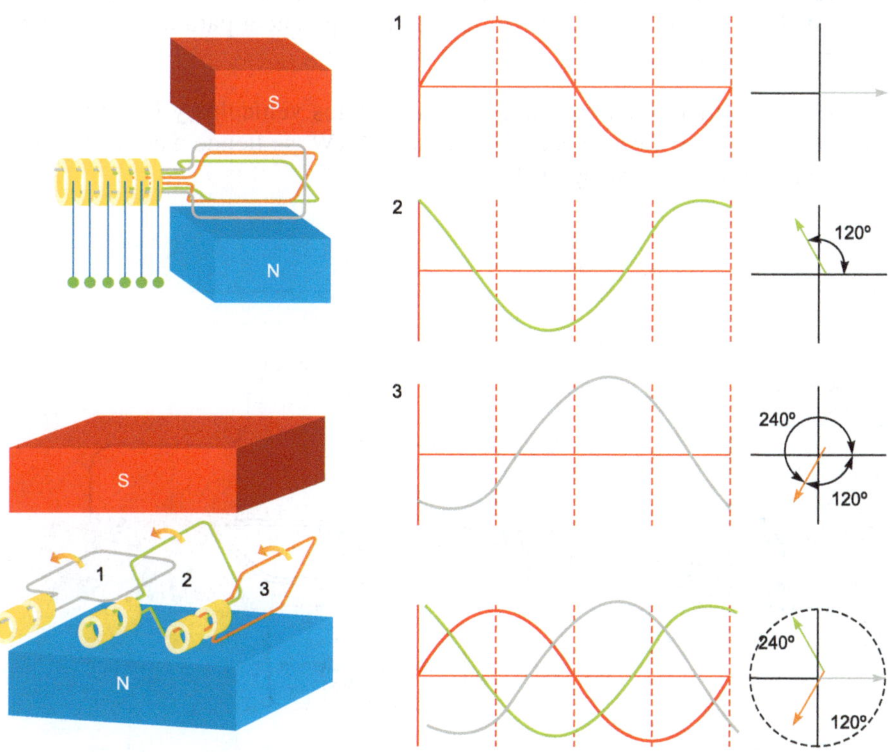


Figura 6.21. Alternador trifásico.

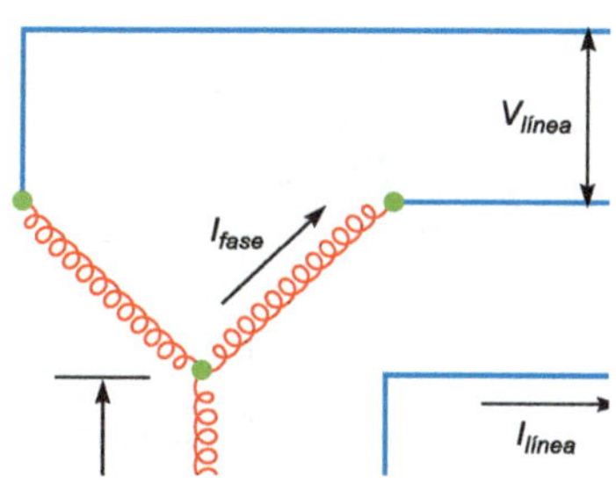


Figura 6.22. Devanado en estrella.

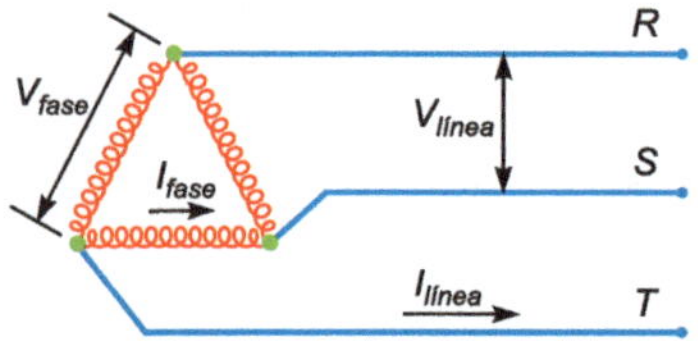


Figura 6.23. Devanado en triángulo.

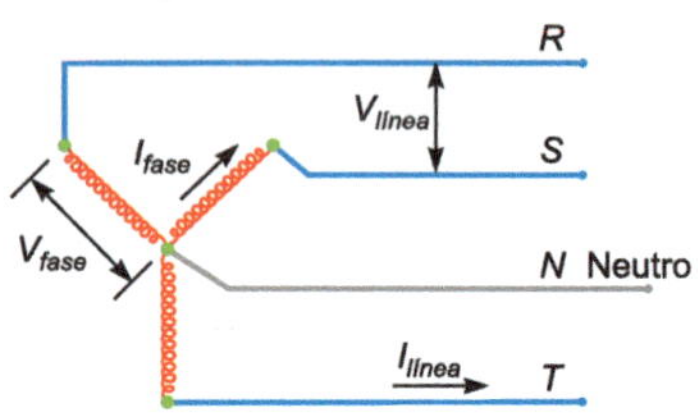


Figura 6.24. Devanado en estrella con neutro.

**¿Sabías que...?**

Las redes de distribución de energía eléctrica emplean sistemas con tres fases o más. Esto permite transmitir más energía con menos cables para grandes distancias, con el ahorro que ello supone.

Según conectemos entre sí los arrollamientos, tenemos una conexión en estrella o en triángulo.

— **En estrella:** consiste en unir en un punto común los finales de cada fase del estátor y los terminales de salida son los otros tres extremos de cada bobina.

Es el conexionado empleado en la gran mayoría de los alternadores para vehículos donde los tres hilos de línea van al puente rectificador o placa de diodos para rectificar o transformar la corriente a continua.

La relación que guardan entre sí las intensidades y tensiones son:

$$V_{línea} = \sqrt{3} \times V_{fase} \qquad I_{línea} = I_{fase}$$

— **En triángulo:** consiste en unir el principio de cada fase con el final de la siguiente y son los tres nudos de conexión los terminales de salida. Para este caso tenemos:

$$V_{línea} = V_{fase} \qquad I_{línea} = \sqrt{3} \times I_{fase}$$

— **Estrella con neutro:** a veces, del nudo común del conexionado en estrella sacamos otro hilo, al que llamamos **neutro,** lo que nos permite obtener una tensión distinta entre fase-fase o fase-neutro.

$$V_{fase\text{-}fase} = \sqrt{3} \times V_{fase\text{-}neutro}$$

Para el resto, es todo igual que en el conexionado en estrella sin neutro.

En los vehículos se emplean alternadores trifásicos porque la corriente se puede rectificar o transformar en continua menos rizada que si fueran monofásicos (Unidad 9). Asimismo, permiten obtener más potencia para alternadores con tamaño y peso limitado.

Con el aumento del consumo eléctrico en los vehículos y las limitaciones de los alternadores trifásicos actuales, de unos 4 kW, se tiende a aumentar su potencia, refrigerándolos con agua (Unidad 9).

## ACTIVIDAD Resuelta 6.4

En los dos alternadores siguientes:

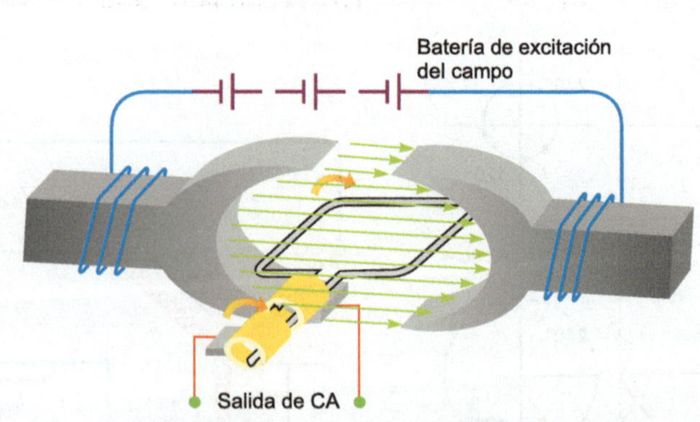


Figura 6.25. Alternador con inducido giratorio.

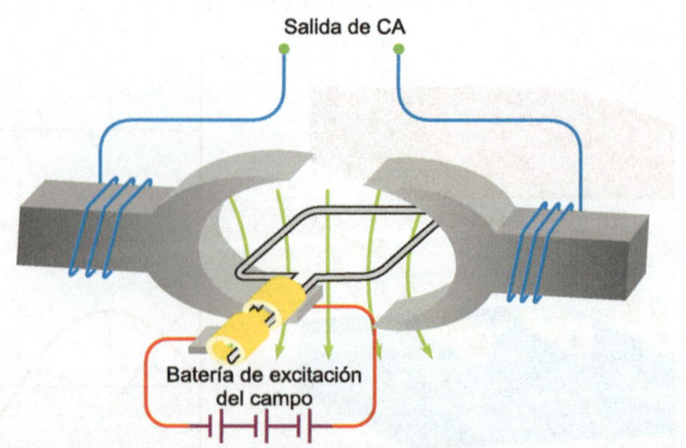


Figura 6.26. Alternador con inducido fijo.

a) Distingue el rotor, el estátor, el inductor y el inducido en cada uno de ellos.

b) ¿Cuál de las dos formas es la más aceptada? ¿Por qué?

**Solución**

a) En cada uno de ellos la parte fija es el estátor y la móvil, el rotor. En el primero, el inducido y el inductor son el rotor y el estátor, respectivamente; y en el segundo, al revés.

b) La segunda forma, ya que así son la inmensa mayoría de los alternadores porque el inducido es el estátor, lo que presenta la ventaja de que la corriente generada puede conectarse directamente a la línea de salida (sin escobillas). Se aplica a los anillos una corriente continua pequeña (corriente de excitación del campo inductor) con apenas calentamiento ni desgaste de las escobillas.

ACTIVIDAD **Propuesta 6.16**

La potencia que suministra cualquier alternador es igual a:

$$P_{total} = \text{N.° de fases} \times V_{fase} \times I_{fase}$$

Disponemos de tres alternadores: uno monofásico y dos trifásicos, uno en estrella y otro en triángulo. Los arrollamientos, en todos, son iguales y generan la misma $V_{fase} = 20$ V e $I_{fase} = 30$ A. ¿Qué potencia desarrolla cada uno de ellos?

Si dividimos la potencia de cada uno de ellos entre el número de hilos necesarios para transportarla, ¿en cuál se puede transportar más potencia por hilo? ¿Por qué crees que están más extendidos en la distribución de la energía eléctrica los sistemas trifásicos, y más concretamente los polifásicos?

ACTIVIDAD **Propuesta 6.17**

En este punto hemos hablado de 230 o 400 V como las tensiones eficaces, disponibles en la red eléctrica de todo el mundo, salvo en América, que son de 120 o 210 V.

¿Qué relación observas entre cada uno de estos pares de valores? ¿De qué tipo de red se trata?

ACTIVIDAD **Propuesta 6.18**

En un enchufe trifásico de tu taller, mide con el polímetro la tensión entre todas las fases y entre cada una de las fases y el neutro. Pon la rueda selectora en la posición de 750 V de corriente alterna (Unidad 2, Apartado 2.1.1). ¿A qué conclusión llegas?

## Generador de corriente continua (dinamo)

Este generador tiene un uso muy restringido. Al descubrirse los semiconductores, concretamente los diodos de unión o rectificadores, fueron reemplazados por los alternadores, como veremos, por las ventajas que estos ofrecen frente a las dinamos.

ACTIVIDAD **Resuelta 6.5**

Explica el funcionamiento del generador eléctrico de la Figura 6.27.

**Solución**

Partimos de una espira de alambre, a cuyos terminales soldamos dos sectores circulares de cobre o **delgas** montadas sobre un cilindro y aisladas entre sí, por los que recogemos la corriente inducida en la espira. A este conjunto del cilindro aislante con sus delgas lo llamamos **colector** y sobre él están en contacto continuo las escobillas. El colector invierte, cada media vuelta, el contacto de la espira con las escobillas y así la corriente alterna inducida en la espira se transforma en pulsatoria a la salida de este.

Si consideramos que la espira se halla inmersa en un campo magnético dirigido de arriba abajo, el norte quedará arriba. Si analizamos las figuras siguientes para un régimen constante de r. p. m. y distintas posiciones, tenemos:

| | | |
|---|---|---|
| 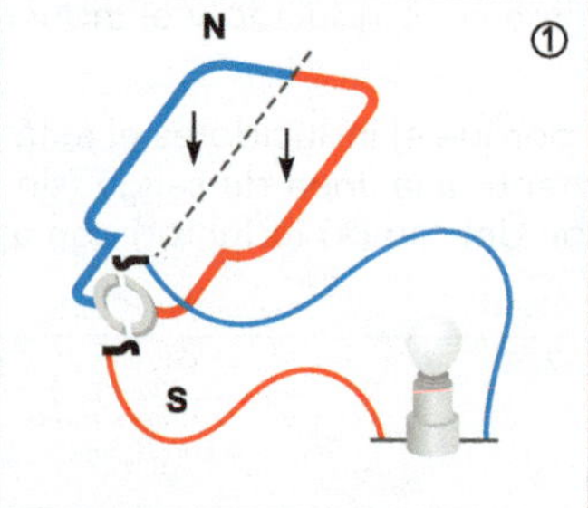  | 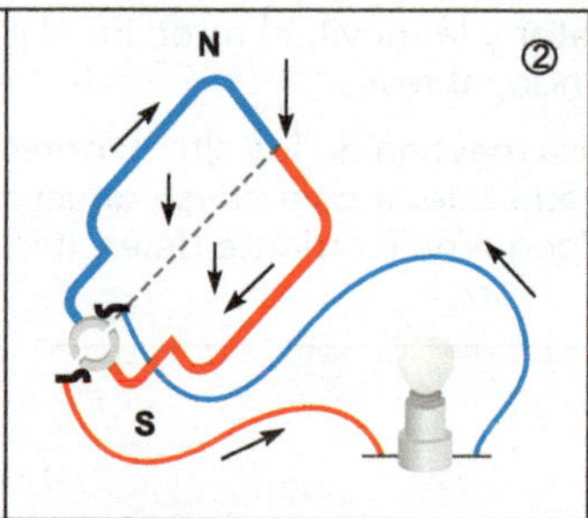  | 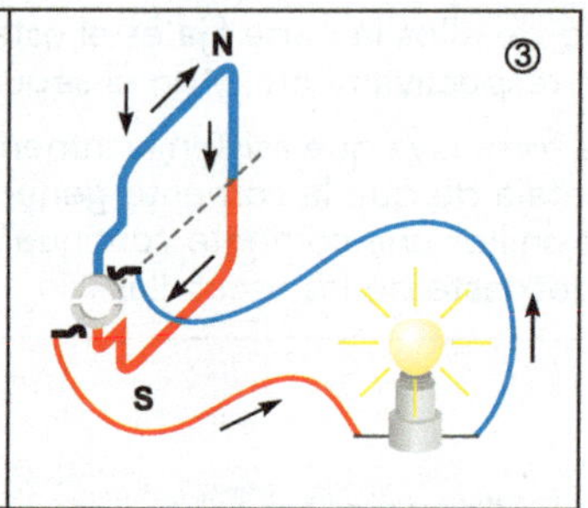  |
| Al estar la espira en un plano perpendicular a las líneas de fuerza, el campo magnético que pasa por ella apenas varía y la lámpara no luce. | El campo magnético que pasa por la espiral disminuye rápidamente. Se induce una corriente que cree un campo magnético que se oponga al giro. | El campo magnético disminuye más rápidamente y llegamos a la corriente máxima. Pasada la vertical aumenta muy rápidamente y se mantiene el sentido de la corriente para frenarlo. |
| 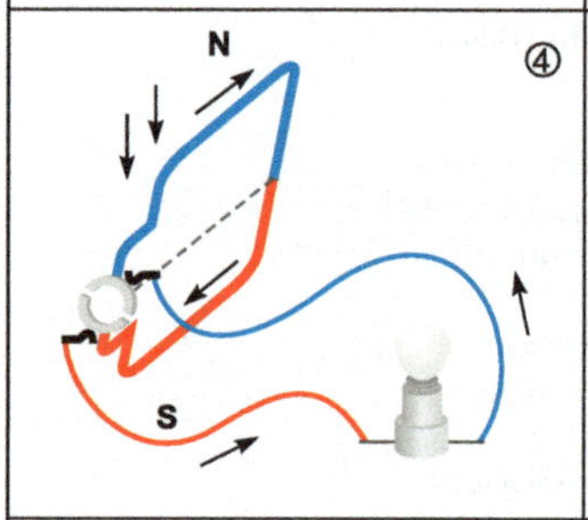  | 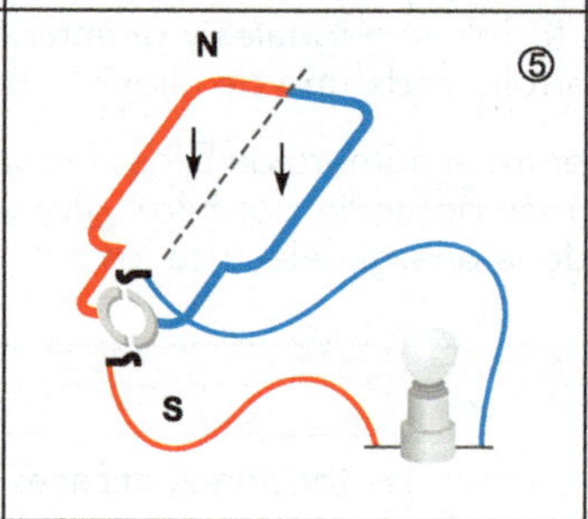  | 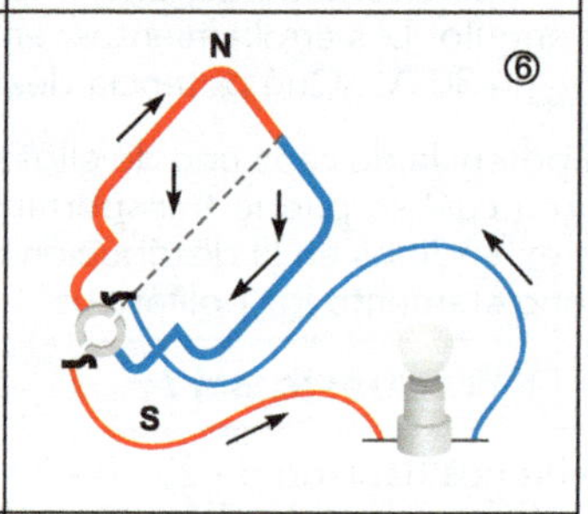  |
| Como en el paso 2, el campo que pasa por la bobina aumenta más lentamente, baja la luminosidad. | Hemos dado media vuelta. El campo magnético apenas varía y la lámpara se apaga. | Se repite el paso 2: la corriente inducida ha cambiado, pero las delgas cambian de escobillas y se mantiene el sentido de la corriente en el exterior. |
| 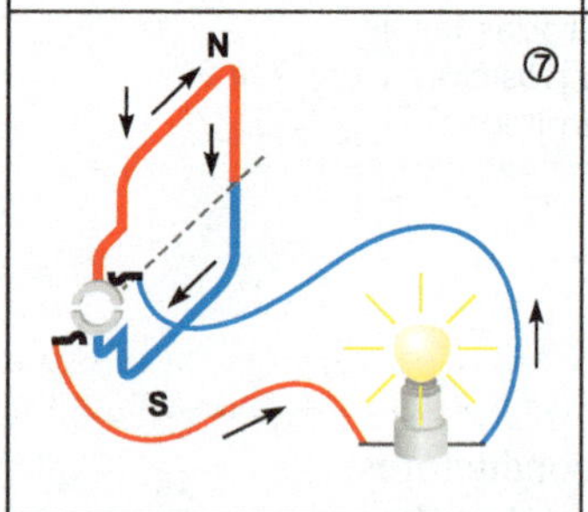  | 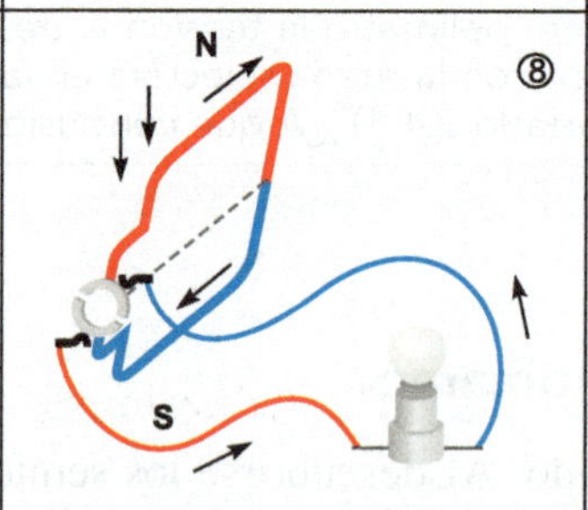  | 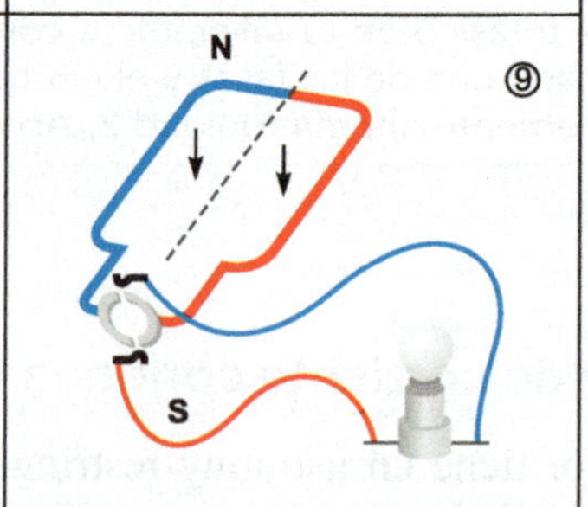  |
| Estamos en el caso 3. | Se repite el caso 4. | Volvemos al caso 1. Cambian las delgas de escobillas y se mantiene el sentido en el exterior. |

**Figura 6.27.** Rectificado de la corriente alterna con un conjunto delgas-colector.

Si representamos en una gráfica los valores de la f.e.m. inducida para cada una de las posiciones de la espira, obtenemos una **corriente pulsatoria** que oscila entre un valor máximo y un valor cero y que tiene siempre el mismo sentido.

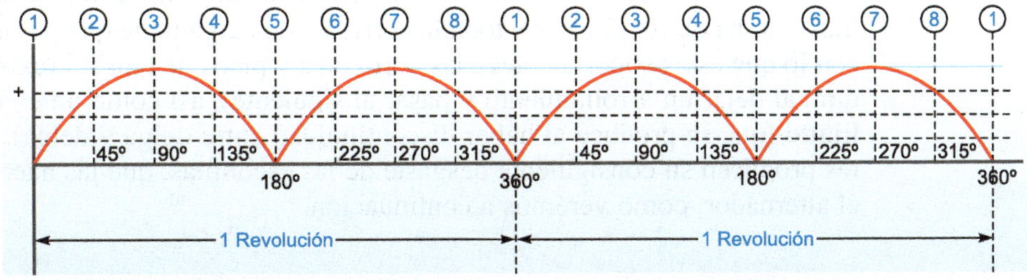


Figura 6.28. Corriente pulsatoria de doble onda.

El colector deshace la alternancia de una forma mecánica, con lo que se proporciona una corriente pulsatoria, siempre en el mismo sentido. Esta corriente no es alterna, ni tampoco es continua para rectificarla, es cuestión de añadir más espiras y delgas en el colector.

Por ejemplo, la Figura 6.29 representa una dinamo con dos espiras desfasadas a 90°. Con cada giro de 90° del inducido, las escobillas abandonan las delgas de la espira por donde desciende la corriente inducida y entran en contacto con la que asciende. La corriente que se recoge en las escobillas y que alimenta al circuito exterior se parece más a la continua, aunque con un pequeño rizado. Y si como ocurre en las dinamos de verdad aumentamos el número de bobinas, la corriente que obtenemos será prácticamente continua.

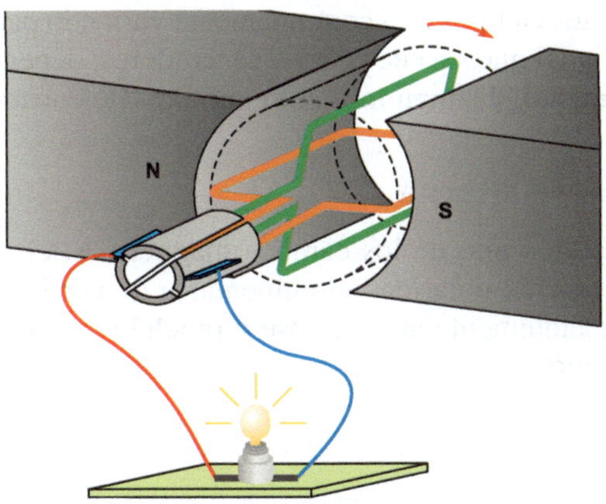


Figura 6.29. Dinamo con dos espiras desfasadas a 90°.

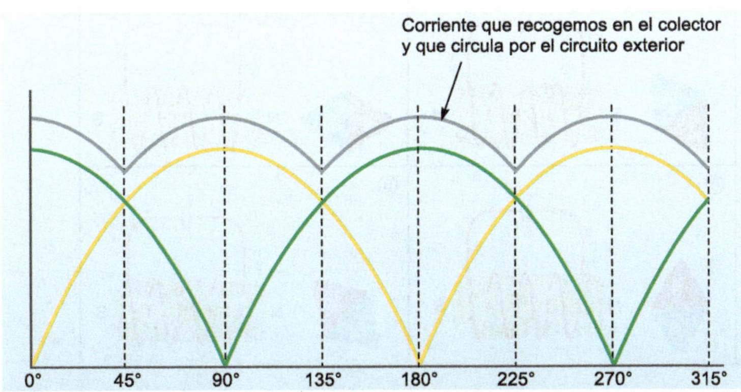


Figura 6.30. Corrientes pulsatorias de doble onda superpuestas.

En cualquier dinamo, si se desea rectificar la corriente con el sistema de colector, el inducido ha de ser el rotor y toda la corriente de carga tiene que pasar por las escobillas, con lo que estas soportan elevadas corrientes y picos de tensión (extracorriente de apertura, al dejar un arrollamiento y pasar al siguiente), así como un efecto conocido como **lijado** (que se produce al haber discontinuidad entre delga y delga). Todos estos factores producen su consiguiente desgaste de las escobillas, que las hace menos fiables que el alternador, como veremos a continuación.

ACTIVIDAD **Propuesta 6.19**

¿Qué diferencias observas entre los alternadores y las dinamos? ¿Cuáles son más fiables? ¿Cómo rectificarías la corriente alterna que sale de un alternador?

## 6.3.2. Motores

Los motores eléctricos, al contrario que los generadores, transforman la energía eléctrica en mecánica. Físicamente son muy parecidos a los generadores y son, a veces, reversibles, es decir, si a un motor lo hacemos girar, se crea una corriente y si a un generador lo alimentamos con corriente, se mueve.

Al pasar corriente por una bobina se crea un campo magnético que se enfrenta a otro, repeliéndose o atrayéndose entre sí, con el consiguiente movimiento. Este movimiento será continuo si uno de los campos está continuamente variando para repeler o atraer continuamente al otro. Al igual que sucede con los generadores, dependiendo de cómo sea la corriente de funcionamiento, distinguimos entre motores de corriente alterna y continua.

### Motor de corriente alterna

En este tipo de motores uno de los campos magnéticos, el rotor o el estátor, está cambiando continuamente de polaridad al alimentarse de corriente alterna, lo que hace que se mantengan constantemente atrayéndose o repeliéndose y así se consigue el movimiento de giro continuo.

ACTIVIDAD **Resuelta 6.6**

Deduce el funcionamiento del siguiente motor para las distintas posiciones:

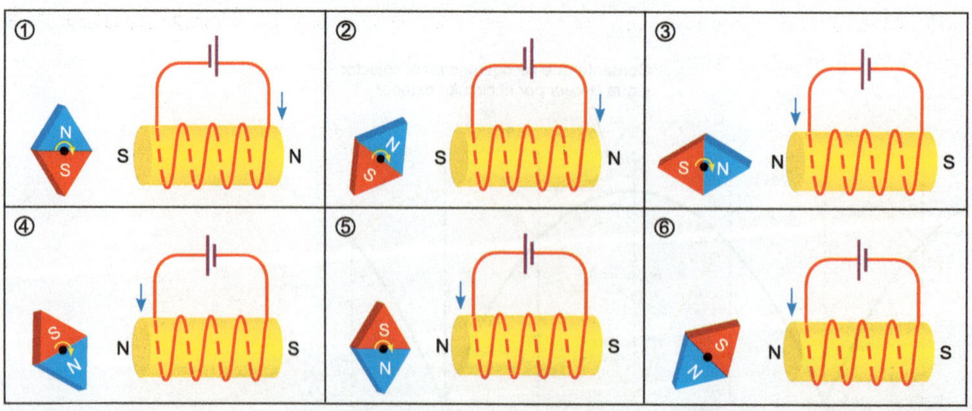


Figura 6.31.

**Solución**

- Figura 6.31(1): se crea un campo magnético que atrae a un lado y repele al otro del rotor, obligándole a girar. De este modo, sigue hasta la Figura 6.31(3).
- Figura 6.31(3): de mantener la polaridad de los dos imanes, se quedarían unidos, pero se invierte la polaridad del inducido, con lo que se repelen los dos polos enfrentados y continúa el giro. Así seguiría hasta la hipotética Figura 6.31(7), donde tendría que volver a invertirse el campo magnético inducido para obligar a girar al inductor otra media vuelta.

Como vemos, este motor necesita una corriente que cambie de sentido cada media vuelta o una corriente alterna.

ACTIVIDAD **Propuesta 6.20**

Termina de completar la vuelta del rotor de la Actividad resuelta 6.6.

ACTIVIDAD **Propuesta 6.21**

Si en la Actividad resuelta 6.3 sustituimos la lámpara por un alternador, explica el giro de la espira como motor.

## Trifásicos

Los tenemos con conexión en estrella o en triángulo.

Un inducido trifásico como el de la Figura 6.32 equivale a tres monofásicos (*R–S*, *R–T* y *S–T*) con dos bobinas cada uno ($A_1$–$A$, $B$–$B_1$ y $C$–$C_1$) respectivamente, correspondientes a los polos N y S, o al revés, en cada alternancia.

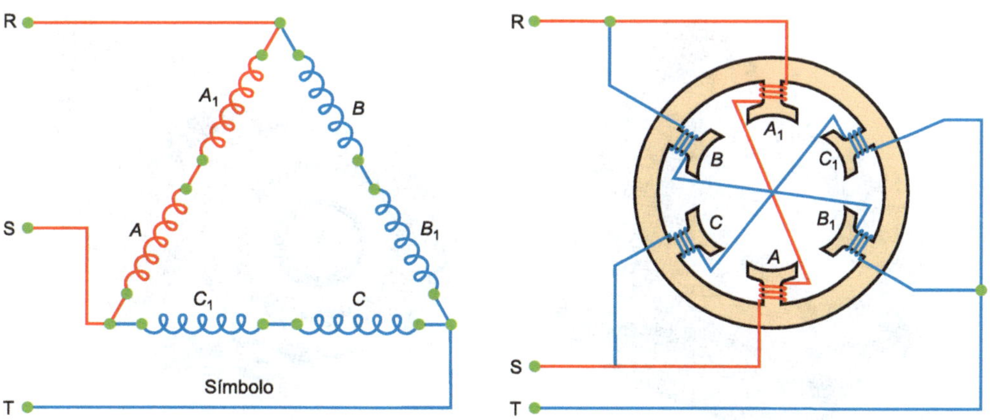


**Figura 6.32.** Trifásicos con conexión en triángulo.

Como al mismo tiempo la corriente alterna entre cada dos fases está desfasada 120°, la acción combinada de las corrientes de cada fase y el desfase entre ellas produce un campo magnético giratorio. Normalmente, el rotor en este tipo de motores no necesita corriente de excitación externa (ni anillos rozantes ni escobillas), lo que simplifica el conjunto, haciéndolo muy fiable.

Dependiendo de cómo se cree el campo magnético en el rotor, bien por imanes permanentes o bien por inducción magnética, nos encontramos con motores síncronos o asíncronos, respectivamente.

**Figura 6.33.** Estátor y rotor del motor del vehículo híbrido Toyota Prius.

### *Motores síncronos*

Emplean como rotor un imán fijo giratorio; es evidente que este se orientará de acuerdo con la polaridad que adopte en cada momento el campo magnético giratorio en el que se encuentra inmerso. Siempre, el polo S del rotor se enfrentará al polo N variable del campo giratorio. Para que esto ocurra, el rotor debe seguir el giro con la misma velocidad que el campo magnético. Hay, pues, un perfecto sincronismo entre la velocidad de giro del campo y la del rotor.

La velocidad de giro de estos motores depende de la frecuencia de la corriente alterna empleada. Entre la velocidad y la frecuencia para una máquina con un número de pares de polos igual a $p$ por fase, existirá una relación:

$$N = \frac{f \times 60}{p} = \text{(r. p. m.)}$$

Donde $f$ es la frecuencia en hercios (50 Hz en Europa).

**Figura 6.34.** Motores síncronos.

Por ejemplo, para el motor trifásico anterior, su velocidad de giro, será:

$$N = \frac{50 \times 60}{1} = 3000 \text{ r. p. m.}$$

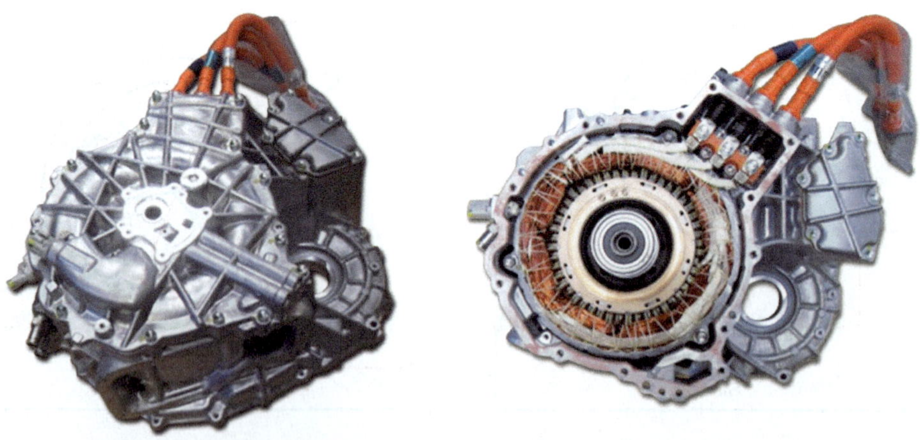

**Figura 6.35.** Motor eléctrico trifásico síncrono del Toyota FHCV. Potencia: 80 kW.

En el arranque, para que se establezca el sincronismo, el rotor deberá girar a la velocidad de sincronismo y vencer la inercia al giro. Necesita una corriente de arranque 5 a 7 veces más elevada que la que necesita en un régimen estacionario.

Los motores síncronos se emplean para la propulsión, tanto de los vehículos eléctricos como de los híbridos. La velocidad de rotación del motor se regula variando la frecuencia de la corriente alterna trifásica entre 0 y un valor máximo de hercios, intercalando en la transmisión una caja de cambios que aumente o disminuya el desarrollo, y la marcha atrás.

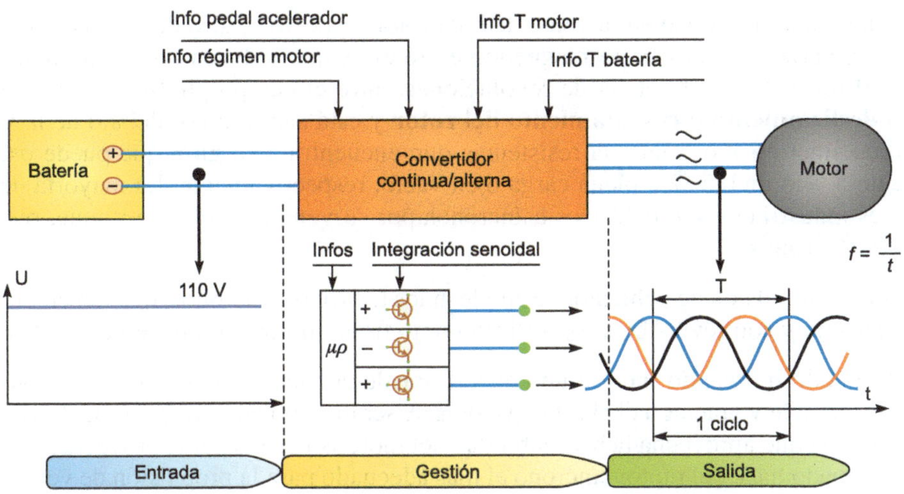


Figura 6.36. Esquema funcional del grupo motor de un vehículo eléctrico.

Como se puede observar, el módulo de mando recibe información sobre el régimen del motor, posición del acelerador y temperaturas del motor y la batería, en función de lo cual varía la frecuencia de la corriente alterna.

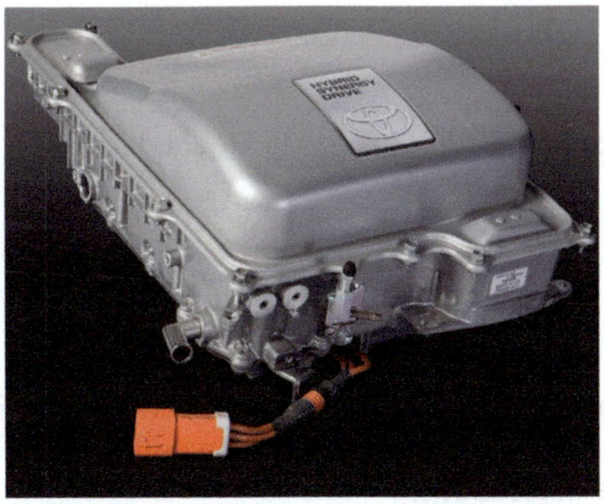


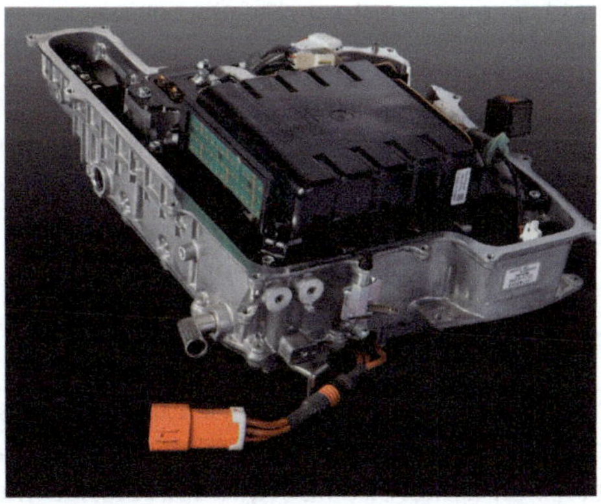

Figura 6.37. Conjunto del inversor.

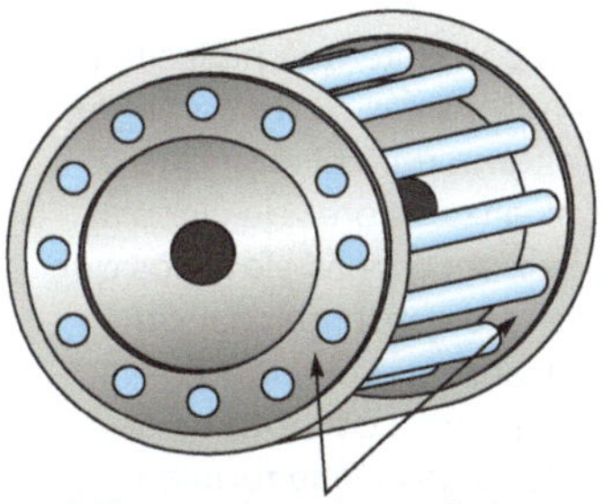


Figura 6.38. Jaula de ardilla.

### *Motores asíncronos*

Son los de mayor utilidad; en ellos el campo magnético en el rotor se crea por inducción magnética. El campo magnético giratorio que se produce en el estátor induce corrientes en las bobinas de rotor; estas crean otro campo magnético que tiende a seguir al giratorio en su rotación.

El bobinado en los motores asíncronos se simplifica de la siguiente manera: por las ranuras obtenidas en el empilado de chapa magnética del rotor o inductor pasamos unas barras de cobre que sobresalen por las dos partes del empilado. Estas barras se cierran sobre dos anillos, también de cobre, que hacen las veces de espiras. Este tipo de inducido recibe el nombre de **jaula de ardilla.**

En los motores de pequeña potencia, las barras de cobre se sustituyen por aluminio fundido e inyectado que ocupa totalmente el interior de las ranuras que se cierran también con anillos del mismo material.

**Sabías que...**

Todos los motores, generadores y muchos transformadores trifásicos disponen de una caja de bornes desde donde se accede a cada uno de los extremos de sus bobinas para conectarlas como se quiera, en estrella o triángulo.

Figura 6.39. Conexión en triángulo.

Figura 6.40. Conexión en estrella.

**Sabías que...?**

La corriente que necesita un motor trifásico de corriente alterna para el arranque alcanza valores de cinco a seis veces más elevados que la que consume cuando alcanza su velocidad de régimen. Los motores de mayor potencia requieren un sistema de arranque estrella-triángulo, reduciendo la corriente al arranque.

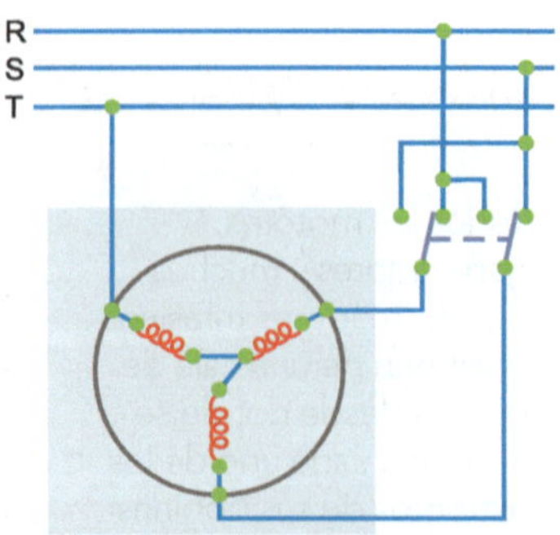


Figura 6.41. Inversión de giro de un motor trifásico.

Se necesita un retraso en la velocidad del rotor respecto al giro del campo para que haya una variación del campo magnético entre ellos que induzca un campo magnético en el rotor. Esta diferencia de revoluciones entre el campo giratorio y el rotor se llama **deslizamiento** o **resbalamiento del rotor** y está siempre por debajo de la velocidad de sincronismo, según la resistencia que encuentra a su giro, que puede oscilar entre un 5 % o un 0,5 % a plena carga o en vacío, respectivamente. La mayoría de los motores industriales son trifásicos asíncronos por su ventaja para el arranque, respecto a los síncronos.

Para la propulsión de vehículos se emplean los trifásicos síncronos, que tienen un menor consumo y son reversibles (se utilizan como freno motor y producen electricidad).

El módulo de mando integra un convertidor de corriente continua/alterna con frecuencia variable y gracias a él el arranque deja de ser un problema. La gestión electrónica de la energía que aprovecha la reversibilidad del motor síncrono para aprovechar la energía de frenado hace del motor síncrono el más adecuado para la propulsión de vehículos.

En los motores trifásicos se invierte el sentido de giro, cambiando cualquiera de sus dos fases. En los vehículos eléctricos, sin embargo, siempre giran en el mismo sentido, con lo que se invierte el giro de la tracción en la caja de cambios.

ACTIVIDAD **Propuesta 6.22**

¿Cuál será la velocidad síncrona de un motor trifásico de 6 bobinas en el estátor y 12 imanes en el rotor?

ACTIVIDAD **Propuesta 6.23**

Explica por qué cambia el sentido de giro del motor trifásico de la Figura 6.41, según se accione el conmutador doble.

## Monofásicos

Los motores empleados en la gran mayoría de los electrodomésticos son monofásicos asíncronos para que puedan ser conectados a la red monofásica de cualquier vivienda, y son asíncronos porque reaccionan mejor al arranque.

Disponen de una sola fase con dos polos enfrentados, con lo que no puede engendrarse un campo magnético giratorio; de ahí que el motor no pueda arrancar por sí mismo y, en consecuencia, necesita un impulso inicial para empezar a girar.

Para solucionar este problema se recurre a un segundo bobinado, llamado **bobina auxiliar de arranque,** o bien se recurre a crear otro campo magnético variable en el rotor con un mecanismo delga colector o motor universal.

### *Motor monofásico con bobina auxiliar*

La bobina auxiliar de arranque crea un campo magnético perpendicular al de la bobina principal, y entre ambas un campo magnético giratorio. Una vez puesto en marcha el motor, el bobinado auxiliar puede desconectarse, puesto que el rotor y el estátor ya pueden crear un campo giratorio para mantener el motor en marcha.

La bobina auxiliar de arranque está dispuesta en serie con un condensador para crear un desfase eléctrico de 90° con respecto a la principal y con un interruptor centrífugo, que se abre cuando el motor alcanza un determinado régimen de giro. Este motor posee un fuerte par de arranque que llega a valer unas tres veces su valor normal; he aquí la principal ventaja de estos motores.

En algunos tipos, el arrollamiento auxiliar de arranque queda siempre conectado y no existe el interruptor de desconexión. Con este sistema se aumenta considerablemente el par del motor. Otras variantes de estos motores son los que disponen de dos condensadores en paralelo (de arranque y marcha); el de marcha funciona siempre, comportándose el motor como bifásico, con lo que resulta, además, que su rendimiento es superior al del monofásico.

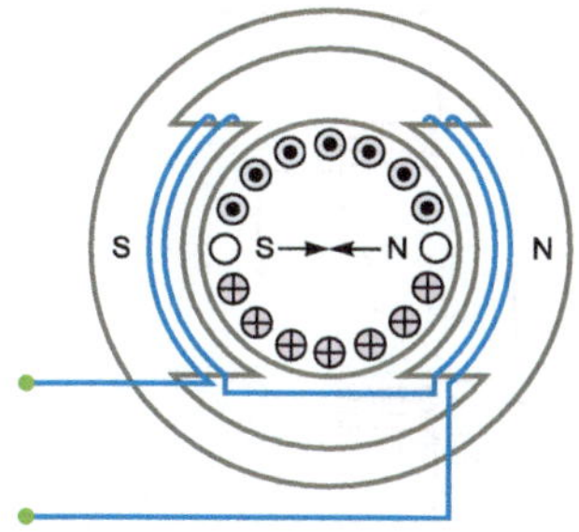

**Figura 6.42.** Monofásico sin posibilidad de arranque.

En motores para domótica, para abrir o cerrar puertas, bajar o subir persianas, etc., los dos devanados son idénticos y tienen un conmutador. Según conectemos el condensador de arranque a uno u otro de los devanados, cambia el sentido del giro (Figura 6.46).

La velocidad de estos motores está dada por la siguiente expresión:

$$N = \frac{f \times 60}{p} \text{ (r. p. m.)}$$

Donde:

- $N$: revoluciones del motor (r. p. m.).
- $f$: frecuencia de la red (Hz).
- $p$: número de pares de polos por fase.

Esta velocidad es teórica, puesto que debe contarse con la disminución debida al deslizamiento, que puede oscilar entre un 10 % y un 15 % en vacío; y que puede llegar a un 40 % a plena carga en motores pequeños.

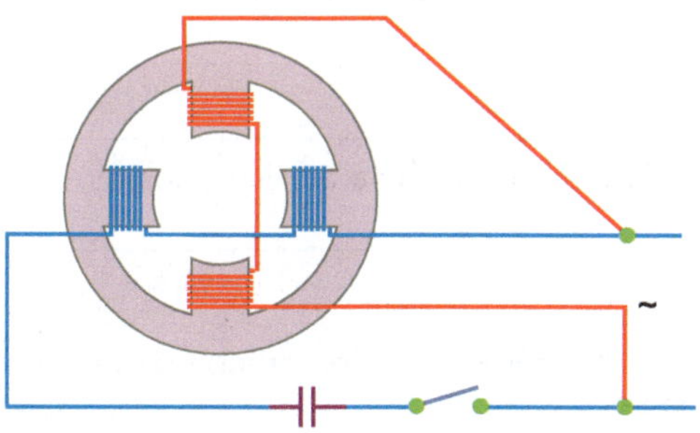

**Figura 6.43.** Motor monofásico con bobina auxiliar y condensador de arranque.

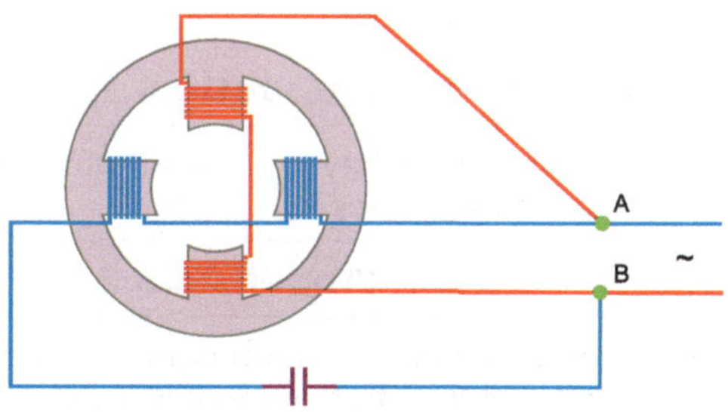

**Figura 6.44.** Motor monofásico con condensador de arranque y de marcha.

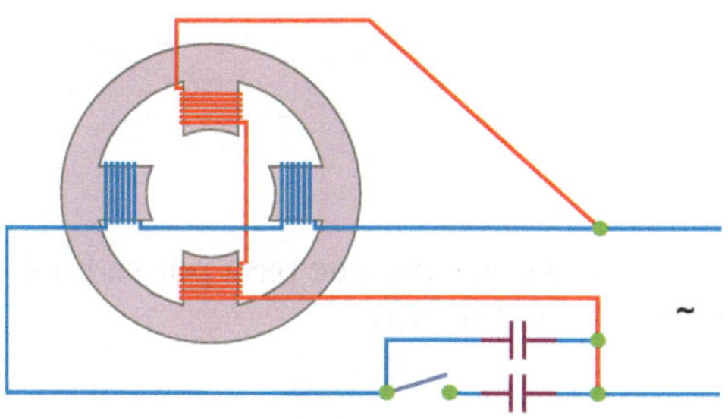

**Figura 6.45.** Motor monofásico con bobina auxiliar y condensador de arranque y marcha.

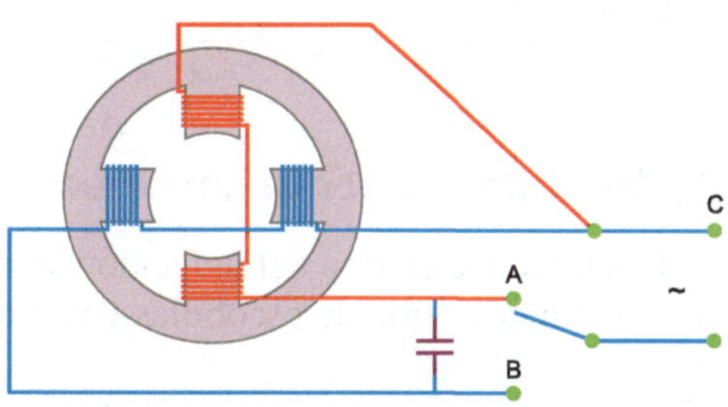

**Figura 6.46.** Inversión de giro en motores monofásicos.

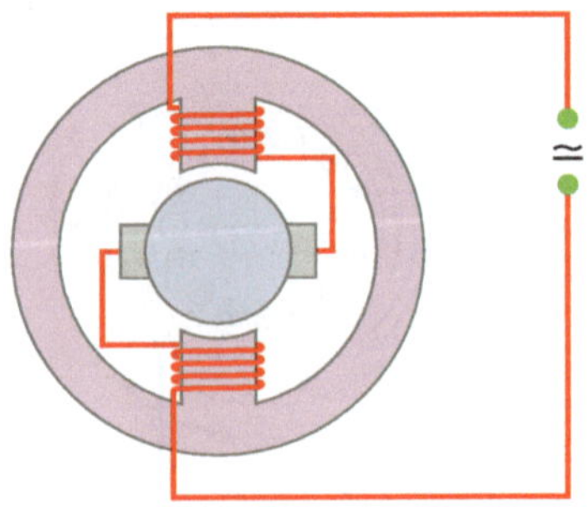


**Figura 6.47.** Motor universal.

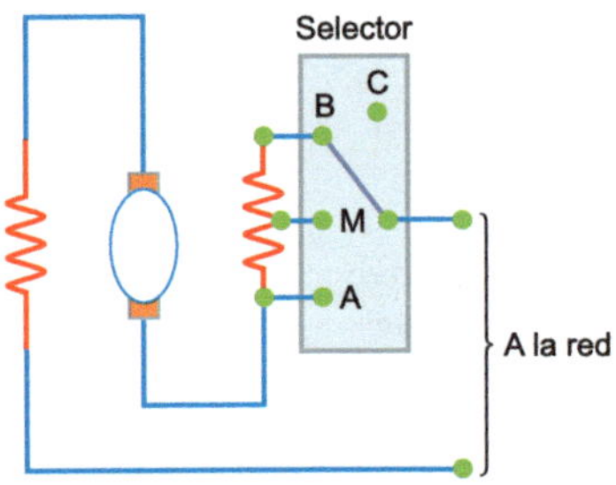


**Figura 6.48.** Regulación de la velocidad en un motor universal.

### *Motor monofásico universal*

Con el nombre de **motores universales** se conoce a los motores que pueden funcionar indistintamente con corriente alterna y continua. Su construcción es similar a la de un motor en serie para corriente continua. Su devanado principal está conectado en serie con el devanado inducido a través de las escobillas y el colector.

El motor monofásico universal se caracteriza por su fuerza de arranque y porque su velocidad no es constante, sino que es proporcionalmente inversa a la carga, por lo que tiende a embalarse.

Este motor es el más utilizado en pequeña maquinaria, tales como: herramientas mecánicas portátiles (taladros, cepilladoras, pulidoras), máquinas de coser, aspiradoras y, en general, en todos aquellos aparatos que requieren elevadas velocidades y bajas potencias.

Para regular la velocidad, conservando un elevado par de arranque, variamos progresivamente la resistencia de una de las bobinas inductoras del motor, lo que se consigue por la eliminación escalonada de sus espiras.

En contraposición, en este tipo de motores no se puede cambiar el sentido de giro, ni funcionando con corriente continua, ni alterna.

ACTIVIDAD **Propuesta 6.24**

En el caso del motor monofásico con bobina auxiliar y con condensador, para una persiana disponemos de tres hilos, además del de tierra. ¿Cómo distinguirías cada uno de los hilos con un polímetro? ¿Cómo lo montarías con un conmutador de tres posiciones? Haz el esquema (Figura 6.46).

ACTIVIDAD **Propuesta 6.25**

¿Qué tipo de motor es el de la Actividad resuelta 6.6? ¿Y si el rotor no tuviera magnetismo remanente?

ACTIVIDAD **Propuesta 6.26**

¿Qué diferencias hay entre los motores monofásicos con bobina auxiliar y los monofásicos universales?

ACTIVIDAD **Propuesta 6.27**

Desarma un taladro, una batidora, una máquina de afeitar, etc. Comprueba de qué tipo de motor se trata e identifica sus componentes.

**Nota:** ten mucho cuidado tanto al desarmarlo como al armarlo. No lo fuerces; se pueden romper las escobillas.

ACTIVIDAD **Propuesta 6.28**

Calcula la velocidad síncrona de un motor monofásico de dos polos y una corriente de 50 Hz.

## Motor de corriente continua

El campo magnético del inducido varía al cambiar la corriente que pasa por su bobina con el mecanismo de escobillas-colector, como en las dinamos.

ACTIVIDAD **Propuesta 6.29**

Si en la Actividad resuelta 6.5 sustituimos la lámpara por una batería, explica el giro de la espira como motor.

Al igual que la dinamo, el motor de corriente continua se clasifica, según se genere el campo magnético inductor, en los siguientes tipos: motores con excitación independiente, motores con excitación en serie y motores con excitación en paralelo.

## Motor con excitación independiente

Es el más simple. El campo magnético inductor está formado por un imán permanente sin bobina; por tanto, no dispone de circuito eléctrico inductor, con lo que se reduce su tamaño y peso. Se emplea en motores pequeños, tales como: limpiaparabrisas, elevalunas, etc., y en motores modernos de arranque (Unidad 8).

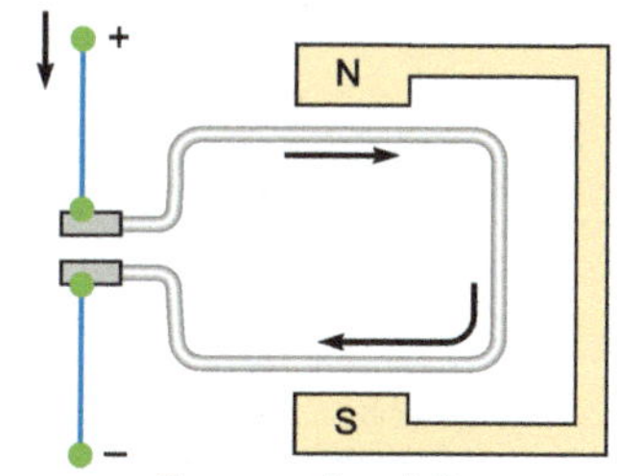


**Figura 6.49.** Motor con excitación independiente.

## Motor con excitación en serie

Es un motor universal. El campo magnético inductor se crea con un electroimán, cuya bobina está en serie con el inducido. Al pasar toda la corriente del inducido por el inductor, se crea en este un fuerte campo magnético, lo que hace que sean motores muy potentes. El inconveniente de estos motores es su embalamiento en vacío (la velocidad de rotación depende de la carga). Se emplean en la mayoría de los motores de arranque.

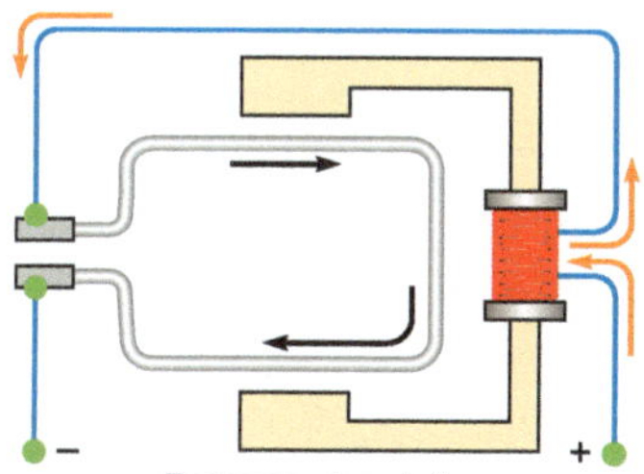


**Figura 6.50.** Motor con excitación en serie.

## Motor con excitación en paralelo

La bobina inductora funciona en paralelo con la inducida. Contrariamente al motor en serie, la velocidad de rotación es casi constante; en este sentido se asemeja a la de los imanes permanentes. Se emplea en motores de mediana potencia que no necesiten invertir su sentido de giro, tales como el impulsor de la calefacción, etcétera.

En los motores con excitación por imán fijo o en paralelo se regula la velocidad de giro, variando la tensión entre sus terminales de entrada, intercalando entre la batería y este un selector con resistencias en serie (motor impulsor de la calefacción), un reóstato o un potenciómetro (Apartado 4.1.1). Los motores con excitación en serie ya se han visto cuando se trató el motor universal monofásico.

En los motores con excitación por imán fijo se invierte el sentido de giro, cambiando la polaridad de sus terminales (elevalunas, cierre centralizado, techo corredizo, etc.). Los de excitación en serie o en paralelo siempre giran en el mismo sentido.

El mayor inconveniente que presentan los motores de corriente continua, al igual que las dinamos, se encuentra en los picos de tensión o chisporroteo entre el colector y las escobillas, lo que provoca su desgaste e interferencias o contaminación electromagnética en las señales de los captadores o de transmisión de información en los multiplexados, por lo que en los vehículos de nueva generación se utilizan los motores denominados ***brushless*** (sin escobillas).

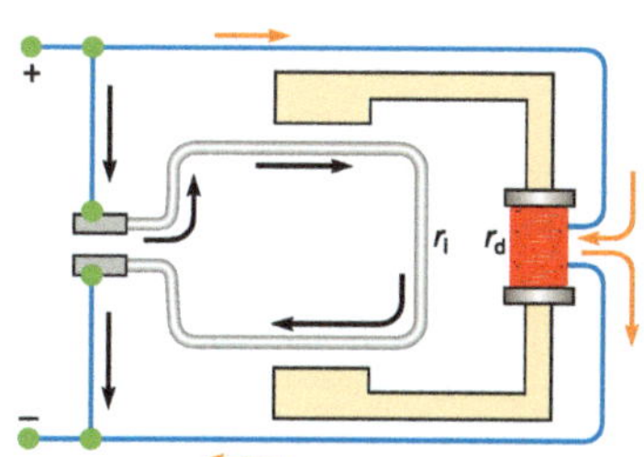


**Figura 6.51.** Motor con excitación en paralelo.

ACTIVIDAD **Propuesta 6.30**

Coge varios motores de un vehículo e identifica el colector, las escobillas, el circuito inductor, el inducido y explica con qué tipo de excitación trabaja.

ACTIVIDAD **Propuesta 6.31**

¿Qué diferencias hay entre los motores de excitación por imán fijo, en serie y en paralelo? ¿Cuándo se utiliza cada uno de ellos? ¿Por qué?

ACTIVIDAD **Propuesta 6.32**

¿Por qué no cambia el sentido de giro de los motores de excitación en serie y en paralelo cuando cambias la polaridad de sus terminales?

## El motor paso a paso

El reglaje de la posición de las ópticas, la climatización, la regulación del ralentí, etc., son opciones cada vez más frecuentes en el automóvil moderno.

En el rotor se alternan varios polos: el norte y el sur; además, el estátor está compuesto por dos o más bobinas entrelazadas. La precisión o el ángulo de cada paso disminuyen con el aumento del número de polos del rotor y el número de fases del estátor. Si se controla electrónicamente la alimentación de las bobinas según una secuencia, se obtiene una rotación continua del motor o intervalos de giro (en un sentido u otro) hasta encontrar su posición de equilibrio.

### ACTIVIDAD **Propuesta 6.33**

Dibuja las distintas variaciones del campo magnético y su paso correspondiente, según la siguiente tabla:

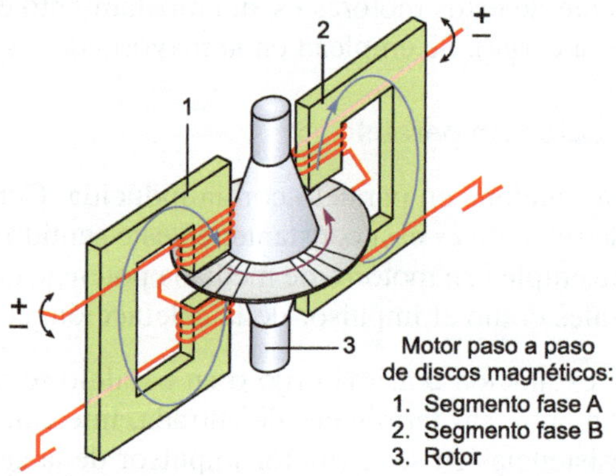


Motor paso a paso de discos magnéticos:
1. Segmento fase A
2. Segmento fase B
3. Rotor

Mando de la orden de pasos

| Paso | Paso conmutado SA | Paso conmutado SB | Rot. G | Rot. D |
|---|---|---|---|---|
| 0 | 1 | 1 | ↓ | ↑ |
| 1 | 2 | 1 | | |
| 2 | 2 | 2 | | |
| 3 | 1 | 2 | | |
| 4 | 1 | 1 | | |
| etc. | | | | |

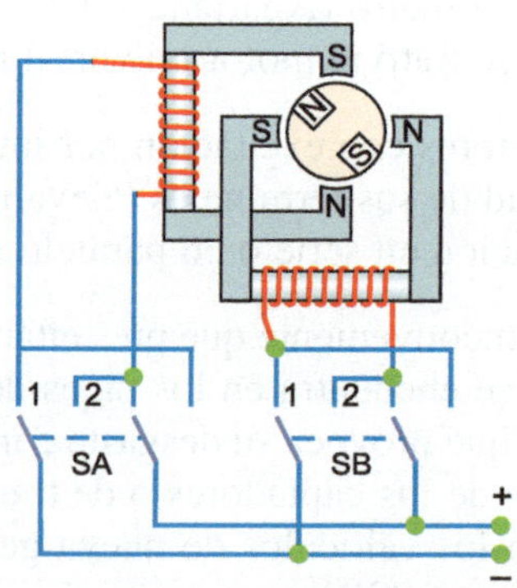


Motor paso a paso bifase (fase A, B) y rotor bipolar SA, SB conmutador de fase

**Figura 6.52.** Funcionamiento de un motor paso a paso.

## Motores de conmutación electrónica *brushless* (sin escobillas)

El rotor está formado por imanes permanentes, y el estátor por tres bobinas controladas electrónicamente y que generan un campo magnético giratorio (como un motor síncrono).

Estos motores no tienen colector ni escobillas; son silenciosos y muy fiables. Otra ventaja es que el mando electrónico permite cumplir funciones como la regulación de la velocidad, la inversión de giro, el arranque con suavidad, la protección antibloqueo, etcétera.

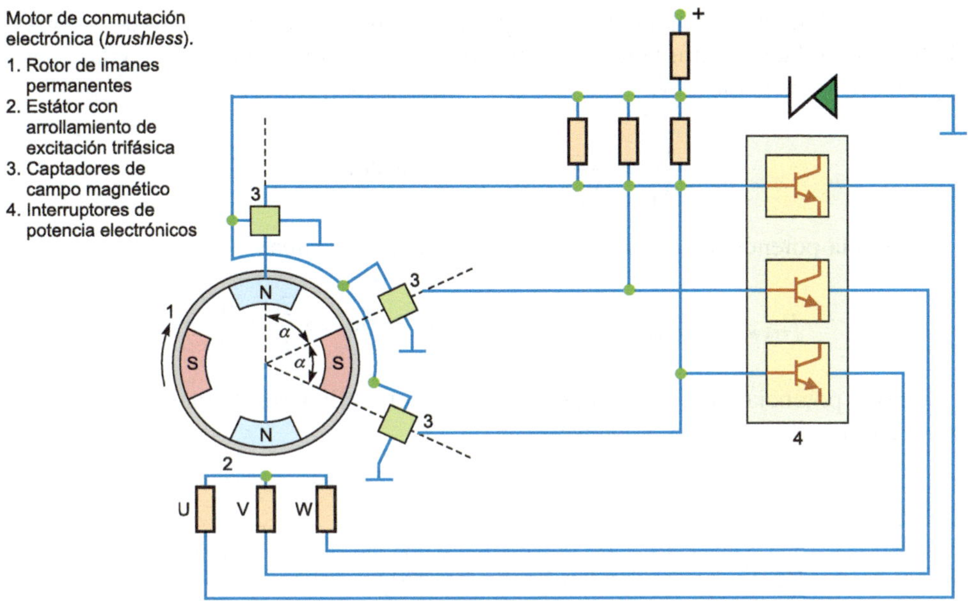


Figura 6.53. Motor de conmutación eléctrica.

## 6.3.3. Transformadores

El principal propósito de un transformador es cambiar la tensión de una corriente alterna de un valor a otro. Se caracterizan por los valores de dichas tensiones y la potencia máxima a transformar. Por ejemplo, el transformador de un halógeno 220/12 V y 50 W.

Los transformadores se basan en el principio de inducción electromagnética para transferir energía eléctrica de una bobina a otra, sin contacto eléctrico entre ellas.

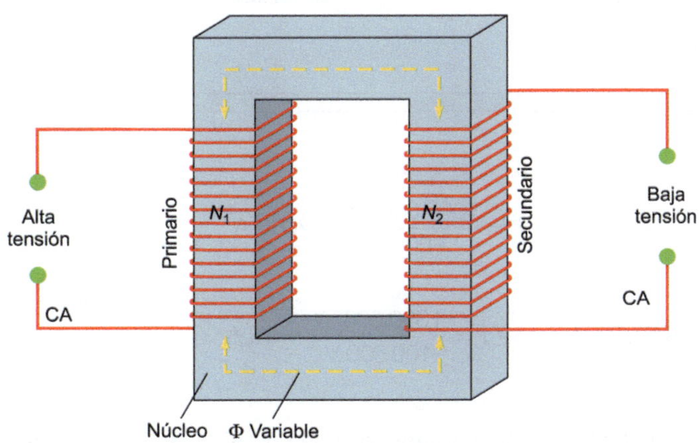


Figura 6.54. Transformador.

Un cambio de corriente en una bobina, conocida como **primario,** crea un campo magnético variable. Dicho campo se canaliza por un núcleo magnético común a otra bobina, llamada **secundario.** Al pasar el campo magnético variable del primario se crea en el secundario un voltaje o f.e.m. inducida.

**Sabías que...?**

La corriente de la que disponemos en la red eléctrica es alterna debido a la facilidad de transformarse en distintas tensiones, con un simple transformador, con lo que se facilita su transporte a grandes distancias. Al aumentar la tensión disminuye la intensidad. Dada la importancia que tiene la intensidad a la hora de decidirnos por la sección del conductor, el diámetro debe ser suficiente para que no se queme el cable (debido a un calentamiento excesivo) o para que no haya caídas de tensión excesivas, y, por otro lado, tampoco se pueden emplear cables de gran sección por la cantidad de material conductor que se necesitaría, lo que repercutiría en el peso que deben soportar las torretas.

La f.e.m. (inductora e inducida) es mayor cuanto mayor sea el número de espiras de la bobina. La relación entre la tensión del primario $V_1$ y del secundario $V_2$ y las espiras del primario y, secundario $N_1$ y $N_2$, respectivamente, son:

$$\frac{V_2}{V_1} = \frac{N_2}{N_1} \text{ (relación de transformación)}$$

Y como la potencia de entrada es la misma que la de salida:

$$P_{\text{entrada}} = P_{\text{salida}} = V_1 \times I_1 = V_2 \times I_2 = \text{cte.} \Rightarrow \frac{I_1}{I_2} = \frac{V_2}{V_1} = \frac{N_2}{N_1}$$

Como la potencia en el primario es igual a la del secundario, lo que se gana en tensión se pierde en intensidad, y viceversa.

## ACTIVIDAD **Resuelta 6.7**

Ante la necesidad de transportar una potencia de 1 000 000 W entre una central y una ciudad, ¿con qué intensidad tienes que trabajar si cuentas con una tensión de 500 V? ¿Y para una tensión de 100 000 V?

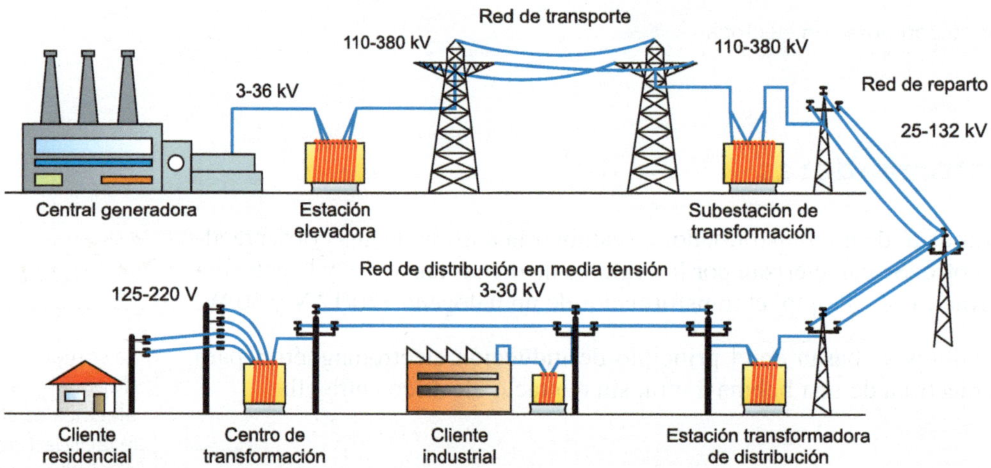


**Figura 6.55.** Red de transporte de energía eléctrica.

**Solución**

Como sabemos, la fórmula de la potencia es: $P = V \times I$

- Para 500 V:

$$1\,000\,000 \text{ W} = 500 \text{ V} \times I \rightarrow I = \frac{1\,000\,000 \text{ W}}{500 \text{ V}} = 2000 \text{ A}$$

- Para 100 000 V:

$$1\,000\,000 \text{ W} = 100\,000 \text{ V} \times I \rightarrow I = \frac{1\,000\,000 \text{ W}}{100\,000 \text{ V}} = 10 \text{ A}$$

**Conclusión:**

Por tanto, para transportar una potencia de 1 000 000 W a 500 V, necesitamos una corriente de 2000 A. Se trata de una intensidad elevadísima, cuyo control plantearía problemas de muy difícil solución y enorme coste.

Si la misma potencia la transportamos a 100 000 V, necesitamos una intensidad de 10 A. Se trata de una intensidad muy normal. En este caso, el problema surgiría de la elevada tensión, que se limita a unos aislamientos más precisos, tienen poca complicación técnica y son de reducido coste.

De la misma manera que se eleva la tensión en la central de origen para facilitar el transporte, también puede reducirse para facilitar el consumo a unos 380 V o 220 V.

El aumento constante del consumo eléctrico en los vehículos, la tracción híbrida y eléctrica, precisaría de cables, alternadores y motores más voluminosos, costosos y pesados. De ahí la tendencia a aumentar la tensión y disminuir la intensidad a 42 V para los híbridos y por encima de los 100 V para los eléctricos.

## ACTIVIDAD **Propuesta 6.34**

¿Qué pasaría si conectaras el primario de un transformador a una fuente de corriente continua?

## ACTIVIDAD **Propuesta 6.35**

Basándote en el principio de funcionamiento, ¿es reversible un transformador? ¿Puede funcionar como elevador o como reductor indiferentemente?

## ACTIVIDAD **Propuesta 6.36**

Si en un vehículo normal la corriente en el arranque es del orden de 300 A y 12 V, y en uno híbrido es necesario multiplicar por tres la intensidad a unos 900 A para la misma tensión, ¿a cuánto tienes que aumentar la tensión para conservar las secciones de los cables?

## ACTIVIDAD **Propuesta 6.37**

Supongamos que un transformador tiene un primario de 500 espiras conectado a una red alterna de 220 V. Si el secundario tiene 10 espiras, ¿cuál es la tensión entre sus bornes.

## ACTIVIDAD **Resuelta 6.8**

Explica el funcionamiento del circuito de encendido por platinos de un vehículo. ¿Cuándo se produce la chispa de la bujía?

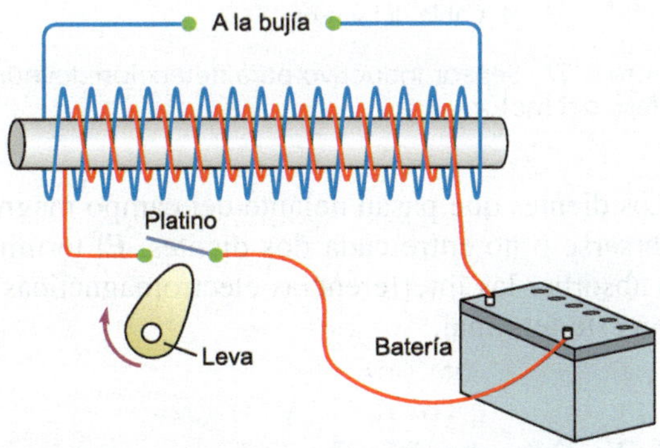


**Figura 6.56.** Encendido por platinos.

**Solución**

Para que pueda saltar una chispa entre los electrodos de una bujía necesitamos una tensión de entre 15000 y 30000 V. La tensión disponible en la batería es de 12 V y continua.

Para transformarla en alta tensión, necesitamos en el primario del transformador corriente variable, que se puede conseguir abriendo y cerrando el ruptor, para lo que también se necesita que el número de espiras del secundario sea mucho mayor que las del primario. Cuando se cierra el ruptor se carga el primario lentamente y, por tanto, la corriente inducida en el secundario es muy débil, incapaz de provocar una chispa entre los electrodos de la bujía. Cuando se abre el ruptor, se experimenta una rápida disminución de la corriente y, por tanto, del flujo, lo que induce en el secundario alta tensión.

ACTIVIDAD
**Propuesta 6.38**

En la Figura 6.56, ¿qué fenómeno crea un pico de tensión de 250 voltios en el primario y la chispa en el ruptor? ¿Y en la bujía? ¿Qué pico de tensión es mayor? ¿Qué relación hay entre ellos, si $m_1$ = 200 espiras y $m_2$ = 25000 espiras? Explícalo.

## 6.4. Sensores electromagnéticos

Existen distintos sensores que basan su funcionamiento en los principios electromagnéticos, como veremos a continuación.

### 6.4.1. Efecto inductivo

La variación del campo magnético generado por el paso de los dientes de la rueda fónica, rueda dentada del volante de inercia, del árbol de levas, etc., induce en las espiras de una bobina una tensión alterna sinusoidal, cuya amplitud y frecuencia dependen del régimen de giro de la rueda.

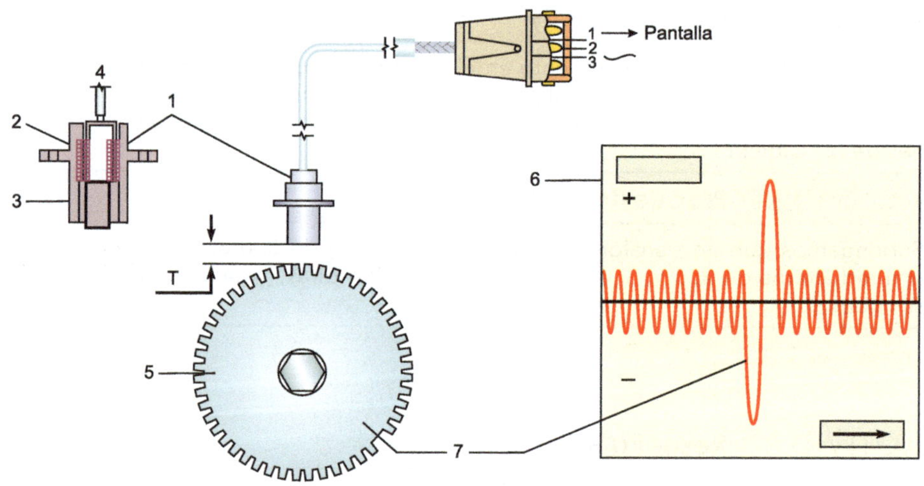


1. Sensor del n.° de revoluciones.
2. Bobina.
3. Imán permanente.
4. Cable del sensor.
5. Corona del cigüeñal.
6. Señal del sensor.
7. Referencia de fase.

**Figura 6.57.** Sensor inductivo para detección del número de revoluciones y de fase del motor.

Los dientes que pasan delante del campo magnético producen variaciones en este al dispersarse o no entre cada dos dientes. El terminal pantalla envuelve a todo el cable para absorber las interferencias electromagnéticas y se conecta a masa. Otras veces no llevan este terminal.

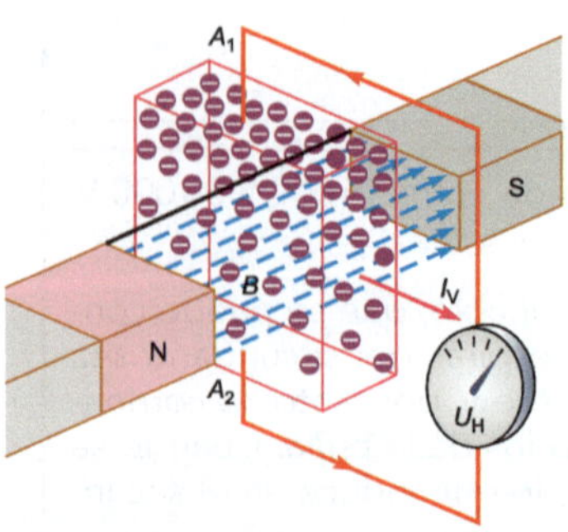


**Figura 6.58.** Efecto Hall.

### 6.4.2. Efecto Hall

El efecto Hall es un fenómeno que se manifiesta en algunos materiales semiconductores. Cuando estos son recorridos por una corriente eléctrica $I_V$ y por un campo magnético $B$ perpendicular a la corriente, se genera un potencial $U_H$ perpendicular a la corriente y al campo magnético.

Las variaciones del campo magnético pueden ser producidas por un imán fijo al que se le interpone una pantalla obturadora que gira (Figura 6.59) o sustituyendo la rueda dentada por una rueda o volante magnético. Cada diente se sustituye por pequeños imanes discontinuos, lo que encarece su fabricación y hace que la mayor parte de los sensores sean inductivos. La amplitud de salida es constante. Sin embargo, la frecuencia cambia cuando varían las revoluciones.

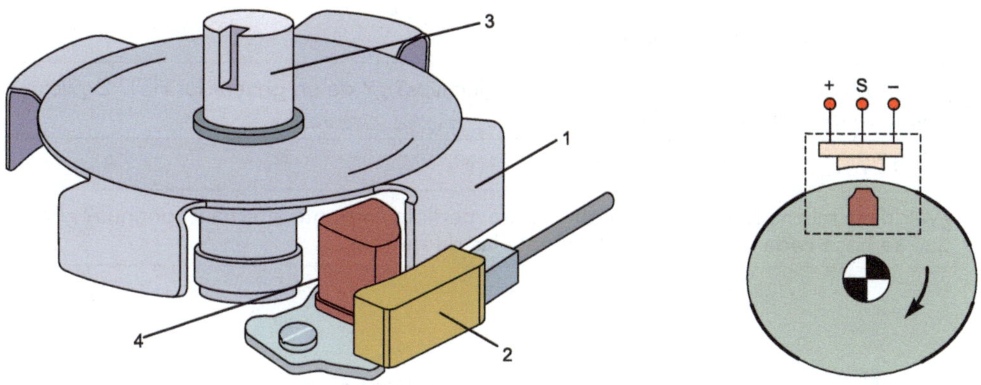


1. Pantalla del tambor obturador.
2. Circuito integrado Hall.
3. Eje portador del tambor.
4. Imán.

**Figura 6.59.** Sensor Hall en el distribuidor del encendido.

## ACTIVIDAD **Resuelta 6.9**

¿Qué diferencias hay entre la señal de salida de un captador de inductivos y uno de efecto Hall?

**Solución**

El sensor de inductivos se comporta como un generador de corriente alterna. La corriente **se induce por la variación del campo magnético.** El sentido del campo magnético no cambia pero sí es variable, es decir, aumenta o disminuye y se induce una señal alterna sinusoidal, como ya hemos visto.

En el efecto Hall **la corriente se induce por el campo magnético.** Como este tiene el mismo sentido, la señal inducida será pulsatoria; pero al tener este tipo de sensores alimentación propia, llevan incorporado un acondicionador de señal, tal que en cada pulso uno de los cables de corriente cierra a masa a través de $T_2$ y cuando no hay pulso, deja de cerrar. Si este cable fuera de corriente directa, se crearía un cortocircuito intermitente. Sin embargo, antes de la salida de la UCE lleva una resistencia en serie que absorbe o no los 5 voltios, reflejándose en la UCE a la salida de la resistencia una señal cuadrada.

El sensor Hall no genera en sí la señal cuadrada, sino que cierra o no a masa un terminal al que llegarán o no los 5 voltios, que será también la tensión de alimentación del sensor.

A la hora de tomar la señal en el osciloscopio de un generador inductivo podemos tomarla con él desconectado del resto del circuito. Sin embargo, para un generador Hall tenemos que tomarla con el sensor conectado.

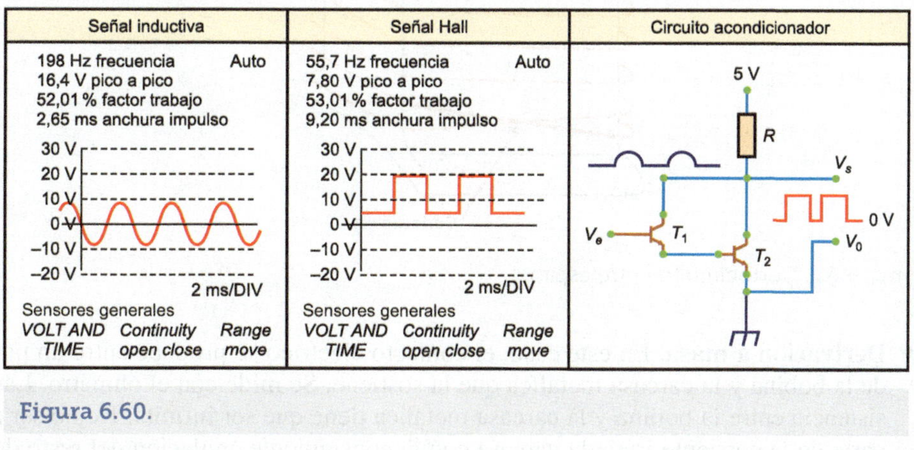


**Figura 6.60.**

ACTIVIDAD **Propuesta 6.39**

¿Cuántos hilos salen de un generador de inductivos? ¿Y de un generador Hall? Explica la función de cada uno de ellos.

ACTIVIDAD **Propuesta 6.40**

¿Valdría la misma pinza amperimétrica para medir la corriente alterna y continua? ¿En qué se basa cada una de ellas? Comenta las diferencias.

## 6.5. Averías en las máquinas eléctricas

Como hemos comprobado, en toda máquina eléctrica distinguimos un circuito eléctrico inductor y otro inducido, formados por bobinas, y conectados entre sí en serie o en paralelo, o eléctricamente aislados (como en el transformador).

Las bobinas están formadas por un arrollamiento de hilo de cobre recubierto de un barniz aislante, que no comunican entre sí las espiras pegadas y que obligan a la corriente a hacer todo el recorrido (desde el principio hasta el fin de la bobina). Por otra parte, no hacen contacto eléctrico con el soporte metálico que las sostiene.

### 6.5.1. Averías eléctricas en una bobina

Las averías eléctricas que podemos distinguir en una bobina son:

- **Ausencia de continuidad.** Si la bobina estuviera cortada en cualquier tramo nos daría una resistencia infinita entre sus dos terminales; es necesario que nos dé la resistencia propia de la bobina.
- **Cortocircuito entre espiras.** Si el aislamiento se ha envejecido debido a las vibraciones, al rozamiento o al exceso de calor, pueden comunicarse entre sí dos o varias espiras adyacentes, lo que hace que la corriente encuentre un camino más corto y se anule parte de la bobina. Esto se comprueba midiendo la resistencia de la bobina, que no puede estar por debajo del valor que nos suministre el fabricante.

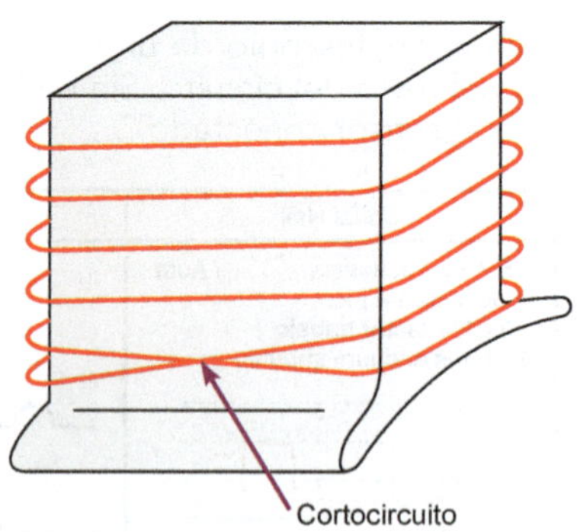


**Figura 6.61.** Cortocircuito entre espiras.

- **Derivación a masa.** En este caso, el contacto eléctrico se produce entre un punto de la bobina y la carcasa metálica que la sostiene. Se mide con el óhmetro. La resistencia entre la bobina y la carcasa metálica tiene que ser infinita. De no ser así, parte de la corriente iría a la carcasa con la consiguiente anulación del resto de la bobina o la descarga eléctrica a quien manipule la máquina.

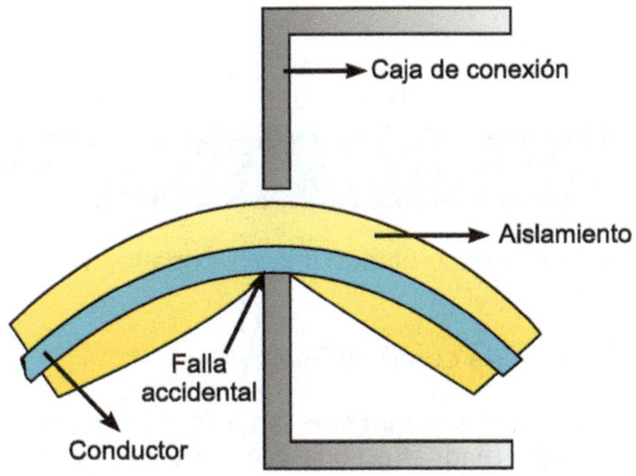


Figura 6.62. Derivación a masa.

## 6.5.2. Averías eléctricas en el conjunto del colector-escobillas

Las averías eléctricas en el conjunto colector-escobillas serán:

- Por cortocircuito entre delgas: una mezcla de carbón en polvo, vapores de aceite o limaduras de cobre forman el camino conductor entre delgas. Para evitarlas, se pasará una cuchilla entre delga y delga y se lijará el colector con una lija suave.

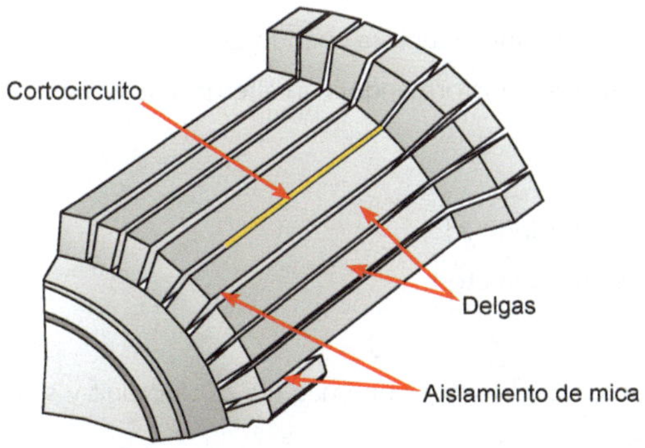


Figura 6.63. Cortocircuito entre delgas.

- Por el desgaste de las escobillas o su atascamiento en el interior del portaescobillas, que son causas muy frecuentes del mal comportamiento del motor. Cuando estén desgastadas, se sustituirán.
- Por los portaescobillas de corriente, que tienen que estar aislados eléctricamente de la estructura metálica que los sostiene. La resistencia entre la estructura metálica y estos es infinita. Y los muelles tienen que presionar con la suficiente fuerza a las escobillas.

## 6.5.3. Averías propias de cualquier circuito eléctrico

Estas averías pueden ser por cables cortados, o con derivación en los pasamuros que impiden que la corriente llegue a su destino.

ACTIVIDAD **Propuesta 6.41**

Haz las comprobaciones pertinentes en las máquinas empleadas en las Actividades propuestas 6.27 y 6.30.

# Síntesis

## FENÓMENOS MAGNÉTICOS

- **Inducción magnética:** cuando acercamos a un imán un cuerpo ferromagnético blando (hierro, cobalto, níquel o alguna de sus aleaciones sin imantar), este se comporta como otro imán y siempre es atraído.
- **Electroimán:** cuando pasa corriente eléctrica por una bobina, se comporta como un imán.
- **Inducción electromagnética:** cuando sometemos a una bobina a un campo magnético variable se crea entre sus extremos un voltaje o f.e.m. inducida, tal que la corriente que provoca por ella crea un campo magnético que contrarresta la variación del campo magnético inicial.
- **Autoinducción electromagnética:** cuando queremos hacer pasar por una bobina una corriente variable se crea en ella un campo magnético variable que hace que entre los extremos de la bobina se autoinduzca una f.e.m. que se oponga a la variación de la corriente inicial, haciendo que esta se retrase.

## MÁQUINAS ELÉCTRICAS

**PARTES:** en toda máquina eléctrica se distinguen dos partes o imanes enfrentados. Unos variables (electroimanes con corriente alterna) y otros fijos (electroimanes con corriente continua o imanes fijos).

- **Rotor o estátor:** según giran o no, respectivamente.
- **Inducido o inductor:** si son variables o no, respectivamente.
- **Escobillas y anillos rozantes:** transmiten la corriente continua a bobina inductora cuando gira, o rotor.
- **Escobillas y colector con delgas:** transmiten la corriente continua, transformándola en alterna, a la bobina inducida cuando gira, o al rotor.

**GENERADORES:** transforman energía mecánica en eléctrica.

- **Alternador:** la corriente eléctrica es alterna (rotor inductor, estátor inducido).
- **Dinamo:** la corriente eléctrica es continua (rotor inducido, estátor inductor).

**MOTORES:** transforman energía eléctrica en mecánica.

**De corriente alterna:** el estátor es el inducido y el rotor el inductor. Si el rotor es un imán fijo es síncrono y si es ferromagnético blando (magnetizado por inducción magnética) asíncrono.

- **Monofásicos:** el estátor está formado por una bobina, alimentada por dos hilos.
- **Trifásicos:** el estátor está formado por tres bobinas alimentadas por tres hilos. Según se conecten las bobinas, tenemos: en estrella o en triángulo.

**De corriente continua:** el estátor es el inductor y el rotor el inducido. Según se imante el estátor, tenemos:

- **Con excitación independiente:** el estátor es un imán fijo.
- **Con excitación en serie:** el estátor es un electroimán en serie con el rotor.
- **Con excitación en paralelo:** el estátor es un electroimán en serie con el rotor.

**De señal cuadrada, alterna y secuencial:**

- **Motor paso a paso y *brushless*:** el rotor es el inductor y el estátor, el inducido.

**TRANSFORMADORES:** transforman corrientes alternas de un valor de tensión a otro. Las dos partes son estáticas e inducidas.

**SENSORES:** se emplean para generar pequeñas señales eléctricas para detectar posición y movimiento.

- **Sensor inductivo:** el estátor lo forman un imán envuelto en una bobina y el rotor una rueda dentada, una leva o excéntrica que gira, etc., según se enfrentan los dientes o leva al imán varía la distorsión del campo magnético y con él la f.e.m. en la bobina, en forma de señal alterna.
- **Sensor capacitivo:** cuando se someten a ciertos semiconductores a un campo magnético que crean en ellos una corriente, que desaparece cuando desaparece dicho campo.

# Actividades finales

## Calcula

1. Si la f.e.m. eficaz en cada fase de un alternador trifásico en estrella es de 14 V, con una resistencia interna por fase de 0,2 ohmios, calcula la f.e.m. obtenida en los bornes del generador y la intensidad máxima o de cortocircuito que se puede obtener en el mismo (recuerda que entre línea y línea hay dos fases en serie).

2. Las características del alternador anterior, pero conexionando ahora sus arrollamientos en triángulo.

3. Si la tensión de regulación en bornes de un alternador trifásico es de 14 V, con una resistencia por fase de 0,3 ohmios, calcula la intensidad máxima o de cortocircuito al conectar los devanados del estátor en estrella o en triángulo, respectivamente.

4. El primario de un transformador tiene 1000 espiras y está conectado a una red alterna de 125 V. ¿Cuántas espiras deberá tener el secundario para obtener entre sus bornes una tensión de 25 V?

5. Tenemos un transformador conectado a una red alterna de 100 V. Tiene un primario de 100 espiras y un secundario de 50 espiras conectado a una carga que absorbe 10 A. Calcula la tensión en el secundario y la intensidad en el primario.

6. Si $N_1/N_2 = 2$ y la tensión en el primario es de 120 V, ¿cuál es el valor de la tensión en el secundario?

7. Un transformador tiene una relación de espiras de 4:1. ¿Cuál es la tensión de pico o máxima en el secundario si se aplican 115 V de tensión eficaz al arrollamiento primario?

## Realiza

1. Un montaje muy habitual en el circuito de refrigeración consiste en poner dos electroventiladores que fuercen una corriente de aire en el radiador, con dos velocidades, lenta (los dos motores en serie) o rápida (los motores en paralelo). Realiza el montaje según el siguiente esquema, sustituye el termocontacto doble (Figura 6.68), por dos pulsadores independientes y simula el funcionamiento.

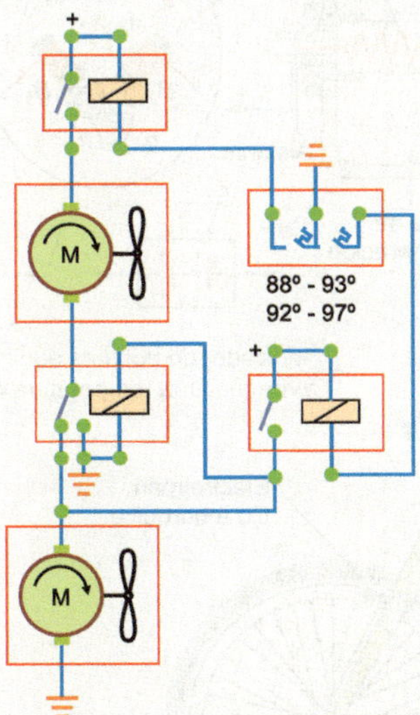


**Figura 6.68.** Circuito de refrigeración con dos motores serie-paralelo.

2. Inversión de giro de un motor trifásico.

- **Circuito de potencia:** consiste en dos contactores en paralelo; uno enviará las tres fases en un orden y el otro intercambiará dos de las fases entre sí, manteniendo la tercera igual.

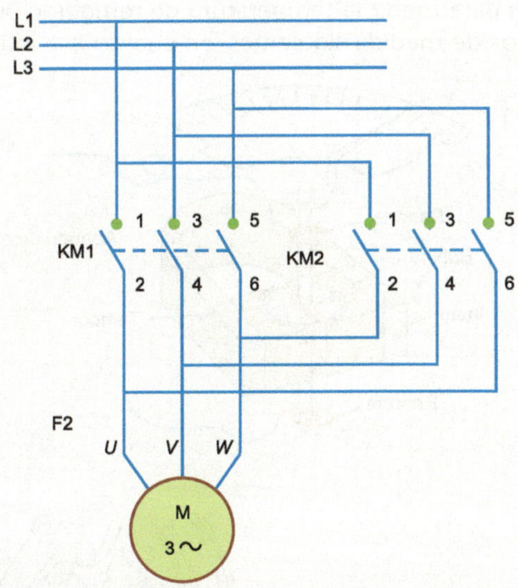


**Figura 6.69.** Esquema de potencia.

- **Circuito de mando:** partiendo de paro, mediante dos pulsadores de marcha (S2 y S3) accionamos sus respectivos contactores, que se mantendrán autoalimentados si dejamos de pulsar. No se pueden accionar los dos contadores a la vez (enclavamiento eléctrico), lo que provocaría un cortocircuito; para cambiar el sentido de giro debemos pasar por paro con el pulsador S1 y después pulsar el pulsador correspondiente.

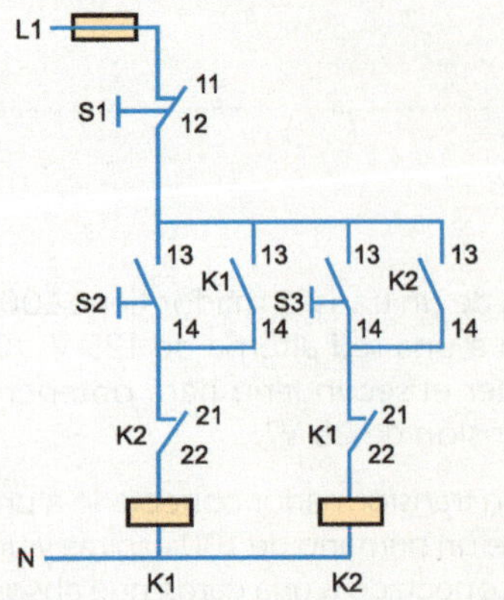


Figura 6.70. Inversor de giro pasando por paro.

Comenta el funcionamiento del circuito anterior. Realiza un montaje con un motor de corriente continua a 12 voltios, elimina la L3, y sustituye cada uno de los contactores por tres relés interruptores y uno conmutador (las bobinas de los cuatro conectadas en paralelo).

Realiza el esquema del inversor de giro de un elevador de columna. Para que funcione en cualquier sentido tiene que mantenerse accionado el pulsador correspondiente (sin autoalimentación) y para evitar cortocircuito es imposible accionar los dos contactores a la vez (enclavamiento eléctrico). Una vez hecho el circuito, móntalo con un motor de corriente continua, sin la línea L3.

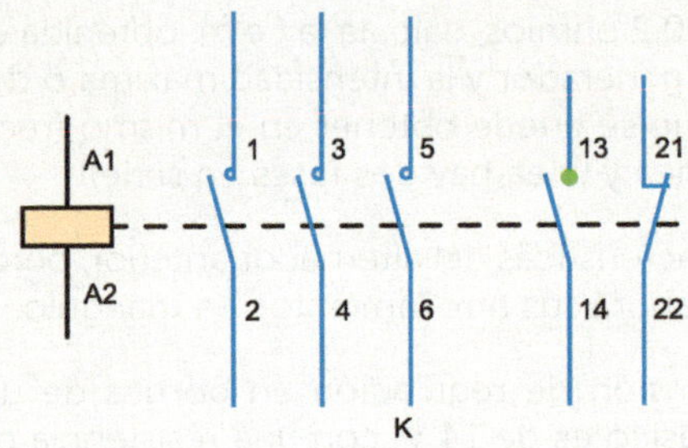


Figura 6.71. Símbolo de los contactores utilizados.

## Investiga

1. Explica el funcionamiento de los siguientes dispositivos electromagnéticos. ¿Cómo emplearías un aparato de bobina móvil para medir la temperatura de refrigeración? Haz el esquema eléctrico. ¿Qué diferencia hay entre los dos mecanismos de medida siguientes, en cuanto a la influencia de la medida según la carga de la batería? ¿Por qué?

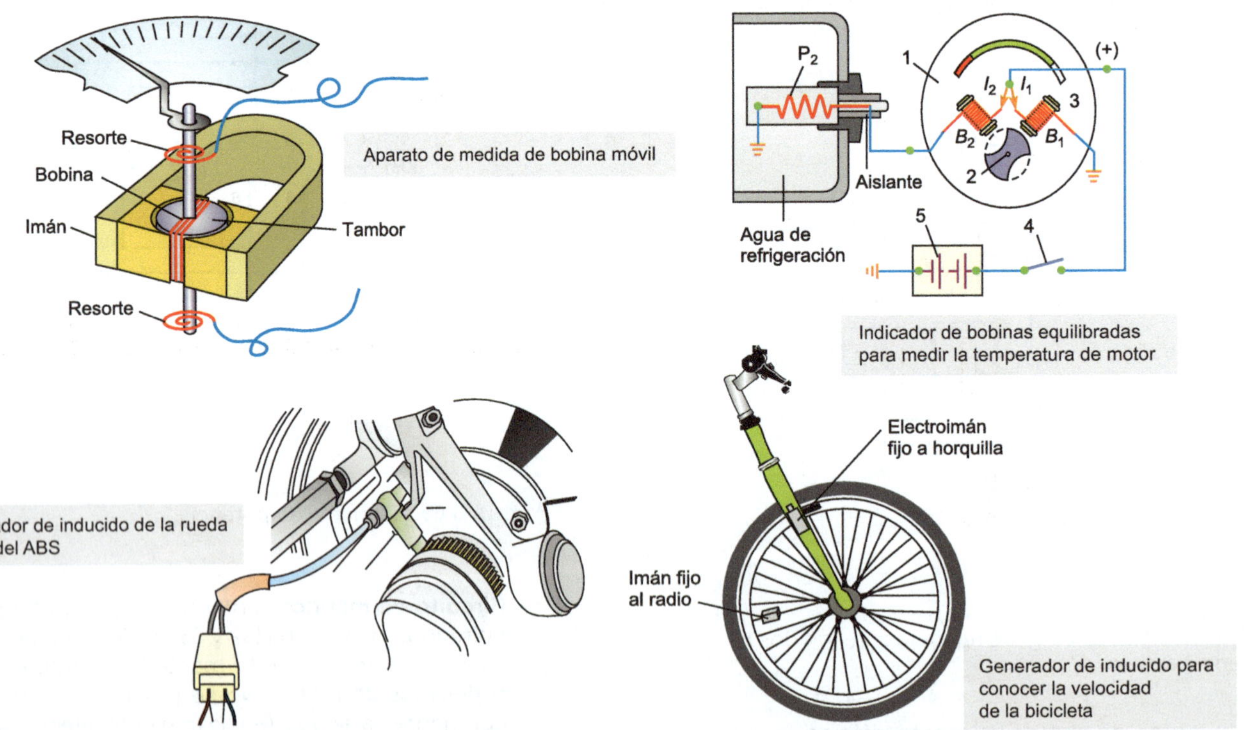


Figura 6.64. Distintos sensores y actuadores electromagnéticos.

## Investiga

2. Generador de descargas eléctricas. El circuito con relé zumbador puede utilizarse para generar descargas eléctricas, pero no peligrosas. Se precisa un componente adicional, como puede ser un transformador de baja tensión, preferiblemente de tipo 240 V/9 V.

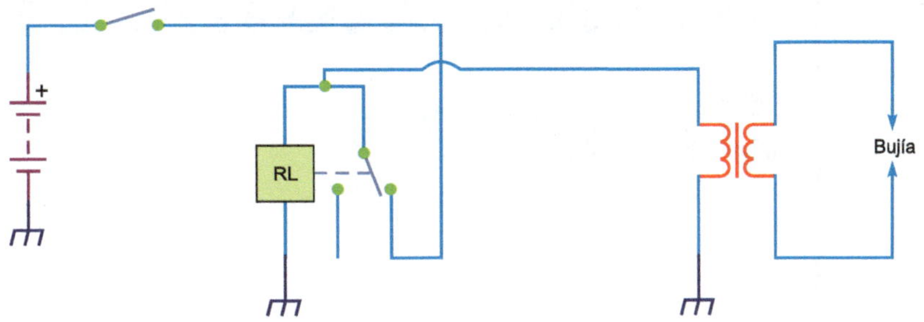


Figura 6.65. Este sistema se empleaba en los primeros sistemas de encendido, por ejemplo en los antiguos vehículos Ford, como el T.

3. Busca en algún elevador, grupo de soldadura por arco, multifunción, sierra, etc., de tu taller y la caja de bornes. Ábrela y mira en su manual qué tipo de conexión tiene, cómo se pasa al otro tipo y qué características posee la máquina para cada uno de ellos. Finalmente invierte su sentido de giro.

4. ¿Qué diferencias encuentras entre una señal Hall y otra RCO en cuanto a la frecuencia y el Dwell? ¿Para qué se utiliza una y otra? ¿Cómo se distinguiría con un voltímetro?
   - ¿Cómo distinguirías con el óhmetro un sensor Hall de uno inductivo? Compruébalo con dos sensores reales. ¿Y en cuanto a la imantación? ¿Cuáles están imantados y cuáles no?

5. Explica el funcionamiento del siguiente encendido por magneto de inducido fijo e imán giratorio.

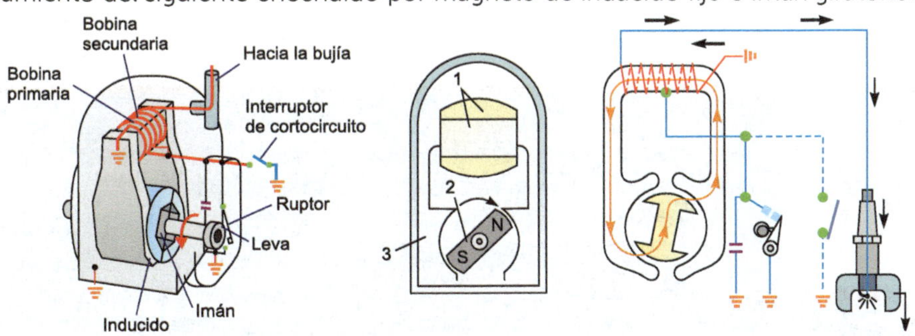


Figura 6.66. Funcionamiento de una magneto como sistema de encendido.

6. Según el conexionado entre las bobinas del inducido de un motor trifásico y la caja de bornes de la figura siguiente, haz el esquema equivalente y simplificado cuando en la caja se conectan los bornes como en las Figuras 6.39 y 6.40 anteriores. Explica el funcionamiento y las diferencias.

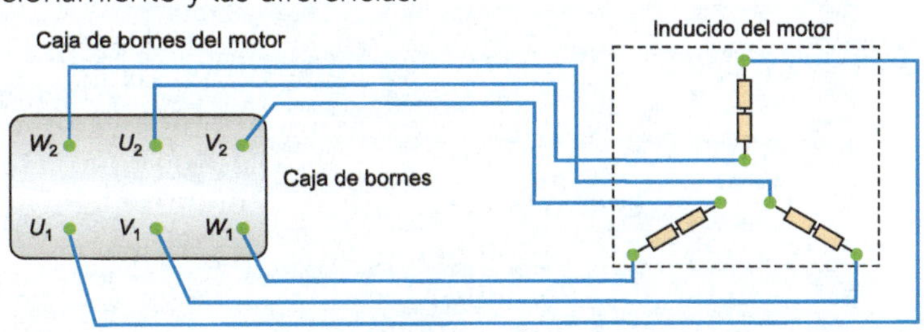


Figura 6.67. Caja de bornes del motor.

# 7 Acumuladores para automoción. Baterías

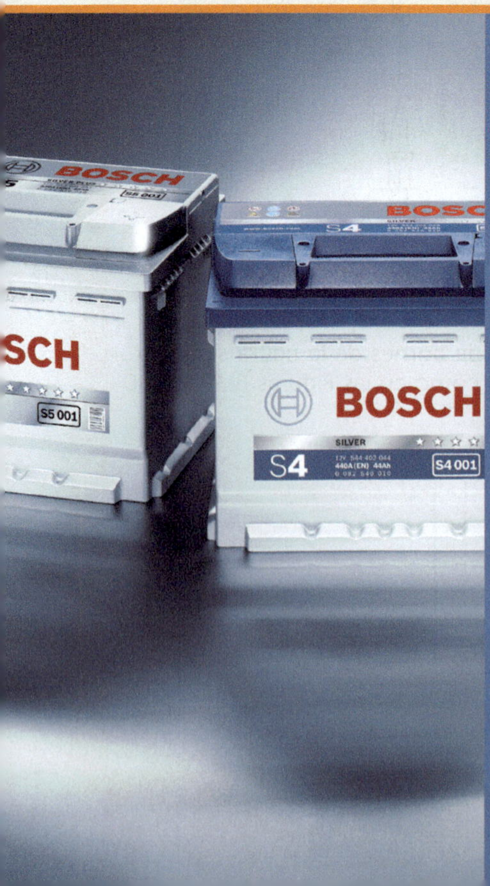


**En los primeros vehículos, así como en las motocicletas, la puesta en marcha del motor se llevaba a cabo con una manivela o pedal de arranque, respectivamente. Y aquellos vehículos, a veces, disponían de una batería auxiliar de 6 voltios.**

**Hoy en día, la puesta en marcha eléctrica hace necesaria la incorporación de la batería. La función de arranque del motor exige unas descargas enormes de la batería, lo que condiciona tanto el tamaño como la vida útil de estas, para lo que se emplean baterías de arranque de 12 o 24 voltios, para coches y vehículos industriales, respectivamente.**

**El aumento constante del consumo eléctrico de los vehículos tiene un límite de unos 3,5 kW para un alternador clásico de 12 voltios; sin embargo, con un alternador-arranque se pueden alcanzar hasta 15 kW con baterías de 36 voltios, para la función de *start&stop*.**

**Es imprescindible la batería como fuente de energía para la propia tracción del vehículo. Se trata de baterías de tracción que trabajan por encima de los 100 voltios en los vehículos eléctricos e híbridos.**

**La falta de disponibilidad de un sistema de acumulación de energía que permita a los vehículos eléctricos tener un coste y unas prestaciones equiparables a los vehículos con motores de combustión interna implica que la utilización a gran escala de estos vehículos esté supeditada al empleo de acumuladores más ligeros y con mayor capacidad de almacenamiento de energía, como sucede con las pilas de combustible.**

# 7 Acumuladores para automoción. Baterías

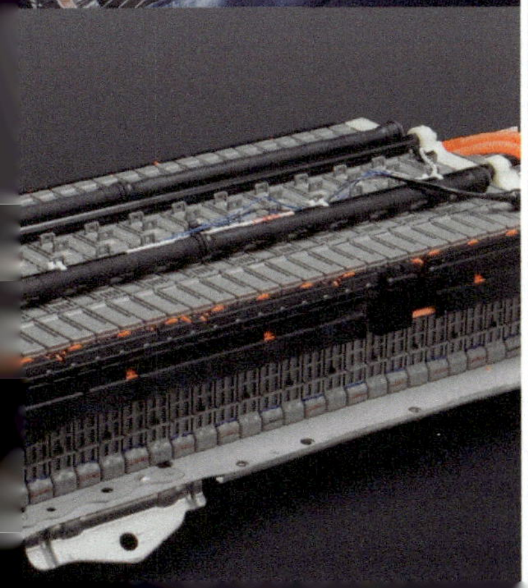

## ¿Sabes ...

... cómo funciona una batería?

... qué características tiene?

... cómo se montan varias baterías y cuáles son las características de la batería equivalente?

... cómo se comprueba el estado de la carga de una batería?

... qué precauciones hay que tener en cuenta cuando manipulamos una batería?

... qué tipos de baterías existen?

... por qué no proliferan los vehículos de tracción eléctrica?

... en qué consiste la pila de combustible?

## Contenidos

**7.1.** Acumuladores o baterías

**7.2.** Características eléctricas del acumulador

**7.3.** Montaje de acumuladores

**7.4.** Acumuladores de plomo

**7.5.** Baterías de tracción de alta tensión (níquel metal hidruro)

**7.6.** Baterías de litio

**7.7.** Pilas de combustible

## Objetivos

- Conocer las características y la constitución de una batería.
- Entender el proceso electroquímico de la generación de la corriente.
- Realizar el conexionado de baterías en serie, en paralelo y mixto y observar cómo afecta a las características resultantes.
- Comprobar el estado de la carga de una batería y conocer el proceso de carga y descarga de esta.
- Distinguir entre los distintos tipos de baterías empleadas en automoción.
- Aplicar las normas de seguridad personal y de uso, así como de mantenimiento de baterías.

Sin batería no es admisible el funcionamiento del motor, por el peligro que suponen los picos de tensión para la destrucción de los componentes electrónicos. La batería tiene un efecto de regulación de la tensión y capacitivo o de filtrado de los picos de tensión.

## 7.1. Acumuladores o baterías

En los vehículos convencionales la batería es un componente fundamental de la instalación eléctrica de un automóvil y tiene como objetivo el almacenamiento y el suministro de energía para permitir la realización de tres importantes funciones:

- Arranque del motor y suministro de energía cuando el alternador no puede hacerlo (como, por ejemplo, cuando el motor está parado).
- Aporte de energía, ya que el gran número de componentes eléctricos supone un consumo importante de energía eléctrica que, a veces y puntualmente, el generador no puede producir, lo que requiere un aporte de energía que puede aportar la batería.
- Regulación o amortiguación de las sobretensiones o picos de tensión (tanto del alternador como de algunos receptores), así como de las bajadas de tensión por descargas o consumos descontrolados que puedan afectar a los circuitos electrónicos del vehículo.

### 7.1.1. Estructura de las baterías

Una batería básica, o acumulador, está formada por dos metales o **electrodos** sumergidos dentro de un disolvente o **electrólito,** contenido en un **recipiente** estanco y resistente a los golpes y a los reactivos químicos.

#### El recipiente y los demás elementos sólidos

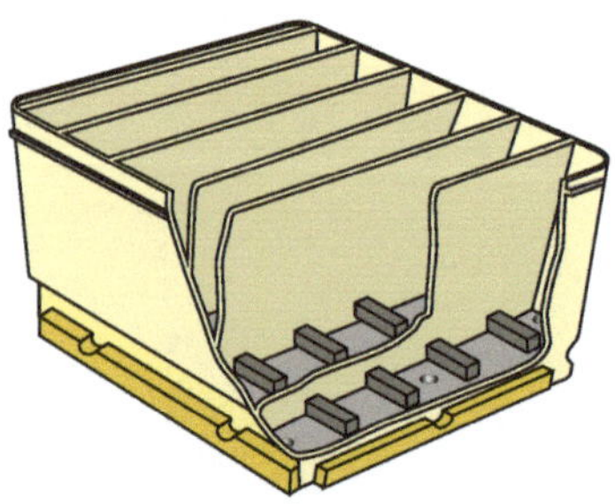

Figura 7.2. Recipiente o monobloque.

El recipiente, de forma rectangular, se construye de plásticos endurecidos con una serie de tabiques del mismo material que forman los vasos.

Debido a que en la práctica se utilizan baterías de 6, 12, 24 y 36 V, y considerando que la tensión en cada vaso es de 2 V, será preciso conectar en serie varios vasos o elementos. La tensión total será el producto del número de vasos por la tensión entre las placas de cada uno de ellos (Figura 7.1).

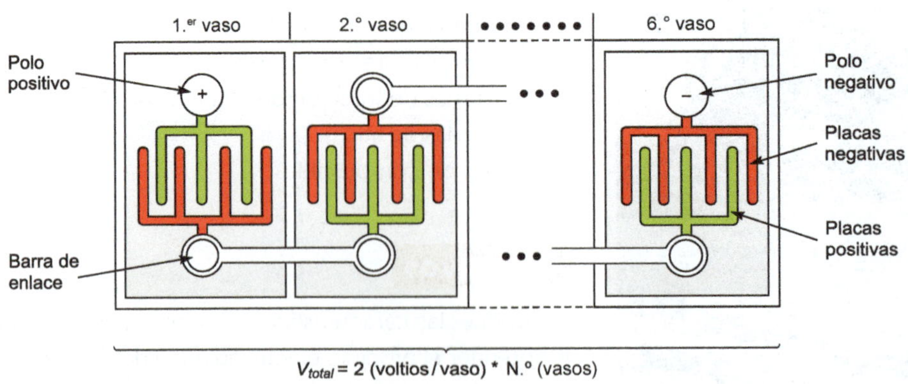


Figura 7.1. Montaje de los acumuladores en una batería.

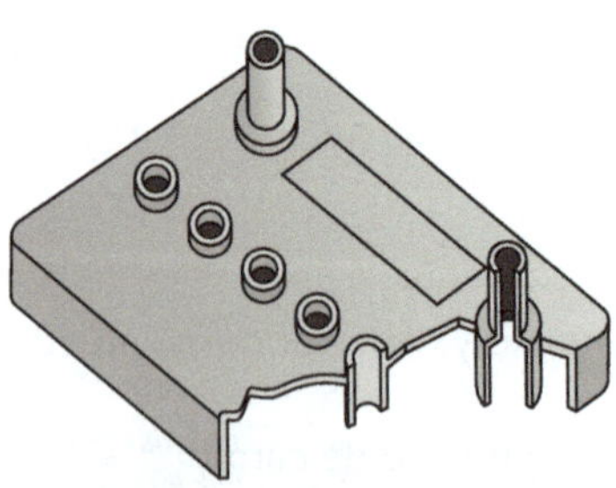

Figura 7.3. Detalle de la tapa.

El conjunto va cerrado con una tapa del mismo material que el recipiente, termosoldada a este, con lo que se consigue un conjunto compacto y de elevada estanqueidad.

La tapa lleva una serie de taladros o bocas de llenado (una por vaso) para verter por ellas el electrólito y poder rellenar con agua los vasos durante su mantenimiento. Las bocas están cerradas con tapones de plástico que impiden los derrames y llevan un agujero de respiración por donde salen los gases desprendidos durante las reacciones químicas que se producen en el interior.

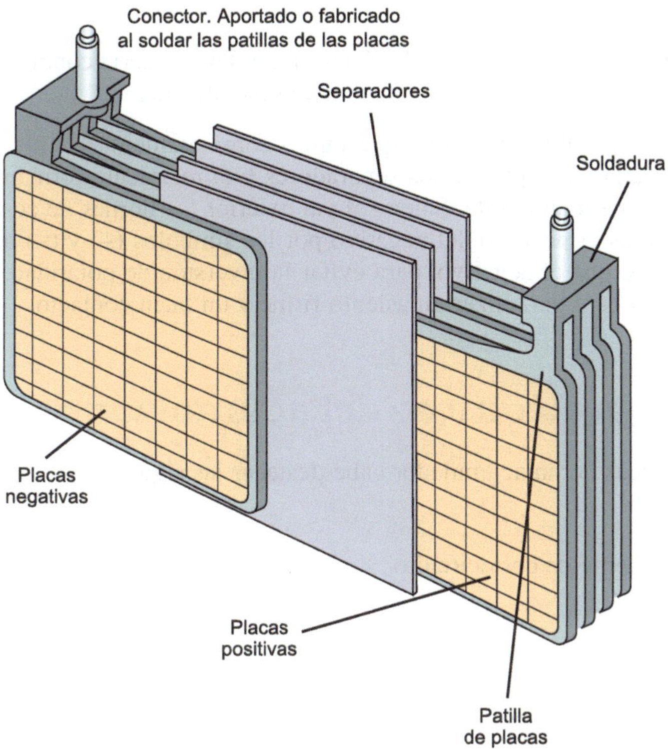


Figura 7.4. Disposición de las placas en cada vaso.

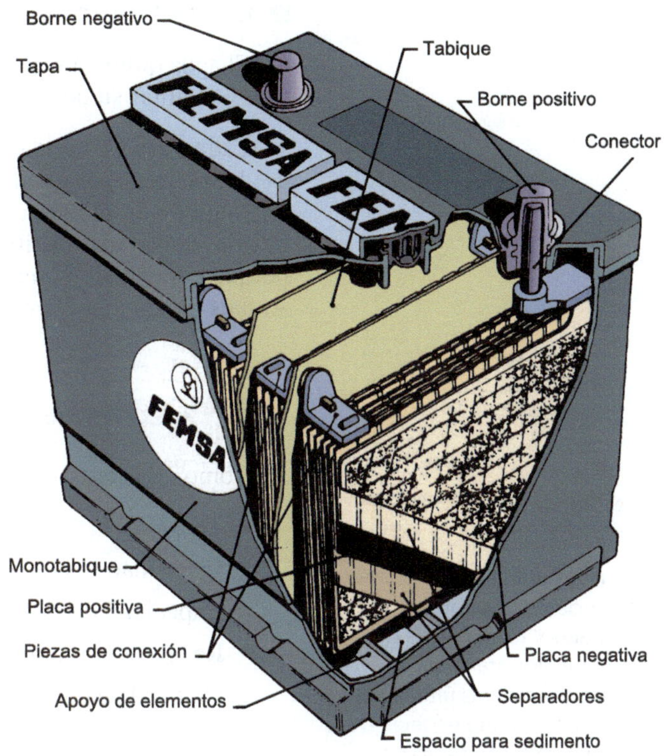


Figura 7.5. Vista seccionada de una batería.

## Los electrodos

Los electrodos de un acumulador se conocen generalmente como **placas.** La cantidad de energía que son capaces de almacenar depende de la superficie de reacción, que aumentamos mediante la unión de varias placas por un puente ampliamente dimensionado, que asegura el contacto estable entre ellas. Entrelazando estas placas se monta otro grupo de placas, también unidas por un puente, que forman el polo negativo. Para que las dos caras de las placas positivas se aprovechen, cada placa positiva estará rodeada de dos negativas, es decir, las dos placas exteriores serán negativas, por lo que habrá una negativa más que positiva.

Entre placa y placa se colocan unos separadores aislantes inalterables a la acción química del electrólito. Estos suelen ser ranurados o de formación microporosa para que a través de ellos pueda circular el electrólito y estar en contacto con las placas. Además de cumplir su función como aislante, estos separadores mantienen con su rigidez el paquete de placas firmemente unido, formando un sólido bloque con la carcasa para evitar el movimiento y la posible rotura de las placas.

Entre el borne inferior de las placas y el fondo del recipiente quedan de 5 a 10 mm en donde pueden depositarse los restos de masa activa desprendida.

Dependiendo del material empleado para la fabricación de las placas, varían las características de las baterías. Se distinguen las siguientes:

- Acumuladores de plomo.
- Acumuladores de níquel-hidruros metálicos.
- Acumuladores de litio.
- Acumuladores de hidrógeno.

### El electrólito

El agua químicamente pura no es conductora de la electricidad. Para hacerla conductora y facilitar su descomposición se le añade una solución ácida o alcalina.

Cada vaso se llena con el electrólito, de forma que cubra completamente las placas hasta 1 cm por encima de ellas. Las placas, los separadores y el recipiente forman un conjunto en bloque compacto e inamovible. Salen solo al exterior los bornes de conexión, de los que distinguiremos el positivo del negativo por los símbolos (+) y (–) o porque el positivo es más grueso que el negativo, para evitar la inversión de polaridad. Ambos tienen una forma cónica para garantizar un asiento firme y un buen contacto.

## 7.2. Características eléctricas del acumulador

**Sabías que...?**

Los acumuladores de plomo son todas las baterías normales y también las de los vehículos *start&stop*. Solo que en estas últimas el electrólito es una especie de resina; son las baterías AGM.

Las baterías de Ni-MH (níquel-hidruro metálico) se emplean en la mayoría de los vehículos híbridos y las baterías de litio en los vehículos eléctricos. En algunos híbridos también se empiezan a emplear las baterías de litio.

Como características eléctricas de un acumulador cabe destacar las siguientes:

- Tensión.
- Intensidad máxima o corriente de cortocircuito.
- Capacidad de la batería.
- Resistencia interna.
- Ciclos de carga.

### 7.2.1. Tensión de la batería

El valor teórico o tensión nominal de una batería convencional, el que está indicado en el etiquetado, es de 12 voltios. Sin embargo, la tensión real entre sus bornes, a circuito abierto, sin que entregue corriente al exterior, depende de su estado de carga o estado general, variando entre 12,6 y 11,7 voltios.

Si circula corriente, la tensión, entre los bornes, será siempre inferior a la f.e.m. Debido a la caída de tensión en la resistencia interna de la batería, *tb* (tensión en bornes) depende de la f.e.m., de su resistencia interna (estado de carga) y de la corriente que suministra y es siempre algo menor que la f.e.m.

$$tb = f.e.m. - I \times R_{int}$$

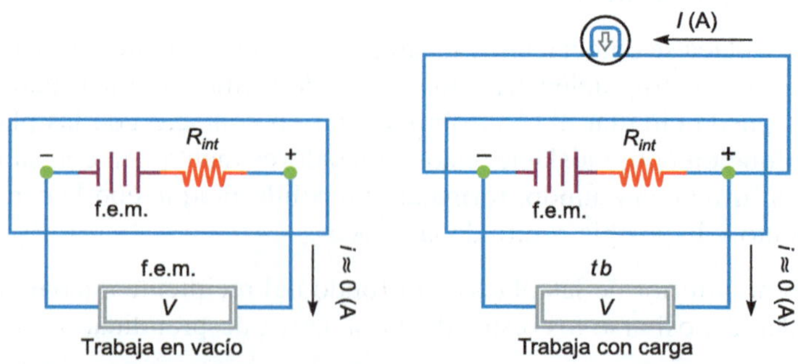


**Figura 7.6.** Trabajo de baterías en vacío y con carga.

La pila de una linterna tiene aproximadamente una resistencia interna de 0,5 Ω y la de una batería 0,05 Ω. De ahí que normalmente se desprecie, dado su valor tan reducido. Las baterías de los vehículos tienen una resistencia interna muy baja, con lo que pueden conseguir grandes intensidades sin que disminuya considerablemente la tensión en sus bornes o terminales, lo que las hace muy apropiadas para el arranque, y como contrapartida, esta resistencia interna tan baja contribuye a una mayor autodescarga que en las pilas.

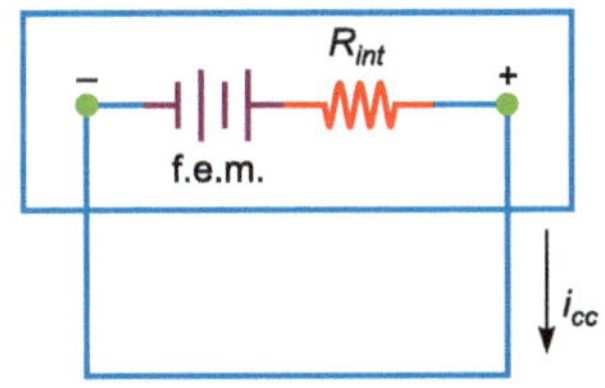


**Figura 7.7.** Intensidad máxima o de cortocircuito $I_{cc}$.

ACTIVIDAD **Propuesta 7.1**

Una pila tiene una tensión de 9 V cuando está en circuito abierto. Cuando genera una corriente de 100 mA, la tensión cae a 8,2 V. ¿Cuál es la resistencia interna de la pila?

ACTIVIDAD **Propuesta 7.2**

¿Qué tensión indicará el voltímetro de la Figura 7.7 si la resistencia interna de la batería es de 14 Ω y la resistencia del voltímetro de 100 Ω?

ACTIVIDAD **Propuesta 7.3**

¿Por qué no se utilizan pilas secas en los coches, además de por ser irreversibles?

ACTIVIDAD **Propuesta 7.4**

¿De qué depende la *tb* entre los bornes de una batería?

ACTIVIDAD **Propuesta 7.5**

¿Podrías medir la resistencia interna de una batería con un óhmetro? Inténtalo, polarizándolo directa e inversamente y comenta el resultado. (Repasa el Apartado 2.1.1).

**Recuerda que...**

No cortocircuitar la batería, uniendo sus bornes con un cable, llave, destornillador, etc. Esta descarga instantánea puede provocar una explosión de la batería con las consiguientes salpicaduras del ácido.

## 7.2.2. Intensidad máxima o corriente de cortocircuito

Es la mayor intensidad que un acumulador puede proporcionar. Su valor se obtiene sometiendo a la batería a una descarga de forma continuada durante 15 segundos a una temperatura de −18 °C, de modo que la tensión por vaso no baje de 1 V.

## 7.2.3. Capacidad de la batería

La capacidad de una batería viene dada por la cantidad de energía capaz de suministrar cuando se halla totalmente cargada, lo que dependerá de la cantidad de sustancia activa que posea para reaccionar.

La capacidad de las baterías se mide en amperios por hora (A × h), es decir, si una batería tiene una capacidad de 45 A × h, cuando está totalmente cargada, puede suministrar una intensidad $I$ A = constante, durante un tiempo $t$ (horas); tal que $I \times t$ = 45 A × h o lo que es lo mismo, puede suministrar 45 A en una hora, 1 A durante 45 horas o cualquier otra combinación siempre que $I \times t$ sea igual a 45 A × h.

El dimensionado de una batería, en lo concerniente a la intensidad máxima y la capacidad, viene determinado por el problema del arranque del motor en frío que es cuando se le demanda a la batería sus máximas prestaciones.

Las **características prácticas** o **nominales** que aparecen en el etiquetado de cualquier batería son la tensión, la $I_{cc}$ y la capacidad.

**Sabías que...**

Las baterías almacenan gran cantidad de energía; en cambio, soportan mal la transmisión de fuertes potencias de manera instantánea, para el arranque. Con los condensadores sucede lo contrario, almacenan poca energía; sin embargo, pueden liberar fuertes potencias. Por tanto, montando un condensador en paralelo a la batería, este la preservará de las descargas brutales, con lo que aumentaría la vida útil de la batería.

Dado que entre un motor diésel y otro de gasolina equivalente el diésel ofrece más resistencia a hacerlo girar y arranca peor en frío, necesitará una intensidad y una capacidad mayores que el de gasolina.

ACTIVIDAD **Resuelta 7.1**

A una batería de 12 V/70 A × h queremos conectarle una pequeña nevera de camping de 12 V y 60 W. ¿Cuánto tiempo podrá funcionar la nevera si la batería está totalmente cargada?

**Solución**

El tiempo que tarda en descargarse o cargarse una batería depende de su capacidad, es decir:

$$Q = I \times t \rightarrow t = \frac{Q}{I},$$

de donde conocemos la capacidad, pero necesitamos saber la corriente que consume.

Dicha intensidad no se da directamente en las características de la nevera, pero sí el voltaje y su potencia, de donde deducimos que:

$$P = V \times I \rightarrow I = \frac{P}{V} = \frac{60 \text{ vatios}}{12 \text{ vatios}} = 5 \text{ A}$$

Sustituyendo en la expresión anterior, nos queda:

$$t = \frac{Q}{I} = \frac{70 \text{ A} \times h}{5 \text{ A}} = 14 \text{ h}$$

ACTIVIDAD **Propuesta 7.6**

¿Qué tiempo necesitamos para cargar una batería de 45 A × h, con una carga constante de 3 A?

ACTIVIDAD **Propuesta 7.7**

Queremos someter a una batería de capacidad 45 A × h a una carga lenta durante 48 horas. ¿Qué intensidad de carga le debemos aplicar?

ACTIVIDAD **Propuesta 7.8**

Distingue en el etiquetado de distintas baterías sus características nominales. ¿Para qué tipo de vehículos crees que se emplearía cada una?

*Recuerda que...*

Durante la manipulación de las baterías hay que evitar, en cualquier caso, llevarse las manos a los ojos, la ropa, el pelo, etc., aunque solo se toquen por sus asas o alguna parte aparentemente limpia, ya que siempre tienen vapores. Por tanto, después de manipular la batería, se deben lavar las manos con abundante agua. Es muy corriente que aparezcan con el tiempo en la ropa unos pequeños agujeritos después de haberla lavado, que se deben a la reacción del ácido con el detergente de la lavadora.

## 7.3. Montaje de acumuladores

Las baterías comerciales están normalizadas según una serie de características como tensión, capacidad, intensidad máxima, dimensiones externas, etc. Cuando en situaciones especiales se necesitan obtener unas características de tensión y capacidad concretas, se recurre al montaje de dos o más baterías comerciales, conectadas en serie, en paralelo o mixto, según las características que se quieran ganar: más voltaje o más capacidad.

## 7.3.1. Montaje en serie

Las baterías han de conectarse de manera que sus fuerzas electromotrices sean del mismo sentido, de tal forma que sus bornes vayan conectados: positivo del primero con negativo del segundo, y el positivo de este con el negativo del siguiente, y así sucesivamente.

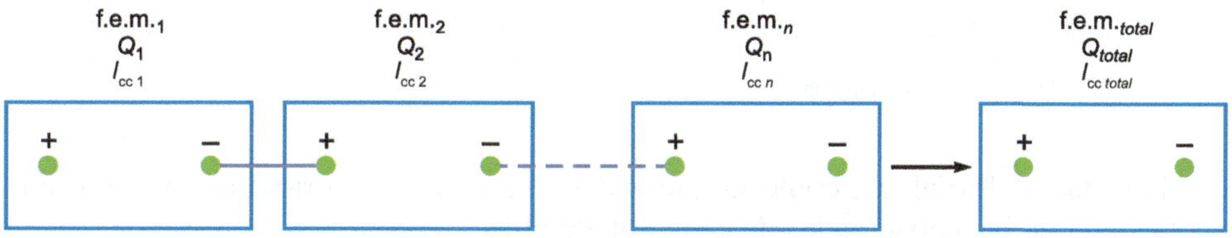


Figura 7.8. Montaje en serie.

La tensión de este conjunto es igual a la suma de las tensiones parciales:

$$f.e.m._{total} = f.e.m._1 + f.e.m._2 + f.e.m._3 + .... + f.e.m._n$$

Durante la descarga o la carga, la intensidad que pasa por todas ellas es la misma; se descarga o carga antes la de menor capacidad. Y para cargarse o descargarse totalmente las de mayor capacidad, las de menor capacidad sufrirán una carga o descarga excesiva con los inconvenientes que ello supone. Por tanto, la capacidad equivalente de varias baterías conectadas en serie será la de cualquiera de ellas, si todas son iguales:

$$Q_{total} = Q_1 = Q_2 = Q_3 = .... = Q_n$$

De no tener todas la misma capacidad, la total corresponde a la de la más pequeña. Si $Q_3$ fuera la más pequeña:

$$Q_{total} = Q_3$$

Se descargarán o cargarán como si tuvieran una capacidad igual a $Q_3$, con lo que las de mayor capacidad quedan infrautilizadas.

La intensidad máxima o de cortocircuito del conjunto será la de la más pequeña o la de cualquiera de ellas, si todas fueran iguales.

$$I_{cc} \text{ o } I_{máx} = I_{más\ pequeña}$$

## 7.3.2. Montaje en paralelo

Para el montaje en paralelo de varias baterías deben unirse todos los bornes positivos entre sí y hacer lo mismo con los negativos.

En estas agrupaciones todas las baterías deben tener la misma f.e.m., pues en caso contrario las de menor tensión desempeñarán el papel de receptores y las de mayor potencial se descargarán a través de ellas.

La tensión resultante y, por tanto, la aplicada al circuito, es la de cualquiera de los generadores, es decir:

$$f.e.m._{total} = f.e.m._1 = f.e.m._2 = f.e.m._3 = \ldots = f.e.m._n$$

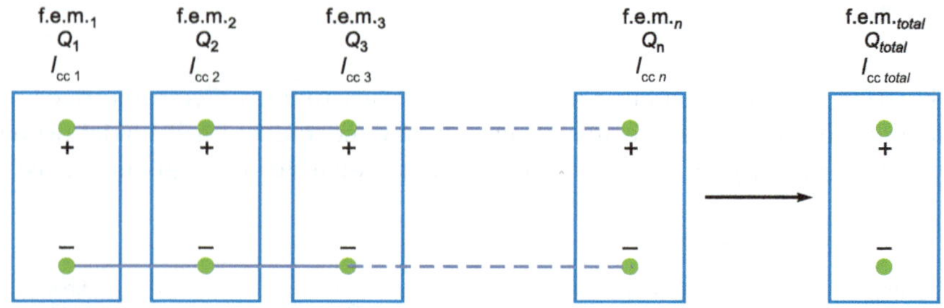


**Figura 7.9.** Montaje en paralelo.

Y la capacidad total, así como la intensidad máxima o de cortocircuito, serán iguales a la suma de las capacidades de cada una de ellas:

$$Q_{total} = Q_1 + Q_2 + Q_3 + .... + Q_n$$

$$I_{cc\ total} = I_{cc\ 1} + I_{cc\ 2} + I_{cc\ 3} + .... + I_{cc\ n}$$

En este tipo de combinación la capacidad es superior a la de cada elemento, pero se mantiene constante la f.e.m. de cada unidad.

## 7.3.3. Montaje mixto

Una combinación en serie-paralelo puede considerarse como la unión en paralelo de varias baterías en serie o la unión en serie de varias en paralelo. Las características resultantes de estos acoplamientos se calculan estudiando por separado cada uno de los circuitos en serie o paralelo, según vimos en los apartados anteriores.

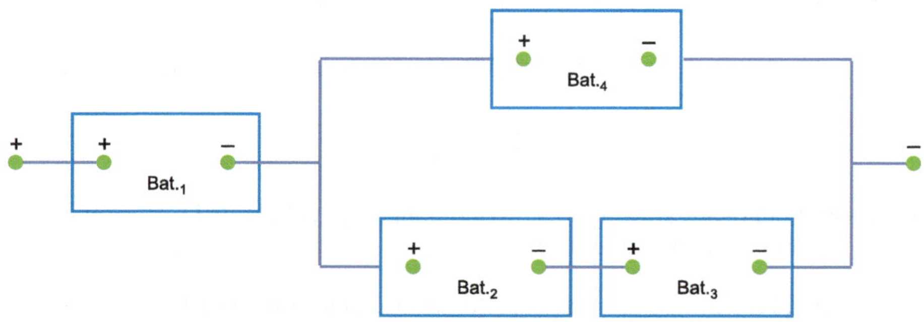


**Figura 7.10.** Montaje mixto.

ACTIVIDAD **Resuelta 7.2**

Calcula las características de la batería equivalente, al conjunto de baterías anterior, con las siguientes características:

- Batería 1 → 12 V/60 A × h/100 A.
- Baterías 2 y 3 → 6 V/45 A × h/100 A.
- Batería 4 → 12 V/50 A × h/150 A.

**Solución**

Estudiamos por separado cada uno de los circuitos en serie o paralelo que las forman:

- Las baterías 2 y 3 están en serie y su equivalente tendrá la suma de las tensiones de cada una de ellas (*f.e.m.*$_{2,3}$ = 6 V + 6 V = 12 V), la capacidad será la más pequeña o la misma, si son iguales, como es el caso ($Q_{2,3}$ = 45 A × h), y la intensidad, lo mismo que para la capacidad ($I_{máx\ 2,3}$ = 100 A):

Batería 2 y 3 → 12 V/45 A × h/100 A

- La equivalente de las 2 y 3 está en paralelo con la batería 4 y la equivalente de todas tendrá una tensión igual a cualquiera de las dos ramas; las dos tienen que tener la misma f.e.m. ($f.e.m._{2,3,4}$ = 12 V), la capacidad será la suma de cada una de las ramas ($Q_{2,3,4}$ = 45 A × h + 50 A × h) y la intensidad también es la suma de las dos ($I_{máx\ 2,3,4}$ = 100 A + 150 A = 250 A):

Batería 2, 3, 4 → 12 V/95 A × h/250 A

Y la resultante de las tres anteriores está en serie con la batería 1:

Batería 2, 3, 4 y 5 → 12 V + 12 V/60 A × h/100 A = 24 V/60 A × h/100 A

ACTIVIDAD **Propuesta 7.9**

Tienes tres baterías iguales, cuyas características son 12 V/45 A × h/150 A. ¿Cuál sería el valor de la batería equivalente si las acoplaras en serie? ¿Y en paralelo?

ACTIVIDAD **Propuesta 7.10**

Para obtener la batería equivalente de la Actividad resuelta 7.2 podríamos sustituir algunas baterías por otras más pequeñas y con el mismo resultado. ¿Cuáles serían y qué valores podrían ser más pequeños?

## 7.4. Acumuladores de plomo

Después de muchos ensayos, se comprobó que el metal más adecuado para las placas de un acumulador era el plomo y que el electrólito más eficaz era una disolución de ácido sulfúrico.

En los automóviles se utilizan fundamentalmente los acumuladores de plomo. Cuando estas baterías están cargadas, el electrodo positivo es el peróxido de plomo ($PbO_2$) y el plomo esponjoso el negativo (Pb), con una solución ácida de agua y ácido sulfúrico ($H_2SO_4$) para el electrólito, lo que permite obtener una tensión entre placas de 2 V.

### 7.4.1. Tipos de baterías de plomo

Dentro de las baterías de plomo, según el estado y tipo del electrólito, podemos distinguir distintos tipos, con distintas características, aplicaciones, mantenimiento, etcétera.

#### Baterías de electrólito líquido

Son las más generalizadas en el mercado debido a su coste, disponibilidad y resistencia a temperaturas extremas. Se pueden colocar en el vano motor sin ningún problema. Aunque sus mayores desventajas son el riesgo a derramarse y su bajo rendimiento, que afectará a vehículos con mucho consumo eléctrico, entre ellos los que incorporan el sistema *start&stop*.

Dentro de estas baterías las hay que necesitan un rellenado periódico del nivel del electrólito y otras que no, o sin mantenimiento.

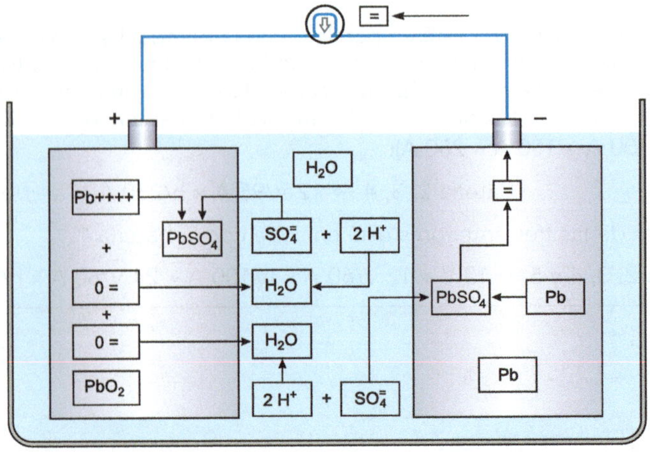


**Figura 7.11.** Proceso de descarga.

$$\xrightarrow{2e^-}$$
$$\underset{(+)}{PbO_2} + \underset{(elect.)}{2H_2SO_4} + \underset{(-)}{Pb} \longrightarrow \underset{(+)}{PbSO_4} + \underset{(elect.)}{2H_2O} + \underset{(-)}{PbSO_4} + \text{calor}$$

**Figura 7.12.** Reacción de descarga.

## Baterías de gel

Utilizan un electrólito en forma de gel, al agregar ácido silícico, con forma gelatinosa. Con ello se aumenta la seguridad contra el derrame y los ciclos de carga y descarga, siendo capaces de permitir la recarga incluso en caso de descarga profunda.

Uno de sus inconvenientes es un mayor coste y su problema es la temperatura, tanto para bajas como altas temperaturas. Lo que hace que no sea aconsejable su uso en el vano motor. Se utilizan para uso marino, caravanas o instalaciones solares.

*Recuerda que...*

Todas las baterías: las normales, sin mantenimiento y las de AGM son de plomo.

Las de AGM son las que se emplean en los vehículos *start&stop*.

## Batería AGM (*Absorbent Glass Mat*)

Se caracteriza por utilizar una malla de fibra de vidrio absorbente para retener el electrólito, lo que la hace más segura al derrame. Debido a su gran ciclado y relación potencia peso, es la empleada mayoritariamente en los vehículos equipados con sistemas *start&stop*.

Aunque trabajan muy bien con el frío dan problemas a altas temperaturas, por lo que no es recomendable ubicarlas en el vano motor, a no ser que estén bien aisladas térmicamente.

Debido a su alto costo algunos fabricantes han sustituido la fibra de vidrio por poliéster, y aunque no tengan las mismas prestaciones se emplean con sistemas *start&stop* más baratos.

$$\xleftarrow{2e^-}$$
$$\underset{(+)}{PbSO_4} + \underset{(elect.)}{2H_2O} + \underset{(-)}{PbSO_4} \longrightarrow \underset{(+)}{PbO_2} + \underset{(elect.)}{2H_2SO_4} + \underset{(-)}{Pb} + \text{calor}$$

**Figura 7.13.** Reacción de carga.

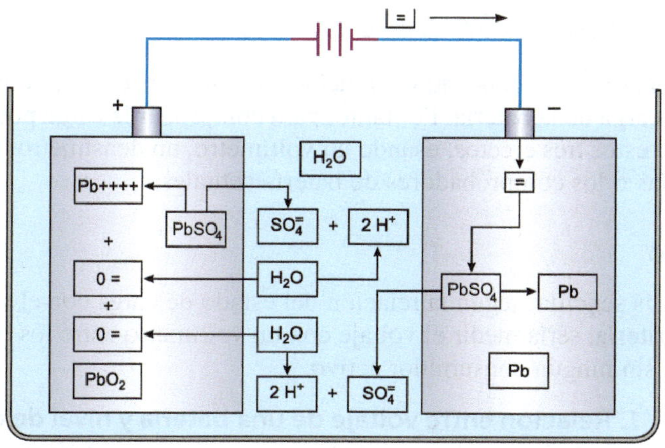


**Figura 7.14.** Proceso de carga.

Para las baterías con electrólito líquido, a medida que aumenta la carga el sulfato va pasando de las placas al electrólito, por lo que queda menos agua en este; lo que hace que la densidad sea mayor, disminuya la resistencia interna del electrólito y aumente su densidad hasta 1,28 $g/cm^3$ y 2,2 V para carga máxima. Una vez que finaliza el proceso de carga, la batería queda como al principio, es decir, con peróxido de plomo en la positiva y plomo esponjoso en la negativa, apareciendo una diferencia de potencial entre ellas de 2,2 V.

**De lo tratado hasta aquí tenemos:**

1. La concentración del ácido y la resistencia interna del electrólito son variables con la carga. En esta relación del estado de carga de la batería con la densidad del electrólito o con su resistencia interna se basan los comprobadores de carga de las baterías, como el densímetro o el descargador rápido de baterías, respectivamente, que posteriormente pasaremos a estudiar.
2. Si una batería se descarga muy a fondo hasta agotarla, al no haber más sustancia activa para reaccionar con el ácido del electrólito, la sulfatación se forma a costa del armazón de las placas, con lo que este ácido se hace irrecuperable, en estos casos decimos que **la batería se ha sulfatado.** Esto le hace perder capacidad de almacenamiento para otras cargas, ya que, al disminuir el ácido en el electrólito y quedar prácticamente agua pura, el electrólito se convierte en no conductor, lo que impide el proceso de carga.
3. Con un exceso de carga, el oxígeno liberado por la electrólisis del agua, al no tener la sustancia activa de la placa positiva con la que reaccionar, ataca el armazón de esta, oxidándola con un fuerte calentamiento. El hidrógeno sale en forma de burbujas a la superficie del líquido con peligro de explosión. Esta descomposición masiva del agua aumenta la concentración del ácido sulfúrico que, unido a la temperatura interna, puede llegar a disolver la sustancia activa e incluso el armazón de las placas, que despedirán un fuerte olor fétido.

### Sabías que...

El ciclado o vida de una batería sufre cuanto más se apure su carga o descarga, sobre todo su carga. La capacidad nominal de una batería nos la dan para su carga máxima; si queremos que dure lo más posible deberíamos cargarla no más del 80 % de su carga total. Si no queremos que se descargue más del 20 %, la capacidad real de una batería sería del 60 %.

### ACTIVIDAD **Propuesta 7.11**

En el proceso de descarga, cuenta el número de electrones que entran o salen de la placa positiva por el electrólito y haz lo mismo con la placa negativa.

### ACTIVIDAD **Propuesta 7.12**

Realiza lo mismo con el proceso de carga.

## 7.4.2. Comprobación de la batería

La tensión en bornes, la concentración del ácido y la resistencia interna del electrólito varían con la carga de la batería. Por tanto, para comprobar la carga podemos valernos de cualquiera de estos tres efectos, usando un voltímetro, un densímetro, un descargador rápido de baterías o los comprobadores de batería actuales.

### Voltímetro

La prueba más sencilla, según la relación del estado de carga con el voltaje entre los bornes de una batería, sería medir el voltaje con un voltímetro entre los bornes de la batería en reposo, sin ningún consumidor activo.

Tabla 7.1. **Relación entre voltaje de una batería y nivel de carga**

| Nivel de carga de la batería (%) | Plomo ácido (líquido) Voltaje | GEL Voltaje | AGM Voltaje |
|---|---|---|---|
| 100 % | 12,6 V o mayor | 13,0 V | 13,0 V |
| 75 % | 12,4 V | 12,8 V | 12,8 V |
| 50 % | 12,2 V | 12,6 V | 12,5 V |
| 25 % | 12,0 V | 12,4 V | 12,2 V |
| 0 % | 11,8 V o menor | 12,2 V o menor | 12 V o menor |

No es una prueba muy fiable dado el estrecho margen de voltajes, y según la precisión del polímetro. Pero es la prueba más directa y fácil.

### Densímetro

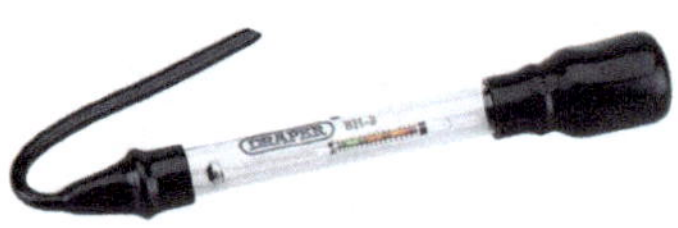

Figura 7.15. Densímetro.

Este método solo se puede emplear en las baterías con electrólito líquido y mantenimiento.

El densímetro o pesaácidos está constituido por una probeta con una prolongación abierta para introducir en ella el líquido a medir, el cual se absorbe por el vacío interno que crea una perilla de goma situada en la parte superior de la probeta. En el interior de esta va situada una ampolla de vidrio, cerrada y llena de aire, equilibrada con un peso a base de perdigones de plomo; esta ampolla recibe el nombre de **areómetro,** el cual va graduado en unidades densimétricas de 1 a 1,30 g/cm$^3$ por un lado, y por el otro entre 0 y 100 % de carga.

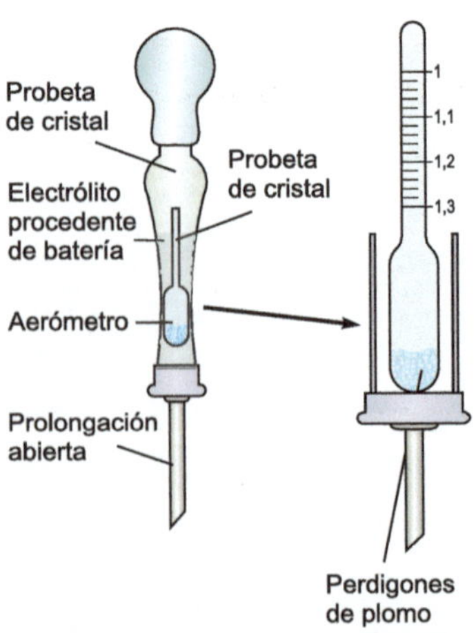


Figura 7.16. Partes de un densímetro.

Para medir con este aparato se introduce el extremo abierto por la boca de cada vaso, aspirando una cantidad de líquido suficiente para elevar el areómetro y leer directamente sobre la escala graduada el nivel del líquido, es decir, la densidad correspondiente a cada vaso. Una vez realizada la lectura, se vuelve a introducir el líquido en el mismo vaso del que se extrajo. Esta prueba no debe realizarse inmediatamente después de haber rellenado los vasos con agua, pues es preciso dejar pasar un tiempo no inferior a 30 minutos para que el agua se diluya y se mezcle con el ácido.

La Tabla 7.2 muestra la relación entre el estado de carga y la densidad del electrólito.

Tabla 7.2. **Relación de carga según la densidad del electrólito en una batería de plomo**

| Estado de carga | Porcentaje (%) | Densidad g/cm$^3$ |
|---|---|---|
| Plena carga | 100 | 1,28 |
| Media carga | 75 | 1,25 |
| | 50 | 1,22 |
| Descargada | 25 | 1,19 |

Algunas baterías de electrólito líquido sin mantenimiento, que no disponen de tapones para acceder a él, disponen de un **ojo mágico** o **testigo de carga** que permite comprobar el estado de carga en cualquier momento. Consiste en un tubo al final del cual se dispone una bola de color verde y densidad 1,235 g/cm$^3$, que se puede ver a través del visor.

Cuando la densidad del electrólito es mayor que la de la bola (batería cargada, Figura 7.17A) la bola flota y por el visor se verá el color verde. En cambio, cuando la densidad es inferior (batería descargada, Figura 7.17B) la bola se hunde en el cilindro destacando el negro del fondo; cuando el fondo se seca (batería defectuosa), adquiere el color amarillo.

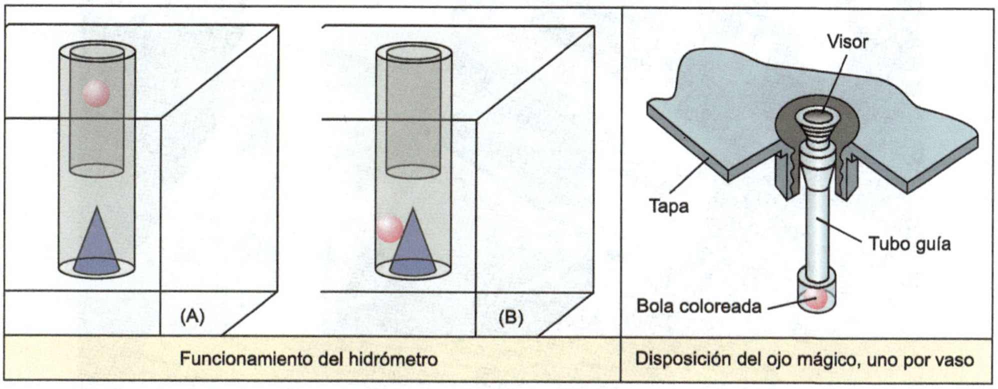


**Figura 7.17.** Testigo de carga (ojo mágico).

Cuando la batería está descargada, el paso del color verde a negro debe producirse en un intervalo entre el 70 % y el 50 % del estado de carga, mientras que durante la fase de carga el paso de negro a verde debe realizarse entre el 70 % y el 80 % del estado de carga.

## Descargador rápido de baterías

Como vimos, si medimos la tensión en bornes de una batería a circuito abierto con un voltímetro esta se mueve en un margen muy estrecho de valores, y su eficacia dependerá de la precisión del voltímetro.

Sin embargo, si medimos la tensión en bornes, cuando la batería está suministrando una corriente considerable, la tensión en los bornes de la batería se vendrá abajo, ya que, como la resistencia interna depende del estado de la carga de la batería, cuanto menor sea la carga, mayor será su resistencia interna.

En este hecho se basa el descargador rápido, que consiste en un soporte con dos puntas o pinzas de prueba, las cuales llevan acopladas, en derivación, un voltímetro y una resistencia con valor óhmico variable muy pequeño y de gran potencia para provocar descargas de corriente hasta de 400 A.

Si la batería está en buen estado, pinchamos las dos pinzas en los bornes de la batería y provocamos una descarga considerable, entre 200 y 400 amperios durante 6 segundos; la tensión que nos indicará el voltímetro será de unos 9 voltios. Si la batería estuviera en mal estado, la tensión bajaría prácticamente a cero.

Una forma rápida y fiable de simular una descarga rápida consiste en poner la llave en la posición de contacto sin arrancar el motor, encender las luces de cruce o carretera y si en el momento de arrancar el motor se observa que su luminosidad desciende considerablemente, será señal de que la batería está en mal estado de carga.

*Nota...*

Para realizar la prueba de descarga rápida debe recargarse la batería anteriormente, de lo contrario se pueden producir daños irreparables.

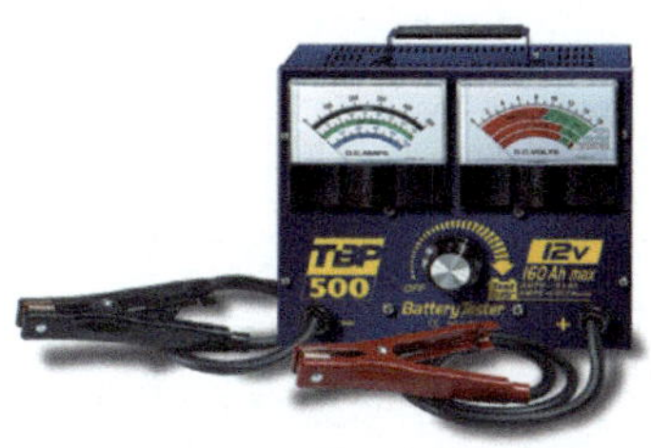


**Figura 7.18.** Comprobador de batería por descarga rápida.

**Sabías que...?**

Debido a que la carrocería del vehículo y el grupo motopropulsor están técnicamente aislados, se unen entre sí con soportes de goma o *silentblock*. Del terminal de masa de batería suelen salir dos cables gruesos: uno que se conecta al bastidor o carrocería del vehículo y otro que se conecta al bloque motor. De salir un solo cable de masa de la batería, que vaya a la carrocería, tiene que haber otro cable, aparte, que puentee a la carrocería con el motor.

## Comprobadores de batería «inteligentes»

Se trata fundamentalmente de un voltímetro que mide la tensión entre los bornes de la batería. Según el voltaje medido y los datos que nos va pidiendo a través de un *display* hace un chequeo y nos dice el estado de la batería. Se emplea tanto para baterías desmontadas como montadas en el vehículo y en este caso, arrancando el vehículo, también nos comprueba el estado del alternador.

Figura 7.19. Comprobador de batería inteligente.

El diálogo que se mantiene entre el usuario y la máquina es:

- ¿Batería montada o desmontada?
- ¿Batería cargada o antes de cargar?
- ¿Qué capacidad nominal tiene la batería?
- ¿En qué norma tienen la certificación? (DIN, EN, SAE, JIS o IEC).

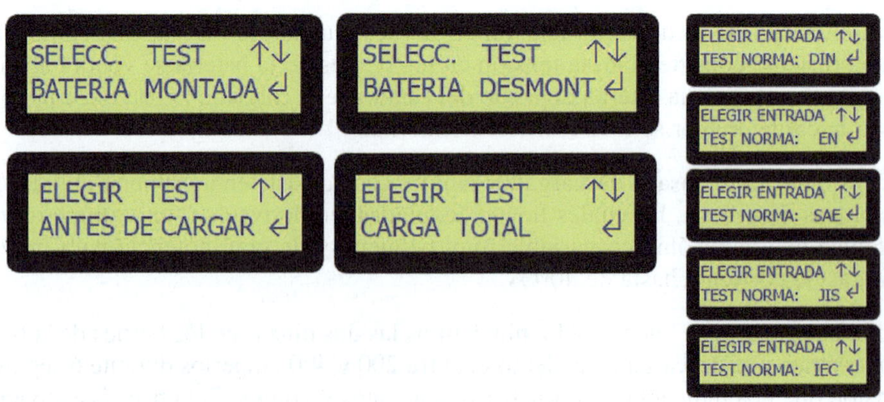


Figura 7.20. Diálogo de un comprobador electrónico de baterías.

Además de la necesidad de cargar o no la batería, estos equipos son capaces de darnos su capacidad efectiva, con lo que podremos determinar el grado de envejecimiento de la batería.

ACTIVIDAD **Resuelta 7.3**

En la siguiente gráfica se relaciona la tensión entre placas con el tiempo que transcurre durante su carga o descarga para acumuladores de plomo. ¿A qué conclusiones llegas? ¿Qué tensión dará una batería de 6 vasos durante la descarga? ¿Cuál será la tensión máxima de carga del alternador?

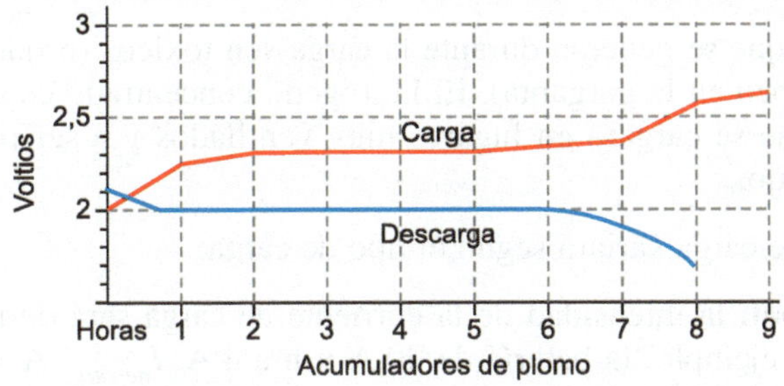


**Figura 7.21.**

**Solución**

- Durante la descarga, la f.e.m. se mantiene constante y aproximadamente igual a 2 V por vaso durante gran parte de su estado. La tensión que tendríamos en una batería de 6 vasos sería: $V_{bat.} = 2\left(\frac{V}{\cancel{vaso}}\right) \times 6\ (\cancel{vasos}) = 12\ V.$
- Para cargar la batería, la tensión por vaso oscila entre 2,3 y 2,4 V. Para una batería de 6 vasos, entre 13,8 y 14,4 V, siendo la tensión de regulación del circuito de carga más extendida los 14,4 V.

ACTIVIDAD **Propuesta 7.13**

En los vehículos con 24 V de tensión de batería, la tensión de regulación del circuito de carga es de 28,8 V. ¿Cómo se deduce este valor?

ACTIVIDAD **Propuesta 7.14**

Comprueba el estado de carga de una batería con un densímetro con un comprobador de descarga rápida y con un voltímetro. ¿Se corresponden los resultados?

**Nota:** toma en cuenta las advertencias de la Actividad propuesta 7.8.

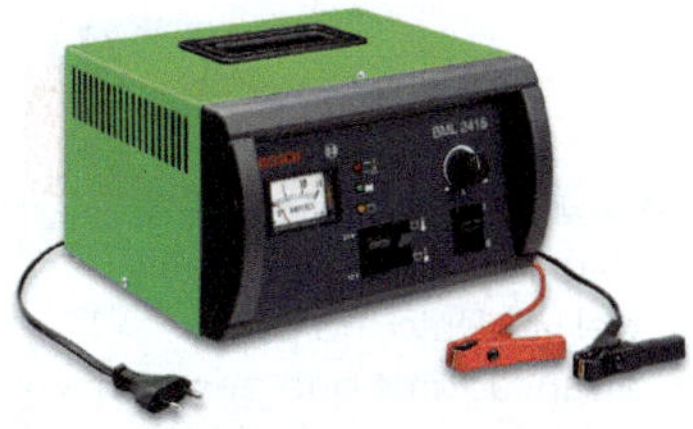

**Figura 7.22.** Cargador electrónico.

**Figura 7.23.** Cargador arrancador.

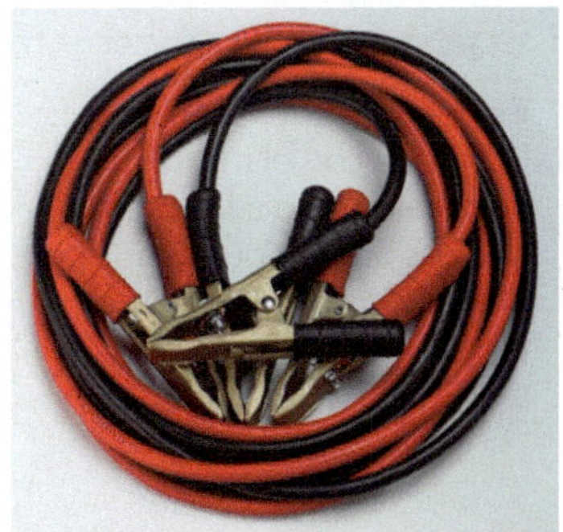

**Figura 7.24.** Pinzas de baterías.

## 7.4.3. Carga de la batería

La energía eléctrica que almacenan las baterías se recibe del generador (alternador o dinamo) que forma parte del circuito de carga del vehículo o de un cargador de baterías, cuando se cargan fuera del vehículo.

El circuito de carga lo estudiaremos más detalladamente en la Unidad 9. En este punto nos centraremos en el cargador de baterías, que consiste en una fuente de alimentación como la estudiada en la Unidad 4, Actividad resuelta 4.8.

En un cargador de baterías se distinguen básicamente: un transformador de 220/16 V, un potenciómetro para regular la velocidad de carga, un amperímetro para controlar la corriente de carga y un magnetotérmico o fusible de seguridad.

**Sabías que...**

En vehículos con sistemas de control de batería, (*start&stop*, híbridos o eléctricos) la batería debe cargarse con ella puesta en el vehículo, para que en todo momento tenga controlado el estado de carga.

Para la puesta en marcha del vehículo, no usar arrancadores que generen sobretensiones (picos de tensión). Puede afectar a los circuitos electrónicos del vehículo. Se deben usar baterías en buen estado.

Se permite el arranque desde otro vehículo mediante pinzas. En este caso, tanto la sección de los cables de las pinzas, como la fuerza de las mordazas sobre los terminales de la batería son decisivos a la hora de arrancar un vehículo.

Durante la carga tomaremos las siguientes precauciones:

- Quitar los tapones de los vasos para una buena respiración durante la reacción.
- Comprobar el estado de carga, el nivel del electrólito y rellenar con agua destilada en caso de necesidad, generalmente hasta un centímetro por encima de las placas.
- Conexionar correctamente los bornes del cargador a los de la batería.
- Los vapores que se generan durante la carga son tóxicos (producen picores en la piel y carraspeo en la garganta). El hidrógeno concentrado es altamente explosivo, por lo que se cargará en lugares muy ventilados y a ser posible fuera de la zona de trabajo.

La intensidad de carga variará según el tipo de carga:

- **Carga normal:** la intensidad de la corriente de carga será de un 10 % de la capacidad. Por ejemplo, la batería de 40 A × h a 4 A. $I_{de\ carga}$ A = Capacidad de la batería A × h × 0,1. Así pues, una batería de 40 A × h debería cargarse con 4 A durante 10 horas.
- **Carga rápida:** la intensidad de la corriente de carga será mayor del 10 % de la capacidad. Para cargas y descargas muy rápidas la vida media de la batería se reduce.

Durante la carga se puede comprobar el estado de la batería como sigue:

- Si conectamos la batería al cargador y vemos que la intensidad de carga es muy baja o prácticamente nula, esto significa que no hay continuidad entre los electrodos, es decir, algún vaso no tiene electrólito.
- Si la intensidad es muy grande la batería está cortocircuitada, por contacto directo entre las placas o por desprendimiento de material e interposición entre estas.

**Recuerda que...**

Es peligroso desconectar la batería con el motor en marcha debido a los picos de tensión que pueden destruir los componentes electrónicos.

La batería se considera totalmente cargada cuando se comprueban los siguientes resultados:

- Vivo desprendimiento de gases en todos los vasos de la batería.
- La tensión en los bornes es igual o mayor a 15,6 V (2,6 V por vaso).
- La densidad de cada vaso alcanza un valor aproximado de 1,28 g/cm$^3$.

Otra utilidad del cargador de baterías ha sido la de arrancador en vehículos cuya batería tiene un estado de carga bajo. (Véase nota al margen de esta página).

ACTIVIDAD **Propuesta 7.15**

Adapta el esquema de la fuente de alimentación de la Unidad 4 al de un cargador de baterías con los elementos que le falten.

ACTIVIDAD **Propuesta 7.16**

Busca en internet el esquema de un cargador de baterías. Distingue y nombra las distintas partes que lo forman, y explica la función de cada una de ellas.

Si conectamos otra pila o salvamemoria cuando manipulamos la batería original, hay que prestar mucha atención con el terminal positivo suelto, que no haga contacto con masa.

## 7.4.4. Mantenimiento de los acumuladores de plomo

Aunque en teoría la batería es reversible, es decir, puede cargarse y descargarse indefinidamente, realmente se **arruinan** por desprendimiento de la masa activa de sus placas que se depositan en el fondo y las comunican o cortocircuitan entre sí.

La vida media de las baterías de automoción está condicionada por el número de arranques o ciclos de carga-descarga. Para un uso normal, a partir de unos cinco años, pasa a no tener fuerza para arrancar el motor de un día para otro, sin avisar, con el consiguiente trastorno que ello supone.

Otra causa de deterioro es su autodescarga. Cuando el vehículo permanece parado o la batería almacenada durante un período de tiempo por encima de los 2 o 3 meses, llega a descargarse o **agotarse** completamente, con la consiguiente sulfatación de sus placas que la hacen irrecuperable. Para evitarlo hay que someterlas a un proceso normal de carga, por lo menos, una vez al mes.

El **mantenimiento** que se aplica normalmente a las baterías es del tipo **correctivo,** es decir, se repone o carga cuando el vehículo se ha quedado sin ella.

Pero la importancia que está tomando la electrónica en la seguridad (frenado, dirección, etc.), además de los equipamientos de confort, para un aporte ininterrumpido de corriente nos obliga a un **mantenimiento preventivo** que nos permita conocer el estado de la batería antes de que se averíe.

Si se ha averiado o si hay que desconectarla para realizar una reparación (manipulación de los airbags, motor de arranque, alternador, etc.), como medida de seguridad, es necesario realizar algunas operaciones sencillas para que el vehículo vuelva a funcionar correctamente, como son:

- La puesta en hora del reloj.
- La entrada del código de cuatro cifras de la radio o de la radionavegación.
- La iniciación de los motores de los elevalunas, del techo corredizo y del mando impulsional.
- La inicialización de la dirección asistida eléctrica, etcétera.

Existen unos dispositivos, llamados **salvamemorias,** para salvar los datos antes mencionados, consistentes un una batería o conjunto de pilas, cuya tensión sume 12 voltios, con una toma de encendedor, donde se conectan hasta que se reponga la batería nueva.

Para garantizar en todo momento el arranque y el aporte ininterrumpido de la corriente eléctrica a los equipamientos llamados de seguridad (frenado, dirección, etc.), además de los equipamientos de confort algunos vehículos disponen de dos baterías o sistema dual. Este sistema se utiliza en el Mercedes SL y en el Maybach.

Otros vehículos llevan un dispositivo que permite la comunicación con el ordenador de a bordo para controlar el estado de carga de la batería, evitar consumos inadecuados con la desactivación temporal de algunos sistemas eléctricos, etc. Este sistema lo incorporan el BMW serie 5, todos los *start&stop* e híbridos (Figura 7.25).

La gran mayoría de los vehículos industriales llevan un interruptor general de batería. Se trata de un interruptor unipolar (Figura 7.26). Se monta en el cable de masa de la batería, próxima a esta y de fácil acceso al conductor.

En algunos vehículos donde la batería está en el maletero se suele utilizar un desconector del borne positivo, sobre todo para el positivo que comunica con el motor de arranque y el alternador, para que en caso de colisión no se pueda producir un cortocircuito que pueda provocar un incendio.

Este desconector se activa por un efecto pirotécnico comandado por la unidad del airbag, o por la inercia de un golpe. En el primer caso habrá que sustituirlo por otro nuevo y en el segundo se reactiva mediante un pulsador.

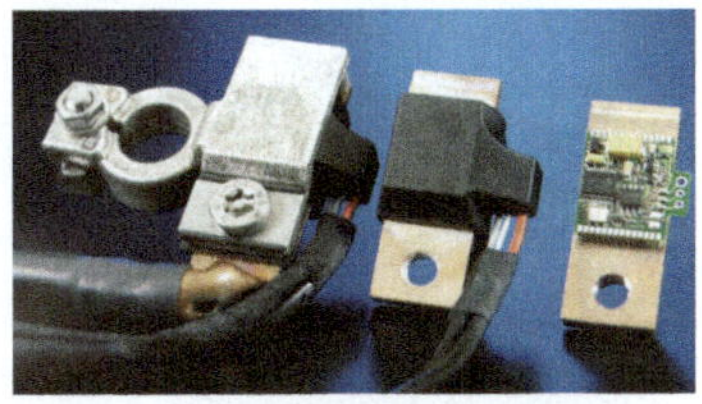

**Figura 7.25.** Borne con sensor de una batería inteligente.

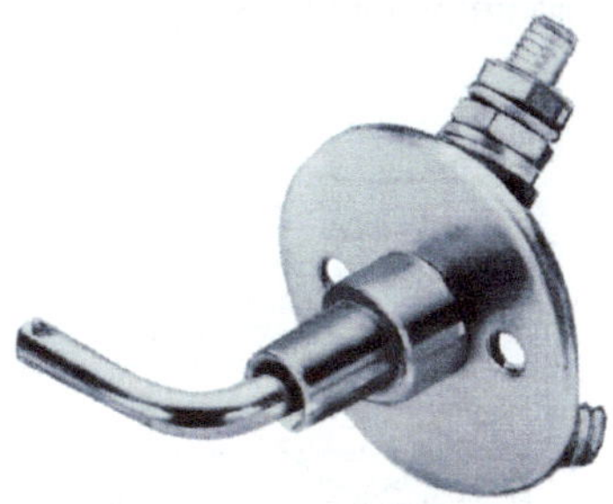

**Figura 7.26.** Interruptor general de batería.

A la hora de comprobar un fusible, de quitarlo para ver si está fundido o ver su continuidad con el óhmetro, se puede perder parte de la memoria que habría que reinicializar.

Para evitar esto podemos comprobar su continuidad sin quitarlo, pinchando las pinzas del óhmetro en sus dos agujeros. O con una lámpara de pruebas, un terminal a masa y el otro pinchándolo en cada uno de los agujeritos del fusible, el de entrada y el de salida. Si luce la lámpara en los dos casos está bien; de no lucir en alguno de ellos es que está fundido el fusible. En esta última prueba puede que no luzca en ninguno de los dos casos si el fusible es después de contacto y no está dado el contacto, o el fusible va después del mando (circuitos de luces, intermitentes, etcétera).

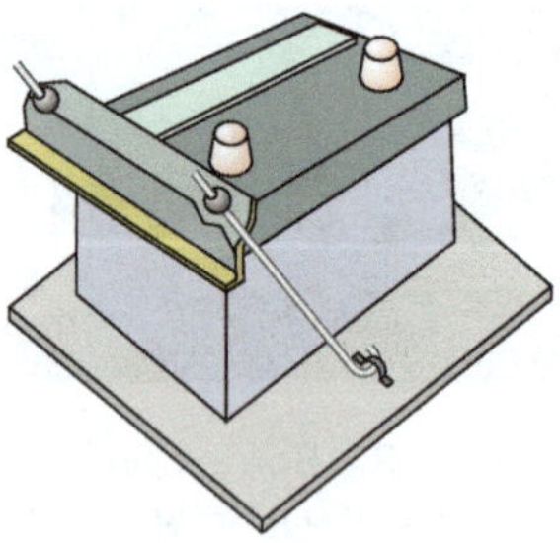

Figura 7.27. Fijación por tirantes y por bridas.

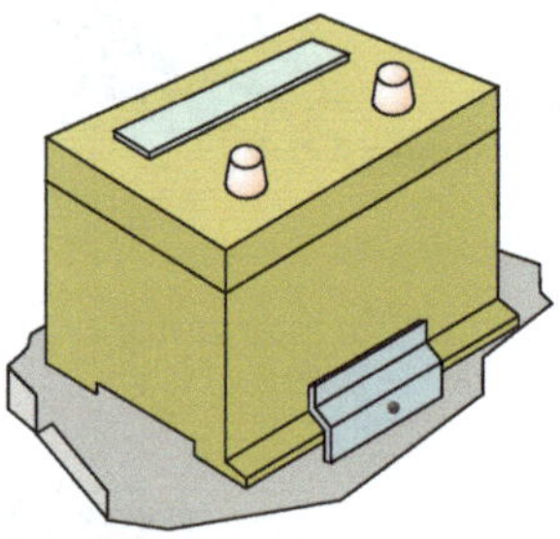

Figura 7.28 Fijación por talón.

Independientemente de las limitaciones de diseño, la duración de una batería dependerá, además, de unas normas de funcionamiento o conservación que el usuario deberá tener en cuenta, como son:

- **Mantener limpia la batería.** Limpiar con bicarbonato disuelto en agua, sobre todo el sulfato del borne positivo y los orificios de los tapones de los vasos, para facilitar la salida de los gases en las reacciones. Una vez limpios los bornes, protegerlos con vaselina para evitar que se vuelvan a sulfatar.
- **Comprobar el estado de las conexiones.** Unos terminales flojos dificultan el paso de la corriente, lo que se percibe, principalmente, en el arranque.
- **Comprobar el nivel del electrólito.** Sobre todo en verano, parte del electrólito se evapora, quedando al descubierto las placas, que se oxidan e inutilizan. Se rellenarán los vasos que lo necesiten con agua destilada hasta un nivel de un centímetro por encima de las placas. Si los llenamos en exceso, el líquido se puede verter con las vibraciones arrastrando el ácido, que ya no es posible recuperar. Un descenso anormal del electrólito en algún vaso sugiere una posible grieta. Si es en todos, se ha producido una sobrecarga que descompone el agua por electrólisis, saliendo el hidrógeno por los orificios de los tapones.
- **Mantener la batería bien sujeta al vehículo,** evitando que se golpee con las vibraciones producidas con la marcha (Figuras 7.27 y 7.28).

## 7.4.5. Precauciones en la manipulación de baterías

Los problemas que ocasiona la manipulación de una batería pueden ser de índole eléctrica o química, algunos de los cuales ya hemos comentado.

Los riesgos eléctricos, al trabajar con tensiones bajas (12, 24 o 36 V) no son de electrocución, sino de quemaduras o explosión:

- Si se cortocircuita la batería, uniendo sus bornes con un cable, llave, destornillador, etc., esta descarga instantánea provoca una explosión de la batería con las consiguientes salpicaduras del ácido.
- Cuando quitamos una batería, para evitar un cortocircuito con la llave entre los bornes y el chasis, se quita primero el (–) y después el (+). Y para ponerla, se pone primero el (+) y después el (–).
- Evitar llevar pulseras o esclavas metálicas que puedan provocar un cortocircuito y la consiguiente quemadura en la muñeca.
- Siempre que se vayan a manipular componentes tales como el airbag o los pretensores, etc., así como otros componentes con corriente directa a la batería, como al alternador, al motor de arranque, etc., se debe desconectar la batería, y cuando se vuelva a conectar es necesario reiniciar todos los sistemas electrónicos tal y como indique el fabricante.
- Como ya se ha dicho, para la puesta en marcha del vehículo no se recomienda el uso de cargadores que generen sobretensiones (picos de tensión), ya que pueden afectar a los circuitos electrónicos del vehículo. Se deben utilizar baterías en buen estado. Está permitido el arranque desde otro vehículo mediante pinzas.

Cuando se cambia la batería, para salvaguardar los equipos electrónicos (autorradio, teléfono, reloj, elementos de seguridad activa o pasiva, etc.), y evitar que les falte alimentación, los conectaremos otra batería o a una pila, por ejemplo al encendedor de cigarrillos del vehículo.

**Sabías que...?**

La principal causa de descarga de las baterías es la de dejar las luces del vehículo encendidas cuando el vehículo está aparcado. Para evitarlo, se emplea en los vehículos un relé que avisa, emitiendo un pitido intermitente o continuo cuando se para el motor, se abre la puerta y las luces permanecen todavía encendidas.

- **Sustitución de la batería:** se comprobará que las características sean las mismas que la original, que los bornes positivo (+) y negativo (–) coincidan con los lados de los terminales para poder conectarla, limpiar la bandeja y sujetarla correctamente al vehículo con el fin de evitar golpes y vibraciones. Dada la conicidad de los bornes, colocar los terminales según la conicidad, de manera que entren sin forzarlos.
- **Cuidados en el arranque:** el arranque debe hacerse en períodos breves de 1 a 3 segundos como máximo, repetidos cuantas veces sea necesario, en intervalos de 10 a 15 segundos.

Los riesgos químicos derivan de la reactividad y la toxicidad del ácido, así como de lo explosivo del hidrógeno que se genera durante la carga.

- **Recuerda:** durante la manipulación de las baterías hay que evitar, en cualquier caso, llevarse las manos a los ojos, la ropa, el pelo, etc., aunque solo se toquen sus asas o alguna parte en apariencia limpia, ya que siempre tienen vapores. De ahí que después de manipular la batería se deban lavar las manos con abundante agua. Es muy corriente que, con el tiempo, aparezcan en la ropa unos pequeños agujeritos por la reacción del ácido con el detergente de la lavadora.
- Los vapores que se generan durante la carga son tóxicos (producen picores en la piel y carraspeo en la garganta). El hidrógeno concentrado es altamente explosivo, por lo que las baterías se cargarán en lugares muy ventilados y, a ser posible, fuera de la zona de trabajo.

**Tabla 7.3. Tabla de averías de la batería de plomo**

| Síntomas | Causas posibles | Pruebas a realizar | Remedios |
|---|---|---|---|
| Las luces pierden brillo cuando se acciona el motor de arranque. | Batería descargada. | Verificar con el comprobador de baterías. | Cargar la batería. |
| | Bornes de batería, terminal de masa o interruptor general en mal estado. | Comprobar caídas de tensión en el circuito con el motor de arranque en marcha. | Limpiar los bornes o terminal defectuosos. O sustituir el interruptor. Apretar los tornillos. |
| La batería no toma carga con la debida rapidez. | Placas sulfatadas por descargas muy intensas. | Medir la densidad del electrólito; esta es siempre pequeña. | Sustituir la batería. |
| La batería pierde carga con el tiempo. | Cortocircuito o fuga de corriente en la instalación eléctrica o algún componente. | Intercalar un amperímetro a la salida de la corriente de la batería (borne positivo) asegurándose de que todos los mandos e interruptores están en posición de reposo. El consumo permanente no será superior a 50 mA. | Localizar y reparar el cortocircuito. |
| | Capacidad insuficiente por desprendimiento de materia activa. | Efectuar la prueba de capacidad: cargar la batería y comprobar la densidad del electrólito. | Sustitución de la batería. |
| Explosión de la batería. | Excesiva presión interna. | Limpiar los orificios. | Sustituir la batería. |
| | Falta de electrólito. | Ver el nivel en cada vaso. | |

**Sabías que...?**

A la hora de sustituir una batería, además de comprobar sus características eléctricas, el borne positivo (+) y el negativo (–) tienen que coincidir con los lados de los terminales para poder conectarla. Pueden darse dos posibilidades: batería a derechas o a izquierdas, según el lado en el que esté el positivo mirando a la batería desde el lado de los terminales. La mayoría de las baterías van a derechas.

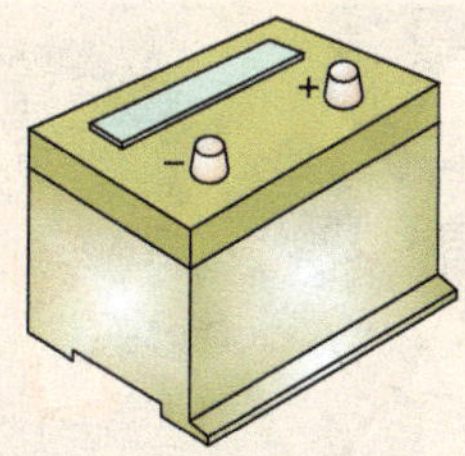


**Figura 7.29.** Batería a derechas.

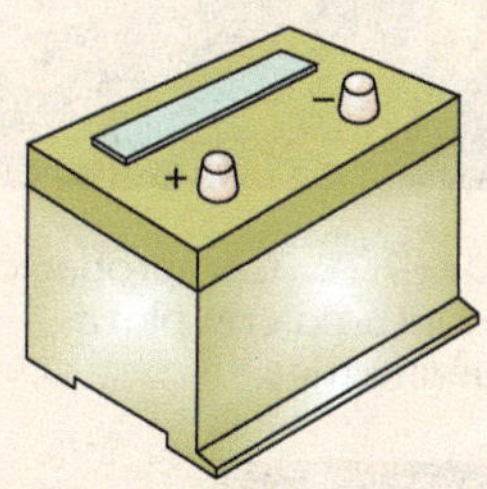


**Figura 7.30.** Batería a izquierdas.

**Figura 7.31.** Comprobación del consumo con un amperímetro en serie.

**Figura 7.32.** Comprobación del consumo con pinza amperimétrica.

**Figura 7.33.** Comprobación del consumo con un voltímetro.

## ¿Cómo reparar una fuga de corriente en un vehículo?

Aun con el contacto quitado en una instalación multiplexada es normal que haya un consumo momentáneo hasta el estado de reposo de las comunicaciones en las distintas centralitas. Los tiempos de espera dependen del vehículo, pero pueden oscilar entre 20 y 30 minutos. Una vez pasado este tiempo sigue habiendo un pequeño consumo permanente en las propias centralitas (mantenimiento de las memorias, estado de vigilancia, etc.). Este consumo permanente es muy pequeño. Para no descargar la batería con el motor parado, normalmente no debe superar los 50 miliamperios.

A veces, la descarga sucesiva de la batería se debe a una fuga de corriente o consumo inadecuado en la instalación, aun con el motor parado. Para medir ese consumo desconectamos uno de los bornes de la batería e intercalamos en serie un amperímetro (Figura 7.31). Para no tener que desconectar ningún borne de la batería que despierte la comunicación en la red sería más fiable emplear una pinza amperimétrica (Figura 7.32).

Una vez visto ese exceso de consumo procederemos a su localización. Primero con el contacto quitado nos aseguramos de que estén apagados todos los receptores (CD, la luz del maletero, de la guantera, la luz de iluminación interior, etc.). Seguidamente podemos ir quitando cada uno de los fusibles e ir comprobando si sigue el consumo o no con el amperímetro. Si vemos que con uno desaparece ese consumo es porque la fuga o consumo está en el circuito al que alimenta el fusible.

El problema es que cada vez que volvamos a conectar cada uno de los fusibles se puede despertar la red multiplexada y aumentar la indicación del amperímetro hasta que repose otra vez. Podemos medir el consumo que pasa por cada fusible sin quitarlo midiendo la caída de tensión que haya en cada uno de ellos con un voltímetro en milivoltios en paralelo, una pinza a la entrada y otra a la salida de cada fusible (Figura 7.33).

En internet podemos encontrar distintas tablas que relacionan la corriente que pasa por un fusible con su caída de tensión, como la tabla siguiente.

**Tabla 7.4. Corrientes para distintas caídas de tensión en minifusibles**

| Fuse color | Tan | Brown | Red | Blue | Yellow | Clear | Green |
|---|---|---|---|---|---|---|---|
| Measurement mV | Standard 5 A | Standard 7,5 A | Standard 10 A | Standard 15 A | Standard 20 A | Standard 25 A | Standard 30 A |
| 0,1 | 6 | 9 | 13 | 21 | 30 | 40 | 51 |
| 0,2 | 11 | 18 | 26 | 42 | 59 | 79 | 102 |
| 0,3 | 17 | 27 | 39 | 63 | 89 | 119 | 152 |
| 0,4 | 22 | 37 | 52 | 83 | 118 | 159 | 203 |
| 0,5 | 28 | 46 | 65 | 104 | 148 | 198 | 254 |
| 0,6 | 34 | 55 | 78 | 125 | 178 | 238 | 305 |
| 0,7 | 39 | 64 | 91 | 146 | 207 | 278 | 355 |
| 0,8 | 45 | 73 | 104 | 167 | 237 | 317 | 406 |
| 0,9 | 50 | 82 | 117 | 188 | 266 | 357 | 457 |
| 1 | 56 | 92 | 130 | 208 | 296 | 397 | 508 |

## 7.5. Baterías de tracción de alta tensión (níquel metal hidruro)

Las exigencias básicas impuestas por los fabricantes de automóviles en las baterías de arranque son las siguientes:

- Bajo coste.
- Peso reducido.
- Baja necesidad de mantenimiento.
- Mayor **ciclabilidad** (ciclos carga-descarga).
- Menor autodescarga.

Con la aparición de los híbridos se necesitan baterías con más tensión y capacidad que ofrezcan una considerable potencia durante un tiempo considerable o autonomía.

Las más empleadas en vehículos híbridos son las baterías alcalinas con electrodos de níquel con hierro o cadmio y electrólito de hidróxido potásico (KOH). Se las denominan baterías de níquel metal hidruro (NMH).

Son las mismas que las pilas domésticas recargables cuyas celdas tienen un valor nominal de 1,2 voltios. Para alcanzar esas grandes tensiones y capacidades necesitan una gran cantidad de conexiones en serie y paralelo de esas celdas.

Las baterías de níquel metal hidruro son más ligeras; se emplean en aviones, y vehículos híbridos, en instalaciones fotovoltaicas, etc. La lejía potásica disuelta en agua que emplea como electrólito no ataca los metales, lo que le proporciona una larga duración, de unos diez años. Su autodescarga y la evaporación del agua es prácticamente nula. Pueden mantenerse en reposo o almacenadas hasta 2 meses totalmente cargadas.

Como contrapartida, las baterías alcalinas:

- Suponen mucho mayor coste de fabricación, que es la gran limitación a su empleo (unas tres veces más que las de plomo).
- Poseen menor tensión eficaz por vaso (1,2 V), lo que obliga a colocar más elementos.
- El número de ciclado son unos 2000 frente a unos 500 de una batería AGM de plomo.

Estas baterías están muy limitadas a altas temperaturas por lo que están provistas de un sistema de refrigeración forzado de aire.

La refrigeración, el grado de envejecimiento, el estado de carga, la intensidad de carga o descarga, etc., son gestionados por el módulo electrónico de la batería, mediante unos sensores de corriente colocados en el borne negativo, distintos voltímetros que miden la tensión en cada uno de los módulos y la total, y distintos sensores de temperatura.

A toda esta información podremos acceder con una máquina de diagnosis.

**Sabías que...?**

Las marcas coreanas (KIA, Daewoo, etc.), como suelen utilizar una batería auxiliar de 12 voltios en los vehículos híbridos con unos bornes más finos de lo normal, nos obligan a poner baterías especiales para estas marcas.

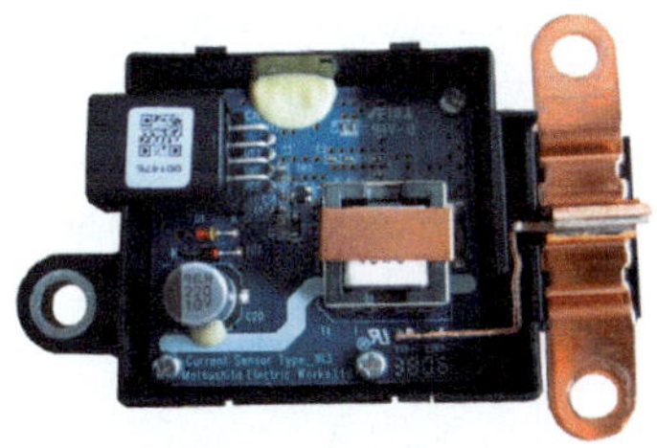

**Figura 7.34.** Sensor de corriente colocado en el borne negativo.

Para realizar un control de la tensión modular se procede al desmontaje de las tapas de protección, medimos la tensión total y la dividimos por el número de módulos. Después medimos la tensión de cada módulo que será aproximadamente la media anterior. En caso de rotura o fuga de electrólito de algún módulo se puede quitar y sustituir por uno nuevo.

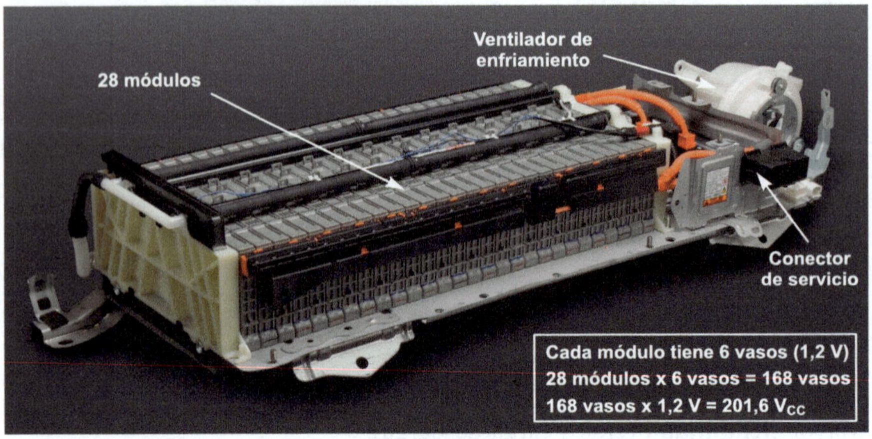


**Figura 7.35.** Batería HV. Conjunto de batería híbrida de alto voltaje del Toyota Prius.

## ACTIVIDAD **Propuesta 7.17**

En el Toyota Prius la tensión de la batería de tracción es de 201,6 voltios. Esta es transformada a 500 Vcc y porteriormente a 500 Vca trifásica por el inversor para accionar al motor-generador. En la fase de carga los 500 Vca de trifásica del motor-generador son transformados por el inversor a Vcc para cargar a la batería.

Dada la siguiente gráfica de carga y descarga de un acumulador NMH, ¿cuántos vasos en serie tendría que tener la batería? ¿Qué tensión Vcc tiene que aportar el inversor a la batería para cargarse?

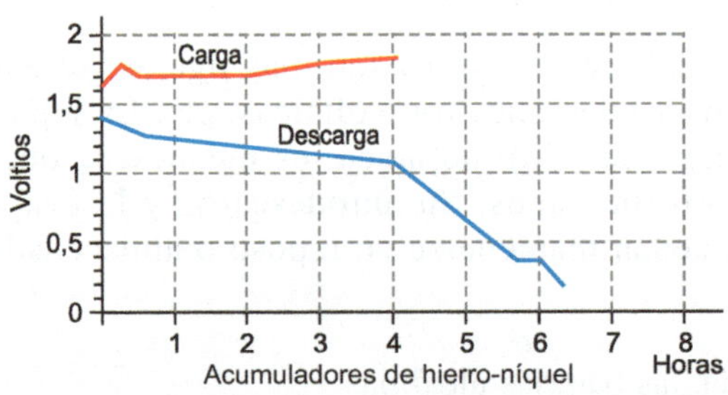


**Figura 7.36.**

# 7.6. Baterías de litio

El volumen, peso y eficacia de las baterías de níquel metal hidruro provocan una baja habitabilidad y muy baja autonomía. Las de litio tienen unas tres veces mayor relación capacidad/peso, por lo que actualmente en los vehículos eléctricos son las que se están imponiendo. Son las que se emplean en los ordenadores portátiles y en los móviles.

Otra ventaja de las baterías de litio es la tensión de 3,6 voltios por acumulador, por lo que necesitará casi tres veces menos acumuladores que las anteriores, para una misma tensión de salida.

Las baterías de litio emplean un sistema de gestión de baterías (SGB).

Este sistema controlará la temperatura, el estado de carga, la protección de la tensión y el control del estado de las celdas.

- Protección del voltaje: las celdas de mayor capacidad se cargarán más que las demás. Para equilibrarlas se utiliza el balance de celdas, cargándolas y descargándolas por igual, protegiéndolas así de sobrecargas y descargas.
- El ciclo de vida es superior a los 3000 o 4000 ciclos. Se espera que puedan llegar hasta los 10 000.
- Densidad de energía. Se espera que la densidad de energía se incremente de manera significativa.
- Tienen un alto coste inicial, pero el coste por ciclo es mucho menor.
- El tiempo de carga es 1/3 del de la batería de plomo.
- Durante la descarga dan una tensión constante hasta prácticamente el 5 % de descarga.

## 7.7. Pilas de combustible

La pila de combustible, como la batería, se basa en una reacción química de una célula elemental compuesta por dos electrodos separados por un electrólito. La reacción es la inversa a la electrólisis o descomposición del agua. El hidrógeno y el oxígeno del aire reaccionan para obtener electricidad, agua y calor. Con la conexión en serie de varias células elementales de 0,6 V a plena carga, obtenemos un generador electroquímico con la potencia deseada. Los sistemas anexos a la pila son los sistemas de compresión, de almacenaje y de distribución del aire, de gestión del hidrógeno y de la electricidad.

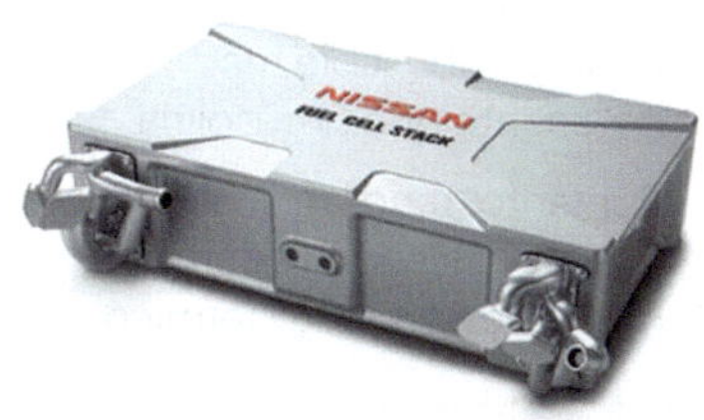


Figura 7.37. Pila de combustible de Nissan.

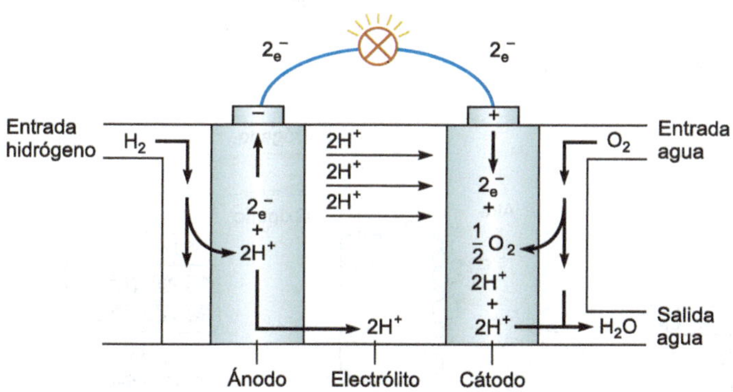


Figura 7.38. Esquema de la pila de combustible.

El electrólito deja pasar los iones $H^+$ y bloquea los electrones, que pasan a través del circuito eléctrico (los iones son átomos que han perdido electrones). La reacción se acelera con un catalizador que normalmente es de platino.

El hidrógeno se extrae de los hidrocarburos (metanol, gasolina, gasoil, etc.), separando el hidrógeno del carbono que lo forman por un proceso químico llamado *reforming*; o bien de la electrólisis del agua, separando el hidrógeno del oxígeno mediante electricidad. Este último es el método menos contaminante, pero el más caro.

El problema surge a la hora de almacenar el hidrógeno, al estar en estado gaseoso a temperatura ambiente, y necesitar enfriarlo a bajas temperaturas para licuarlo o someterlo a una presión entre 600 y 700 bares, con el consiguiente riesgo de explosión.

Actualmente, la solución al problema se está buscando en:

- **El hidrógeno embarcado:** la pila se alimenta directamente con el hidrógeno transportado, ocupando un espacio considerable, lo que limita la autonomía del vehículo.

**Sabías que...?**

El hidrógeno se puede emplear como combustible en los motores alternativos; por el tubo de escape sale vapor de agua:

$$2H_2 + O_2 \Rightarrow 2H_2O + \text{Calor}$$

Sin embargo, estos motores obtienen un rendimiento menor que las pilas de combustible, incluso por debajo del motor de gasolina, ya que el hidrógeno es un combustible más detonante que la gasolina.

Por tanto, tendrán una menor relación de compresión y menor rendimiento térmico.

Para contener 1,5 kg de hidrógeno a 300 bares, para una autonomía de 250 km necesitamos un recipiente de 80 litros de volumen. Para un vehículo diésel equivalente con un depósito de 50 litros tenemos una autonomía de 1000 km. Las condiciones necesarias para mantener el hidrógeno en forma líquida y su manipulación requieren un sistema extremadamente fiable y seguro debido a la peligrosidad que entraña, además de la infraestructura necesaria para su distribución en las estaciones de servicio.

- **El hidrógeno reformado:** este se extrae de hidrocarburos transportados (gas licuado del petróleo GLP, metanol, gasolina, gasoil, etc.) mediante un reformador a bordo, una especie de fábrica química en miniatura, que es imprescindible para extraer el hidrógeno necesario para el funcionamiento de la pila eléctrica.

El metanol o la gasolina evaporada se mezclan con aire, cuyo oxígeno reacciona con el carbono para formar $CO_2$ como producto de desecho, dejando el hidrógeno para alimentar la pila.

Aunque consumen combustibles fósiles y emiten $CO_2$, estos motores tienen un rendimiento entre el 40 % y el 45 % frente a los diésel, que oscilan en torno al 30 %.

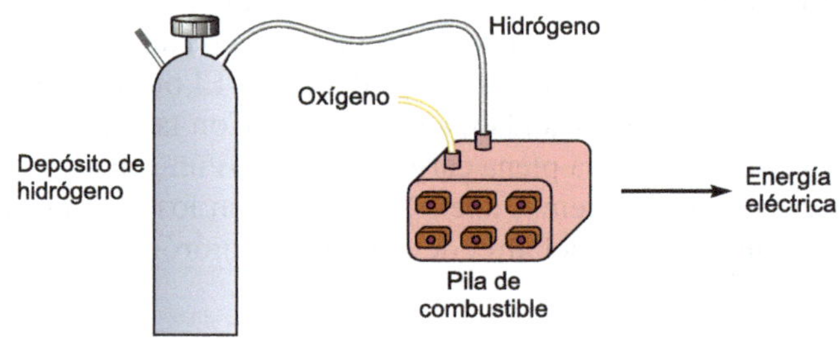


**Figura 7.39.** Hidrógeno embarcado.

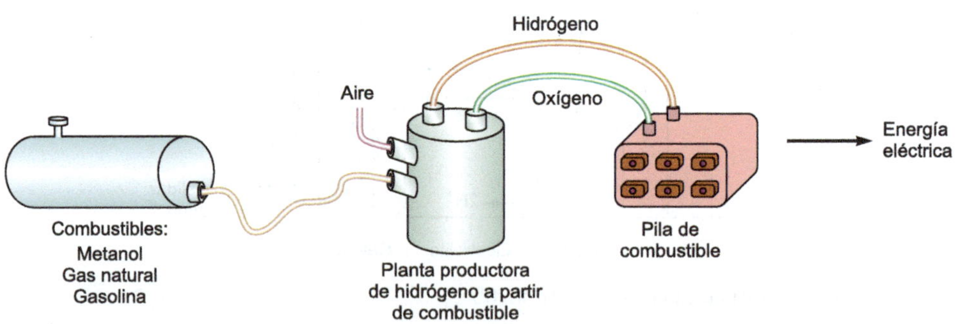


**Figura 7.40.** Hidrógeno reformado.

Sin embargo, existen algunos problemas técnicos y de coste que retrasan su aplicación y comercialización a gran escala, con lo que se encuentran en proceso de estudio.

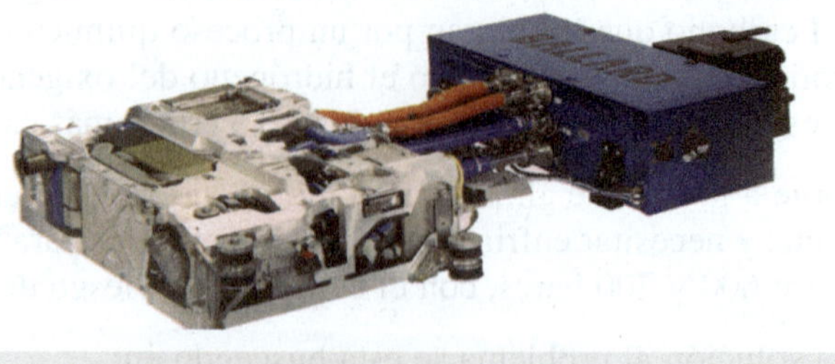

**Figura 7.41.** Grupo de alimentación del Ford Focus FCV. Comprende la pila de combustible (Ballard 902 de 96 kg), el control de propulsión del aire y del hidrógeno, y el control electrónico de potencia del motor.

# Síntesis

## BATERÍAS

### Características de la batería

**f.e.m.:** es el voltaje entre los bornes de una batería, cuando esta trabaja en circuito abierto.

**Intensidad máxima o de cortocircuito ($I_{máx.}$):** es la intensidad máxima que puede proporcionar.

**Capacidad:** es la cantidad de energía que puede almacenar o suministrar, se mide en A × h.

### Montaje de baterías

**Serie:** sus fuerzas electromotrices se conectan en fila en el mismo sentido. Positivo de la primera con negativo de la segunda, positivo de la segunda con negativo de la tercera, y así sucesivamente. Se cierra el circuito entre el negativo de la primera y el positivo de la última.

| | | |
|---|---|---|
| f.e.m. equivalente: la f.e.m. del conjunto es igual a la suma de las f.e.m. de cada una de ellas. $f.e.m._{total} = f.e.m._1 + f.e.m._2 ... + f.e.m._N$ | Intensidad de cortocircuito equivalente: será la de la más pequeña, o la de cualquiera de ellas si todas son iguales. $I_{cc\ total} = I_{cc\ de\ la\ más\ pequeña} = I_{cc\ de\ cualquiera\ de\ ellas\ si\ todas\ son\ iguales}$ | Capacidad equivalente: será la de la más pequeña, o la de cualquiera de ellas si todas son iguales. $Q_{total} = Q_{de\ la\ más\ pequeña} = Q_{de\ cualquiera\ de\ ellas\ si\ todas\ son\ iguales}$ |

**Paralelo:** se conectan todos los bornes positivos en un nudo y los negativos en otro. Se cierra el circuito entre los nudos positivo y negativo.

| | | |
|---|---|---|
| f.e.m. equivalente: todas las baterías tienen que tener la misma f.e.m. y será la misma que la equivalente. $f.e.m._{total} = f.e.m._{de\ cualquiera\ de\ ellas}$ | Intensidad de cortocircuito equivalente: será la suma de la de cada una de ellas. $I_{CCtotal} = I_1 + I_2 + ...... + I_N$ | Capacidad equivalente: será la suma de la de cada una de ellas. $Q_{total} = Q_1 + Q_2 + ...... + Q_N$ |

**Mixto:** se estudian por separado cada uno de los distintos grupos en serie y paralelo, para terminar sumando los últimos grupos simplificados, según estén en serie o paralelo.

### Comprobación de la batería

**Densímetro:** se introduce el extremo por la boca de cada vaso, se aspira una cantidad de líquido y se observa la línea de flotación del aerómetro. El líquido se volverá a introducir en el mismo vaso del que se extrajo.

**Descargador rápido:** se provoca una descarga considerable, entre 200 y 400 amperios durante unos segundos, y la tensión que nos dará el voltímetro estará por encima de los 9 voltios.

**Ojo mágico o testigo de carga:** va incorporado en uno de los vasos de la batería y según el color de fondo del visor se corresponderá con un estado de carga.

### Precauciones en la manipulación de baterías

**Riesgos eléctricos:**

1. Si se provoca una descarga muy rápida (cortocircuito) puede explotar.
2. Si quitamos la batería se desconecta primero el terminal (–), después el (+).
3. Si la montamos se conecta primero el (+), después el (–).
4. Cuando se van a manipular componentes con corriente directa (motor de arranque, alternador, etc.), se debe desconectar.
5. Evitar esclavas, pulseras, etc., que puedan provocar un cortocircuito.

**Riesgos químicos:**

1. Manipularlas siempre con guantes. En caso de tocarlas con las manos, no llevárselas a los ojos, el pelo, la ropa, etc. Lavárselas con abundante agua y jabón.
2. Durante la carga generan vapores tóxicos (hidrógeno), que producen picores en la piel o carraspeo en la garganta. Si van dentro del habitáculo del vehículo, deben ser estancas.
3. El hidrógeno es inflamable y con grandes acumulaciones de este gas se pueden provocar fuertes explosiones; cargar en zonas ventiladas y fuera de la zona de trabajo.

# Actividades finales

## Responde

1. Comenta las tres funciones básicas de la batería.
2. ¿Cómo se conectan los vasos de un acumulador? ¿Por qué?
3. Describe el proceso de carga y descarga de una batería.
4. ¿Qué ocurre cuando se carga o descarga en exceso una batería?
5. Cita las características eléctricas de una batería.
6. ¿Cuáles son los tipos de acoplamientos de las baterías? ¿Cómo varían sus características con cada uno de ellos?
7. Describe las operaciones de mantenimiento de una batería.
8. Comenta las precauciones que hay que tener en la manipulación de una batería.
9. Explica la evolución de las baterías de arranque.
10. ¿Qué limitaciones encuentras en los vehículos con motores eléctricos? ¿Por qué?
11. Describe las ventajas e inconvenientes de los vehículos eléctricos con baterías convencionales y con pila de combustible.
12. Comenta las ventajas e inconvenientes que existen entre los motores de combustibles fósiles y los de pilas de combustible.

## Realiza

1. Efectúa la medida de la tensión de una batería en condiciones de reposo y descarga. ¿Cuál será su resistencia interna?
2. Realiza la carga de una batería con diferentes tipos de cargadores y procesos de carga.
3. Efectúa la operación de mantenimiento de una batería.
4. Realiza la sustitución de una batería.
5. Construye un salvamemorias (Apartado 7.4.4).

## Calcula

1. Una pila seca de 9 V tiene una resistencia interna de 30 Ω y la atraviesa una intensidad de 60 mA. ¿Cuál es la potencia eléctrica disipada como calor dentro de la batería? ¿Qué tensión existirá entre sus terminales?
2. Conectamos 3 filas en paralelo compuestas de 2 baterías, en serie, cada fila, todas las baterías son iguales: f.e.m. = = 13,2 V y $Q$ = 48 A × h/$I_{máx}$ = 200 A.
   a) Haz el esquema de todas las baterías acopladas.
   b) Calcula las características de la batería equivalente: f.e.m.$_{total}$, $Q_{total}$, $I_{máx\ total}$.
3. Disponemos de 6 baterías con las siguientes características:
   - 1 batería de 12 V/20 A × h.
   - 2 baterías de 6 V/20 A × h.
   - 1 batería de 12 V/30 A × h.
   - 1 batería de 12 V/50 A × h.
   - 1 batería de 24 V/120 A × h.

   Se pide la conexión a realizar en ellas para obtener un acoplamiento de 36 V/120 A × h.

## Investiga

1. Pincha con un cuchillo y una varilla de cobre un limón y mide con un polímetro la tensión entre ambos metales. Se trata de un acumulador electroquímico básico. ¿Cuáles serían aquí los electrodos y el electrólito? Ten en cuenta que el zumo de limón contiene ácido cítrico.

2. Señala las diferencias entre el mantenimiento correctivo y el preventivo. Indica tres operaciones de mantenimiento preventivo y otras tres de mantenimiento correctivo en un vehículo.

3. ¿Qué quiere decir la expresión *stop and go*? ¿Y *GreenBoost*?

4. Principio de la electrólisis: el agua es un compuesto de dos gases: hidrógeno y oxígeno. Una molécula de agua está compuesta por dos átomos de hidrógeno y uno de oxígeno. Con una corriente eléctrica podemos descomponer por la electrólisis el agua. Necesitamos un vaso normal, un trozo de tubería de plomo, dos tubos de vidrio de probetas, hilo conductor, una pila y un poco de sal de cocina.

   Empezamos por cortar el tubo de plomo en dos tiras, envolvemos estas tiras con cinta aislante dejando los extremos al descubierto y las doblamos, como se observa en la Figura 7.42. Llenamos las probetas y, tapando su abertura con un dedo, las introducimos dentro del vaso para que queden situadas como muestra la Figura 7.43. Echamos un poco de sal en el vaso y conectamos los bornes de la pila. Esperamos unos minutos y comprobamos cómo las burbujas de gas van desplazando el agua por la parte superior. Sacamos el tubo de hidrógeno sin volverlo; encendemos una cerilla y la acercamos a la boca del tubo, que ponemos ahora en posición vertical. Oiremos una detonación, ya que el hidrógeno, al combinarse con el aire, produce una mezcla explosiva. Para comprobar el oxígeno sacamos el tubo tapado, boca abajo; lo ponemos boca arriba y quitamos el dedo; mientras, introducimos un palillo encendido pero sin llamas, es decir, solo con la punta de la brasa. Comprobaremos que surge la llama, ya que el oxígeno activa la combustión.

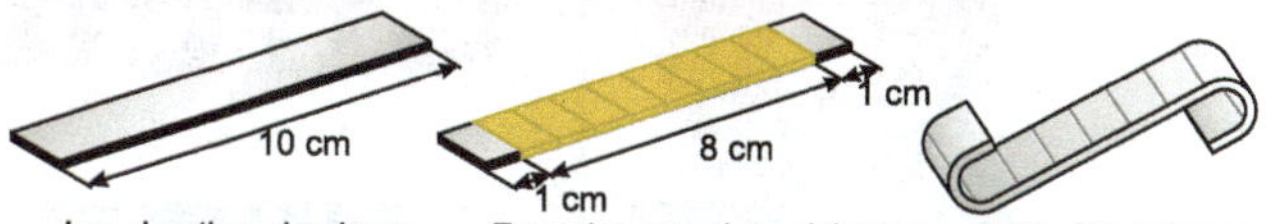


**Figura 7.42.**

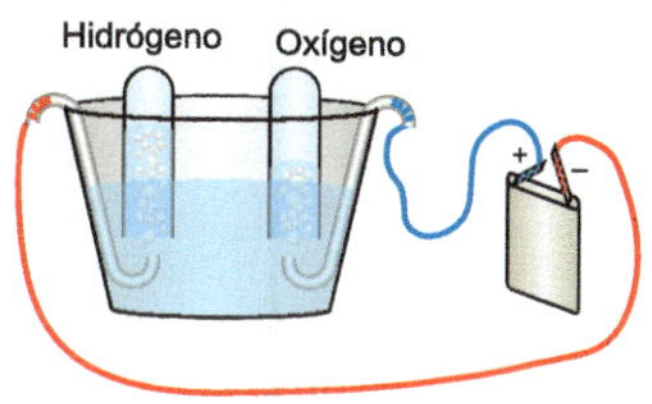


**Figura 7.43.** Electrólisis del agua.

5. Comprueba los fusibles de un vehículo como en el Apartado 7.4.4. Anota cuáles se alimentan de corriente directa (30), después de contacto (15), o después de algún mando.

6. Alimenta distintos receptores mediante un fusible de distinto amperaje como los de la Tabla 7.4 del Apartado 7.4.5.

   Mide con el polímetro la intensidad que consumen y la caída de tensión en el fusible en cada uno de los casos. Comprueba que se corresponden las corrientes con las caídas de tensión en cada fusible de la tabla.

# 8 Circuito de arranque del motor

**Para poner en marcha un motor alternativo, es necesario disponer de algún medio que le imprima el movimiento inicial hasta el inicio del ciclo de trabajo en uno de los cilindros (mínimo cuarto de vuelta); entonces empezará a funcionar por sí mismo debido a la combustión de la mezcla en sus cilindros.**

**Para este movimiento inicial del motor alternativo se necesita una energía auxiliar que le haga moverse, como la puesta en marcha eléctrica o el motor de arranque. El motor de arranque transforma la energía eléctrica de la batería en energía mecánica para mover el motor térmico.**

**Dada la elevada resistencia que hay que vencer a causa de la compresión de los cilindros, la fricción de los segmentos, la inercia del volante, la viscosidad del aceite de engrase, etc., el arranque es una operación crítica que obliga a unas descargas enormes de la batería, lo que condiciona tanto el tamaño como la vida útil de esta.**

**El circuito de arranque consta de los siguientes elementos:**

- **Motor de arranque.**
- **Interruptor o bombín de arranque.**
- **Batería.**

# 8 Circuito de arranque del motor

## ¿Sabes ...

... qué función tiene el motor de arranque?
... qué partes forman el motor de arranque?
... qué tipos de motores de arranque conoces?
... cómo trabajan?
... en qué consisten los distintos sistemas de arranque?
... qué averías hay en los distintos motores y circuitos de arranque?
... cómo se desmonta y monta el motor de arranque en el vehículo?
... cómo se comprueban y cómo se reparan?
... qué características tienen los motores de arranque?
... cómo se comprueban en el banco eléctrico?

## Contenidos


**8.1.** Despiece del motor de arranque
**8.2.** Tipos de motores de arranque
**8.3.** Sistemas de arranque
**8.4.** Comprobación del sistema de arranque
**8.5.** Comprobación del motor de arranque en el banco de pruebas
**8.6.** Características de un sistema de arranque


## Objetivos

- Conocer los tipos, las características, la constitución y el funcionamiento del circuito de arranque.
- Identificar y seleccionar los elementos que constituyen el circuito de arranque del vehículo.
- Diagnosticar el elemento defectuoso sobre el circuito montado.
- Montar y desmontar los componentes que forman el circuito de arranque.
- Analizar el circuito eléctrico y electromagnético del motor de arranque, funcionamiento, proceso de montaje y desmontaje; comprobación y reglaje de los elementos que lo componen (inducido, inductor, relé, escobillas, etcétera).
- Seleccionar e interpretar la documentación técnica.
- Realizar el esquema del circuito y su posterior montaje en maqueta o vehículo.
- Medir los parámetros eléctricos de funcionamiento en el circuito montado y en el banco eléctrico.
- Aplicar las normas de seguridad y uso específicas.

## Sabías que...?

Los vehículos antiguos empleaban una simple manivela acoplada al extremo anterior del cigüeñal, que se accionaba a mano. Este sistema requería un esfuerzo físico muy considerable (principalmente en motores de gran cilindrada) y entrañaba un peligro, por cuanto los retrocesos del motor repercutían en el brazo de quien hacía girar la manivela. ¿Qué otros sistemas de arranque conoces?

**Figura 8.1.**

## 8.1. Despiece del motor de arranque

Este motor de corriente continua desarrolla mucha potencia en relación con su pequeño tamaño (hasta 2 kW); está diseñado para funcionar durante cortos períodos de tiempo.

El giro del motor de arranque se transmite al cigüeñal del motor por medio de un ingenioso sistema de acoplamiento, que engrana su piñón con la rueda dentada que envuelve al volante de inercia. Se ubica, por tanto, en la parte trasera del motor térmico, al lado del embrague.

Se trata de un motor eléctrico de corriente continua con excitación en serie o con excitación independiente (Unidad 6, página 191) con un gran par de arranque para vencer las fuertes resistencias al giro del motor alternativo y con una tendencia a embalarse, según la resistencia al giro.

Independientemente de los tipos de motores de arranque, podemos distinguir unos grupos funcionales, como son:

- La carcasa o inductor.
- El rotor o inducido.
- El soporte lado colector.
- El soporte lado de accionamiento.
- El mecanismo de arrastre.
- El relé de arranque.

Todos estos grupos tienen una función específica y están formados por una serie de elementos comunes para todos los motores; a excepción del mecanismo de arrastre y el relé de arranque, que varían según el sistema de acoplamiento que emplee y que estudiaremos para cada tipo de motor.

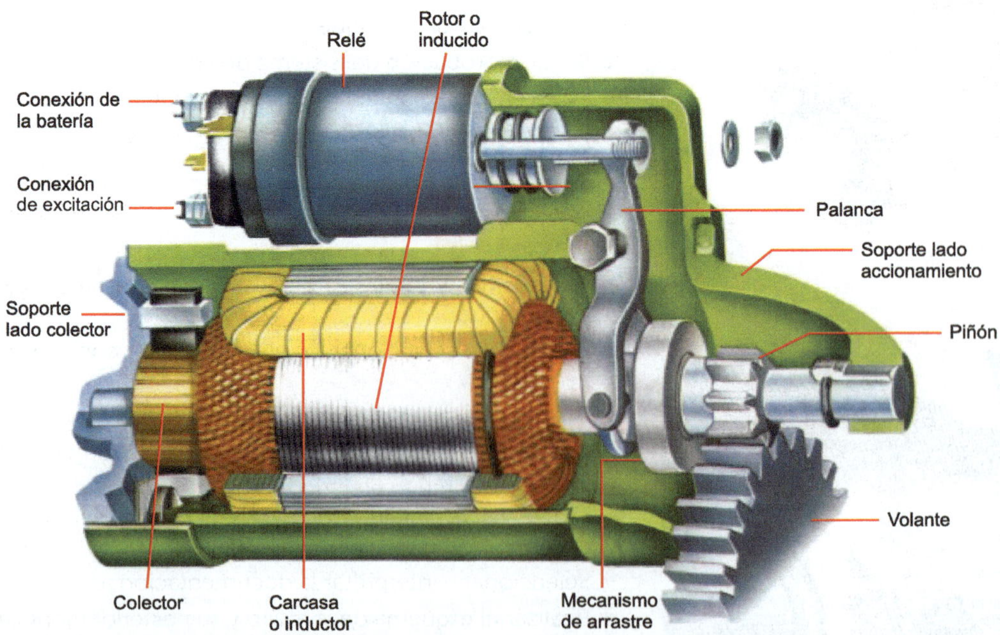


**Figura 8.2.** Sección de la estructura de un motor de arranque convencional.

### 8.1.1. La carcasa o inductor

Se trata de un tubo de acero con bajo contenido en carbono (material electromagnético blando o hierro dulce) cuya función es alojar, sujetar o tapar los demás componentes, además de cerrar el circuito magnético inductor; formado por sus masas polares y las bobinas que las rodean.

**Las masas polares** (3) son imanes fijos o núcleos de material electromagnético blando. Están alojadas en el interior de la carcasa y sujetas a esta por medio de **tornillos** (1) que se accionan desde el exterior.

**Las bobinas** (2) rodean a las masas polares y están formadas por una pletina de cobre con sección rectangular, por cuyas espiras aisladas con respecto a la masa pasa la corriente del terminal de entrada del relé (5) a las escobillas de corriente (4 y 6) y se crea un campo magnético en las masas polares.

En algunos motores las masas polares son imanes fijos, sin bobina a su alrededor.

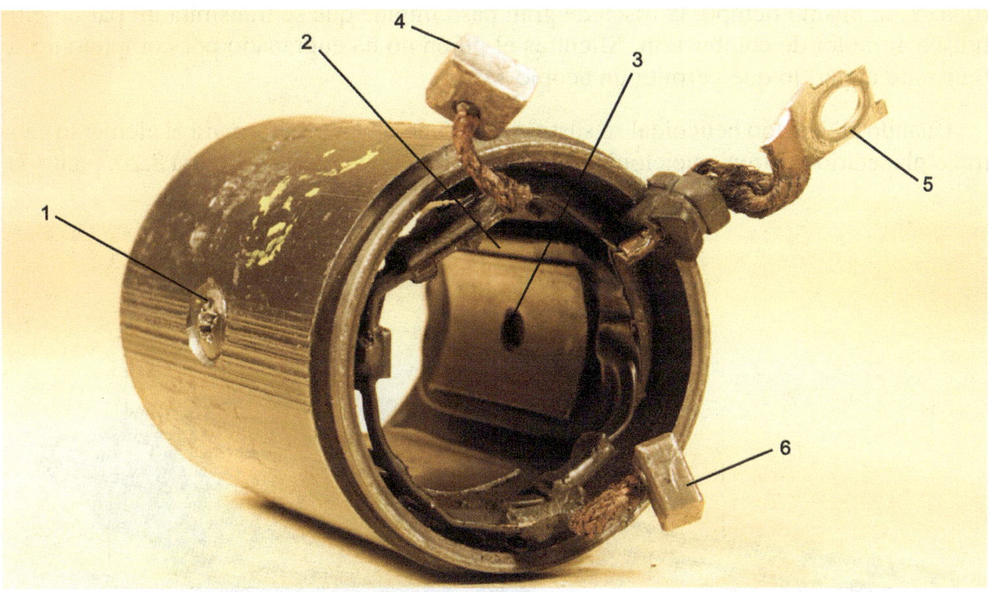


Figura 8.3. Carcasa o inductor.

Figura 8.4. Bobinas inductoras.

## 8.1.2. Rotor o inducido

Está formado por **un eje** (6), al que se ajusta un cilindro concéntrico formado por la unión de **chapas magnéticas** (3), ranuradas en forma de estrellas, en cuyas ranuras periféricas se alojan varias **bobinas** (4) para obtener un movimiento de rotación más suave y regular. Estas bobinas están formadas por espiras de cobre de gran sección, cuyos extremos se unen a las **delgas** (2) del colector (Figura 8.5).

El **colector** (1) está constituido por un cilindro aislante sobre el que se sujetan las láminas de cobre o delgas aisladas entre sí y sobre las que rozan las escobillas. El colector está montado en uno de los lados del eje.

Recuerda que...

El sentido de giro del inducido es tal que, si lo hacemos girar con el piñón bloqueado, el piñón tiende a avanzar en el sentido de acople con la corona, y no transmite el giro a la corona dentada hasta que no haga el acople total.

Al lado contrario del colector se encuentran talladas unas **estrías** (5) en forma de dentado helicoidal o recto (según el tipo de motor), por las que se desliza el mecanismo de arrastre que acopla el piñón del motor de arranque a la corona del térmico. Con el dentado helicoidal el sentido de inclinación de la rosca obliga a que el piñón, al encontrar una resistencia al giro durante el acoplamiento, avance y engrane totalmente con la corona. Y, al mismo tiempo, la rosca de gran paso impide que se transmita un par de giro brusco al motor de combustión. Mientras el piñón no ha engranado por completo no se transmite el par, lo que permite un acople suave.

Cuando el dentado helicoidal se sustituye por uno recto, este formará el elemento central o planetario del tren epicicloidal de los motores con reductora (Figura 8.20, punto 7).

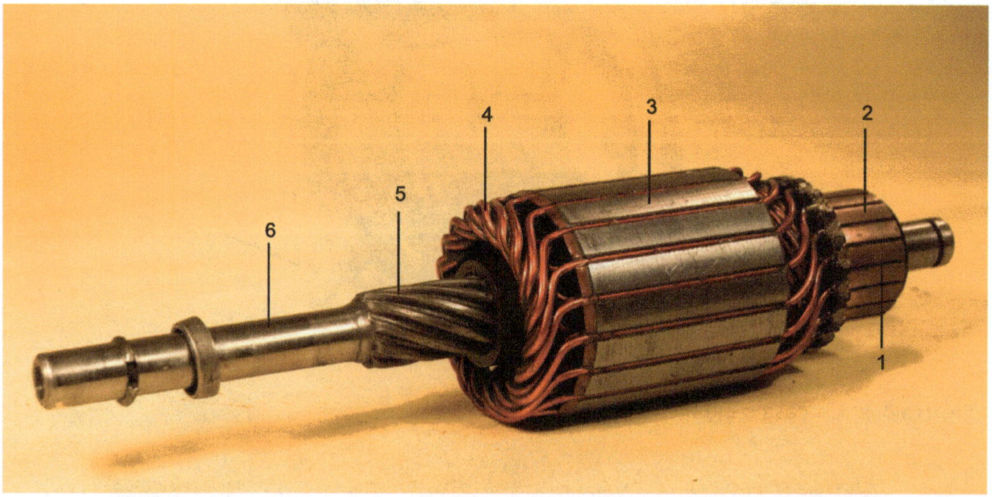


Figura 8.5. Rotor o inducido.

## 8.1.3. Circuito inductor

Para aumentar la potencia, en el **circuito inductor** se dispone de un gran número de masas polares (bipolares, tetrapolares o hexapolares). De todas ellas, las más utilizadas son las tetrapolares o cuatro masas polares. Se conectan sus bobinas inductoras, en serie o en serie-paralelo, con las inducidas a través de dos, tres, cuatro o seis escobillas. La mitad de las escobillas comunica las inductoras con las inducidas en serie y la otra mitad de las escobillas cierran a masa las inducidas.

Según el número de masas polares y el tipo de conexionado entre sus bobinas distinguimos los siguientes tipos de motores:

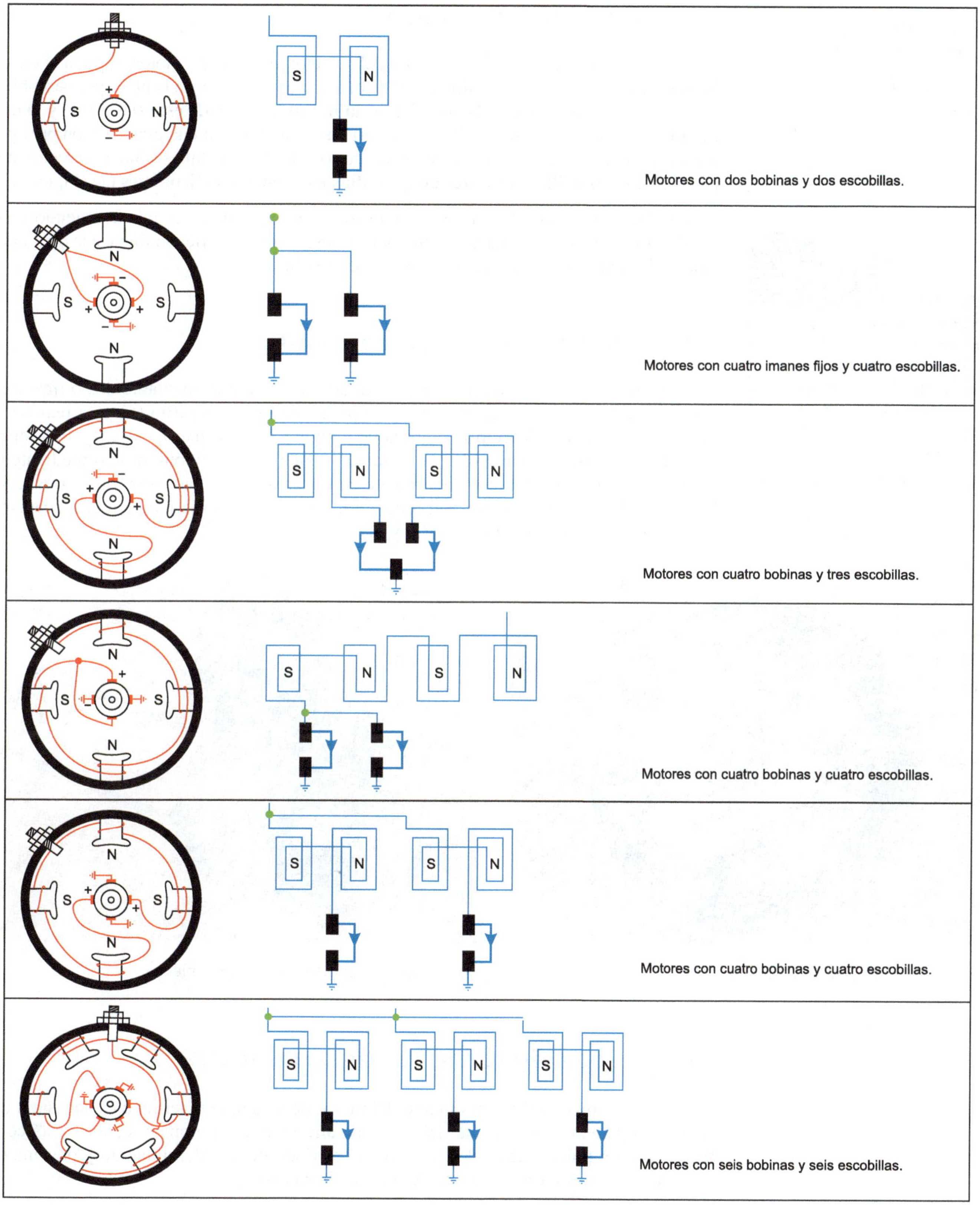


**Figura 8.6.** Tipos de circuitos inductores.

ACTIVIDAD
**Propuesta 8.1**

Clasifica de menor a mayor potencia los distintos tipos de motores anteriores.

Al pasar de potencias del motor más bajas a potencias más elevadas, aumenta el número de devanados y estos se van conectando en paralelo y no en serie.

### 8.1.4. Soporte lado colector

Esta tapa o soporte cierra, por el lado del colector, el conjunto motor; soporta el eje del inducido que se apoya en **un cojinete** (4) de material antifricción y a la placa portaescobillas (5). Sobre la placa se sujetan **las escobillas, la mitad aisladas de esta** (las 3 y 7) **y la otra mitad conectadas a masa** (las 2 y 6), de carbono grafitado con una gran sección para permitir el paso de la corriente. Para mantener presionadas las escobillas sobre el colector, empleamos **unos muelles o resortes de escobillas en espiral o helicoidales** (1) (Figura 8.7).

La placa portaescobillas hace masa a través del soporte por contacto, uniéndose entre sí por dos tornillos. Para un buen contacto estos tornillos tienen que estar bien apretados y limpias las superficies de contacto entre ellas.

### 8.1.5. Soporte lado accionamiento

Sirve para ejecutar el cierre por el otro lado del conjunto mediante dos o tres espárragos (3 y 4), soporta el eje del inducido mediante **otro casquillo** (6) para realizar su giro; sostiene el **relé de mando** o arranque (con dos o tres espárragos 1, 8 y 10), soporta **la palanca con su horquilla** (11) para el acoplamiento (piñón-corona) mediante un pasador (2) y acopla el motor de arranque con la caja de cambios (con dos o tres tornillos 5, 7 y 9). En los motores con reductora, este soporte aloja también el mecanismo epicicloidal del reductor (Figuras 8.8 y 8.9).

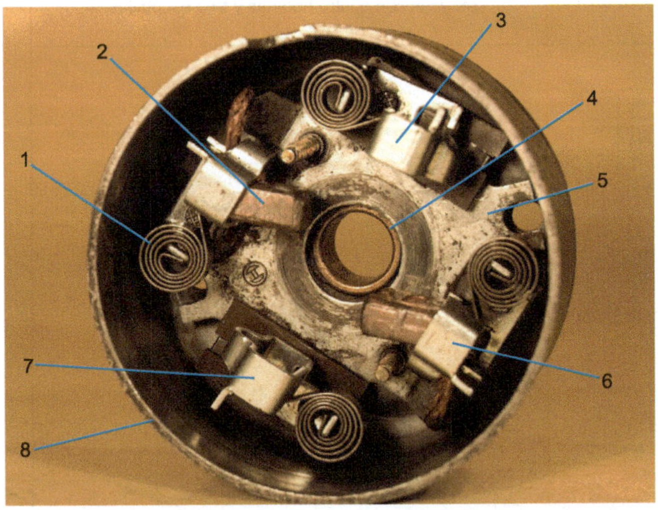


**Figura 8.7.** Soporte lado colector.

**Figura 8.8.** Soporte lado accionamiento.

## 8.2. Tipos de motores de arranque

En la transmisión del movimiento del motor de arranque al térmico es necesaria una reducción para aumentar el par del motor de arranque. El engranaje reductor está constituido por un piñón que se desliza sobre el estriado del eje del inducido y por una corona dentada, solidaria al volante del motor alternativo.

El piñón suele tener nueve dientes y según el número de dientes de la corona, la relación de la transmisión suele oscilar entre 1/8 a 1/16. Esta gran demultiplicación permite construir motores de pequeñas dimensiones y poco peso, con un par de giro pequeño y altas revoluciones.

Por otro lado, una vez que el motor alternativo ha arrancado y gira por sí mismo a velocidades que oscilan entre 800 y 6000 r. p. m., si el piñón del motor de arranque no desengranase de la corona dentada, el inducido sería arrastrado a enorme velocidad (de entre 8 a 16 veces mayor que las r. p. m. del motor térmico); la fuerza centrífuga desarrollada por este giro destrozaría los bobinados. Para evitar que suceda esto, se han ideado varios sistemas que engranan en el arranque y desengranan cuando el motor de explosión está en marcha.

Los dientes del piñón y los de la corona del volante motor están achaflanados para facilitar el engranaje.

Según la transmisión del movimiento y el sistema de acoplamiento, se pueden distinguir cuatro tipos de engranaje: acoplamiento libre por horquilla, con engranaje por inercia, con reductora y con inducido deslizante.

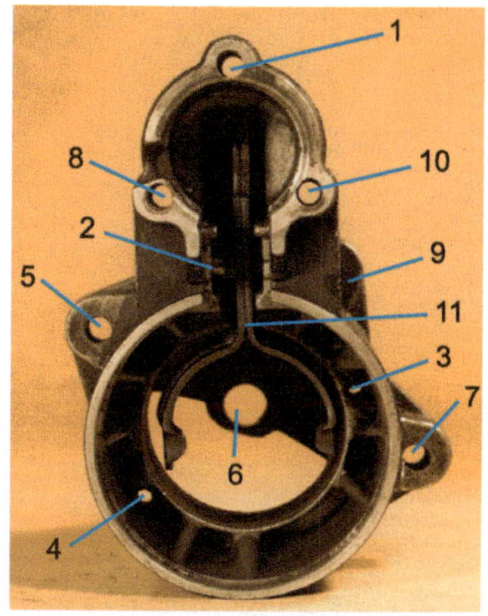


**Figura 8.9.** Soporte lado accionamiento visto por detrás.

ACTIVIDAD **Propuesta 8.2**

Tenemos dos motores: uno gira muy rápido y transmite un par motor muy pequeño y otro gira muy lento y transmite un par motor muy alto. ¿Cuál de los dos transmite mayor potencia? En el supuesto de que las potencias que transmitan sean parecidas, ¿cuál sería el más pequeño y ligero de los dos? ¿Por qué?

La potencia es igual al par motor por las revoluciones.

$$P = C \times n$$

## 8.2.1. Acoplamientos libres por horquilla

Se emplean en la mayoría de los vehículos. Están formados por dos o cuatro masas polares en su circuito inductor, con sus bobinas en serie o en serie-paralelo y con dos o cuatro escobillas en el colector.

El sistema de arrastre está montado directamente sobre el eje del inducido y se acciona por el relé de mando incorporado al motor, a través de la horquilla. Tiene la misión de transmitir el movimiento del motor de arranque a la corona del motor térmico e impedir que el movimiento del motor térmico arrastre el piñón y demás órganos móviles del motor de arranque, una vez que el motor térmico haya arrancado.

Consiste en un piñón que gira con un **mecanismo de rueda libre** (en un sentido de giro transmite fuerza, en el otro no). El mecanismo de rueda libre se asemeja a un rodamiento con sus **dos pistas** independientes, **la interior** (1) **y la exterior** (4), entre las que se intercalan las **bolas o rodillos** (2) que se mueven en una **cavidad irregular.**

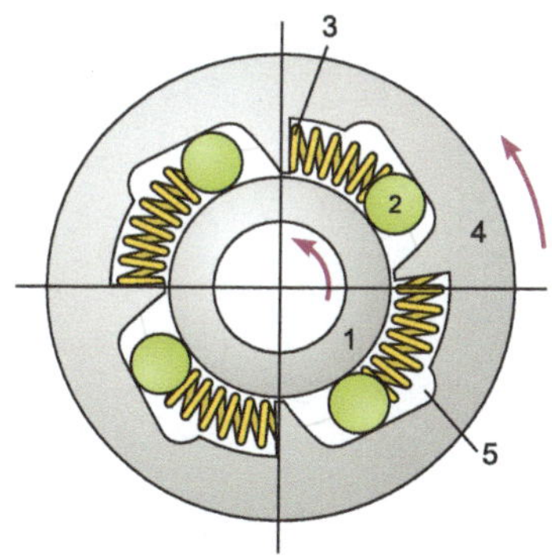


**Figura 8.10.** Mecanismo de rueda libre.

Si una de las pistas gira en el sentido que arrastra las bolas o rodillos a la parte amplia, estos ruedan libremente sin que se transmita el giro a la otra pista. Si gira en sentido contrario, estos son arrastrados a la parte estrecha, donde actúan como cuña, con lo que se hace solidario el giro de las dos pistas. Los elementos rodantes tienden a estar en la parte estrecha bloqueados, es decir, empujados por **unos muelles** (3).

A la pista exterior va solidario **el piñón** (6) y la interior va solidaria a **un casquillo** (7).

**Figura 8.11.** Mecanismo de arrastre.

El casquillo está **enroscado al eje** del inducido, con un gran paso de rosca (8), sobre el que se desplaza. Sobre este casquillo se desplaza otro **casquillo polea** (9) que, empujado por la horquilla, arrastra al casquillo principal a través del **muelle de arrastre** (10) hacia la corona en su acoplamiento.

## Relé de arranque

El relé está integrado en el motor de arranque, acoplado a la tapa del lado de accionamiento mediante **dos o tres espárragos** (7). Está formado por un electroimán con una o dos bobinas, las cuales se alimentan por el **terminal de excitación** (5) a través del bombín de arranque (Figura 8.12).

Por el interior de las bobinas se desplaza un **núcleo móvil** (2). Cuando se excita el **relé, el borne de corriente directa de la batería** (4) manda la corriente al motor de arranque a través del **borne del motor de arranque** (6). En el otro extremo lleva una **escuadra de arrastre** (1) para el acoplamiento de la horquilla de mando. Cuando deja de excitarse, vuelve a su posición inicial vencido por un **muelle de recuperación** que lleva interno (Figura 8.13).

El relé tiene una doble función: una eléctrica como interruptor para cerrar el circuito de la batería al motor de arranque a través de un **contacto móvil;** y otra mecánica para acoplar el piñón a la corona, que tira de la horquilla por el extremo opuesto del casquillo polea.

**Figura 8.12.** Relé de arranque.

**Figura 8.13.** Parte trasera de un relé.

## Fases de funcionamiento del motor de arranque

Las fases de funcionamiento del motor de arranque son paro, accionamiento y retención.

### Paro

El relé está sin excitar, **el muelle de recuperación** (12) lo mantiene en su estado de desacoplamiento, con el interruptor (6) abierto y el motor parado (Figura 8.14).

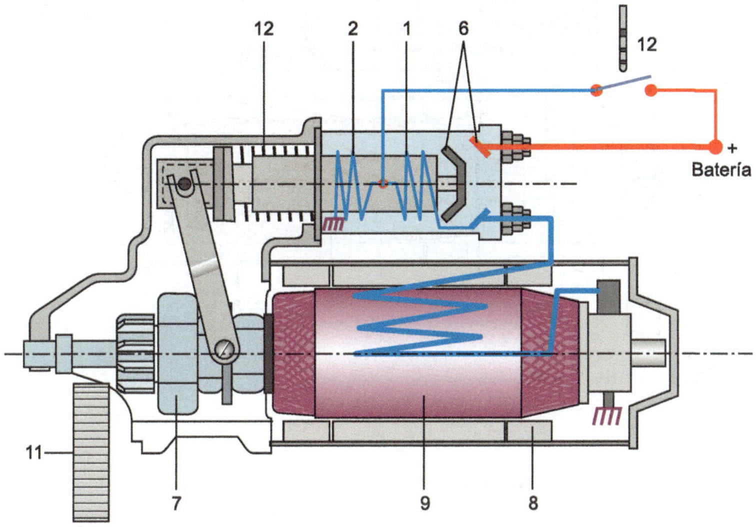


Figura 8.14. Fase de paro.

Recuerda que...

De haber una sola bobina en el relé, que hiciera las funciones de accionamiento y retención a la vez, se necesitaría más corriente para retener el piñón, sufriendo más el bombín de arranque.

### Accionamiento

Cuando se cierra el **bombín de arranque** (12), se alimentan a la vez **las bobinas de retención** (2) **y de accionamiento** (1), esta última en serie con el motor, con un giro suave del inducido y un acoplamiento enérgico, que facilita el acoplamiento **piñón-corona** (10 y 11). A continuación, se cierra **el interruptor** (6) y gira enérgicamente el motor.

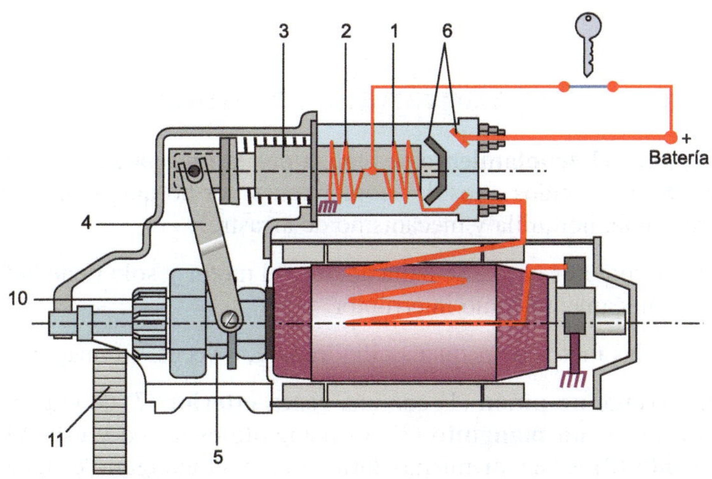


Figura 8.15. Fase de accionamiento.

### Retención

Una vez acoplado, se cortocircuita la bobina de accionamiento (1); solo se alimenta la de retención lo suficiente para mantener retenido el relé. El motor sigue girando hasta que el conductor deje de accionar el arranque (12), que volverá a su estado de paro.

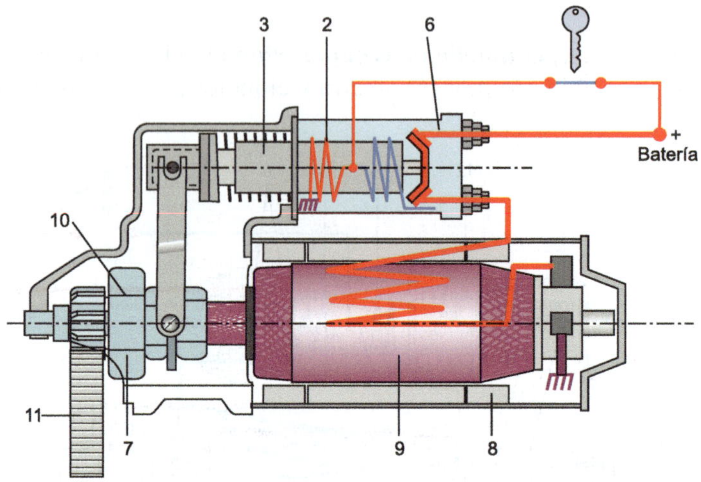


**Figura 8.16.** Fase de retención.

**ACTIVIDAD Propuesta 8.3**

¿Cómo distinguirías el terminal que trae la corriente de la batería del que la lleva al motor en el relé de la Figura 8.13?

**ACTIVIDAD Propuesta 8.4**

En el tornillo de un banco sujeta un motor de arranque de acoplamiento de rueda libre por horquilla y conéctalo a una batería con dos pinzas, tal que:

a) Funcione solo el motor.
b) Funcione solo la bobina de accionamiento.
c) Funcione solo el relé.
d) Funcione el motor cuando excites el relé.

*Sabías que...?*

En los primeros vehículos con acoplamiento por horquilla, el arrastre del piñón se hacía mecánicamente por un tirador (en el salpicadero). En estos casos, el interruptor estaba situado sobre la misma carcasa del motor.

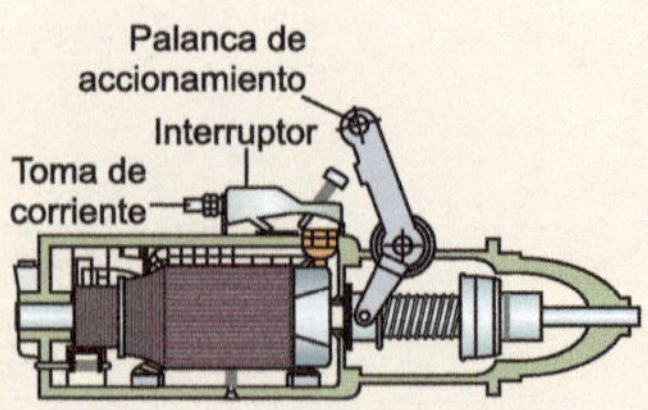


**Figura 8.17.** Motor de arranque con arrastre mecánico.

## 8.2.2. Motores con engranaje por inercia (béndix)

En estos motores **el acoplamiento** se realiza por la **inercia** que ofrece **el piñón al iniciar el giro.** Son parecidos a los de acoplamiento por horquilla pero sin su sistema de acoplamiento: relé, horquilla y mecanismo de arrastre.

En este tipo de motores el relé se halla aparte del motor y solo tiene la función eléctrica, y funciona únicamente como interruptor.

Se emplean en las motos de pequeña cilindrada y, a veces, en maquinaria pesada.

Están formados por **un piñón** (1) con una **rosca interior** (7) de gran paso, que gira en la rosca exterior de **un manguito** (3). El manguito es hueco y está montado sobre **el eje del inducido** (2). El acoplamiento entre el eje y el manguito es un **estriado recto** (4) que permite desplazarse axialmente el uno sobre el otro, pero solidarios en el giro (Figura 8.18).

Cuando comienza el giro del motor de arranque, la inercia del piñón hace que este se enrosque sobre la hélice del casquillo (3), venciendo al **muelle de recuperación** (6) y avanzando sobre el eje hasta acoplarse. Mientras el piñón tenga que tirar de la corona, este se seguirá enroscando hasta que se acople a tope y transmita el giro íntegramente. Una vez arrancado el motor térmico, es la corona la que tira del piñón y este se desenrosca, desacoplándose de ella (Figura 8.19).

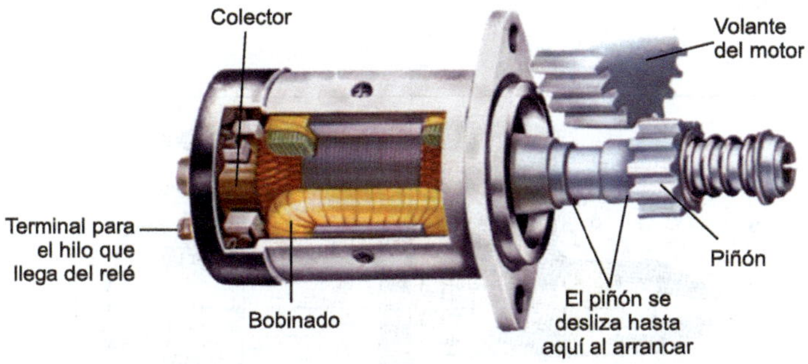


**Figura 8.18.** Motor con engranaje por inercia.

Como quiera que sea, el conductor del vehículo cortará la corriente del motor tan pronto como se percate de las primeras explosiones del motor térmico y el piñón será desprendido hacia su posición inicial, en la que quedará retenido por **el muelle de compresión** (5).

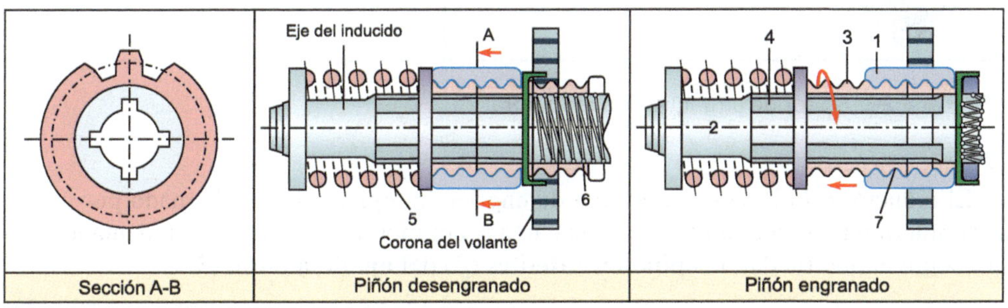


**Figura 8.19.** Acoplamiento por inercia o béndix.

**Sabías que...**

En los primeros acoplamientos por béndix se empleaba un interruptor de pedal con contactos de gran superficie, situado sobre el suelo del vehículo en lugar accesible para el pie del conductor. Por tanto, no se empleaba relé.

ACTIVIDAD **Propuesta 8.5**

Sujeta un motor de acoplamiento por inercia al tornillo de un banco y conéctalo a una batería con dos pinzas. Comprueba si se desplaza el piñón y se produce el acoplamiento.

## 8.2.3. Motores de arranque con reductora

Se emplean en algunos vehículos de pequeña cilindrada, en motos y en grandes motores diésel. En los de pequeña cilindrada, las masas polares están formadas por cuatro imanes fijos, sin bobinas inductoras, con un tamaño reducido; la corriente pasa directamente a dos de las cuatro escobillas del colector. El hecho de que estos imanes sean más compactos les permite girar a mayor velocidad.

En los diésel de gran cilindrada, su circuito inductor está formado por 4 o 6 polos, con sus bobinas en serie-paralelo, con 4 o 6 escobillas en el colector.

Al ser el motor más pequeño, se puede aumentar su velocidad, pero, en consecuencia, disminuye su fuerza o par de arrastre. Esta situación se corrige intercalando una **reductora** entre el **eje de mando** (3) y el **rotor** (7). Se obtiene una mayor relación potencia/peso, que permite unas menores dimensiones del motor para una misma potencia (Figura 8.20).

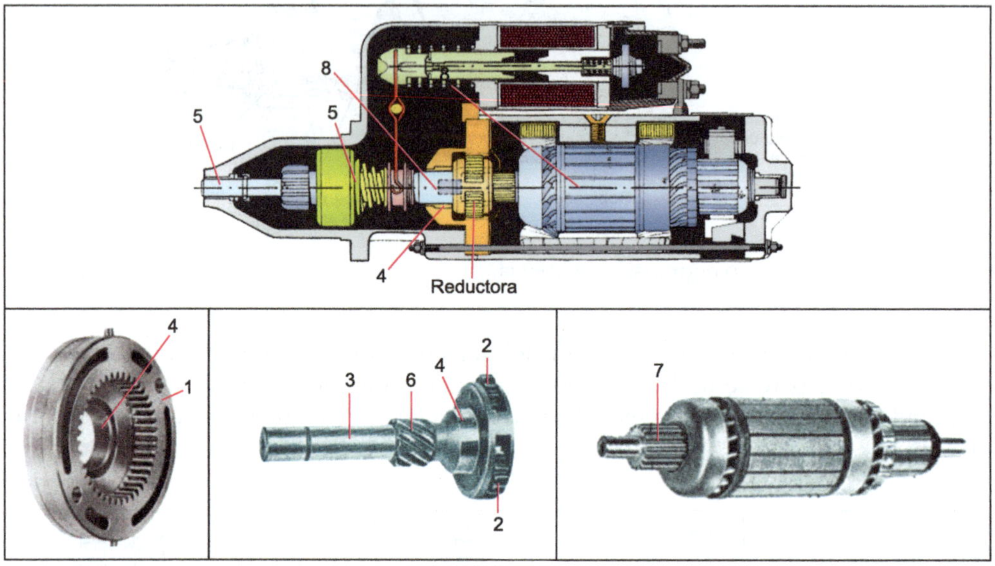


Figura 8.20. Motor de arranque con reductora.

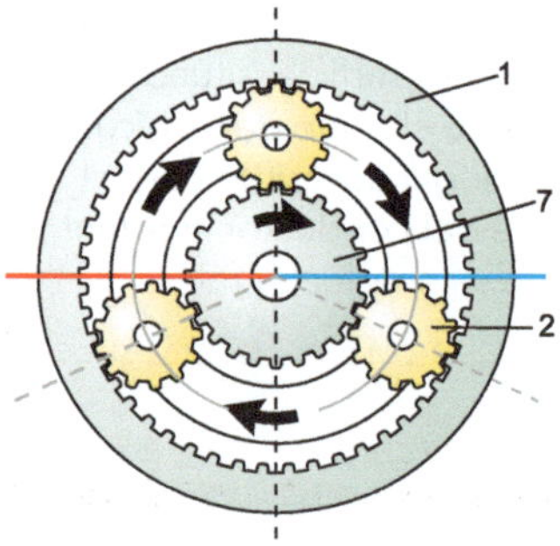


Figura 8.21. Tren de engranajes epicicloidal.

El reductor está basado en un tren de engranajes epicicloidales formado por un soporte intermedio o **corona** (1) fija a la carcasa del motor, la cual lleva un dentado interior sobre el que ruedan los **piñones satélites** (2) del **eje de mando** (3).

El eje de mando o portasatélites se apoya en **un casquillo fijo al soporte corona** (4) y otro en **el soporte lado accionamiento** (5).

En el interior del eje portasatélites está montado un **cojinete de agujas** (8) sobre el que se apoya el eje del rotor **piñón planetario** (7) y en el exterior se encuentra tallada la **hélice** (6) para el mecanismo de arrastre.

Los trenes de engranaje epicicloidales se emplean en los cambios automáticos y su relación de transmisión viene dada por la expresión:

$$Z_7 \times n_7 + Z_1 \times n_1 = n_3 \times (Z_1 + Z_3)$$

siendo $Z_7$ y $n_7$ el número de dientes y el número de revoluciones del planetario, respectivamente; $Z_2$ y $n_3$ son los mismos en los satélites y eje de mando; y $Z_1$ y $n_1$ son los mismos en la corona.

Despejando la expresión anterior, y puesto que la corona no gira ($n_1 = 0$), la expresión queda de la siguiente forma:

$$Z_7 \times n_7 = n_3 \times (Z_7 + Z_1).$$

## ACTIVIDAD Propuesta 8.6

Cuenta los dientes de la reductora de un motor de arranque y deduce su relación de transmisión:

$$R_t = \frac{N_{conductora}}{N_{conducida}} = \frac{Z_7 + Z_1}{Z_7}$$

Algunos motores disponen de un sistema de frenado para reducir al máximo el tiempo de parada del rotor, cuando sea necesario repetir un arranque fallido. Esto se consigue con un mecanismo de **discos de freno** (1) solidarios a **la carcasa** (2) o al rotor, que liberan **el rotor** (3) cuando se acciona el relé. Cuando deja de excitarse, el mismo muelle de recuperación vuelve a frenarlo.

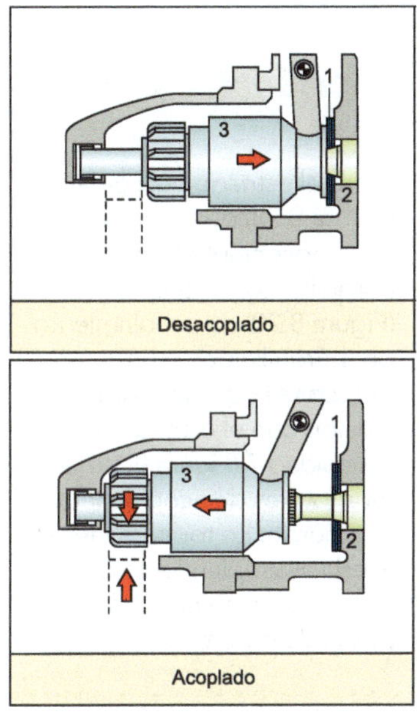

**Figura 8.22.** Motor de arranque con sistema de freno.

## ACTIVIDAD Propuesta 8.7

Explica el funcionamiento del motor de arranque con el sistema de frenado anterior.

## 8.2.4. Motores de inducido deslizante

Se emplean en algunos vehículos diésel de gran cilindrada. El acoplamiento se realiza al desplazarse el inducido, con el piñón situado axialmente dentro del campo magnético inductor, por fuerzas magnéticas de este. La transmisión del inducido al piñón se lleva a cabo con unos discos de embrague, que sustituyen a la rueda libre.

Dada su nula aplicación en los vehículos normales, lo complicado que resulta entenderlo y las variables que existen, dejamos su estudio para cursos más especializados de maquinaria pesada o vehículos industriales.

## ACTIVIDAD Resuelta 8.1

Nombra cada una de las partes del siguiente motor de arranque:

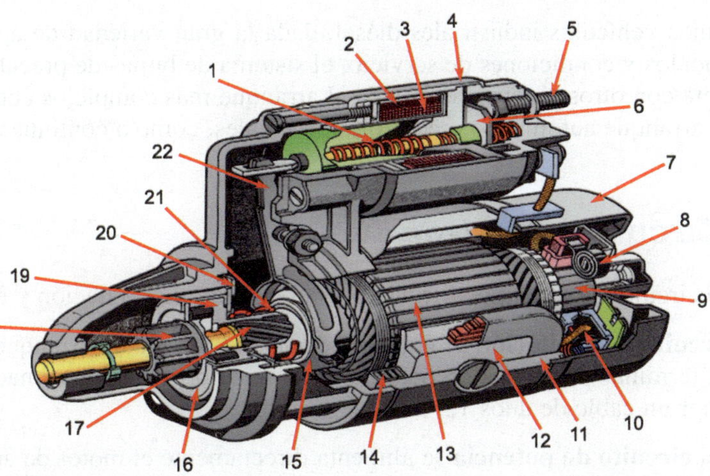

**Figura 8.23.** Motor de arranque.

**Solución**

| Componente | N.º | Componente | N.º |
|---|---|---|---|
| Muelle de recuperación | 1 | Bobina de retención | 2 |
| Bobina de accionamiento | 3 | Relé de arranque | 4 |
| Borne corriente directa batería | 5 | Contacto móvil | 6 |
| Tapa de colector | 7 | Muelle o resorte de escobillas | 8 |
| Colector | 9 | Escobillas | 10 |
| Carcasa o inductor | 11 | Masas polares | 12 |
| Rotor o inducido | 13 | Bobinas inductoras | 14 |
| Casquillo polea | 15 | Mecanismo de rueda libre | 16 |
| Estriado helicoidal | 17 | Piñón | 18 |
| Mecanismo de arrastre | 19 | Disco de freno | 20 |
| Muelle de arrastre | 21 | Palanca de acoplamiento | 22 |

*Recuerda que...*

Tanto el estriado helicoidal 17 (Figura 8.23) de los motores de acoplamiento libre por horquilla, como el 6 (Figura 8.20) de acoplamiento por horquilla pero con reductora hacen la misma función que el estriado helicoidad 7 (Figura 8.19) de los motores de acoplamiento por inercia. En todos la inercia ayuda al acoplamiento, e incluso acoplan en caso de avería de la horquilla.

ACTIVIDAD **Propuesta 8.8**

En la figura de la Actividad resuelta 8.1, identifica las distintas partes que no se marcan. ¿De qué tipo de motor se trata? ¿Cómo funciona?

## 8.3. Sistemas de arranque

El circuito de arranque presenta una estructura muy sencilla y prácticamente igual para todos los turismos y vehículos industriales, tanto de gasolina como diésel. Además, todos los diésel llevan un sistema de ayuda al arranque muy parecido, con bujías de precalentamiento, debido a la dificultad que tienen para el arranque. Algunos de gasolina emplean sistemas de ayuda variados según actúen sobre el encendido o la inyección.

En algunos vehículos industriales diésel, dada la gran variedad de aplicaciones, tipos de vehículos y condiciones de servicio, el sistema de bujías de precalentamiento se complementa con otros sistemas de ayuda al arranque más complejos con relés de protección, de arranque automático o controles especiales, como a continuación veremos.

### 8.3.1. Circuitos de arranque

En todo circuito de arranque distinguimos el circuito de excitación y el de potencia:

- El **circuito de excitación** se gobierna desde el bombín del arranque para alimentar el terminal de excitación del relé. Pasa una corriente aproximada de 3 amperios por un cable de unos 1,5 $mm^2$ de sección.
- Por el **circuito de potencia** se alimenta directamente el motor de arranque, a través de los contactos del relé, con una corriente de consumo de unos 150 amperios. Se necesitan unos cables de unos 38 $mm^2$ de sección, lo más cortos posible y unas conexiones limpias y apretadas que eviten caídas de tensión.

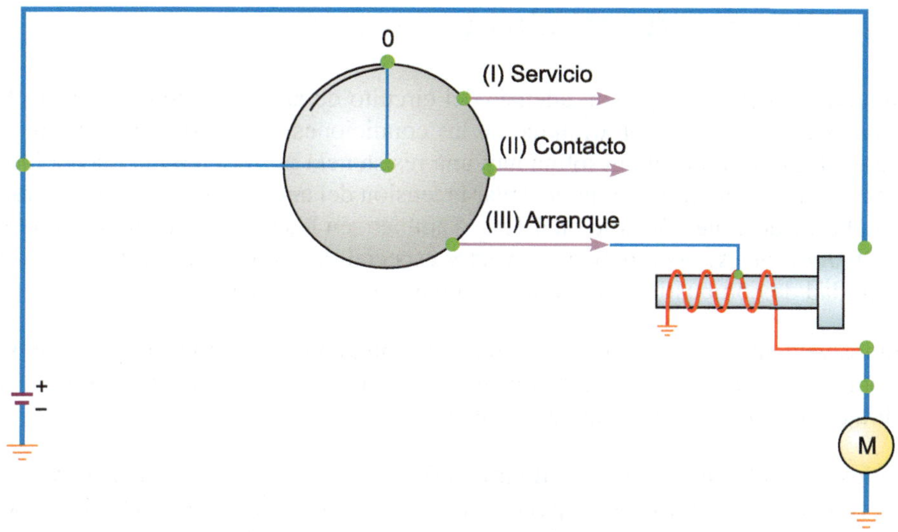


**Figura 8.24.** Esquema de un circuito de arranque.

Según se trabaje con un sistema de acoplamiento de horquilla y rueda libre o por inercia, el relé estará integrado o no al motor de arranque, pero los circuitos son idénticos eléctricamente.

### ACTIVIDAD **Resuelta 8.2**

Fíjate en la conmutación del bombín de arranque para las distintas posiciones. ¿Por qué se emplea ese pequeño sector circular conductor?

**Solución**

- **Posición (I), servicio.** Manda corriente a circuitos que puedan funcionar con el motor parado, pero que necesitan la llave puesta, para que no se dejen, por olvido, funcionando con el vehículo parado y aparcado. Por ejemplo, el ordenador de a bordo, los lectores de CD, la radio, etcétera.
- **Posición (II), contacto.** Se conecta el circuito de encendido, pues sin su contribución no es posible el arranque ni la marcha autónoma del motor y el servicio se mantiene alimentado.
- **Posición (III), arranque.** Cuando se acciona el motor de arranque, el encendido continúa activado y se desconecta el servicio. En este momento, la energía que se podría gastar en servicio se emplea en mover el motor de arranque y, en consecuencia, el motor térmico arranca. Volvemos a la posición (II) y el motor sigue funcionando, hasta que paremos el motor desconectando el contacto, posición (I) o (0).

Independientemente del sistema de accionamiento, tanto en vehículos normales como en los más modernos, el circuito de arranque no ha evolucionado, manteniendo los mismos circuitos de excitación y de potencia iguales.

### ACTIVIDAD **Propuesta 8.9**

¿Qué modificaciones tendrías que hacer en el circuito de arranque para controlar toda la corriente del motor de arranque directamente a través del bombín y sin relé?

En los motores diésel de inyección mecánica antiguos al no tener encendido, la parada del motor se conseguía cortando la alimentación a una electroválvula que cortaba el paso de gasoil. Esta electroválvula estaba en la misma bomba de inyección, y se distingue por un hilo que le llega.

## 8.3.2. Sistemas de ayuda al arranque

Algunos vehículos disponen, además del circuito de arranque, de unos dispositivos adicionales que favorecen el arranque en las condiciones más desfavorables. En algunos vehículos con motor de gasolina hay una resistencia en serie con el encendido que se cortocircuita en el arranque; para elevar la tensión del encendido el motor de arranque tiene un borne de conexión adicional 15 a. También, en los sistemas de inyección (K, E, L, D, LE *Jetronic*) se accionaba un inyector especial de arranque en frío, que aportaba una cantidad de combustible adicional, como ayuda al arranque.

En los vehículos actuales de inyección de gasolina más modernos, el arranque se facilita porque los propios inyectores inyectan más combustible, dependiendo de la temperatura del motor, con una señal de arranque.

En los **vehículos diésel** para facilitar la inflamación del gasoil en las primeras inyecciones con el motor en frío, se dispone de unas bujías de precalentamiento. Estas se ponen en funcionamiento cuando le damos al contacto y se mantienen así hasta ponerse al rojo vivo; entonces, se apaga una luz testigo del cuadro y se puede activar el arranque.

> En los motores diésel modernos, al trabajar con inyección directa, sin precámara de combustión, no es necesario el tiempo de espera entre el contacto y el arranque.

Después del arranque se produce un poscalentamiento, que es independiente del precalentamiento. Este sistema reduce los ruidos de combustión, las emisiones de hidrocarburos y mejora la calidad del ralentí. Dura aproximadamente cuatro minutos y en algunos de ellos también se interrumpe cuando el motor alcanza el régimen de 2500 r. p. m.

Esta función se controla desde el **relé de precalentamiento,** al que llegan las señales de contacto, arranque y de temperatura del motor. El tiempo de espera entre el contacto y el arranque en algunos vehículos es fijo y en otros varía según la temperatura del motor, por la señal que recibe de una termorresistencia de su circuito de refrigeración. Si el arranque no se llega a efectuar en un tiempo determinado, se cortará la alimentación para que, de esta forma, no trabajen las bujías innecesariamente.

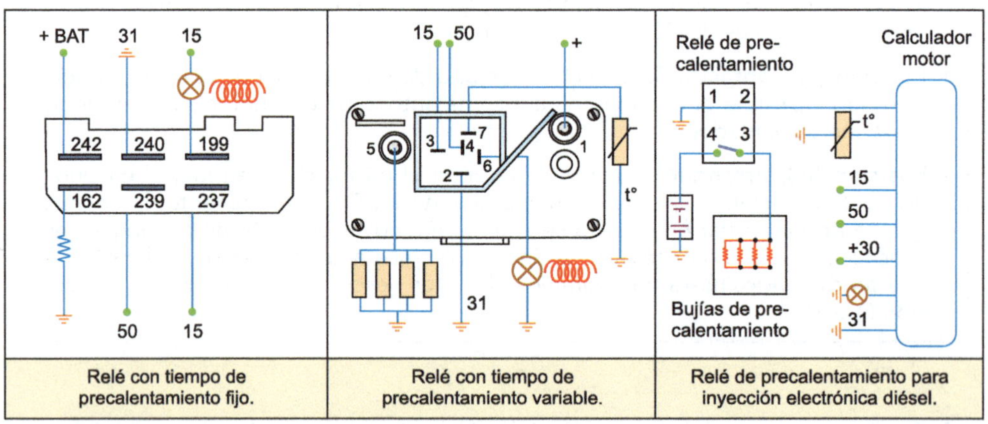


**Figura 8.25.** Sistema precalentamiento/poscalentamiento en motores diésel.

### ACTIVIDAD **Propuesta 8.10**

En el esquema funcional (Figura 3.44, Unidad 3), distingue el circuito de arranque y el sistema de ayuda al arranque que emplea. Se trata de un motor de gasolina. Haz el esquema simple de arranque y ayuda al arranque (juntos) y explica cómo funcionan.

ACTIVIDAD **Propuesta 8.11**

Identifica los calentadores en un motor diésel. ¿Cómo van montados, en serie o en paralelo? ¿Cómo los comprobarías? Mide la resistencia de uno de ellos; ¿son potentes?

## 8.3.3. Sistemas de arranque especiales

Dada la diversidad de circuitos de arranque especiales, expondremos los más destacados.

### Bloqueo del arranque

En los vehículos donde no es posible una percepción acústica clara del proceso de arranque, como es el caso de los autocares con motor trasero:

- Tras un arranque fallido, con un temporizador se mantiene bloqueado el arranque hasta que el inducido ha dejado de girar; este tiempo será menor si tiene sistema de freno.
- Si el motor ha arrancado, como no se oye con facilidad, si intentamos arrancarlo otra vez el arranque se mantiene bloqueado todo el tiempo, hasta que pare el motor y se inicie otro arranque.

Esto requiere un circuito más complicado, que incorpore un **relé electrónico de bloqueo de arranque.**

Como vemos en el circuito, cuando le damos al contacto (3) se enciende la lámpara indicadora de carga (5), ya que hace masa a través del alternador ($D^+$ 0 V, motor parado).

Cuando pulsamos (4) el alternador carga ($D^+$12 V, con el motor en marcha), la lámpara se apaga y, aunque volviéramos a pulsar el (4), no respondería el motor de arranque, con lo que se evitaría un acoplamiento accidental con el motor en marcha (Figura 8.28).

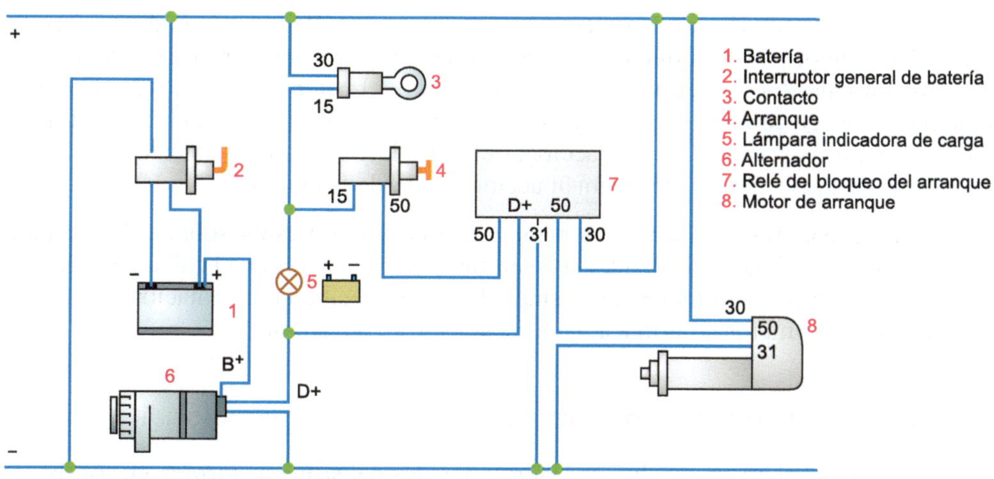


**Figura 8.26.** Circuito con bloqueo de arranque.

*Sabías que...?*

La mayor parte de los vehículos normales disponen de un bloqueo del arranque mecánico (en el bombín de arranque).

En un arranque fallido, para volver a darle al arranque tenemos que quitar el contacto. El motor, aunque no estuviera parado, se parará para volver a arrancarlo.

El problema surge cuando se intenta arrancar muy deprisa, ya que no ha dado tiempo a parar el motor.

## Arranque a distancia o automático con reintento de arranque

El arranque a distancia o automático con reintento de arranque se incluye en los motores de grupos estacionarios, por ejemplo, motobombas, grupos electrógenos de emergencia, etc., o en camiones frigoríficos. Para el arranque con mando a distancia o de forma totalmente automática, con una **señal de arranque**, un **relé de arranque automático** responde según la siguiente secuencia (Figura 8.29):

- Se cierra el interruptor de arranque (3), el relé manda corriente al contacto y a los precalentadores y se encienden las lámparas (4) y (5).
- Cuando se apaga (4) manda un impulso al arranque y, si el motor térmico arranca, se apaga (5) y funcionará hasta que se abra el interruptor de arranque (3).
- De no arrancar a la primera, se repetiría el ciclo varias veces, y si finalmente no arranca, dejará de intentarlo hasta que se vuelva a abrir y cerrar otra vez el interruptor (3).

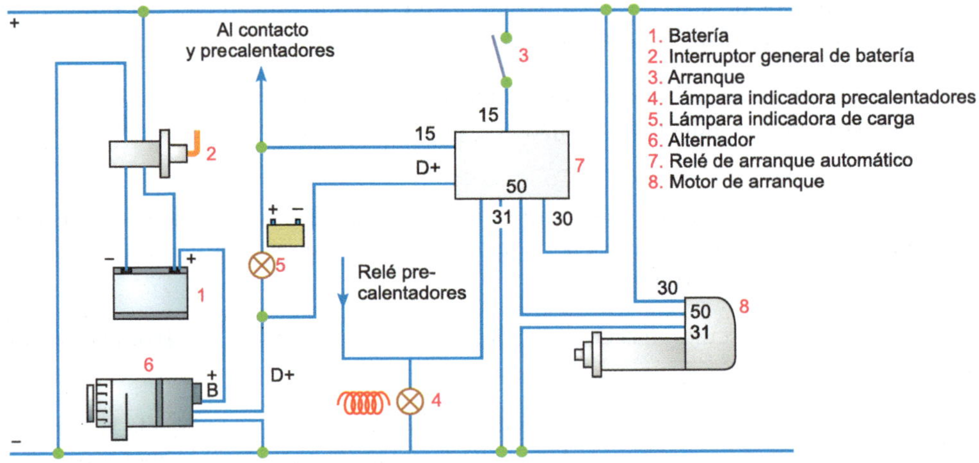


Figura 8.27. Circuito de arranque automático.

## Botón de arranque-paro (*keyless go*)

Figura 8.28. Sistema de arranque con llave electrónica.

En algunos vehículos más modernos la llave se sustituye por una tarjeta que se introduce en una ranura (lector de tarjetas) o, simplemente, al llevarla el conductor y acercarse al vehículo, por radiofrecuencia, desbloquea las puertas y permite el arranque al accionar un pulsador con el pedal del freno pisado y el cambio en punto muerto. Este sistema se conoce como *keyless go*, y es un sistema electrónico de autentificación. Para parar el motor, basta con volver a accionar el pulsador. El bloqueo mecánico de la dirección se sustituye por un electroimán accionado desde la centralita.

El arranque es por impulsión, es decir, basta una sola presión sobre el botón para arrancar el motor. Cuando la demanda de arranque se memoriza en el calculador del habitáculo, este alimenta al motor de arranque hasta que recibe la información de «motor en marcha»; si el motor no arranca, la alimentación se interrumpe.

## Sistema *start&stop* con motor de arranque convencional

En la actualidad muchos vehículos vienen dotados del sistema *start&stop*, consistente en parar automáticamente el motor cuando el vehículo se detiene y cuando se cumplan una serie de condiciones. El sistema de Bosch se llama *auto start&stop* y apaga el motor durante las paradas al soltar el pedal del embrague en punto muerto. Lo arranca automáticamente en cuanto se vuelve a pisar y cuenta con un botón en la consola central para desactivarlo. Lo equipan BMW, Volvo, Ferrari, Mercedes, etcétera.

El objetivo de este sistema es el ahorro de combustible y la reducción de emisiones al no consumir el motor en ralentí, sobre todo en atascos o paradas momentáneas en semáforos.

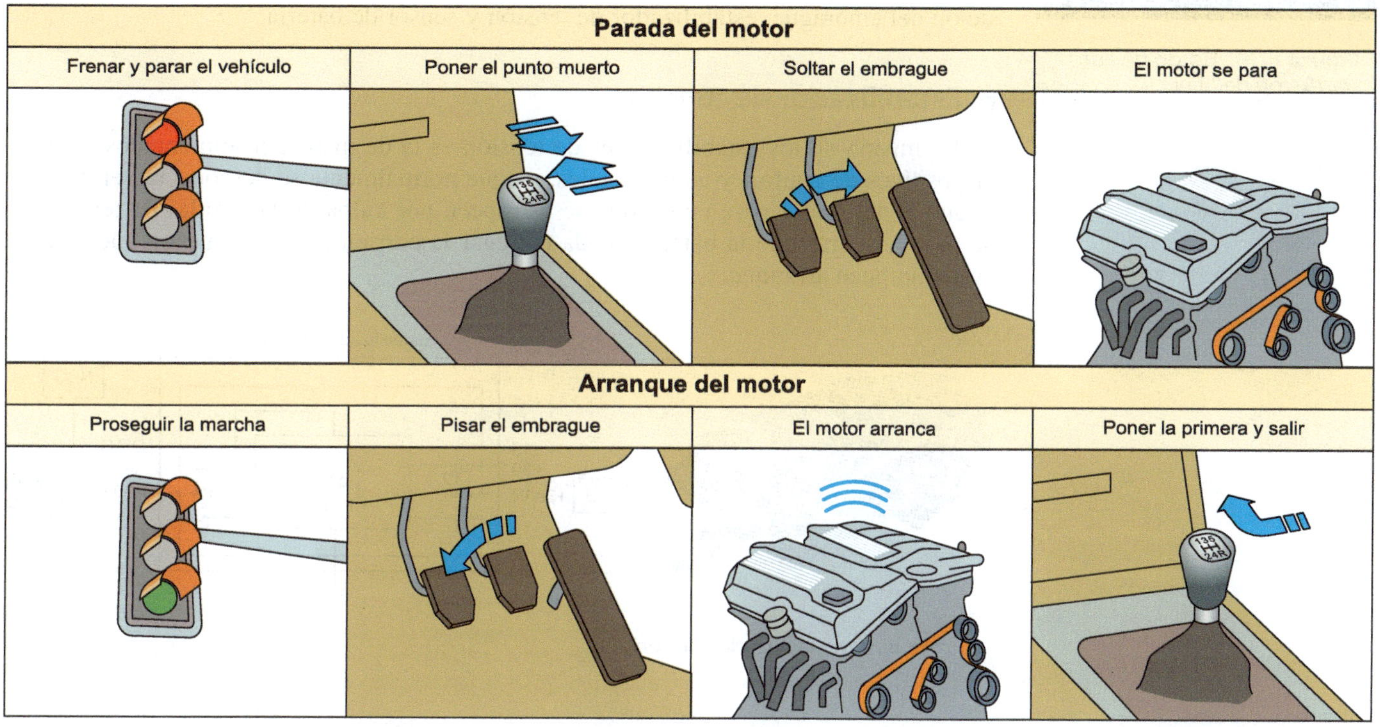


Figura 8.29. Sistema *auto start&stop* de Bosch.

La función *auto start&stop* es inteligente. Se adapta a las distintas situaciones que se puedan dar en cada momento, como pueden ser:

- El motor no se para, por ejemplo, cuando:
  - — El motor no ha alcanzado la temperatura de servicio.
  - — La batería está muy descargada.
  - — La temperatura exterior es muy baja o muy alta y funciona el aire acondicionado.
  - — Se detiene el vehículo tras circular marcha atrás.
  - — El cinturón del conductor no está abrochado.
- El motor no arranca automáticamente cuando:
  - — El capó del motor está abierto.
  - — El cinturón del conductor no está abrochado.
  - — El vehículo empieza a rodar.
  - — La batería está muy descargada.
  - — Está activado el aire acondicionado.

Figura 8.30. Botón de *auto start&stop* de Mini.

En estos casos y siempre que se quiera, el motor se puede arrancar de forma convencional, desactivando la función *auto start&stop* pulsando una tecla en la consola central.

Se trata de un circuito de arranque convencional, que refuerza los elementos que lo necesitan como el motor de arranque, dimensionado para soportar un mayor número de ciclos; el alternador también es más eficiente y la batería de AGM de mayor capacidad y ciclado. Además de un interruptor de desconexión del sistema en el salpicadero, un captador de la posición del cambio, captador de presión del servofreno, captador de posición del embrague, estabilizador de tensión y sensor de batería.

## Estabilizador de tensión

La misión de los estabilizadores de tensión es la de mantener alimentados algunos dispositivos de confort y audiovisuales, ya que normalmente se desconectan en fase de arranque del motor para evitar que se estropeen por culpa de las caídas de tensión, y de paso asegurar que la batería pueda entregar la corriente necesaria para que se produzca un buen arranque.

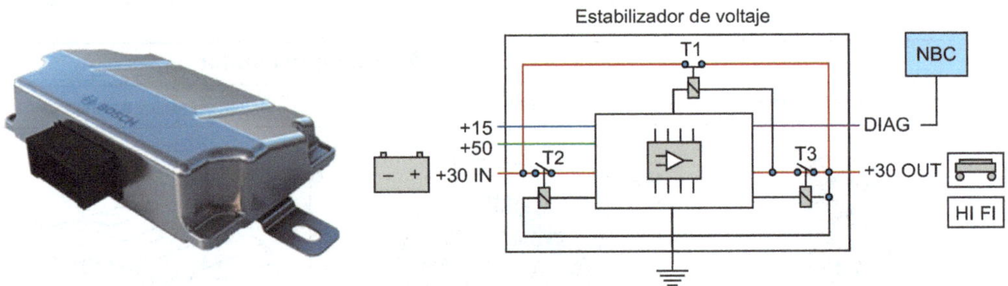


Figura 8.31. Estabilizador de tensión.

## Sensor de batería

El sensor de batería tiene la misión de informar de la tensión de la batería, la temperatura y el paso de corriente, para que la unidad de alimentación pueda calcular en todo momento la capacidad de la batería. El sensor se coloca junto al borne negativo incorporando normalmente dos cables, uno para comunicar con la unidad de alimentaciones correspondiente y el otro de positivo directo de la batería, ya que la masa la coge del propio cable donde está cogido.

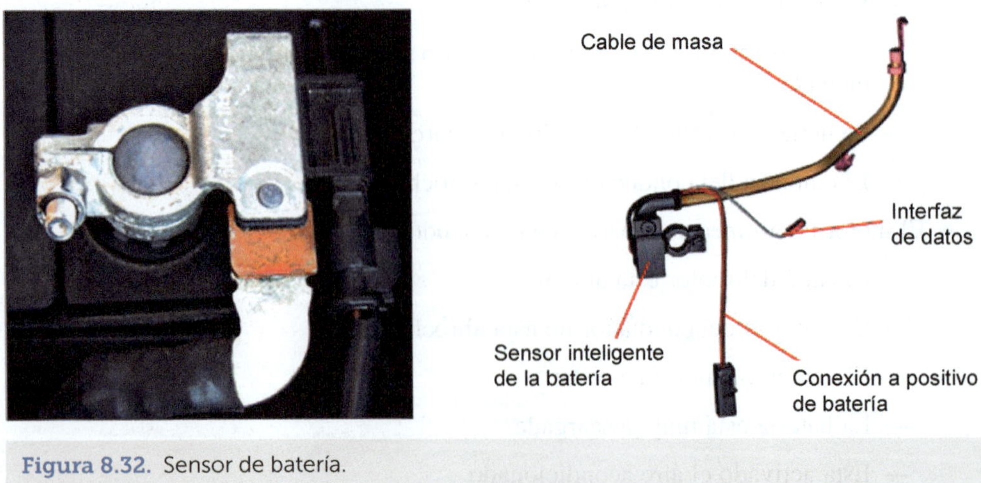


Figura 8.32. Sensor de batería.

La información de este sensor es vital para el funcionamiento del sistema, puesto que no se puede permitir una parada del motor sin saber que existe capacidad suficiente para volver a arrancarlo.

En el caso de sustitución de la batería se debe proceder al reseteo de la unidad de alimentación con el equipo de diagnosis, mediante el cual se debe introducir el dato de capacidad nominal de la batería y de qué tipo es, AGM o convencional.

Al proceder a una recarga de la batería es aconsejable, para evitar problemas, hacerlo con la batería conectada al vehículo y con la precaución de no poner nunca el cable negativo de nuestro cargador directamente al borne, ya que de hacerlo así la carga introducida no sería contabilizada por el sensor y una vez el coche esté en marcha se puede producir una sobrecarga de la batería.

Al arrancar el motor de un vehículo con *start&stop,* este sistema debe estar activado por defecto.

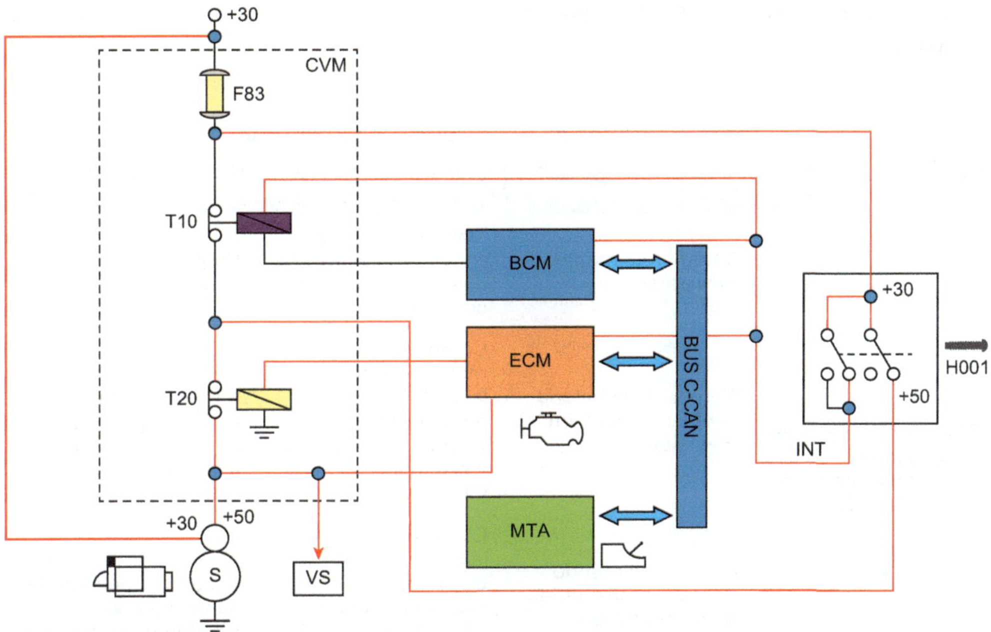


**Figura 8.33.** Esquema del circuito de arranque (*start&stop*).

El esquema anterior corresponde al del Fiat 500 con cambio automático. El arranque convencional lo activamos desde el bombín H001, que manda positivo de 50 a la caja de fusibles del motor CVM. Para que esta señal llegue al motor depende del relé T20 según lo autorice la unidad de control del motor ECM.

Con el sistema *start&stop* el motor de arranque se excita a través del relé T20 accionado por el módulo de control de la batería. Todo esto dependerá de las informaciones necesarias para que funcione el sistema de forma segura según la información de las unidades del cambio MTA, de gestión del motor ECM y de carga de la batería BCM, que se comunican entre ellas a través de la red multiplexada.

ACTIVIDAD **Propuesta 8.12**

Sobre un vehículo con *start&stop* que dispongas identifica los distintos componentes en el esquema de este sistema e identifícalos en el vehículo.

## 8.4. Comprobación del sistema de arranque

Los sistemas de arranque están diseñados para la duración media de los vehículos. Únicamente intervienen cuando se detecta una anomalía o **mantenimiento correctivo.**

En caso de mal funcionamiento del sistema se realizará primero una comprobación directa en el vehículo. Si la avería es del motor de arranque, se sustituirá este o se reparará, como veremos a continuación. Y una vez reparado, se comprobará en el banco de pruebas antes de volver a montarlo en el vehículo.

### 8.4.1. Comprobación directa en el vehículo

*Sabías que...?*

Una avería muy común en el circuito de arranque es la rotura del bombín o clausor. Se foguean los contactos interiores que hacen que no salga la señal «50» a excitación del relé del motor de arranque. Una forma de comprobar si es esta avería, es puentear el «50» del motor con «15» y ver si voltea o no el motor.

Según funcione el sistema en el vehículo y con una serie de comprobaciones, localizaremos el componente defectuoso (batería, interruptor, motor de arranque, cableado, etc.). Según indicamos en la siguiente tabla de averías, procedemos a la sustitución o la reparación.

Tabla 8.1. **Averías del circuito de arranque**

| Síntomas | Causas posibles | Pruebas a realizar | Remedios |
|---|---|---|---|
| **El motor de arranque no funciona ni se oye el desplazamiento del relé.** | Batería totalmente descargada. | Tocar el claxon o encender las luces y comprobar si les llega corriente. | Cargar o sustituir la batería. |
| | Bornes de la batería sueltos, flojos o en mal estado. | Comprobar, con el motor accionado, la caída de tensión entre los terminales y bornes de la batería y el terminal de masa y masa. | Desmontar el terminal, limpiar ambas superficies de contacto y volver a conectarlo. |
| | Circuito de mando del relé interrumpido o interruptor de arranque en mal estado. | Comprobar, con una lámpara de pruebas o voltímetro y con el circuito accionado, hasta dónde llega la corriente que va al terminal de excitación del relé. | Reparar el defecto de conexión o sustituir el bombín de arranque o tramo de cableado. |
| **El motor de arranque gira pero lo hace con dificultad.** | Mal estado de la batería. | Encender las luces largas del vehículo y poner la puesta en marcha, comprobando cómo afecta a su luminosidad. | Cargar la batería. |
| | Bornes de la batería flojos o en mal estado. | Comprobar, con el motor accionado, la caída de tensión entre los terminales y bornes de la batería y el terminal de masa y masa. | Limpiar los bornes y los terminales. |
| | Contacto deficiente en los bornes o en los terminales del relé. | Con el sistema accionado, comprobar la caída de tensión en los bornes y los terminales del relé. | Si hay caída de tensión entre los terminales, volver a conectarlos a los bornes correctamente. |

| Síntomas | Causas posibles | Pruebas a realizar | Remedios |
|---|---|---|---|
| **El motor de arranque gira pero lo hace con dificultad.** | El motor térmico está agarrotado o gripado. | Hacer rodar el vehículo con una 2.ª o 3.ª velocidad, y comprobar si es posible arrancarlo. | Reparar el motor alternativo. |
| **El motor de arranque continúa funcionando después de soltar el interruptor.** | El interruptor de arranque no se desconecta. | Comprobar si al soltar el terminal de excitación del relé, este vuelve a su posición de reposo, cortando la corriente. | Sustituir el bombín. |

ACTIVIDAD **Propuesta 8.13**

Indica entre qué dos puntos tendrías que poner las pinzas del voltímetro o la lámpara de pruebas para realizar cada una de las pruebas de la tabla anterior.

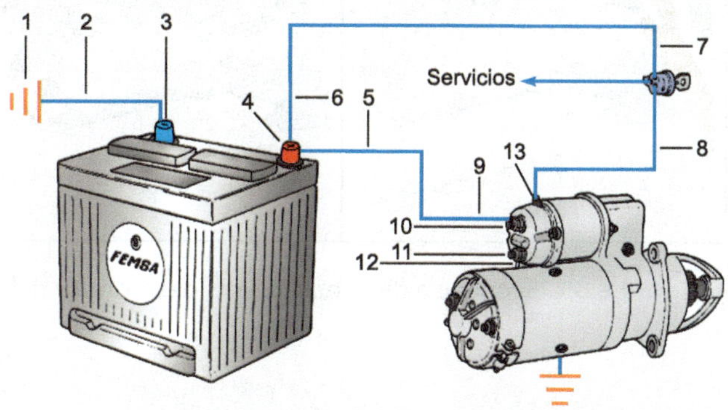


Figura 8.34.

## 8.4.2. Reparación del motor de arranque

Una vez comprobado en el vehículo si el circuito con la batería está en buen estado, se procede a la extracción del motor de arranque, su desmontaje y la comprobación rigurosa de cada una de sus partes.

### Extracción del motor de arranque del vehículo

El motor de arranque está situado en el bloque motor, a la altura del volante de inercia, junto a la caja de cambios. Su fijación se realiza generalmente por tres tornillos, que se acoplan a un hueco con una superficie de asiento lisa entre los dos motores.

Para el desmontaje del motor de arranque se procederá como sigue:

1. Desconectar la batería, a fin de evitar que se produzcan cortocircuitos.
2. Desmontar los elementos anexos que impiden su accesibilidad (filtro de aire, soporte de batería, guardamotor, cuna del motor, etcétera).
3. Soltar las conexiones eléctricas que le llegan al motor (cable directo de la batería, el de excitación y el del sistema de ayuda al arranque «15 a», si lo tiene) y limpiarlos.
4. Quitar los tornillos de fijación y con ellos el motor de arranque.
5. Proceder a montarlo a la inversa.

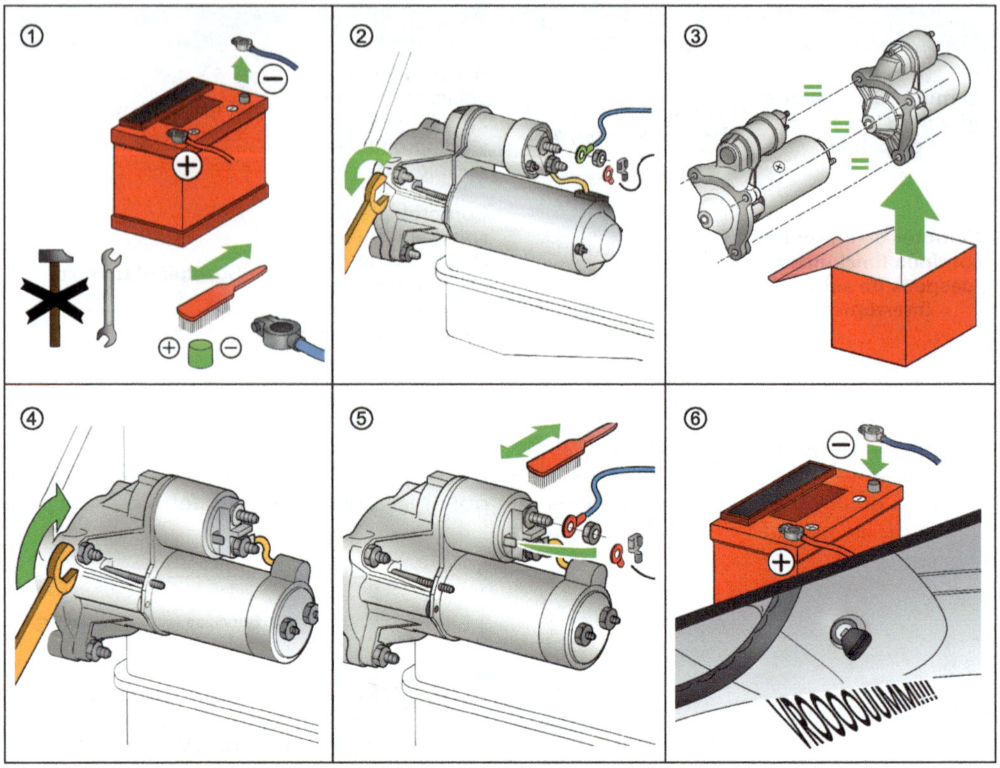


Figura 8.35. Secuencia de actuación del desmontaje del motor de arranque.

ACTIVIDAD **Propuesta 8.14**

Identifica el motor de arranque en varios vehículos y comenta los pasos a seguir para su extracción.

## Desarmado del motor de arranque

El orden a seguir en la operación de desarmado puede deducirse fácilmente, según la Figura 8.36:

1. Quitar la tapa del extremo (11), la arandela *seeger* o *circlips* (12), y el retén y las arandelas (13) y (14).
2. Quitar el cincho del soporte lado colector, si lo lleva, para acceder a las escobillas y sacarlas de los portaescobillas.
3. Quitar los espárragos (20) para separar el soporte lado accionamiento (3), la carcasa o inductor (10) y el soporte lado colector (15). Pero, a este último va sujeta la placa portaescobillas y esta, a su vez, al inductor a través de las escobillas de corriente.
4. Separar el soporte lado colector de la placa portaescobillas (18), quitando los tornillos que los unen. Y la placa portaescobillas de la carcasa (10) sacando a las escobillas de corriente de sus portaescobillas, venciendo a los muelles que las mantienen presionadas contra el colector.
5. Desmontar el relé de arranque (5), soltando los tornillos (2) y su conexión (8) que sale a la carcasa. Lo movemos hasta desengancharlo de la horquilla de accionamiento (4).

*Recuerda que...*

Ten mucho cuidado con el montaje y desmontaje de las escobillas; no las fuerces, se pueden romper o desprender las de corriente que vienen del inductor.

Si esta operación ofrece dificultades, se facilita soltando el pasador (23) sobre el que se articula la horquilla (4).

6. Una vez quitada la horquilla del casquillo polea del mecanismo de arrastre (21), puede retirarse el inducido (19) del soporte lado accionamiento (3), por lo que queda desarmado el motor de arranque.
7. El mecanismo de arrastre (21) se desmonta del eje inducido quitando el fijador (24) y el *circlip* (25).

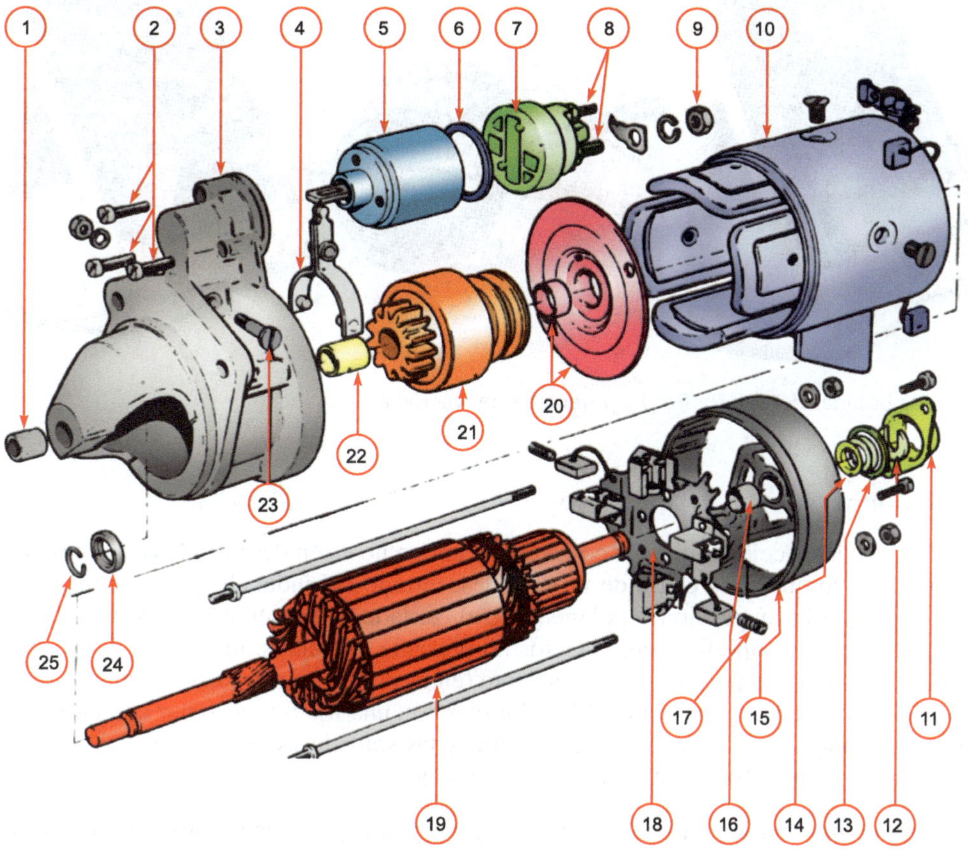


**Figura 8.36.** Despiece de un motor de arranque.

Una vez despiezado el motor de arranque, se limpiarán todos los componentes con una brocha y gasolina o disolvente, y con un trapo humedecido en gasolina se limpian los bobinados y las gomas y se secan después con aire a presión.

## Comprobación de los elementos del motor de arranque

Seguidamente, se procederá a la comprobación de cada una de las piezas, tanto en su parte mecánica como eléctrica.

### Comprobación del inductor

Se inspeccionan posibles deformaciones o grietas en la carcasa, el encintado de las bobinas, que la goma o el pasamuros estén en buen estado, que los tornillos de las masas polares estén bien apretados y con un calibre pie de rey comprobar que el diámetro interior (distancia interpolar) se corresponde con el valor especificado por el fabricante.

Con el óhmetro o una lámpara en serie, cuyas puntas se aplican a los extremos de las bobinas, se comprobará si hay continuidad (bobinas no cortadas). Con una punta en un extremo y la otra en la carcasa, se comprobará si hay derivación a masa.

**Figura 8.37.** Prueba de continuidad de las bobinas del estátor (izq.) y prueba de derivación a masa (dcha.).

## Comprobación del inducido

Se debe inspeccionar que los cojinetes de apoyo no estén desgastados en exceso o el eje torcido, lo que sería causa de un giro descentrado del inducido, con el consiguiente roce contra las expansiones polares; que el estriado no presente huellas de golpes ni desgastes; que la superficie del colector no presente rayaduras, ni grietas, ni suciedad, ni picaduras por chisporroteo de la corriente (en caso contrario rebajar las ranuras de separación entre delgas con una cuchilla, limpiar con una lija fina y soplar con aire a presión). Los hilos están alojados en sus ranuras y las soldaduras de los hilos del bobinado al colector se encontrarán en perfectas condiciones.

Para comprobar la continuidad de las espiras y si hay cortocircuitos entre ellas, empleamos el transformador roncador o zumbador.

El zumbador o transformador roncador consiste en un electroimán que se enchufa a la red eléctrica (corriente alterna), sobre cuyo núcleo (de chapa magnética) en forma de «V» se coloca el inducido. Al crearse un campo magnético alterno en el núcleo, se induce una corriente alterna entre cada dos delgas del colector.

Para la **prueba de continuidad,** conectamos un amperímetro entre dos delgas consecutivas hasta obtener la lectura máxima, cuyo valor debe ser igual para todas las medidas realizadas con las diferentes delgas, cuando se va girando el inducido manteniendo la posición relativa de las delgas de intensidad máxima. Una lectura más baja entre algunas de las delgas indica que no existe continuidad en la bobina conectada a las delgas, lo que ocasiona un chisporroteo excesivo en la delga correspondiente. La interrupción suele estar localizada en la soldadura de las bobinas al colector.

El **cortocircuito** se comprueba con una cuchilla metálica (por ejemplo, una hoja de sierra) paralela al inducido, en el transformador roncador. Manteniendo la cuchilla en esa posición, se va girando el inducido, y si en algún momento se producen vibraciones de la cuchilla es que existe un cortocircuito en el bobinado o en las delgas del colector.

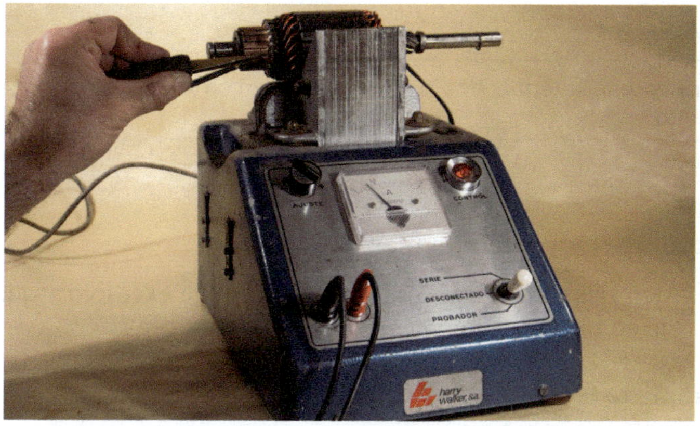

Prueba de continuidad del inducido con el zumbador.

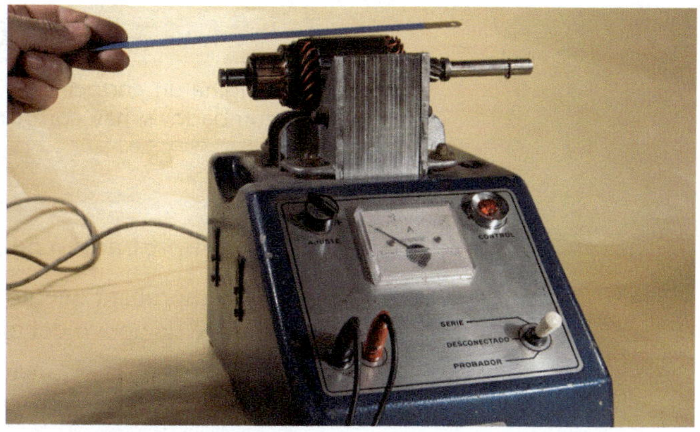

Prueba de cortocircuito del inducido con el zumbador.

Prueba de derivación a masa.

**Figura 8.38.** Comprobación de derivación a masa del inducido.

Para la prueba de **derivación a masa,** empleamos una lámpara en serie o un óhmetro con una pinza en la estructura metálica del inducido y la otra en cualquier delga. La lámpara no debe encenderse o el óhmetro dar resistencia infinita, pues en caso contrario indica que existe la derivación a masa de alguna bobina o delga.

## ACTIVIDAD Resuelta 8.3

¿Por qué no se comprueba la continuidad entre las delgas del inducido con un simple óhmetro como hasta ahora? (Figura 8.38).

**Solución**

Porque el bobinado es cerrado, es decir, cualquier delga conecta con dos bobinas que terminan, cada una, en las delgas adyacentes de la delga de partida, de tal manera que todas las bobinas comunican entre sí por un lado y por el otro, es decir, si no hay continuidad por un lado, la habrá por el otro.

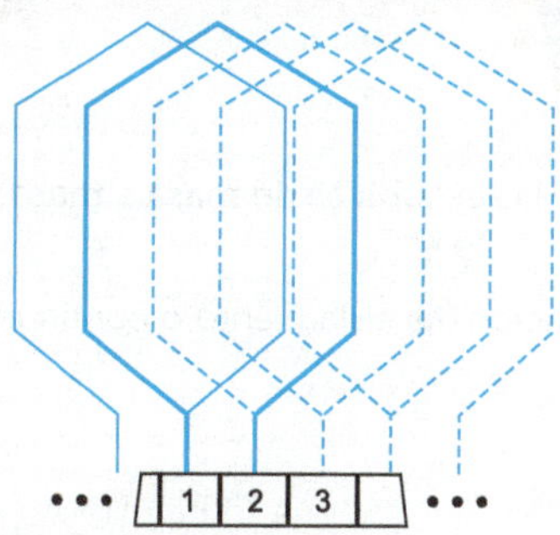


**Figura 8.39.** Conexionado del bobinado del inducido.

ACTIVIDAD **Propuesta 8.15**

Origina un cortocircuito, puenteando entre dos o más delgas, y comprueba con el zumbador si hay cortocircuito.

## Comprobación del soporte lado accionamiento

Se comprobará que no existen fisuras, roturas o señales de desgaste excesivo y que el cojinete de apoyo del eje esté en buen estado.

## Comprobación del soporte lado colector

Aquí se debe comprobar:

- Que no existen roturas, deformaciones, ni cualquier otro defecto que impida el giro centrado y suave del inducido.
- El perfecto deslizamiento de las escobillas sobre los portaescobillas (limpiándolos, en caso contrario, y secándolos con aire a presión).
- Que las longitudes de las escobillas cumplen las medidas prescritas por el fabricante, hacen un buen asiento sobre el colector y no presentan señales de desprendimiento de material.
- La presión de los muelles con un dinamómetro.
- La correcta conexión y el aislamiento de los cables de unión de las escobillas.
- El aislamiento de los portaescobillas de corriente a la estructura metálica con el óhmetro o una lámpara en serie.
- La continuidad de los portaescobillas de masa a masa, también con el óhmetro o lámpara.

Continuidad de las escobillas de masa a masa.

Aislamiento de los portaescobillas de corriente a la placa portaescobillas.

**Figura 8.40.** Comprobación del aislamiento o continuidad a masa de cada uno de los portaescobillas.

ACTIVIDAD **Propuesta 8.16**

Con una placa portaescobillas en la mano, ¿cómo distingues los portaescobillas de corriente de los de masa? ¿Qué escobillas se colocan en unos y en otros?

## Comprobación del mecanismo de arrastre

Verificar que:

- El piñón no presenta deformaciones ni desgaste en sus superficies de trabajo.
- Las estrías por las que se desplaza en el eje están en buen estado.
- El mecanismo de rueda libre funciona correctamente (el piñón queda bloqueado en un sentido y rueda libre en el otro).

En los motores con reductora, comprobar que:

- Los dientes del satélite, planetarios y corona están en buen estado.
- Los satélites giran libremente en sus respectivos ejes, sin holguras ni agarrotamientos.
- El rodamiento donde se apoya el inducido esté en buen estado.

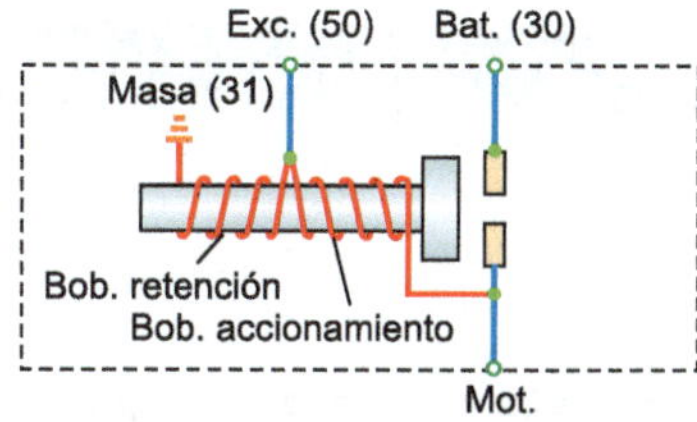


**Figura 8.41.** Disposición de las bobinas de un relé.

## Comprobación del relé de arranque

Verificar que:

- La horquilla está en buen estado.
- El núcleo se desliza suavemente por el interior de la bobina y vuelve a su posición de reposo debido al muelle de recuperación.
- Con un óhmetro la continuidad de cada una de las bobinas (de accionamiento y retención), y que la resistencia de cada una de ellas se ajusta a los valores indicados por el fabricante.

En algunos vehículos de la casa Renault, cuando se desea acoplar el motor de arranque al térmico se dispone de un casquillo de centrado en el tornillo del centro de los tres tornillos de sujeción. Presta atención, tanto cuando lo desmontes como cuando lo montes, de no perderlo y volver a ponerlo.

**ACTIVIDAD Propuesta 8.17**

¿Entre qué terminales, del esquema del relé (Figura 8.41), tienes que poner las pinzas del óhmetro para comprobar la bobina de accionamiento y la de retención? Con un relé en la mano, mide con un óhmetro el valor de la resistencia de la bobina de accionamiento, la de retención y la suma de las dos en serie y en paralelo. Comprueba que se corresponde con el valor teórico de cada suma.

## Pruebas finales

Con el motor montado, comprobamos que las cotas de reglaje del piñón o mecanismo de arrastre estén de acuerdo con las indicadas por el fabricante. De no estarlo, se regulará, interviniendo en los puntos en rojo, con el relé excitado (Figura 8.42).

**Tabla 8.2. Averías del motor de arranque**

| Síntomas | Causas posibles | Pruebas a realizar | Soluciones |
|---|---|---|---|
| **El motor de arranque no funciona ni se oye el desplazamiento del relé.** | Cortocircuito o derivaciones a masa en el relé. | Comprobar la continuidad y derivación a masa de las bobinas de accionamiento y retención. | Sustitución del relé. |
| | Núcleo del relé o mecanismo de arrastre agarrotado. | Comprobar que se desliza suavemente el núcleo en su agujero, así como el mecanismo de arrastre. | Limpiar y lubricar con vaselina las superficies en deslizamiento. |

| Síntomas | Causas posibles | Pruebas a realizar | Soluciones |
|---|---|---|---|
| **El motor de arranque no gira, pero se oye el desplazamiento del relé.** | Bobinas del inducido o del inductor cortadas o con derivación a masa. | Comprobar la continuidad y derivación a masa de cada una de ellas; y el inducido con el transformador roncador. | Reparación o recambio del componente defectuoso. |
| | Escobillas desgastadas en exceso, muelles defectuosos o derivación a masa de los portaescobillas. | Inspección visual y comprobación de derivación a masa de los portaescobillas de masa. | Sustitución de las escobillas, los muelles o la placa portaescobillas. |
| | Suciedad o deformación en el portaescobillas que impiden el contacto de las escobillas con el colector. | Inspección. | Limpieza del conjunto. |
| **El motor de arranque gira con mucha dificultad.** | Contacto deficiente entre los bornes del relé. | Comprobar la caída de tensión entre los bornes del relé. | Sustituir el relé. |
| | Agarrotamiento parcial del inducido o los cojinetes por suciedad. | Comprobar que tienen un giro suave. | Limpiar y verificar el conjunto. |
| | Cortocircuito o derivación a masa del inducido o del estátor. | Verificar la continuidad y derivación a masa de cada componente. | Reparación o sustitución del componente defectuoso. |
| | Escobillas desgastadas o poca presión en los muelles. | Comprobar los muelles y las escobillas. | Sustitución de la pieza defectuosa. |
| **El piñón gira en vacío.** | Piñón de engranaje o corona con dientes rotos. | Comprobación. | Sustitución del componente defectuoso. |
| | Rueda libre en mal estado. | Comprobación. | Sustitución del componente. |
| | Horquilla de engranaje rota, deformada o suelta de la escuadra de arrastre. | Desmontaje y comprobación. | Sustitución del componente defectuoso. |
| **El motor de arranque continúa funcionando después de soltar el interruptor.** | Núcleo del relé agarrotado o muelle de recuperación roto. | Comprobar el relé. | Sustituir el relé. |
| **El piñón de engranaje no retrocede con rapidez.** | Muelle de recuperación roto. | Desmontar y verificar. | Sustituir la pieza defectuosa. |
| | Suciedad entre el mecanismo de arrastre y el estriado del eje. | Desmontar y verificar. | Limpiar y lubricar las piezas. |
| **Rumor excesivo del motor de arranque.** | Desgaste de dientes del piñón y la corona. | Desmontar y comprobar. | Sustitución de las piezas defectuosas. |
| | Holgura del eje del inducido con sus cojinetes o falta de engrase. | Desmontar y comprobar. | Sustitución o limpieza y engrase de los componentes. |
| | Posición de montaje o centrado incorrecto del motor. | Comprobar las cotas de los órganos de centrado y la existencia del casquillo guía, si lo lleva. | Ajustar las cotas o poner el casquillo guía. |
| | Ruido de metralleta. | Comprobar la bobina de retención. | Sustitución del relé. |

## 8.5. Comprobación del motor de arranque en el banco de pruebas

Una vez reparado el motor de arranque, se fija en el banco eléctrico con los complementos adecuados. Es indispensable que coincidan los módulos del piñón y la corona. La corona lleva grabado el módulo en un lateral. El módulo del piñón lo facilitará el fabricante; de no disponer de este dato, se deberá confrontar la corona con el piñón hasta encontrar el adecuado.

A continuación, se asienta el motor de arranque sobre la plataforma en «V» sujetado de forma tal que, para la posición de reposo, el piñón de ataque quede ligeramente separado de la corona, y cuando se acople, entre por lo menos 2/3 de la longitud del diente. Han de acoplarse sin interferencias, por lo que debe existir una ligera holgura radial entre ambos de 0,2 a 0,5 mm.

Se efectúa la conexión eléctrica, intercalando en el circuito principal un amperímetro (con una escala adecuada al consumo del motor), un voltímetro y el tacómetro del banco, como indica la Figura 8.42.

La comprobación del motor de arranque consta de las siguientes pruebas:

- **Marcha en vacío:** se hace funcionar el motor de arranque sin carga. La corriente del motor de arranque no debe sobrepasar un determinado valor máximo y la velocidad del motor alcanzará un valor mínimo (estos valores oscilan entre 30 y 50 A para motores de gasolina y entre 50 y 80 A para diésel; y girará entre 5000 y 7000 r. p. m. para ambos tipos).
- **Motor bloqueado:** haz girar la palanca de freno progresivamente hasta conseguir parar el motor de arranque, a intervalos de 3 segundos como máximo. Se mide la corriente del motor de arranque y la tensión de cortocircuito. Los valores obtenidos se corresponderán con los dados por el fabricante y oscilarán entre 200 y 400 A para motor de gasolina y entre 500 y 1500 A para los de diésel.

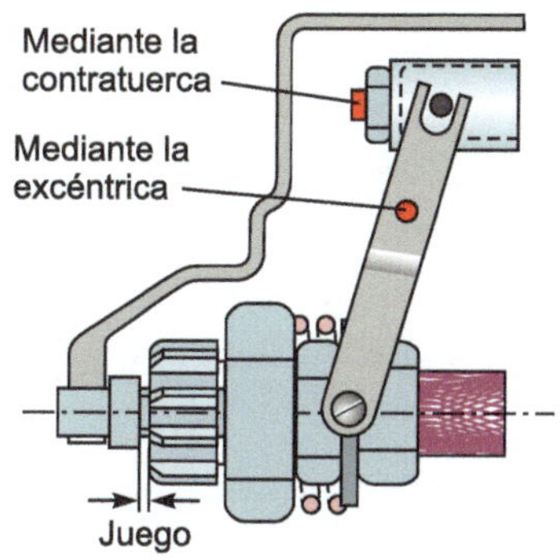


Figura 8.42. Reglaje del juego de 0,5 a 2 mm. Según motores.

Las piezas que se venden sueltas para sustituirlas suelen ser las escobillas, los inductores, el inducido, el mecanismo de arrastre, los casquillos y el relé.

Figura 8.44. Prueba de funcionamiento del motor de arranque en el banco de ensayos.

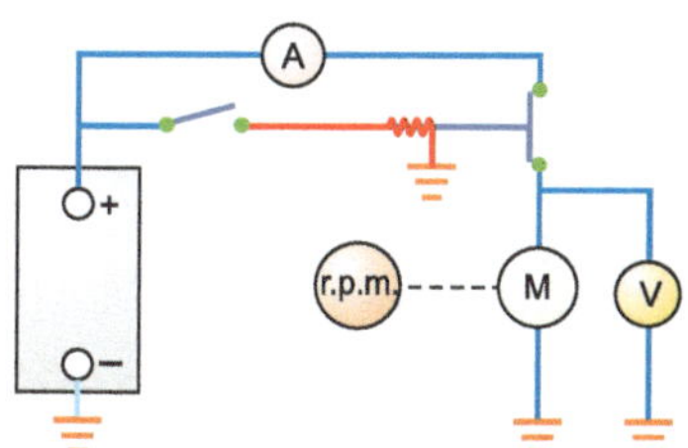


Figura 8.43. Comprobación del consumo y la caída de tensión del motor.

## 8.6. Características de un sistema de arranque

Un sistema de arranque consiste en acoplar un motor de arranque al motor alternativo para hacerlo girar con suficiente fuerza y velocidad hasta que este inicie su funcionamiento por sí mismo.

Para un motor alternativo concreto, deduciremos el par necesario para hacerlo girar y la velocidad mínima para que este arranque. Y podremos decidirnos por el motor de arranque adecuado según sus curvas características, que pasaremos a interpretar.

## 8.6.1. Características del motor de arranque

Los bancos de laboratorio más sofisticados disponen, además, de un dispositivo para medir el par motor en distintas situaciones, desde el frenado cero hasta el frenado total, indicando la resistencia, par resistente o motor (kg × m) que se le aplica al motor.

Si anotamos los valores que van tomando, tales como el voltaje, la corriente, las revoluciones y el par resistente o motor para distintas situaciones de frenado, y representamos en una misma gráfica el par motor, las revoluciones y el voltaje en el eje de ordenadas y la corriente en el eje de abscisas, tenemos las diferentes curvas características del motor de arranque (Figura 8.44).

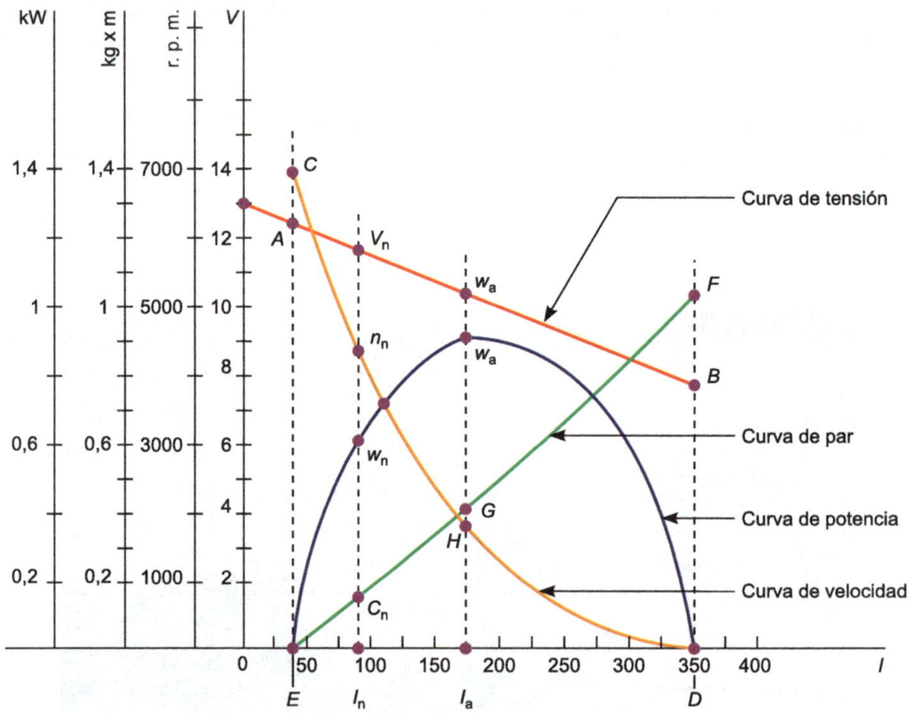


**Figura 8.45.** Curvas características del motor de arranque.

### Potencia desarrollada por el motor

Para la curva de la potencia desarrollada por el motor de arranque en cada situación de las anteriores, no existe ningún dispositivo que nos permita medirla directamente, y recurriremos a la expresión:

$$P = F \times v \text{ (fuerza por velocidad)}$$

Se trata de un movimiento circular, donde el piñón con un radio $r$ (metros), cada vuelta que gira se desplaza $2\pi r$ (metros) y gira $n$ (revoluciones/minuto). La velocidad a la que se transmite la fuerza $F$ (kg) a cada diente de la corona con la que engrana, será:

$$v = 2 \times \pi \times r\left(\frac{\text{metros}}{\text{rev.}}\right) \times n\left(\frac{\text{rev.}}{\text{min.}}\right) = 2\pi rn\left(\frac{\text{metros}}{\text{minuto}}\right) = \frac{2\pi rn}{60}\left(\frac{\text{metros}}{\text{segundo}}\right)$$

Las revoluciones desaparecen por ser una magnitud adimensional y un kilogramo (kg) es igual a 9,81 N.

Si sustituimos la velocidad en la fórmula de la potencia:

$$P = F \times v = F(\text{kg}) \times \frac{2\pi rn}{60}\left(\frac{\text{metros}}{\text{segundo}}\right) = \frac{F \times 2\pi rn}{60}\left(\frac{\text{kg} \times \text{metros}}{\text{segundo}}\right) =$$

$$= \frac{F \times 2\pi rn \times 9{,}81}{60}\left(\frac{\text{Nw} \times \text{metros}}{\text{segundo}}\right)$$

Si sustituimos el producto de $F$ (kg) × $r$ (metros), por el par motor $C$ (kg × m), nos queda:

$$P = \frac{C \times 2\pi n \times 9{,}81}{60}\left(\frac{\text{Nw} \times \text{metros}}{\text{segundo}}\right) = \frac{C \times 2\pi n \times 9{,}81}{60} \text{ (vatios)}$$

Y si dividimos entre 1000, lo tendremos en kilovatios, tal que:

$$P = \frac{C \times 2\pi n \times 9{,}81}{60} \text{(vatios)} = \frac{C \times 2\pi n \times 9{,}81}{60 \times 1000} =$$

$$= C \times n \frac{2\pi \times 9{,}81}{60 \times 1000} \text{(kW)} = \frac{C \times n}{\dfrac{60 \times 1000}{2\pi \times 9{,}81}} \text{(kW)} = \frac{C \times n}{973{,}4} \text{(kW)}$$

Si sustituimos el par de frenado y las r. p. m. de cada una de las situaciones de frenado anteriores, tenemos la potencia que desarrolla el motor en cada una de estas situaciones:

$$P = \frac{C \times n}{973{,}4} \text{(kW)}$$

Y si representamos sus valores en la gráfica anterior tenemos también la curva de potencia desarrollada.

## Potencia consumida por un motor

La potencia consumida por el motor, tratándose de un motor eléctrico, será:

$$P = V \times I \text{ (vatios)} = \frac{V \times I}{1000} \text{ (kW)}$$

La potencia desarrollada por el motor de arranque en cualquier situación es menor que la potencia consumida; parte de esta se pierde por el rozamiento mecánico, resistencia eléctrica, las pérdidas magnéticas, etc. Llamamos **rendimiento,** de cualquier máquina, a la relación entre la potencia útil o desarrollada y la potencia absorbida o consumida, tal que:

$$\mu = \frac{\text{potencia útil}}{\text{potencia absorbida}}$$

siendo un número menor que la unidad (por ejemplo, $\mu = 0{,}7$; si lo multiplicamos por 100 lo tenemos en tanto por ciento, $\mu = 70$ %, que es como normalmente se trabaja).

**Recuerda que...**

Para transmitir tanta fuerza un motor de arranque lo hace por la gran reducción (piñón-corona de arranque). Por otra parte, esta gran reducción obliga al motor de arranque a embalarse o girar a muchas revoluciones. Todo esto se consigue con los motores de excitación en serie como vimos en la Unidad 6.

## ACTIVIDAD **Propuesta 8.18**

En las curvas características del motor de arranque anterior, deduce el valor de los distintos parámetros para la prueba de vacío, de máxima potencia y la de motor bloqueado.

| Parámetro | Motor vacío | Máx. potencia | Motor bloqueado |
|---|---|---|---|
| r. p. m. | | | |
| Voltaje (V) | | | |
| Intensidad (A) | | | |
| Par motor (kg × m) | | | |
| Pot. desarrollada (kW) | | | |
| Pot. consumida (kW) | | | |
| $\mu$ (%) | | | |

¿De qué tipo de motor se trata, diésel o gasolina? ¿Por qué la potencia desarrollada en vacío o bloqueada es nula?

## ACTIVIDAD **Propuesta 8.19**

En las curvas características del motor de arranque anterior, deduce el valor de los distintos parámetros para las siguientes corrientes:

| Corriente (amperios) | 50 | 100 | 150 | 200 | 250 | 300 | 350 |
|---|---|---|---|---|---|---|---|
| r. p. m. | | | | | | | |
| Voltaje (V) | | | | | | | |
| Par motor (kg × m) | | | | | | | |
| Pot. desarrollada (kW) | | | | | | | |
| Pot. consumida (kW) | | | | | | | |
| $\mu$ (%) | | | | | | | |

¿Se corresponden los valores de la potencia desarrollada en la curva, en cada caso, con la que obtendrías sustituyendo los valores del par motor y las r. p. m. en la fórmula anterior?

Como vemos, en la curva de la potencia desarrollada (Figura 8.41), el valor de la potencia máxima desarrollada se obtiene para una intensidad cuyo valor es aproximadamente la mitad de la máxima:

$$I_{pot\ máx} = \frac{I_{máx}}{2} = \frac{350\text{ A}}{2} = 175\text{ A} \quad ; \quad P_{máx} = 0{,}9\text{ kW}$$

Y los valores indicativos, dados por el fabricante como representativos de los distintos parámetros o valores nominales, son los correspondientes para 2/3 de la potencia máxima:

$$P_{nominal} = \frac{2}{3} \times 0{,}9\text{ kW} = 0{,}6\text{ kW}$$

ACTIVIDAD **Propuesta 8.20**

En las curvas características del motor de arranque anterior, deduce el valor de los distintos parámetros para la situación de potencia máxima y nominal:

| Parámetro | Pot. nominal | Máx. potencia |
|---|---|---|
| r. p. m. | | |
| Voltaje (V) | | |
| Intensidad (A) | | |
| Par motor (kg × m) | | |
| Pot. desarrollada (kW) | | |
| Pot. consumida (kW | | |
| $\mu$ (%) | | |

Con los valores nominales, el motor de arranque debe ser capaz de poner en funcionamiento el motor térmico en condiciones normales de funcionamiento. Los valores de potencia máxima determinan el par y la velocidad de lanzamiento en el arranque.

ACTIVIDAD **Propuesta 8.21**

¿Qué batería le corresponde al motor de arranque de las curvas características anteriores?

En la siguiente tabla se relaciona la potencia nominal con la capacidad y la intensidad máxima de la batería que corresponden a los distintos motores de arranque:

| Batería (Ah-A) | Motor de arranque (kW) |
|---|---|
| 50-300 | 0,8/0,9 |
| 60-400 | 1/1,1/1,4 |
| 70-450 | 1,7/1,8/2 |
| 110-470 | 2,2/2,3 |

## 8.6.2. Condiciones para el arranque de un motor alternativo

En el proceso de diseño de un motor alternativo y, en concreto, a la hora de decidir el motor de arranque que se desea emplear, se valoran las siguientes condiciones para el arranque del motor:

- Par de giro para vencer la resistencia de adherencia y acelerar los elementos mecánicos.
- Velocidad de arranque mínima para arrancar el motor alternativo.

La resistencia al giro para el arranque, es decir, el par necesario para hacer girar el motor de combustión interna, depende principalmente de la cilindrada, de la viscosidad del aceite y del ajuste de sus órganos en movimiento. Podemos determinar este par por la siguiente expresión:

$$C_m = K \times V_t$$

A igual cilindrada, un motor diésel necesita un motor de arranque de mayor potencia que uno de gasolina, de aproximadamente el doble.

Donde:

- $C_m$ es el par resistente en kgm.
- $V_t$ es la cilindrada total en litros.
- $K$ es un coeficiente en función del tipo de motor. Este oscila entre 3 y 5 para motores de gasolina y entre 5 y 10 para los motores diésel.

La velocidad mínima de arranque varía mucho según la preparación de la mezcla, es decir, dependiendo de que sea gasolina o diésel y según las ayudas especiales al arranque (en los diésel, los calentadores de arranque). Esta velocidad mínima oscila en los de gasolina, entre 60 y 90 r. p. m.; y en los diésel, entre 80 y 120 r. p. m.

Por tanto, la potencia necesaria para que el motor pueda arrancar será de:

$$P = \frac{C \times n}{973,4} \text{ (kW)}$$

Debido a que esta potencia procede del motor de arranque y considerando que un rendimiento en la transmisión es del 80 %, es decir, de cada 100 W que salen del motor de arranque llegan 80 W al motor alternativo y el 20 % restante se pierde en calor entre el dentado piñón-corona, la potencia que tiene que desarrollar el motor de arranque será:

Normalmente el rendimiento se considera del 80 % ⇒ $\mu$ = 0,8.

$$100 \text{ ———— } 80$$

$$X \text{ ———— } \frac{C \times n}{6100}$$

$$X = \frac{C \times n \times 100}{973,4 \times 80} \text{ (kW)}$$

Y, finalmente, al valor de esta potencia le aumentamos un 50 % como coeficiente de seguridad ($A$ = 1,5) para cuando arranque a bajas temperaturas, con lo que nos queda como potencia desarrollada por el motor de arranque, definitivamente:

$$X = \frac{C \times n \times 100 \times 1,5}{973,4 \times 80} \text{ (kW)}$$

Al ser esta la potencia nominal, como vimos en el punto anterior, del motor de arranque que necesitaríamos, y disponiendo de las curvas características de un motor de arranque con esta potencia nominal y los demás parámetros para este valor de potencia, especialmente el par motor y las r. p. m., elegiríamos la relación de transmisión piñón-corona, tal que:

$$R_{transmisión} = \frac{N_{conductora}}{N_{conducida}} = \frac{C_{conducido}}{C_{conductor}}$$

Al ser una reducción, disminuyen las revoluciones y aumenta el par.

# Síntesis

## COMPROBACIONES EN EL SISTEMA DE ARRANQUE

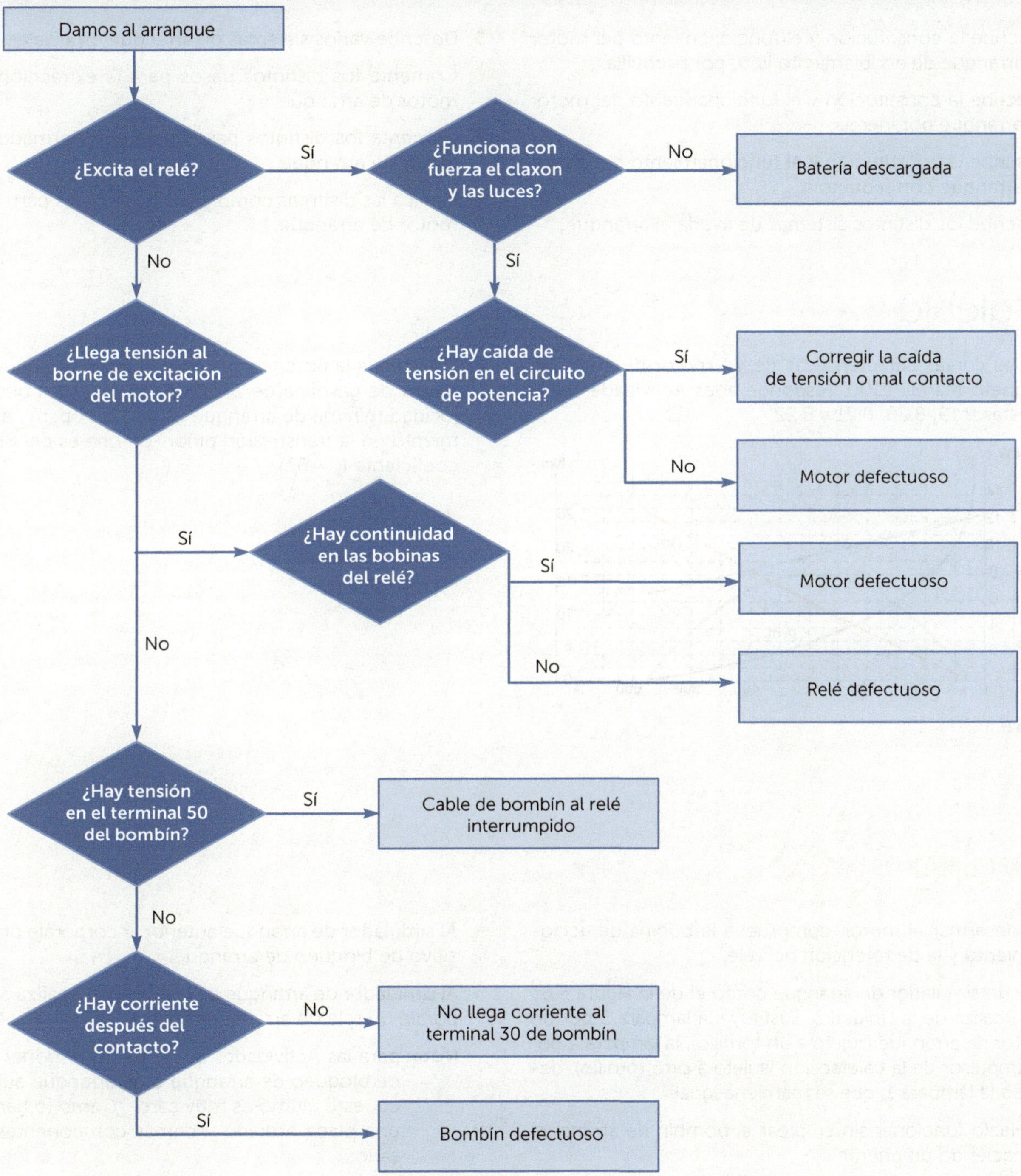

# Actividades finales

## Responde

1. Describe la constitución y el funcionamiento del motor de arranque de acoplamiento libre por horquilla.
2. Describe la constitución y el funcionamiento del motor de arranque por inercia.
3. Describe la constitución y el funcionamiento del motor de arranque con reductora.
4. Describe los distintos sistemas de ayuda al arranque.
5. Describe varios sistemas de arranque especiales.
6. Comenta los distintos pasos para la extracción de un motor de arranque.
7. Comenta los distintos pasos para el desarmado de un motor de arranque.
8. Explica las distintas comprobaciones de las partes de un motor de arranque.

## Calcula

1. De las curvas características de un motor de arranque Magneto Marelli E100, responde a las Actividades propuestas 8.19, 8.20, 8.21 y 8.22.

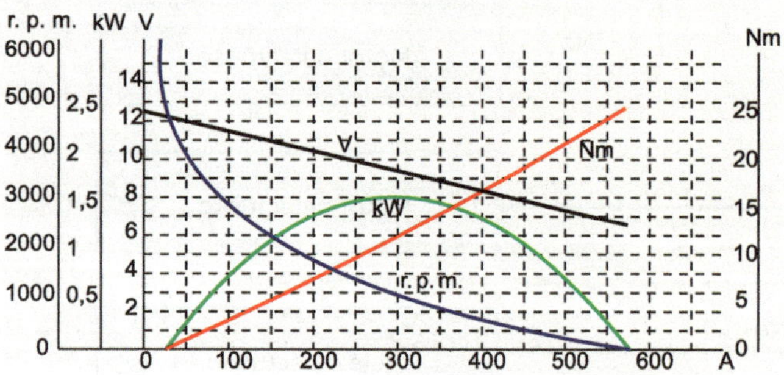


Figura 8.46.

2. ¿Cuál sería la potencia necesaria para el arranque de un motor de gasolina de 1000 $cm^3$ si sabemos que la velocidad mínima de arranque es de 120 r. p. m., el rendimiento en la transmisión piñón-corona es del 85 % y el coeficiente $K = 5$?

## Realiza

1. Sin desarmar el motor, comprueba la bobina de accionamiento y la de retención del relé.
2. Haz un simulador de arranque como el de la Figura 3.63 del Realiza de la Unidad 3. Sustituye la lámpara 3 por un motor de arranque (sujeto a un tornillo), la lámpara 2 por un impulsor de la calefacción (sujeto a otro tornillo), dejando la lámpara 1, que se mantiene igual.
   a) Hazlo funcionar sin emplear el bombín de arranque, haciendo un puente.
   b) Acóplale el bombín y comprueba la secuencia de arranque.
3. Al simulador de arranque anterior, incorpórale los cuatro calentadores.
4. Al simulador de arranque anterior, incorpórale un dispositivo de bloqueo de arranque.
5. Al simulador de arranque de la Actividad Realiza 3, incorpórale un relé de arranque automático.

   **Nota:** para las Actividades 5 y 6, de no disponer de relé de bloqueo de arranque o de arranque automático, este último es muy caro. ¿Cómo lo harías con una placa Arduino y demás componentes necesarios?
6. Monta en un vehículo un sistema de arranque *start&stop*.

   Hazlo en una placa Arduino. Haz el programa y monta el circuito.

## Investiga

1. Con un motor de arranque de acoplamiento por rueda libre y horquilla en la mano, deduce el sentido de giro del motor de arranque, según la rueda libre (Apartado 8.2.1); y según el sentido de la rosca, del inducido (Apartado 8.1.2).

2. Con un motor de arranque sujeto en el tornillo del banco:

   a) Alimenta directamente el motor, a la salida del relé, sin pasar la corriente por este.

   b) Haz lo mismo, pero invirtiendo la polaridad. ¿Varía el sentido de giro? ¿Por qué?

3. Con un relé sujeto en el tornillo de un banco:

   a) Haz el esquema eléctrico del relé, con sus dos bobinas y sus terminales.

   b) Alimenta a las dos bobinas a la vez y comprueba cómo se excita el relé.

   c) Alimenta cada una por separado. ¿Con cuál de ellas no se excita? Y si le ayudas con la mano, ¿se mantiene excitado?

4. Con un motor de arranque sujeto en el tornillo de un banco, haz el conexionado para que solo se excite el relé y una vez excitado comprueba cómo se mantiene con solo la bobina de retención.

5. Con un motor de arranque de acoplamiento por inercia en la mano, deduce el sentido de giro del motor de arranque (Apartado 8.2.2). ¿Llevan estos motores mecanismo de rueda libre? ¿Por qué?

6. Con un motor de acoplamiento por rueda libre y horquilla, móntalo sin la horquilla de acoplamiento y hazlo funcionar, montado en un banco. ¿Crees que se acoplaría el piñón a la corona, en este caso? ¿En qué tipo de acoplamiento se basa?

7. Completa las columnas de la siguiente tabla con los números 1, 2, 3, etc., según el orden de las pruebas a realizar para cada una de las averías del motor de arranque.

**Averías del motor de arranque**

| Pruebas a realizar | Rumorosidad excesiva del motor de arranque. | El piñón de engranaje no retrocede con rapidez. | El motor de arranque continúa funcionando después de soltar el interruptor. | El piñón gira en vacío. | El motor de arranque gira con mucha dificultad. | El motor de arranque no gira pero se oye el desplazamiento del relé. | El motor de arranque no funciona ni se oye el desplazamiento del relé. |
|---|---|---|---|---|---|---|---|
| Comprobar las bobinas del relé. | | | | | | | |
| Comprobar las bobinas del inducido. | | | | | | | |
| Comprobar las bobinas del inductor. | | | | | | | |
| Inspeccionar la suciedad o deformación de las escobillas. | | | | | | | |
| Comprobar el giro del inducido. | | | | | | | |
| Inspeccionar las escobillas y los muelles de las escobillas. | | | | | | | |
| Comprobar la rueda libre. | | | | | | | |
| Inspeccionar la suciedad o el muelle de recuperación del relé. | | | | | | | |
| Inspeccionar la suciedad del mecanismo de arrastre. | | | | | | | |
| Inspeccionar la holgura entre el eje del inducido y los cojinetes. | | | | | | | |
| Inspeccionar los dientes del piñón y de la corona. | | | | | | | |
| Comprobar el muelle de recuperación. | | | | | | | |
| Inspeccionar la horquilla de engranaje. | | | | | | | |
| Comprobar el interruptor del relé. | | | | | | | |
| Inspeccionar el portaescobillas. | | | | | | | |
| Comprobar la derivación a masa del portaescobillas. | | | | | | | |

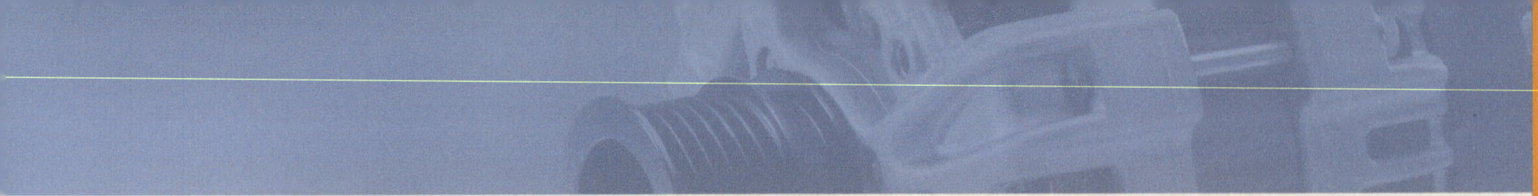

# 9 Circuito de carga del vehículo

**El circuito de carga tiene la misión de proporcionar la energía eléctrica suficiente para abastecer a todos los demás circuitos; funciona como una auténtica central eléctrica en el vehículo. Este circuito aprovecha parte de la energía mecánica del motor alternativo, transformándola en electricidad para alimentar los aparatos eléctricos y cargar la batería.**

**En los primeros vehículos se emplearon generadores de corriente continua o dinamos, hasta mediados de los años setenta, cuando, con la aparición de los diodos rectificadores, fueron sustituidos.**

**El alternador genera, como su nombre indica, corriente alterna. Y, puesto que tanto la batería como los receptores de un vehículo trabajan con corriente continua, necesita de un puente rectificador o placa de diodos.**

**Debido a las condiciones de trabajo de esta minicentral eléctrica, a las grandes variaciones de velocidad de giro, de carga o consumo de electricidad, esta necesita mantener constante la tensión de salida a cualquier velocidad y con cualquier consumo; para lo cual se recurre al regulador, que, como la placa de diodos, viene integrado en el conjunto del alternador.**

**El aumento constante del consumo eléctrico de los vehículos hizo que los alternadores pasaran de monofásicos a trifásicos y algunos refrigerados por agua, con lo que alcanzaron hasta los 3500 W de potencia. El actual alternador-arranque con baterías de 36 voltios consigue potencias de hasta 15 000 W para la función *start&stop*.**

# 9 Circuito de carga del vehículo

## ¿Sabes ...

... qué función tiene el alternador?
... qué partes lo forman?
... qué función tiene la placa de diodos?
... qué función tiene el regulador?
... qué tipos de reguladores conoces?
... cómo trabajan?
... cómo se desmonta y monta el alternador en el vehículo?
... qué averías hay en los alternadores y los circuitos de carga?
... cómo se comprueban y cómo se reparan?
... qué características tienen los alternadores?
... cómo se comprueban en el banco eléctrico?

## Contenidos

**9.1.** Estructura del alternador
**9.2.** Tipos de alternadores
**9.3.** Refrigeración de los alternadores
**9.4.** Circuitos de carga
**9.5.** Comprobación del circuito de carga
**9.6.** Comprobación del alternador en el banco de pruebas
**9.7.** Características de los alternadores
**9.8.** Sistema *start&stop* con alternador-arranque o minihíbridos (tecnología StARS)

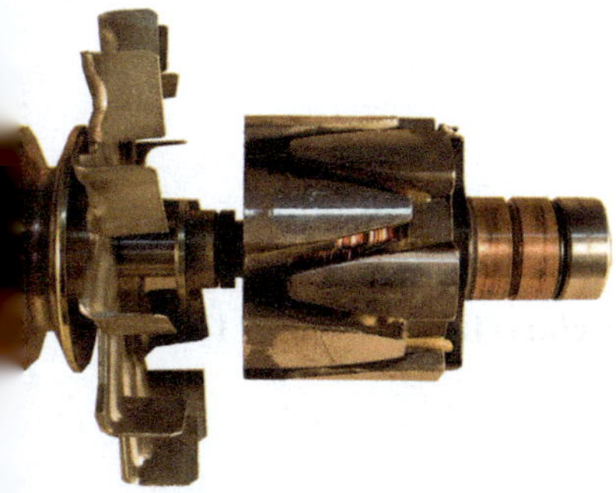

## Objetivos

- Conocer los tipos, características, constitución y funcionamiento del circuito de carga.
- Identificar y seleccionar los elementos que constituyen el circuito de carga del vehículo.
- Diagnosticar el elemento defectuoso sobre el circuito montado.
- Montar y desmontar los componentes que forman el circuito de carga.
- Analizar el circuito eléctrico y electromagnético del alternador, funcionamiento, proceso de montaje y desmontaje; así como comprobación y reglaje de los elementos que lo componen (inducido, inductor, placa de diodos, regulador, escobillas, etcétera).
- Seleccionar e interpretar la documentación técnica.
- Realizar el esquema del circuito y su posterior montaje en una maqueta o vehículo.
- Medir los parámetros eléctricos de funcionamiento en el circuito montado y en el banco eléctrico.
- Aplicar las normas de seguridad y de uso específicas.

## 9.1. Estructura del alternador

Se trata de un generador de corriente alterna capaz de generar una corriente de hasta 250 amperios a una tensión constante de 14 V (Unidad 6, Apartado 6.3.1). Este generador alimenta los aparatos eléctricos y mantiene cargada la batería, incluso a ralentí.

El alternador se arrastra por el cigüeñal a través de una transmisión de poleas-correa. La **correa de accesorios** acciona, a su vez, el compresor del aire acondicionado, la bomba de la dirección asistida, etc., por la parte delantera del motor alternativo.

Independientemente de los tipos de alternadores, podemos distinguir unos grupos funcionales, como son:

- El rotor o inductor.
- El estátor o inducido.
- Las carcasas.
- La placa de diodos.
- El regulador.

Todos estos grupos tienen una función específica y están formados por una serie de elementos comunes para todos los alternadores.

*Sabías que...?*

Las primeras máquinas generadoras de corriente continua en los vehículos fueron las dinamos. Hasta que se empezaron a emplear los puentes de diodos, que rectificaban la corriente alterna de los alternadores. Fue a partir de entonces que el alternador sustituyó a la dinamo.

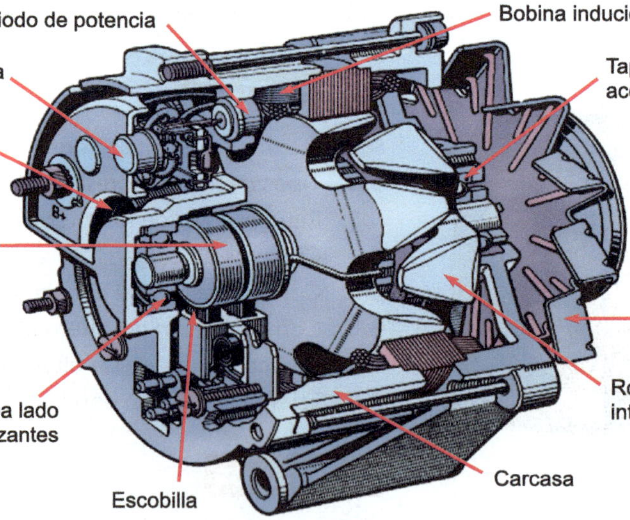


**Figura 9.1.** Estructura básica de un alternador.

### 9.1.1. Rotor o inductor

El campo magnético fijo o inductor gira sobre **un árbol (3)**, apoyado en las carcasas mediante **dos rodamientos de bolas (6 y 9)**; y arrastrado por **la polea (1)**, que, junto con **el ventilador (4)**, se fija en el árbol mediante **una chaveta (10)** y **una tuerca (2)** (Figura 9.2).

**Figura 9.2.** Rotor o inductor.

El campo magnético inductor consta de un electroimán, formado por:

- **El núcleo magnético:** está formado por dos **ruedas polares** (con apenas magnetismo remanente), que llevan unos salientes o **dedos entrelazados (5)**, que no llegan a tocarse y constituyen los polos del campo magnético inductor. Cada una de las dos ruedas polares lleva 6 u 8 salientes, con lo que se obtiene un campo magnético inductor de 12 o 16 polos (5).
- **La bobina (8)** está formada por muchas espiras de hilo aislado. Se encuentra enrollada sobre un carrete de material aislante y encajada entre los **polos magnéticos.** Se alimenta desde el exterior mediante dos escobillas con un roce suave y continuo sobre dos **anillos rozantes (7)** de cobre, a **través de los que recibe la corriente de excitación** generada por el propio alternador (autoexcitación).

Este conjunto giratorio perfectamente equilibrado y muy compacto permite girar a gran velocidad sin riesgo alguno de ser despedidos por la fuerza centrífuga.

## 9.1.2. Estátor o inducido

En el estátor es donde van alojadas las **bobinas inducidas (2)** que generan la corriente eléctrica. Está formado por un paquete de **láminas de acero magnéticas (1)** ensambladas y aisladas eléctricamente entre sí, así como troqueladas interiormente para formar unas ranuras donde se alojan las **bobinas inducidas.** También tienen troqueladas exteriormente otras ranuras para su acoplamiento y ensamblaje con las carcasas, que cierran el conjunto.

El inducido lo forman tres bobinas conectadas entre sí y, a su vez, están aisladas eléctricamente de la estructura que las contiene. Se encuentran uniformemente repartidas en toda su periferia.

Dependiendo del conexionado que hay entre las distintas bobinas, se distinguen dos tipos: el conexionado en estrella y el conexionado en triángulo (Apartado 6.3.2). La corriente generada sale por los tres terminales o fases de salida (3, 4 y 5).

**Sabías que...**

Muchos alternadores no llevan la polea rígida. Suelen tener un acoplamiento elástico entre el cubo, o sujeción al eje, y la propia polea para amortiguar las vibraciones en el arrastre. Otras veces una rueda libre que transmite el movimiento en un sentido, y el otro no. Una causa de avería, a veces, es que la polea gira libre, sin traccionar al eje.

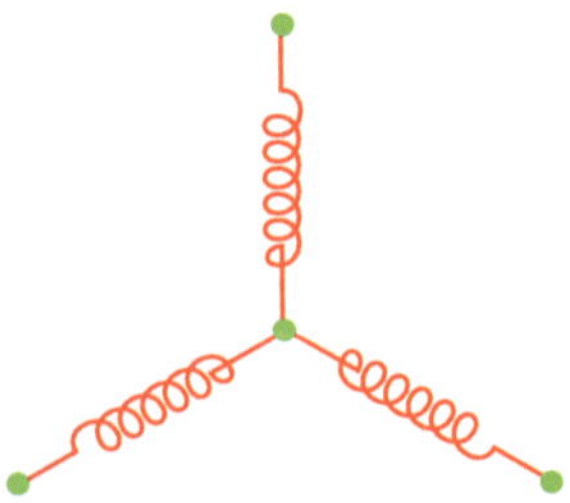

Figura 9.4. Conexionado en estrella.

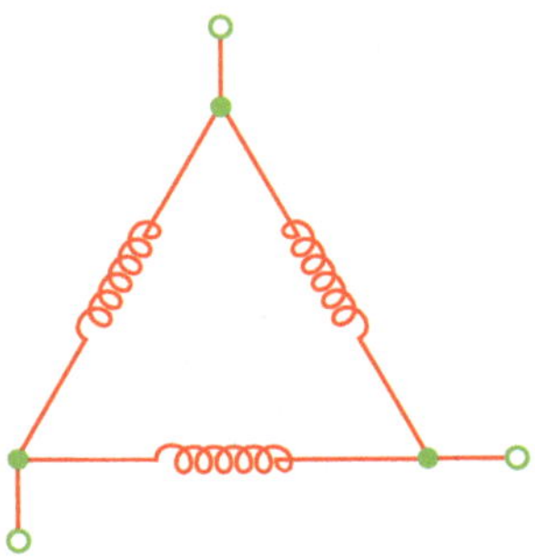

Figura 9.5. Conexionado en triángulo.

Figura 9.3. Estátor o inducido.

ACTIVIDAD **Propuesta 9.1**

De los dos inducidos de alternador, ¿en cuál crees que sus bobinas están conectadas en estrella y en cuál en triángulo? ¿Cuáles serían los terminales de salida en cada caso?

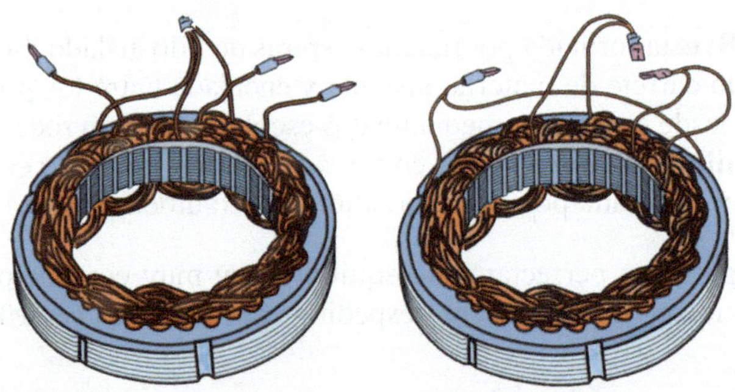

Figura 9.6. Montaje en estrella o triángulo del inducido de un alternador.

ACTIVIDAD **Propuesta 9.2**

Mira el inducido de un alternador. ¿Cómo están conectadas las bobinas, en estrella o en triángulo? ¿Cuáles son los tres terminales o fases de salida?

## 9.1.3. Las carcasas

Las carcasas o tapas soporte están realizadas en aluminio fundido.

Tienen la función de:

- Sujetar los rodamientos de bolas sobre los que gira el rotor.

- Tapar o cerrar el estátor o inducido por cada uno de sus dos lados. Las carcasas están unidas entre sí por cuatro espárragos (2, 3, etcétera).
- Alojar los demás elementos del alternador.

Se distinguen dos tipos: la carcasa de la polea y la de los anillos rozantes o trasera.

- **La carcasa de la polea,** además de las funciones anteriores, permite que, por ella, el alternador se acople al motor alternativo mediante dos agujeros pasantes (4 y 5). Normalmente, por el más alargado bascula el alternador sobre el bloque motor para tensar la correa y por el más corto se sujeta el alternador al bloque, una vez tensada la correa. Otras veces, cuando la correa se tensa con un rodillo tensor, los dos tornillos van fijos (Figura 9.7).
- **La carcasa de anillos rozantes** soporta el conjunto regulado y portaescobillas (6), así como el conjunto de puente rectificador (8) y demás terminales eléctricos del alternador (7, etcétera) (Figura 9.8).

Figura 9.7. Tapa soporte del lado de accionamiento (carcasa de la polea).

Figura 9.8. Tapa soporte del lado de anillos rozantes (carcasa de anillos rozantes).

## 9.1.4. La placa de diodos

La corriente alterna trifásica generada en el inducido pasa a la **placa de diodos** donde se rectifica para transformarla en continua. Para aprovechar tanto las semiondas positivas como las negativas de cada fase (rectificación de onda completa), se colocan dos diodos por cada fase, uno en el lado positivo y otro en el negativo. Son necesarios en total **seis diodos de potencia** y, normalmente, **tres auxiliares de excitación,** más pequeños, para alimentar el circuito inductor y el control de la lámpara indicadora de carga. En los alternadores, que no tienen diodos de excitación, la excitación se deriva directamente de los de potencia.

La placa de diodos adquiere la forma de prisma rectangular (normalmente con aletas o disipadores de calor), o de corona circular en forma de herradura, según el fabricante. Los tipos más extendidos son los que se muestran en las Figuras 9.9 a 9.12.

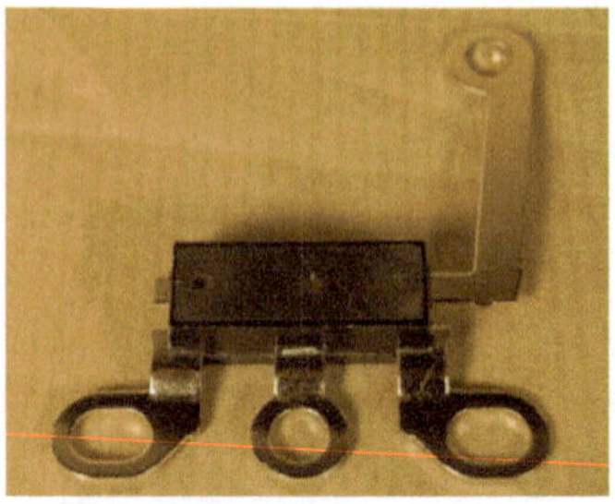

**Figura 9.9.** Tipo Delco Remy.

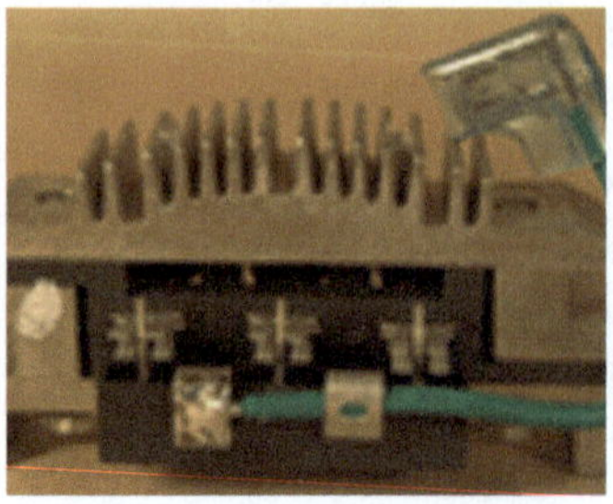

**Figura 9.10.** Tipo Magneti Marelli.

**Figura 9.11.** Tipo Bosch.

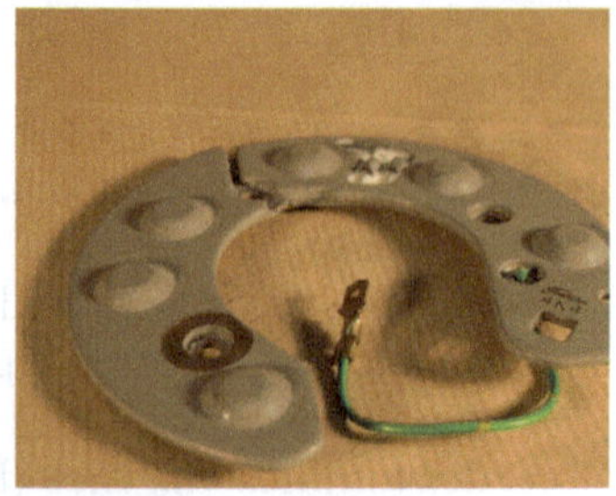

**Figura 9.12.** Tipo Femsa.

Según el conexionado del inducido, estrella o triángulo (Unidad 6, Apartado 6.3.1), distinguimos los conexionados que se muestran en las Figuras 9.13 y 9.14.

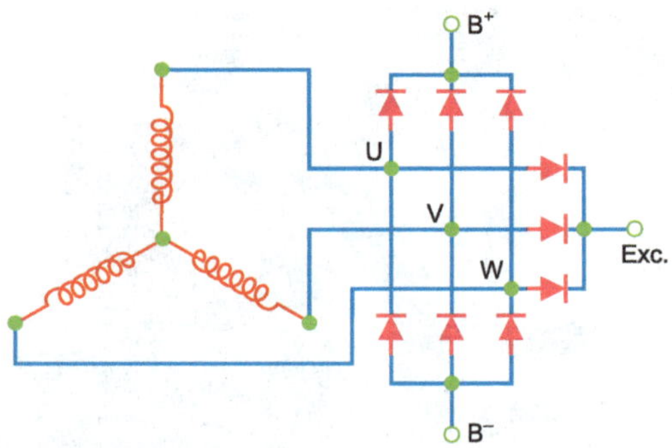


**Figura 9.13.** Conexionado con el inducido en estrella.

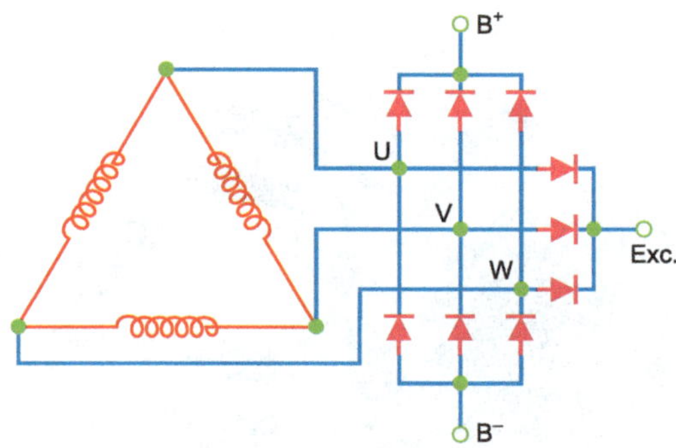


**Figura 9.14.** Conexionado con el inducido en triángulo.

Los terminales de entrada a la placa de diodos (U, V, W) son cada una de las tres fases del estátor, unidas a la placa por:

- **Soldadura de estaño** o por puntos. La placa se fija a la carcasa de los anillos rozantes por **varios tornillos.**
- **Terminales de ojo** y **tornillos,** que unen a la vez la placa con la carcasa de los anillos rozantes, intercalándose entre ellos y la carcasa **unos casquillos aislantes o pasamuros** para aislarlos de masa.

Los terminales de salida son:

- **Corriente positiva** ($B^+$): es por donde sale la corriente principal para cargar la batería. Esta corriente sale de la mitad de la placa de diodos, donde están los tres diodos de potencia positivos, a través de un tornillo que asienta sobre unos casquillos de plástico o pasamuros para aislarlo de masa.
- **Masa** ($B^-$): es por donde cierra a masa el circuito de carga. Lo hace a través de otro tornillo que comunica la otra mitad de la placa de diodos, donde están los tres diodos de potencia negativos, con la carcasa de anillos rozantes. Este terminal no aparece como tal, pues hace la masa a través de la estructura metálica.

- **Excitación** (Exc. o $D^+$): es por donde sale la corriente de autoexcitación para alimentar la bobina inductora y por donde se alimenta la lámpara indicadora de carga. Esta corriente sale de la placa de diodos, de los tres diodos de excitación y se conecta al regulador a través de un cable con terminal faston en su extremo, por una pestaña que sobresale de la placa de diodos y que hace contacto sobre el borne del regulador cuando este se acopla, o por un tornillo que une el regulador con la placa de diodos.

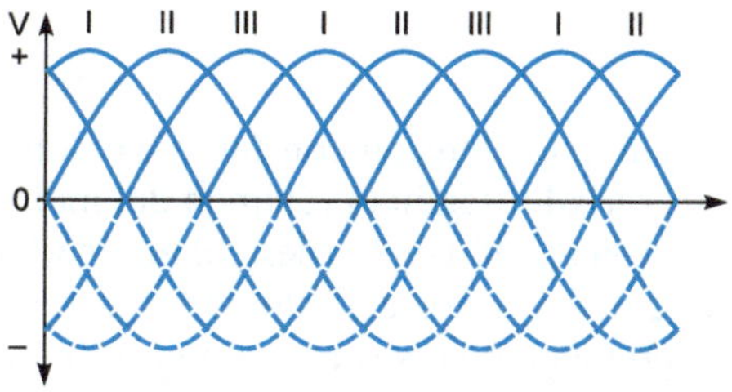


**Figura 9.15.** Corriente trifásica alterna.

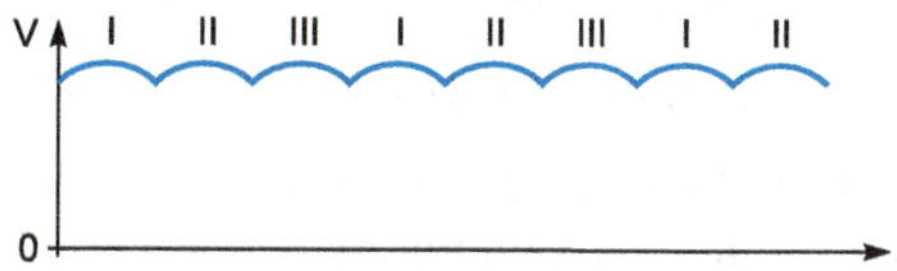


**Figura 9.16.** Corriente trifásica pulsatoria.

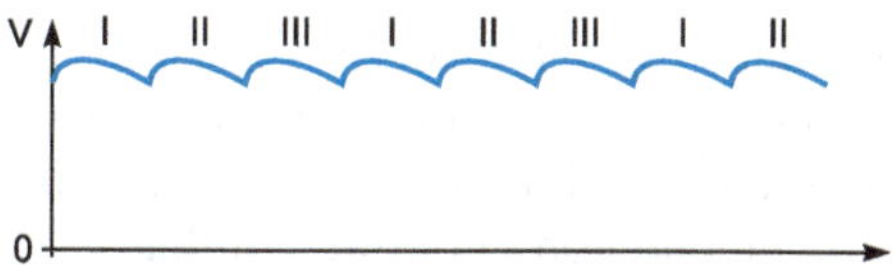


**Figura 9.17.** Corriente continua, filtrada con un pequeño rizado.

Los diodos de unión o rectificadores dejan pasar las semiondas positivas e invierten el sentido de las semiondas negativas, de forma que se genera una corriente pulsatoria (Unidad 4, Actividad resuelta 4.8).

La ondulación de la corriente trifásica pulsatoria se reduce, aún más, por el efecto condensador de la batería, conectada en paralelo al alternador y por el propio condensador del alternador que hace el efecto de filtrado o rizado.

Los diodos rectificadores del alternador no solo sirven para rectificar la tensión del alternador y la de excitación, sino que también impiden que la batería se descargue a través del devanado trifásico del estátor. La corriente solo puede pasar desde el alternador hacia la batería y no al revés.

ACTIVIDAD **Propuesta 9.3**

Compara el proceso de rectificación, según sus distintos oscilogramas, de una corriente monofásica y otra trifásica. ¿Cuál de ellas se rectifica mejor? ¿Por qué? (Unidad 4 y Actividad resuelta 4.8). (Monofásica sería, en este caso, solo la señal I, la II o la III, y trifásica serían las tres a la vez, tal y como se ve en el oscilograma anterior).

## 9.1.5. El regulador

La tensión de salida o tensión en bornes (*tb*) de un alternador depende de su velocidad de giro, del campo magnético inductor y de la corriente de carga, tal que:

$$tb = \text{f.e.m.} - I_{carga} \times R_{interna} \text{ (Unidad 7, Apartado 7.2.1)}$$

$$\text{y f.e.m.} = \text{Cet.} \times \phi \times n$$

Donde:

- f.e.m.: fuerza electromotriz del alternador.
- $R_{interna}$: resistencia interna del inducido y los diodos de potencia.
- Cet.: valor fijo, según las características constructivas del alternador y las unidades empleadas.
- $\phi$: campo magnético inductor.
- $n$: régimen de giro del alternador.

Debido a que los receptores del vehículo trabajan a una tensión constante y el alternador funciona a un régimen de revoluciones muy variado, según el régimen del motor, el regulador es un elemento encargado de estabilizar la tensión en bornes del alternador. Envía, más o menos, corriente a las bobinas inductoras o rotor del alternador a través de las escobillas. Con ello se consigue que el campo magnético sea más o menos intenso, dependiendo de las revoluciones, con el fin de que la tensión en bornes se mantenga constante para cualquier régimen de giro y de carga.

Los primeros reguladores electromecánicos, actualmente en desuso, se montaban en el cofre motor sujetos a la chapa del salpicadero o a uno de los pasos de rueda en contacto con el alternador mediante cables y conectores eléctricos. Los actuales reguladores electrónicos están integrados en el alternador, y montados en la carcasa de anillos rozantes, formando una sola unidad con el portaescobillas.

Según el fabricante, los reguladores varían de aspecto. Podemos destacar, entre otros, los mostrados en las Figuras 9.18 a 9.21.

**Figura 9.18.** Electromagnético.

**Figura 9.19.** Tipo Bosch.

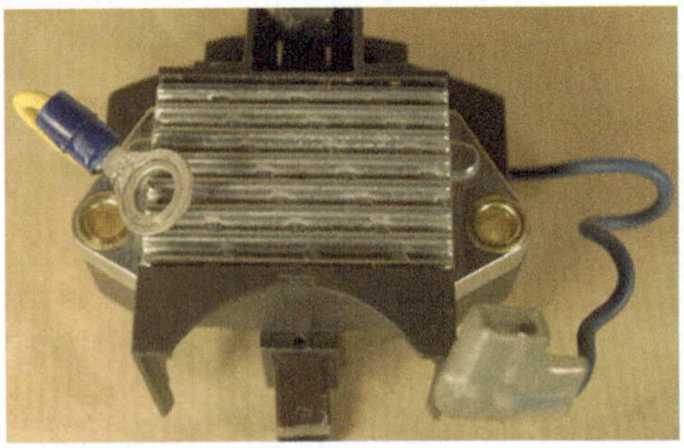

**Figura 9.20.** Tipo Delco Remy.

**Figura 9.21.** Tipo Magneti Marelli.

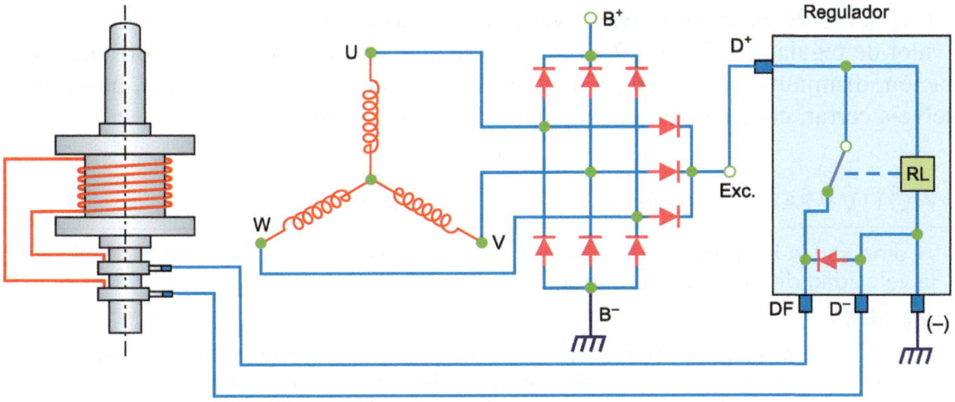


Figura 9.22. Corriente de excitación conectada.

## Reguladores electromagnéticos

Para entender el funcionamiento, recurrimos al esquema eléctrico de **un regulador electromecánico básico,** fácil de entender y actualmente en desuso.

Los terminales son:

- **Corriente de excitación** ($D^+$), por donde entra la corriente de excitación, a través de un terminal faston de un cable que sale de la placa de diodos, de una pestaña que sobresale de la placa de diodos y que hace contacto sobre un borne del regulador, cuando este se acopla, o de un tornillo que une la placa de diodos con el regulador.

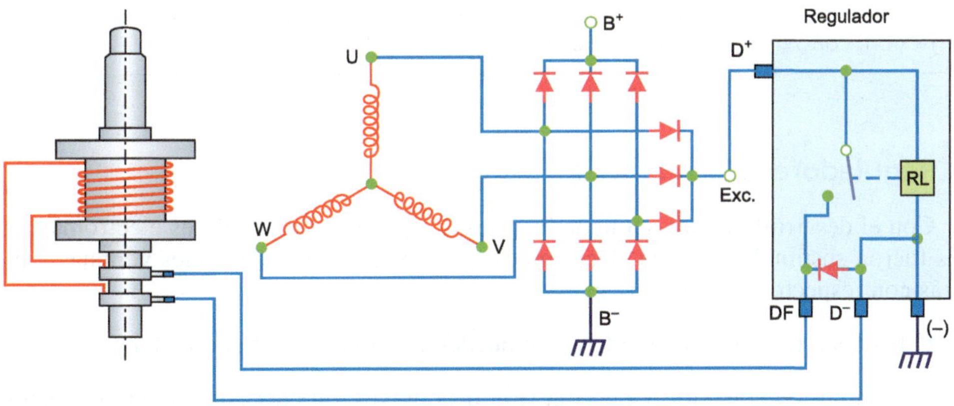


Figura 9.23. Corriente de excitación interrumpida.

- **DF y D–** son las propias escobillas (el portaescobillas integrado en el regulador) o los terminales que van a las escobillas cuando estas no están integradas.
- **Masa** (–), la hace por contacto al acoplarse al alternador.

**Corriente de excitación conectada:** cuando la tensión del alternador está por debajo del valor de regulación, , el relé normalmente cerrado (fig. 9.22), permite pasar la corriente de excitación, aumentando el campo magnético inductor y con él la tensión, hasta llegar al valor máximo.

**Sabías que...**

La tensión de regulación varía con la temperatura ambiente. A bajas temperaturas, la tensión del alternador es algo mayor para mejorar la carga de la batería en invierno. A temperaturas altas, baja la tensión de regulación para evitar la sobrecarga de la batería en verano. Esta compensación de la temperatura se consigue con componentes electrónicos dependientes de la temperatura, integrados en el regulador.

**Corriente de excitación desconectada:** cuando la tensión del alternador sobrepasa el valor de regulación (Figura 9.23), el relé se abre, corta el paso de la corriente de excitación, disminuyendo el campo magnético inductor y con él la tensión, hasta que se vuelve a cerrar, comenzando nuevamente el ciclo de regulación.

*Recuerda que...*

Tanto los reguladores electromagnéticos como electrónicos no regulan la corriente de excitación de forma progresiva, sino abriendo o cerrando el circuito continuamente. Según los tiempos de apertura o cierre habrá una corriente media de excitación mayor o menor.

ACTIVIDAD **Resuelta 9.1**

¿Cómo varían los tiempos de conexión y desconexión, según aumente o disminuya la velocidad de giro del alternador?

**Solución**

Los ciclos de regulación son del orden de milisegundos. La relación de los correspondientes tiempos de conexión y desconexión determinan una corriente de excitación media ($I_m$) que se adapta a las distintas velocidades de giro.

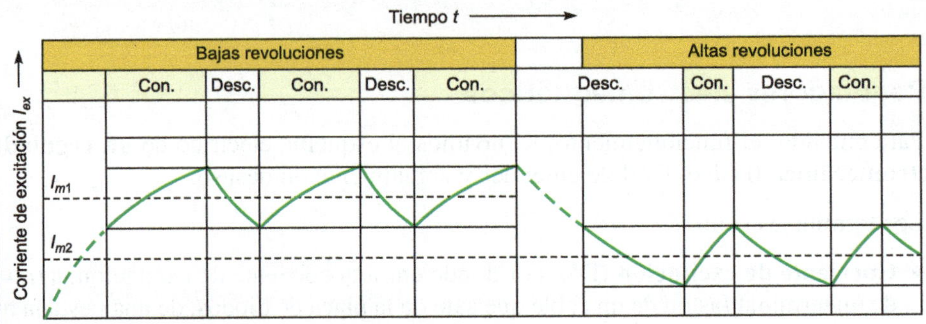


**Figura 9.24.** Ciclos de la corriente de excitación.

A bajas revoluciones, el tiempo de conexión es relativamente largo y el de desconexión, corto ($I_{m1}$). A altas revoluciones, es al revés ($I_{m2}$).

*Recuerda que...*

Cuando un alternador falla por desgaste de las escobillas cambiarlas por otras nuevas no suele ser suficiente. Las escobillas originales han marcado los anillos rozantes y otras nuevas, al no pesar bien, se romperían fácilmente por lo que hay que sustituir el alternador.

## Reguladores electrónicos

Con el desarrollo de los semiconductores, los primeros reguladores electromagnéticos fueron sustituidos por los electrónicos, que presentan las siguientes ventajas y mejoras con respecto a los primeros:

- Pequeño tamaño y reducido peso; pueden integrarse en el alternador.
- Tiempos de conexión y desconexión más breves, que necesitan menores tolerancias de regulación.
- Conmutación sin chispas, lo que evita interferencias radioeléctricas; sin desgaste que varíe la tensión de regulación y necesite de algún tarado, es decir, son más fiables y requieren menos mantenimiento.
- Resistencia a los choques, vibraciones e influencias climáticas.
- Compensación electrónica de la temperatura, reduciendo las tolerancias de regulación.

ACTIVIDAD **Propuesta 9.4**

¿Qué controlan o limitan los reguladores, la tensión o la corriente?

ACTIVIDAD **Propuesta 9.5**

¿Cómo se decide la tensión máxima o de regulación en el circuito de carga? (Véanse en la Unidad 7 las Actividades resuelta 7.3 y propuestas 7.13 y 7.14).

ACTIVIDAD **Propuesta 9.6**

¿Cómo varía la intensidad media de regulación, según la carga para un mismo régimen de giro? Razónalo.

## 9.2. Tipos de alternadores

Los componentes y los principios de funcionamiento, que hemos visto hasta ahora, son comunes para todos los alternadores, pero los distintos tipos de alternadores difieren en determinados detalles constructivos, como veremos a continuación.

### 9.2.1. Alternadores monobloc

Este tipo de alternador con inductor en forma de dedos entrelazados tiene una estructura compacta con una relación potencia/peso muy favorable; además, permite una buena disipación de calor y ha sido el más empleado hasta ahora.

**Figura 9.25.** Alternador monobloc.

**Figura 9.26.** Vista interna del alternador monobloc.

**Figura 9.27.** Alternador compacto.

**Figura 9.28.** Vista interna del alternador compacto.

### 9.2.2. Alternadores compactos

Más evolucionados que los monobloc, se están imponiendo debido a la gran demanda de potencia. En estos alternadores, las chapas magnéticas del estátor están fijadas a tres chapas centrales, que sobresalen, acopladas entre las dos carcasas que cierran prácticamente todo el alternador. Esto permite una gran precisión de montaje y una menor dispersión del flujo magnético.

El rodamiento de la carcasa de los anillos rozantes se sitúa entre el inductor y dichos anillos rozantes, lo que proporciona mayor resistencia a las vibraciones. Los anillos rozantes tienen un diámetro más pequeño y disminuyen la velocidad periférica de las escobillas; en consecuencia, se produce un menor desgaste en estas y una mayor vida útil del alternador, que gira a mayor velocidad y desarrolla mayor potencia que los monobloc, con lo que puede entregar hasta un 25 % más de potencia en una misma velocidad de giro del motor alternativo.

El regulador, algunas veces está situado en la parte interna de la carcasa de los anillos rozantes; se puede acceder desde fuera solo a sus terminales.

Estos alternadores emplean diodos de potencia zener; estos, además de rectificar, descargan hacia el inducido del alternador los picos de tensión que aparecen en caso de desconexión repentina de la carga (es lo que se conoce como protección *Load-Dump*) o funcionamiento sin batería. Así se protege a los circuitos electrónicos del vehículo. La tensión zener de estos diodos está entre 25 y 30 voltios para 14 voltios; y entre 50 y 55 voltios para 28 voltios.

ACTIVIDAD **Propuesta 9.7**

Identifica, en la figura siguiente, cada una de las partes que forman el alternador monobloc.

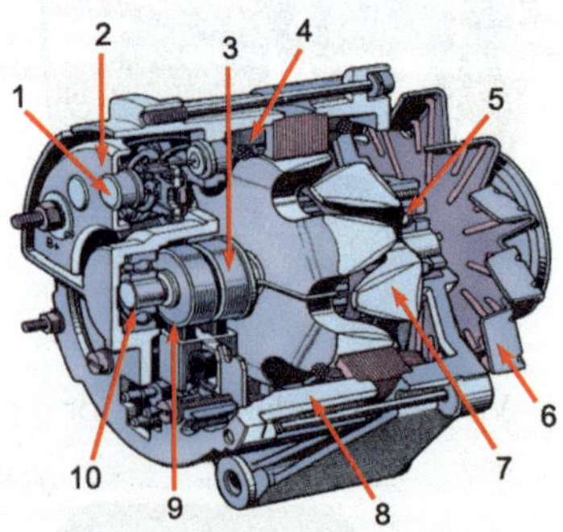


**Figura 9.29.** Alternador monobloc.

| Componente | N.° |
|---|---|
| Diodo | |
| Devanado inducido | |
| Rotor | |
| Carcasa lado anillos rozantes | |
| Escobilla | |
| Ventilador | |
| Anillo rozante | |
| Placa de diodos | |
| Carcasa lado accionamiento | |
| Espárragos de unión | |

## 9.3. Refrigeración de los alternadores

Los componentes del alternador están sometidos a elevadas temperaturas, por las pérdidas de calor del estátor, por acción de los diodos rectificadores, el regulador, el rotor, etc. La temperatura máxima admisible se encuentra entre 80 °C y 100 °C. Si a esto añadimos el calor procedente del motor y la tendencia, en los nuevos vehículos, a aislar el compartimento motor para reducir el ruido, el alternador necesita, cada vez más, refrigerarse.

## 9.3.1. Refrigeración por aire

La forma más utilizada en los alternadores es mediante ventiladores:

- En los alternadores monobloc se emplea un ventilador en el lado de accionamiento, entre la carcasa y la polea. El aire entra por el lado de los anillos rozantes, pasa por el alternador y sale por las aberturas de la tapa del lado de accionamiento.
- En los compactos, con dos ventiladores situados en el interior, a los lados de las inductoras, con doble flujo de aire, ambos flujos entran axialmente por las aberturas de la tapa de accionamiento y de la tapa de anillos rozantes y salen radialmente por las aberturas del contorno de las carcasas. Esto y la posibilidad de utilizar ventiladores más pequeños permite una mayor disipación de calor del estátor a las carcasas y reducir el ruido aerodinámico generado por los ventiladores, respectivamente, frente a los monobloc.

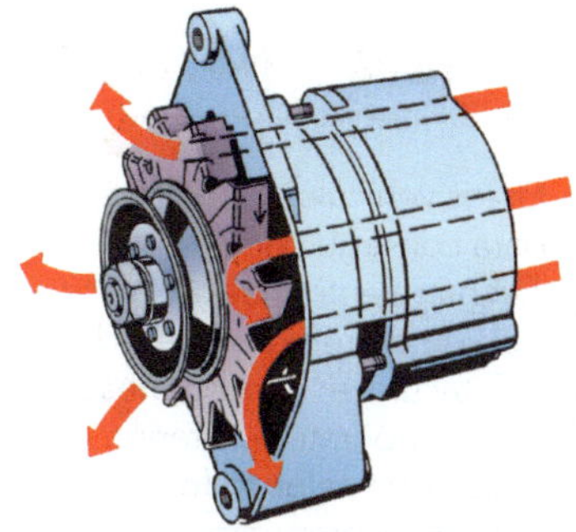

**Figura 9.30.** Refrigeración por aire (tipo monobloc).

ACTIVIDAD **Propuesta 9.8**

¿Cuáles de las partes o fuentes de calor del alternador son generadas por corriente eléctrica? ¿Cuáles por inducción magnética o corrientes de Foucault? ¿Y cuáles por las dos?

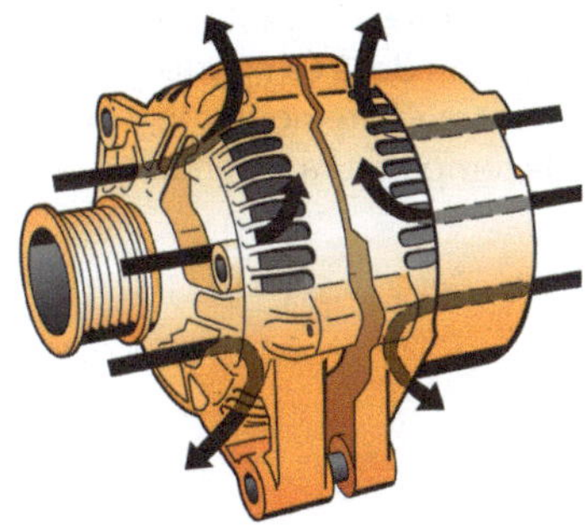

**Figura 9.31.** Refrigeración por aire (tipo compacto).

## 9.3.2. Alternador refrigerado por agua

El propio líquido refrigerante del motor sirve para la refrigeración del alternador. El hueco entre la carcasa del alternador, totalmente cerrada, y la carcasa de inserción se encuentra lleno de líquido refrigerante con una entrada y salida al circuito de refrigeración del motor. Con este sistema se reduce el silbido del flujo en los ventiladores refrigerados por aire, actuando la envoltura del líquido refrigerante como insonorizador. Además, en condiciones de arranque en frío, el calor generado en el alternador contribuye a calentar rápidamente el líquido refrigerante y el habitáculo, lo que permite alcanzar lo antes posible la temperatura de régimen de funcionamiento y disminuir la contaminación.

Las conexiones eléctricas se encuentran en el lado de accionamiento.

**Figura 9.32.** Alternador refrigerado por agua *(Cortesía de Bosch).*

Sabías que...

En los vehículos actuales, para conseguir un calentamiento más rápido del líquido refrigerante y del habitáculo en condiciones de baja temperatura exterior, se emplea un **calentador eléctrico** compuesto por varias resistencias en el circuito de refrigeración, alimentadas por relés excitados por el calculador de gestión del motor en función de la temperatura del líquido refrigerante y de la temperatura exterior.

## 9.4. Circuitos de carga

En el circuito de carga distinguimos tres circuitos eléctricos:

- Circuito de carga o principal.
- Circuito de la corriente de preexcitación.
- Circuito de corriente de excitación (autoexcitación).

En la Figura 9.33 se representa un circuito de carga con **un regulador electromagnético básico,** de fácil comprensión:

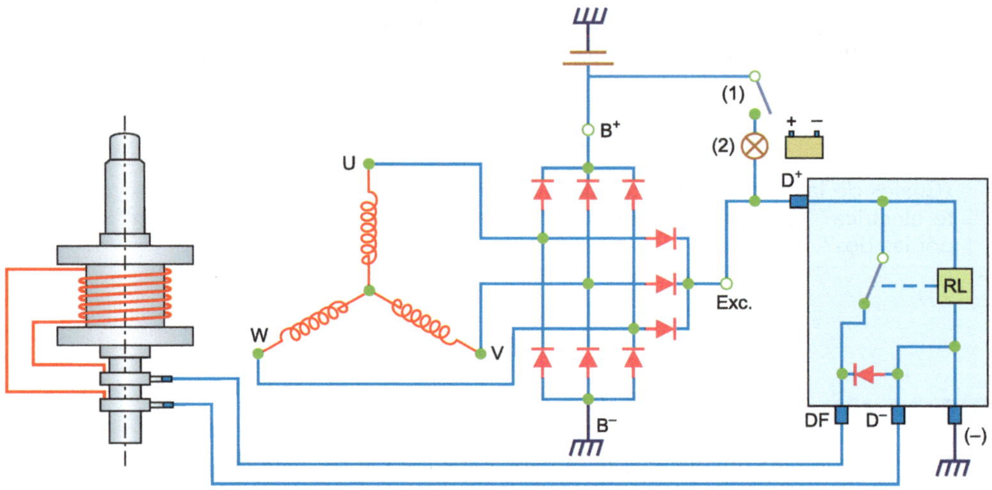


Figura 9.33. Circuito de carga con un regulador electromagnético básico.

Cuando le damos al contacto (1) se enciende la lámpara indicadora de carga (2), cuya corriente hace masa a través del regulador y la bobina inductora ($V_{D+}$ = 0 V, motor parado). Cuando accionamos el arranque, el alternador carga ($V_{D+}$ = 12 V, motor en marcha), la lámpara se apaga y el alternador **se autoexcita** a través de los diodos auxiliares.

Figura 9.34. Regulador electromagnético para dinamo.

### Circuito de carga o principal

La corriente alterna inducida en el estátor del alternador es rectificada por los seis diodos de potencia. Por los tres positivos, sale a través de **B**$^+$ y un cable grueso al positivo de la batería. Normalmente, este cable, de 4 o 6 mm de diámetro, no va directo a la batería, sino al terminal de corriente del motor de arranque y desde el motor de arranque otro cable, de 6 u 8 mm de diámetro, que va a la batería.

Una vez que llega la corriente al positivo de la batería, parte se emplea para cargarla y otra parte para alimentar a los demás receptores; todos cierran el circuito a masa; **B**$^-$ con el alternador a través de los tres diodos negativos de la placa de diodos.

Figura 9.35. Dinamo de un vehículo antiguo.

### Circuito de corriente de excitación (autoexcitación)

El magnetismo remanente de las masas polares del inductor es muy bajo (hierro dulce) e insuficiente para crear una tensión en las inducidas que supere la tensión umbral de los diodos (2 × 0,7 V = 1,4 V).

Cuando la f.e.m. del alternador supera la tensión umbral, parte de la corriente generada se emplea en excitar el inductor (**autoexcitación**), a través de los tres diodos de excitación. Esto refuerza el campo magnético, que aumenta la corriente de excitación, para volver a aumentar el campo magnético, y así sucesivamente hasta llegar a la tensión máxima o de regulación.

## Circuito de corriente de preexcitación

Como en un primer momento, sin campo magnético inductor no hay corriente y sin corriente no hay campo magnético. Para romper este círculo vicioso y superar dicha tensión umbral, necesitamos una primera corriente de **preexcitación** de la batería, que se produce a través del contacto, de la lámpara indicadora de carga, del regulador y de las escobillas, como se explica a continuación (Figura 9.33):

Al darle al contacto (cierre del interruptor 1) pasa la corriente de preexcitación por la lámpara indicadora de carga; esta tiene que tener una resistencia lo suficientemente pequeña para permitir el paso de la corriente necesaria que inicie la preexcitación. Si la potencia de la lámpara es demasiado baja, por ejemplo la de un diodo, es necesario conectarle una resistencia en paralelo para asegurar la preexcitación del alternador. La lámpara de control del alternador tiene, del orden de:

- 2 W para instalaciones de 12 voltios.
- 3 W para instalaciones de 24 voltios.

Por otra parte, cuando aumenta la tensión a la salida de los diodos de excitación, disminuye la diferencia de potencial entre los extremos de la lámpara indicadora de carga, se anula la corriente de preexcitación, se apaga la lámpara indicadora de carga y se inicia la autoexcitación.

### ACTIVIDAD **Resuelta 9.2**

¿Qué pasaría si las masas polares de los alternadores tuvieran magnetismo remanente? ¿Por qué no lo tienen?

**Solución**

Si las masas polares tuvieran magnetismo remanente como las dinamos, los alternadores se autoexcitarían por sí mismos desde un primer momento sin necesitar corriente de preexcitación. Sin embargo, en caso de cortocircuito o sobrecarga del circuito eléctrico, necesitarían un limitador o regulador de corriente para proteger el inducido y la placa de diodos. Como no tienen magnetismo remanente, la corriente se autorregula por saturación magnética, en caso de mucha carga, sin necesidad de un regulador de corriente, que resulta mucho más aparatoso y menos fiable que el de tensión.

### ACTIVIDAD **Propuesta 9.9**

Distingue los distintos circuitos en el circuito de carga anterior y sigue el recorrido de la corriente en cada uno de ellos (Figura 9.33).

### ACTIVIDAD **Propuesta 9.10**

En el esquema funcional de la Unidad 3, Figura 3.44:

a) Distingue el circuito de carga o principal. ¿Va directo a la batería o se intercala en el motor de arranque? ¿Por qué los cables de un tramo son más gruesos que los del otro?

b) Distingue el circuito de preexcitación.

### ACTIVIDAD **Propuesta 9.11**

¿Qué otra función tienen los diodos, además de rectificar la corriente?

*Sabías que...?*

El regulador electromagnético de la dinamo está formado por tres elementos:

- El disyuntor se comporta como una válvula unidireccional, pasando la corriente de la dinamo a la batería y no al revés, evitando, de este modo, que se descargue la batería a través de la dinamo, cuando el motor está parado.
- El regulador de tensión mantiene la tensión constante al igual que el regulador del alternador.
- El regulador de corriente, que limita la corriente a un valor máximo en caso de sobrecarga o cortocircuito, protege la dinamo de corrientes elevadas que puedan quemar el inducido o las escobillas.

**ACTIVIDAD Propuesta 9.12**

¿Qué ocurriría en cada uno de estos casos? ¿Por qué? (Figura 9.33).

a) En el caso de que la lámpara indicadora de carga esté fundida o haya discontinuidad en el circuito de preexcitación.
b) En el caso de que el motor esté arrancado y la lámpara no se apague.
c) En el caso de que se produzca un cortocircuito en la bobina inductora.
d) En el caso de que la corriente de preexcitación se tomara directamente de la batería sin pasar por el interruptor de contacto.
e) En el caso de que hubiera discontinuidad en la bobina inductora.

**ACTIVIDAD Propuesta 9.13**

¿Qué pasaría si invirtieses la polaridad de la batería en el vehículo?

## 9.4.1. Reguladores electrónicos multifunción

Los reguladores de tensión multifunción, además de regular la tensión e indicar que no hay carga (como los monofunción), pueden indicar si hay sobretensión; además de generar otras señales en sus distintos terminales, como vemos a continuación (Figura 9.37):

1. La preexcitación y la excitación (Exc.) vienen directamente de la batería a través del interruptor de contacto, terminal **15,** y no pasan por el testigo, lámpara o diodo indistintamente, que toman corriente directa de batería o también de contacto y cierra a masa por el terminal **$D^+$** a través del regulador.
2. La corriente de excitación se controla según la tensión que le llega al regulador, directamente del terminal $B^+$ del alternador y no se dispone de los diodos de excitación en la placa de diodos (solo los 6 de potencia).
3. Por el **$61^+$** entra al regulador la señal alterna del estátor, que sale del alternador por el terminal **W** (señal variable con el giro); según la frecuencia de dicha señal, puede actuar sobre el cuentarrevoluciones.
4. Por un terminal **L** nos sale una **señal de motor en marcha,** de hasta 0,5 amperios cuando el alternador carga.

| | VALEO | DUCELLIER | MOTOROLA | PARIS-RHONE | SEV MARCHAL | BOSCH | DELCO-REMY | FEMSA | FIAT | HITACHI | LUCAS | MAGNETI MARELLI | MITSUBISHI |
|---|---|---|---|---|---|---|---|---|---|---|---|---|---|
| Corriente | $B^+$ | $B^+$ | $B^+$ | + | $B^+$ | $B^+$ | + | | $B^+$ | B | + | | + |
| Masa | $B^-$ | $D^-$ | – | M | – | $D^-$ | GRD | 31 | 31 | E/ | – | 31 | – |
| Corriente de excitación | Exc | Exc | Exc | Exc | DF | DF | F/ | Exc | 67 | F/ | F/ | 67/ | F |
| Entrada de señal alterna al regulador | $D^+$ | + R | + | 61 + | 61 + | $D^+$ | + | + | 15 | IG | + | 15 | IND |
| Testigo de carga | D+ | IND/L | $D^+$ | + A/L | | $D^+$ | $D^+$ | L | | L | IND | | IND |
| Señal alterna, salida del alternador | W | | W | R | | W | | | | | STA | | |
| Positivo directo al regulador | + | + | + | + | + | + | + | + | + | + | + | + | + |

**Figura 9.36.** Terminales del alternador y del regulador según las distintas marcas.

ACTIVIDAD **Propuesta 9.14**

¿De dónde sacarías una señal variable según las revoluciones, además del terminal W del alternador, en un vehículo de gasolina?

ACTIVIDAD **Propuesta 9.15**

Identifica el relé taquimétrico en el esquema funcional de la Unidad 3, Apartado 3.3, y explica su funcionamiento.

ACTIVIDAD **Resuelta 9.3**

Explica el funcionamiento del siguiente circuito de carga (nomenclatura Motorola):

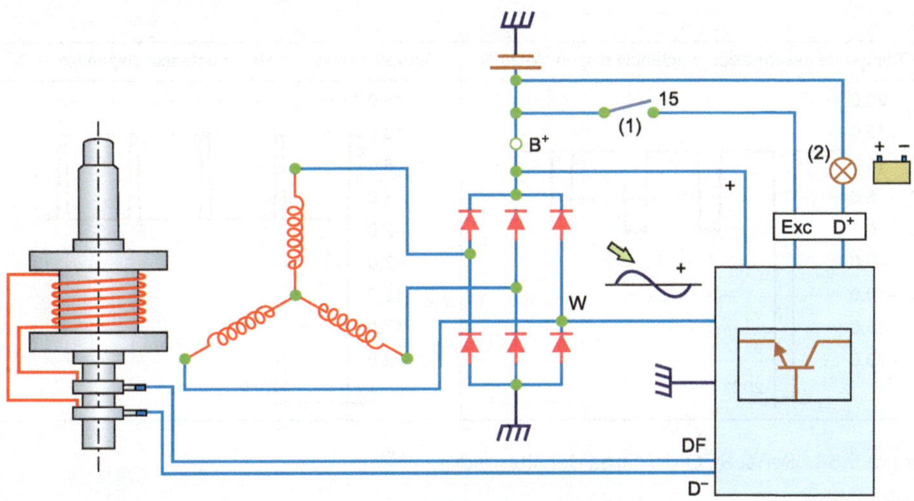


**Figura 9.37.** Circuito de carga con regulador multifunción.

**Solución**

Cuando accionamos al contacto (1) se enciende la lámpara indicadora de carga (2) (motor parado) y entra la corriente de preexcitación por el terminal Exc a las inductoras. Cuando accionamos el arranque, el alternador carga, entra la señal de motor en marcha por el terminal W, la lámpara se apaga y la excitación del alternador se sigue alimentando por el terminal 15, según le indica la tensión real del alternador por el terminal +.

A estos reguladores solo llegan dos terminales del exterior del alternador (Exc y $D^+$) llegándole el resto de terminales del mismo alternador. Los dos últimos reguladores del Apartado 9.1.5 son multifunción y los dos tienen los mismos terminales, solo que en el último, todos sus terminales menos Exc y $D^+$ comunican por contacto con el alternador cuando se acoplan.

**Recuerda que...**

Cuando se desarma un alternador lo primero que tenemos que quitar es el regulador, que a la vez hace de portaescobillas, para que estas no se rompan.

Una vez que quitas el regulador observa las conexiones por contacto de los distintos terminales y comprueba que hagan buen contacto.

## 9.4.2. Otros tipos de alternadores

Las exigencias en los vehículos actuales en cuanto al consumo, emisiones contaminantes, etc., además de la gran cantidad de accesorios y sistemas eléctricos para mejorar el confort, la seguridad y el dinamismo de marcha, hacen necesario el desarrollo de alternadores más evolucionados que los convencionales, vistos hasta ahora, destacando los alternadores que informan de su carga y los pilotados.

**Sabías que...?**

Al sustituir un alternador que informa de su carga es necesario configurar la unidad de control de a bordo, indicando el alternador montado (Bosch o Valeo).

Cuando se trata de un alternador pilotado habrá que hacer lo mismo tanto para el alternador como para la batería, indicándole también el tipo.

## Alternadores que informan de su carga

Dada la resistencia que ofrece el alternador al motor, según su estado de carga, para mantener un ralentí lo más bajo y estable posible, el alternador informará a la unidad de gestión del motor de su estado de carga y esta corregirá el caudal inyectado y el nivel de revoluciones (LRD, *Load-Response Drive;* LRS, *Load-Response Start*).

Además, la unidad de control de la red de a bordo se encarga de la preexcitación y del testigo de carga (a través de un terminal «L»), y la activación/desactivación de consumidores de baja prioridad, en caso de saturación de la capacidad del alternador (Figura 9.39).

La señal de carga del alternador se obtiene según el régimen de giro y de los tiempos de conexión/desconexión de las inductoras; a través del terminal DFM o DF (*Digital Field*), en forma de señal RCO (Unidad 2, Apartado 2.2), se manda a la central de alimentación, a la de gestión del motor y al cuadro por la red CAN bus.

**Nota...**

La frecuencia de esta señal es de 90 hercios para Valeo y 150 para Bosch.

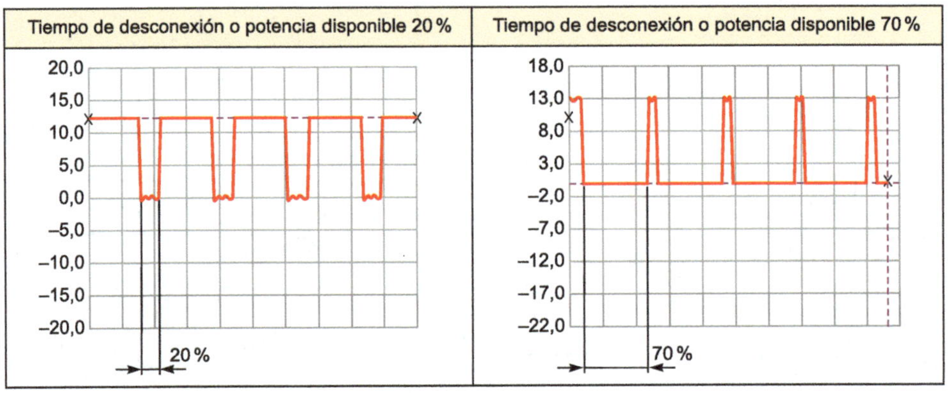


Figura 9.38. Señal RCO de carga del alternador.

Para comprobar su funcionamiento con el osciloscopio, con el contacto, observamos la señal cuadrada con ciclos idénticos. En el momento que se arranque el motor se observará que en los ciclos aumenta el Dwell o tiempo negativo. Esto indica que el alternador está generando corriente, y cuanto más Dwell más corriente.

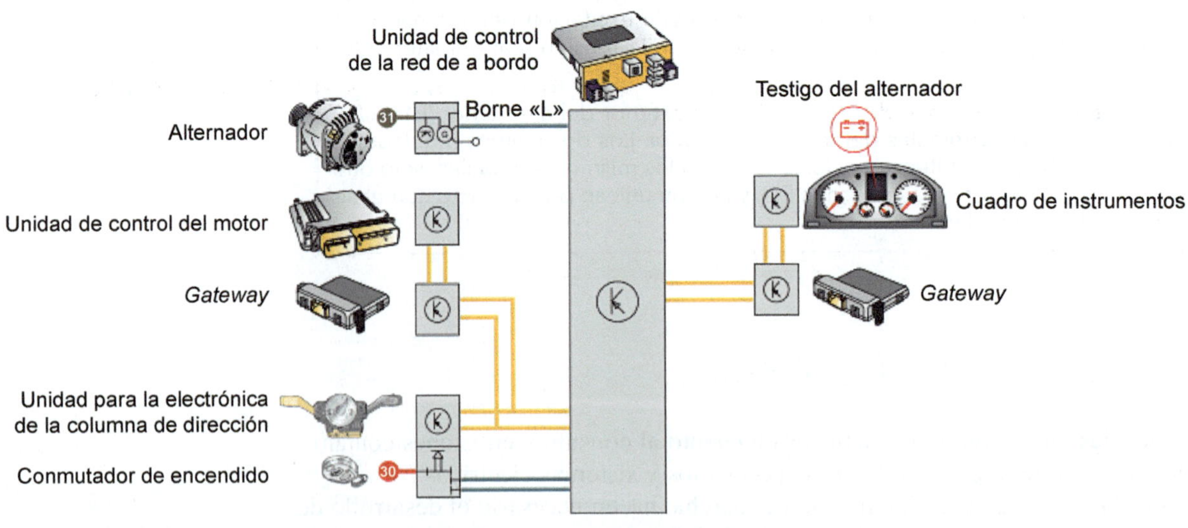


Figura 9.39. Alternador con información de carga.

## Alternadores pilotados

Los alternadores pilotados gestionan la carga del alternador según la resistencia al motor, para aprovechar la energía de frenada. Debido al pilotaje se pueden observar diferentes niveles de tensión en carga dependiendo del funcionamiento y cargas del motor, por lo que se distingue si se está acelerando, desacelerando o está con cargas parciales.

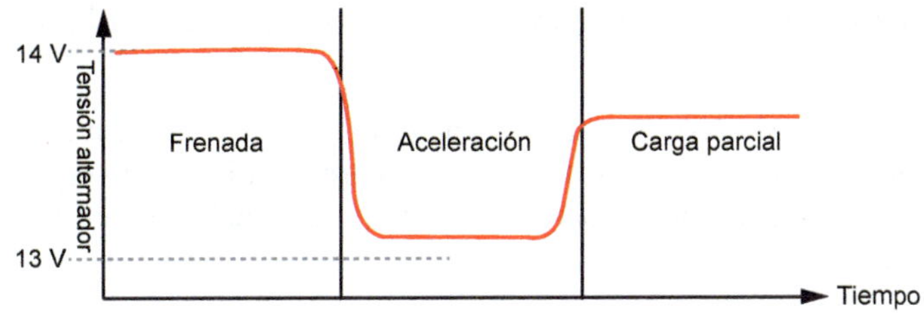


**Figura 9.40.** Estados de carga del alternador pilotado.

Cuando se produce una desaceleración es el mejor momento de generar la máxima corriente posible, por lo que el alternador aumenta al máximo el nivel de tensión y de generación de corriente provocando un freno de motor mayor, recuperando la energía de la frenada. En una aceleración se reduce la tensión de carga a un valor bajo, se disminuye la corriente de carga y se reduce el par resistente, con lo que el motor necesitará menos combustible para obtener el par requerido por el conductor. En situaciones normales o estacionarias, el nivel de tensión se lleva a un valor intermedio, normalmente de 13,5 V, para que el alternador genere la suficiente corriente para mantener el funcionamiento de los consumidores del vehículo.

Además disponen de un sensor de carga ubicado cerca del borne negativo de la batería (Figura 8.32). Este se encarga de informar a la unidad que gestiona el sistema de la tensión de la temperatura y del estado de carga de la batería, además de la cantidad de corriente que pasa y en qué dirección.

Tanto el sensor de carga como el alternador son unidades esclavas que mandan información tanto del estado de carga de la batería como del alternador; lo normal es encontrar esta gestión en la unidad del motor o en alguna unidad de alimentación, según el fabricante.

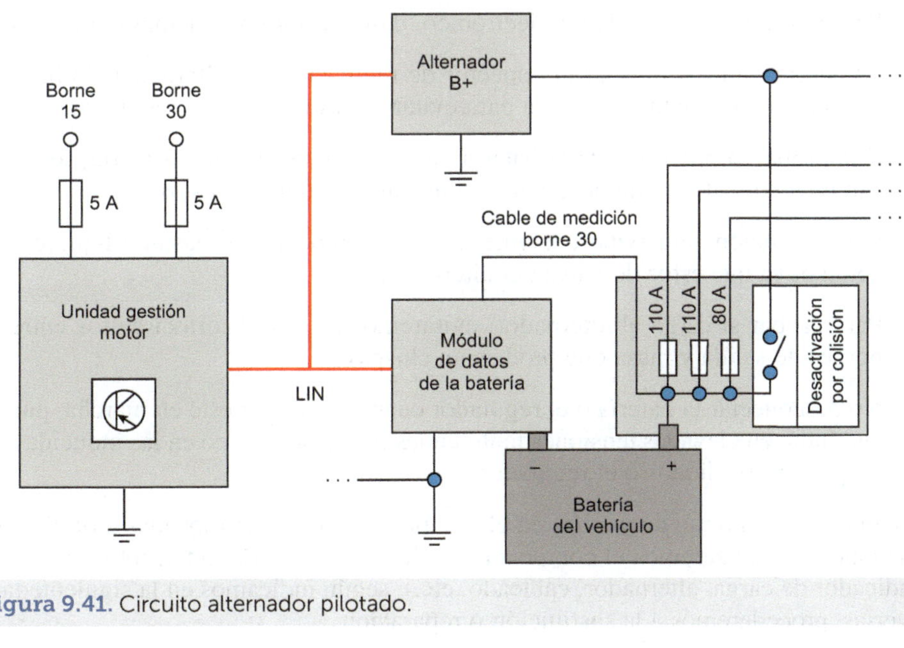


**Figura 9.41.** Circuito alternador pilotado.

ACTIVIDAD
**Propuesta 9.16**

En el esquema funcional del Apartado 3.3 de la Unidad 3, ¿qué tipo de regulador se emplea?

## 9.5. Comprobación del circuito de carga

Como el circuito de carga está diseñado de acuerdo con la duración media del vehículo, se interviene solo en él cuando se detecta una anomalía o necesita mantenimiento correctivo.

El alternador está situado en la parte delantera del bloque motor, arrastrado por la correa de accesorios junto el compresor del aire acondicionado, la bomba de la dirección asistida, etcétera.

En caso de avería, primero se realizará una comprobación directa sobre el vehículo. Si la avería es del alternador, se sustituirá este o se reparará, como veremos a continuación. Una vez reparado, se comprobará en el banco de pruebas antes de volver a montarlo en el vehículo.

### 9.5.1. Comprobación directa en el vehículo

Para comprobar el funcionamiento del circuito de carga en el vehículo se conecta un voltímetro entre los bornes de la batería y un amperímetro (pinza amperimétrica) entre el alternador y la batería.

Con todos los servicios desconectados, se acciona la llave de contacto sin arrancar el motor y se comprueba que la lámpara testigo se enciende.

Arrancamos el motor y comprobamos cómo la lámpara testigo se apaga, iniciándose la carga y aumentando la tensión hasta la de regulación, de unos 14 V. El amperímetro debe acusar una carga de varios amperios, dependiendo del estado de la batería. Subimos lentamente la velocidad del motor y vemos cómo la tensión se mantiene (regulador en buen estado). Conectamos los distintos servicios hasta alcanzar una corriente por encima de los 20 amperios y observamos cómo la tensión bajará, como mucho 250 mV.

Cuando vayamos a realizar cualquier tipo de intervención en el alternador, sobre el vehículo, deberemos tomar las siguientes precauciones:

1. Desconectar la batería por el borne negativo para evitar cortocircuitos.
2. Para desmontar un regulador electrónico, desconectaremos siempre la batería.
3. Al desconectar o conectar el conector de regulación del alternador, lo haremos siempre con el contacto quitado para evitar la destrucción del regulador.
4. Comprobar la polaridad de la batería cuando se conecte; de invertirla, se polarizan directamente los diodos, con la consiguiente rotura de estos.
5. Poner atención para evitar cualquier penetración de aceite, gasoil o líquido refrigerante, ya que estos destruyen el alternador.
6. Para probar si carga el alternador, evitaremos provocar cortocircuitos entre los bornes de salida y masa que produzcan chispas.
7. No desconectar la batería o el regulador cuando el motor esté en marcha, pues se autoinducen elevadas tensiones tanto en las inductoras como en las inducidas que deterioran los diodos o el regulador.

Figura 9.42. Comprobación sobre el vehículo.

Cuando se produzcan anomalías en el circuito de carga, haremos una serie de comprobaciones y localizaremos el componente defectuoso (batería, interruptor de contacto, indicador de carga, alternador, cableado, etc.); según indicamos en la siguiente tabla de averías, procederemos a la sustitución o reparación.

**Tabla 9.1. Averías del circuito de carga**

| Síntomas | Causas posibles | Pruebas a realizar | Remedios |
|---|---|---|---|
| **La luz testigo de carga no se enciende con el motor parado y el contacto dado.** | Lámpara fundida. | Desconectar el cable de excitación, ponerlo a masa con el contacto dado. | Si no luce, sustituir la lámpara. |
| | Batería descargada o desconectada. | Verificar con el densímetro. Comprobar caídas de tensión entre los bornes de la batería y el de masa con el arranque en marcha. | Cargar la batería o limpiar los bornes y terminales, apretar tornillos, etcétera. |
| | Circuito de preexcitación interrumpido. | Comprobar que llega corriente a algún receptor que se alimente de contacto o la continuidad del circuito de preexcitación. | Sustituir el bombín, el cable o conectar los terminales. |
| | Regulador defectuoso. | Hacer la prueba de la luz testigo sobre el vehículo (Apartado 9.5.2). Si no funciona, comprobar que la unión alternador-regulador es correcta. | Apretar los tornillos o sustituir el regulador. |
| **Luz testigo de carga encendida aun con el motor en marcha.** | Correa de arrastre rota o destensada. | Inspeccionar la correa y su tensado. | Sustituirla o tensarla. |
| | Derivación a masa entre la lámpara y el terminal de excitación. | Desconectar el terminal de excitación, si sigue encendida. | Solventar la derivación a masa. |
| | Ralentí bajo. | Si se apaga al acelerar. | Subir el ralentí. |
| | Tensión de regulación excesiva, supera los 14,7 V con el motor frío y los 14,4 V en caliente. | Se enciende la luz testigo de carga y se aprecia un olor fétido o ácido. | Sustituir el regulador. |
| **La batería no se carga con la suficiente rapidez o pierde carga con el tiempo.** | La correa de arrastre patina y produce un chirrido característico. | Inspeccionar la correa. | Tensarla o sustituirla. |
| | Cortocircuito en la instalación eléctrica o algún componente. | Medir la corriente de la batería (borne positivo) asegurándose de que todos los mandos e interruptores están en posición de reposo; el consumo permanente no será superior a 60 mA. | Localizar y reparar el cortocircuito. |
| | Conductores del circuito de carga cortados o sueltos. | Comprobar las caídas de tensión en el circuito de carga con el motor en marcha y muchos consumidores funcionando. | Limpiar los bornes y apretar los tornillos y terminales. |
| | Mal estado de la batería. | Comprobar el estado de la batería (Apartado 7.4.2). | Cargarla o sustituirla. |
| | Mal estado del regulador o las escobillas. | Comprobar el regulador (Apartado 9.5.2) y el estado de sus conexiones. | Mejorar los contactos o sustituir el regulador. |
| **Testigo de carga encendido con el motor parado y sin darle al contacto.** | Uno de los diodos positivos de la placa se encuentra en cortocircuito. | ——— | Sustituir el puente de diodos. |

**Figura 9.44.** Tensado del alternador.

ACTIVIDAD **Propuesta 9.17**

Indica entre qué dos puntos tendríamos que poner las pinzas del voltímetro, amperímetro o lámpara de pruebas para realizar cada una de las pruebas de la tabla anterior (Figura 9.43).

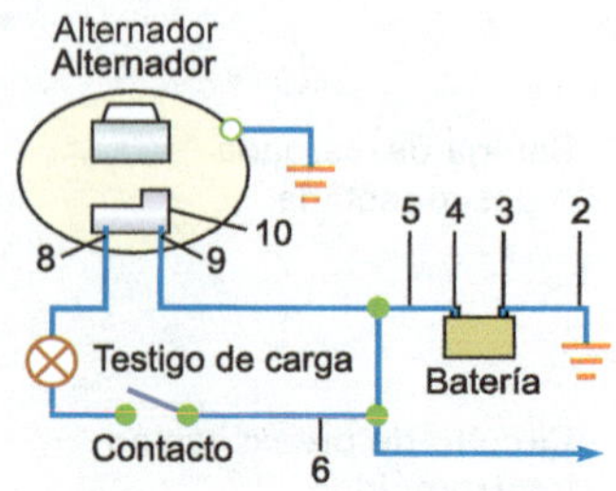


**Figura 9.43.**

ACTIVIDAD **Propuesta 9.18**

De las posibles causas de la tabla anterior, ¿cuáles no afectarían a los alternadores con regulador multifunción? ¿Por qué? (Véase Actividad Investiga 4).

## 9.5.2. Reparación del alternador

Una vez comprobado en el vehículo si el circuito y el regulador están en buen estado, en caso de que este sea accesible, se procede a la extracción del alternador, su desmontaje y la comprobación rigurosa de cada una de sus partes.

### Extracción del alternador del vehículo

Normalmente se fija mediante dos agujeros pasantes. Por el más alargado, B (Figura 9.44), bascula el alternador sobre el bloque motor, para tensar la correa, y por el más corto, A, se sujeta el alternador al bloque, una vez tensada la correa. Otras veces, cuando la correa se tensa con un rodillo tensor, los dos tornillos van fijos.

Para el desmontaje del alternador se procederá como sigue:

1. Desconectar la batería, a fin de evitar que se produzcan cortocircuitos.
2. Desmontar los elementos anexos que impiden su accesibilidad (la tapa superior o inferior del motor, guarnecido del paso de rueda, etcétera).
3. Soltar las conexiones eléctricas que llegan al alternador, marcando cada una de ellas si van sueltos, es decir, si no van en un conector común.
4. Quitar la correa de arrastre del alternador, venciendo al rodillo tensor o basculando el alternador, una vez que estén aflojados sus tornillos de fijación.
5. Proceder a montarlo a la inversa.
6. Tensar la correa a la tensión recomendada (con tensiómetro a 40 dN/tramo, o según la Figura 9.45).
7. Una vez montado el alternador realizar las pruebas de comprobación sobre el vehículo (Apartado 9.5.1).

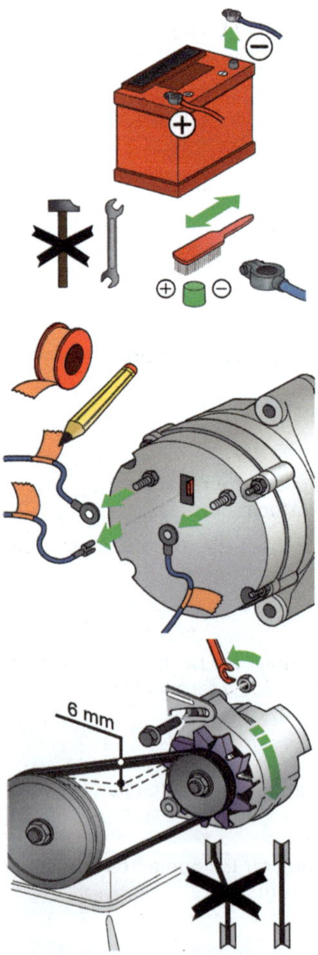


**Figura 9.45.** Montaje y desmontaje del alternador.

ACTIVIDAD **Propuesta 9.19**

Localiza en varios vehículos el alternador y comenta los pasos a seguir para su extracción.

## Desarmado del alternador

El orden a seguir en la operación de desarmado puede deducirse a partir de la Figura 9.46.

Figura 9.46. Desarmado del alternador compacto.

1. Quitar la carcasa de plástico (1) que está encajada en la carcasa de anillos rozantes por dos o tres tornillos.

2. Quitar el regulador (2) sujeto a la carcasa de anillos rozantes por dos o tres tornillos.

3. Sacar los cuatro espárragos (3) que unen entre sí las carcasas.

4. Separar la carcasa de accionamiento (4) unida al rotor (5), la polea (6) y los ventiladores (7), de la carcasa de anillos rozantes (8), unida al inducido (9) y a la placa de diodos (10). **De no haber quitado el regulador con las escobillas anteriormente, estas se romperían.**

5. Separar la placa de diodos del inducido (están unidas las tres fases del inducido a los tres nudos de entrada de la placa de diodos). Si están unidas con tornillos, se separarán a la vez de la carcasa de anillos rozantes. Si van soldadas, habrá que desoldarlas.

6. Separar la carcasa de anillos rozantes (8) de la placa de diodos (ya separada del inducido). Quitar los tres tornillos que unen a la carcasa de anillos rozantes con la placa

No es conveniente separar el rotor de la polea, el ventilador y la carcasa de accionamiento, ya que cualquier operación en el conjunto es arriesgada, debido a que este conjunto posee su equilibrado dinámico.

**Recuerda que...**

El regulador con las escobillas es lo primero que hay que quitar en el desarmado y lo último que hay que poner en el armado. De esta forma, evitaremos que se rompan las escobillas.

de diodos; si estos tornillos unen a la vez a la placa de diodos con el inducido estarán aislados eléctricamente de la carcasa mediante unos casquillos de plástico (presta atención para el posterior montaje). En el alternador de la Figura 9.46 los diodos negativos están integrados en la propia carcasa, haciendo esta de disipador.

7. Quitar la tuerca de fijación de la polea al eje del inductor (5) y separarlos entre sí (van acoplados a presión y con chaveta).
8. Separar la carcasa de accionamiento del eje del rotor.

Una vez despiezado el alternador, limpiar todos los componentes con una brocha y gasolina o disolvente. Y con un trapo humedecido en gasolina, los bobinados y las gomas, evitando que se cuarteen o pierdan el barniz aislante, y secar después con aire a presión.

## Comprobación de los elementos del alternador

A continuación, se procederá a la comprobación de cada una de las piezas, tanto en su parte mecánica como eléctrica. En cuanto a las partes mecánicas, deberán seguirse las mismas pautas reseñadas para el motor de arranque, es decir, debe comprobarse que no existen grietas, deformaciones, ni roturas, y que los elementos giratorios se mueven libremente, sin agarrotamientos ni holguras.

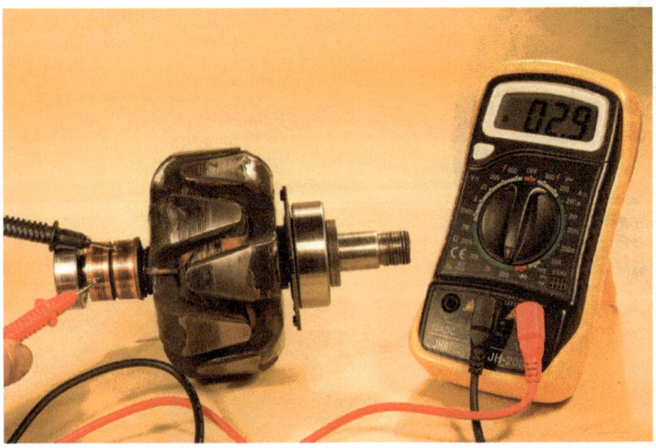

**Figura 9.47.** Prueba de continuidad.

**Figura 9.48.** Prueba de derivación a masa.

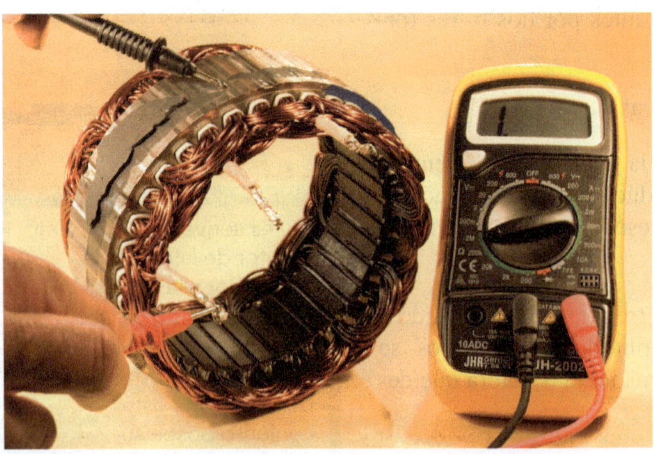

**Figura 9.49** Prueba de derivación a masa del estátor.

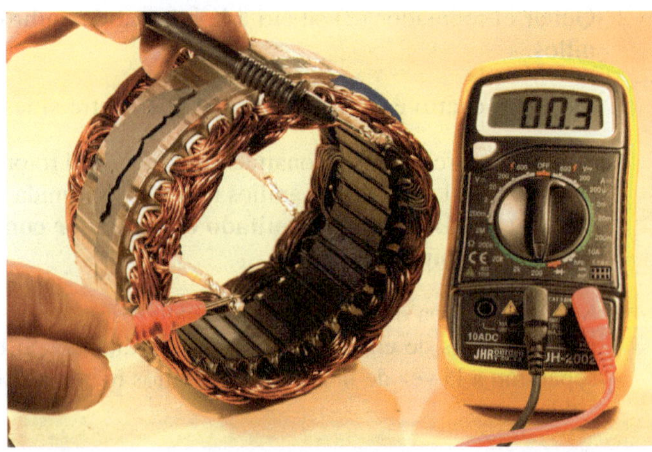

**Figura 9.50.** Prueba de continuidad.

Las verificaciones eléctricas se realizan como se explica en los siguientes apartados.

## Comprobación del inductor o rotor

Hay que medir la resistencia de la bobina inductora y poner las pinzas en cada uno de los anillos rozantes, la cual debe coincidir con el valor facilitado por el fabricante (entre 2 y 6 Ω):

- Si el valor está por debajo del valor especificado, se deduce que existe cortocircuito en las espiras.
- Si es mayor del valor especificado, que hay alguna conexión defectuosa.
- Si es infinita, que está cortada en algún punto o fundida.

De darse alguno de estos casos, es conveniente sustituirla con todo el rotor completo, ya que es muy delicado el equilibrado dinámico en caso de ser manipulado.

También, con el polímetro, comprobar el aislamiento o derivación a masa de la bobina con respecto al rotor; estos tienen que estar aislados entre sí.

**Figura 9.51.** Portaescobillas con regulador.

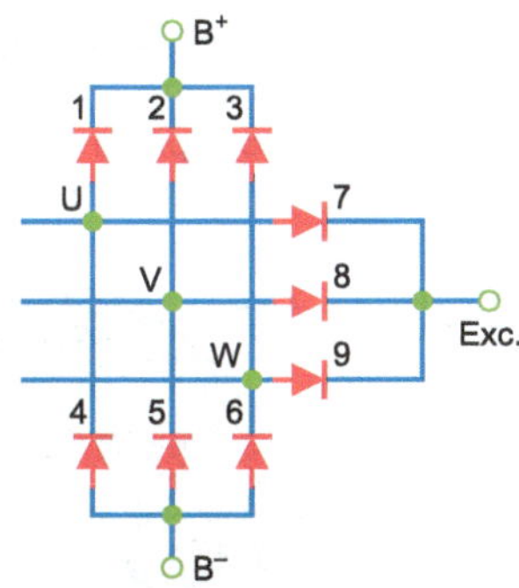


**Figura 9.52.** Placa de diodos con los terminales y diodos identificados.

## Comprobación del conjunto portaescobillas

Se comprobará que:

- Se deslizan suavemente sobre sus alojamientos.
- Asientan perfectamente sobre los anillos rozantes.
- No están muy desgastadas.
- La longitud sea, como mínimo, de 10 mm.
- La tensión de los muelles sea suficiente.

## Comprobación del estátor

Con el polímetro, comprobaremos que las bobinas están eléctricamente aisladas de la carcasa; una pinza en la carcasa y la otra en cualquiera de las tres fases (derivación a masa).

Mediremos la resistencia entre cada dos fases de las tres fases; según todas las combinaciones las tres combinaciones deben ser idénticas (continuidad).

**ACTIVIDAD Propuesta 9.20**

Una forma muy rápida de comprobar el conexionado en estrella o en triángulo de cualquier máquina trifásica, motor o generador, es medir la resistencia entre cada una de sus tres fases. ¿Qué pasaría si alguna de las bobinas estuviera en circuito abierto o cortocircuitada? Haz el esquema para cada uno de los casos y razona la respuesta.

## Comprobación de la placa de diodos

Con la placa separada de las tres fases del inducido se identifica cada uno de los terminales y diodos (Apartado 9.1.4).

- Los tres terminales de entrada, si están soldados al inducido, hay que desoldarlos.
- Los tres terminales de salida: el $B^+$, $B^-$ y Exc.
- Los tres diodos de potencia positivos: 1, 2 y 3.
- Los tres diodos de potencia negativos: 4, 5 y 6.
- Y los tres diodos de excitación: 7, 8 y 9.

Una vez identificados los terminales y los diodos, se comprueba cada uno por separado con el polímetro en la posición test diodo o con la lámpara en serie. (Véanse Apartado 4.2.1 y Actividades resuelta 4.6 y propuesta 4.15 de la Unidad 4).

Para comprobar el diodo 1 pinchamos entre (U y $B^+$) directa e inversamente. Lo mismo se hace con el 2 entre ($B^+$ y V) y con el 3 entre (W y $B^+$).

Para comprobar los negativos de potencia (4, 5 y 6), polarizamos directa e inversamente entre ($B^-$-U), ($B^-$-V) y ($B^-$-W), respectivamente. Para los tres de excitación (7, 8 y 9), polarizamos directa e indirectamente entre (U-Exc.), (V-Exc.) y (W-Exc.) respectivamente.

Polarizados directamente tienen que conducir, de no hacerlo diremos que están **perforados.** Polarizados indirectamente no tienen que conducir; de hacerlo, decimos que están **cortocircuitados.**

En caso de que algún diodo esté perforado o cortocircuitado, deberá sustituirse o cambiar la placa completa si no son desmontables, como suele suceder.

## ACTIVIDAD **Resuelta 9.4**

Dada la primera placa de diodos de la figura siguiente, por las dos caras, identifica cada uno de sus terminales y los diodos que hay entre ellos y explica cómo comprobarlos.

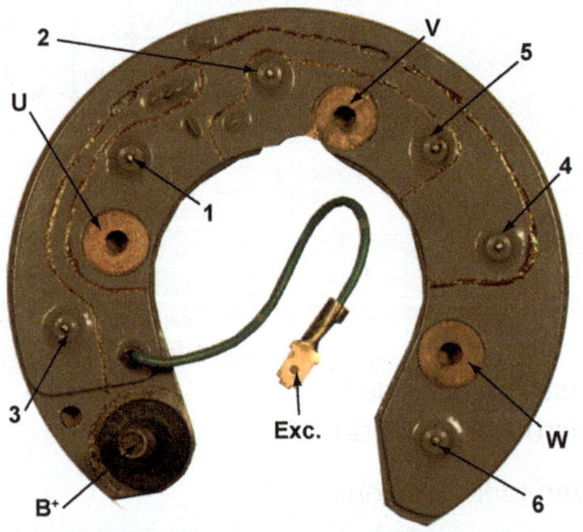


**Figura 9.53.** Placa de diodos n.° 1 vista por un lado.

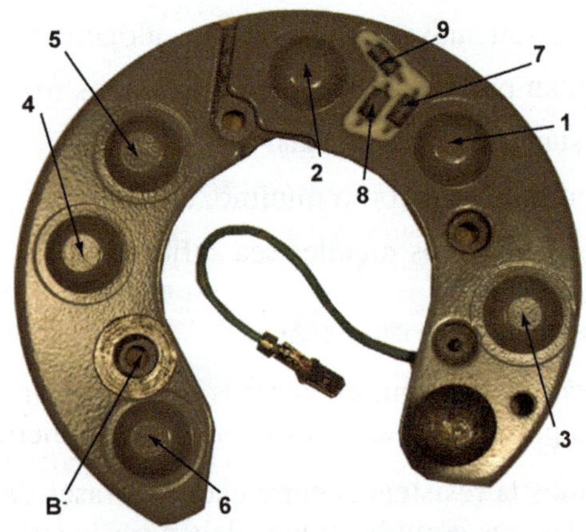


**Figura 9.54.** Placa de diodos n.° 1 vista por el lado contrario.

**Solución**

1. Marcamos los nudos de entrada de cada una de las fases del inducido como U, V y W, y vemos cómo cada uno de ellos tiene un contorno o pista conductora aislada de las demás. En cada una de estas pistas, además del nudo de entrada, hay dos diodos de potencia (uno a cada lado del nudo) y otro más pequeño, que son: un diodo de potencia positivo, otro de potencia negativo y el de excitación, como vimos en la Figura 9.50 de la placa de diodos.
2. Identificamos los terminales de salida de la placa ($B^+$, $B^-$ y Exc.), a los que, como vemos en el esquema, les llegan tres diodos a cada uno.
   a) Exc. Está en una pista donde llegan tres diodos pequeños de excitación y de donde sale el cable que comunica con el regulador.
   b) $B^+$ está en una punta de la placa, cuyos diodos de potencia de esa media mitad son positivos y sale a través de un tornillo aislado de la carcasa por un casquillo.
   c) $B^-$ está en la otra punta de la placa, cuyos diodos de potencia de esa media mitad son negativos.
3. Identificamos en la placa a cada uno de sus diodos que se correspondan con sus correspondientes nudos, según el esquema (1, 2, ... y 9).
4. Hacemos las comprobaciones como hicimos sobre el esquema de la placa anterior.

ACTIVIDAD **Propuesta 9.21**

Coge una placa de diodos. Haz un dibujo por sus dos caras. Identifica cada uno de sus terminales: tres de entrada, dos de salida y el de excitación. Determina los diodos y explica entre qué dos terminales comprobarías cada uno de ellos.

## Comprobación del regulador

Aunque de aspecto y formas muy variados, según el funcionamiento se pueden distinguir dos tipos de reguladores: los monofunción y los multifunción.

Se pueden realizar una serie de pruebas estándar para todos los reguladores, que, en definitiva, se reducen a tres:

1. Prueba del diodo de protección o diodo en paralelo.

2. Prueba de la corriente de excitación.

3. Prueba de la luz testigo de carga.

Para su realización, necesitamos identificar los terminales del regulador y la función de cada uno de ellos (Figura 9.35), conocer el esquema de montaje (según el fabricante), o ver cómo encaja en el alternador. Además, necesitaremos una fuente de alimentación de tensión regulable que simule el alternador (entre 0 y algo más de la tensión del regulador), una batería y la lámpara que simule la luz de control (entre 1,2 y 2 W).

## Reguladores monofunción

Visto cómo funcionan los reguladores sencillos, sabemos que tiene dos terminales, además de las escobillas, Exc. o $D^+$ y 31 o $D^-$. Tanto uno como otro suelen comunicar con el alternador por contacto, al acoplarse, por lo que es conveniente ver cómo encajan y distinguir cada uno de ellos. El regulador se reduce a una caja negra con sus correspondientes terminales.

1. **Diodo de protección:** sabemos que hay un diodo de extinción o protección interno, entre las dos escobillas. Si pinchamos una lámpara en serie en cada una de las escobillas y luce, estará polarizado directamente, y si no, lo estará inversamente.

2. **Corriente de excitación:** con una fuente regulable damos corriente al positivo, cerramos a masa y alimentamos una lámpara a través de las escobillas. La lámpara lucirá (corriente de excitación conectada) cuando la tensión de la fuente esté por debajo de la tensión de regulación y se apagará (corriente de excitación desconectada) cuando esté por encima.

3. **Luz indicadora de carga:** partiendo del circuito anterior, con la fuente regulable a 0 voltios (motor parado) conectamos la lámpara de 2 vatios a una batería entre corriente y D+ (contacto dado), esta lucirá y la de excitación. El motor arranca; va aumentando la tensión de la fuente (alternador cargando) y va disminuyendo la corriente de la lámpara testigo, hasta que llega a la máxima que se termina apagando con la de excitación.

Si bajamos la tensión de la fuente por debajo de la de regulación, la lámpara de excitación vuelve a encenderse y si sube, se apaga otra vez; así, sucesivamente.

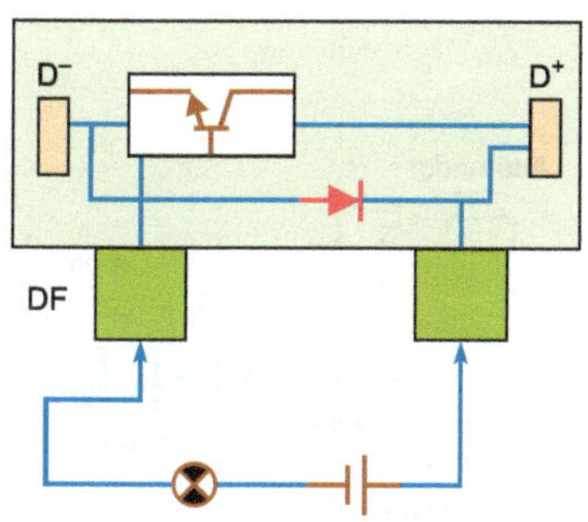


**Figura 9.55.** Prueba del diodo de protección.

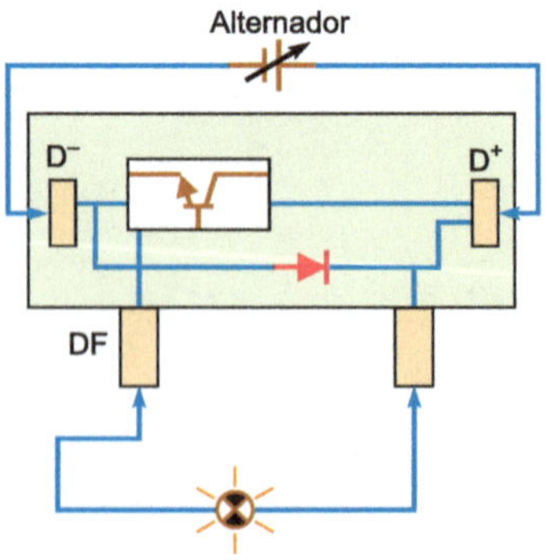


Figura 9.56. Prueba de la corriente de excitación.

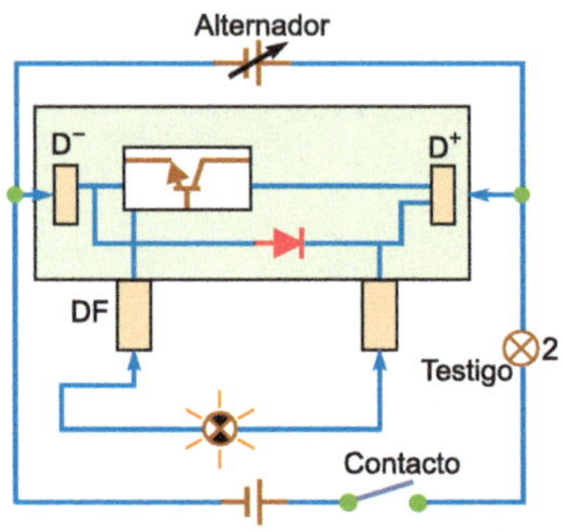


Figura 9.57. Prueba de la lámpara testigo.

## ACTIVIDAD Propuesta 9.22

Basándote en el funcionamiento de un regulador multifunción, describe cada una de las pruebas, según los siguientes esquemas:

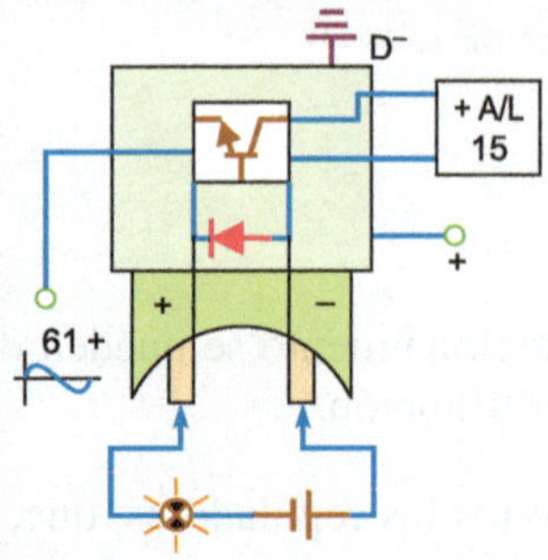


Figura 9.58. Prueba de la corriente de excitación.

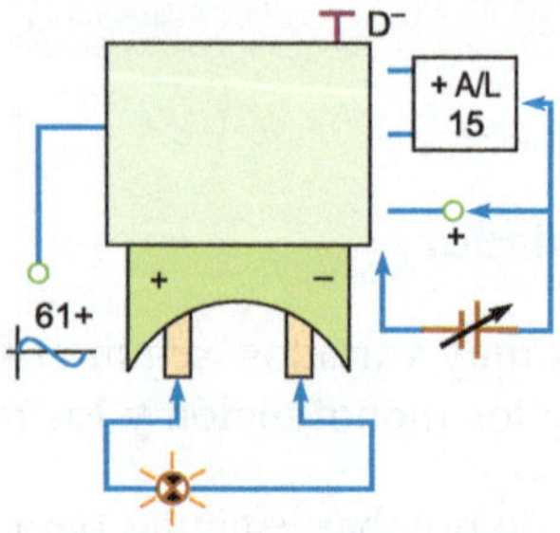


Figura 9.59. Prueba de la lámpara testigo.

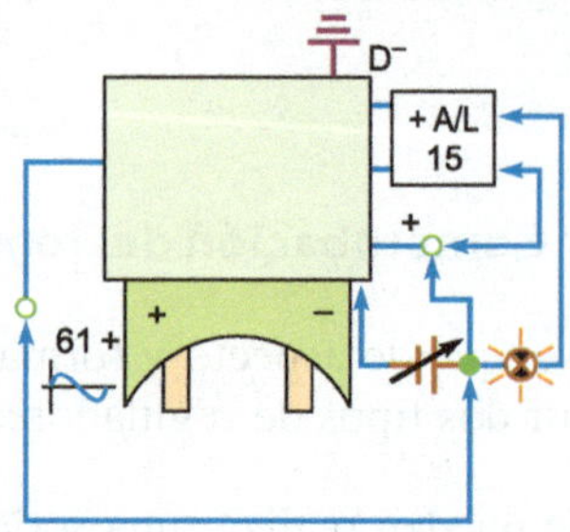


Figura 9.60. Prueba del diodo de protección.

A considerar:

- El terminal 61⁺ equivale al W y sirve para detectar si está o no funcionando el motor o que el alternador carga. (Normalmente le llega una señal alterna de alguno de los nudos, antes de la placa de diodos. Nosotros lo simulamos con corriente directa y es el mismo efecto.)
- A/L después de contacto a través de la lámpara indicadora de carga.
- 15 después de contacto.
- + o 30 directo de batería (a través del propio alternador).

**Nota:** en este tipo de reguladores la lámpara de control se enciende lo mismo cuando existe un exceso de tensión como cuando hay defecto.

## 9.6. Comprobación del alternador en el banco de pruebas

Como con el motor de arranque, una vez reparado el alternador, se fija en el banco eléctrico con los complementos adecuados. Se acopla la tuerca de la polea del alternador con una llave de vaso a un adaptador que encaja en la rueda de arrastre del motor del banco.

A continuación, se asienta el alternador sobre la plataforma en «V» y se amarra a ella. Se ajusta su posición vertical y horizontal con el fin de alinear los ejes del motor de arrastre del banco con el del alternador y conseguir una transmisión segura y silenciosa, es decir, sin vibraciones.

Se efectúa la conexión correspondiente, según el tipo de regulador, intercalando en el circuito principal un amperímetro (con una escala adecuada, hasta unos 200 A), un voltímetro y un reóstato, integrado en el banco, que nos simulará la carga en el circuito, como indica la Figura 9.61.

Las pruebas de funcionamiento consisten en obtener los valores de tensión y corriente, de acuerdo con los datos suministrados por el fabricante, y actuaremos como sigue:

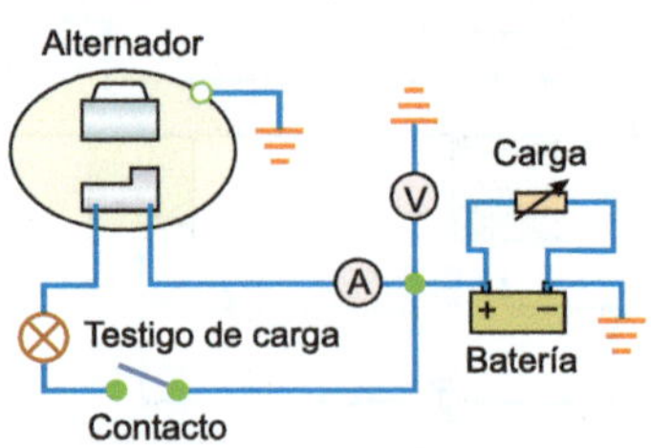


Figura 9.61. Esquema de pruebas en el banco.

- Cerramos el interruptor del contacto y comprobamos si la lámpara indicadora de carga se enciende (potencia de la lámpara de unos 2 W).
- Hacemos girar al alternador lentamente hasta unas 800 o 900 r. p. m. y observamos cómo la lámpara indicadora de carga se ha apagado, la tensión en el voltímetro indica 14 voltios y empieza a cargarse la batería como indica el amperímetro.
- Se hace girar al alternador a 2000, 4000 y 6000 r. p. m. de forma sucesiva, comprobando que la tensión se mantiene y la corriente de carga correspondiente a esas revoluciones se corresponde con las aportadas por el fabricante, aumentando la carga con el reóstato (Tabla 9.2).

Tabla 9.2. **Valeo SG 12 B017 (12 V)**

| r. p. m. | Intensidad |
|---|---|
| 800 | 64 |
| 2000 | 81 |
| 4000 | 118 |
| 6000 | 123 |

## 9.7. Características de los alternadores

Según los márgenes de potencia, las condiciones de aplicación y los motores de propulsión se han desarrollado distintas versiones de alternadores. Para la selección de los alternadores son determinantes los siguientes parámetros:

- Tipo de vehículo, condiciones de servicio.
- Margen de revoluciones del motor de combustión correspondiente.
- Tensión de la batería del vehículo.
- Demanda de corriente de los posibles consumidores.
- Vida útil previsible.
- Condiciones de montaje o fijación, dimensiones, correa de arrastre, sentido de giro, dimensiones de la polea o relación de la transmisión, conexiones eléctricas, etcétera.

Figura 9.62. Comprobador del alternador en el banco de pruebas.

La relación de la transmisión consiste en una multiplicación entre 1:2 y 1:3 para los turismos y de unos 1:5 para los vehículos industriales.

El sentido de giro no influye en la polaridad del alternador: es eléctricamente indiferente. Sin embargo, para una buena ventilación el giro se hará en el sentido en el que las aletas expulsen el aire, haciendo vacío; normalmente viene indicado con una flecha en la polea.

### 9.7.1. Curvas características

Las curvas características representan el comportamiento típico de un alternador a distinta velocidad de giro. Representan la potencia de accionamiento y la corriente del alternador en función de la velocidad de rotación.

La **curva de corriente** representa a la corriente máxima que puede generar el alternador para cada régimen de giro, siempre a una tensión constante de unos 14 voltios.

En esta curva distinguimos los siguientes puntos:

- Velocidad mínima $n_0$ (aproximadamente 1000 r. p. m.). El alternador alcanza la tensión nominal (14 V) sin suministrar corriente.
- Velocidad con el motor a ralentí $n_L$. En la curva aparece como una franja, ya que el valor exacto depende de la relación de multiplicación (entre 1500 y 1800 r. p. m.). A este régimen, el alternador debe garantizar el suministro de corriente $I_L$ a los consumidores de conexión permanente o prolongada.
- Velocidad de rotación nominal $n_N$ (corresponde a las 6000 r. p. m. del alternador). El alternador entrega la corriente nominal $I_N$, que deberá ser superior a la corriente conjunta de todos los consumidores.

- Velocidad de rotación máxima $n_{máx}$ (entre las 15000 y 20000 r. p. m.). Es la velocidad máxima a la que puede girar el alternador, a la cual entrega su corriente máxima, $I_{máx}$.

La **curva de potencia de accionamiento** representa la potencia mecánica o de arrastre que necesita el alternador para generar la corriente máxima a cada uno de los regímenes de giro. Se trata de la potencia que resta el alternador al motor alternativo. Con esta potencia y la potencia eléctrica desarrollada por el alternador podemos determinar el rendimiento de este en cualquier régimen de giro.

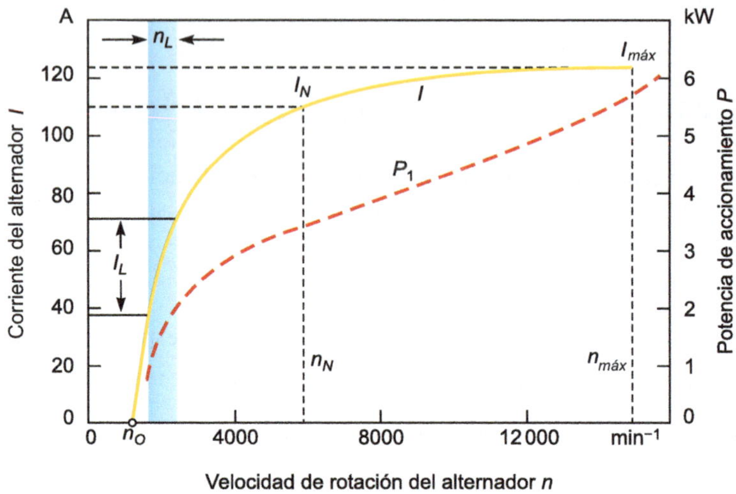


**Figura 9.63** Curva característica de un alternador.

## ACTIVIDAD Resuelta 9.5

Calcula el rendimiento del alternador, cuya curva característica se corresponde con la anterior, cuando trabaja con el régimen y la corriente nominal.

**Solución**

Como vimos en el Apartado 8.6.1, llamamos **rendimiento** de cualquier máquina a la relación entre la potencia útil o desarrollada y la potencia absorbida o consumida.

$$\mu = \frac{\text{potencia útil}}{\text{potencia absorbida}}$$

Como siempre, la potencia desarrollada por el alternador en cualquier situación es menor que la potencia de accionamiento, ya que parte de esta se pierde por el rozamiento mecánico, la resistencia eléctrica, las pérdidas magnéticas, etcétera.

- La potencia de accionamiento se obtiene directamente de la curva característica a 6000 r. p. m.; $P_{acciona.} = 3500$ W.
- Sabemos que la potencia eléctrica desarrollada es $P_{desarr} = I \times V$.

Donde:

$V$ = Constantes a cualquier régimen = 14 V.

$I$ (a 6000 r. p. m.) = 110 A.

$P_{desarr} = 14\ \text{V} \times 110\ \text{A} = 1540\ \text{W}$.

Y el rendimiento nos queda:

$$\mu = \frac{\text{potencia útil}}{\text{potencia absorbida}} = \frac{1540\ \text{W}}{3500\ \text{W}} = 0{,}44 \rightarrow 44\ \%$$

De cada 100 vatios que entrega el motor alternativo al alternador, salen solo 44 vatios en forma de electricidad.

ACTIVIDAD **Propuesta 9.23**

¿Por qué crees que es indiferente el sentido de giro con la polaridad de la corriente generada por un alternador? Razona la respuesta.

ACTIVIDAD **Propuesta 9.24**

Con distintos tipos de alternadores en la mano, según la forma de las aletas del ventilador, deduce el sentido de giro y comprueba que se corresponde con la flecha de sentido de giro, si la lleva.

ACTIVIDAD **Propuesta 9.25**

Si el alternador de la curva característica anterior tiene una multiplicación de 1:2,5, calcula las revoluciones del motor alternativo para cada régimen del alternador que aparece en la curva.

ACTIVIDAD **Propuesta 9.26**

Calcula el rendimiento del alternador cuya curva característica se corresponde con la anterior, cuando trabaja con la corriente máxima a los regímenes de velocidad mínima, de ralentí y máxima.

## 9.7.2. Asignación del alternador para un vehículo

A la hora de decidirse por el tipo de alternador que se debería instalar en un vehículo, el fabricante considerará la potencia del alternador, la capacidad de la batería y el consumo del motor de arranque y demás consumidores eléctricos, con lo que se establece un equilibrio entre estas variables que garantice el correcto funcionamiento del conjunto.

En la unidad anterior sobre el circuito de arranque, vimos cómo el arranque condicionaba el dimensionado de la batería y en la tabla de la Actividad propuesta 8.21 se establece la relación entre las características de la batería y la potencia del motor de arranque.

Para decidir la potencia del alternador que garantice el suministro a todos los receptores, se considera la suma de la potencia de cada uno de estos multiplicada por un factor de simultaneidad, pues no todos los receptores suelen funcionar a la vez, con lo que se distinguen:

- Aparatos consumidores de conexión permanente o prolongada. Se consideran funcionando todos a la vez en condiciones desfavorables (factor de simultaneidad 1).
- Aparatos de conexión breve. Funcionan excepcionalmente (factor de simultaneidad inferior a 1, tanto más bajo cuanto más improbable es que funcionen).

Para cubrir la demanda de los aparatos de conexión permanente, incluso durante trayectos cortos a ralentí, la potencia del alternador a ralentí ($P_L = I_L \times V$) será superior a la suma de las potencias de cada uno de estos aparatos de conexión permanente ($P_{p1} + P_{p2} + ... + P_{pN}$) multiplicada por el factor 1,3 que garantice, además, una carga suficiente de la batería:

$$P_L = 1{,}3 \times (P_{p1} + P_{p2} + ... P_{pN})$$

La potencia nominal del alternador ($P_N = I_N \times V$) será igual a la suma de la potencia de los aparatos permanentes más la suma de las potencias de los aparatos de conexión breve por sus respectivos factores de simultaneidad:

$$P_N = (P_{p1} + P_{p2v} + ... + P_{pN}) + (P_{b1} \times f_1 + P_{b2} \times f_2 + ... + P_{bN} \times f_N)$$

**Sabías que...**

Tanto los vehículos híbridos como los eléctricos no tienen generador tal y como lo hemos visto hasta ahora. Los híbridos disponen de un motor-generador de gran potencia acoplado al cigüeñal del motor térmico.

## ACTIVIDAD Resuelta 9.6

Deduce el alternador que emplearíamos en un vehículo con los siguientes receptores y sus potencias respectivas:

| Aparatos de conexión permanente (factor de simultaneidad $f_N = 1)_N$ | Potencia $(P_p)$ W |
|---|---|
| Circuito de encendido | 20 |
| Electrobomba de combustible | 60 |
| Luz de posición | 16 |
| Luz de cruce | 110 |
| Luz de matrícula | 10 |
| Alumbrado del cuadro | 10 |
| Potencia de conexión permanente = $= P_{p1} + P_{p2} + \ldots + P_p = 226$ W | |

| Aparatos de conexión breve= 153,9 W | Potencia $(P_b)$ W | Factor de simultaneidad $(f_N)$ | Potencia computada $(P_b \times f_N)$ |
|---|---|---|---|
| Impulsor de calefacción | 80 | 0,5 | 40 |
| Luneta térmica | 120 | 0,5 | 60 |
| Limpiaparabrisas | 60 | 0,25 | 15 |
| Electroventilador | 200 | 0,1 | 20 |
| Luces de freno | 42 | 0,1 | 4,2 |
| Intermitentes | 42 | 0,1 | 4,2 |
| Faros antiniebla | 105 | 0,1 | 10,5 |
| Potencia conexión breve $= P_{b1} \times f_1 + P_{b2} \times f_2 + \ldots + P_{bN} \times f_N$ | | | |

**Solución**

Como vimos en el punto anterior:

- Potencia de ralentí:

$$P_L = 1{,}3 \times (P_{p1} + P_{p2} + \ldots P_{pN}) = 1{,}3 \times 226 \text{ (W)} = 293{,}8 \text{ (W)}$$

$$I_L = \frac{293{,}8 \text{ (W)}}{14 \text{ (W)}} = 21 \text{ (A)}$$

- Potencia nominal:

$$P_N = (P_{p1} + \ldots + P_{pN}) + (P_{b1} \times f_1 + \ldots + P_{bN} \times f_N) = 226 \text{ (W)} + 153{,}9 \text{ (W)} = 379{,}9 \text{ (W)}$$

$$I_N = \frac{379{,}9 \text{ (W)}}{14 \text{ (W)}} = 27 \text{ (A)}$$

Y para garantizar el suministro a todos los receptores anteriores emplearemos el alternador con corrientes características por encima de las anteriores.

## 9.8. Sistema *start&stop* con alternador-arranque o minihíbridos (tecnología StARS)

Con el sistema *start&stop* el motor se para durante las paradas al soltar el pedal del embrague en punto muerto y arranca automáticamente cuando se vuelve a pisar el embrague, para meter la primera y salir. Las paradas representan un 30 % del tiempo en la circulación urbana, permite un ahorro de energía del orden del 10 % y la consiguiente reducción de emisiones.

En el sistema que vimos en la Unidad 8 el arranque se produce con un motor de arranque convencional, accionado desde una centralita; lo fabrica Bosch y lo equipan BMW, Mini, Mercedes, Volvo, etcétera.

En otra modalidad (StARS), también muy extendida, que fabrica Valeo y monta Citroën, Peugeot y también Mercedes, etc., el arranque se produce por el propio alternador, que tiene la doble función de alternador y motor de arranque. El alternador-arranque se presenta bajo la forma de un alternador clásico que se coloca en el lugar del mismo, y accionado por la correa de accesorios reforzada. El mismo componente trabaja como alternador cargando a la batería en un régimen normal de funcionamiento o como motor durante las arrancadas.

Figura 9.64. Sistema StARS *(Cortesía de Valeo).*

**Sabías que...**

En este tipo de vehículos la bomba de la servodirección es eléctrica. Así, cuando el vehículo rueda con el motor parado sigue funcionando la servodirección con la energía de la batería.

En su función de arranque es mucho más silencioso y más rápido que el motor de arranque clásico de accionamiento por piñón, reduciendo la contaminación acústica en los semáforos y atascos y aumentando la confortabilidad del conductor.

Entre las funciones más importantes que tiene este sistema destacan, además de la función *start&stop*, al tener un acoplamiento continuo, las siguientes:

- Se comporta como motor en las aceleraciones, ayudando al motor alternativo en las aceleraciones (**función Green-Boost o turbo ecológico**).
- Durante las frenadas se comporta como generador o freno eléctrico, recuperando la energía de la deceleración (**freno recuperativo o KERS**).
- Además de pararse el motor cuando el vehículo se para, también lo hace cuando lo dejamos rodando en punto muerto a menos de 20 km/hora, actuando como freno motor, si frenamos, y recuperando la energía de la frenada.
- Cargar la batería y alimentar a los circuitos que estén funcionando en ese momento, durante el funcionamiento del motor térmico (**función alternador**).
- Arranca al motor (**función motor de arranque**).

Como alternador aporta una tensión de 12 V o 42 V, con una potencia de hasta 15 kW, frente a los 3,5 kW de un alternador convencional. Como motor de arranque desarrollan una potencia de 4 kW, el doble que con un motor de arranque convencional.

La energía que genera como alternador se emplea para cargar la batería, alimentar a los circuitos que estén funcionando en ese momento y cargar unos condensadores alojados en la UCE específica del sistema. Estos condensadores permiten la descarga de gran energía, en muy poco tiempo, que permite el arranque muy rápido y casi imperceptible y contribuye al confort por encima de todo.

Este sistema se compone de un alternador-arranque (4), una unidad de control electrónica (3), específica del sistema, que se interrelaciona con la UCE de gestión del motor (BSM), la batería (1) y los cables que los unen entre sí.

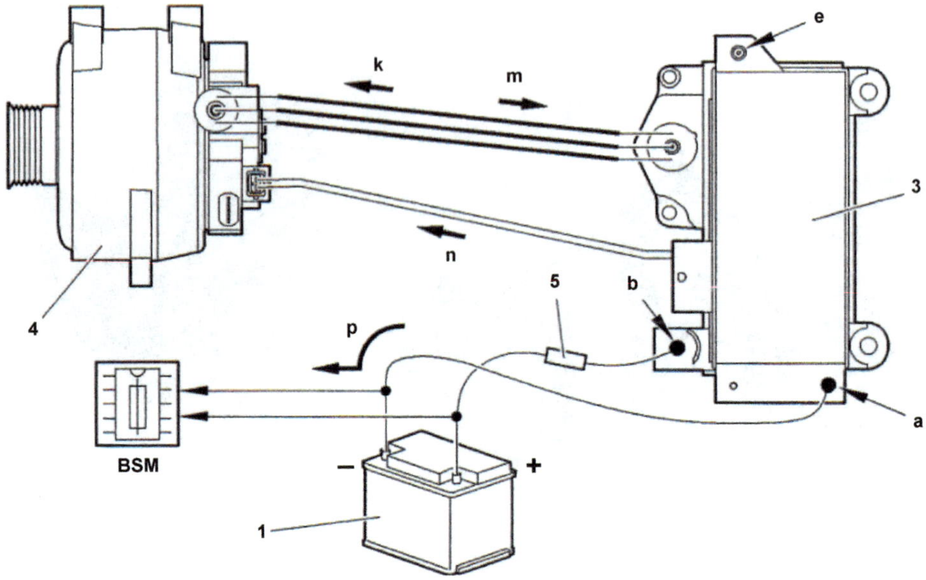


**Figura 9.65** Esquema funcional del sistema StARS.

De la centralita al alternador-arranque van:

- Tres cables de potencia con una doble función:
  - — Modo alternador (*m*): suministro de corriente alterna trifásica, al calculador.
  - — Modo motor de arranque (*k*): alimentación al estátor del alternador reversible con corriente alterna trifásica.
- Un conector con dos vías para la excitación del rotor del alternador reversible (función excitación del alternador «*n*»). Se produce por una señal RCO (véase Sabías que..., página 42) que manda el calculador al rotor, a través de las escobillas.
- Un conector con cinco vías para mandar la señal de los captadores de posición del rotor del alternador-arranque a la centralita. En el modo arranque la centralita debe conocer la posición exacta del rotor con respecto al estátor. En caso de defecto de uno o varios captadores de posición del rotor, el arranque es imposible.

  Las vías son dos para alimentación de los captadores (5 voltios) y las tres restantes para la señal de posición de cada una de las fases (U, V y W).

A las centralitas de arranque y gestión de motor van la alimentación de potencia (directa de batería «30») y las de control (después de contacto «15»). Además de otros cables para transmitir información como tensión y temperatura de la batería, solicitud de arranque, activación/desactivación del sistema, presión del manocontacto, asistencia de frenado, señal de la autorización de arranque «50», etcétera.

Con todo esto, como en el sistema accionado por un motor de arranque convencional (Apartado 8.3.3), este sistema *start&stop* es inteligente y se adapta a las distintas situaciones que puedan darse en cada momento.

**Sabías que...**

Tanto en los vehículos minihíbridos, como en los híbridos y eléctricos, el circuito eléctrico convencional funciona a 12 voltios (lámparas, centralitas, elevalunas, cierre...). Para ello disponen de una adaptador que transforma la corriente de tracción a 12 voltios.

# Síntesis

## COMPROBACIÓN DEL CIRCUITO DE CARGA

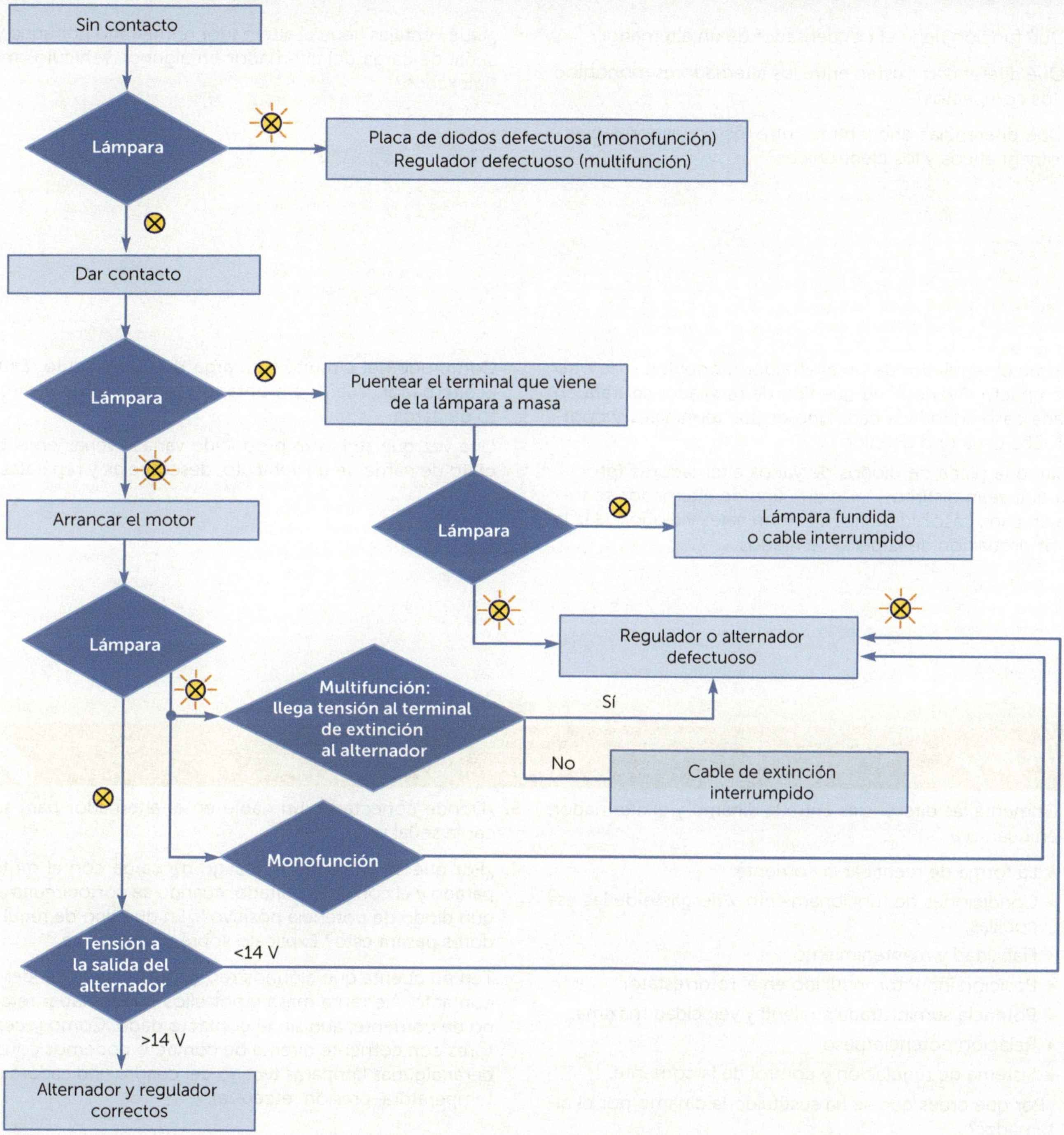

# Actividades finales

## Responde

1. ¿Qué función tiene el condensador de un alternador?
2. ¿Qué diferencias existen entre los alternadores monobloc y los compactos?
3. ¿Qué diferencias encuentras entre los reguladores electromagnéticos y los electrónicos?
4. ¿Qué ventajas tiene el alternador refrigerado por agua y la señal de carga del alternador en algunos vehículos multiplexados?

## Realiza

1. Extrae el regulador de un alternador monobloc y de otro compacto. Averigua de qué tipo de regulador se trata en cada caso, identifica cada uno de sus terminales y comprueba cada uno de ellos.
2. Extrae la placa de diodos de varios alternadores (procura que sean distintos). ¿De qué tipo de alternador se trata en cada caso? Identifica sus terminales y diodos. Haz la comprobación de la placa de diodos.
3. Comprueba el circuito de carga de un vehículo. Extrae el alternador. Vuelve a montarlo y a comprobar el circuito de carga.
4. Una vez que se hayan producido varias averías en el circuito de carga de un vehículo, descúbrelas y repáralas.

## Investiga

1. Comenta las diferencias entre la dinamo y el alternador, en cuanto a:
   - La forma de rectificar la corriente.
   - Condiciones de funcionamiento y desgaste de las escobillas.
   - Fiabilidad y mantenimiento.
   - Posición inductor/inducido en el rotor/estátor.
   - Potencia suministrada a ralentí y velocidad máxima.
   - Relación potencia/peso.
   - Sistema de regulación y control de la corriente.

   ¿Por qué crees que se ha sustituido la dinamo por el alternador?

   **Nota:** véase Unidad 6, Actividades resuelta 6.4 y propuesta 6.19.
2. ¿Qué diferencias hay entre la señal de excitación de las inductoras de un alternador normal y la de otro multiplexado?
3. ¿Dónde conectarías un cable en el alternador para sacar la señal *w*?
4. ¿Por qué se enciende el testigo de carga con el motor parado y el contacto quitado, cuando se cortocircuita algún diodo de potencia positivo? ¿En qué tipo de reguladores pasará esto? Explícalo sobre un esquema.

   Ten en cuenta que algunos receptores, tras encender el contacto, cierran a masa y por ellos puede haber retorno de corriente, aun sin el contacto dado. Como receptores con corriente directa de contacto podemos considerar algunas lámparas testigo del cuadro (indicadora de temperatura, presión, etcétera).

## Investiga

5. En algunos alternadores compactos cada uno de los terminales de las tres bobinas del estátor van a la placa de diodos. Hay un total de 6 nudos en ellas (observa la Figura 9.66 y compárala con la Figura 9.3).

   Si las bobinas están conectadas en estrella, ¿cómo distinguirías los tres nudos de los diodos de los otros tres restantes? ¿Cómo están conectados estos últimos entre sí?

**Figura 9.66.** Inducido con los terminales de las bobinas independientes.

6. Dada la siguiente placa de diodos de las Figuras 9.67 y 9.68, por las dos caras, identifica cada uno de sus terminales y los diodos que hay entre ellos y explica cómo comprobarlos (se trata de una placa de 9 diodos).

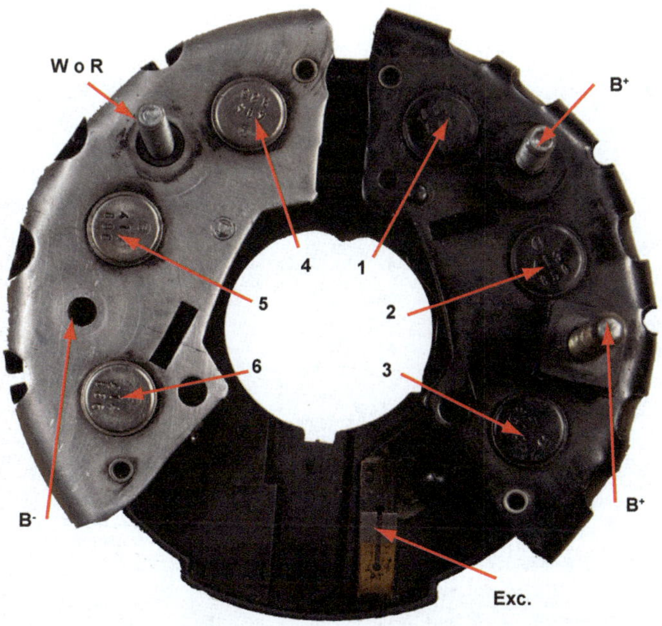


**Figura 9.67.** Placa de diodos n.° 1 vista por un lado.

**Figura 9.68.** Placa de diodos n.° 1 vista por el lado contrario.

**Nota:** para estos ejercicios es recomendable tener el alternador con la placa de diodos montada, en la mano. A la hora de separarlos ver qué puntos se comunican entre sí y con el regulador, por acople o tornillos. Identificar cada uno de esos puntos, según de la parte que vengan del alternador. Lo mismo haríamos cuando se trata de identificar los terminales de un regulador.

# 10 Los riesgos eléctricos en el taller de electromecánica. Prevención de riesgos laborales

La prevención de riesgos laborales se sostiene en una legislación clara y completa, que contempla las obligaciones y los derechos del empresario, el trabajador y las autoridades correspondientes en materia de seguridad y salud.

Pero además existen tres pilares básicos de la prevención de riesgos laborales:

- La formación.
- La información.
- La participación.

Estos tres factores hacen partícipes del proceso de implantar una cultura de prevención a la empresa, los trabajadores y la sociedad en general.

Autora: M.ª José Llanos López

# 10 Los riesgos eléctricos en el taller de electromecánica. Prevención de riesgos laborales

## ¿Sabes ...

... la normativa aplicable en materia de prevención de riesgos laborales?

... la importancia de la formación y la información para la seguridad laboral y protección medioambiental?

... qué normas de seguridad laboral y protección medioambiental debemos seguir en trabajos eléctricos en un taller de electromecánica?

... cómo evitar y actuar ante un accidente eléctrico?

## Contenidos

**10.1.** Conceptos básicos sobre prevención de riesgos laborales

**10.2.** Riesgos eléctricos

**10.3.** Prevención y extinción de incendios

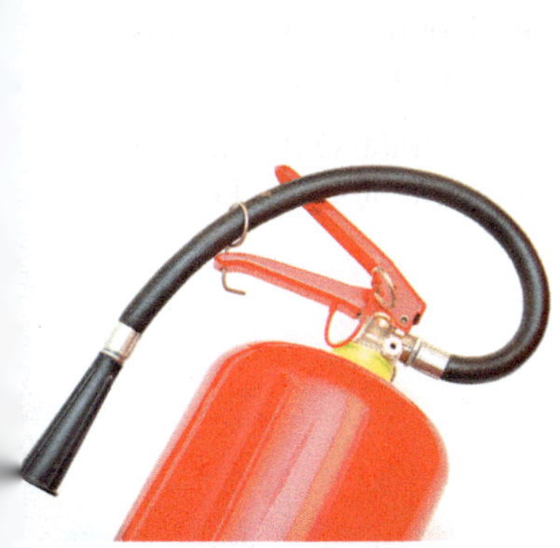

## Objetivos

- Estudiar la normativa de prevención de riesgos laborales.
- Conocer las normas de seguridad laboral y protección medioambiental en el taller de electromecánica: formación, información y participación, lugar de trabajo y sus características, herramientas y equipos de trabajo, equipos de protección, señalización en el lugar de trabajo.
- Ser consciente de los riesgos asociados a los trabajos eléctricos del taller de electromecánica.
- Identificar las causas, las consecuencias y la actuación de un accidente eléctrico.
- Determinar los riesgos que existen en la manipulación de baterías.

## 10.1. Conceptos básicos sobre prevención de riesgos laborales

Para comprender los riesgos asociados a los trabajos de mantenimiento eléctricos en el vehículo, y para actuar ante un accidente eléctrico, es necesario conocer primero la legislación existente en materia de prevención y los riesgos laborales en el taller de electromecánica.

**Recuerda que...**

Los trabajadores tienen derecho a una protección eficaz en materia de seguridad y salud en el trabajo; esto supone un deber del empresario, por lo que realizará la prevención de los riesgos laborales mediante la adopción de cuantas medidas sean necesarias. Para empleados menores de 18 años informará a él y a sus padres de los posibles riesgos y de todas las medidas adoptadas para su protección.

### 10.1.1. Legislación en materia de prevención de riesgos laborales

En la Unión Europea, la promoción de la seguridad y salud en el trabajo es un objetivo que se persigue desde hace años, para cuya consecución se ha ido desarrollando un trabajo legislativo considerable. España ha adaptado al derecho español dicha legislación europea, aunque ya en la Constitución española de 1978 y en el Estatuto de los Trabajadores se trata el tema de la seguridad y salud del trabajador.

Aunque la legislación en materia de prevención es muy extensa, los documentos más importantes de aplicación en España son los siguientes:

- Constitución española de 1978: se define el derecho a la protección de la salud y las obligaciones de los poderes públicos para con los trabajadores.
- Estatuto de los Trabajadores: determina los derechos y las obligaciones de los trabajadores en lo referente al cuidado de su salud.
- Ley 31 de Prevención de Riesgos Laborales, de 1995: recoge lo mencionado anteriormente y adapta la normativa europea existente a la legislación española.
- Reglamento de los Servicios de Prevención de 1997 y otras normativas específicas sobre agentes cancerígenos, agentes biológicos, reglamento en lugares de trabajo, etcétera.

A nivel europeo existe normativa aplicable a todos los países comunitarios, entre la que cabe destacar:

- Acta Única: compromete a los estados miembros a promover la mejora del medio de trabajo y proteger la salud de sus trabajadores.
- Directiva Marco 89/381/CEE: recoge obligaciones del empresario en materia de seguridad.

### 10.1.2. Riesgos y medidas de seguridad y salud en el taller de electromecánica

La Ley de Prevención de Riesgos Laborales define el riesgo laboral como «la posibilidad de que un trabajador sufra un determinado daño derivado del trabajo».

En el taller de electromecánica existen multitud de riesgos, por tratarse de una actividad realizada con maquinaria, herramientas, vehículos en movimiento, etc. Pero los riesgos más comunes son los siguientes:

- Cortes con herramientas.
- Sobresfuerzos posturales.
- Golpes y contusiones.

- Atrapamientos.
- Ruidos.
- Proyección de cuerpos sólidos.
- Quemaduras por contacto con altas temperaturas.
- Quemaduras por ácidos.
- Quemaduras frías.
- Inhalación de productos tóxicos.
- Quemaduras por descargas eléctricas.
- Irritaciones de la piel.
- Irritaciones de las vías respiratorias.
- Irritaciones oculares.

Algunas de las **medidas de prevención** utilizadas en los talleres de electromecánica son las siguientes:

- Formación del operario en la manipulación de herramientas y movimiento de piezas.
- Mantener las herramientas limpias, especialmente de grasas y aceites, y en buen estado de funcionamiento.
- Todo equipo o herramienta defectuosa debe retirarse del puesto de trabajo.
- No utilizar nunca herramientas o equipos para fines para los que no han sido diseñados.

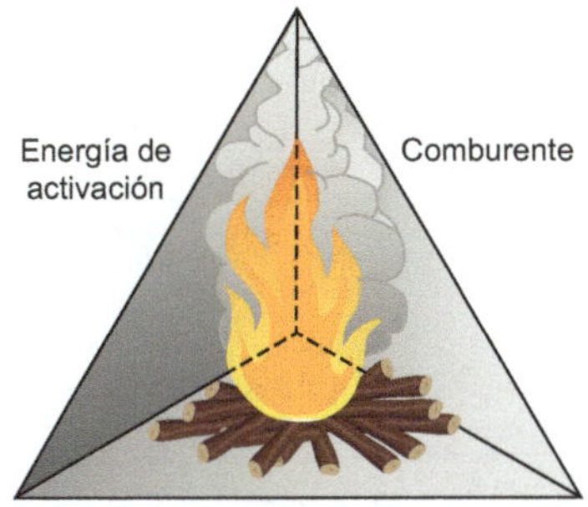


**Figura 10.1.** Triángulo del fuego.

**Recuerda que...**

En el taller no nos falta el aire (combustible), tenemos muchos combustibles (aceite, gasolinas, disolventes, plásticos...) y la energía de activación puede ser la chispa de una radial, una soldadura, un interruptor, etcétera.

Debemos conseguir que no coincidan los tres lados del triángulo.

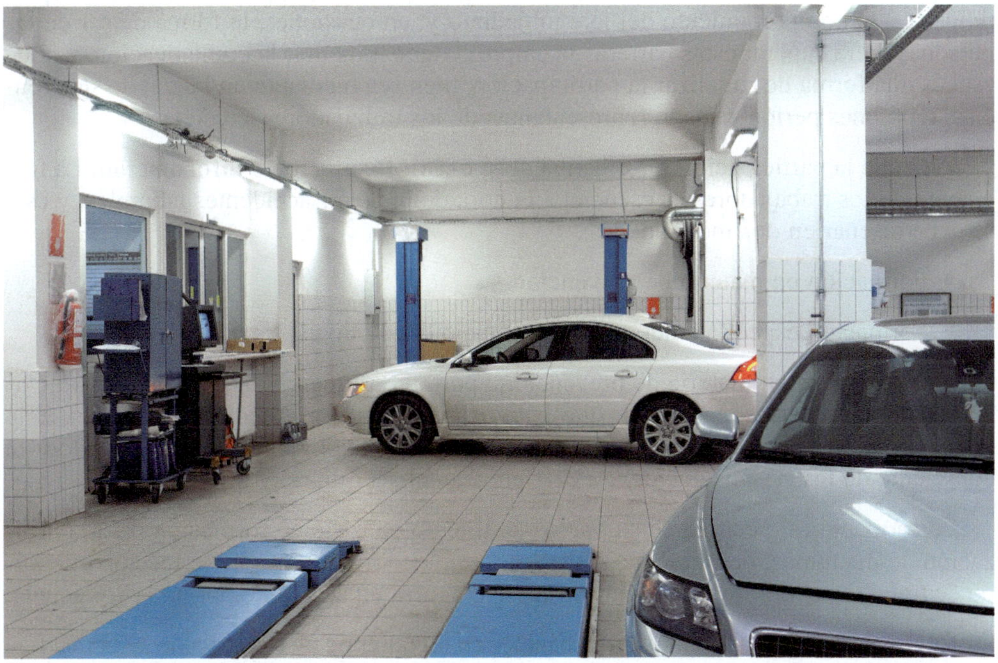

**Figura 10.2.** El orden y la limpieza en el taller de electromecánica es una medida de prevención muy importante que hay que tener en cuenta.

- Mantenimiento de los equipos, como elevadores, compresores, etcétera.
- Correcta ventilación para eliminar los gases de escape.
- Limpieza y orden en el puesto de trabajo.
- Correcta iluminación del puesto de trabajo. Esta debe ser lo más similar posible a la luz natural.
- Empleo de elevadores para disminuir posturas forzadas.
- Puesto de trabajo libre de obstáculos. Para ello se debe disponer de carros de herramientas, enganches para cables y lámparas de trabajo, brazos aéreos para acceder a la instalación de aire comprimido y electricidad.
- Utilización de mesas de trabajo para actividades que requieren de una superficie plana y un apoyo.
- Suelo libre de sustancias deslizantes y conductoras de la electricidad.
- Suelo enrejillado o bandeja de recogida de líquidos para el vaciado de circuitos.
- Correcta señalización de los riesgos y de la ubicación de equipos de trabajo.

### 10.1.3. Formación, información y participación

La **participación** es la implicación y el compromiso con la tarea que estamos desarrollando, y por ello debe considerarse como algo inherente a la actividad preventiva. Participar es tener algo que decir y, por tanto, no siempre se ha de estar de acuerdo. De esta forma el trabajador puede hacer patentes problemas que las leyes o los técnicos de prevención no han podido detectar por no ocupar ese puesto de trabajo.

Figura 10.3. Una parte importante de la formación es la correcta utilización de las medidas antiincendios.

Las barreras con las que se encuentra la participación son, principalmente, la ausencia de formación en materia de prevención, la política de la empresa cuando no es participativa, el comportamiento del jefe inmediato y, en ocasiones, la forma de ser de las personas. Para superar estas barreras la empresa debe fomentar la comunicación, ya que esta es una forma de canalizar la participación, bien sea mediante un buzón de sugerencias, reuniones periódicas con representantes de los trabajadores, etcétera.

Para que la participación sea efectiva debe existir **formación e información.** La formación de los trabajadores es esencial a la hora de prevenir accidentes laborales, y esta se debe diseñar en dos modalidades:

- Formación en materia de prevención.
- Formación específica del puesto de trabajo que ocupan.

La **formación** en materia de prevención aporta herramientas al trabajador para evitar accidentes y actuar, en caso de que estos sean inevitables. Además, es indispensable instaurar en un centro de trabajo la cultura de la prevención, para que el trabajador sea consciente de los riesgos que debe evitar en su quehacer diario.

La formación específica de su puesto de trabajo consiste en formación para la utilización de máquinas, herramientas, etc. Si un trabajador conoce a la perfección el equipo de trabajo y el entorno, será más difícil que ocurra un accidente por una negligencia.

Como ejemplo, imaginemos un trabajador en un taller de electromecánica sin una formación suficiente en electricidad. Es posible que manipule circuitos eléctricos sin quitar la fuente de tensión (borne de la batería), o que no sustituya correctamente una lámpara de xenón y sufra una descarga o una explosión de la misma, etcétera.

La **información** en el puesto de trabajo es indispensable en la prevención de riesgos laborales, y consiste en que los trabajadores estén informados del estado de las máquinas y de las herramientas, así como de su obligación de informar en el caso de que ellos detecten algún desperfecto o avería de un equipo de trabajo.

Figura 10.4. La formación debe ser específica para cada puesto de trabajo.

## 10.1.4. Lugar de trabajo

Se considera **lugar de trabajo** a las zonas en las que el trabajador debe permanecer o a las que puede acceder para realizar su trabajo.

El Real Decreto 486/1997 establece las disposiciones mínimas que debe cumplir cualquier lugar de trabajo en lo referente a sus condiciones constructivas, orden y limpieza, mantenimiento, señalización, locales de descanso e higiene y locales de primeros auxilios.

Figura 10.5. Las herramientas deben ser almacenadas en lugares específicos para favorecer la limpieza y el orden en el lugar de trabajo.

Los riesgos más comunes en el lugar de trabajo respecto a las infraestructuras son los siguientes:

- Caídas.
- Pisadas de objetos.
- Atropello de vehículos.
- Caídas de objetos.
- Choques contra objetos.

Para minimizar estos riesgos, los lugares de trabajo deben contar con barandillas, puertas y pasillos con una anchura mínima, unas garantías mínimas de seguridad estructural, dimensiones adecuadas, iluminación suficiente para la labor desempeñada, etcétera.

En el taller de electromecánica también existen estos riesgos. La siguiente tabla muestra los riesgos más comunes y las actuaciones para minimizarlos.

**Tabla 10.1. Riesgos más comunes y sus actuaciones**

| Riesgos | Actuaciones |
|---|---|
| Caídas y pisadas de objetos. | Por falta de orden y limpieza. Se deben evitar situaciones como las siguientes: herramientas en el suelo, un bidón de aceite que se cae y se derrama por no estar en el lugar destinado a su almacenamiento, una batería que se queda en el suelo, cables que no se han recogido, etcétera. |
| Choques contra objetos. | Por choque contra un elevador a media altura, o contra un carro portapiezas situado en medio de una vía de acceso. |
| Caídas de objetos. | Debido a, por ejemplo, herramientas que quedan en el elevador después de su uso, de forma que cuando otro trabajador manipula el elevador, sufre el golpe de la herramienta. |
| Atrapamiento con alguna pieza en movimiento durante el mantenimiento o reparación de un vehículo. | Por falta de visibilidad. Se debe aumentar la luz natural o similar, emplear lámparas de trabajo, etcétera. |
| Atropello. | Se requiere una correcta señalización de las vías por las que está permitida la circulación de vehículos, espejos en zonas de baja visibilidad, límites de velocidad, etcétera. |

## 10.1.5. Herramientas y equipos de trabajo

Cualquier máquina o herramienta empleada para realizar un trabajo debe cumplir unos requisitos mínimos, que comienzan por su diseño y fabricación.

Las normas básicas de utilización de cualquier herramienta o equipos son las siguientes:

- Emplear la herramienta o el equipo para aquella función para la que fue diseñado.
- Comprobar que está en perfecto estado.
- Guardar las herramientas o los equipos en un lugar apropiado después de su uso.
- Transportarlas de forma adecuada (protegiendo filos y puntas).
- Contar con la formación adecuada para su utilización.
- Emplear equipos de protección, si fuese necesario.

Algunos ejemplos del uso adecuado de herramientas y equipos de trabajo en el taller de electromecánica son:

- Guardar las herramientas en carros portaherramientas, cajas de herramientas, maletines o armarios específicos. De esta forma se evitan los accidentes provocados por herramientas que han quedado en el suelo o en cualquier sitio del taller, y además se ahorra tiempo, ya que encontraremos la herramienta que necesitamos sin tener que buscarla.
- No utilizar destornilladores planos para tornillos en estrella, porque tanto el tornillo como la herramienta pueden deteriorarse.
- No emplear destornilladores o cualquier otra herramienta para golpear.
- No someter las herramientas a sobresfuerzos para los que no han sido diseñadas.

**Figura 10.6.** Las herramientas se deben emplear para aquella función para la que fueron diseñadas.

**Figura 10.7.** Herramientas correctamente colocadas en un panel metálico.

ACTIVIDAD **Propuesta 10.1**

¿Cuáles son las medidas de prevención que se pueden emplear en los talleres de electromecánica?

## 10.1.6. Equipos de protección

Los equipos de protección se clasifican en **colectivos** o **individuales.** Los equipos de protección colectivos son aquellos que actúan sobre el foco y sirven, por tanto, para todos los trabajadores o personas expuestos al riesgo eléctrico.

Los equipos de protección individual (EPI) se emplean individualmente por cada trabajador, y se deben utilizar para proteger de aquellos peligros que no se hayan podido evitar o limitar suficientemente por los equipos de protección colectiva.

## Equipos de protección colectiva

Algunos ejemplos de equipos de protección colectiva son las barandillas, las redes de seguridad, resguardos en máquinas, señalización, interruptores diferenciales, etc. La razón por la que se deben tomar en primer lugar medidas de protección colectiva es que resultan más eficaces, además de no suponer una molestia física durante el desarrollo de su actividad, ya que el trabajador está más cómodo.

Al mismo tiempo se garantiza la seguridad de cualquier persona que, por diferentes circunstancias (como, por ejemplo, una visita, un cliente, etc.), se encuentre en el lugar de trabajo, y no será necesaria la restricción del paso a dicho lugar.

*Recuerda que...*

La limpieza y el orden en un puesto de trabajo, además del tiempo que ahorramos buscando la herramienta y material, facilita la concentración en lo que se está haciendo y reduce la fatiga mental.

**Figura 10.8.** Manguera antiincendios correctamente señalizada.

## Equipos de protección individual (EPI)

Los equipos de protección individual están regulados por el RD 773/1997. Su uso debe ser personal, y en caso de ser necesaria su utilización por diferentes trabajadores, se adoptarán medidas para garantizar la salud e higiene de los usuarios.

Deben ser concebidos de forma que el usuario pueda ponérselos de la manera más fácil posible, que sean cómodos, pesen poco, estén libres de aristas o asperezas, y le permitan realizar su actividad de forma normal.

Los EPI se pueden clasificar en función de la parte del cuerpo que van a proteger; de este modo distinguimos:

- **Protectores de la cabeza:** cascos de seguridad, cascos de protección contra choques e impactos, gorros o sombreros para proteger la cabeza, cascos protectores del fuego, de productos químicos, etcétera.

- **Protectores de manos y brazos:** guantes protectores de perforaciones, cortes y vibraciones; guantes contra las agresiones químicas, biológicas, térmicas o eléctricas; manoplas, manguitos y mangas.
- **Protectores del oído:** protectores auditivos como tapones, orejeras, cascos antirruido, etcétera.
- **Protectores de pies y piernas:** calzado de seguridad, calzado y cubrecalzado de protección contra el calor o el frío, protectores amovibles del empeine, rodilleras, etcétera.
- **Protectores de los ojos y de la cara:** gafas de montura universal, pantallas faciales y pantallas para soldadura.
- **Protectores del tronco y el abdomen:** chalecos, chaquetas y mandiles de protección contra las agresiones mecánicas y contra las agresiones químicas; chalecos salvavidas; chalecos termógenos; mandiles de protección contra los rayos X; cinturones de sujeción del tronco; fajas y cinturones antivibraciones.
- **Protectores de las vías respiratorias:** equipos filtrantes (de partículas, de gases y vapores) frente a agentes biológicos y equipos aislantes de aire libre, con suministro de aire.
- **Protección total del cuerpo:** equipos de protección contra las caídas de altura; arneses; cinturones de sujeción; ropa de protección contra las agresiones mecánicas, químicas, de protección frente a proyecciones de metales en fusión, protectora contra radiaciones infrarrojas y contaminación radioactiva y térmica; y ropa de señalización.

**Recuerda que...**

Para que la protección sea efectiva, los protectores auditivos deben utilizarse todo el tiempo que el trabajador se encuentre en entornos de ruido elevado.

Figura 10.9. Los protectores auditivos son equipos de protección individual cuya función principal es atenuar el ruido molesto presente en el entorno de trabajo.

El empresario está obligado, según la Ley de Prevención de Riesgos Laborales, a cumplir las siguientes normas en relación con los EPI:

- Analizar exhaustivamente los riesgos presentes en cada puesto de trabajo.
- Garantizar que los EPI cumplan con la normativa y homologación pertinente (marcado CE, que vayan acompañados de la ficha técnica correspondiente, que cuenten con instrucciones de uso y mantenimiento).
- Realizar una consulta a los usuarios del EPI para conocer su opinión y permitir su participación en la elección de los mismos.

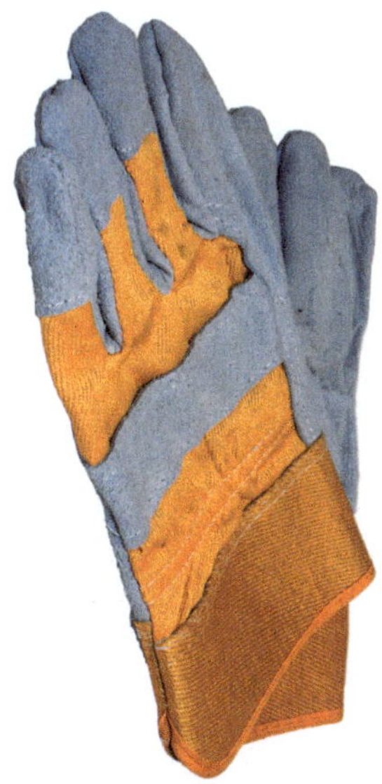

Figura 10.10. Guantes de protección.

- Proporcionar los EPI gratuitamente.
- Ofrecer los medios físicos y técnicos necesarios para el correcto mantenimiento de los EPI.
- Dar formación e información a los trabajadores acerca del empleo de los equipos y de la importancia de su correcta utilización.
- Marcar unas normas de utilización de los EPI que incluyan la obligatoriedad del empleo de los mismos.
- Vigilar el cumplimiento de dichas normas, estableciendo las sanciones correspondientes.

**Recuerda que...**

Unas condiciones ambientales adecuadas son fundamentales para conseguir que el puesto de trabajo sea un lugar agradable y seguro.

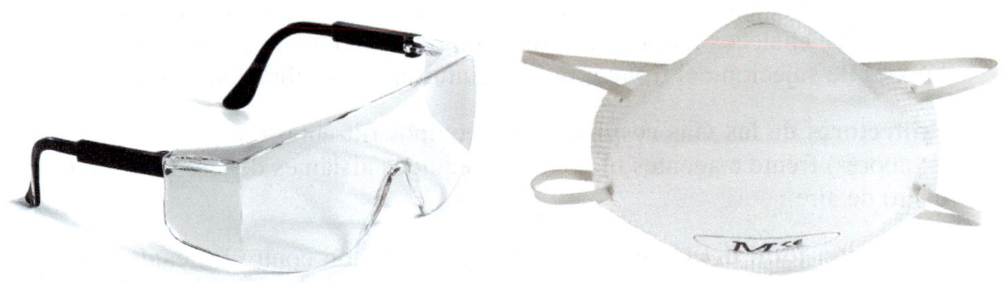

**Figura 10.11.** Gafas de protección y mascarilla.

El usuario del EPI, a su vez, está obligado a:

- Utilizar el EPI correctamente y para el fin para el que se ha fabricado.
- Guardar el EPI en el lugar destinado a tal fin.
- Cuidar y mantener el EPI.
- Informar de inmediato a un superior de cualquier defecto o daño detectado en el EPI.

ACTIVIDAD **Propuesta 10.2**

¿Cuáles son las obligaciones de los trabajadores respecto a los EPI?

ACTIVIDAD **Propuesta 10.3**

Enumera los sistemas de protección colectiva que existen en el taller de electromecánica de tu centro de estudios. ¿Consideras que se podría aplicar algún sistema más? Razona tu respuesta.

## 10.1.7. Señalización del lugar de trabajo

La **señalización de riesgo eléctrico** es, en realidad, un complemento a los equipos de protección colectiva y nunca se debe emplear como sustitución de los mismos. La señalización no evita riesgos en sí misma, sino que advierte sobre el peligro cuando este no ha podido ser evitado por los equipos de protección colectiva.

El RD 485/1997 regula el empleo de señalización en los lugares de trabajo. Los objetivos que debe cumplir la señalización son los siguientes:

- Alertar sobre el riesgo.
- Alertar sobre situaciones de emergencia que requieren medidas urgentes de protección y evacuación.
- Ayudar a localizar los medios y las instalaciones de protección, evacuación, emergencia y primeros auxilios.
- Guiar a los trabajadores durante el desempeño de una actividad que suponga una tarea peligrosa.

Existen distintos tipos de señales:

- **Panel:** es una señal que combina formas geométricas, colores y símbolos o pictogramas. Proporciona una determinada información que debe ser visible y fácil de interpretar.
- **Luminosa:** es una señal emitida por medio de un dispositivo formado por materiales transparentes o translúcidos, iluminados desde atrás o desde el interior, de tal manera que aparezca por sí misma como una superficie luminosa.
- **Acústica:** es una señal sonora codificada, emitida y difundida por medio de un dispositivo apropiado, sin intervención de voz humana o sintética.
- **Verbal:** es un mensaje verbal predeterminado, en el que se utiliza voz humana o sintética.
- **Gestual:** es un movimiento o disposición de los brazos o de las manos en forma codificada para guiar a las personas que están realizando maniobras que constituyan un riesgo o peligro para los trabajadores.
- **Olfativa:** indica aditivos olorosos que se añaden a los gases tóxicos inodoros, para detectar su escape.

Las señales en forma de panel son las más usuales y se clasifican según la Tabla 10.2.

**Sabías que...?**

El RD 1303/86 impone:

- Obligación de señalizar los riesgos presentes en el taller.
- Obligación de emplear las formas y colores establecidos.
- Obligación de informar y formar a los trabajadores en esta materia.

**Tabla 10.2. Tipos de señales en forma de panel**

| Tipo | Forma | Pictograma | Fondo | Borde | Y además... |
|---|---|---|---|---|---|
| Advertencia | Triangulares | Negro | Amarillo | Negro | Fondo de la señal sobre materias nocivas o irritantes de color naranja. |
| Prohibición | Redondas | Negro | Blanco | Rojo | Banda transversal de color rojo descendente de izquierda a derecha que atraviesa el pictograma. |
| Obligación | Redondas | Blanco | Azul | — | — |
| Contra incendios | Cuadradas o rectangulares | Blanco | Rojo | — | Una señal con pictograma puede ir acompañada de una señal con texto, pero nunca una señal con texto puede no ir acompañada de una señal con pictograma. |
| Salvamento o socorro | Cuadradas o rectangulares | Blanco | Verde | — | |

### Señales de prohibición

Prohibido a los vehículos de manutención | Prohibido fumar y encender fuego | Prohibido pasar a los peatones | Prohibido apagar con agua | Entrada prohibida a personas no autorizadas | Agua no potable | Prohibido fumar | No tocar

### Señales de obligación

Vía obligatoria para peatones | Obligación general | Protección obligatoria de la cabeza | Protección obligatoria del oído | Protección obligatoria para las vías respiratorias | Protección obligatoria de la vista | Protección obligatoria de las manos | Protección obligatoria del cuerpo

### Señales de advertencia

Materias nocivas o irritantes | Baja temperatura | Materias peligrosas para el medioambiente | Caída a distinto nivel | Materias corrosivas | Peligro de explosión | Radiaciones láser | Materias comburentes

Riesgo eléctrico | Vehículos de manutención | Cargas suspendidas | Materias radiactivas | Materias tóxicas | Materias inflamables | Riesgo biológico | Peligro general

### Señales de salvamento o socorro

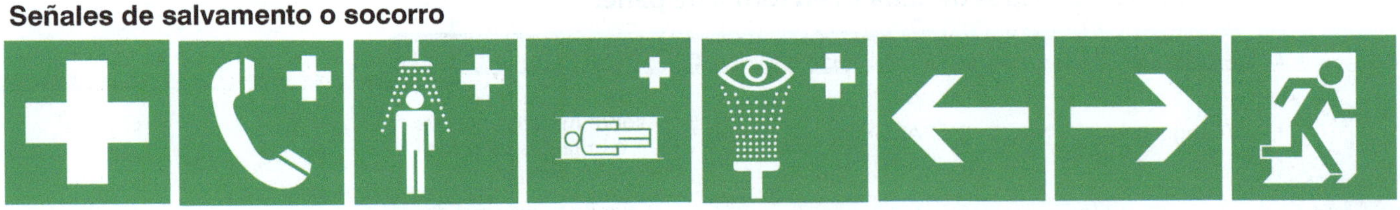

Primeros auxilios | Teléfono de salvamento y primeros auxilios | Ducha de seguridad | Camilla | Lavado de los ojos | Dirección que debe seguirse | Salida en caso de emergencia

### Señales relativas a los equipos de lucha contra incendios

Manguera contra incendios | Escalera de mano | Teléfono para la lucha contra incendios | Extintor | Dirección que debe seguirse

Las señales acústicas deben cumplir los siguientes requisitos:

- Nivel sonoro superior al nivel de ruido ambiental.
- Tono y duración, así como la agrupación de impulsos cuando sea intermitente; debe distinguirse claramente de otras señales acústicas o ruidos ambientales.
- No se deberán emplear dos señales acústicas simultáneamente.
- En caso de evacuación, la señal acústica deberá ser continua.

Las señales luminosas deben cumplir los siguientes requisitos:

- Contraste luminoso suficiente con relación a su entorno.
- Pueden llevar un pictograma.
- No se pueden emplear dos señales luminosas a la vez.
- En una señal luminosa intermitente, la duración y frecuencia de la señal permitirá identificar el mensaje.

Tanto en señales acústicas como luminosas, cuando el dispositivo puede emitir la señal continua o intermitente, la señal intermitente se emplea para indicar mayor peligrosidad que la continua.

**Figura 10.12.** Las señales acústicas deben tener un nivel sonoro superior al nivel de ruido ambiental, de forma que sean claramente audibles.

## 10.2. Riesgos eléctricos

El **riesgo eléctrico** supone el paso de la corriente eléctrica a través del cuerpo humano. Sus consecuencias pueden ser muy graves y ocasionar, incluso, la muerte. El peligro reside en que la corriente eléctrica atraviesa órganos vitales, como el corazón, los pulmones y el cerebro.

**Recuerda que...**

La señalización de seguridad es una herramienta de prevención **complementaria** que no elimina el riesgo y su aplicación no debe excluir la adopción de otras medidas preventivas.

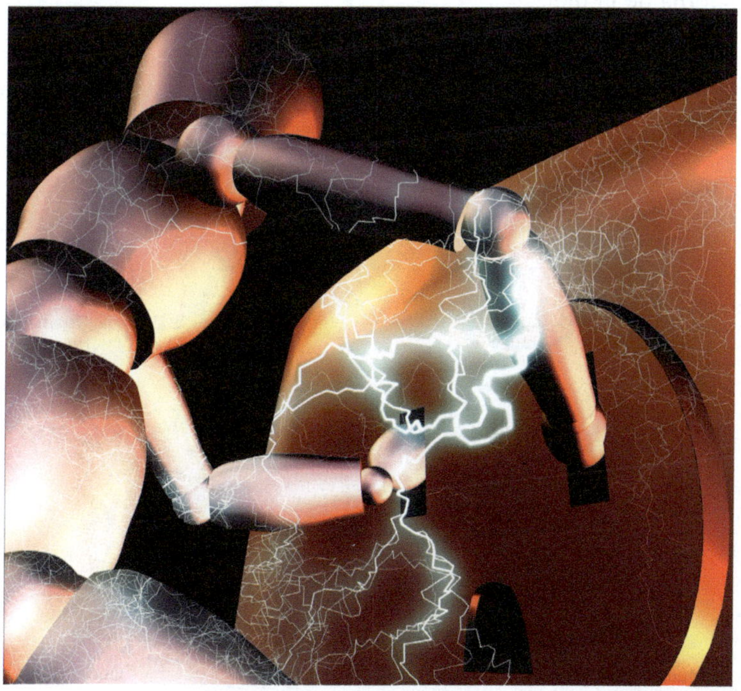

**Figura 10.13.** El riesgo eléctrico puede tener graves consecuencias en nuestro organismo.

Figura 10.14. Señal de riesgo eléctrico.

En el vehículo hay, en la mayoría de los circuitos, corriente continua; por tanto, el riesgo durante las labores de mantenimiento y reparación son menores. Sin embargo, existen algunos circuitos que sí emplean corriente alterna, como el alternador, el circuito de encendido de un vehículo gasolina, o la alimentación de una lámpara de xenón. Además, se emplean en el taller aparatos conectados a la red eléctrica, que es alterna y monofásica la mayoría de las veces, y puede ser trifásica en naves industriales, etc. En este caso sí existe mayor riesgo por tratarse de intensidades más altas.

## 10.2.1. Consecuencias de un accidente eléctrico

Los efectos o consecuencias de una descarga eléctrica sobre el organismo son diversos, pero los más graves se pueden agrupar en:

- Quemaduras.
- Paro cardíaco.
- Paro respiratorio.
- Asfixia.
- Agarrotamiento muscular.

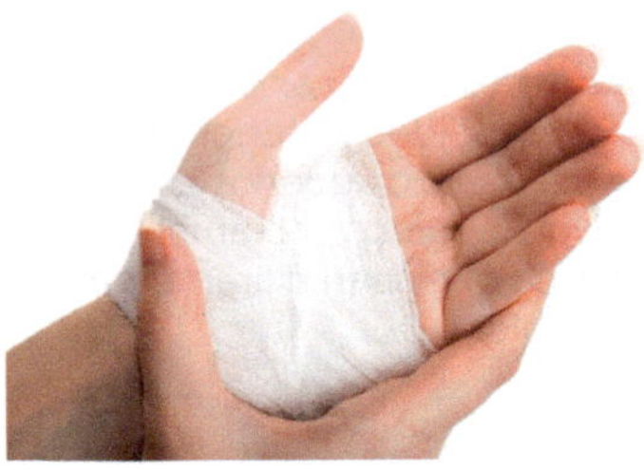

Figura 10.15. Las quemaduras son una consecuencia de una descarga eléctrica.

**Quemaduras:** se producen por el efecto Joule, que nos dice que una corriente eléctrica a través de un conductor desprende una energía calorífica. Estas quemaduras ayudan a determinar la trayectoria seguida por una corriente a través del organismo (órganos externos e internos).

Las quemaduras se clasifican según la profundidad del tejido dañado y según la extensión del área afectada.

- **Quemaduras de primer grado:** son superficiales y afectan solo a la epidermis o capa externa de la piel.

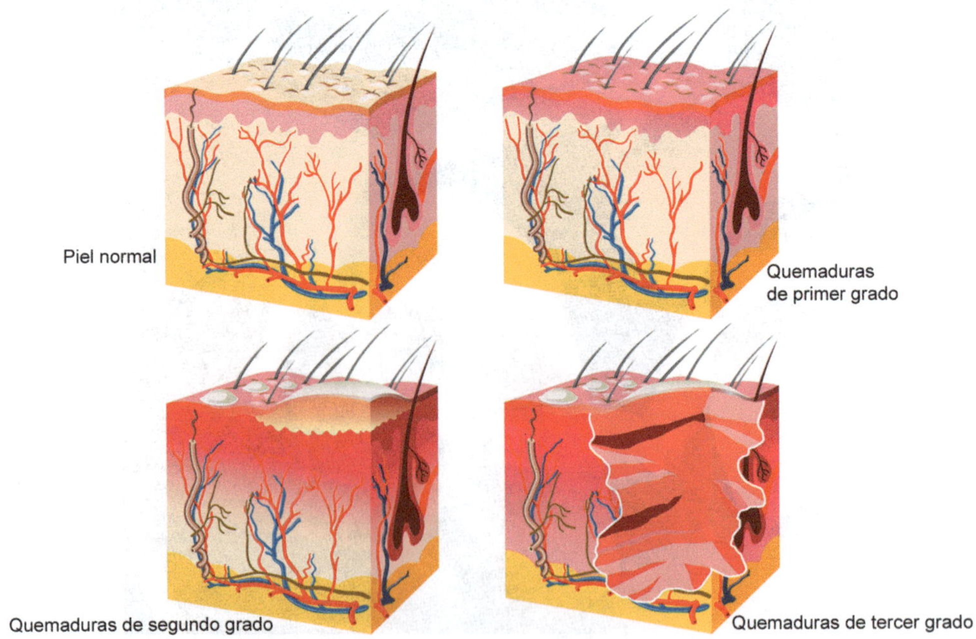


Figura 10.16. Clasificación de las quemaduras según su grado.

- **Quemaduras de segundo grado:** afectan a la epidermis y a parte de la dermis.
- **Quemaduras de tercer grado:** destruyen la epidermis y la dermis. Este tipo de quemaduras también puede dañar los huesos, los músculos y los tendones.

Tabla 10.3. **Protocolo de actuación ante quemaduras graves**

| |
|---|
| **Eliminar o suprimir la causa** apagando el fuego, desconectando la corriente si la quemadura la provoca un contacto eléctrico o retirando el producto químico. |
| **Enfriar la quemadura** con abundante agua a una temperatura entre 10 °C y 20 °C, durante 10 o 15 minutos. |
| **Cubrir las quemaduras** con sábanas limpias o compresas estériles. |
| **Cubrir al herido** con una manta o similar para evitar el enfriamiento general. |
| **Posición horizontal del quemado.** Generalmente, de espaldas o en posición lateral si tiene quemada la espalda, o boca abajo si tiene quemados los costados y la espalda. |
| **No dar de beber** ni comer al quemado grave. |
| **Avisar** a los servicios de urgencias. |
| **Evacuar** inmediatamente. |

**Paro cardíaco:** ocurre cuando la corriente atraviesa al corazón. Se produce una contracción que impide el bombeo de sangre. Se debe tratar inmediatamente con un masaje cardíaco o una desfibrilación.

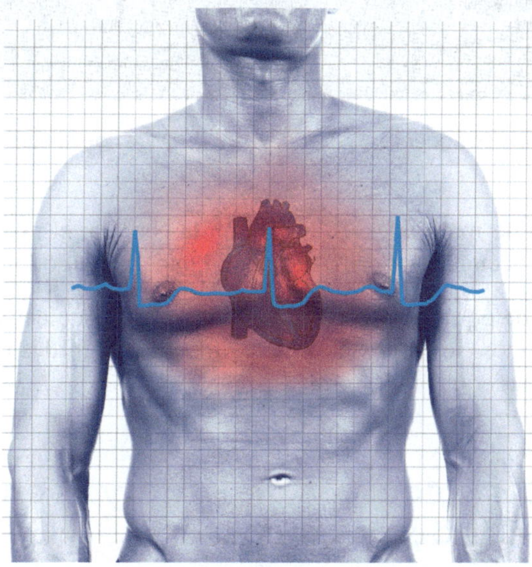

Figura 10.17. Cuando una persona sufre un paro cardíaco se deben tomar medidas de modo urgente, ya que pasados unos minutos los daños son irreparables.

**Paro respiratorio:** tiene lugar cuando la corriente atraviesa algún centro nervioso respiratorio. Se debe aplicar inmediatamente respiración asistida.

**Asfixia:** se produce cuando el paso de una corriente eléctrica agarrota los músculos del tórax y evita que estos se relajen. El aire no sale de los pulmones y se produce la asfixia. Se debe tratar inmediatamente con respiración asistida.

**Agarrotamiento muscular:** es consecuencia de una estimulación excesiva de los músculos, normalmente estimulados por pequeños impulsos enviados por el cerebro.

## 10.2.2. Materiales conductores y aislantes de la electricidad

Para evitar accidentes eléctricos y saber cómo actuar ante ellos es importante conocer qué elementos y materiales son aislantes, es decir, no conducen la electricidad.

La mayoría de los no metales son materiales aislantes, pues tienen resistividades muy grandes. Esto se debe a la ausencia de electrones libres en sus últimas capas y a que dichos electrones están muy unidos al núcleo, y es muy difícil arrancarlos del átomo. Por este motivo se requiere una diferencia de potencial muy alta para separar algunos electrones del átomo, y la corriente que se obtiene es prácticamente nula, además de ser su resistencia muy elevada.

**Recuerda que...**

Para trabajos eléctricos está prohibido usar anillos, collares, relojes, etc. Además, los técnicos con implantes como marcapasos o desfibriladores integrados no deberán trabajar con alta tensión.

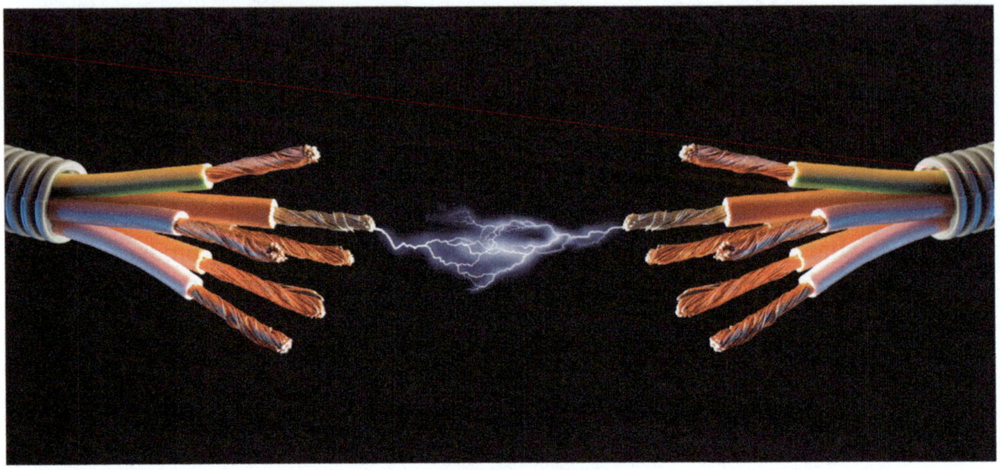

**Figura 10.18.** Debemos conocer los materiales conductores de la electricidad.

Algunos ejemplos de materiales aislantes son la ebonita, el plástico, la mica, la baquelita, el azufre, los aceites, el vidrio, la seda, el papel, el algodón, etcétera.

En la fabricación de equipos de protección individual y colectiva, para evitar o minimizar riesgos eléctricos, se emplean, principalmente, materiales plásticos como goma o caucho, así como madera.

## 10.2.3. Factores eléctricos que influyen en la gravedad de un accidente eléctrico

Cualquier cuerpo atravesado por una corriente eléctrica se comporta según la ley de Ohm:

$$V = I \times R$$

Además de la intensidad y la resistencia que ofrece un cuerpo, hay otros factores que hacen que un accidente eléctrico sea más o menos grave, como el tiempo de exposición y la frecuencia.

### Intensidad

Mayor **intensidad** de corriente es siempre sinónimo de mayor riesgo, pues la gravedad del accidente será también mayor.

Tabla 10.4. **Relación entre intensidad de corriente y riesgos**

| Corriente | Efectos |
|---|---|
| 0,05 mA | Sin efectos. |
| 1-10 mA | Calambres, movimientos reflejos musculares. |
| 10-25 mA | Contracciones musculares, dificultad respiratoria. |
| 25-50 mA | Tetanización, irregularidades cardíacas, quemaduras, asfixia. |
| Hasta 1 A | Fibrilación ventricular y paro, inconsciencia, marcas visibles, alto riesgo de muerte. |
| 1-5 A | Paro cardíaco, inconsciencia, marcas visibles, quemaduras graves. |

## Resistencia

La **resistencia** que ofrece un cuerpo al paso de la corriente hace que el valor de la misma varíe, por lo que el hecho de que esta resistencia sea mayor o menor varía la gravedad del accidente y, por tanto, la magnitud del riesgo. Si nuestro cuerpo ofrece más resistencia al paso de la intensidad, el valor de esta disminuye y, por tanto, también la gravedad de sus efectos.

**Sabías que...?**

La tensión de seguridad es de 24 voltios en locales húmedos y de hasta 50 V en locales secos.

Figura 10.19. Podemos comprobar en el taller cómo la resistencia que ofrece un cuerpo varía según sus características.

La resistencia que ofrece un cuerpo al paso de la corriente depende de los siguientes factores:

- Punto o superficie de contacto.
- Dureza de la piel.
- Presión de contacto.
- Salida de la corriente (normalmente por los pies).

El punto de contacto con la piel puede ser más o menos completo. En el segundo caso se ofrece más resistencia y, por tanto, dificulta el paso de la corriente. Por ejemplo, si el tornillo del borne de una batería no está bien apretado y el contacto no es completo, ofrece una resistencia por la que la corriente suministrada por la batería se debilita, lo que se traduce en pequeños fallos como, por ejemplo, el encendido discontinuo del alumbrado.

La dureza de la piel depende de la persona (su edad, estado físico, etc.). Una piel más dura ofrece mayor resistencia que una piel más fina.

La presión de contacto está muy relacionada con el punto de contacto, puesto que si la presión es alta, el contacto será completo.

El punto de salida de la corriente de nuestro cuerpo es, normalmente, por los pies, aunque si contamos con una debida protección aislante en la suela del zapato podemos evitar o minimizar esa salida, y evitar el paso de corriente por nuestro cuerpo.

Por tanto, es importante emplear materiales aislantes en dos puntos concretos: el punto de contacto con la corriente (entrada de esta en nuestro cuerpo) y el punto de salida. Para ello se emplean guantes de material aislante que debilitan el punto de contacto de la corriente eléctrica con nuestro cuerpo, que ofrecen una resistencia muy alta. Para el punto de salida se emplean zapatos con suela de material aislante o se forra el suelo con dichos materiales, para que a la intensidad le resulte más difícil atravesarlos en busca del camino más corto y fácil a tierra.

**Sabías que...?**

En los vehículos eléctricos e híbridos hay que extremar las precauciones por electrocución. No solo por la tensión en sí, más de 100 voltios. La misma tensión en continua es mucho más peligrosa que en alterna.

## Tiempo de exposición

El **tiempo de exposición** a la corriente eléctrica es el tiempo que esa corriente está atravesando un cuerpo. Un tiempo de exposición prolongado puede provocar quemaduras, fibrilación ventricular o asfixia.

## Frecuencia

La **frecuencia** es el número de ciclos por unidad de tiempo, es decir, el número de veces que se repite un mismo ciclo en un segundo. Su unidad es el hercio (Hz) que equivale a un ciclo por segundo.

En el vehículo, todos los elementos se alimentan con corriente continua, por lo que no existe un valor de frecuencia.

Sin embargo, en el taller se utilizan aparatos y circuitos conectados a la red eléctrica general, que es corriente alterna. En corriente alterna las corrientes pueden ser de alta o baja frecuencia, y sus efectos sobre el organismo son muy diferentes. Los efectos de las corrientes de alta frecuencia son similares a los de la corriente continua, es decir, mucho menores que los de baja frecuencia.

Pero las corrientes empleadas en el suministro eléctrico cuando hablamos de corriente alterna son de baja frecuencia, concretamente de 50 Hz. El riesgo de estas corrientes es que producen arritmias, sacudidas y espasmos, debido a que se solapan con la frecuencia del ritmo cardíaco.

## 10.2.4. Cómo actuar ante un accidente eléctrico

En caso de presenciar un accidente eléctrico de otro trabajador, los pasos a seguir son siempre los siguientes:

- Cortar el suministro de corriente.
- Separar a la persona del contacto eléctrico sin tocarla, para que la intensidad no nos atraviese también a nosotros. Para ello se debe emplear algún elemento fabricado con un material aislante, como un palo de madera, una pieza de plástico, etcétera.
- Practicar primeros auxilios y evacuar al afectado en caso necesario.

Si somos nosotros los que sufrimos el accidente eléctrico debemos intentar cortar el suministro de corriente lo antes posible.

Para evitar los accidentes por contacto directo se deben tomar las siguientes precauciones:

- No realizar tareas de reparación o mantenimiento si el vehículo no está parado. Si es posible, desconectar el borne negativo de la batería.
- Prestar una especial atención a las zonas próximas al alternador y su cableado, ya que si estos están en malas condiciones existe riesgo de cortocircuito.

## 10.2.5. Equipos de protección para riesgos eléctricos

### Equipos de protección colectiva

En lo referente a la **protección colectiva** ante riesgos eléctricos cabe destacar el empleo de interruptores diferenciales y la señalización de riesgos eléctricos.

Los interruptores diferenciales son dispositivos que se introducen en las instalaciones eléctricas y cuya función es interrumpir el paso de la corriente cuando se produzca una derivación. El interruptor detecta esa derivación gracias a un aumento de la intensidad en el circuito.

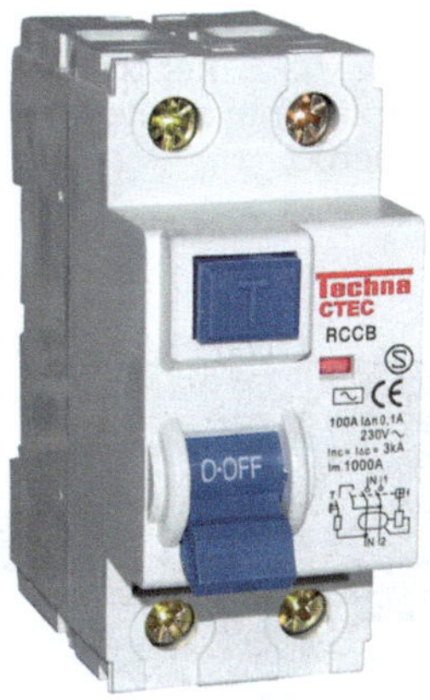


Figura 10.20. Interruptor diferencial.

En las tareas de mantenimiento y reparación de vehículos podemos hablar de dos tipos de interruptores diferenciales:

- Fusibles del vehículo.
- Diferenciales de la instalación eléctrica del taller.

Los fusibles empleados en el vehículo están formados por un hilo de cobre o plomo conectado en serie en algún punto de la instalación. Cuando la intensidad que atraviesa la instalación correspondiente es demasiado alta, el hilo se quema y se rompe, abriendo el circuito. El hilo está diseñado con una sección adecuada para la intensidad que debe soportar, y será distinto para cada circuito del vehículo. Las razones por las que la intensidad de un circuito aumenta son diversas, pero siempre implican una derivación. Esta puede ser por un contacto a masa de un cable al que se le ha roto parte del aislante o por una formación de óxido en algún circuito, etcétera.

### Equipos de protección individual

A la hora de elegir el EPI de protección eléctrica se debe tener en cuenta que el recorrido de la corriente eléctrica a través del cuerpo humano puede tener diferentes trayectorias:

- Mano-mano.
- Mano-pie (sin pasar por el corazón).
- Mano-pie (pasando por el corazón).
- Mano-cabeza.
- Cabeza-pies.

Los equipos de protección individual para evitar o minimizar los efectos de un accidente eléctrico son principalmente los siguientes:

- Calzado de trabajo con suela aislante.
- Guantes de material aislante.
- Materiales aislantes, como banquetas, alfombras o pértigas.

**Sabías que...?**

El diferencial solo nos protege de los contactos indirectos.

La sensibilidad del diferencial nos indica la diferencia máxima entre la entrada y salida que el diferencial permite antes de cortar el circuito. Cuanto mayor es la sensibilidad, mayor es la protección.

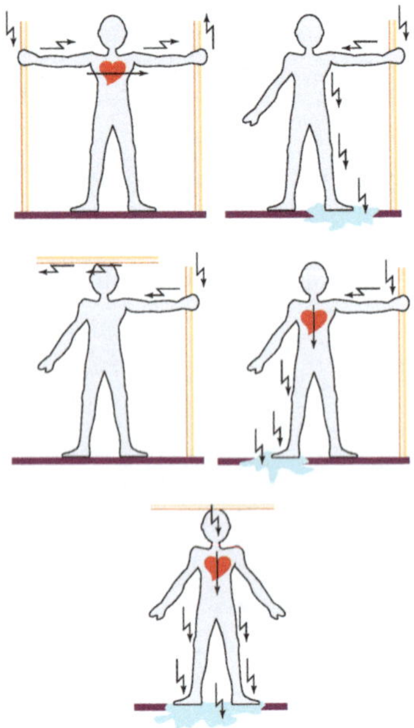

Figura 10.21. Recorrido de la corriente a través del cuerpo.

Figura 10.22. Botas de seguridad.

## 10.2.6. Riesgos en la manipulación de baterías

Las baterías son generadores de corriente continua que funcionan mediante reacciones químicas. En esas reacciones químicas se producen gases explosivos (hidrógeno), por lo que requieren un lugar dedicado exclusivamente a su almacenamiento, con un sistema de ventilación encargado de airear las concentraciones de estos vapores a una temperatura adecuada.

Figura 10.23. Deben tenerse en cuenta las precauciones correspondientes para la manipulación de baterías.

Los riesgos derivados de la manipulación de baterías son debidos a su peso, al ácido sulfúrico disuelto en agua destilada de su electrólito, y al posible arco eléctrico que se crea si entran en contacto sus dos bornes. El ácido sulfúrico es una sustancia irritante y corrosiva para la piel, ojos, nariz y garganta. Produce quemaduras y destruye cualquier tipo de prenda u organismo por deshidratación. Por tanto, los riesgos derivados de la manipulación de baterías son los siguientes:

- Golpes y contusiones.
- Salpicaduras del electrólito sobre la piel o los ojos.
- Quemaduras por contacto con el ácido sulfúrico.
- Explosiones por inflamación de los gases.

Para reducir estos riesgos se deben tener las siguientes precauciones:

- Almacenar las baterías en un lugar bien ventilado.
- No someter las baterías a altas temperaturas ni realizar cerca trabajos de soldadura.
- Aflojar o quitar los tapones durante el proceso de carga.
- No dejar sobre las baterías piezas metálicas o herramientas.
- No cambiar la polaridad de la batería.
- Emplear los EPI adecuados.
- Las baterías fuera de servicio serán recogidas por una empresa de gestión y tratamiento de residuos.

Los equipos de protección individual empleados durante la manipulación de baterías son los siguientes:

- Gafas, para evitar las proyecciones del electrólito en los ojos.
- Guantes, para evitar el contacto del electrólito con la piel.
- Ropa impermeable, para evitar que el electrólito entre en contacto con la ropa del operario.
- Calzado de seguridad, para evitar golpes y contusiones en los pies.

## 10.3. Prevención y extinción de incendios

Uno de los riesgos a los que es necesario prestar mayor atención en los talleres electromecánicos es el de incendio.

Un incendio se clasifica según el tipo de combustible que lo ha causado:

- **Clase A:** fuego de materias sólidas (madera, cartón, papeles).
- **Clase B:** fuego de líquidos o de sólidos licuables (aceites, alcohol, gasolina).
- **Clase C:** fuego de gases (metano, propano, butano, gas ciudad).
- **Clase D:** fuego de metales (litio, potasio, aluminio).

**Figura 10.24.** No cambiar la polaridad de la batería.

En caso de que llegue a producirse un conato de incendio, las actuaciones deben orientarse a tratar de controlar y extinguir el fuego rápidamente, utilizando los extintores adecuados.

Los extintores de agua pulverizada o de agua a chorro no deben utilizarse en presencia de tensión eléctrica.

**Recuerda que...**

Cuando quitemos una batería, primero desconectaremos el menos y después el más. Y para ponerla, primero el más y después el menos.

Quitar → Menos.
Poner → Más.

Algunas medidas preventivas que se pueden poner en práctica en los lugares de trabajo para evitar posibles incendios son:

- Alejar cualquier combustible de las fuentes de calor.
- Mantener el orden y la limpieza.
- Almacenar los productos inflamables en recipientes cerrados y en ambientes ventilados y frescos.
- No fumar.
- Desconectar cualquier aparato que produzca calor cuando no se utilice.
- Mantener en buen estado las instalaciones eléctricas y no sobrecargar la red.

### 10.3.1. Normas básicas de utilización de los extintores portátiles

Hay que tener en cuenta las siguientes normas generales de utilización en caso de que ocurra un incendio:

1. Descolgar el extintor de la pared asiéndolo por la maneta o asa fija y dejarlo sobre el suelo en posición vertical.

2. Apoyar el extintor en el suelo e inclinar ligeramente el depósito hacia delante, y quitar el precinto de seguridad tirando de la anilla. Coger la boquilla de la manguera.

3. Aproximarse lentamente al fuego hasta un máximo aproximado de un metro. Presionar la palanca de accionamiento realizando una pequeña descarga de comprobación. Dirigir el chorro a la base de las llamas con movimiento de barrido horizontal.

**Figura 10.25.** No hay que perder de vista nunca el fuego. Aunque se haya extinguido debemos retroceder marcha atrás y comprobar que no se vuelve a reiniciar.

## Recuerda que...

- En cada zona se dispondrá de los extintores adecuados al riesgo existente.
- Si en el taller de MVA existen zonas con especial riesgo de incendios, tales como zona de pintura, carga de baterías, etc., se aplicará lo establecido en las instrucciones técnicas de protección contra incendios (ITSEMAP).
- Cuando en la sala de pintura se realicen otras operaciones, como mezcla, secado, etc., se dispondrá, además, de extintores portátiles.

**Figura 10.26.** Es importante realizar comprobaciones periódicas del estado del extintor.

# Síntesis

## PREVENCIÓN DE RIESGOS LABORALES

### Legislación

| Española | Europea |
|---|---|
| • Constitución española.<br>• Estatuto de los Trabajadores.<br>• Ley 31 de Prevención de Riesgos Laborales.<br>• Reglamento de Servicios de Prevención. | • Acta Única.<br>• Directiva Marco 89/381/CEE. |

### En el taller de electromecánica

- Riesgos más comunes.
- Medidas de prevención generales.
- Formación, información y participación.
- Características y condiciones del lugar de trabajo.
- Normas básicas de utilización de herramientas y equipos de trabajo.
- Equipos de protección y señalización.

### Riesgos eléctricos

| Consecuencias | Factores | Equipos de protección | Manipulación de baterías |
|---|---|---|---|
| • Quemaduras.<br>• Paro cardíaco.<br>• Paro respiratorio.<br>• Asfixia.<br>• Agarrotamiento muscular. | • Intensidad de corriente.<br>• Resistencia.<br>• Tiempo de exposición.<br>• Frecuencia de la corriente. | • Colectiva.<br>• Individual (EPI). | • Intoxicación por contacto con el ácido.<br>• Intoxicación por los vapores al respirarlos. |

# Actividades finales

## Responde

1. Comenta las tres funciones básicas de la batería.
2. ¿Cómo se conectan los vasos de un acumulador? ¿Por qué?
3. Describe el proceso de carga y descarga de una batería.
4. ¿Qué ocurre cuando se carga o descarga en exceso una batería?
5. Enumera los principales riesgos que existen en un taller de electromecánica.
6. ¿Qué son los equipos de protección individual? Cita tres ejemplos.
7. ¿Qué requisitos deben cumplir las señales acústicas?
8. ¿Cuáles son los pasos que hay que seguir ante un accidente eléctrico?
9. ¿Qué precauciones hay que tomar ante la manipulación de una batería?

## Realiza

1. ¿Qué significan las siguientes señales?

2. Indica cuáles son los riesgos derivados de la manipulación de baterías.
3. ¿Cuáles son las normas básicas de utilización de los extintores portátiles?